U0337803

信毅教材大系

C++编程
——面向问题的设计方法

● 李刚 主编

C++ Programming
—— A Problem-Based Approach

復旦大學 出版社

内容提要

本书分为两大部分：基础篇，包括C++中的结构化设计部分（C语言部分）；深入篇，包括类的定义，作为类变量的对象的运算，以及继承和多态等。在各篇中都设有主线，围绕主线由浅入深、循序渐进讲解。全书案例丰富，图文并茂，通俗易懂。

本书可作为高等院校信息技术类专业（计算机、通信、电子、自动控制等）及其他专业本科生学习C和C++的教科书，也可供从事程序设计的工程人员参考。

总　序

世界高等教育的起源可以追溯到 1088 年意大利建立的博洛尼亚大学,它运用社会化组织成批量培养社会所需要的人才,改变了知识、技能主要在师徒间、个体间传授的教育方式,满足了大家获取知识的需要,史称"博洛尼亚传统"。

19 世纪初期,德国的教育家洪堡提出"教学与研究相统一"和"学术自由"的原则,并指出大学的主要职能是追求真理,学术研究在大学应当具有第一位的重要性,即"洪堡理念",强调大学对学术研究人才的培养。

在洪堡理念广为传播和接受之际,德国都柏林天主教大学校长纽曼发表了"大学的理想"的著名演说,旗帜鲜明地指出"从本质上讲,大学是教育的场所","我们不能借口履行大学的使命职责,而把它引向不属于它本身的目标。"强调培养人才是大学的唯一职能。纽曼关于"大学的理想"的演说让人们重新审视和思考大学为何而设、为谁而设的问题。

19 世纪后期到 20 世纪初,美国威斯康辛大学查尔斯·范海斯校长提出"大学必须为社会发展服务"的办学理念,更加关注大学与社会需求的结合,从而使大学走出了象牙塔。

2011 年 4 月 24 日,胡锦涛总书记在清华大学百年校庆庆典上,指出高等教育是优秀文化传承的重要载体和思想文化创新的重要源泉,强调要充分发挥大学文化育人和文化传承创新的职能。

总而言之,随着社会的进步与变革,高等教育不断发展,大学的功能不断扩展,但始终都在围绕着人才培养这一大学的根本使命,致力于不断提高人才培养的质量和水平。

对大学而言,优秀人才的培养,离不开一些必要的物质条件保障,但更重要的是高效的执行体系。高效的执行体系应该体现在三个方面:一是科学合理的学科专业结构,二是能洞悉学科前沿的优秀的师资队伍,三是作为知识载体和传播媒介的优秀教材。教材是体现教学内容与教学方法的知识载体,是进行教学的基本工具,也是深化教育教学改革，提高人才培养质量的重要保证。

一本好的教材，要能反映该学科领域的学术水平和科研成就，能引导学生沿着正确的学术方向步入所向往的科学殿堂。因此，加强高校教材建设，对于提高教育质量、稳定教学秩序、实现高等教育人才培养目标起着重要的作用。正是基于这样的考虑，江西财经大学与复旦大学出版社达成共识，准备通过编写出版一套高质量的教材系列，以期进一步锻炼学校教师队伍，提高教师素质和教学水平，最终将学校的学科、师资等优势转化为人才培养优势，提升人才培养质量。为凸显江财特色，我们取校训"信敏廉毅"中一前一尾两个字，将这个系列的教材命名为"信毅教材大系"。

"信毅教材大系"将分期分批出版问世，江西财经大学教师将积极参与这一具有重大意义的学术事业，精益求精地不断提高写作质量，力争将"信毅教材大系"打造成业内有影响力的高端品牌。"信毅教材大系"的出版，得到了复旦大学出版社的大力支持，没有他们的卓越视野和精心组织，就不可能有这套系列教材的问世。作为"信毅教材大系"的合作方和复旦大学出版社的一位多年的合作者，对他们的敬业精神和远见卓识，我感到由衷的钦佩。

王 乔

2012 年 9 月 19 日

前　言

　　C++语言的前身是诞生于 20 世纪 70 年代初的 C 语言,其强大的功能和各方面的优点自此逐渐为人们认识,到了 80 年代,开始进入其他操作系统,并很快在各类大、中、小和微型计算机上得到了广泛的使用。成为当代最优秀的程序设计语言之一。

　　但是,由于 C 语言是面向过程的结构化和模块化的程序设计语言,当处理问题的规模和复杂度较大时,它就显得力不从心了。尤其是在开发大型软件的时候,这一缺点更是突出。C++语言在保留了 C 语言的所有优点的基础上,增加了适用于面向对象的程序设计的类类型。因此,C++既支持面向过程的程序设计,又支持面向对象的程序设计,是一种混合型的程序设计语言。

　　就像 C++之父 StrouStrup 博士所说:C++语言有很多特性,但是我们学习时只需要学对自己有用的特性就好了。这也是本书写作时所坚持的原则。更具体更全面的东西,在掌握了核心内容之后,学生只需要学会查手册,就可以了解;经过实践的训练,就可以掌握。为此,作者在编著中抵制住"要全面"的诱惑,大胆把 C++部分的异常处理、流、STL 库、算法等内容从本书中去掉,而把重点突出在类设计、对象的操作等面向对象设计的核心技术上面。

　　本书内容组织如下:全书共分两篇,第一篇为语言基础篇(第1~7章),通过大量实例和图片图文并茂地讲解了 C++和 C 语言的共同部分:结构化程序设计的部分,内容包括常量变量、数据类型、运算符、表达式、数组、函数、指针和结构体等。这一篇可以单独拿出来作为完整的 C 语言课程教学的内容。这一部分采用循序渐进的方式引入各个知识点,而不是分门别类罗列;而且围绕数据计算和文字处理两个大方面的问题进行组织。第一篇建议授课课时为 64 课时,含上机课时 16 个(机时可根据实际需要增减)。

　　第二篇为深入篇(面向对象篇,第 8~12 章),通过实例生动讲解面向对象程序设计中的基本特征,是 C++不同于 C 的部分,是C++的面向对象的新特性,内容有:重载、类和对象、对象的运算、继承和派生、多态性等。这一部分首先介绍了 C++引入的一些新特性,如流式输入、函数重载等(第 8 章);然后引入类这种用户自定义类型,在后续的第 9~12 章围绕着类类型讨论如何用类定义变量(创建对象)、如何设计类以使得它可以像内置类型一样、在语义许可的条件下参加各种运算,如赋值、比较、输入输出等(通过运算符重载)。读者应把握这条主线,以防在众多新的知识点中迷失。此外,第 11 章的继承和第 12 章的多态是重要的代码重用技术。使用继承和多态可以有效利用原有代码,也可以在原有代码上添加新的特性,而只要对原来代码做很小的改动(扩展原代码,或曰升级)。这一部分的建议教学课时为 96 课时(含上机课时 32,可按实际情况安排)。

本书的总体架构设计、编写、统稿、定稿均由李刚负责,在整个过程中广泛听取和采纳了课程组同事和相关专业学生的意见建议。在本书的编写过程中复旦大学出版社的编辑、编者所在学院的领导同事、图书采购中心的老师给予了很大的支持,并提出了很多宝贵意见。在此对他们的辛勤工作和热心帮助一并表示由衷的感谢! 另外,本人的爱人刘琳红同志在编著的过程中给了本人极大的帮助和支持,可以说:没有她的付出,就没有这本书的面世。以此书向她表示敬意!

另外,本书假设的对象是没有任何的 C++或其他语言的编程经验的读者,也可供有经验的读者参考。本书可作为教学课本,也可作为计算机等级考试参考书和培训班的培训教材,但是建议结合考试辅导材料和市面上出版的习题集使用。

由于计算机技术和程序设计技术发展迅速,作者水平有限及本书编辑仓促,书中的疏漏与不当之处在所难免,敬请广大读者和同仁不吝赐教,拨冗指正。

编 者

2013 年 6 月

目 录

第一篇 基础篇
——C＋＋中的 C

第1章 认识C/C++语言程序

学习要点

- C/C++语言程序的基本结构
- 如何在 VC++6.0 下编辑、编译、运行程序
- 使用 printf 进行基本的输出
- 转义字符与格式控制串
- 使用 printf 进行可变内容的输出
- 常量、变量以及类型转换

C语言是C++语言的子集,在学习C++面向对象设计之前,首先学习它的面向过程的设计部分(跟C语言相同的部分),更易于入手。相对于C++的庞杂的面向对象的特性,C语言非常的简单、精炼而且强大,既像一首美妙的诗,又像一把锋利的手术刀,精炼,短小,功能强大。

1.1 最简单的C程序

首先让我们先看一个最简单的C程序,前面的行号是为了讲述方便加上的,编程时实际不用输入(后例皆同)。

例1-1 一个最简单的C/C++语言程序,它什么都不做。

```
0001 / ***************************************************** /
0002 / * filename:    exp1_01.c                          * /
0003 / ***************************************************** /
0004 int main()              / * 主函数的定义,一个程序只有一个 * /
0005 {                       / * 函数体开始 * /
0006     return 0;           //return 表示函数返回。0是返回值
0007 }                       //函数体结束。也即函数定义语句块结束
```

▐▶一、程序的编辑、编译和运行

在 Visual C++ 6.0 中,执行菜单命令"文件"→"新建",弹出"新建"对话框。在此

对话框左上,选择"工程"选项卡(VC 中的"工程"其实就是"程序"的别名),然后选择 "Win32 Console Application"(Win32 控制台程序);在右边"工程名称"下面的编辑框 中输入工程(Project)的名字"exp1_01",在下方的"位置"栏,选择保存该工程的文件夹。 其他选项保持不变。然后点击[确定]按钮,如图1-1所示。

图 1-1　新建工程 exp1_01

　　然后在新弹出的对话框中选择"一个空工程",点击[完成]按钮,如图 1-2 所示。 在新弹出的窗口点击[确定],一个空的 exp1_01 工程就创建好了。此工程中还没有文 件。可以点击 VC 左边栏工作区的 FileView(文件视图)下 exp1_01 files 前面的"+"号 展开工程所有的文件列表,如图 1-3 所示。

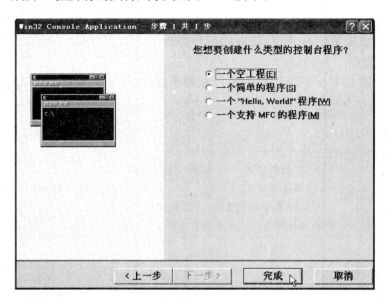

图 1-2　创建空的 exp1_01 工程　　　　　　图 1-3　工程的文件视图

因为目前工程 exp1_01 是一个什么都没有的空工程,需要添加源代码文件。在 VC 中执行菜单命令"工程"→"增加到工程"→"新建",为工程添加源代码,如图 1－4(a)所示。

图 1－4(a)　为工程 exp1_01 添加新建的文件

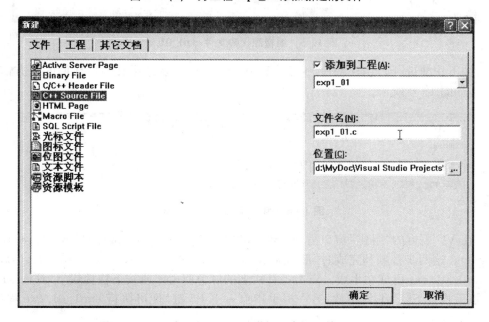

图 1－4(b)　为工程 exp1_01 增加一个源文件 exp1_01. c

在弹出的"新建"对话框中,选择"文件"选项卡,然后在下面的列表框中选择要添加的文件类型"C++ Source File"(C++源文件,添加 C 的源文件也要选这一项)。在右边的"文件名"编辑框中输入要创建的源文件名"exp1_01.c"（这个扩展名也可以写成cpp而不用 c），其他设置不变。如图 1-4（b）所示。然后点击［确定］按钮。之后在Visual C++（VC）右侧的源文件编辑窗口中输入上述的 C/C++语言代码（前面的数字不用输入），如图 1-5 所示。

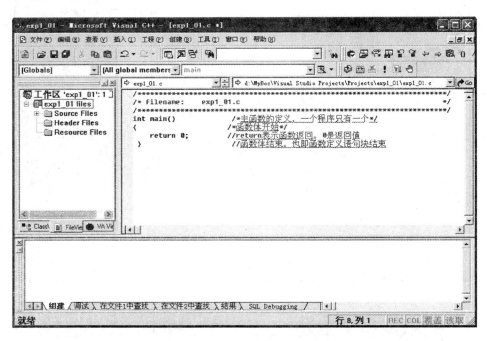

图 1-5　编辑源代码文件 exp1_01.c

按下快捷键［F7］组建程序 exp1_01.exe，组建过程及结果在 VC 环境的下方窗口显示，如图 1-6 所示。

```
----------------Configuration: exp1_01 - Win32 Debug----------------
Compiling...
exp1_01.c
Linking...

exp1_01.exe - 0 error(s), 0 warning(s)
```

图 1-6　组建程序 exp1_01.exe

在 VC 下方的"组建"窗口看见，整个组建过程分为两步：编译（Compile）和连接（Link）。这两步都顺利完成时，最后显示 exp1_01.exe － 0 error(s)，0 warning(s)，表示 exp1_01.exe 已成功生成。点击工具栏上的红色叹号！或按下快捷键［Ctrl］+［F5］（一根手指按下［Ctrl］键不放，另一根手指点一下 F5 键）便可执行 exp1_01.exe 程序。图 1-7 所示是执行情况。

图中的"Press any key to continue"是 VC++自动添加的，是为了防止应用程序执行完后立刻返回，开发者什么都看不见。

另外，也可以采取命令行的方式来执行 exp1_01.exe 文件。方法是：首先找到

exp1_01. exe 所在的文件夹（工程 exp1_01 所在的文件夹中的“Debug”文件夹下，本例是“D：\MyDoc\Visual Studio Projects\Projects\exp1_01\Debug”），然后在 Windows 的“开始”→“运行”命令框中输入“cmd”，如图 1-8 所示。点击确定，进入命令行模式。

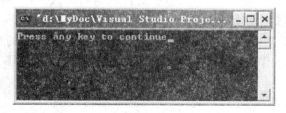
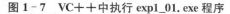

图 1-7   VC++中执行 exp1_01. exe 程序　　　　**图 1-8   输入 cmd 命令进入命令行模式**

在命令行模式中首先用 D：转到工程所在的盘（本例是 D 盘，读者应换成自己工程所在的盘符）。然后用 CD 命令进入该 exe 文件所在的路径“D：\MyDoc\Visual Studio Projects\Projects\exp1_01\Debug”（在命令行输入命令：cd "D：\MyDoc\Visual Studio Projects\Projects\exp1_01\Debug")。用 dir *. exe 命令列出该目录下的可执行文件，执行其中的 exp1_01. exe 文件（直接输入 exp1_01. exe 并回车）。以上命令执行顺序及结果如图 1-9 所示。读者看到，在命令行执行 exp1_01 这个程序的时候，既没有输入，也没有输出。程序运行完之后立刻返回到命令行控制台，不会输出“Press any key to continue”，因为程序中并没有输出这些文字的命令。

图 1-9   命令行方式执行 exp1_01. exe

到这里第一个 C/C++语言程序已经顺利组建并且运行起来了。

▌▶ 二、程序的基本构成要素

1. 注释

在程序中以“/*”开始且以“*/”结束的部分，以及“//”及其以后的字符序列称为 C/C++语言的注释。它的作用是方便源程序的阅读者对程序的理解。在本例中就是第1、2、3行整行,以及第4、5、6、7行的后半部分。

注释不是程序必备的部分,编译器组建可执行程序的第一步就是去掉程序中的注释。但它却是大部分程序不可缺少的部分,其作用主要体现在程序的后续维护当中。

注释太多会耗费程序员的精力,而且修改了代码之后也要对注释进行修改。注释太少则程序的可读性比较差。在源程序文件开始的地方,通常会对本文件进行比较详细的说明,例如,前三行所显示的,就是对本程序文件的一个最基本的说明。更详细的注释可以像下面这样,把程序文件的名字、作者、版本号、创建日期、用途、修改记录等都记录下来,以备后续的查阅:

```
/ ***************************************************************** * /
/ * 文件:        exp1_01.cpp                                       * /
/ * 作者:        Li  Gang                                          * /
/ * 版本:        1.0                                               * /
/ * 日期:        2010/6/10                                         * /
/ * 用途:        本程序简单的展示了C程序的基本结构,没有输入输出      * /
/ * 修改:        2010/6/11,Li Gang修改了文件注释,注释信息更全面      * /
/ ***************************************************************** * /
```

当然,如果每写一个程序都用手输入这么多的信息,确实比较繁琐。但是,这是成长为一名优秀程序员的基本训练。而且,上述的注释可以存在文本文件中,每次创建新的源程序文件时只需直接拷贝过来修改一下内容。

2. 函数

C程序是由函数构成的。函数是完成特定任务的一组代码的别名。本例中main就是一个函数。C/C++语言的标准规定,C程序必须从main函数开始顺序执行,要等main函数执行完程序才结束。C程序必须有且只有一个main函数,可以有或没有其他的函数。

判断一个字符串(术语叫标识符,简言之就是名字,规定要由英文字符数字下划线构成,且不能以数字开头,而且大小写代表不同的字符)是不是一个函数呢,关键看它后面是否紧跟着一对小括号(小括号前可以有空白符即空格、制表符等)。如果是,则该标识符就是一个函数的名字,代表了一个函数。如果小括号后面再紧跟一对大括号,表示要在此处定义该函数。定义函数就是规定这个函数具体代表了哪些代码。这些代码就是在后面的一对大括号{}中括起来的指令序列。本例中的main就代表了大括号里的return 0;这条指令。

C/C++程序中会用到4种括号:小括号()、方括号[]、大括号{}、尖括号<>,分别表示不同的含义。一般说来,小括号()通常用在函数名后面,内为函数参数列表;或者用来改变运算的顺序,就像数学式$a\times(b+c)$一样,小括号内的部分要先运算。方括号[]则用在数组的定义和数组元素的存取上。大括号{}则用来把若干代码括起来完成某一个具体的任务,比如,{打开冰箱门;把大象放进去;关上冰箱门;}表示完成"把大象放进冰箱"这样一个任务;大括号也用来定义复杂的数据结构,如结构体和类等;或者用在定义数组、结构体变量时对其进行赋值的初始化。尖括号<>用在include预处理指令中,用来表示其内部的文件名是系统的头文件名。这4种括号必须成对出现,可以嵌套(括号里套括号)。

3. 关键字

在 main 函数定义的前面,有一个单词 int(是英文 integar 的简写,意为整数类型,简称整型);在 main 函数后面的大括号内,有一个单词 return 表示"返回"。所谓"返回",就是把控制权交给上层。

C++语言规定,每个函数结束时都必须返回。main 函数执行完之后返回到操作系统,即把控制权交还给操作系统。程序内部函数执行完后返回到调用这个函数的函数(主调函数),即把控制权交给主调函数。在函数返回时,C/C++语言允许其带一个值,这个值称为函数的返回值,通常是此函数处理之后的结果(本例中函数返回值是整数 0)。函数返回时,这个结果也一并交给主调函数供其使用。返回值可以是整数,这时在函数定义部分函数名的前面(本例是 main 前面)写一个"int"表示返回值的类型是整型。当然函数也可以返回其他类型的值,这时需要在函数名前面写上相应的类型的名字,具体将在后续章节中详细介绍。函数返回时也可以不带任何的返回值。这时,在函数定义部分函数名的前面写一个"void"(英文,"空"的意思)表示此函数不带任何返回值。

与 main 这个词不同,像 int、return 这样的单词称为关键字,是 C/C++语言预先定义好的有特定用途的字符串,有着特定的含义和作用。这些关键字不能用作标识符,也不能用作别的用途。就是说我们不能使用这些关键字定义的函数的名字。ANSI C 中定义了 32 个关键字,见表 1-1(a)。C++定义了更多的关键字,见表 1-1(b)。

表 1-1(a)　ANSI C 定义的关键字

auto　double　int　struct break else long switch case enum　register typedef char extern return union const float short unsigned　continue for　signed　void　default　goto　sizeof volatile　do　if while static

表 1-1(b)　C++定义的关键字

asm auto bool break　case　catch　char class　const const_cast　continue default　delete　do　double　dynamic_cast else enum　explicit export　extern　false　float for　friend　goto if　inline　int　long mutable　namespace　new operator private protected　public　register　reinterpret_cast　return　short signed　sizeof　static　static_cast　struct　switch　template this throw　true try　typedef　typeid　typename　union　unsigned using　virtual　void volatile　wchar_t while

建 议

先熟悉这些关键字,查计算机字典尽量明确其含义,这将对后续的学习有很大的帮助。

4. 语句

源代码中以英文的分号";"结束的一个句子称为一条语句。分号表示一条命令的结束。注意这里的命令是 C/C++语言的命令，它可能相当于一条或多条 CPU 的指令。大括号括起来的一组语句称为复合语句，在语法和功能上相当于一条语句，不过复杂一些（在本例中没有出现）。复合语句不用在后面输入分号";"表示语句的结束，右边大括号"}"就已经有这个作用了。

5. 空白

在 C/C++语言中，把空格符、制表符、回车换行符统称为空白符（blank）。除了在标识符、关键字、某些运算符中间外，其他地方都可以插入任意的空白符。按[F7]键组建时，这些空白符都会被编译器删除掉（在后台进行）。

练 一 练

在 return 语句前面加几个空格和制表符；在"{"后面加几个空行，然后再按[F7]键进行组建，看看是否能成功组建。

C/C++语言的源代码必须使用英文字母和符号，而且大小写敏感（大写和小写表示不同的含义）。比如，把 main 函数改成 Main、MAIN 或其他大小写混写的形式，程序都不能顺利组建，因为编译器认为 Main、MAIN 或其他都不是 main 函数。一个 C/C++程序必须有 main 函数，找不到 main 函数，VC 就不能生成.exe 可执行文件。图 1－10 所示是把 main 改成 Main 后按[F7]键组建，结果不能顺利生成可执行文件。

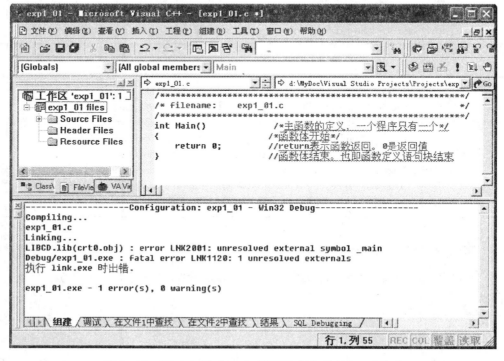

图 1－10 把 main 改成 Main 后编译成功，连接（link）失败

练 一 练

（1）把 main 中的任意字母大写，然后按［F7］键进行组建，观察下方的错误提示，出现在 linking 下面（连接错误，因为找不到 main 函数）。

（2）把 return 改成 Return，然后按［F7］键进行组建，观察错误提示。注意，这种情况下错误出现在 compiling 下面，表示编译错误。因为关键字 return 被误写成了 Return，而系统不认识这个词（它既不是关键字，也不是定义的标识符），所以错误提示为：'Return'：undeclared identifier（未声明的标识符）。结果应如图 1-11 所示。

提示 1：在组建的过程中如果遇到错误，会在 VC 下方的"组建"栏给出错误的详细提示。有时候提示的错误会很多，但是后续的错误往往是因为前面某个地方的错误引起的。所以在修改源代码时，一般要按照错误提示从上到下的顺序进行修改，且修改一处后便重新组建一次。在图 1-11 中，一处错误（return 写成了 Return）引发了两处编译（compiling）错误提示，改正时变 Return 为 return 后再按［F7］键，即可成功组建程序。

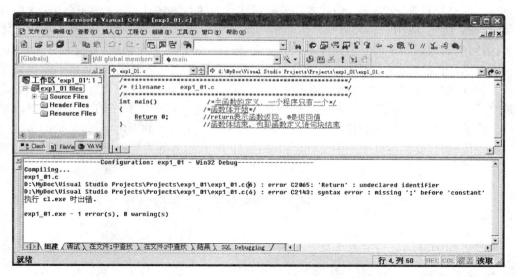

图 1-11 将 return 改成了 Return 后出现编译错误

提示 2：学会阅读出错提示非常重要，这些提示不但给出了错误可能发生的行，而且指出了错误的性质和类型。在出错提示上双击鼠标，编辑器会定位到出错行，在 VC 最底部的状态栏以蓝底白字的方式显示对应错误的详细提示，如图 1-12。

提示 3：准备一个便携笔记本，把遇到的错误提示抄下来，注明错误原因和解决办法，以便今后排错。编程是一门技术，经验非常重要，所以千万要重视日常经验的积累。

▶ 三、小结

C/C++程序是由"函数"构成的，函数代表完成某特定任务的一系列指令的集合，每

图 1-12 双击错误提示后高亮显示的出错信息及出错行自动定位

个程序都有且只有一个 main 函数才能最终组建成可执行程序;C/C++程序的指令由分号隔开的"语句"或用一对大括号{}括起来的复合语句构成;复合语句中的基本单位是语句;语句中要用到的单词分为关键字和标识符,关键字由语言本身使用,有特定含义;标识符则是用户自己定义的,用来命名函数等,必须由字母、数字、下划线构成,且不能以数字开头,不能使用关键字。C/C++语言中的注释以"/＊"开始,"＊/"结束,称为块注释;或是"//"开始的后面的字符序列,称为行注释。适当注释可以增强程序的可读性和可维护性。除了注释外,程序中的其他地方出现的字符都必须是英文的半角字符,从别的文档中拷贝源代码时,要注意其中的中文(全角)符号,如引号、逗号等要替换成英文半角字符。

1.2 带简单输出的 C 程序

编程序的目的是为了解决日常生活中和工程技术上的问题,问题解决后就会产生结果,这个结果要以人能够阅读的形式显示在屏幕上,或以文件的形式保存起来。

例 1-2 一个带有简单输出的 C/C++语言程序,在屏幕上显示"中华 XX 大学软件与通信工程学院 学生"。

```
0001 /*******************************************************************  */
0002 /* 文件：      exp1_02_0.cpp                                          */
0003 /* 作者：      Li   Gang                                              */
0004 /* 版本：      1.0                                                    */
0005 /* 日期：      2010/6/10                                              */
0006 /* 用途：      本程序简单地展示了 C 程序的基本结构,打印输出一行信息,但是
0007              没有输入                                                 */
0008 /* 修改：      2010/6/11,Li Gang 在 exp1_01.cpp 基础上添加了输出语句(第 13 行)  */
```

```
0009 / **********************************************************************   * /
0010
0011 int main()                              /* 主函数的定义,一个程序只有一个 * /
0012 {                                       /* 函数体开始 * /
0013 printf("中华 XX 大学软件与通信工程学院 学生");   //双引号中的内容会直接显示在屏幕上
0014     return 0;                           //return 表示函数返回。0 是返回值
0015 }                                       //函数体结束。也即函数定义语句块结束
```

在 VC 中新建一个名为 exp1_02 的空的控制台工程(Win32 Console Application),执行 VC 菜单命令"工程"→"增加到工程"→"新建",新建一个名为 exp1_02. cpp 的 C/C++语言源程序,内容见例 1-2(不含前面的编号)。按[F7]键进行组建,观察 VC 下方"组建"窗口的输出,如图 1-13 所示。

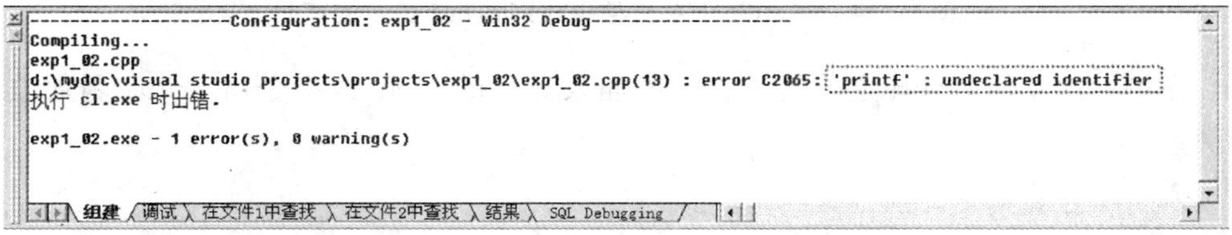

```
------------------Configuration: exp1_02 - Win32 Debug------------------
Compiling...
exp1_02.cpp
d:\mydoc\visual studio projects\projects\exp1_02\exp1_02.cpp(13) : error C2065: 'printf' : undeclared identifier
执行 cl.exe 时出错。

exp1_02.exe - 1 error(s), 0 warning(s)
```
◄ ► \ 组建 ⟨ 调试 ⟨ 在文件1中查找 ⟨ 在文件2中查找 ⟨ 结果 ⟨ SQL Debugging / ◄ ►

图 1-13 组建例 1-2 时遇到的输出错误(虚框是后来加的)

例 1-2 的程序带有简单的输出。跟例 1-1 相比,在 main 函数中增加了一条简单语句(简单语句是以英文的分号";"结束的一条 C/C++语言命令): printf("中华 XX 大学软件与通信工程学院 学生")。

这条语句的作用是把英文双引号内的字符序列显示到屏幕上,是程序运行后的输出结果。printf 是由 print(英文"打印"的意思)和 f(format 的首字母,意为"格式")二者合在一起表示"带有格式的打印"或"格式化打印"的意思。这里的打印不是指狭义地把结果输出到打印机的打印,而是指输出到标准输出设备(屏幕),即把格式化的字符序列(又叫字符串)显示在屏幕上。

printf 后面紧跟一对小括号,所以 printf 是函数。小括号里有用英文双引号引起来的字符序列(也称为字符串),该字符串即为函数 printf 的实际的参数,简称实参。但是跟 main 函数定义不一样,printf 函数的小括号后面没有跟着一对括着若干语句的大括号,而且 printf 前面也没有返回值类型,所以这个 printf 标识符表示的是函数的调用,而不是函数的定义(或声明)。

图 1-13 中用虚线框起来的部分: 'printf' : undeclared identifier('printf' : 未声明的标识符),意思是说 printf 这个标识符没有在使用(对函数 printf 的使用就是函数调用)前预先声明(就是用函数声明语句来说明这个标识符表示的是函数或其他,以及表示函数时返回值类型、参数类型等信息,以便组建时编译器对函数调用语句的合法性、正确性进行检查)。在 C/C++语言中有一个重要的规则:**任何标识符都必须先声明后使用。**

需在第一次使用 printf 之前加上函数 printf 的声明语句。函数 printf 不是程序员自

已定义的函数,是 C 标准库中提供的标准输出函数,声明出现在 stdio. h 文件中(C/C++ 语言编程时,扩展名为 h 的文件称为头文件 header file,h 表示 header)。打开 stdio. h, 按[Ctrl]+[F]键,输入 printf,则可找到 printf 函数的声明,如图 1-14。

```
STDIO.H                          c:\Program Files\Microsoft Visual Studio\VC98\Include\STDIO.H    Go
_CRTIMP int  __cdecl getc(FILE *);
_CRTIMP int  __cdecl getchar(void);
_CRTIMP int  __cdecl _getmaxstdio(void);
_CRTIMP char * __cdecl gets(char *);
_CRTIMP int  __cdecl _getw(FILE *);
_CRTIMP void __cdecl perror(const char *);
_CRTIMP int  __cdecl _pclose(FILE *);
_CRTIMP FILE * __cdecl _popen(const char *, const char *);
_CRTIMP int  __cdecl printf(const char *, ...);
_CRTIMP int  __cdecl putc(int, FILE *);
_CRTIMP int  __cdecl putchar(int);
_CRTIMP int  __cdecl puts(const char *);
_CRTIMP int  __cdecl _putw(int, FILE *);
_CRTIMP int  __cdecl remove(const char *);
```

图 1-14 在 stdio. h 头文件中找到 printf 函数的声明

在第一次使用 printf 之前的任意行前插入如下的 include 指令对 printf 函数进行 声明:

> #include <stdio. h>

这条指令称为编译预处理的文件包含指令,其作用是在编译器正式进行编译之前 把尖括号"<>"中间括起来的文件(这里是 stdio. h)的内容读入并替代 include 指令所 在的行。读入和替代操作所生成的文件是中间文件,是程序员看不见也无需看见的文 件。由于 stdio. h 中有 printf 函数的声明,这样就满足了标识符"先声明后使用"的规 则,于是程序就能正确编译和组建了。修改后的程序例 1-2 的源代码及组建结果如图 1-15 所示。

```
/****************************************
/* 文件:      exp1_02.cpp
/* 作者:      Li  Gang
/* 版本:      1.0
/* 日期:      2010/6/10
/* 用途:      本程序简单的展示了C程序的基本结构,打印输出一行信息,但是
              没有输入
/* 修改:      2011/6/11, Li Gang在exp1_01.cpp基础上添加了输出语句(第13行
/* 修改:      2011/6/12, Li Gang在exp1_02.cpp基础上添加了include指令(第
#include<stdio.h>
int main()                    /*主函数的定义,一个程序只有一个*/
{                             /*函数体开始*/
    printf("中华XX大学软件与通信工程学院 学生"); //双引号中的内容会直接
    return 0;                 //return表示函数返回。0是返回值
}                             //函数体结束。也即函数定义语句块结束
```

图 1-15 加上 include 指令后成功组建

例1-3 在程序 exp1_02.cpp 基础上增加编译预处理的文件包含指令,然后按[F7]组建程序,成功后按[Ctrl]+[F5]执行程序,将在屏幕上显示"中华XX大学软件与通信工程学院 学生",如图1-16所示。代码如下:

```
0001 /********************************************************************* */
0002 /*文件:        exp1_02_1.cpp                                        */
……文件头注释信息,同上例
0010 /********************************************************************* */
0011 #include <stdio.h> /*文件包含指令,将 stdio.h 文件包含进来,以便后来正确使用 printf*/
0012 int main()         /*主函数的定义,一个程序只有一个                 */
……/*同上例                                                            */
```

图1-16　程序运行结果

在图1-16的输出结果中可以看到,在显示了指定的文字("中华XX大学软件与通信工程学院")之后,紧接着便输出了"Press any key to continue"。后者是 VC 开发环境自动添加的。这样连续地输出在显示上使得不相关的文字粘连在一起,一般是不符合要求的,也不美观。要把不相关文字分行显示,需对程序代码进行修改。

例1-4 在 printf 函数调用中修改,使得输出一串文字后换行。代码如下:

```
0001 /********************************************************************* */
0002 /*文件:        exp1_02_2.cpp                                        */
……文件头注释信息同上例
0011 /********************************************************************* */
0012 #include <stdio.h> /*文件包含指令,将 stdio.h 文件包含进来,以便后来正确使用
printf*/
0013 int main()         /*主函数的定义,一个程序只有一个*/
0014 {                  /*函数体开始*/
0015    printf("中华XX大学软件与通信工程学院 学生\n"); //增加了换行符\n在字符串后面
0016    return 0;       //return 表示函数返回。0是返回值
0017 }                  //函数体结束。也即函数定义语句块结束
```

第15行的 printf 函数调用中,在待输出的文字后面加了一个"\n"。在字符或字符串中,这种以反斜线"\"开头,紧跟着("\"后不能有空格)一个或几个简单字符,用来表示 ASCII码字符集中不可打印的控制字符和特定功能的字串称为转义字符,如"\n"就是一个常用的转义字符,表示一个换行符。要注意:转义字符看起来是一串,但是表示的是一个字符。C/C++语言中规定的转义字符详见表1-2。

表1-2 C/C++语言的转义字符

转义字符	含　义	ASCⅡ值(十进)	转义字符	含　义	ASCⅡ值(十进)
\a	响铃(BEL)	7	\\	反斜杠	92
\b	退格(BS)	8	\?	问号字符	63
\f	换页(FF)	12	\'	单引号字符	39
\n	换行(LF)	10	\"	双引号字符	34
\r	回车(CR)	13	\0	空字符(NULL)	0
\t	水平制表(HT)	9	\ddd	任意字符	三位八进制
\v	垂直制表(VT)	11	\xhh	任意字符	二位十六进制

练 — 练

像例1-4加"\n"一样,把表1-2中的转义字符(除了最后两个)输入到 printf 函数后面的双引号括起来的字符串内,然后按[F7]键组建程序,成功后再按[Ctrl]+[F5]运行程序,看看输出如何。

例1-4的程序组建和运行后的结果如图1-17所示。

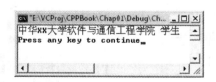

图1-17 输出一串字符后换行

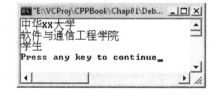

图1-18 信息的每个部分各占一行显示

结合刚才讲到的转义字符的概念,修改程序,使得信息的每个部分都单独显示在一行中,如图1-18所示。

例1-5 分行显示信息的各个部分。

解:方法一:在信息字符串内用转义字符\n隔开:

```
0001 /* 文件:exp1_02_3a.cpp */
0002
0003 #include <stdio.h>
0004 int main()
0005 {
0006   printf("中华XX大学\n软件与通信工程学院\n学生\n"); //用\n把信息的每个部分分开
0007   return 0;
0008 }
```

方法二：每行用一个 printf 调用，按行输出信息的一部分：

```
0001 /*文件:exp1_02_3b.cpp*/
0002
0003 #include <stdio.h>
0004 int main()
0005 {
0006   printf("中华 XX 大学\n");          //用一个 printf 输出单位
0007   printf("软件与通信工程学院\n")     //再用一个 printf 输出部门
0008   printf("学生\n");                 //最后用一个 printf 输出姓名
0009   return 0;
0010 }
```

　　方法三：只用一个 printf，但是把字符串分行写进程序中。这时，基于方法一的程序，在要断开的地方输入一个反斜线"\"，然后回车。反斜线不能除回车换行符之外的字符；下一行开始的地方也不要输入不必要空格，因为程序会把它们当作字符串的一部分。

```
0001 /*文件:exp1_02_3c.cpp*/
0002
0003 #include <stdio.h>
0004 int main()
0005 {
0006 printf("中华 XX 大学\n\
0007 软件与通信工程学院\n\
0008 学生\n");
0009
0010 return 0;
0011 }
```

练 一 练

　　（1）在方法三的代码中，第 7、8 行前面加一些空格，运行程序，观察输出有什么特点。

　　（2）在方法三的代码中，第 6 行的最后一个"\"后面输入若干个空格，组建，观察结果如何。

　　3 种方法输出结果都和图 1-18 一样。但是方法三更适合在程序输出中要打印非常长的字符串的情况。

　　一句话全部放在 printf 函数调用后面括号中的双引号里，VC 将以一行显示这条printf 函数调用语句，但是由于双引号中的字符串太长，所以在屏幕上显示不全。这时用第三种方法，则可以在编辑窗口看到整句话，方便阅读和修改，即：

printf("一九四九年,以毛泽东主席为领袖的中国共产党领导中国各族人民,在经历了长期的艰\

难曲折的武装斗争和其他形式的斗争以后,终于推翻了帝国主义、封建主义和官僚资本主义的统\

治,取得了新民主主义革命的伟大胜利,建立了中华人民共和国。从此,中国人民掌握了国家的\
权力,成为国家的主人。");

上面的代码还可以改成:

printf("一九四九年,以毛泽东主席为领袖的中国共产党领导中国各族人民,在经历了长期的艰"

"难曲折的武装斗争和其他形式的斗争以后,终于推翻了帝国主义、封建主义和官僚资本主义的统"

"治,取得了新民主主义革命的伟大胜利,建立了中华人民共和国。从此,中国人民掌握了国家的"

"权力,成为国家的主人。");

这样也能输出同样格式的内容。在每对双引号之间可以添加空白,以便于阅读。另外要注意的是,上面用的双引号均为英文的双引号。

1.3 带有可变内容的输出

在屏幕上显示一些固定的文字(又称为静态文本),是预先写在 C/C++语言的源程序里面的。如果不改变源代码并据此重新组建可执行程序,程序的输出不会变化。这样的程序用途其实很有限,毕竟程序是用来解决现实世界各个领域里的问题的,问题的领域、复杂性、初始条件、边界条件等发生变化,一般都会导致问题求解的结果发生变化。要适应这种变化,就必须在程序中引入变化的因素,这就是程序设计语言中所谓的变量。所谓变量,就是其值在程序运行过程中可以变化的量,类似于代数学中的变量 x, y 等;与之相对应的是常量,就是在程序运行过程中值不会变化的量。

1.3.1 用格式控制串实现的带参数的输出

例 1-6 在 printf 中输出一个整数 10。

解:直接把整数写在字符串内然后用 printf 进行输出:

```
0001 /*文件:exp1_03_0.cpp*/
0002 #include <stdio.h>
0003 int main()
0004 {
0005 printf("10");
0006 return 0;
0007 }
```

　　这种方法把输出固定在 printf 后面的字符串中了,实际上和上一节的内容并没有本质的不同,不过是把数字形式的字符用来代替文字形式的字符而已。所谓数字形式的字符和数字是不同的,前者看起来是数字,但是在内存中存放的是该数字字符对应的 ASCⅡ码。printf 后面的"10",在内存中存放的是整数 49 和整数 48(即字符"1"和"0"的 ASCⅡ编码),而不是整数 10。表 1-3 列出了前 128 个 ASCⅡ码,供查询。

表 1-3　美国标准信息交换码(ASCⅡ码)表

代码	字符	代码	字符	代码	字符	代码	字符	代码	字符	代码	字符	代码	字符	代码	字符
0	NUL	16	DLE	32	空格	48	0	64	@	80	P	96	`	112	p
1	SOH	17	DC1	33	!	49	1	65	A	81	Q	97	a	113	q
2	STX	18	DC2	34	`	50	2	66	B	82	R	98	b	114	r
3	ETX	19	DC3	35	#	51	3	67	C	83	S	99	c	115	s
4	EOT	20	DC4	36	$	52	4	68	D	84	T	100	d	116	t
5	ENQ	21	NAK	37	%	53	5	69	E	85	U	101	e	117	u
6	ACK	22	SYN	38	&	54	6	70	F	86	V	102	f	118	v
7	BEL	23	ETB	39	'	55	7	71	G	87	W	103	g	119	w
8	BS	24	CAN	40	(	56	8	72	H	88	X	104	h	120	x
9	HT	25	EM	41	)	57	9	73	I	89	Y	105	i	121	y
10	LF	26	SUB	42	*	58	:	74	J	90	Z	106	j	122	z
11	VT	27	ESC	43	+	59	;	75	K	91	[	107	k	123	{
12	FF	28	FS	44	,	60	<	76	L	92	"	108	l	124		
13	CR	29	GS	45	-	61	=	77	M	93	]	109	m	125	}
14	SO	30	RS	46	.	62	>	78	N	94	^	110	n	126	~
15	SI	31	US	47	/	63	?	79	O	95	_	111	o	127	DEL

　　例 1-7　另一种方法,用 printf 语句输出一个整数 10。

```
0001 /* 文件:exp1_03_1.cpp */
0002
0003 #include <stdio.h>
0004 int main()
0005 {
0006   printf("%d",10);
0007   return 0;
0008 }
```

　　在例 1-7 中,函数 printf 后面小括号内的内容跟例 1-6 有明显的不同。首先括号里的内容(函数调用语句中小括号内的内容叫实参列表。当存在多个实参时,实参间用逗号分开)通过半角的逗号",",分成了两部分,前一部分是以双引号引起来的字符串,里面是字符串"%d";后一部分是整数10。printf 函数是一个可以接受多个参数的特别的函数,第一个参数一定是个由双引号引起来的字符串,后面的参数看情况有或者没有。例1－7 中有两个实际参数,第二个参数是整数10。

　　printf 是格式化打印函数,即是说利用 printf 进行输出不但可以在屏幕上显示文本,而且可以控制屏幕上显示的文本的样式,如对齐方式、小数点后有效数字个数、输出数字的进制等,例如格式控制串"%d"。

　　C/C++语言在 printf 中采用格式控制串对输出内容(文字/数)的格式进行规定,从而达到控制输出格式的目的,见表1－4。格式控制串是一个以"%"开头的特殊字符串,程序运行时,这个字符串不会显示在屏幕上,而是控制要显示的内容和格式。比如例1－7中的"%d",d 表示整数,前面的百分号和后面的 d 结合在一起,表示要输出一个整数,这时,在 printf 后面的参数列表中就必须有一个整数类型的量(变量或常量)或者结果为整数类型的运算式。10 是一个常量,它的值就是它看上去应该是的值(看上去是10,它的值就是10),这一类值称为 literals(表面值)。"%d"和后面的整数10,构成了一对:前者规定要显示的内容是一个整数值,后者规定这个值是多少。格式控制串总是依次和后面的参数相匹配,一个格式控制串匹配后面的一个实际参数,有多少个格式控制串("%%"不算),就必须有多少个实际参数顺次与之对应。

表1－4　printf 函数常用的格式控制串

%c 字符	%o 无符号八进制整数
%d 十进制整数	%s 字符串
%i 同%d	%u 无符号整数
%e 以科学计数法表示浮点数(指数部分以 e 表示)	%x 无符号十六进制(小写 x)整数
%E 以科学计数法表示浮点数(指数部分以 E 表示)	%X 无符号十六进制(大写 X)整数
%f 浮点数	%p 输出指针内容
%g 在%e 和%f 表示中选取择短的一种	%n 显示至此 printf 已输入的字符数
%G 在%E 和%f 表示中选取择短的一种	%% 显示百分号

练 一 练

　　(1) 把例1－7 中的10 换成其他整数,运行程序观察结果;

　　(2) 把例1－7 中的10 和前面的逗号去掉,组建程序,观察输出提示;

　　(3) 把例1－7 中的"%d"改成"%i",组建并运行程序,观察结果;

　　(4) 把例1－7 中的10 写成10.01,组建程序并运行,观察输出结果;

　　(5) 在前面的基础上,把"%d"改成"%f",组建运行程序并观察结果。

　　格式控制串跟后面的实参的值的类型必须完全匹配,才能输出正确的结果。比如"%d"必须对应 printf 函数实参列表后面的一个整数;"%f",就必须对应一个实数(必须有小数点),否则 printf 函数会把后面的实参按照格式控制串的规定进行解释。因此,如果后面是 10,前面格式控制串用的是"%f",那么后面这个实参(整数 10)就会当作实数来处理。C/C++语言中用浮点类型代表实数类型,而浮点类型的数在计算机上的表示跟整数在计算机上的表示完全不一样,所以在把整数按照浮点数的格式解释成浮点类型,出来的就是错误的结果。

1.3.2　带可变值的输出

　　例 1-8　用变量在 printf 中输出一个整数。

```
0001 /* 文件:exp1_03_2.cpp */
0002
0003 #include <stdio.h>
0004 int main()
0005 { int age;              //定义 age 为 int(整型)的变量
0006 printf("%d\n",age);     //输出 age 的值。格式控制串%d 跟 age 值的类型(整型)对应
0007 return 0;
0008 }
```

　　age(年龄)就是一个整数类型的变量。变量就是其值可变的量。为程序中要处理的每个量都单独进行维护,而类型、用途、含义相似的量(如年龄、身高、体重等)就可以用一个变量来代表。上述例子中,使用变量 age 来表示一个人的年龄并进行输出。

　　关于变量,要强调 3 个方面:名、型、值。名是指变量的名字。每个变量都有一个唯一的名字,用于和其他的变量区分开。一般情况下,在同一个层次内(相同层次的大括号内)变量不可以重名。变量名跟函数名一样,必须由合法的标识符(由字母数字下划线组成,大小写敏感,不能以数字开头)构成。另外,变量实际上对应了一块内存区域,对变量的访问其实就是对该内存区域的访问。最后,变量必须先声明再使用(以满足"标识符必须先声明再使用"这一条)。

　　型指的是变量的类型。每个变量都有一个类型,在变量的定义性声明中确定,以后不再改变。所谓定义性声明,即如上例中第 5 行,是首次在程序中创建变量的语句,这条语句同时给出变量的名字(例中是 age)和类型(例中是 int 即整数类型,简称整型)。例 1-8 中的定义型声明语句定义了整型变量 age,它的取值范围为整数,比如…,-3,-2,-1,0,1,2,3,…。C/C++语言中最基本的 4 种类型是整型、浮点型、双精度实型和字符型,分别用英文单词 int、float、double 和 char 表示。

　　变量的作用是用来承载不同类型的数据的值,所以每个变量必须有值。这个值可以在定义变量时给定(如 int x=10;),也可以在定义之后给定(如 int x; x=10;)。给变量指定一个值的行为称为变量赋值,在 C/C++语言中通过等号"="来完成。定义变量时给定其值称为变量的初始化。

例 1-8 中没有给变量赋值的语句,为什么却仍能够输出一个整数数值?

如果不给变量赋值,系统会给变量一个缺省(default,又译作默认)的值,因为变量都必须有值。默认值的指定有规则,在上例中就是把跟 age 关联的内存中的数按照整数来解释,把它作为 age 的初值。

计算机内存以字节为单位组织,每个字节有 8 个二进制位(bit),每个二进制位就是一个取值为 1 或 0 的二进制数,简称位。定义一个变量时,系统根据变量的类型指定一块内存跟变量名关联。在 32 位编译环境中,一个 int 型或 float 型变量也占 4 个字节(32 个二进制位=4 个字节),而 char 型变量只占有 1 个字节。在例 1-8 中,age 值就是跟它关联的 4 个内存字节中的值。因为最初这段内存是别的程序不用了释放出来的,其中还保留着最后使用之后残存的值(它是一个随机值),所以在例 1-8 中,没有为变量赋值,变量却已经有值了,而且该值表现出一定的随机性。

例 1-9　用变量输出小明的基本信息:10 岁,身高 1.45 米,性别:M(代表男)。

```
0001 /* 文件:exp1_03_3.cpp */
0002
0003 #include <stdio.h>
0004 int main()
0005 { int   age = 10;   //定义年龄 age 为 int(整型)型的变量,初始化为 10
0006   float height = 1.45;//定义身高 height 为 float(浮点)型的变量,初始化为 1.45(米)
0007   char  gender = 'M'; //定义性别 gender 为字符型的变量,初始化为 M(男)
0008   printf("小明的基本信息:\n");
0009   printf("年龄:%d 岁\n",age); //输出年龄
0010   printf("身高:%f 米\n",height); //输出身高
0011   printf("性别:%c\n",gender); //输出性别。M 表示女性,F 表示男性
0012   return 0;
0013 }
```

程序输出:

```
小明的基本信息:
年龄:10 岁
身高:1.450 000 米
性别:M
```

练 一 练

(1) 改变上述变量的值,重新编译后运行,观察结果是否变化;

（2）在第 6 行的 1.45 后紧接着加一个 f 或 F，然后编译运行，观察编译输出窗口信息是否变化；

（3）定义一个浮点型变量 weight 表示体重，初始化其值为 35.5（公斤），打印输出此信息。

注意这里用的半角英文"="号，跟数学中的等号含义不同，在 C/C++语言中，"="号叫做赋值运算符，用来把右边（式子）的值指定给左边的变量，"="号左边必须是一个变量名（lvalue，左值的意思，左值必须是变量）；右边可以是一个直接的值（称为直接常量，也叫表面值，比如例中的 10，1.45 和'M'），也可以是一个变量，还可以是一个比较复杂的运算式（如 3+2−1，C/C++语言中把这样的运算式称为表达式）。

练 — 练

（1）例 1-9 中，把第 5 行右边的 10 换成 2 * 5，把第 6 行右边的 1.45 改成 1.45−0.02，重新编译后运行程序，观察结果；

（2）例 1-9 中，把第 7 行右边单引号中的"M"换成"F"，重新编译后运行，观察结果；

（3）例 1-9 中，在第 7 行右边单引号内加一个字母 F 使引号内成为"MF"，组建程序并观察组建窗口的输出；

（4）[代码自动缩进]在源代码窗口中，按[Ctrl]+[A]组合键选中所有代码，然后再按下[Alt]+[F8]组合键，观察编辑窗口代码是否发生了缩进。此功能只有在大括号独占一行时才起作用。这样代码才会层次感清晰，方便阅读。

常量是在程序运行过程中其值不会改变的量。常量也有类型，比如上面的 10 是整型，'M'是字符型，14.5 是实型（double 型）；但是常量不一定要有名字。字符型常量是用半角单引号引起来的一个字符或转义字符，如上例中的'M'。"' '"看似单引号内什么都没有，但是其实是有一个半角的空格。如果使用单引号表示字符而双引号内什么都没有，即如"' '"（这是两个连续的单引号"'"，而不是一个双引号"""），则是一种错误的表示。

字符串常量（string literals，又叫字符串字面值），就是用双引号引起来的一个字符序列，比如 printf 函数调用中的第一个实参（如第 8 行的"小明的基本信息：\n"等）。双引号内可以什么都没有，如""，这也是合法的字符串常量，叫做空串，如图 1-19 所示。

C/C++语言要求"="左边变量和右边常量的类型要一致。就是说，如果"="左边的变量是整型的 age，右边的常量通常也要是

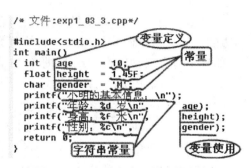

图 1-19　本例中出现的变量和常量

整型的 10；左边变量为浮点型的 height，右边常量也要是浮点型的常量。但是在例 1 - 9 中，右边的常量 1.45 是双精度 double 型的，所以在编译的时候，会出现如下的警告：

......warning C4305：'initializing'：truncation from 'const double' to 'float'
意为：警告 C4305：'初始化'：'double'型常量被截断为'float'型。

虽然出现了警告，程序仍然正常编译而且运行了，似乎也得到了正确的结果。这是因为 C/C++语言在使用"＝"给变量赋值的时候，如果右边的值的类型跟左边变量类型不一致，会自动基于右边的值生成一个临时值，该值具有跟左边变量相同的类型。这里是由 1.45 这个 double 型的值生成了一个临时的 float 型的值（也等于 1.45），然后把这个值赋给了左边的 float 型的变量。这叫做类型转换，如图 1 - 20 所示。

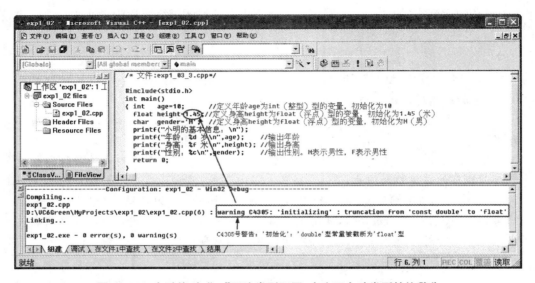

图 1 - 20 在赋值时，"＝"两边类型不同，产生了自动类型转换警告

在 1.45 后面加上 F(f 也可)使之成为 1.45F 后，这个常数值就成了 float 类型的值。然后再编译代码，上述的警告就消除了。

注意：在 C/C++语言中，有时候虽然有警告，但是仍然可以生成可执行程序。但是严格地讲，警告意味着程序中存在着隐患。一个好的程序必须改正所有的错误，而且也必须消除所有的警告。

C/C++语言有一套变量类型转换规则，在需要类型转换的场合（比如赋值号"＝"两边的量的类型不同），如果符合转换规则，转换就会自动进行，编译时也不会出现警告；如果不符合自动转换的规则，那么在编译时要么给出跟上面警告类似的警告，要么就会给出一条不能转换的错误信息：

error C2440：'＝'：cannot convert from '类型 A' to '类型 B'
意为：C2440 号错误：'＝'赋值：不能把类型 A 的量转换成类型 B 的量。A 类型为源类型，B 类型为目标类型。

表 1 - 5 给出了 4 种基本类型的转换规则。按照 char→int→float→double，从低到

高可以自动转换且无警告；反之可以转换，但是编译时会给出警告，提示程序员这种转换虽然可以发生，但是在某些情况下可能会发生截断错误或四舍五入。

表 1-5 4 种基本数据类型的转换规则

源类型 A	目标类型 B(转到)			
	char	int	float	double
char	—	√	√	√
int	!	—	√	√
float	!	!	—	√
double	!	!	!	—

"√"自动转换，"—"无需转换，"!"转换且给出警告。

把例 1-9 的第 9～11 行 printf 中的格式控制串中的 d、f 和 c 分别改成大写，编译运行程序，观察结果。

1.4 C++方式的输出 *

C++通常采用输入输出流进行数据的输入输出（不是必须，C 是 C++的子集，用 printf 进行信息的输出依然是合法的 C++程序）。所谓流，即是把欲输出的内容当作字符序列，一个字符一个字符地向输出设备（这里指显示器，但是流其实可以包含更广义的内容）输出（显示）。把例 1-2 改写成 C++使用输出流在屏幕上显示信息。

例 1-10 使用 C++的输出流，在屏幕上显示"中华 XX 大学软件与通信工程学院 学生"。

```
0001 /*C++方式的输出*/
0002 #include <iostream>              //①包含的头文件,不用 stdio.h
0003 using namespace std;            //②使用名字空间 std
0004 int main()                      //main 函数跟之前相同
0005 {
0006    cout<<"中华 XX 大学软件与通信工程学院"  //③分行的字符串。cout 在 iostream 中定义
0007        "学生"<<endl;            //④endl 表示结束输出并换行
0008    return 0;                    //程序返回值
0009 }
```

程序的输出跟例1-2完全相同。代码跟例1-2不同之处已经用圆圈数字标注。第一处不同,用头文件iostream(没有.h)取代了stdio.h。这个文件是使用输入输出流必需的头文件,其中i表示input,o表示output,stream意为流。第6行的cout(读作see out)是在iostream中定义的一个ostream(输出流)对象,所以必须包含这个头文件。C++标准库中的头文件几乎都用不带.h扩展名的文件名。

把上述代码输入到VC中,选择cout后在该单词上点击鼠标右键,在弹出菜单中选择执行"转到cout的定义",即会打开iostream头文件:

```
// iostream standard header
......
extern _CRTIMP   istream cin;
extern _CRTIMP   ostream cout;
extern _CRTIMP   ostream cerr, clog;
......
```

其中,加粗的一行中ostream cout即为cout变量(输出流对象)的定义。另外cin是输入流对象,用来获取用户的输入。

cout输出采用流运算符(<<,插入运算符),表示向对象cout中写入数据。可以把cout等价于标准输出设备(显示器),向其写入数据就是命令显示器输出相应的信息。而且,"<<"符号(两个"<"中间没有空格)可以级联使用,像代码的第6、7行中的一样。

第7行末尾的endl是end of line(行结束)的缩写,表示这里要输出一个换行符,并结束输出,大致相当于用printf输出一个'\n'换行符。

1.5 本章小结

本章首先介绍了C程序设计的基本知识。因为C++是在C语言基础上增加了类和相关的特性后形成的一个新的面向对象设计的语言,C++中的面向过程的部分是C语言的核心。C/C++语言程序文件保存在.c或.cpp文件中,称为源程序文件。程序由函数构成。C程序能够运行的基本条件是必须有一个main函数。函数由函数名、参数、返回类型、函数体构成。

在main函数中信息的输出是调用库函数printf的方法。函数printf的主要参数是一个双引号引起来的字符串,显示在控制台的信息中。可以通过格式控制串来动态控制显示的内容,包括显示数字、常量和变量。格式控制串是以"%"开始的一个特定字符串,在屏幕上显示时,格式控制串"%d"将被printf后面的式子的值代替。这样可以实现在程序中根据需要显示各种信息,而且还可以控制显示的方法。

常量是程序运行过程中值不会变的量,变量是程序运行过程中值可以改变的量。变量由名、型、值构成。变量名必须是合法的标识符,而且必须先定义后使用。信息的类型不同导致表示信息的变量类型的多样化。不同类型变量的值域不同。基本数值类型的数据之间可以转换，但转换时可能会损失信息。

复习思考题

- C/C++语言程序中 main 函数基本构成如何？各部分分别是什么含义？
- return 有什么用？return 后面的值有什么要求？
- 什么是关键字？C/C++语言中有哪些关键字？本章中用到了哪些？
- 函数 printf 有何作用？如何进行函数 printf 的调用？
- 如何在 VC++中进行程序的编写和运行？
- 如何在程序运行时输出可变信息？
- 什么是变量？本章使用了哪些基本类型的变量？
- 怎么在代码中进行变量的定义和初始化？

练 习 题

1. 在 VC++6.0 中创建控制台（console）工程，添加源文件 myname.c，在该文件中编写一个程序，使用 printf 输出自己的名字（以后题目的操作同此）。

2. 编写一个程序，使用 printf 的格式控制串%s，输出"你好，XX"，其中 XX 作为 printf 的参数，也是一个字符串常量，可以用自己的名字代替。

3. 使用 printf 的格式控制串%f、%d、%c，分别输出 3.14、100 和字符'C'。（提示：printf 的第一个字符串参数中可以使用多个格式控制串。）

4. 使用 printf 和格式控制串%d，输出一个浮点数。观察结果并思考。

5. 使用 printf 输出一个形如 14.3%这样的百分数。

6. 分别创建一个 int 型变量 a、float 型变量 b、char 型变量 c，初始化为直接常量 1、3.14 和'C'，在 printf 中输出它们的值。

7. 给一个 int 型变量 a、float 型变量 b、char 型变量 c 赋值为 1、3.14 和'C'，体会赋值和初始化的不同。

8. 有一个 int 型变量 a（值为 float 型变量 b（值为 3.14）、char 型变量 c（值为'C'），相互赋值，并输出赋值后变量 a、b、c 的值。体会赋值时不同类型数据的转换和截断在什么情况下发生，效果如何？

9. 定义两个 int 型变量 a 和 b，不进行赋值或初始化，直接输出它们的和、差、积、商。观察结果，并分析。

10. 定义两个 float 型变量 fa 和 fb，初始化为 1.1f 和 2.2f，直接输出它们的和、差、积、商。

第 2 章　控制程序的执行方式

学 习 要 点

● 顺序结构
● 分支结构
● 循环结构
● 运算符与表达式

在计算机程序设计语言中有进行判断和反复执行某些命令的机制,这就是程序的流程控制。计算机的流程控制可简单分为顺序、分支和循环结构。

2.1　根据变量的值选择性输出

在例 1-9 中,当小明的性别为男时,输出的是"M"。需要根据表示性别的变量 gender 的值选择性输出。

例 2-1　根据性别变量的值选择性输出。当 gender 值为'M'时,输出男,否则输出女。

```
0001 /* 文件:exp2_01_1.cpp */
0002 /* 根据性别取值进行用户友好的输出 */
0003  #include <stdio.h>
0004  int main()
0005  {  int   age = 10;      //定义年龄 age 为 int(整型)型的变量,初始化为 10
0006   float height = 1.45;   //定义身高 height 为 float(浮点)型的变量,初始化为 1.45(米)
0007   char  gender = 'M';    //定义性别 gender 为 char(字符)型的变量,初始化为 M(男)
0008   printf("小明的基本信息:\n");
0009   printf("年龄:%d 岁\n", age);     //输出年龄
0010   printf("身高:%f 米\n", height);  //输出身高
0011   if(gender == 'M')             //判断:如果表示性别的变量 gender 值为'M'(男性)
0012   {                            //则执行这对大括号中的处理
0013       printf("性别:男\n");      //输出 性别:男
0014   }
```

```
0015    else                        //否则（也就是 gender 的取值不为'M'）
0016    {                           //则执行这对大括号中的处理
0017        printf("性别:女\n");    //输出 性别:女
0018    }
0019    return 0;
0020  }
```

练 一 练

（1）在上例第 7 行中，把"＝"号右边的'M'改成'F'，编译并运行此程序，观察结果。

（2）把 if 和 else 后面的两对大括号去掉，再重新编译执行程序，观察结果。

说明：用大括号括起来的语句序列称为复合语句；当复合语句只由一条语句构成时，大括号可以省略（函数定义时除外）。

此程序编译运行后的结果如图 2-1 所示。由于小明的性别变量 gender 的值为字符'M'，程序据此进行了判断并正确输出了小明性别的中文表示"男"。如果 gender 的值为'F'，则表示小明为女子，程序就会输出性别"女"。

在例 2-1 中第 11～18 行，关键字 if 和 else 引入了判断。和在英语语言中一样，if

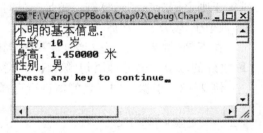

图 2-1　设 gender 的值为 M，输出的性别为男

和 else 在 C/C++语言中也是经常成对使用，表示两种情况及其处理。允许使用没有"否则"（else）的"如果"（if），但是不能使用没有"如果"（if）的"否则"（else）。if 语句的使用大致情况如图 2-2 所示。

if(条件 A)
{
条件 A 满足时要执行的
语句
}
……
	if(条件 A)
	{
	条件 A 满足时要执行的
	语句
	}else
	{
	条件 A 不满足时执行的
	语句
	}
		if(条件 A)
		{条件 A 满足时要执行的
		语句
		}else if(条件 B)
		{条件 A 不满足而条件 B
		满足时执行的语句
		}
		……
		else{上面的条件都不满足
		时要执行的语句}

（a）只有 if	（b）if 和 else 成一对	（c）多对 if...else 进行的复杂判断

图 2-2　if...else...判断结构的 3 种基本用法

应该把第 11～18 行看作一个语意段,因为这 8 行都是对性别变量 gender 的取值进行判断,从而决定程序执行哪些代码。关键字 if 的后面必须有一对小括号(一个非关键字的字符串后面紧跟一对小括号,则该字符串为函数;但是这里 if 是关键字)。if 后边括号里的是条件,就是我们说的"如果怎么样①,就怎么样②"的第一个"怎么样①"。紧跟后面的大括号内的代码就是上句话中的第二个"怎么样②"。

当 if 后面小括号中表示条件的式子的最终的值为"真"(任何的非零值)时,执行 if 后面的语句块(即紧接着的大括号括起来的语句序列),否则这个语句块是不执行的;如果之后有跟这个 if 配对的 else,在 if 的条件为"假"(值为 0)的时候,则执行 else 后面的语句块。

第 11 行有个式子: gender == 'M',中间是两个等号连写(中间一定不能有空格或其他字符,因为这里用两个连续的等号表示一个运算),表示对左边和右边的值进行相等判断。C/C++语言中,类似于"=="这样具有特定含义的符号,叫做操作符或运算符(operator)。若 gender 值为字符 'M',则此式(称为表达式)值为"真";否则此式值为"假"。if 根据这个式子是"真"是"假"有选择地执行语句。相对于相等判断运算符"==",不相等用"!="来表示,大于用">",小于用"<"。大于等于判断用">=";小于等于则要用"<="运算符。满足条件时,表达式值为真(数值上等于 1),不满足时为假(数值上为 0)。

在下例(例 2-2)中,又增加了一次判断,增加了对性别变量 gender 的值为 'M' 和 'F' 之外的取值时的处理语句(第 19～22 行)。

例 2-2　根据性别变量的值进行选择性输出。加设了"性别保密"一项判断。

```
0001 /＊文件:exp2_01_2.cpp＊/
0002 /＊根据性别取值进行用户友好的输出:增加了性别保密的情况＊/
0003 #include <stdio.h>
0004 int main()
0005 {    int   age = 10;      //定义年龄 age 为 int(整型)型的变量,初始化为 10
0006     float height = 1.45;  //定义身高 height 为 float(浮点)型的变量,初始化为 1.45(米)
0007     char  gender = 'M';   //定义 gender 为 char(字符)型的变量,初始化为 M(男)
…… /＊同例 2-1 第 8～18 行
0019     else             //否则(即上面两个条件都不满足)
0020     {                //执行以下大括号括起来的语句
0021         printf("性别:保密\n");//输出 性别:保密
0022     }
0023     return 0;
0024 }
```

练 一 练

(1)编译上述程序并执行,观察输出;

（2）把第 7 行右边的字符改为'F'和'M'之外的其他值,编译执行并观察输出;

（3）依次把第 22、20、19 行的内容删除,重新编译执行程序,观察结果,思考跟（2）有何不同。

4）在（3）的基础上,把第 7 行右边的字符改为'F'或'M',重新编译执行程序,观察结果,思考为什么。

除非在判断语句中有从函数返回的语句（return 语句）或者结束程序的语句（exit 语句）,否则 if... else ... 语句块之外的语句总是要执行的。使用不带 else 的 if 要小心,避免出现练习（4）中的错误。

当 if 后面小括号中的条件不止一个时,比如希望当 gender 的取值为小写的'm'或'f'也能够表示男性或女性,很自然的想法是增加判断分支处理。

例 2 - 3　修改程序,gender 取值为'M'或'm'都表示男性,为'F'或'f'时都表示女性。

```
0001 /* 文件:exp2_01_3.cpp */
0002 /* 根据性别取值进行用户友好的输出:gender 取值为'M' */
0003 /* 或'm'都表示男性,为'F'或'f'时都表示女性 */
0004 #include <stdio.h>
0005 int main()
0006 {    int    age = 10;
0007     float height = 1.45;
0008     char  gender = 'M';
0009     printf("小明的基本信息:\n");
0010     printf("年龄:%d 岁\n", age);
0011     printf("身高:%f 米\n", height);
0012     if(gender == 'M')           //判断:如果表示性别的变量 gender 值为'M'(男性)
0013     {
0014         printf("性别:男\n");      //输出 性别:男
0015     }
0016     else if(gender == 'M')      //否则,当 gender 值为'M'时,也表示男性
0017     {
0018         printf("性别:男\n");      //输出 性别:男
0019     }
0020     else if(gender == 'F') //否则,若性别为'F'(也就是 gender 的取值不为'M'、'M'而为'F')
0021     {
0022         printf("性别:女\n");//输出 性别:女
0023     }
0024     else if(gender == 'f') //否则,当 gender 值为'f'时,也表示女性
0025     {
```

```
0026          printf("性别:女\n");      //输出 性别:女
0027     }
0028     else                          //否则(以上条件都不满足)
0029     {
0030          printf("性别:保密\n");    //输出 性别:保密
0031     }
0032     return 0;
0033 }
```

程序中输出相同性别的语句重复出现,显然应该有比这样简单的重复更简洁高效的方法完成上一任务。

例 2-4   在 if 中使用复杂的条件。

```
0001 /* 文件:exp2_01_4.cpp */
0002 /* 根据性别取值进行用户友好的输出:gender 取值为'M' */
0003 /*    或'm'都表示男性,为'F'或'f'时都表示女性 */
0004 /* 采用在 if 后面的条件中进行较复杂的判断的方式 */
0005 #include <stdio.h>
0006 int main()
0007 {    int    age = 10;
...... /* 同上例第 7~11 行 */
0013    if((gender == 'M')||(gender =='M'))      //判断:gender 值为'M'或'M'(男性)
0014    {
0015          printf("性别:男\n");                //输出 性别:男
0016    }
0017    else if((gender == 'F')||(gender =='f'))  //否则,若性别为'F'或'f'(女性)
0018    {
0019          printf("性别:女\n");                //输出 性别:女
0020    }
...... /* 同上例第 28~31 行 */
0025    return 0;
0026 }
```

上例中,第 13 行和第 17 行,仅在例 2-2 的基础上增加了新的条件判断(gender=='m'、gender=='f'),跟原来的条件用"||"连接起来。每个条件都用小括号括起来了,这虽然不是语法上必需的,但使得程序代码条理更清晰。

"||"是 C/C++语言的运算符,用来连接两个条件,表示"或者"的意思,称为逻辑或运算符,一般用在 if 或表示条件的语句中。使用方法类似于:if((条件 A)||(条件 B)),表示只要条件 A 或条件 B 中的一个为真(表达式取非 0 值),这个 if 的条件就为真。判断的顺序是从左往右,即先看条件 A 的值是否为真,再看条件 B 的值是否为真。当然也可以由多个"||"组成更复杂的条件。先算得条件 A 的值非 0 后,就能够保证 if

后面的条件为真,条件 B 不进行计算,这叫做短路特性。因为变量 gender 的初值为'M',所以第13行的 if 后面的条件 gender=='M'为真,"||"运算符后面的条件 gender=='m'实际上是不执行的。如果把第13行的'M'改为'm',那么先执行语句 gender=='M'时,其值为假(0),这时必须执行"||"右边条件的表达式 gender=='m',算出后者为真(1)。于是 if 后面的条件为真,执行第14~16行的语句块。

跟"||"类似的运算符有"&&"运算符,称为逻辑与运算符。当用"&&"连接两个条件,如 if((条件 A) && (条件 B))表示,只有条件 A 和条件 B 的值都为真(都为非零值,表示两个条件同时满足)时,if 的条件才为真,比如条件判断 if((x>1) && (x<4)),只有当 x 落在开区间(1,4)内的时候 if 判断的条件才为真。另外,逻辑与运算符"&&"也有短路特性,当条件 A 的值为假(0 值)时,就能够确定整个条件一定为假,故表示条件 B 的表达式也不再进行运算。

例 2-5　利用逻辑表达式进行条件的组合。定义整型变量 score 作为学生的成绩,根据成绩所在范围输出"优"、"良"、"中"、"及格"、"不及格"等级别。注意,先要对成绩是否在合法范围内进行判断。

```
0001 /* 文件:exp2_01_5.cpp */
0002 /* 根据成绩来进行级别划分:90 及以上为"优",80~89 为"良",
0003    70~79 为"中",60~69 为"及格",0~60 为"不及格"
0004    如果成绩不在 0~100 分这个正确范围,则输出"错误的成绩"
0005 */
0006 #include <stdio.h>
0007 int main()
0008 {
0009     int score;                    //没有初始化的变量定义
0010     score = 82;                   //给变量赋值
0011     printf("成绩:%d\n等级:", score);
0012     if((score <0) || (score>100))//错误成绩范围的判断
0013     {
0014         printf("错误的成绩! 退出程序…\n");
0015         exit(-1);
0016     }                             //只有当成绩 score 在[0,100]内才执行下面的判断
0017     if((score >= 90) && (score <= 100))//score 范围在[90,100],输出"优"
0018     {
0019         printf("优\n");
0020     }
0021     if((score >=80) && (score <90))//score 范围在[80,90],输出"良"
0022     {
0023         printf("良\n");
0024     }
```

```
0025    if((score>=70) && (score<80))//score范围在[70,80),输出"中"
0026    {
0027        printf("中\n");
0028    }
0029    if((score>=60) && (score<70))//score范围在[60,70),输出"及格"
0030    {
0031        printf("及格\n");
0032    }
0033    if((score>=0) && (score<60)) //score范围在[0,60),输出"不及格"
0034    {
0035        printf("不及格\n");
0036    }
0037    return 0;
0038 }
```

首先在第 9 行定义了整数类型变量 score,然后在第 10 行对其赋值(令 score 等于 82)。第 12~16 行对 score 是否在合法范围[0,100]内进行判断,如果不在合法范围,则提示"错误的成绩!退出程序…"并退出程序。退出程序通过调用 exit 函数实现,exit 函数调用后会立即终止程序并返回操作系统,并把自身的实参返回给操作系统,通常在发生了程序自身不能改正或处理的错误时调用。

练 一 练

编译例 2-5 中的代码,观察是否可以顺利通过?

函数 exit 是在 C/C++语言标准库中定义的一个函数,在使用时要包含文件 stdlib.h。

程序第 17、21、25、29、33 行对 score 在哪个范围进行了独立的判断,然后根据 score 所在的具体范围打印出所属的级别。把 score 成绩合法范围的判断计算在内,程序实际上进行了 6 次独立的判断。所谓独立,就是说,每个 if 语句小括号里面的表达式都要进行运算。在 score 的值只可能属于其中某一个范围的条件下,每个条件其实都是没有交集的(即相互排斥的),这样的做法显然不是最合理的。

例 2-6 采用 if...else...结构重做上例。

```
0001 /*文件:exp2_01_6.cpp*/
0002 /*根据成绩来进行级别划分:90 及以上为"优",80~89 为"良",
0003    70~79 为"中",60~69 为"及格",0~60 为"不及格"
0004    如果成绩不在 0~100 分这个正确范围,则输出"错误的成绩"*/
0005 #include <stdio.h>
0006 #include <stdlib.h>
```

```
0007 int main()
0008 {
0009     int score;                    //没有初始化的变量定义
0010     score = 82;                   //给变量赋值
0011     printf("成绩:%d\n 等级:", score);
0012     if((score<0) || (score>100)) //错误成绩范围的判断
0013     {
0014         printf("错误的成绩！退出程序…\n");
0015         exit(-1);
0016     }                             //只有当成绩 score 在[0,100]内才执行下面的判断
0017     else if( score >= 90 )        //score 范围在[90,100),输出"优"
0018     {
0019         printf("优\n");
0020     }
0021     else if( score >= 80 )        //score 范围在[80,90),输出"良"
0022     {
0023         printf("良\n");
0024     }
0025     else if( score >= 70 )        //score 范围在[70,80),输出"中"
0026     {
0027         printf("中\n");
0028     }
0029     else if( score >= 60 )        //score 范围在[60,70),输出"及格"
0030     {
0031         printf("及格\n");
0032     }
0033     else                          //score 范围在[0,60),输出"不及格"
0034     {
0035         printf("不及格\n");
0036     }
0037     return 0;
0038 }
```

练 一 练

（1）把 score 的值设为—1,编译并执行执行例 2-6 中的程序；

（2）在第 15 行的 exit 前加上注释符//,重新编译执行程序。与上面的结果比较。

首先在第 6 行加入了 stdlib.h 的包含语句,以便在第 15 行调用 exit 函数。然后,

通过 if...else 语句,使得条件之间不再是相互独立,而是彼此联系的。第 12 行判断 score 的范围是否在[0,100]内,若否,则提示并退出。第 17 行前面的 else 表示从这以后处理的情况是第 12 行 if 条件的相反情况,即 score 在合法范围[0,100]内的情况。第 17 行后面的 if 判断中虽然只有一个判断 score≥90,实际上前面使用了 else,而 else 限定了后面 score 的范围是跟第一个 if 判断中相反的范围(即限定了 score 的范围为[0,100]),实际上本例的第 17 行跟例 2-5 的第 17 行是等价的。后面的判断(第 17、21、25、29、33 行)跟例 2-5 中的对应行也都是等价的。

另外,由于在本例中采用了 if...else...结构,第 15 行的 exit(-1)实际上不需要的。因为如果 score 的值在[0,100]之外,那么第 17 行及以后的 else 一个都不会执行,程序会在执行完第 12 行的 if 语句块之后直接跳到第 37 行执行返回语句 return 0。

2.2　通过输入值控制程序的行为

在前面小节的例子中,变量的值都是固定在程序中的。要检验程序后面的判断设计是否正确,就要在程序中改变 score 变量的值,然后重新编译运行程序,因为 score 的范围判断分成 6 种情况,所以要在程序中改 6 次 score 的值,然后编译运行。这样显然是不灵活的。

例 2-7　重做例 2-6,score 的值由用户输入。

```
0001 /* 文件:exp2_02_1.cpp */
0002 /* 首先由用户输入成绩,然后 */
0003 /* 根据成绩来进行级别划分:90 及以上为"优",80~89 为"良",
0004    70~79 为"中",60~69 为"及格",0~60 为"不及格"
0005    如果成绩不在 0~100 分这个正确范围,则输出"错误的成绩" */
0006 #include <stdio.h>
0007 #include <stdlib.h>
0008 int main()
0009 {
0010    int score = 0;
0011    printf("请输入成绩(0~100 的整数):");
0012    scanf("%d",&score); //输入变量 score 的值
······//同例 2-6 的 if...else 词句
0039    return 0;
0040 }
```

练一练

把第 12 行 score 前面的"&"符号去掉,编译并执行程序。

第 11 行提示用户进行输入,并给出输入数的正确范围和类型提示,第 12 行是具体的输入语句。在第 12 行,格式化输入函数 scanf,跟 printf 类似,它也是由英文 scan 和 f(代表 format)构成的,表示要进行格式化的输入,也是在 stdio. h 中定义的。由于在程序开始处已经包含了 stdio. h 头文件,所以不用再包含一次(在一个程序文件中,相同的头文件只需要包含一次)。

函数 scanf 也使用格式控制串,其含义跟 printf 中的格式控制串基本相同;另外格式控制串也要和后面要输入数据的类型成对且匹配。所以,例 2-7 中用格式控制串"%d",后面就要用整型变量 score。

值得注意的是,函数调用语句 scanf("%d", &score);中,小括号中的第二个实参变量前面有一个"&"符号,叫做取地址运算符,是必须的。通过取地址运算,scanf 会把输入的数据直接放到跟 score 变量所关联的内存中。也就是说,scanf 的第二个及以后的参数(如果有的话),都必须是地址。

地址又叫指针,是内存单元以字节为单位的整数编号。程序的代码和数据都要放在内存中。程序执行前,这些编号是从 0 开始的相对值;程序调入内存运行时,这些地址是程序所占物理内存的实际位置的编号。

如图 2-3 所示,把光标移到第 13 行,鼠标左键点击工具栏上的手形按钮🖑(对应快捷键[F9]),即在该行加入了一个断点。VC 6 中,设有断点的行在最左边有一个红色的实心原点。调试状态下,程序执行到断点所在行时,就会停下来,该行前面会出现以红色圆圈为底,中间有一个黄色箭头的符号➡。该黄色箭头表示当前程序执行到的位置。

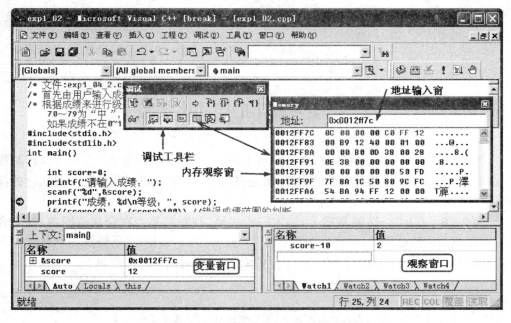

图 2-3　在程序调试状态观察变量的地址

点击工具栏上的开始调试按钮 ▤↓（快捷键[F5]），进入调试状态，会弹出调试工具栏。IDE 下方会出现变量窗口，可以随着程序的运行实时观察变量当前的值；其右侧是观察窗口，可以在其中输入复杂的表达式，IDE 会自动计算该表达式的值并显示。

按照控制台的提示输入 score 的值"12"。程序运行到断点处停下来。如图 2-3 所示，变量窗口显示了 score 的当前值"12"，还有对 score 变量取地址 &score 的结果"0x0012ff7c"，这是一个十六进制的值。跟十进制逢 10 进 1 类似，十六进制逢 16 进 1，以 0~9，A~F 表示 0~15。十六进制数前面要加前缀 0x，常用来表示地址和内存中的数。因为内存是以字节为单位，每个字节有 8 个比特，每 4 个比特的取值范围就是 0~15，正好用一位十六进制数表示。

在调试工具栏点击内存(memory)按钮 ▦，会弹出内存观察窗。在其地址输入窗中输入变量 score 的地址 0x0012ff7c，可以看到内存观察窗对应位置的内存中的值为 0C(十六进制)，即十进制的 12，也就是我们输入的 score 的值。

在 IDE 下方右边的观察窗口输入 score-10，马上看到其对应的值为 2(12-10 得 2)。

按[F10]或点击调试工具栏上的步进(step over)按钮 ⏭，即可步进执行程序，也就是每次执行一条简单语句。按[Shift]+[F5]或点击停止调试(stop debugging)按钮 ▤，即可结束调试。

练 一 练

（1）在第 10 行设一个断点，按[F5]开始调试程序；再一下一下按[F10]步进执行程序，观察变量窗口和内存窗口中数据的变化；观察控制台的输出。直至程序运行结束。

（2）运行例 2-6 中的程序，每次输入的 score 的值分别在不同的范围，看程序是否可以正确给出成绩的级别。

2.3　重复输出的自动化实现

循环的最基本含义就是重复，对计算机来说，就是重复执行指令。要重复执行某些复杂的操作，每次不是简单机械的重复，而是根据上一次重复的结果把当前要执行的操作进行一些调整。

例 2-8　在例 2-7 的基础上，输入一个成绩，判断其是否在合法范围内，如果合法，则按照其取值范围输出"优"、"良"、"中"、"及格"、"不及格"5 个级别。然后输入下一个成绩，进行同样的判断。按[Ctrl]+[C]终止程序的执行。代码如下：

```
0001 /＊文件:exp2_03_1.cpp＊/
0002 /＊循环的使用。每次由用户输入成绩，然后进行判断;然后重复该过程＊/
```

```
0003 /＊成绩级别的划分:90 及以上为"优",80～89 为"良",
0004 70～79 为"中",60～69 为"及格",0～60 为"不及格"
0005 如果成绩不在 0～100 分这个正确范围,则输出"错误的成绩" ＊/
0006 ＃include ＜stdio.h＞
0007 ＃include ＜stdlib.h＞
0008 int main()
0009 {
0010      int score = 0;
0011      while(1)//小括号内值是 1(或任意非 0 值),为无限循环,必须按 Ctrl＋C 退出程序
0012      {
……//同例 2－7 第 11～38 行,提示输入并判断等级
0041      }//循环结束
0042      return 0;
0043 }
```

　　while 语句实现循环,基本结构是 while(条件){循环体}。"条件"和 if 后面的条件含义一样。"循环体"用大括号括起来(当循环体只有一条简单语句时,大括号也可以省略),大括号实际上也代表了一条复合语句(即可以把大括号括起来的所有语句看作"一条"整体的指令)。

　　while 循环中,当条件为真(非 0 数值)时,即顺次执行循环体内语句;执行完后返回到条件处(这一点跟 if 截然不同),判断条件是否变成了假(数值 0),若是,则结束循环;若仍为真,则又重新从上到下执行循环体内语句。

　　在例 2－8 中,while 后的条件为 1,即始终为真。这样的循环为无限循环。程序设计中一般要避免无限循环,因为这样往往意味着发生了错误。无限循环可以按[Ctrl]＋[C]或[Ctrl]＋[Break]键强制退出,实际上相当于强制执行了 exit 函数,如图 2－4 所示。

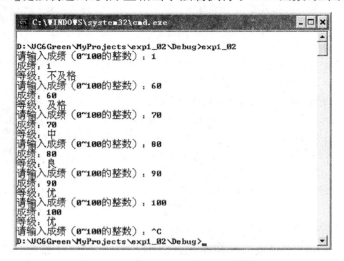

图 2－4　在控制台执行程序,按[Ctrl]＋[C]强制退出

练 — 练

在上例第 41、42 行的代码中间加上：printf("可以执行到这里吗？\n");编译运行程序,在输入一些数值后按[Ctrl]+[C]强行终止循环,观察新加的输出语句是否执行,为什么?

例 2-9 修改例 2-8 的代码,加上循环计数变量 i,循环 5 次。

```
0001  /*文件:exp2_03_2.cpp*/
0002  /*循环的使用。用循环变量控制循环次数为5次*/
0003  /*成绩级别的划分:90 及以上为"优",80~89 为"良",
0004  70~79 为"中",60~69 为"及格",0~60 为"不及格"
0005  如果成绩不在 0~100 分这个正确范围,则输出"错误的成绩"*/
0006  #include <stdio.h>
0007  #include <stdlib.h>
0008  int main()
0009  {
0010      int score = 0;
0011      int i = 0;        //定义循环变量 i,初始化为 0
0012      while(i<5)        //循环变量 i 的值不超过 5 是循环条件
0013      {   printf("第 %d 轮循环:", i+1); //提示当前是第几次循环。
0014          printf("请输入成绩(0~100 的整数):");
0015          scanf("%d",&score);//输入变量 score 的值
0016          printf("成绩:%d\n 等级:", score);
0017          if((score <0) || (score>100))
0018          {   printf("错误的成绩! 退出程序…\n");
0019              exit(-1);
0020          }
0021          else if( score >= 90 )printf("优\n");
0022          else if( score>=80 )  printf("良\n");
0023          else if( score>=70 )  printf("中\n");
0024          else if( score>=60 )  printf("及格\n");
0025          else                  printf("不及格\n");
0026          i = i+1;              //判断完一次,循环变量 i 的值增加 1
0027      }                        //循环结束
0028      return 0;
0029  }
```

程序运行情况如图 2-5 所示:

第 11 行定义了整型变量 i,并初始化其值为 0,作为循环计数变量。当程序执行到第 12 行时,遇到 while 循环,要判断条件 i<5 是否为真。由于 i 的值是 0,小于 5,故进

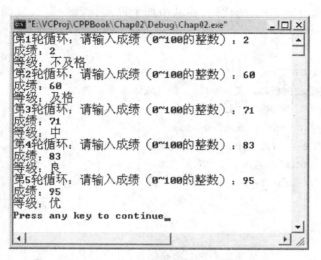

图 2-5 控制循环次数为 5 次

入循环体内执行。输入一个成绩,判断其所属级别并输出。执行到第 26 行时,i 值(＝0)加 1 更新(赋值),变成了 1。然后返回到第 12 行,再次判断条件"i<5"是否为真……如此往复,每输入一个成绩判断一次所属级别之后,i 的值便加 1;直到输了 5 次成绩,i 的值增加到 5 后,再次返回到 while 的条件判断时,由于 5<5 为假,故循环的条件不满足,结束循环。程序跳转到第 28 行语句处执行,返回操作系统。

练 一 练

(1) 在上例第 27、28 行的代码中间加上 printf("可以执行到这里吗?\n");编译运行程序,在输入一些数值后按[Ctrl]+[C]强行终止循环,观察新加的输出语句是否执行,为什么。

(2) 改变第 12 行中 while 里的条件,把 5 改成 1、2、3、4、…分别编译运行程序。体会循环的作用和过程。

(3) 把第 26 行的 i＝i+1 改成 i++,编译并运行程序,观察结果跟修改前有无不同。

另外,把 if...else 后面的大括号省略了,并把 printf 语句跟 if 写在了一行中。因为当 if 的大括号内只有一条语句时,就不是一条复合语句,而是一条简单语句。简单语句可以不用大括号括起来,使得排版紧凑,便于阅读。实践中建议初学者采用带大括号的代码形式,而且分行书写代码。

把第 26 行的 i＝i+1;改成 i++;之后程序照样能够正确执行。也就是说,语句 i++;跟语句 i＝i+1;的作用一样,都是把 i 在其原来的值基础上增加 1。这里的两个"+"号中间没有空格,因为它们是一个整体,叫做自增运算符。类似地,两个连续的减号"-"构成"自减运算符",语句 i--;的作用是把 i 的值在原来的基础上减少 1。

例 2 - 10　修改例 2 - 9 的代码，在其中加上循环计数变量 i，只循环 5 次。要求使用自减运算符。

```
0001 /＊文件:exp2_03_3.cpp＊/
0002 /＊用循环变量控制循环次数为 5 次,采用自减运算符＊/
0003 /＊成绩级别的划分:90 及以上为"优",80～89 为"良",
0004 70～79 为"中",60～69 为"及格",0～60 为"不及格"
0005 如果成绩不在 0～100 分这个正确范围,则输出"错误的成绩"＊/
0006 #include <stdio.h>
0007 #include <stdlib.h>
0008 int main()
0009 {
0010     int score＝0;
0011     int i＝5;    //定义循环变量 i,初始化为 5
0012     while(i>0)   //循环变量 i 的值大于 0 作为循环条件
0013     {   printf("第 %d 轮循环:",5-i+1);  //提示当前是第几次循环
......                //同例 2-9 第 14～25 行的 if...else 判断
0026         i--; //判断完一次,循环变量 i 的值减少 1
0027     }//循环结束
0028     return 0;
0029 }
```

例 2 - 10 的运行结果跟例 2 - 8 完全一样。变量 i 的初始化部分(第 11 行)设定循环的次数为 5。循环条件(第 12 行)变为 i>0，因为 i 初值为 5，每循环一轮，i 值减少 1(第 26 行)。当循环完 5 次后，i 值变为 0，不满足 i>0 的循环条件，循环结束。

例 2 - 11　在例 2 - 8 基础上修改，使得用户可以控制循环的次数。

```
0001 /＊文件:exp2_03_4.cpp＊/
0002 /＊用户输入要测试的成绩个数,以之控制循环次数＊/
0003 /＊成绩级别的划分:90 及以上为"优",80～89 为"良",
0004 70～79 为"中",60～69 为"及格",0～60 为"不及格"
0005 如果成绩不在 0～100 分这个正确范围,则输出"错误的成绩"＊/
0006 #include <stdio.h>
0007 #include <stdlib.h>
0008 int main()
0009 {
0010     int score＝0;
0011     int i＝0;    //定义循环变量 i,初始化为 0
0012     int count＝0; //定义要测试的成绩个数变量,初始化为 0。
0013     printf("输入待测试成绩的个数(大于 0 的正整数):");
```

```
0014        scanf(" % d",&count);//输入要测试的成绩个数。
0015        while(i<count)   //循环变量 i 的值小于 count 作为循环条件
0016        {    printf("第 % d 轮循环:", i+1);//提示当前是第几次循环。
……        //同例 2-9 第 14~25 行的 if...else 判断
0029            i++;//判断完一次,循环变量 i 的值增加 1
0030        }//循环结束
0031        return 0;
0032    }
```

本例在例 2-9 基础上,首先定义了要测试的成绩个数变量 count,令其初始值为 0 (第 12 行);然后提示用户输入 count 的值(第 13、14 行)。在第 15 行的 while 循环的条件中,把 i<5 改成了 i<count,即循环要执行 count 次(因为 i 的值从 0 开始,每循环一次自增 1)。程序执行情况如图 2-6 所示。

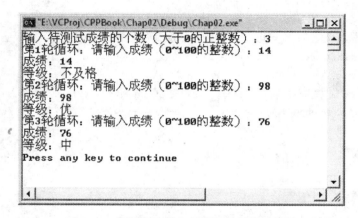

图 2-6　通过用户输入的数值控制循环次数

练 一 练

(1) 在例 2-11 运行时,改变输入待测试成绩的个数为负数、正整数、浮点数、字母、字母和符号数字的混合,观察程序执行结果,思考为什么;

(2) 在例 2-11 程序运行时,输入待测试成绩为正整数,在输入成绩的时候,分别输入负数、正整数、浮点数、字母、字母和符号数字的混合,观察程序执行结果,思考为什么。

另一种能够比上例更加灵活的测试成绩的做法是,在每输入一个成绩并判断完其级别之后,询问用户是否还要继续下一个成绩的判断(y/n)。如果用户输入 y,则继续循环;否则结束循环。

例 2-12　修改例 2-9,使程序根据用户响应来决定是否循环,运行结果如图 2-7 所示。

```
0001 /＊文件:exp2_03_5.cpp＊/
0002 /＊根据用户输入的响应来决定是否继续输入成绩判断＊/
0003 #include <stdio.h>
0004 #include <stdlib.h>
0005 int main()
0006 {
0007    int score = 0;
0008    char ch = 0;
0009    do{ //do…while循环结构
0010        printf("请输入成绩(0~100的整数):");
0011        scanf("%d",&score);
0012        printf("成绩:%d\n等级:", score);
0013        if((score<0) || (score>100)) printf("错误的成绩!\n");//这里输错了范围也可继续
0014        else if( score >= 90 )printf("优\n");
0015        else if( score>= 80 ) printf("良\n");
0016        else if( score>= 70 ) printf("中\n");
0017        else if( score>= 60 ) printf("及格\n");
0018        else               printf("不及格\n");
0019        printf("是否继续? [y/n]");//提示是否继续判断,等待输入一个字符
0020    }while((ch= getchar()) == 'y');//输入一个字符,如果该字符不为 y,则继续
0021    return 0;
0022 }
```

练 一 练

编译运行此程序,观察结果。

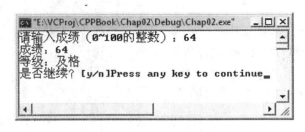

图 2-7 例 2-12 的运行结果

do … while 结构为:do{语句块}while(条件);。要注意后面的分号";"不可少。do 表示执行,while 后面跟的是循环条件。此结构执行的逻辑是:首先顺次执行 do 后面的语句块,执行完后判断 while 后面的条件是否为真。如果为真,则再次顺次执行 do 后面的语句块,然后再判断 while 后面的条件是否为真。如此周而复始,程序一直要到 while 后面的条件为假时才结束循环,跳到循环之后的下一条语句处执行。这种循环结构至少要执行一次 do 后面的语句块。

while 后面的条件是一个比较复杂的表达式:(ch=getchar())=='y'。其实这是

在作相等判断,判断"＝＝"符号左边小括号内的值跟右边的字符'y'是否相等。左边小括号内是 ch＝getchar(),是一个赋值表达式。赋值表达式的值是赋值号"＝"右边的值。右边的 getchar() 是一个函数调用,它的作用是从用户的输入中读取一个字符并将之作为自己的返回值。所以整个表达式的含义就是:从用户输入中读一个字符,赋值给 ch,然后判断该字符是不是 y。如果是,则条件为真,继续输入成绩进行判断;如果不是,则条件为假,结束循环,执行循环下面的语句。

　　按照这样的解释,无论是从逻辑上讲,还是从语法上讲,这个程序应该能够正常运行了啊,但是为什么其结果却像图 2-7 一样,根本没有给用户输入的机会就结束了呢?

2.4　格式化输入对程序执行的影响

　　上一小节的例 2-12 中,do ... while 循环第一次执行到第 20 行的 while,执行 ch＝getchar(),然后进行比较,得到一个假的条件值,所以循环结束。为了便于理解,我们把 while 后面的复杂条件判断语句分解。

　　例 2-13　将例 2-12 中的 while 后面的复杂条件分解以便进行调试

```
0001 /* 文件：exp2_04_1.cpp */
0002 /* 根据用户输入的响应来决定是否继续输入成绩判断 */
0003 #include <stdio.h>
0004 #include <stdlib.h>
0005 int main()
0006 {
0007     int score = 0;
0008     char ch = 0;
0009     do{ //do…while 循环结构。
0010         printf("请输入成绩(0~100 的整数):");
0011         scanf("%d",&score);
0012         printf("成绩:%d\n等级:", score);
……         //同例 2-12 的 if...else 判断
0018         else                    printf("不及格\n");
0019         printf("是否继续? \[y/n\]");//提示是否继续判断,等待输入一个字符
0020         ch = getchar();  //输入一个字符,赋值给字符变量 ch。
0021     }while(ch == 'y');  //如果字符变量 ch 的值不为'y',则继续循环,否则结束循环
0022     return 0;
0023 }
```

　　分解后的结果在第 20、21 行。程序的执行逻辑跟例 2-12 一样。在第 21 行按 [F9] 设置一个断点,按 [F5] 启动调试,于是程序运行到第 21 行时停下来,在 VC 下方的观察窗口可以看到字符变量 ch 的值,如图 2-8 所示。

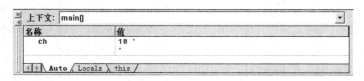

图 2-8　调试进行完第 20 行后 ch 的值

当执行第 20 行时,getchar 函数并没有要求用户从键盘上输入数据,而是直接返回了一个 ASCⅡ码值为 10 的字符。由表 1-2 可知,这个字符是回车换行符'\n'。

所谓输入缓冲区,就是为了把数据的输入和程序对它的输出分离,系统单设的一块内存。当用 scanf 等函数进行数据的输入时,是先把数据写入到输入缓冲区中,然后再利用格式控制串从该缓冲区中读取数据,经过转换后存到跟该格式控制串对应的变量所在内存中。因为即便在控制台输入数字,其实输入缓冲区存放的也只不过是数字形式的字符串而已,而要把这些字符串存在内存变量中,就必须根据各类数据存储的规则把这些数字形式的字符串转化成真正的数据(整数或者实数)。这些繁琐的工作都是由 scanf 函数自动完成的。

在例 2-13 中第 11 行用 scanf 输入成绩时,以回车键作为输入的结束。但是回车键本身也是要存储到输入缓冲区中的。假如执行程序时输入 85 然后回车,输入缓冲区会保存字符串形式的"85"和其后的回车换行符'\n',如图 2-9 所示。

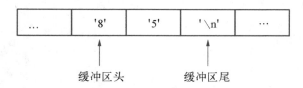

图 2-9　输入 85 回车后输入缓冲区中的内容

scanf 根据格式控制串%d,读取前面的整数,并将其二进制形式存在对应的变量 score 所对应的内存中。由于用 scanf 输入数据时,以空白符(空格、制表、回车)作为输入数据的分隔符,而本例中又只需要一个输入,故这里输入的'\n'也成为输入结束的标记。scanf 函数成功读取了一个数据后结束,返回成功读取的数据个数(1),然后返回。至于输入缓冲区中剩下的字符'\n',scanf 是不会处理的。另外,如果用 scanf 读取数据时遇到数据和格式控制串要求的数据类型不匹配,scanf 不会读该数据出来并立刻返回,返回值为已经读取到的跟格式控制串相匹配的数据个数。输入缓冲区中的值不变。

而当程序调用 getchar 函数时,程序一般会等着用户按键。用户输入的字符被存放在输入缓冲区中,直到按回车为止(回车字符也放在缓冲区中)。键入回车之后,getchar 才开始从输入缓冲区头部每次读入一个字符,getchar 函数的返回值是它读取到的缓冲区头部字符的 ASCⅡ码。读完后输入缓冲区头向后移动一个字节,下一次 getchar 调用又从当前缓冲区的头部开始读。如遇出错,getchar 函数返回-1,且将用户输入的字符回显到屏幕。如用户在按回车之前输入了不止一个字符,其他字符会保留在键盘缓存区中,等待后续 getchar 调用读取。也就是说,后续的 getchar 调用不会等待用户按键,而是直接读取缓冲区中的字符,直到缓冲区中的字符读完为止,才等待用户按键输入。

由于 scanf 把跟格式控制串匹配的数据取走之后,遇到回车换行符'\n'结束,但是'\n'仍然在输入缓冲区的头部。随后执行的 getchar 函数把输入缓冲区头部的'\n'字符读取出来,作为返回值赋给了字符变量 ch。这样,由于 ch 的值不是'y',循环条件不满足,循环结束。于是整个程序也结束。

例 2-14　根据上面的理论修改例 2-13 中的程序,使程序能正常运行。

```
0001 / * 文件: exp2_04_2.cpp * /
0002 / * 根据用户输入的响应来决定是否继续输入成绩判断 * /
0003 # include <stdio.h>
0004 # include <stdlib.h>
0005 int main()
0006 {
0007     int score = 0;
0008     char ch = 0;
0009     do{ //do…while 循环结构。
……                              //同例 2-13 的循环体(大括号内全部)语句
0020         ch = getchar();  //读出输入末尾'\n'
0021     }while((ch = getchar()) = = 'y');  //如果字符变量 ch 的值为'y',则继续循环,否则结
                                               束循环
0022     return 0;
0023 }
```

每次输入成绩数据后回车,则程序可以正常运行。因为第 20 行的代码把输入缓冲区头部残留的'\n'读取出来了,第 21 行的 ch＝getchar()赋值表达式右边的 getchar 函数调用就要求键盘输入字符。但是,程序运行中遇到情况,如图 2-10 所示。

在第 5 次输入数据时,用户由于某种原因输入了一个非数的字符'a'。'a'和回车换行符'\n'被依次放进了输入缓冲区。由于'a'和格式控制串%d 不匹配,所以输入出错,scanf 函数立即返回,变量 score 原来的值 88 没有改变。

虽然 scanf 函数返回了,但是'a\n'还保存在输入缓冲区中,输入缓冲区的头部指向字符'a'。在第 20 行,赋值语句右边的 getchar 从输入缓冲区头部去读取一个字符,结果便读到了'a'并返回、赋值给了变量 ch。修改后的第 21 行在 while 的条件判断中又采用了例 2-12 的 while 的条件,从输入缓冲区的头部读取一个字符,然后把它赋值给 ch。如果它的值为'y',则继续循环,否则,循环结束,程序也随之结束。

但是由于失误,或者处于检验或破坏程序的目的,有的用户会输入一些错误类型的值,比如图 2-10 中输入数据本来该是整数的,结果用户输入的却是字符'a';甚至可以

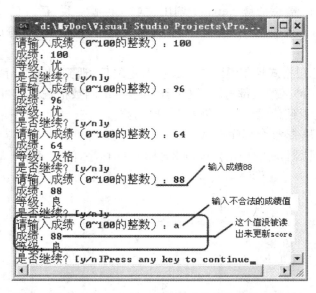

图 2-10 正确输入和非正确输入成绩数据后的输出情况

是数据后跟着误输的字符串"45abc♯$*."。这种读出了正确数据之后还残留在输入缓冲区中的字符称为垃圾。如果不把垃圾清理完,程序没有办法正确运行。由于错误输入了一个成绩'a',导致程序中的循环提前退出了(在提示用户"是否继续"之后没有要用户输入'y'或'n')。

练 一 练

(1) 编译执行例 2-14 中的程序。输入成绩时故意输入非数值字符,如 89.0ab$♯,观察结果;

(2) 把例 2-14 的第 20 行改为 while((ch=getchar())! ='\n');编译运行此程序,在输入数据时故意输入非数值字符,如 89.0ab$♯ 等,观察结果,如图 2-11 所示。

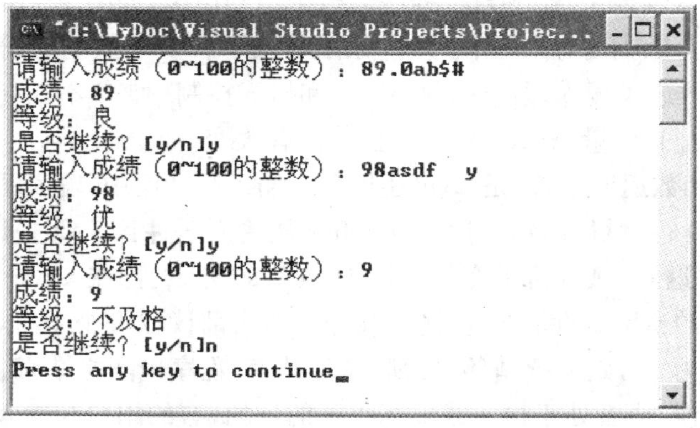

图 2-11 正确输入和非正确输入成绩数据后的输出情况

当把第 20 行改为 while((ch＝getchar())！＝'\n');后,无论输入数据时带了多少垃圾,都不会再影响 getchar 调用来获取用户响应、下一次循环程序的执行。这个简单的循环从输入缓冲区中残留的字符当中一个一个地把字符取出来,然后判断它是不是'\n'.若是,表示已经取得输入缓冲区的最后一个字符,输入缓冲区已经清空了,不会影响到下一次的输入了。若否,则继续循环,直到取到作为 scanf 输入结束标志的'\n'符号。

例 2－15　允许默认继续循环。

```
0001 /*文件:exp2_04_3.cpp*/
0002 /*清除输入垃圾,避免影响后续的输入*/
0003 /*默认回车为允许循环的指令*/
0004 #include <stdio.h>
0005 #include <stdlib.h>
0006 int main()
0007 {
0008     int score = 0;
0009     char ch = 0;
0010     do{ //do…while 循环结构。
0011         printf("请输入成绩(0～100 的整数):");
0012         scanf("%d",&score);
0013         printf("成绩:%d\n 等级:", score);
0014         if((score<0) || (score>100)) printf("错误的成绩!\n");
0015         else if( score >= 90 )printf("优\n");
0016         else if( score>= 80 ) printf("良\n");
0017         else if( score>= 70 ) printf("中\n");
0018         else if( score>= 60 ) printf("及格\n");
0019         else                  printf("不及格\n");
0020         printf("是否继续?[y/n][y]");        //提示是否继续判断,等待输入一个字
                                                  符。默认是 y
0021         while((ch = getchar())!= '\n');      //清除缓冲区中的垃圾,以便下一次循
                                                  环能顺利进行。
0022     }while((ch = getchar()) == 'y' || ch == '\n');//ch 不为'y'也不为'\n',则继续循环,
                                                  否则结束循环
0023     return 0;
0024 }
```

第 22 行 while 语句的条件中,用逻辑或"||"运算符把两个条件连接起来了。第一部分是从键盘输入一个字符,判断该字符是否是'y'。如果不是,则执行"||"后的相等判断 ch=='\n'(回顾前面讲到的逻辑或运算符"||"的短路特性)。如果 ch 的值为'\n',说本行前一部分对 getchar 的调用,得到了空的输入(输入缓冲区中只有一个回车

换行符'\n',表示用户直接按了回车键)。这表示要采取默认的行为,即继续输入成绩数据并判定等级。当程序在运行完第 21 行开始运行第 22 行时,会停下来等待用户输入,若用户输入的第一个字母不为'y',则循环结束。

练 一 练

修改例 2 - 15 中的程序,使得用户输入大写的"Y"时也能继续循环。

2.5 本章小结

  程序中使用到变量,当变量取不同(范围)的值时,可以决定程序应该执行哪些代码。这是由分支结构 if... else 来决定的。变量的值可以在定义变量时给定,也可以在程序中通过"="赋予。另外,当用户需要手动输入信息时,可以调用 scanf 函数来给变量赋值。函数 scanf 的形式跟 printf 类似,也用到了格式控制串,但是在第二个及后面的参数所使用的变量前面必须使用取地址运算符"&",表示用户从控制台输入的信息要保存到哪个变量所在的内存里。

  可以通过 while 循环来重复执行某些代码(如反复输出信息等)。while 循环根据条件反复执行大括号括起来的循环体的内容,直到循环条件不满足。通常在 while 的循环体内有修改循环条件中变量的取值的语句,从而使得在循环执行一定次数之后循环条件被破坏,循环结束。循环条件的值为 0 时表示条件不满足,否则表示条件满足,继续执行循环体。

  如果在循环体中使用 scanf 反复输入数据,要注意上一次的错误输入会对后面的 scanf 的执行造成影响。因为不匹配的输入数据会保存在输入缓冲区里,导致下次 scanf 从输入缓冲区里提取数据时格式不匹配而执行失败。可以通过 getchar 来把 scanf 成功提取之后的缓冲区里剩下的字符全部清除(也是利用循环),从而解决这个问题。

复习思考题

- 如何在程序中判断变量是否为某个值并确定程序接下来的行为?
- 如何使用 scanf 函数进行变量值的输入?
- 调用 scanf 时,如果输入跟要求的不一样,该怎么办?
- 在 scanf 输入错误数据时,怎么清除残留的输入?
- 如何进入调试方式,并在调试方式下观察变量的取值?
- 如何进行重复的输出?
- 什么是无穷循环?有什么用?
- 如何控制循环的次数?

练　习　题

1. 输出 x^2 的值，x 取值从 0 到 10。

2. 从键盘上输入一个 3×4 的整数矩阵，要求输出其最大元素的值，以及它的行号和列号。

3. 编写一个程序从键盘输入 10 个数，要求输出其中最小的。

4. 编写一个程序，判断用户输入的字符是否是数字，若是数字，则输出"a numerical character"，否则输出"other character"。

5. 从键盘输入 12 个数存入二维数组 a[3][4] 中，编写程序求出最大元素的值及它所在的行号和列号。

6. 输出 1000 年(包括 1000 年)到 1999 年之间的所有闰年，要求每 3 个一行，分行输出。

7. 输入两个字符，若这两个字符之差为偶数，则输出它们的后继字符，否则输出它们的前趋字符。这里的前趋和后继是指输入的两个字符中，较小字符前面的和较大字符后面的那个字符。

8. 输入整数 a 和 b，如果 a 能被 b 整除，就输出算式和商，否则输出算式、整数商和余数。

9. 输入某个点 A 的平面坐标 (x, y)，判断(输出)A 点是在圆内、圆外还是在圆周上，其中圆心坐标为 $(2, 2)$，半径为 1。(提示：距离的判断可以用平方和来代替)

10. 输入年号和月份，输出这一年的该月的天数。(提示：要先判断输入年份是否为闰年)

11. 输出 9×9 乘法表。

12. 求爱因斯坦数学题。有一条长阶，若每步跨 2 阶，则最后剩余 1 阶；若每步跨 3 阶，则最后剩 2 阶；若每步跨 5 阶，则最后剩 4 阶；若每步跨 6 阶，则最后剩 5 阶；若每步跨 7 步，最后正好一阶不剩。

13. 输入一串字符，直到输入一个星号(＊)为止，统计(输出)其中的字母个数和数字字符个数。

14. 计算斐波那契分数序列前 n 项之和(n 是某个常数)(2/1, 3/2, 5/3, 8/5, 13/8, 21/13, …前一项的分子作为后一项的分母，前一项的分母和作为后一项的分母)。

15. 输入一个正整数 n，各输出 n 行的正(倒)三角形宝塔图案。

16. 输入 3 个整数 a，b，c，请按从小到大的顺序输出。

17. 输出 2—n 之间的所有素数，n 由键盘输入(即质数，只有 1 和它自身两个因子)。(提示：在源程序开始添加 #include<math.h>，使用 sqrt(x) 计算 x 的平方根)

18. 从键盘输入一个正整数 n，编程判断这个数是否同时含有奇数字和偶数字。

19. 输入一个正整数，判断其中各位数字是否奇偶数交替出现。是，输出"YES"，不是，输出"NOT"。(例如，2 134 和 1 038 都是奇偶数交替出现；而 22 345 不是。)

20. 设某县 2000 年工业总产值为 200 亿元，如果该县预计平均年工业总产值增长率为 4.5%，那么多少年后该县年工业总产值将超 500 亿元？

21. 输入一个 3 位数,判断是否是一个水仙花数。水仙花数是指 3 位数的各位数字的立方和等于这个 3 位数本身。例如,153＝1×1×1＋5×5×5＋3×3×3。

22. 输出 1～999 中能被 3 整除,而且至少有一位数字是 5 的所有数字。

23. 循环输入整数,统计(输出)其中的正整数和负数个数,以及所有正整数的平均值和所有负数的平均值。(用 while(1)进行,程序运行需要结束时按下[Ctrl]＋[C]退出。每输入一个就统计和计算一次。)

24. 一个整数等于该数所有因子之和,则称该数是一个完数。例如,6 和 28 都是完数。因为 6＝1＋2＋3,28＝1＋2＋4＋7＋14,输出 3 位数中所有完数。

25. 编写一个求方程 $ax^2 + bx + c = 0$ 的根的程序。分别求当 b^2-4ac 大于零、等于零和小于零时的方程的根。要求从主函数输入 a,b,c 的值并输出结果。

26. 输入一个字符型变量 C 和整形变量 N,显示出由字符 C 组成的三角形。其方式为第 1 行有 1 个字符 C,第 2 行有 2 个字符 C,等等。

27. 计算 1＋2＋3＋…＋n 的值并输出。要求正整数 n 的值从键盘输入。

28. 编程求数列 1,1/2,1/3,1/4,…的所有大于等于 0.000 01 的数据项之和并输出结果。

29. 一个百万富翁遇到一个陌生人,陌生人找他谈一个换钱的计划,该计划如下:我每天给你十万元,而你第一天只需给我一分钱,第二天我仍给你十万元,你给我二分钱,第三天我仍给你十万元,你给我四分钱,……你每天给我的钱是前一天的两倍,直到满一个月(30 天)。百万富翁很高兴,欣然接受了这个契约。请编写一个程序计算这一个月中陌生人给了百万富翁多少钱,百万富翁给陌生人多少钱。

30. 同构数是指这样的整数:它恰好出现在其平方数的右端。例如,376×376＝141 376,试编程找出 10 000 以内的全部同构数。

31. 编写程序,计算 s＝1＋(1＋2)＋(1＋2＋3)＋…＋(1＋2＋3＋…＋n)的值,其中 n 由键盘输入。

32. 马克思曾经出过这样一道趣味数学题:有 30 个人在一家小饭馆里用餐,其中有男人、女人和小孩。每个男人花了 3 先令,每个女人花了 2 先令,每个小孩花了 1 先令,一共花去 50 先令。问男人、女人以及小孩各有几个人。

33. 编程打印如下形式的九九表:

```
1 2 3  4  5  6  7  8  9
  4 6  8 10 12 14 16 18
    9 12 15 18 21 24 27
      16 20 24 28 32 36
         25 30 35 40 45
            36 42 48 54
               49 56 63
                  64 72
                     81
```

34. 编写程序,求两个整数或 3 个整数的最大数。如果输入两个整数,程序就输出两个整数中的最大值,如果输入3个整数,程序就输出这3个整数中的最大值。

35. 编程求给定的4个数字的全排列。例如,若给定的4个数字为5、6、7、8,则这4个数字的全排列为

$$5687 \quad 5786 \quad 5768 \quad 5867 \quad 5876 \quad 5678$$
$$6587 \quad 6785 \quad 6758 \quad 6857 \quad 6875 \quad 6578$$
$$7586 \quad 7685 \quad 7658 \quad 7856 \quad 7865 \quad 7568$$
$$8576 \quad 8675 \quad 8657 \quad 8756 \quad 8765 \quad 8567$$

36. 编写程序,读入一个3位整数,并将该整数转换为英语输出。例如输入789,输出为"seven hundred and eighty nine"。

37. 设计一个程序,从键盘输入一个正整数M,判断M是否左右对称,若对称则输出"Yes",否则输出"No"。(提示:所谓左右对称,是指从数的中间向两边观察,如果左右数字分别对应相等,则是对称的。如1、22、121等都是对称的,而123、34、12 345等则是非对称的)

38. 从键盘上输入任意两个数和一个运算符(+、-、*、/),根据输入的运算符对两个数计算,并输出结果。

39. 有一分数序列:2/1,3/2,5/3,8/5,13/8,21/13,…求出这个数列的前20项之和。

40. 求出10~1 000之内能同时被2、3、7整除的数,并输出。

41. 从键盘上输入若干学生成绩(成绩为0~100之间整数),计算平均成绩,并输出低于平均分的学生成绩,用输入负数结束输入。

42. 编写程序在屏幕上显示如下图形:

$$1\,2\,3\,4\,5$$
$$5\,1\,2\,3\,4$$
$$4\,5\,1\,2\,3$$
$$3\,4\,5\,1\,2$$
$$2\,3\,4\,5\,1$$

43. 有一篇文章,共有3行文字,每行有80个字符。要求分别统计出其中英文大写字母、小写字母、数字、空格以及其他字符的个数。

44. 编程,先输入n,再输入n个实数并分别统计正数的和、负数的和,然后输出统计结果。

45. 有1,2,3,4,5,6个数字,能组成多少个互不相同且无重复数字的3位数?输出它们。

46. 一个整数加上100后是一个完全平方数,再加上168又是一个完全平方数,求1 000以内满足条件的数。(提示:如果一个数的平方根的平方等于该数,说明此数是完全平方数)

47. 有公式:$1+x+x**2/2!+x**3/3!+\cdots+x**n/n!$ 当 $n=10,x=2$ 时,其值

为多少(保留 5 位小数)?

48. 一球从 100 米高度自由落下,每次落地后反跳回原高度的一半,再落下,求它在第 10 次落地时,共经过多少米? 第 10 次反弹多高?

49. 求 $S_n = a + aa + aaa + \cdots + aa\cdots a$ 之值,其中 a 是一个数字,例如,$2 + 22 + 222 + 2\,222 + 22\,222$(此时 n=5),n 由键盘输入。

50. 求 $\sum\limits_{n=1}^{20} n!$。(即求 $1 + 2! + 3! + \cdots + 20!$)

51. 将 100 元钱兑换成 10 元、5 元、1 元,编程求不同的兑法,要求每种兑法中都有 10 元、5 元和 1 元。

52. 编程求所有的 3 位素数,且该数是对称的。

第 3 章　函数、数组与指针

学习要点

- 函数的定义与声明
- 函数调用
- 数组的定义与使用
- 指针
- 传值与传址
- 动态分配内存

　　如果程序中经常使用某些处理代码,反复的重写效率低下,而且一旦需要修改,则涉及多处。为了修改程序中的错误并提高重复代码的利用率,C/C++语言中提供了函数机制,即可以把这段代码进行封装。函数可以反复使用,甚至可以保存起来供以后类似的处理使用,大大提高了代码的编写效率。

　　C/C++语言中的函数不仅可以简单地重复使用某些代码,而且还可以带参使用。参数可以是要处理的数值,也可以是内存中保存批量数据的单元的起始位置(地址)。这些地址中连续存放着相同类型的数据,比如一个班的同学的所有成绩。

3.1　对重复出现和使用的代码用函数进行封装

　　在 C/C++语言程序设计中,提供了代码重复使用的机制,使得完成相同的任务的代码不用重复书写,这就是函数机制。

　　例 3-1　使用函数,对进行成绩判断和分级的代码进行封装。

```
0001 /* 文件:exp3_01_1.cpp */
0002 /* 采用函数来把判断和打印成绩的语句封装起来 */
0003 /* 主函数直接调用该函数 */
0004 #include <stdio.h>
0005 #include <stdlib.h>
0006 /* ==============================================================*/
0007 /* 函数名: PrintGrade
0008 /* 作者:   ligang
```

```
0009  /* 日期：      2010 - 6 - 22
0010  /* 功能：       打印成绩所属的等级
0011  /* 输入参数：x（成绩）     int 型，待处理的成绩数据
0012  /* 返回值：    int 型
0013  /*            返回 0 表示输入的成绩合法，而且正确地进行了处理
0014  /*            返回 -1 表示输入的成绩不在合法范围（[0,100]）
0015  /* 修改记录：
0016  /* ===============================================================* /
0017  int PrintGrade（int x) //int 型的变量x是函数的形式参数，在函数调用时要用实际参数
                             来为其赋值
0018  {
0019      if((x<0) || (x>100))
0020      {
0021          printf("错误的成绩!\n");
0022          return  -1;
0023      }
0024      else if( x >= 90 )printf("优\n");
0025      else if( x>= 80 )  printf("良\n");
0026      else if( x>= 70 )  printf("中\n");
0027      else if( x>= 60 )  printf("及格\n");
0028      else              printf("不及格\n");
0029      return 0;
0030  }
0031
0032  int main()
0033  {
0034      int score = 0;
0035      char ch = 0;
0036      do{ //do...while 循环结构
0037          printf("请输入成绩(0~100的整数):");
0038          scanf(" % d",&score);
0039          printf("成绩: % d\n 等级:", score);
0040          PrintGrade(score);              //把 score 作为实际参数来调用 PrintGrade 函数。
0041          printf("是否继续？[y/n](y)");   //提示是否继续判断，等待输入一个字符。默认是 y
0042          while((ch = getchar())!='\n');    //清除缓冲区中的垃圾，以便下一次循环能顺利
                                                进行
0043      }while((ch = getchar()) == 'y' || ch == '\n');//ch 不为'y'，也不为'\n'，则继续循
                                                          环，否则结束循环
0044      return 0;
0045  }
```

在 17～30 行定义了函数 PrintGrade。大括号内的语句是该函数的函数体,小括号内的是函数的形式参数(形参)列表。本例中,形参列表只有一个 int x,表示本函数只需要一个形参,它是 int 型(整型)的变量 x。第 17 行称为函数头,它反映了函数的重要信息。函数体内的代码(第 19～29 行)表示,当调用该函数时所实际要执行的代码序列(函数体中的 x 便是函数)。大家注意到,这些代码就是在前面的例子中反复出现的代码。函数定义的一般格式为

图 3-1　函数的定义的一般格式

第 6～16 行的注释称为函数注释。这一部分不是必需的内容,但是却包含了非常重要的信息。通过注释所提供的信息,不用去阅读代码,也能得知函数所完成的功能、函数该如何调用、需要的参数和返回的参数,以及函数作者、修改记录等。这是一个规范的函数注释模板,看起来冗长,但是在定义新函数的时候可以直接拷贝到函数定义的前面。

函数的名字必须是合法的标识符,必须有其意义,即能够代表其所要完成的功能,使读者一眼便可知道这个函数是做什么用的。定义函数的时候,采用的命名方式通常是一个动词或者一个动词加一个名词的形式,而且每个单词的首字母都要大写,这种命名法通常称为驼峰命名法。例如,PrintGrade 是英文 Print(打印)和 Grade(级别)加在一起,表示要打印成绩的级别。

函数名前面的类型是函数返回值的类型。这个值通常是函数执行完后得到的结果,也可以是函数执行状态的表征(比如函数处理中是否遇到了错误)等。这个值要传递给调用这个函数的函数(称为该函数的主调函数,该函数称为被调函数),由后者去决定如何使用返回值。每个函数都必须有返回语句(return),在函数中确实没有需要返回的,在定义函数时用 void(空)作为其返回类型,在函数需要结束的地方用 return;语句来显式的返回。函数返回值的类型一定要和定义函数时所规定的返回值类型一致。

PrintGrade(score);称为函数调用语句,该语句实际上起到了 PrintGrade 函数体内所要执行的代码相同的功能。函数的调用采用 函数名(实参列表)的形式。本例中,main 函数中的变量 score 作为 PrintGrade 函数的实际参数(实参)。程序从 main 函数开始执行,执行到第 40 行进行 PrintGrade 函数的调用时,会用实参 score 此时的值初始化 PrintGrade 函数中的变量 x。也就是说,PrintGrade 函数中的代码一开始执行的时候,其中的变量 x 的值就是 main 函数中的 score 的值了。这种机制称为函数参数的值传递。C/C++语言中,函数的参数都采用值传递的方式,用实参的值为形参赋值。然后,被调函数中的形参变量的初始值就是这里传来的值,即实

参值的一份拷贝。在 PrintGrade 函数内部,改变 x 的值,并不会改变主调函数 main 中实参 score 的值。

例 3 - 2 值传递机制的验证。

```
0001 /*文件:exp3_01_2.cpp*/
0002 /*函数调用的值传递机制*/
0003 /*值传递不会改变实参的值*/
0004 #include <stdio.h>
0005 #include <stdlib.h>
0006
0007 void function(int x)        //定义函数 function
0008 {
0009     printf("形参变量的初始值为:%d\n",x);
0010     x++;
0011     printf("形参变量改变后的值为:%d\n",x);
0012     return;                 //函数不需要返回值(返回类型为 void),也要 return
0013 }
0014 int main()
0015 {
0016     int score = 10;
0017     int score1 = score; //保存 score 的初值
0018     printf("函数调用前实参变量最初的值为%d\n",score1);
0019     function(score);        //调用函数 function,实参为 score
0020     printf("函数调用后实参变量的值为%d\n",score);
0021     return 0;
0022 }
```

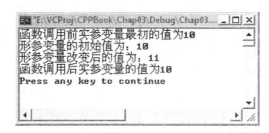

图 3 - 2 形参的改变不会改变实参的值

例 3 - 2 运行结果如图 3 - 2 所示。在调用函数 function 时,形参变量的值发生了变化,而实参变量的值却保持不变。定义变量 score1 并令其初值为 score 的值,在本例中不是必须的,其作用是假如后面的语句(如第 19 行的 function 函数调用)改变了 score 的值,还可以用 score1 保存的值来恢复 score 原始的值。

函数的定义不能嵌套。否则,在编译程序时会报错:'function':local function definitions are illegal('function':局部函数定义非法)。

例 3 - 3 不能在函数内部进行其他函数的定义。不能顺利编译,如图 3 - 3 所示。

```
0001 /*文件:exp3_01_3.cpp*/
0002 /*函数定义不能嵌套*/
0003 #include <stdio.h>
0004 #include <stdlib.h>
0005
0006 int main()
0007 {
0008     void function() //main 的函数体内又定义了一个函数 function
0009     { return ;}      //在 C/C++语言中,这是非法的
0010     function();      //试图调用该函数
0011     return 0;
0012 }
```

图 3-3 若在函数体中定义其他函数,将出现编译错误

在例 3-1 中,函数 PrintGrade 的定义放在了 main 函数的前面。把 PrintGrade 函数的定义性声明放在了它的调用语句的前面。这是为了遵守前面讲到的 C/C++语言的重要规则:任何标识符都必须先声明再使用。编译器在编译第 19 行即 PrintGrade 函数调用时,跟前面的函数声明语句相比对,检查对 PrintGrade 的调用是否正确:函数名是否正确、函数参数的个数是否相同、类型是否匹配,等等。但是函数的代码位置可以是任何位置。

例3-4　修改例3-1,把函数定义放在 main 函数的后面。

```
0001 /＊文件:exp3_01_4.cpp＊/
0002 /＊把函数定义放在 main 函数后面＊/
0003 #include <stdio.h>
0004 #include <stdlib.h>
0005
0006 int main()
0007 {
……        /＊同例3-1＊/
0014        PrintGrade(score);
0015        printf("是否继续? [y/n](y)");        //提示是否继续判断,等待输入一个字符。
                                                     默认是 y
0016        while((ch=getchar())!='\n');        //清除缓冲区中的垃圾,以便下一次循环
                                                     能顺利进行。
0017    }while((ch=getchar())=='y'||ch=='\n');//若 ch 不为'y',也不为'\n',则结束循环
0018    return 0;
0019 }
0020 /＊=======================================================＊/
0021 /＊函数名:  PrintGrade
……  /＊同例3-1注释＊/
0030 /＊=======================================================＊/
0031 int PrintGrade(int x) //int 型的变量 x 是函数的形式参数,在函数调用时要用实际参数来
                           为其赋值
0032 {
……  /＊同例3-1同名出数＊/
0044 }
```

组建程序,输出窗口显示错误:error C2065:'PrintGrade':undeclared identifier;(错误 C2065:'PrintGrade':没有声明的标识符)。函数的声明方法和定义类似,就是直接把该函数定义时的函数头拷贝过来,然后在形参列表后的小括号后打上";"分号。这里的参数列表中,形参的名字可以不写;但是形参的类型一定要有,因为编译器在检查函数调用是否正确的时候检查的是函数形参实参的类型是否一致,而形参的名字,反而不那么重要了。

把下面的代码加到本例代码第 14 行前任一行,程序就可以顺利编译、正确执行了:

```
int        PrintGrade(int x);
```

函数原型的检查实际上检查的是函数的名字、参数类型等信息,函数体内的代码不重要。函数的定义和主函数 main 函数放在同一个源代码文件中,使得非主函数外的函

数不是独立的,这样的组织方式不利于后来的程序反复使用。

针对这个问题,C/C++语言提供了包含机制,可以把功能相似的函数定义在同一个源文件中,一方面便于管理,一方面便于代码重用。在较大型软件的开发过程中,任务被分割成若干个子功能。每个开发小组负责其中一项或几项子功能。每个小组设计和实现自己的函数,确保自己小组的所有设计和实现都完全正确之后,再和其他小组的代码对接,最终完成软件的设计开发。

例 3 - 5 重新组织例 3 - 4,把 PrintGrade 函数的定义和声明分开放在不同文件中。

```
0001 / * 文件:exp3_01_5.cpp * /
0002 / * 把函数 PrintGrade 的定义移除 * /
0003 #include <stdio.h>
0004 #include <stdlib.h>
0005 #include"mysubs.h"    / * 因为后面用到了 PrintGrade 函数,所以把 mysubs.h 包含进来,对
                            函数进行声明 * /
0006 int main()
0007 {
0008     int score = 0;
0009     char ch = 0;
0010     do{ //do…while 循环结构。
0011         printf("请输入成绩(0~100 的整数):");
0012         scanf(" % d",&score);
0013         printf("成绩:% d\n 等级:", score); //把 score 作为实际参数来调用 PrintGrade 函数
0014         PrintGrade(score);
0015         printf("是否继续? [y/n](y)");//提示是否继续判断,等待输入一个字符。默认是 y
0016         while((ch = getchar())! ='\n');//清除缓冲区中的垃圾,以便下一次循环能顺利进行
0017     }while((ch = getchar()) =='y' || ch=='\n');//ch 不为'y',也不为'\n',则结束循环
0018     return 0;
0019 }
0001 / * 文件名:mysubs.cpp * /
0002 #include <stdio.h>
0003 / * ==================================================* /
0004 / * 函数名: PrintGrade
……     / * 函数说明同例 3 - 1 * /
0013 / * ==================================================* /
0014 int PrintGrade(int x)       //int 型的变量 x 是函数的形式参数,在函数调用时要用实际参
                                数来为其赋值
0015 {
……     / * 函数体同例 3 - 1 同名函数 * /
```

```
0027 }
0001 /＊文件名:mysubs.h＊/
0002 /＊存放常用的函数声明＊/
0003 int PrintGrade( int x);
```

在 VC 中创建一个基于控制台的空的工程,执行菜单命令:"工程"→"增加到工程"→"文件",然后在弹出的对话框中找到并选择例中的 3 个文件(点击文件的同时按着[Ctrl]键),在最下方的"插入到"下拉列表中选择这个空工程的名字,如图 3-4 所示。

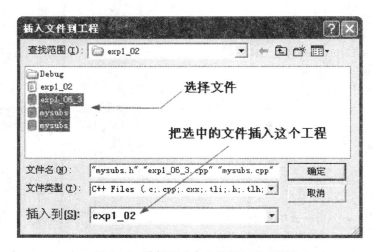

图 3-4　选择那 3 个文件插入到工程

所选择的 3 个文件就出现在左边 Workspace(工作空间)中了,点击左边工作空间的 FileView(文件视图)卡,便可以看见 VC 已经自动把文件分成了 Source_Files(源文件: exp3_01_5. cpp、mysubs. cpp)和 Header_Files(头文件:mysubs. h)两类,如图 3-5 所示。

头文件名以. h 结束,其内容通常包含一些函数的声明、变量的声明、一些编译预处理命令等;而源文件名则以. c 或 cpp 结束,其内容通常包含函数的定义(含有具体代码实现)。

♯include"文件名" 的作用是把"文件名"所代表的文件读取进来(称为文件包含),用它的内容代替这一行的 include 命令。这个文件包含操作是在开始编译时最初进行的文字替换,叫做编译预处理指令。

被包含的文件名外,有的地方用一对尖括号"<>"括起来,有的地方则用一对双引号引起来,这两种方式是有区别的。前者用来把系统中预定义的头文件(如 stdio. h、stdlib. h)等包含进来,系统知道去哪里找到该头文件。后者则是先在当前目录下找该文件,找到则把它包含进来;找不到就去系统的路径下去找。被包含的文件如果找不到,在按下[F7]组建程序时,VC 下方会给出出错提示:

fatal error C1083: Cannot open include file: 'XXXX': No such file or directory(严重错误 C1083:打不开包含文件'XXXX':没有这个文件或路径)

图 3-5 合理组织管理 VC 工程中的文件

本例头文件 mysubs. h 内只有一条函数声明语句（PrintGrade 的声明），在源代码文件 exp3_01_5. cpp 中通过 ♯include"mysubs. h" 实际上是把 mysubs. h 中的那条函数声明语句读进来代替♯include 指令。这样起到了对函数 PrintGrade 进行声明的作用。编译器在后面遇到函数 PrintGrade 的调用语句时，就可以知道到哪里去找这个函数的声明，从而通过对比函数声明和函数调用语句得知函数的调用是否正确。

练 一 练

VC 中，打开例 3-5 的工程，在文件视图选中"exp3_01_5. cpp"文件，按一下［Delete］键。然后再编译运行程序。观察发生了什么错误。该如何补救？

还有一条值得注意的是，VC 进行所谓的增量编译的方式。对于已经编译好的代码，如果源代码没有修改，则在编译过程中只对内容有修改的源代码进行编译。

练 一 练

VC 中，打开例 3-5 的工程。组建成功之后，再按［F7］，观察下方的"组建"窗口的输出；在 exp3_01_5. cpp 中随便改点东西，保存，再改回来，再按［F7］组建，观察"组建"窗口的输出有何变化。

练 一 练

VC 中,打开例 3-5 的工程,在 exp3_01_5.cpp 中,把 #include"mysubs.h"复制拷贝多行,组建程序,观察是否有错误发生。(结论:同一个标识符可以说明多次)

利用增量编译,把一些固定的不用再改动的函数放在一个源文件中,经过编译后,后来组建程序的时候就不会再编译该文件,从而起到加快编译速度、提高开发效率的作用。

以后,在创建新的工程时,如果要用到 mysubs.cpp 中的函数,只需要把 mysubs.h 和 mysubs.cpp 文件拷贝到该工程所在目录,并执行 VC 菜单命令:"工程"→"增加到工程"→"文件"把这两个文件加入到工程中,在用到 mysubs.cpp 中函数的源代码中用 #include "mysubs.h" 把函数的声明包含进来即可。所有在 mysubs.cpp 中定义的函数,都要在 mysubs.h 中加入它所对应的函数声明语句。这样,就可以重复使用前面已经写好的代码了。另外,为了展示的方便,也把所有的代码都贴出来,但是在代码前面的注释中给出该代码所在文件的名字。

C/C++语言是典型的结构化程序设计语言,函数是它的最基本的抽象级别。也就是说,C/C++语言程序是由函数构成的。函数是过程的抽象,函数名实际上代表了函数体中的代码。但是函数又不是简单的函数体代码序列的集合。函数可以有各种类型和数量的参数,可以执行几乎任意功能。

例 3-6 求两个正整数的最大公约数 GCD 和最小公倍数 LCM。

背景:两个正整数的最大公约数是它们的公共因子中最大的一个;而两个正整数的最小公倍数则是它们的公共倍数中最小的一个。

现要求,从键盘上输入两个正整数,通过函数 int gcd(int x,int y)和 int lcm(int x, int y)计算这两个正整数的最小公倍数和最大公约数并输出。

解:数学上采用辗转相除法计算两个正整数 x,y 的最大公约数 d。一般步骤:

(1) 先用小的一个数除大的一个数,得第一个余数;

(2) 再用第一个余数除小的一个数,得第二个余数;

(3) 又用第二个余数除第一个余数,得第三个余数;

(4) 这样逐次用后一个数去除前一个余数,直到余数是 0 为止。那么,最后一个除数就是所求的最大公约数(如果最后的除数是 1,那么原来的两个数是互质数)。

得到 x、y 的最大公约数 d 之后,用公式 $(x/d) \times (y/d) \times d = (xy)/d$ 计算 x、y 的最小公倍数。先用 x 和 y 分别除以这个最大公约数,这样得到的两个数 x1 和 y1 必然是互质(没有大于 1 的公因子)的。然后再用 x1 和 y1 乘以最大公约数 d,便可得到 x 和 y 的最小公倍数。

```
/*文件名:mysubs.cpp*/
/*为排版需要,采用简化的函数说明*/
/*gcd函数计算并返回整数a和b的最大公约数*/
```

```
int gcd(int x,int y)
{
    int dividend,divisor,tmp;

    dividend = x>y? x:y; //将较大的作为被除数
    divisor = x<y? x:y; //将较小的数作为除数

    while( dividend % divisor! = 0 )    //辗转相除。直至能整除为止。
    {
        tmp = divisor;                  //保存除数,作为下一次的被除数
        divisor = dividend % divisor;//取余
        dividend = tmp;                 //将前一次的除数作为后一次的被除数
    }
    return divisor;
}


/* lcm 函数计算并返回整数 a 和 b 的最小公倍数 */
int lcm(int x,int y)
{
    int GCD,LCM;

    GCD = gcd(x,y);                     //计算最大公约数
    LCM = (x/GCD) * (y/GCD) * GCD;      //利用公式计算最小公倍数

    return LCM;
}

/* 文件名:mysubs. h */
int gcd(int x,int y);
int lcm(int x,int y);

/* 文件名:exp3_01_6a. cpp */
/* 用 C/C + +语言实现求最大公约数 gcd 和最小公倍数 lcm 的程序 */
# include <stdio. h>
# include <stdlib. h>
# include <conio. h>
# include "mysubs. h"
int main()
{
    int a,b;
```

```
printf("求两个数的最大公约数和最小公倍数的程序\n\n");
printf("请先分别输入两个正整数a和b\n");
printf("a=");scanf("%d",&a);    //输入a
printf("b=");scanf("%d",&b);    //输入b
if((a<=0)||(b<=0))              //判断a、b的值是否是正整数
{   printf("a=%d, b=%d\n",a, b);
        printf("请输入大于0的整数!\n");
        exit(-1);               //不是,则输入提示信息后退出
}
//计算并输出a、b的最大公约数和最小公倍数
printf("解:\nGCD( %d, %d)= %d\n",a,b,gcd(a,b));
printf("LCM( %d, %d)= %d\n",a,b,lcm(a,b));

return 0;
}
```

```
求两个数的最大公约数和最小公倍数的程序

请先分别输入两个正整数a和b
a=16
b=60
解:
GCD( 16, 60)= 4
LCM( 16, 60)= 240
Press any key to continue_
```

图3-6 求最大公约数和最小公倍数程序的运行情况

上述代码,将函数 gcd 和 lcm 的定义放在源代码文件 mysubs.cpp 中,声明放在 mysubs.h 头文件中,在主函数 main 函数中采用 #include "mysubs.h" 编译预处理命令把对二者的声明包含进来,然后在程序中输入两个正整数,判断其范围,若为正整数,则计算它们的最大公约数和最小公倍数并输出;否则打印出错提示并退出。结果如图3-6所示。

例3-7 编程序验证哥德巴赫猜想。

背景:公元1742年6月7日哥德巴赫(Goldbach)写信给当时的大数学家欧拉(Euler),提出了以下的猜想:

(a) 任何一个大于等于6之偶数,都可以表示成两个奇质数之和。

(b) 任何一个大于等于9之奇数,都可以表示成3个奇质数之和。

编程序实现判断,要求:输入一个大于等于4的整数,把它表示成两个素数的和。输出所有的可能性。必须使用函数 int prime(int x) 判断素数,该函数在 x 为素数时返回1,否则返回0;若 x 为负数,返回-1。输入输出在主函数中完成。

解:素数是只有1和它自身两个因子的正整数。素数的判断涉及的是正整数的因子分解问题。把正整数 x 分成两个因子的乘积:x=a×b,要求 a≤b。因为如果允许 a>b,实际上 a 的取值就是当 a≤b 时某个 b 的取值。比如24=4×6,a=4 而 b=6;又24=6×4,a=6 而 b=4,实际上就是前一种情况把 a 和 b 的值交换了。要判断 x 是否是素数,就要拿这个 a(a≥2 而且 b 不大于 x 开方的整数部分)去除。如果都不能整除,那么 x 就是素数,否则 x 就是合数(非素数称为合数)。

文件:mysubs.h

```
0001 / * 文件名:mysubs.h * /
0002 / * 存放常用的函数声明 * /
0003 int prime(int x);//验证 x 是否为素数。是,则返回 1,否则返回 0
......
```

文件:mysubs.cpp

```
0001 / * 文件名:mysubs.cpp * /
0002 # include ＜stdio.h＞
0003 # include ＜math.h＞
0004 / * 为排版需要,采用简化的函数说明 * /
0005 / * 函数 prime 判断输入的整型参数 x 是否为素数。是,则返回 1,否则返回 0 * /
0006 int prime(int x)
0007 {
0008     int i = 2, isprime = 1;   //isprime 作为 x 是否是素数的标记。1 - 素数;0 - 非素数
0009     int a = sqrt(x); //计算 x 的开方,将其整数部分赋给整型变量 a
0010     while(i＜= a)
0011     {
0012         if(x % i == 0){
0013             isprime = 0;
0014             break;
0015         }
0016         i + + ;
0017     }
0018     return isprime;
0019 }
......
```

文件:exp3_01_6b.cpp

```
0001 / * 文件名:exp3_01_6b.cpp * /
0002 / * 验证哥德巴赫猜想 * /
0003 # include ＜stdio.h＞
0004 # include ＜stdlib.h＞
0005 # include ＜conio.h＞
0006 # include "mysubs.h"
0007 int main()
0008 {
0009     int x = 4,i;
0010     printf("验证哥德巴赫猜想\n输入一个大于 4 的整数:");
0011     scanf(" % d",&x);
0012
```

```
0013      if(((x%2) == 1) || x<4) //判断 x 若是小于 4 或为奇数,则提示并返回
0014      {
0015          printf("不是大于 4 的偶数,程序退出\n");
0016          return 0;
0017      }
0018      //下面的循环进行具体的分解
0019      for(i = 2;i< = x/2;i++)
0020      {
0021          if(prime(i) &&( prime(x - i))) //判断,若 i,x - i 都为素数
0022          {
0023              printf("%d = %d + %d\n",x,i,x - i);//则打印和式
0024          }
0025      }
0026      return 0;
0027 }
```

当输入的正整数为 36 时,程序的运行结果如图 3 - 7 所示。

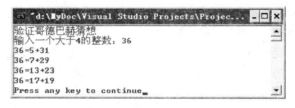

图 3 - 7   把任何大于 4 的正偶数分解成两个素数的和

在 main 函数中,首先从键盘上输入数值给 x 赋值。若输入值小于 4 或为奇数,则提示并返回(退出程序)。然后利用循环进行判断和分解。一个正整数 x 要分解成两个正整数的和,那么其中必有一个是小于等于 x 开方的整数部分,设此数为 i。i 从 2 开始,是为了保证能分解出来的是两个素数。

1. for 循环

for 循环的一般构成:

```
for( [expr1]; [expr2]; [expr3])
{
    循环体语句序列;
}
```

方括号表示其内的表达式可以省略。for 循环的执行逻辑是:当程序执行到 for 循环时,首先执行表达式 expr1(如果有),然后执行表达式 expr2(如果有),看 expr2 的结果是否为真(非 0),若是,则执行循环体语句序列;若假,则结束循环。执行完循环体语句序列之后,程序流程转向执行表达式 expr3(如果有),然后再执行表达式 expr2(如果有)。

表达式 expr1 通常用来进行循环变量的初始化,如本例的 i＝2 即是设置 i 的初值为 2。它可以省略,因为 i 的初值放在 for 循环的前面也可以起到同样的初始化循环变量的作用。

表达式 expr2 即是 while 循环中的循环条件,只有当 expr2 的值为真是才继续循环。本例中,循环条件表达式 expr2 为 i＜＝x/2。expr2 也可以省略,省略后表示循环条件始终为真。

表达式 expr3 一般用来更新循环变量。每次循环结束后,循环变量的值一般都需要更新,以便进行根据新的循环变量的值来进行下一轮循环。在本例中是 i＋＋,表示把循环变量 i 的值加 1。当然,这个循环变量更新的工作也可以放在循环体内最后的位置,从而省略 for 后面的 expr3 表达式部分。

for 循环的优点就是结构紧凑,因为它把循环变量初始化、循环条件、循环变量更新都放在了同一行中。当然 for 循环也可以改写成完成同样功能的 while 循环:

```
expr1;
while([expr2])
{ 循环体语句序列;
expr3; }
```

当然,选用 for 循环还是 while 循环一则看需要,二则根据程序员的习惯,都是可以的。至于 do ... while 循环,因为要执行至少一次循环体内的语句,所以一般不能和 for、while 循环结构互换。

2. 数学函数

函数 sqrt 是一个数学函数,用来计算它的参数的平方根。它在 math.h 头文件中声明(所以在本文件第 3 行把 math.h 头文件包含进来),其原型为

```
double sqrt(double);
```

头文件 math.h 中声明了常用的数学函数,如 cos(余弦)、sin(正弦)、abs(求绝对值)、exp(指数函数)、pow(幂函数)、log(对数函数)等。若想看到具体声明,可以在 ♯ include ＜math.h＞所在文件里选中字符串 math.h,点击右键,在弹出菜单上单击"打开文档"math.h"",math.h 头文件就会打开,里面就有各种数学函数的声明。

3. 类型转换

语句 int a＝sqrt(x);首先定义了一个整型变量 a,然后把 x 的平方根初始化 a。因为 sqrt 返回值的类型是 double(双精度型,就是能表示比 float 的精度还要高的实数类型)型,而 a 是整型变量。C/C＋＋语言中,"＝"两端类型不一致时,会发生类型转换。当左边类型高时,转换自动进行,没有提示;当右边类型高时,转换如果能够发生,自动转换,同时给出警告。因为这样做可能会带来精度的损失。像本例中,把一个实数赋值给一个整型变量时,C/C＋＋语言中的处理是把实数的小数部分直接去掉,只把整数部分赋给左边整型变量。在组建工程时,编译器给出以下的警告:

... mysubs.cpp(8):warning C4244:'initializing':conversion from 'double' to 'int', possible loss of data(警告 C4244 '初始化':把'double'型转换成'int'型,可能会丢失数据)

因为 x 的因子最大不过是它的平方根(如果 x 是完全平方数),否则 x 的因子最大是 x 开方值的整数部分。所以这种转换是需要的,而且不会带来任何副作用。a 的值将作为循环变量(也即是 x 的一个可能因子)i 的右边界值。i 的左边界值是初值 2,在定义 i 时已经初始化好了。

5. break 中断

break 是中断的意思,作用是中断当前循环,使流程跳到当前循环外的下一条语句处去执行。具体在本例中,用因子 i 去除 x,如果能够整除(mysubs.cpp 文件第 12 行),即 x%i==0,那么就已经能够说明 x 不是素数了。不必再继续判断 x,程序转到第 18 行执行 return 语句,返回判断的结果。另外,循环可以嵌套,本层出现的 break 只能跳出当前循环这一层。

例 3 - 8 [闰年的判断]古罗马凯撒大帝采用埃及天文学家 Sosigenes 之历法,以一年平均为 365.25 天为准,而较正确的估计,一年有 365.242 2 日。每年大约少算了 0.007 8 日。西元 1582 年罗马教皇订定新历法,规定一年有 365 日,每 4 年有一闰年(可以补足少算的 0.242 2×4=0.968 8 日),每 100 年再少闰一年(可以扣掉多算的 0.031 2×25=0.78 日),每 400 年再多一闰(可以再补回少算的 0.22×4=0.88 日)。闰年是合乎下列规则之一的年份:(1)该年西元纪年被 100 和 400 整除。(2)该年西元纪年不被 100 除尽,但可被 4 整除。

要求:输入一个正整数年份,输出该年是否是闰年。要用函数 int LeapYear(int year) 判断。该函数当 year 为闰年时返回 1,不是闰年返回 0,year 小于等于 0 则返回-1。

```
文件:mysubs.h
0001 /* 文件名:mysubs.h */
0002 /* 存放常用的函数声明 */
0003 int LeapYear(int year);//判断 year 是否为闰年,是则返回 1,否则返回 0
......

文件:mysubs.cpp
0001 /* 文件名:mysubs.cpp */
0002 #include <stdio.h>
0003 #include <math.h>
0004 /* 为排版需要,采用简化的函数说明 */
0005 /* 判断 year 是否为闰年,是则返回 1,否则返回 0 */
0006 int LeapYear(int year)
0007 {
0008     if(((year%4)==0)&&(year%100)!=0) //年份能被 4 但不能被 100 整除,是闰年
0009         return 1;
0010     else if(((year%100)==0)&&((year%400)==0)) //年份能被 100 和 400 同时整除,是闰年
0011         return 1;
0012     else
```

```
0013        return 0;
0014 }
......
```

文件:exp3_01_6c.cpp

```
0001 /* 文件名:exp3_01_6c.cpp */
0002 /* 闰年的判断例程 */
0003 #include <stdio.h>
0004 #include <stdlib.h>
0005 #include "mysubs.h"
0006 int main()
0007 {
0008    int x;
0009    printf("闰年的判断\n输入一个大于 0 的年份(整数):");
0010    scanf("%d",&x);
0011
0012    if(x<0) //判断年份 x 若是小于 0,则提示并返回
0013    {
0014       printf("请输入大于 0 的年份! \n");
0015       return 0;
0016    }
0017    //下面根据函数 LeapYear 的返回值输出 x 是否闰年
0018    if(LeapYear(x) = = 1)
0019       printf("%d 年是闰年\n",x);
0020    else
0021       printf("%d 年不是闰年\n",x);
0022    return 0;
0023 }
```

其实判断的条件可以简化。因为能被 100 和 400 同时整除,就等价于能被 400 整除。所有在 mysubs.cpp 中的代码第 10 行函数 LeapYear 的判断条件也可写成 (year%400)==0。在两个 if 中用到了"%"取模运算符,它只能针对整数进行计算。另外,if 中遇到多个条件时,用到了逻辑与"&&"和逻辑或"||"运算符连接两个条件。程序运行结果如图 3-8 所示。

图 3-8　闰年判断程序运行情况

例3-9 计算全排列个数(阶乘)。自然数 N 的全排列个数 N! ＝N×(N－1)×…×2×1。要求从控制台输入 N,用函数 long fact(int N)计算 N 的全排列个数。打印输出结果。

解:在数学上,很容易看出,N! ＝N×(N－1)!。也就是说,N 的阶乘是由 N－1 的阶乘乘以 N 来定义的。这种在定义体内也出现定义本身的定义形式称为递归定义。递归的定义或问题,采用递归的实现方法。C/C++语言支持递归函数,就是在函数的实现语句中调用自身。

```
文件:mysubs.h
0001 /* 文件名:mysubs.h*/
0002 long fact(int n);//计算正整数 n 的阶乘(递归的方法)
……

文件:mysubs.cpp
0001 /* 文件名:mysubs.cpp*/
0002 #include <stdio.h>
0003 #include <math.h>
0004 /*计算正整数 n 的阶乘(递归的方法)*/
0005 /*调用前要保证 n 是正整数*/
0006 long fact(int n)
0007 {
0008     long value;
0009     if(n==1)
0010         value=1L;
0011     else
0012         value=n*fact(n-1);
0013     printf("n=%d,  %d! =%d\n", n, n, value); //跟踪递推过程
0014     return value;
0015 }
……

文件:exp3_01_6d.cpp
0001 /* 文件名:exp3_01_6d.cpp*/
0002 /*闰年的判断例程*/
0003 #include <stdio.h>
0004 #include <stdlib.h>
0005 #include "mysubs.h"
0006 int main()
0007 {
0008     int m;
0009     printf("正整数的阶乘\n 输入一个正整数 m:");
```

```
0010        scanf("% d",&m);
0011
0012        if(m<0) //m 若是小于 0,则提示并返回
0013        {
0014            printf("请输入正整数!\n");
0015            return 0;
0016        }
0017
0018        printf("% d! = % ld\n",m, fact(m));
0019        return 0;
0020    }
```

　　注意 mysubs. cpp 文件中的递归函数 fact 的定义。首先,它的返回值类型是 long
(长整型)。跟 int 型类似,long 也是整数类型,但是一般 long 表示的整数的范围不小于
int 型。因为计算阶乘所得的数往往很大,所以这里采用了长整型作为函数的返回值。
第 10 行 1L 是在 1 后面加一个 L(也可以是小写),表示这个 1 是长整型的 1,跟在数值
后面加 f 表示这是个单精度的浮点数作用类似。另外,如果要告诉编译器某个带小数
的直接常数值是双精度浮点型,则不用在该直接常数后面加任何东西,编译器把这种直
接常数直接就作为双精度浮点数处理,如 3. 14 默认就是一个双精度浮点数。

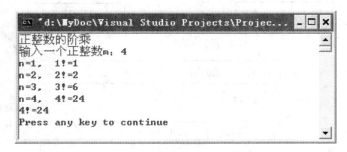

图 3 - 9　阶乘计算程序运行情况

　　其次,在 mysubs. cpp 第 9、10 行中,判断当 fact 函数的形参值为 1 时,直接返回 1。
表示的是 1 的阶乘都是 1。这一条很简单,但是很重要,因为这是递归停止的条件。没
有它,程序就会一直递归下去,最终耗尽内存而退出。第 11、12 行,因为有 else 语句,所
处理的就是当形参 n 的值大于 1 的情况。根据定义,当 n 大于 1 时,n! ＝n×(n−1)!。
所以实现时就拿 n 去乘以参数 n−1 调用 fact 来计算(n−1)! 的返回结果。计算 4 的
阶乘的结果如图 3 - 9 所示。
　　上述程序的运行过程如下:
　　(1) 要计算 fact(4),就要调用函数 fact(n),这时形参 n＝4;
　　(2) 由于 fact(4)＝4 * fact(3),因而首先要计算 fact(3),于是它调用自身 fact(n),
形参 n＝3;
　　(3) 由于 fact(3)＝3 * fact(2),因而首先要计算 fact(2),于是它调用自身 fact(n),

形参 n＝2；

（4）由于 fact(2)＝2 * fact(1)，因而首先要计算 fact(1)，于是它调用自身 fact(n)，形参 n＝1；

（5）由于 fact(1)的值可以直接求出（mysubs.cpp 第 10 行），本层函数调用结束（它是递归调用的最后一层）。将 fact(1)的值（1L）返回到上层 fact(2)中；

（6）在 fact(2)中代入 fact(1)的值，算出 2 * fact(1)的值，即得到 fact(2)的值；本层函数调用结束，将 fact(2)的值返回到上层 fact(3)中；

（7）在 fact(3)中代入 fact(2)的值，算出 3 * fact(2)的值，即得到 fact(3)的值；本层函数调用结束，将 fact(3)的值返回到上层 fact(4)中；

（8）在 fact(4)中代入 fact(3)的值，算出 4 * fact(3)的值，即得到 fact(4)的值；本层函数调用结束，将 fact(4)的值返回到主函数 main 中。

递归函数的执行过程分为两个阶段：第一阶段是由未知逐步推到已知的过程，称为调用或者回推，如本例中从 fact(4)逐步推到 fact(1)的过程；第二个阶段是由已知逐步推到最后结果的过程，称为回代或者递推，也就是把已知值从下层一层一层地代入到上层，直至求出最终结果。整个过程如图 3－10 所示。

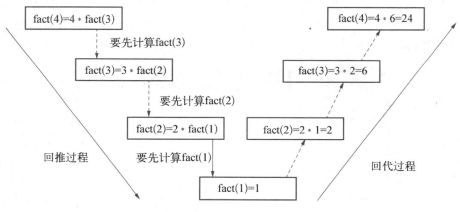

图 3－10　计算 4 的阶乘的递归调用详情

例 3－10　［Fibonacci 兔子问题］13 世纪意大利数学家斐波那契在他的《算盘书》中提出这样一个问题：有人想知道一年内一对兔子可繁殖成多少对，便筑了一道围墙把一对兔子关在里面。已知一对兔子每一个月可以生一对小兔子，而一对兔子出生后第二个月就开始生小兔子。假如一年内没有发生死亡，则一对兔子一年内能繁殖成多少对？

解：第一个月小兔子没有繁殖能力，所以还是一对；

两个月后，生下一对小兔总数共有两对；

3 个月以后，老兔子又生下一对，因为小兔子还没有繁殖能力，所以一共是 3 对；

……

依次类推可以列出表 3－1

表 3-1　兔子数

经过月数	1	2	3	4	5	6	7	8	9	10	11	12
幼仔对数	0	1	1	2	3	5	8	13	21	34	55	89
成兔对数	1	1	2	3	5	8	13	21	34	55	89	144
总体对数	1	2	3	5	8	13	21	34	55	89	144	233

　　表中数字 1,1,2,3,5,8,…构成了一个数列。前面相邻两项之和,构成了后一项。不论是幼仔对数、成兔对数,还是总体对数,都满足这样的特点。用函数 int Fibo(int n) 来计算每个月的兔子总数:

$$Fibo(n) = Fibo(n-1) + Fibo(n-2)$$

　　其中形参的值都是大于 0 的整数。因此,初始条件应该为 Fibo(1)=1,而且 Fibo(2)=2。由于后面月份兔子总数的计算要用到前面月份兔子的数目,所以这也是一个递归的问题。

```
文件:mysubs.h
0001 /* 文件名:mysubs.h */
0002 int Fibo(int n); //Fibonacci 问题:计算第 n 个月后有多少对兔子
……


文件:mysubs.cpp
0001 /* 文件名:mysubs.cpp */
0002 #include <stdio.h>
0003 #include <math.h>
0004 /*Fibonacci 问题:计算第 n 个月后有多少对兔子*/
0005 int Fibo(int n)
0006 {    int total = 0;
0007     if(n == 1)    total = 1; //过一个月有 1 对
0008     else if(n == 2)  total = 2; //过二个月有 2 对
0009     else
0010     {
0011       total = Fibo(n-1) + Fibo(n-2); //前两个月兔子的总数为当前月总数
0012     }
0013     return total;
0014 }
……


文件:exp3_01_6e.cpp
0001 /* 文件名:exp3_01_6e.cpp */
0002 /* 斐波那契数列问题,计算 12 个月后兔子总对数 */
```

```
0003 # include <stdio.h>
0004 # include <stdlib.h>
0005 # include "mysubs.h"
0006 int main()
0007 {
0008     int i = 1;
0009     printf("斐波那契数列问题\n");
0010     printf("12 个月后兔子对数为：% d\n",Fibo(12));
0011     return 0;
0012 }
```

程序运行结果为：
斐波那契数列问题
12 个月后兔子对数为：233

练 一 练

改动程序，使月数 n 从键盘上输入，输出用户给定月数过后的兔子总数。

例 3-11 ［Hannoi 汉诺塔问题］在印度，有这样一个古老的传说：在世界中心贝拿勒斯（在印度北部）的圣庙里，一块黄铜板上插着三根宝石针。印度教的主神梵天在创造世界的时候，在其中一根针上从下到上地穿好了由大到小的 64 片金片，这就是所谓的汉诺塔。不论白天黑夜，总有一个僧侣在按照下面的法则移动这些金片：一次只移动一片，不管在哪根针上，小片必须在大片上面。僧侣们预言，当所有的金片都从梵天穿好的那根针上移到另外一根针上时，世界就将在一声霹雳中消灭，而梵塔、庙宇和众生也都将同归于尽。

问题是：N 个金片从上到下按从小到大的顺序叠在针 A 上。现要借助针 B，将 A 上的全部金片移到针 C 上，使得 C 上的金片也是自上而下按从小到大的顺序叠在一起，如图 3-11 所示。要求移动过程中每次只能移动一块金片，而且在任何时刻，大的金片都不能压在小的金片上。

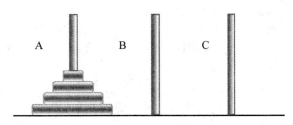

图 3-11　汉诺塔问题的初始状态

解：首先我们来证明在按照题设的条件来移动金片时，是可以通过有限步把 N 个金片从针 A 借助针 B 移动到针 C 上的，而且移动的过程中没有一个大的金片压在小的金片上。数学上采用数学归纳法来证明。

假设只有 1 个金片，即 N＝1，显然是可行的，步骤为：A→C；

如果有两个金片，即 N＝2，则移动步骤为：A→B, A→C, B→C；

假设针 A 上有 k 个金片(N＝k,k≥2)也可以在题设的约束条件下把所有金片从针 A 借助针 B 移动到另一根针 C;显然,由于针 B 和针 C 是无区别的,所以 A 上的这 k 个金片也可以借助针 C 移动到针 B 上,而且小的金片始终在大的金片上面。

当 N＝k+1 时,由上面的假设,可把上面的 k 个金片从针 A 借助针 C 移动到针 B;然后再把 A 针最下面的(即第 k+1 个)金片从 A 移动到 C。然后,同样由上面的假设,某针上的 k 个金片可以借助另一根针移动到目的针上,跟这些针如何编号是没有关系的,所以,现在针 B 上的 k 个金片可以借助针 A 移动到针 C 上。因为针 C 上是原来针 A 上的最大的金片(第 k+1 个金片),所以移动完之后,针 C 上的金片即由上而下是按从小到大的顺序排列的。

因为 k＝1,2 时是可以按要求移动的,所以根据数学归纳法,对于任意正整数 N 个金片,都可以通过有限步把它们从针 A 借助针 B 移动到针 C 上。

容易看出,整个过程是一个递归的过程:要把 N 个金片从 A 移到 C,就要

(1) 先把 N−1 个金片从 C 移到 B。

(2) 再把第 N 个金片移动到 C。

(3) 把 B 上的 N−1 个金片移动到 C 上。根据这个思路,可以编出程序,其中调用递归函数 void Hanoi(int n, char a, char b, char c)实现把 n 个金片从针 a 经过针 b 移动到针 c。程序运行结果如图 3−12 所示。

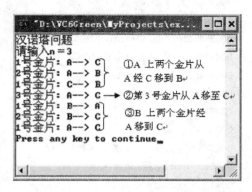

图 3−12　n＝3 时的汉诺塔的移动过程

程序代码为:

```
文件:mysubs.h
0001 /＊文件名:mysubs.h＊/
0002 void Hanoi(int n, char a, char b, char c);//n个金片的汉诺塔问题,从a经由b移动到c
……

文件:mysubs.cpp
0001 /＊文件名:mysubs.cpp＊/
0 02 #include <stdio.h>
0003 #include <math.h>
0004 /＊n个金片的汉诺塔问题＊/
0005 /＊把n个金片从a针经由b针移动到c针＊/
0006 void Hanoi(int n, char a, char b, char c)
0007 {
0008     if(n==1)
0009     {
0010         printf("%d号金片：%c−−> %c\n", n, a, c);
```

```
0011        }else
0012        {
0013            Hanoi(n-1,a, c, b);
0014            printf("%d号金片：%c--> %c\n", n, a, c);
0015            Hanoi(n-1,b, a, c);
0016        }
0017 }
......


文件:exp3_01_6f.cpp
0001 /*文件名:exp3_01_6f.cpp*/
0002 /*汉诺塔问题*/
0003 #include <stdio.h>
0004 #include <stdlib.h>
0005 #include "mysubs.h"
0006 int main()
0007 {
0008        int n;
0009        printf("汉诺塔问题\n");
0010        printf("请输入 n = ");
0011        scanf("%d",&n);
0012        if( n<=0 )
0013        {
0014            printf("n必须为正整数!\n");
0015            exit(-1);
0016        }
0017        Hanoi(n, 'A', 'B', 'C'); //把n个金片从针'A'经由针'B'移动到针'C'
0018        return 0;
0019 }
```

   注意，为便于展示代码，每次都是把新的函数的定义和声明语句分别放在 mysubs.cpp和mysubs.h文件的开始的位置。

   下面我们分析一下当n＝3时金片的移动和函数的调用过程。在主调函数 main 函数中，用 scanf 函数得到的输入为3。然后调用 Hanoi 函数时，调用方式为 Hanoi(3, 'A', 'B', 'C')。Hanoi 函数体内，因为 n＝3 大于1，所以进入 else 执行 Hanoi(2,'A', 'C','B')，把 A 上的2个金片借助 C 移动到 B。然后把3号金片从 A 移动到 C(打印"3号金片：A－－＞C")。然后调用 Hanoi(2,'B','A','C')——把 B 上的2个金片借助 A 移动到 C。这样便完成了金片的移动问题。

   更具体的分析如图3-13右边部分，Hanoi(2,'A','C','B')函数调用的时候，'A' 是开始时的针，'B'是目标针，'C'是可以借助的针。函数体内，进入 else 后的语句块，调用 Hanoi(1，'A'，'B'，'C')先把 A 上一个金片经由 B 移动到 C(打印"1 号金片：A——＞C")；再把 2 号金片从 A 移动到 B(打印"2 号金片：A——＞B")；再调用 Hanoi(1，'C'，'A'，'B')把 C 上的一个金片经 A 移动到 B(打印"1 号金片：C——＞B")。

Hanoi(2，'B'，'A'，'C')调用的过程是：首先进入函数后，进入 else 后的语句块，调用 Hanoi(1，'B'，'C'，'A')，把 B 上的 1 块金片移动到 A(打印"1 号金片：B——＞A")；上述函数返回后再把 B 上的 1 块金片移动到 C(打印"2 号金片：B——＞C")；再调用 Hanoi(1，'A'，'B'，'C')，把 1 号金片从 A 移动到 C。

例 3－9、例 3－10、例 3－11 都是递归函数的例子。递归必须有一个终止条件，如函数 fact、Fibo 和 Hanoi 的 if 部分，其实也是用问题的最小规模对应的情形。用递归的方法设计的程序实现起来代码简洁明了，可读性很高，但是效率低，无论是消耗的时间还是占用的内存空间都比非递归算法多。有些递归算法可以很容易地转换成非递归算法，如上述求阶乘的算法和 Fibonacci 数的计算；有的则不能直接转化，而要借用高级数据结构的支持。

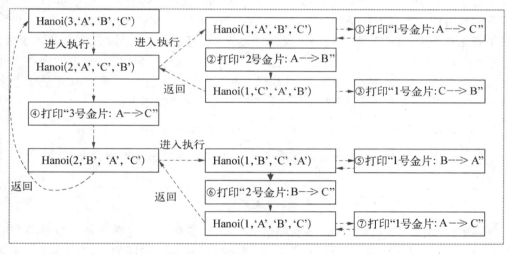

图 3－13　规模为 3 的汉诺塔问题求解过程

3.2　用数组存储大量相似数据

C/C++语言中，对于相似的大量数据，是采用数组的方式来进行存储处理的。所谓数组，就是一组数，虽然取值可能不一样，但是它们都具有相同的含义，相同的类型。比如一个班学生的成绩，就是由若干具有相同含义、相同类型的数构成的。其中的每个数都是这个数组的一个元素。如果用一个变量来表示班里一个学生的成绩，就要对每个人都定义一个变量，学生人数很多(比如有 100 人)，就要定义很多个(100 个)变量。这样做不论对数据的表示还是处理都非常不便。C/C++语言中对这种情况的处理是定义一个数组变量，其中包含了一组具有相同类型的元素，实际上每个元素都是跟数组变量相同类型的独立变量。采用数组可以对这一组变量进行相似的表示和统一的处理,非常灵活方便。

C/C++语言中的数组定义方式为:

数据类型　数组名[常量表达式];

数据类型其实是数组的每个元素(数组的每个元素都是变量)的类型;数组名必须是合法的标识符;方括号内的常量表达式是由常量的运算构成的,如3+2等,而且值必须大于0,但也可以是值为正整数的直接常数。如 int a[6];便定义了一个类型为 int (整)型的数组,数组名为 a,数组元素个数为6。而对数组的操作是转化成对数组元素的逐一操作来进行的,比如不能为数组整体进行赋值(初始化时除外),但是可以通过为数组元素单独进行赋值来实现对数组的赋值。

另外,一个标识符,如果前面是数据类型,后面是一对方括号的,那么这个标识符就一定是一个数组名,对应语句是数组的定义或声明的语句。

前面定义的数组 a 是由6个 int 型变量的顺序排列组成的,每个变量称为该数组的一个元素。数组的每个元素都可以像普通的 int 型变量一样使用。使用的时候,要按照下标来引用。数组下标是从0开始的整数,一直到 N-1,N 是定义数组时方括号内常量表达式的值,称为数组的大小。数组的大小其实是数组中相同类型的元素的个数。

另外,由于 C 中的变量是跟这个变量相关联的内存的抽象,变量所占的内存空间为变量类型所占的字节数。在32位计算机上和 VC 编译环境中,一个 char 型占1个字节,一个 int 型占4个字节,诸如此类。具体类型所占字节数如下:

char:1　short:2　int:4　long:4　float:4　double:8。

在程序中用 sizeof 运算符来获得某个变量或数据类型所占的内存字节数,具体使用方法为

sizeof(变量名)　或　sizeof(数据类型)

其中的小括号也可以省略,当省略时,sizeof 后要有空格把变量名或数据类型隔开。当变量名为数组名时,sizeof 运算符返回该数组总共所占用的内存字节数。比如 sizeof(a)即得24,因为数组 a 的大小为6个元素,其数据类型 int 大小为4个字节,所以数组 a 总共占 6×4=24 个字节。

另一方面,如果知道某个数组的名字和数据类型,但是不知道数组中到底有多少个元素,可以使用 sizeof(数组名)/sizeof(数据类型)来获得数组元素的个数。

这样一下子定义一批具有相同类型的变量,只要提供数组名和下标即可。例如,要存储50个学生的成绩,每个学生成绩对应一个变量,就可以定义数组

int score[50];

要存取某个学生的成绩,只要知道这个学生的序号 i(序号从0开始编),访问数组元素 score[i]这个变量就可以。

数组 int a[6]定义的6个 int 型元素分别是变量 a[0],…,a[5]。而且,每个数组元素所关联的内存是相邻的,变量 a[0]后面紧挨着变量 a[1],a[1]后面紧挨着 a[2],…。

要访问某个变量(元素),一方面可以用数组名加下标的方式来访问;另一方面,还可以对内存进行直接访问。比如,当知道了数组 a 在内存中开始的位置之后(设为 START_ADDR),又知道数组的数据类型的大小(用 sizeof 运算符获得,设为 W),那么第 K 个数组元素的内存地址就是 START_ADDR + K * W。K 从 0 开始编号,且不能大于数组大小 N 减 1,如图 3-14 所示。

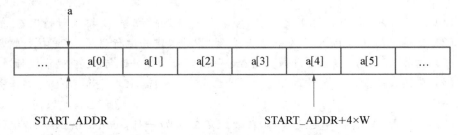

图 3-14 整型数组 int a[6];的内存分布情况

其实,数组名就是数组所占用的内存整体的一个抽象。定义了数组之后,这块内存就分配出来,而且跟数组名关联上了。数组名的本质就是这块内存的起始地址;也就是上一段中的 START_ADDR。一旦定义好,数组名跟内存关联上,数组名就不能再改变了。所以数组名是一个常量。C/C++语言中,内存字节的编号称为地址,也称为指针。所以,数组名的实质就是常量指针。

例 3-12 从键盘上输入 10 个成绩,存储在数组中,分别判断各个学生成绩的等级。

解:改动例 3-5,仍然调用 mysubs.cpp 中的 PrintGrade 函数来分级别和打印,且 PrintGrade 函数的声明也是存放在 mysubs.h 头文件中。把上述两个文件拷贝到工程文件夹,并执行 VC 菜单命令"工程"→"添加到工程"→"文件"把它们添加到工程中。主函数中只需把简单变量改定义成数组即可:

```
0001 /* 文件:exp3_02_1.cpp */
0002 /* 用数组来保存多项数据 */
0003 #include <stdio.h>
0004 #include <stdlib.h>
0005 #include"mysubs.h"    /* 因为后面用到了 PrintGrade 函数,所以要把 mysubs.h 包含进来 */
0006 #define N    4        //定义符号常量 N
0007 int main()
0008 {
0009     int score[N];      //简单变量定义改为具有 N 个元素数组的定义,用来保存数据
0010     for(int i = 0;i<N;i++)
0011     {
0012         printf("请输入成绩(0~100 的整数):");
0013         scanf("%d",&score[i]); //输入第 i 个元素(变量)的值
0014         printf("成绩:%d\n等级:", score[i]); // 打印第 i 个变量的值(成绩)
0015         PrintGrade(score[i]);                // 判断第 i 个成绩的等级
```

```
0016      }
0017      return 0;
0018 }
```

练 一 练

(1) 改动程序第 6 行,把 4 改为 10,重新组建并运行程序,观察执行情况;

(2) 直接把第 9 行的 N 改为一个正整数,重新组建并运行程序,观察执行情况;

(3) 把第 13 行的 &score[i] 改为 score + i,重新组建并运行程序,观察执行情况;

(4) 在第 5 行前加一行:#define M=1。在第 6 行,把 4 换成 M+3,编译并执行程序;

(5) 删除 M、N 的常量定义语句,在数组定义前加一行:const in N=4;编译运行程序;

(6) 当程序正常运行并要求用户输入成绩时,输入一个字母,观察程序运行情况。

程序运行情况如图 3-15 所示。

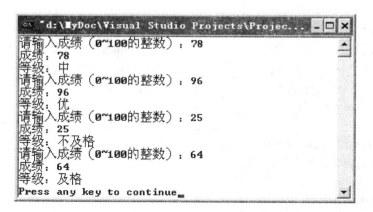

图 3-15　输入 4 个成绩分别进行判断

第 5 行包含了文件 mysubs. h。这是因为在此头文件中有函数 PrintGrade 的说明,而函数 PrintGrade 在第 15 行调用来对某个具体的成绩进行判断并打印。

第 6 行中,首次出现了 #define 指令。跟 #include 指令一样,#define 指令也属于编译预处理指令,因为它们的执行都是在真正的编译开始之前。跟 #include 把后面文件的内容读进来以代替 #include 这一行不同的是,#define 属于常量定义(或宏定义)指令,其格式为

　　#define　常量名　常量值

其作用是:用常量值来替换后面程序代码中出现的常量名。实际上就是定义了一

个叫常量名的符号常量，其值为常量值。在本例中，♯define N 4，就是说，常量名 N 的值为 4，编译器在真正编译之前会用 4 来代替本行之后源代码中的 N。这是一种文本的代换，类似于在 Word 中使用"查找和替换功能"。

这种常量定义中，也可以在常量值中使用含有前面已经定义好的其他常量的表达式，如，

```
♯define M    1        //定义符号常量 M
♯define N    M+1      //定义符号常量 N
```

要牢记的是，后面的替换都是文本替换，编译器并不会对常量名和常量值进行任何类型检查。为了保证类型安全，现在流行的做法是，不使用这种形式的符号常量定义，而在变量前面加 const 关键字来限定变量，使得它不能在初始化之外的地方被改变，并使用这个"常"变量构成的常量表达式作为数组声明时数组的大小，如，

```
const int N = 4;
int score [N];
```

另外，const 也可以放在 int 后 N 前。这种形式起始定义的是一个值为常数的变量，它起到前面符号常量同样的作用。但是编译器对它的处理和对符号常量的处理是完全不一样的。对于符号常量，编译器是在真正编译之前用"常量值"文本替换下面代码中的常量名，不会为这个常量分配内存；而 const int N = 4；则定义的是真正的变量，是在真正编译的时候处理的，是要分配一个大小为 int 型所占字节数的内存的，其中存放着初始化时的值。另外，const 限定的变量只能而且必须在初始化时赋值，其他时候只能读取这个值而不能改变这个值。

练 — 练

把本例中，去除符号常量 N 的定义，在 score 前一行定义：const int N；（换行）N ＝4；重新组建并运行程序，观察执行情况。

如图 3 - 16 所示，给 int 型变量 N 定义添加了限定词 const 之后没有立刻初始化，而是企图在后面对 N 初始化时发生错误。对"组建"窗口的输出错误进行解释如下：

第 8 行：error C2734：'N'：const object must be initialized if not extern（错误 C2734：'N'：常对象如果不是外部的，就必须要初始化）

第 9 行：error C2166：l - value specifies const object（错误 C2166：左值为常对象）

第 10 行：error C2057：expected constant expression（错误 C2057：希望使用常量表达式）

第 10 行：error C2466：cannot allocate an array of constant size 0（错误 C2466：不能为数组分配大小为 0 的空间）

第 10 行：error C2133：'score'：unknown size（错误 C2133：'score'：大小未知）

图 3-16　当用 const 限定词定义变量时如果不同时初始化,编译器会提示出错

第 10 行出现的错误皆因第 8、9 行定义 const 变量 N 的时候没有正确初始化,导致编译器不能获得明确的数组大小信息,因而不能正确地为数组分配内存空间。

练 一 练

（1）把本例中,去除符号常量 N 的定义,在 score 前一行定义：int N;（换行）N＝4;重新组建程序,观察 VC"组建"窗口的输出;

（2）在定义数组 score 时用 4.0 来代替 4 作为数组大小,组建程序观察输出;

（3）在数组 score 的定义中,用'\n'作为数组的大小,组建程序并运行,观察结果。

当在定义数组时,用非 const 型整型变量构成的表达式来作为数组大小,编译器会提示如下错误:

error C2057：expected constant expression（错误 C2057：希望使用常量表达式）

再一次说明,在定义数组时,必须用值为整型、取值大于 0 的常量表达式来指定数组的大小。这个常量表达式可以由直接常数（经过运算）构成,也可以由 const 限定词修饰的"常"变量（经过运算）构成。不能使用没有用 const 限定的变量。表达式的值必须为正整数,不能是浮点数等。由于字符型常数的 ASCII 值也是正整数,所以用含字符型常量的表达式来指定数组的大小,也是可以的。

要补充说明的是,由于 scanf 函数的返回值为成功获得的输入分数。如果输入出错，比如在上例中，scanf 语句要求输入十进制整数，当用户误输了字母时，程序运行出错，如图 3 - 17 所示。

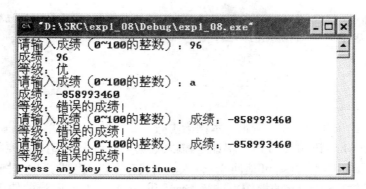

图 3 - 17　当用户输入字符而非整数时，程序不能正常响应

当 scanf 不能正确得到跟格式控制串匹配的类型的数据时，将不会从输入缓冲区中去读取该数据，也就不能为后面指定的变量输入值。变量的值将是它的初始值。数组变量如果没有初始化跟普通变量一样。每个数组元素的初始值是划分给它时所对应内存里的值，该值是该内存上一次使用完之后里面的值，是一个随机值。

根据前面讲到的输入缓冲区、scanf 和 getchar 的原理，修改程序使其具有容错性，在输入不匹配时，利用 getchar 循环地读出输入缓冲区错误的输入并丢弃：

例 3 - 13　输入成绩，保存在数组中；并增加对输入的容错处理，使得用户输入错误时也不影响程序执行：

```
0001 /*文件:exp3_02_2.cpp*/
0002 /*用数组保存输入*/
0003 /*输入数据时,对输入缓冲区的错误输入进行容错处理*/
0004 #include <stdio.h>
0005 #include <stdlib.h>
0006 #include"mysubs.h"   /*因为后面用到了 PrintGrade 函数,所以要把 mysubs.h 包含进来*/
0007 #define N    4        //定义符号常量 N
0008 int main()
0009 {
0010     int score[N];     //简单变量定义改为具有 N 个元素数组的定义,用来保存数据
0011     printf("请输入%d 个正整数成绩(0～100):\n",N);
0012     for(int i=0;i<N;i++)
0013     {
0014         printf("学生%d#:",i+1);
0015         while(0 == scanf("%d",&score[i])) //输入第 i 个元素(变量)的值
0016         {
0017             while(getchar()! ='\n'); //读取输入缓冲区的"垃圾"(不正确输入)并抛弃
```

```
0018              printf("学生%d#:",i+1);
0019         }
0020         printf("成绩:%d\t等级:", score[i]); //打印第i个变量的值(成绩)
0021         PrintGrade(score[i]);//判断第i个成绩的等级
0022    }
0023    return 0;
0024 }
```

　　程序运行结果如图3-18所示。本例第15到19行对原来简单的scanf语句进行了修改。第一个while语句(第15行)保证,当输入数据类型和scanf用格式控制串规定的数据类型整型%d不匹配时,scanf返回0。输入数据残存在输入缓冲区中(对输入缓冲区的操作用对标准输入流stdin的操作来进行,scanf和getchar对stdin流的使用隐含在函数的实现中)。一旦scanf为0,则需要对这个数据进行重新输入。为不使输入缓冲区残存的错误数据影响下一次的输入,就要把输入缓冲区内的残存错误数据读出来并丢弃。实现这样功能的是第17行的代码:while(getchar()! ='\n');while语句之后直接是一个分号,表示循环体为空语句(空语句就是分号前没有任何表达式的语句)。getchar()函数从先前不为空的输入缓冲区中读入一个字符,判断它等不等于换行符'\n',不等的话,表示这一行输入的数据还没有读完,也就是说,错误的输入还没有读完,继续循环;否则错误输入包括最后的换行符'n'都读出来了,循环结束,输入缓冲区什么都没有,则给出提示(第18行),回到第15行继续输入数据。只有当输入数据和%d匹配时,第15行的scanf返回值才不为0,这时循环结束。第20、21行才判断和打印成绩等级。

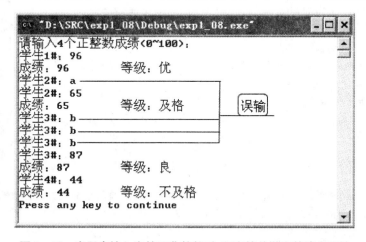

图3-18　当用户输入字符而非整数时,程序简单抛弃并请求重输

练　一　练

(1) 把本例中,程序运行的时候,输入任意非数字字符序列,看程序的运行情况;
(2) 本程序运行时,输入浮点数,看程序运行的情况。

当程序运行时,用户输入浮点类型的数时,例3-13的程序运行情况如图3-19所示。

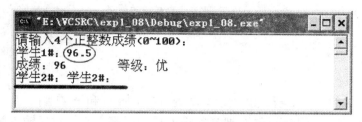

图3-19 当用户输入浮点数时

这是因为,当用户输入浮点形式的成绩时,scanf遇到非数字的符号"."时停止,提取小数点"."前面的整数,它和%d是匹配的,故对应的整数值被赋给数组元素。scanf函数返回1。下次循环时,首先输出学生编号(第14行),然后到第15行的while循环,scanf读到输入缓冲区中的小数点".",它和格式控制串"%d"不匹配,scanf直接返回0,而无需用户从键盘输入数据。然后转到程序的第17、18行语句执行,清空缓冲区,并提示当前要输入的学生编号(第18行)。这里的输出和第14行输出的学生编号一样,所以出现了连续两次输出学生编号的情况。

例3-14 修改例3-13,使用户无论输入浮点数还是整数形式的成绩程序都能正确处理:

```
0001 /*文件:exp3_02_3.cpp*/
0002 /*用数组保存输入*/
0003 /*输入数据时,用flush函数对输入缓冲区的错误输入进行容错处理
0004    改正了当输入浮点数时的输出不理想的情况*/
0005 #include <stdio.h>
0006 #include <stdlib.h>
0007 #include"mysubs.h"  /*因为后面用到了PrintGrade函数,所以要把mysubs.h包含进来*/
0008 #define N    4        //定义符号常量N
0009 int main()
0010 {
0011     int score[N];     //简单变量定义改为具有N个元素数组的定义,用来保存数据
0012     printf("请输入%d个正整数成绩(0~100):\n",N);
0013     for(int i=0;i<N;i++)
0014     {
0015         printf("学生%d#:",i+1);
0016         while(0 == scanf("%d",&score[i])) //输入第i个元素(变量)的值
0017         {
0018             fflush(stdin); //读取输入缓冲区的"垃圾"(不正确输入)并抛弃
0019             printf("学生%d#:",i+1);
0020         }
```

```
0021            fflush(stdin);
0022            printf("成绩:%d\t 等级:", score[i]);//打印第 i 个变量的值(成绩)
0023            PrintGrade(score[i]);//判断第 i 个成绩的等级
0024        }
0025        return 0;
0026 }
```

例 3-14 对例 3-13 所做的改动有两处,即第 18 行和第 21 行。其中最重要的是第 18 行,这里调用了 fflush 函数,把当前输入缓冲区都清空。对于输入为浮点型数据的情形(比如输入 96.5),只有最前面的整数部分被 scanf 获得(96),而输入缓冲区后面的部分都被 fflush 函数清空了(后面的.5)。

fflush 函数的声明在 stdio.h 头文件中,经常使用它来清空输入缓冲区,这时调用它所使用的实参为 stdin。stdin 是标准输入的意思,可以大致把它理解为输入缓冲区。

第 18 行中,没有使用前面的 while(getchar()!='\n');循环,也改成了 fflush(stdin);的函数调用语句。这二者在这里所起到的作用相同。前者更直观,后者更简洁。

练 一 练

本程序运行时,输入浮点数,看程序运行的情况。

对于简单的应用,比如前例的对每个成绩进行判定级别,这样做是没有必要的。因为每个成绩用完之后就不会再使用了,根本不需要保存。从节省内存的角度来讲,只要一个变量来接受每次的输入,然后在循环中对每次的输入调用 PrintGrade 函数判断并输出级别就可以了。但是,如果需要进行后续的处理,那么把输入保存起来就显得很有必要了。

例 3-15 修改例 3-13,输入 4 个学生成绩,求最高分、最低分、平均分。

```
0001 /* 文件:exp3_02_4.cpp */
0002 /* 用数组保存输入 */
0003 /* 并求最高分、最低分、平均分 */
0004 #include <stdio.h>
0005 #include <stdlib.h>
0006 #include"mysubs.h"
0007 #define N    4         //学生成绩个数
0008 int main()
0009 {
0010     int score[N];
```

```
0011        printf("请输入%d个正整数成绩(0~100):\n",N);
0012        for(int i = 0;i<N;i++)
0013        {
0014            printf("学生%d#:",i+1);
0015            while(0 == scanf("%d",&score[i])) //输入第 i 个元素(变量)的值
0016            {
0017                fflush(stdin);
0018                printf("学生%d#:",i+1);
0019            }
0020            fflush(stdin);
0021            printf("成绩:%d\t 等级:", score[i]);
0022            PrintGrade(score[i]);
0023        }
0024        //下面利用已经输入的数据来计算最高分、最低分和平均分
0025        int min = score[0], max = score[0],average = 0;//min 最低分,max 最高分,average 平均分
0026        for (i = 0;i<N;i++)
0027        {
0028            min = ( score[i]<min ) ? score[i] : min;
0029            max = ( score[i]>max ) ? score[i] : max;
0030            average += score[i];
0031        }
0032        average /= N;
0033        printf("\n\n 最高分:%d\t 最低分:%d\t 平均分:%d\n", max,min, average);
0034        return 0;
0035 }
```

第 24 行以前,输入 N 个成绩并保存在数组 score 中。从第 24 行开始,利用保存的成绩进行最高分、最低分和平均分的计算并输出。计算最高分、最低分时,以第一个学生的成绩作为最高分、最低分的初值,平均分初值则设为 0。在第 26~31 行的循环中,把当前学生成绩 score[i] 跟最低分比较,如果比最低分还低,则它为迄今的最低分,令 min 等于它。等把所有学生成绩都比较完之后,min 则为 N 个学生成绩中的最低的一个成绩。

在第 28 行首次接触到一个新的运算符"?:",称为条件运算符。这是 C/C++语言中唯一有 3 个运算数的运算符。条件运算符构成条件表达式为

  (exp1) ? (exp2) : (exp3)

条件表达式相当于一个紧凑的 if... else... 结构。如果第一个运算数(表达式 exp1)的结果为真(非 0),此条件表达式的值为第二个运算数(表达式 exp2)的值;否则为第三个运算数(表达式 exp3)的值。在第 28 行中,赋值运算符"="右边就是一个条件表达式:(score[i]<min) ? score[i]: min;它表示:当 score[i] 的值小于 min 时,表

达式的值为 score[i]，否则条件表达式的值为 min 不变。即，表达式的值始终为 score[i]和 min 中较小的一个。然后通过赋值运算，把这个较小的值赋给左边的变量 min。即 min 的值始终是迄今最小的分数。

最高分的计算逻辑跟最低分计算逻辑类似，其中也用到了条件表达式。条件表达式的使用使得程序的表示更加紧凑，非常适合用来替换简单的 if...else 结构。

"+="也是一种很紧凑的赋值运算符，需要两个操作数，且左边的一定是变量（非 const 型），右边的是表达式。表达式 x+=y 的含义是让 x 的值增加 y，相当于 x=x+y，但是比后者简练。类似的还有/=、*=、%=、-=。它们都表示把运算符左边的变量相应地除"/"、乘"*"、取余"%"、减"-"去右边表达式的值，然后把结果赋给左边的变量。要注意的是，这里虽然看上去是两个运算符放一块儿，但是实际是一个运算符，所以不能在中间有任何的空格、空白符及其他符号。

平均值的计算思路是：首先初始化变量 average 的值为 0，再在循环中用它来保存所有成绩的和。循环结束后，avarage 的值其实是所有成绩的和。最后再在第 32 行除以学生的人数 N，便可得到这 N 个人的平均分。

第 33 行打印最高分、最低分和平均分。中间用转义字符"\t"来分开各项。

练 一 练

在第 26 行按[F9]设置一个断点，按[F5]启动调试。程序执行到第 26 行时停下来，按[F10]步进执行程序，观察 score[i]、min、max 和 average 的变化情况，理解计算的过程。

如果每次要手动输入的数据都比较多，而且程序对数据的后续处理又出现问题，那么，在不得不进行的程序调试工作的时候，每次都手动输入大量的数据，就是一件非常耗时费力的任务。其实，在保证输入语句能够正确获取数据的时候，如果只是为了检验后续对数据的处理是否正确并进行调试，一方面可以减少数据的规模；另一方面可以在程序代码中把数据预先写入，也就是把在数组初始化的时候就给定各元素的值。这样处理起来既能验证程序代码的正确性，又能减少在不必要的地方浪费时间。

跟变量类似，数组在定义的时候可以进行初始化。初始化形式如下

数据类型　　数组名[常量表达式] = 〈数值列表〉；

在赋值运算符"="号左边是数组的定义式，右边是初始化所使用的表达式。初始化的数值列表用大括号括起来，每个值之间用逗号隔开，从左到右依次赋给数组的第 0，1，…个元素。数值列表中数值的个数不能超过左边常量表达式的值，但是可以少于该值。这时没有指定初值的数组元素变量的值就是零。但是大括号里不能什么都没有，也不允许在相邻两个值之间有多个逗号","。

例 3-16 数组定义及初始化：

(1) int a[5]={1,2,3,4,5}; //等价于：a[0]=1；a[1]=2；a[2]=3；a[3]=4；a[4]=5；

(2) int b[5]＝{6,2,3};　　　//等价于：b[0]＝6；b[1]＝2；b[2]＝3；b[3]＝
0；a[4]＝0；

(3) int c[3]＝{6,2,3,5,1};　//右边值的个数 5 超过了左边数组大小 3,错误；

(4) int d[5]＝{1, ,3, ,5};　//在相邻两个初始化的值之间有多个逗号,错误；

(5) int x[]＝{1,2,3,4,5,6};　//??

有时候也可以在定义数组的时候通过初始化的方式确定数组的大小,而不明确给定数组元素的个数。这时,数组的大小就是初始化列表中值的个数。如例 3－16 中第 (5),"＝"右边的初始化列表中有 6 个值,故编译器会自动根据初值个数 6,确定数组 x 大小为 6。

练一练

在例 3－15 的程序中,删除第 11～23 行,并改第 10 行的数组 score 的定义,对其进行初始化：ing score[N]＝{60,70,80,90};编译并观察程序运行的情况。

3.3　使用指针访问内存中的相似数据

排序和查找也是信息处理中最基本和最常见的要求。

例 3－17[筛选法求素数]　希腊著名数学家埃拉托色尼(Eratosthenes)提出的所谓筛选法来求 1～N (N≤200)内的素数。他的做法可以描述为：

(1) 先将 1 挖掉(因为 1 不是素数)。

(2) 用 2 去除它后面的各个数,把能被 2 整除的数挖掉,即把 2 的倍数挖掉。

(3) 用 3 去除它后面的各数,把 3 的倍数挖掉。

(4) 分别用 4、5、…各数作为除数去除这些数以后的各数。这个过程一直进行到在除数后面的数已全被挖掉为止。例如找 1～50 的素数,要一直进行到除数为 47 为止。

要判断的这 N 个数必须存放在数组中。定义由 N＋1 个元素构成的整型数组 numbers[N＋1]；为了便于处理,下标为 0 的数组元素不使用。当数组元素的值为 0 时,表示该元素下标对应的正整数为素数,否则为合数。初始化数组元素的值都为 0, "挖掉"合数的操作实际上就是把对应的元素值置为 1。从 2 开始按照第(4)步的处理进行,直到所有的数都处理完。程序代码如下：

```
0001 /* 文件:exp3_03_1.cpp */
0002 /* 利用筛选法求素数 */
0003 /* 数组 numbers 中存放的元素值为 1 表示合数,值为 0 表示是素数 */
0004 #include <stdio.h>
0005 #define MAX_NUM 25
0006
```

```
0007 int main()
0008 {
0009     unsigned int numbers[MAX_NUM+1] = {0};
0010     unsigned int i,j, flag = 0;
0011
0012     for (i = 2; i<= MAX_NUM; i++) //i从2开始
0013     {    flag = 0;                 //打印标志,为0时表示本轮没有排除i的倍数
0014         if (numbers[i] == 0)       //若前一次遍历未被排除
0015         {
0016             for (j = i+i; j<= MAX_NUM; j+=i) //能被2,3,5……等整除的一律排除置1
0017             {
0018                 numbers[j] = 1;     //被排除的数j,对应数组元素值为1
0019                 printf(" %d ",j);   //打印本轮被排除的数
0020                 flag = 1;//打印标志,为1时表示本轮有i的倍数
0021             }
0022             if(flag == 1) printf(":%d的倍数,被筛除\n", i);//打印本轮被排除的数
0023         }
0024     }
0025     printf("\n------剩余素数列表------\n");
0026     for (i = 2; i<= MAX_NUM; i++) //i从2开始
0027     {   if(numbers[i] == 0) printf(" %d ",i);//值为0的便是剩下的素数
0028     }
0029     putchar('\n');
0030     return 0;
0031 }
```

程序运行结果如图3-20所示。将程序中的符号常量N改为100,便可得到100以内的素数列表。请读者自己试一试。

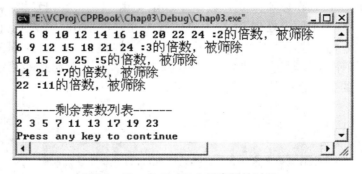

图3-20 求1~25之间素数的过程

在例3-17程序的第5行,定义了一个符号常量MAX_NUM,其值为25。这一行之后的MAX_NUM,在编译器真正编译之前,除了出现在双引号中的之外,会被全部

文字替换（区分大小写）为 25。通过使用 #define 来定义符号常量 XXX 又叫做定义宏 XXX，所以这种替换又叫做宏替换。MAX_NUM 又被称为宏名，后面的值叫做宏体。

unsigned（无符号的）是一个修饰符，不能单独使用，只能用来修饰整数或字符类型，比如用来修饰 int，变成了 unsigned int。

加了 unsigned 修饰符定义的整型或字符型变量所能取值的范围为大于等于零的整数；没有加 unsigned 修饰符定义的整型或字符型变量默认都是有符号的，即取值可以有正负。所以有符号的数和无符号的数取值的范围是不同的。无符号的数常用来表示自然数，而有符号的数则表示有可能取负值的整数。

练 一 练

（1）将本例第 19 行、27 行的 printf 内的格式控制串 %d 换为 %u。编译运行程序。

（2）编写程序，利用 sizeof（变量类型）表达式来计算并输出上述表中八种类型所占的字节数。

在系统头文件 limits.h 中，可以看到用符号常量形式给出的 8 种类型的最大值和最小值，如 INT_MAX 表示带符号整型数的最大值 2147483647，INT_MIN 表示带符号整型数的最小值 $-2147483647-1$。在程序中包含 limits.h 头文件（#include < limits.h>）便可使用这些符号常量了。要看更多的类型最值的符号常量定义，在 VC 代码编辑窗口选中字符串"limits.h"（如果没有的话自己单独插入一行 #include < limits.h>再选），然后在其上点击右键，在弹出菜单上选中并左键点击打开文档"limits.h"，此时 limits.h 文件会打开，便可查看其他的最值的符号常量定义了。

有符号的数和无符号的数所能表示的数的范围见表 3-2。

表 3-2　有符号无符号数的比较

有符号类型	所占内存	取值范围	无符号类型	所占内存	取值范围
char	1 字节（8 位）	$-2^7 \sim 2^7-1$	**unsigned** char	1 字节（8 位）	$0 \sim 2^8-1$
short	2 字节（16 位）	$-2^{15} \sim 2^{15}-1$	**unsigned** short	2 字节（16 位）	$0 \sim 2^{16}-1$
int	4 字节（32 位）	$-2^{31} \sim 2^{31}-1$	**unsigned** int	4 字节（32 位）	$0 \sim 2^{32}-1$
long	4 字节（32 位）	$-2^{31} \sim 2^{31}-1$	**unsigned** long	4 字节（32 位）	$0 \sim 2^{32}-1$

格式控制串 %u 用来输出十进制无符号整数，有时用 %d 也可以，但此时要输出的值不能超过有符号数能表示的最大值。

练 一 练

（1）编写一个简单的程序，用多个 printf 函数和格式控制串 %u 分别输出整型值 0、INT_MAX（有符号整数的最大值）、INT_MAX+1、UINT_MAX（无符号整数的最大值）、INT_MIN（有符号整数的最小值）。

（2）把上述程序中的格式控制串％u换成％d，再输出同样的数据的值。比较并思考。

（3）把前面要打印的数据换成对应的带符号的和无符号的char型的最大值和最小值（在 limits. h 头文件中查得，SCHAR_MIN 为有符号 char 的最小值，SCHAR_MAX 为有符号 char 的最大值，UCHAR_MAX 为无符号 char 的最大值），分别用％d和％u格式控制串来打印，比较结果。

1. 进制的表示及转换

相同的数据，用不同的格式控制串打印出来结果却不同，是因为有符号数和无符号数的表示方法或编码方法不一样。计算机上，所有的数据都是以二进制编码的形式表示的。printf打印时，％u 把后面对应变量的编码当作无符号数的二进制编码来理解，而％d 则把它当作有符号数的二进制编码来理解。

例如，同样是 8 位的二进制数$(11111101)_2$，如果按照无符号数来解释，其值就应该按照公式

$$(Value)_{10} = d_{N-1} \times w^{N-1} + d_{N-2} \times w^{N-2} + \cdots + d_1 \times w^1 + d_0 \times w^{N-1}$$

来计算。其中左边$(Value)_{10}$表示是十进制的值。右边，w 是进制对应的值，十进制则 w 为 10，二进制则 w 为 2，八进制为 8，十六进制为 16。$d_{N-1} \sim d_0$ 是数对应的各位的数字（从右到左）。在$(11111101)_2$中，$N=8$，$w=2$，$d_1=0$，其余的 $d_k(k=0,2,3,\cdots,7)$ 的值都是 1，所以按无符号数来解释的话，利用上面的公式，

$$(11111101)_2 = 1*2^7 + 1*2^6 + 1*2^5 + 1*2^4 + 1*2^3 + 1*2^2 + 0*2^1 + 1*2^0$$
$$= (253)_{10}$$

而当作有符号数来解释的话，最左边的 1 位被当作符号位，0 表示整数，1 表示负数。如果只用 8 位二进制编码的话，$-1 = 0 - 1$，对应的运算为

$$（补 1）0 0 0 0 0 0 0 0$$
$$\underline{\qquad 减 \quad 1 \qquad}$$
$$-1：\quad 1 1 1 1 1 1 1 1$$

因为用 0 去减 1 不够减，所以应从高位补一个 1 来给它减，所以结果就成了$(11111111)_2$。这种形式的负数编码称为补码。正的有符号数除了最左边的 1 位（符号位）为 0 外，后面的编码和无符号数的编码完全一样，有时候也说是，正数的补码为它的二进制原码。

当 -1 的补码表示确定之后，由于 -2 等于 -1 减 1，所以用$(11111111)_2$减去 1，便得到$(11111110)_2$，这便是 -2 的补码。其他的负数的补码也可类似得到。要求 -127 的补码时，用 0 去减 127 的二进制表示$(01111111)_2$，不够减便在被减数前补 1，减后得到$(10000001)_2$，这便是 8 位的 -127 的补码。而 -128 的补码则在 -127 的补码基础上减 1 得$(10000000)_2$。

要把上面的 8 位有符号数扩展到多个字节，对应二进制表示只需在 8 位的基础上在左边补充跟符号位一样取值的二进制位即可。这里以扩展 −128 到两个字节为例，由于符号位为 1，两个字节共 16 位，所以左边共需补充 16−8＝8 位的符号位 1，即为 $(11111111\ 10000000)_2$。如果是正数，则只需在左边补充需要个数的 0 即可。比如带符号的 1，用八位二进制表示为 $(00000001)_2$，如果改用十六位的二进制数表示，则为 $(00000000\ 00000001)_2$。

从上面的几个例子可以看到，虽然计算机中都是用二进制来表示数的，但是在书写的时候，直接按二进制数的原形写出来的编码即冗长，又不直观。经常把 4 个二进制数作为一组来表示数。4 个二进制数的取值范围为 0～15，记作一个十六进制数，用 0，1，2，…，9，a，b，…，f 来表示，其中 a 对应 10，b 对应 11，…，f 对应 15。其中的字母也可以用大写的 A～F。在用十六进制表示的数前面，要加上前缀 0x（或 0X，没有区别），如图 3 - 21 所示。比如十六位的 1，用十六进制数表示，就是 0X01。十六位的 −128，其补码对应的十六进制数为 0XFFFF80。所以大多数时候，十六进制数是用在简化二进制编码的表示上，其实跟二进制编码几乎是对应的，不过是后者的更紧凑的表示而已。在调试程序时看到的变量在内存中的地址，都是用 16 进制数来表示的；内存中的值，也是十六进制的形式。

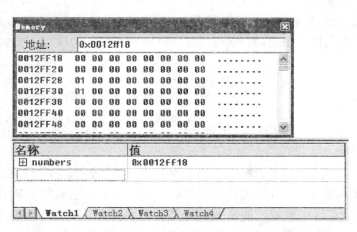

图 3 - 21　内存的地址和内存中的数都是以十六进制的形式表示

练 一 练

在本例第 19 行按［F9］添加一个断点，然后安［F5］启动调试。点击"调试"工具条上的"Memory"按钮，调出"Memory"内存观察窗口。在 VC 右下方的"Watch"窗口添加一项"numbers"，把对应的值拷贝到"Memory"内存观察窗口的地址输入栏后回车，观察下方窗口中对应地址里的值。

二进制和十六进制数的转换很容易，直接把二进制数从右到左按四位一组分割，每组分别转换成一个十六进制数 0～F。十六进制数转二进制数则更容易，直接把每个十六进制数的位转为 4 个二进制数的位。对应关系见表 3-2 所示。

常用的进制还有八进制、十进制等。八进制数乘每一个数位上数的范围为 0～7，其表示法是在直接常数前加 0。比如八进制数 017，对应十进制的 1×8+7＝15。把二进制数转八进制数，跟把二进制数转十六进制数类似，不过是按 3 个二进制位（一个二进制位也称为一个比特）一组来分组，然后把每组的二进制位转为一个八进制数。八进制数转二进制数，就是把一个八进制数转成它对应的 3 位二进制数（表 3-3 前面 8 个值，取后 3 位二进制数）。

表 3-3　二进制数跟十六进制数的对应

0000————0	0001————1	0010————2	0011————3	0100————4	0101————5
0110————6	0111————7	1000————8	1001————9	1010————A	1011————B
1100————C	1101————D	1110————E	1111————F		

一般地，把十进制数转成 M 进制数的方法是采用连续相除取余的方法。比如要把 117 转成 16 进制数，转换的具体过程是：

（1）用 117 除以 16，得到的余数写到右边；

（2）再用得到的商继续除以 16，得到的余数继续写在右边。

（3）如此反复，余数都从上到下写在右边，商都继续除以 16，直至商 0。

（4）从下到上排列余数，为 0X75，即 $(117)_{10}=0X75=(0111\ 0101)_2$。

$$\begin{array}{r} 117 \\ \hline \div16\,|\ 5 \\ \hline 7 \\ \hline \div16\,|\ 7 \\ \hline 0 \end{array}$$

商为 0 后停止计算，把得到的余数按从下到上顺序排列，为 0X75，即 $(117)_{10}=0x75$。

如果要转换成 M 进制的数，把上例中的 16 换成 M 即可，其中 M 称为数制的基底。

在 printf 函数中，利用格式控制串％x 或％X 以十六进制的形式打印整数，而用％o 以八进制形式打印整数。如果要打印的时候自动加上前缀 0X（八进制数加前缀 0），则要用％♯x（或％♯X），八进制数用％♯o。用 x 和 X 的区别就在于打印出来的十六进制数的 a～f 是小写还是大写。

例 3-17 中（建议读者对照 VC 中的程序进行分析），第 9、10 行用到了 unsigned int 型，因为素数都是正整数。而且计数用的变量 i、j 都是正整数，而且它们作为数组 numbers 的下标，也起到了被判断正整数的作用。flag 是一个辅助变量，用来在每次在范围内存在 i 的倍数时，输出被筛掉的数。flag 为 0 时表示本轮没有排除 i 的倍数（第 13 行）。本轮若有 i 的倍数被排除，则 flag 的值为 1（第 19 行），则打印被排除的数并给出提示（第 18、21 行）。

数组 numbers 的下标为 0 的元素 numbers[0] 是不用的。元素 numbers[i] 的值实际上反映了 i 是否是素数。当这个值为 0 时，对应元素下标 i 为素数；当其为 1 时，对应 i 为合数。初始化所有的数组元素的值都为 0（第 9 行），其中利用到了一条：如果进行数组的部分初始化,则未显式初始化的数组元素的值自动置 0。加之下标为 0 的元素的值显式置为 0,这样整个数组元素的初值就都为 0 了。要注意和多使用这样把数组初值全部置 0 的方法,其效率和简洁程度都比用一个循环来给所有数组元素置 0 高多了。

第 12 行的 for 循环规定了循环时变量 i 的范围[2,MAX_NUM]。循环是从 2 开始按递增顺序判断处理,故 i 的初值为 2(第 12 行)。忽略打印标志 flag 相关的语句。第 16 行的 for 循环中循环变量 j 作为 i 的小于等于 MAX_NUM 的倍数(通过每次加 i 来作为 i 的 2 倍、3 倍、……),看它是否在要判断的范围内。若在,则将其对应的 numbers[j]置 1,表示这个数被排除掉(第 16～18 行)。

第 25～28 行,利用循环,把所要求的范围内的素数打印出来,即上述处理完成之后,打印数组 numbers 的从 2 开始的下标对应的值为 0 的这些元素的编号。

第 29 行的 putchar 函数的作用是把其参数(字符或其 ASCⅡ码值)表示的字符打印出来。它的声明在头文件 stdio.h 中。用鼠标选中"putchar",然后在其上点击鼠标右键,在弹出菜单上选择执行"转到 putchar 的定义",在随之弹出的窗口的列表中选择"putchar(function)",再点"OK"键,即可定位到 stdio.h 头文件中的 putchar 函数声明处。

为了显示每轮处理所筛选出来的数,添加了一些辅助语句,用来显示程序的筛选过程,这就是:变量 flag 的定义(第 10 行);每轮循环 flag 的初始值设置(第 13 行);打印被筛除的数(第 19 行);有数被筛选时设置标志变量 flag 的值为 1(第 20 行),一轮处理完,如果有数被筛除,则打印提示信息(第 22 行)。

前面这些语句在程序不能正常工作的时候非常有用。比如,在第 16 行 for 循环的条件部分,把表达式换成 j＜MAX_NUM,然后编译程序,可以得到结果如图 3-22 所示。

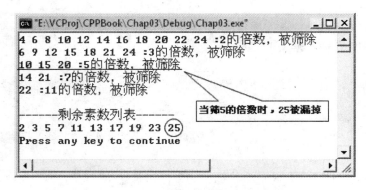

图 3-22　有错误的程序执行过程

结果中出现了合数 25。这种错误在编译时不会出现,而是程序运行时出现的,称为运行时错误(rumtime error)。在对语言掌握得比较熟练之后,程序的语法错误(在编译时由 VC 给出错误提示,称为编译时错误)一般不会产生了。更多的时候,错误出现在设计之中,程序运行时不能得到正确结果。

在对 5 的倍数进行筛选时,漏掉了 25。25 是 5 的平方,也是要判断的范围的最大值(MAX_NUM 的值)。由此推测,可能是在筛选的循环中没有把范围的最大值拿来进行判断。第 16 行,因为 j 的最大值没有包括 MAX_NUM,本来当 MAX_NUM 也是当前的 i 的倍数的时候,应该被筛除的。所以把条件中的小于换成小于等于就可以正常判断了。

2. 条件编译

把 MAX_NUM 的值换成其他的值,而程序都能够正确地输出范围内的所有素数时,就可以把上述的辅助语句删掉了。但是这样做不是很保险,因为验证的时候所取的 MAX_NUM 的值毕竟很少,还有很大的范围没有进行判断处理,因而程序设计中的错误也还是有可能存在的。很多情况下,把前面所述的辅助语句变成注释的方法。这样,需要它们的时候,就把它们的注释符号"//"或"/ * … * /"去掉即可。另外,也可以利用所谓的条件编译的方法方便地实现加入和去除上述辅助语句的功能。

例 3-18 修改例 3-17,通过条件编译指令的使用来实现调试信息的轻松添加和去除。

```
0001 / * 文件:exp3_03_2.cpp * /
0002 / * 利用筛选法求素数;采用条件编译来打印或取消打印中间过程 * /
0003 / * 数组 numbers 中存放的元素值为 1 表示是合数,值为 0 表示是素数 * /
0004
0005 # include <stdio.h>
0006 # define MAX_NUM 25
0007 # define  DEBUG
0008 // # undef DEBUG
0009 int main(int argc, char * argv[])
0010 {
0011     unsigned int numbers[MAX_NUM + 1] = {0};
0012     unsigned int i, j, flag = 0;
0013
0014     for (i = 2; i <= MAX_NUM; i + +) // i 从 2 开始
0015     {
0016 # ifdef  DEBUG
0017         flag = 0;                  // 打印标志,为 0 时表示本轮没有排除 i 的倍数
0018 # endif
0019         if (numbers[i] = = 0)      // 若前一次遍历未被排除
0020         {
0021             for (j = i + i; j <= MAX_NUM; j + = i) // 能被 2,3,5…等整除的一律排除置 1
0022             {
0023                 numbers[j] = 1;    // 被排除的数 j,对应数组元素值为 1
0024 # ifdef  DEBUG
0025                 printf("% d ", j); // 打印本轮被排除的数
```

```
0026                       flag＝1;//打印标志,为1时表示本轮有i的倍数
0027 ＃endif
0028                 }
0029 ＃ifdef    DEBUG
0030              if(flag＝＝1) printf(":％d的倍数,被筛除\n", i);//打印本轮被排除的数
0031 ＃endif
0032        }
0033   }
0034   printf("\n------ 剩余素数列表 ------\n");
0035   for  (i＝2; i＜＝MAX_NUM; i＋＋)//i从2开始
0036   {  if(numbers[i]＝＝0) printf("％d ",i);//值为0的便是剩下的素数
0037   }
0038   putchar('\n');
0039   return  0;
0040 }
```

在第 7 行定义了一个宏 DEBUG。然后,在第 8 行加了被注释掉的 ＃undef DEBUG。main 函数体内,除了 flag 变量的定义外,在调试语句的前行(第 17、25、26、30 行)插入一行:＃ifdef DEBUG。在后行插入:＃endif。宏定义 ＃define 是一个编译预处理指令,定义宏名(如 DEBUG)的同时,宏体(符号常量的值)其实是可以省略的。省略后,这个宏定义起到简单地在源代码中引入标识符(如 DEBUG)的作用:

```
＃ifdef 宏名
语句块 1;
＃else
语句块 2;
＃endif
```

这样的结构称为条件预编译指令。这个结构类似于 if 结构,但是编译器对它的处理是不一样的。def 是 defined(意为"有定义的")的简写,所以 ＃ifdef 是 ＃if defined 的简写,"＃ifdef 宏名"可以改写成"＃if defined(宏名)",效果完全一样。当 ＃ifdef 后面的"宏名"在之前有定义(用"＃define 宏名"来定义)时,编译器编译语句块 1;若没有定义,则编译语句块 2。＃endif 作为条件预编译指令的结束标记,就好像 if 结构中的右边大括号"}"。另外,跟 if...else...结构类似,＃else 和后面的"语句块 2"也不是必需的。就像本例一样,没有 ＃else 和后面的语句块,编译器只简单的判断 DEBUG 有没有定义,有则把相关的代码进行编译,没有,则不编译。

第 8 行出现的被注释掉的"＃undef 宏名"是又一个宏命令,它的作用是取消"宏名"表示的宏,即使得本行之后的"宏名"变成没有定义过的。这个"＃undef 宏名"也可以不用在条件编译中,而只是用来简单地取消一个宏的定义。在它之后,"宏名"就成为

未定义的了,不能再使用。

练 一 练

(1) 在第 8 行的 #undef 被注释掉的条件下,编译并运行程序,观察输出,确保程序运行时得到了正确的结果;

(2) 去掉第 8 行前面的注释符号"//",编译并运行程序,观察输出的情况。

去掉第 8 行的注释之后,程序编译运行时就没有中间过程的输出了,而只是简单的结果,如图 3-23 所示。

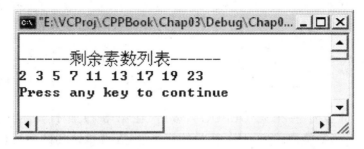

图 3-23 例 3-18 没有中间结果的输出

使用这样的条件编译方式,虽然程序源代码看起来不那么美观,但是调试变得更加容易。这种方法比进入调试模式调试更简单和直观,尤其是有大量的数据要处理的时候。另外,经过调试无误的程序,很容易把调试信息去除掉。这时调试用的代码将不会被编译,程序的目标代码的大小会减少。

另外,宏 DEBUG 的定义也可以不出现在程序中。把第 7、8 行都注释掉,用另一种方法生成具有调试信息的可执行程序和没有调试信息的可执行程序。

执行菜单命令"工程→设置"(快捷键[Alt]+[F7]),弹出"Project Settings"(工程设置)对话框。在左边的工程列表中选择当前工程,在右边的属性页上选择"C/C++",在"预处理程序定义"下方的编辑框中,添加",DEBUG"到最后,如图 3-24 所示。

添好后点击[确定]按钮。编译并运行程序,效果跟在代码中明确定义了宏 DEBUG 时一模一样,输出了中间结果。

在图 3-24 的"预处理程序定义"编辑框中把",DEBUG"去掉。编译并运行程序,结果如图 3-23 所示,跟在代码中去掉了 DEBUG 的定义时效果完全相同。

3. 动态内存分配与指针变量

由于数组的大小必须在编译前确定(通过数组定义时的常量表达式),所以数组一旦定义好,就不能再改变大小。这样的限制,使得数组不太适合数据个数在程序设计阶段不能确定的场合。如果把数组定义得太大以包含大数据量的可能,就会造成内存空间的浪费。这一点,在嵌入式和便携设备等内存受限的使用环境中是尤其重要的。

C/C++语言提供了动态分配内存的功能。程序员可以先不指定要使用的内存大

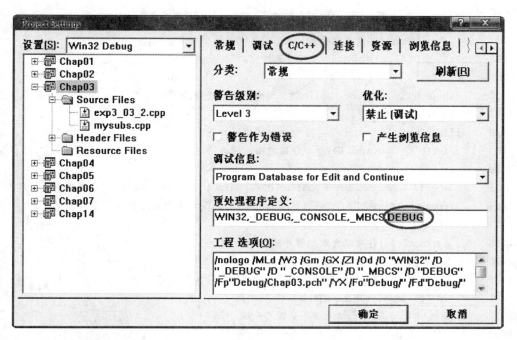

图 3 - 24 在工程设置中添加"DEBUG"宏定义

小,而是在程序运行时根据需要分配足够大的内存供数据存储使用(利用函数 malloc 或 calloc)。当以前分配的内存不够时,可以为其扩容(利用函数 realloc);不再使用的内存可以轻松回收(利用函数 free)。

例 3 - 19 修改例 3 - 17 的程序,输出(1,N]之间的所有素数。N 由用户输入。

程序代码如下:

```
0001  /* 文件:exp3_03_3.cpp */
0002  /* 利用筛选法求素数。输出(1,N]之间的所有素数。N 由用户输入。*/
0003  # include <stdio.h>
0004  # include <stdlib.h>
0005  int main()
0006  {
0007       unsigned int N = 0;
0008       unsigned int * numbers = NULL;
0009       unsigned int i, j, flag = 0;
0010       printf("筛选法求素数,输出(1,N]的素数 \n\n");
0011       do{                      //这个循环是用来保证正确输入 N 的值
0012           printf("输入 N 的值:");
0013           scanf("%u", &N);     //%u 保证输入的 N 不为负数
0014           if(N <= 1)           //如果输入的 N 比 2 小,则提示重新输入
0015           {
```

```
0016              printf("N 必须是大于 1 的正整数\n");
0017              printf("请重新输入！或按 Ctrl＋C 退出程序\n");
0018              fflush(stdin);//把缓冲区清空,以便重新输入
0019          }
0020     }while(N≤＝1);//do...while 循环结束。循环条件:N 值小于 2
0021
0022     fflush(stdin);              //清空输入缓冲区
0023     printf("N=％u\n\n",N);//打印用户输入的 N 值
0024
0025     numbers = (unsigned int * )calloc(N＋1, sizeof(unsigned int)); //分配内存并清零
0026     if(numbers == NULL)      //内存分配失败时,calloc 返回值为 NULL。程序出错退出
0027     {
0028          printf("内存分配失败！程序终止……\n");
0029          exit(－1);
0030     }
0031     //以下内容和前例完全一样
0032     for (i＝2; i≤＝N; i＋＋)//i 从 2 开始
0033     {
0034          flag＝0;                        //打印标志,为 0 时表示本轮没有排除 i 的倍数
0035          if (numbers[i] ＝＝ 0)          //若前一次遍历未被排除
0036          {
0037              for (j＝i＋i; j≤＝N; j＋＝i) //能被 2,3,5…等整除的一律排除置 1
0038              {
0039                  numbers[j] ＝ 1;        //被排除的数 j,对应数组元素值为 1
0040                  printf("％d",j);        //打印本轮被排除的数
0041                  flag＝1;                //打印标志,为 1 时表示本轮有 i 的倍数
0042              }
0043              if(flag == 1) printf(":％d 的倍数,被筛除\n", i);//打印本轮被排除的数
0044          }
0045     }
0046     printf("\n------(1,％d]之间素数列表------\n", N);
0047     for (i＝2; i≤＝N; i＋＋)        //i 从 2 开始
0048     {
0049          if(numbers[i]＝＝0) printf("％d",i);//值为 0 的便是剩下的素数
0050     }
0051     putchar('\n');
0052     free(numbers); //内存使用完后就要释放,通过指向该内存的指针变量来释放
0053     return 0;
0054 }
```

程序运行结果如图 3－25 所示。

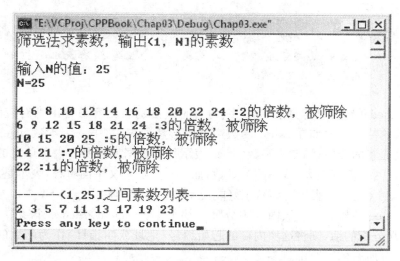

图 3-25 运行时输入 N 的值,求(1,N]之间的素数

第 11～20 行的 do ... while 循环保证输入的 N 是大于 1 的正整数。注意这里的 N 定义成了变量(第 7 行中定义),且初始化其值为 0,所以在 do ... while 循环中如果 scanf 函数执行的时候输入了不匹配的数据,则 N 的值保持初值 0 不变,循环仍能正常进行。循环中及之后的 fflush(stdin)(第 18、22 行)用来清除缓冲区中残留的输入字符,使之不能影响下次的输入。

第 25～30 行分配内存,第 52 行回收该内存。第 31～51 行和例 3-17 中的几乎完全一样,就是用筛选法进行(1, N]之间素数的挑选。

在 do ... while 循环确定了 N 的值之后,第 25 行根据 N 的值调用 calloc 函数进行内存分配。函数 calloc 的原型为

```
void* calloc(size_t nelem, size_t elsize);
```

这里出现了一个新的类型 size_t, nelem 和 elsize 都是 size_t 型的。把上面的 calloc 的声明拷贝到源代码中,然后选中 size_t,在其上点击右键,在弹出的菜单上选中并执行"转到 size_t 的定义",可以看到,在随之打开的 stdio.h 头文件中,有下面这样一行命令:

```
typedef    unsigned int    size_t;
```

其中,第一个 typedef 是 C/C++语言的关键字之一,后面紧跟 unsigned int,然后才是 size_t。typedef 关键字用来对类型起别名,定义后面的类型为前面类型的别名,二者实际上是同一种数据类型。typedef 的格式为

```
typedef    类型名    类型别名
```

表示给"类型名"起一个新的名字,叫做类型别名。前面的"类型名"可以是 C/C++语言预定义的数据类型如 int 等,也可以是本语句之前用 typedef 定义过的类型别名。如,

| typedef | *unsigned int* | size_t;//定义 size_t 为类型 unsigned int 的别名 |

typedef   size_t   UINT;   //定义 UINT 为 size_t 类型的别名
UINT x, y, z;   //定义 x,y,z 变量为 UINT 型,即 size_t 型,也就是 unsigned int 型。但其取值范
                围更直观,表达更简洁。

使用 typedef 给类型定义别名,是因为有时候由别名更容易看出来对应的变量的性质和取值的特点。比如在 calloc 函数声明的形参列表中,第一个参数 nelem 表示要分配的数据元素的个数;第二个参数 elsize 表示每个数据元素所占内存单元的大小(以字节计)。这两个值都是大小,不能为负数;而 size_t 从英文字面解释,表示是尺寸类型(size 表示尺寸、大小,t 表示类型),正好能说明两个形参的性质。

函数 calloc 的作用是:从内存中分配一块大小为 nelem×elsize 个字节的连续的块,如果成功分配的话,则将这块内存的起始编号(地址或叫指针)作为函数的返回值,同时将该内存所有的字节都清零。

练 一 练

(1) 在本例第 25 行处增加一个断点,然后启动调试,输入 N 的值为 6。观察 calloc 内存分配语句执行前 numbers 值。

(2) 按[F10]步进执行程序,执行到第 26 行时,观察 numbers 值的变化。在调试工具栏点击"Memory"按钮,在地址栏输入"numbers"的值,回车,观察对应的 6×4 个字节中的值,如图 3-26 所示。

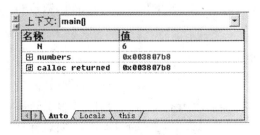

图 3-26　calloc 函数的返回值赋给了 numbers

在第 25 行,一共要分配 N+1 个 int 型的值(因为起始的编号为 0 的元素不使用),大小为(N+1)×4(unsigned int 的大小用 sizeof 运算符获得,为 4 个字节的连续内存单元。

注意到 calloc 函数声明中的返回值类型,它是 void * 型;另外也注意到在定义 numbers 时,unsigned int 和 numbers 之间有一个" * "号。这两个" * "都不是乘的意思,而是用来说明后面的变量的类型(或函数返回值类型)为指针类型,该变量是一个指针变量(该函数是一个返回指针的函数)。指针就是内存地址的编号。指针变量是取值为指针的变量,就好像整型变量是取值为整数的变量一样。32 位机指针值是 32 位即 4 个字节(这一点可以通过在程序中用 printf 打印 sizeof(numbers)的值来验证)。

void 意为"空",void * 用作 calloc 函数的返回类型,表示用 calloc 分配的内存中存放的数据的类型是不确定的,就是一些连续的字节而已,每个字节是 8 个二进制数。要拿这些内存来存放数据,就必须对内存中存放数据的类型进行说明。这就必须使用强制类型转换。比如在本例第 25 行,calloc 函数调用前面的强制类型转换(unsigned int＊)就强制把 calloc 分配的由连续的字节组成的内存块解释成：这些内存中的每个数据元素是一个 unsigned int(必须跟第二个实参中 sizeof 内的 unsigned int 相同)型的数据，一共有 N 个(由第一个实参规定)这样的数据元素。

强制类型转换是用来强行把一种类型转换成另一种类型的运算。除了前面讲到的赋值运算符"＝"右边的值类型比左边值类型低时会自动发生强制类型转换外，强制类型转换也可采取显式方式进行：

　　　　　(转换到的类型)变量或表达式

这个强制类型转换运算表达式的值的类型便是转换到的类型。强制类型转换运算运算符完成的任务是：创建一个临时的、类型为转换到的类型的变量，把变量或表达式的值的类型转换为转换到的类型，然后赋给该临时变量。

当赋值运算符"＝"左右两边都是不同的指针类型时，由于不同的指针类型之间不像基本数据类型(int、char、float 等)一样存在转换规则。而 C/C＋＋语言中，不同类型的指针是不能赋值的，所以必须采用强制类型转换。在本例第 25 行，左边的变量 numbers 的类型是 unsigned int ＊指针类型，右边 calloc 函数返回值类型是 void ＊ 型，二者不一致，所以要对右边返回值类型作强制类型转换，转换为跟左边指针类型相同的类型 unsigned int ＊型。

函数 calloc 的返回值是请求系统分配的内存起始地址，如果分配失败则返回 NULL。查看 NULL 的值(选中它后点右键，在弹出菜单中选择"转到 NULL 的定义")，在随之打开的 stdio. h 头文件中，发现 NULL 是符号常量，其值为(void ＊)0，即为指向 0 地址的指针，称为零指针。零指针指向的是程序的起始位置，这不是一个合法的数据地址。所以 NULL 常用来作为返回指针类型函数出错时的返回值。程序员要根据该函数返回值是否为 NULL 来判断函数调用是否成功，如本例第 26～30 行。

另外，为了防止指针变量指向错误的位置，在定义指针变量的同时进行初始化，将其值置为 NULL。

因为程序只有在正常分配内存之后才会执行第 31 行下面的语句，所以在第 52 行调用 free 函数时能确保其实参 numbers 指向正确的内存位置。free 函数将释放由 malloc、alloc、realloc 函数分配的内存，但必须以该内存的首地址作为 free 的实参。当某指针指向的内存释放了之后，就不能再访问该内存中的内容了。当 free 函数的参数为非法内存地址或已经回收的内存地址时，程序运行将会产生错误。在 Windows 下，会弹出警告窗口。

练一练

(1) 在例 3－19 的 free 函数调用中，将 numbers 换成(void ＊)1，编译执行程序，观察结果；

(2) 在例 3－19 中，把第 52 行的 free 函数调用复制成两行，编译执行程序，观察结果；

(3) 在例 3－19 中，将 free 函数调用移到第 47 行的 for 循环前，编译执行程序，观察结果。

例3-19中定义了一个unsigned int *类型的指针变量numbers,并让它指向一块由calloc分配的内存(指针变量"指向"某内存,是指该变量的值为该内存的首地址)。在第31行之后,对内存的访问跟用数组元素的方式没什么区别,都是采用下标的方式。这就说明,当指针变量指向一块分配好的内存的时候,完全可以把这块内存中存放的数当作一个个的数组元素,把这块内存看作是跟一个数组关联的内存。但是,例3-17中的数组名是一个指针常量,而这里的numbers是一个指针变量,它的值是可以改变的。

首先,间接运算,在指针变量前使用间接运算符"*",就是通过指针变量去直接存取对应地址中的值。

例3-20 指针的使用示例。

```
0001 /* 文件:exp3_03_4.cpp */
0002 /* 指针的基本运算示例 */
0003 #include <stdio.h>
0004
0005 int main( )
0006 {
0007     int a = 1,   * pa = NULL;
0008     pa   =  &a ;
0009     * pa  =   2 ;
0010     printf("a   = % d\n", a);
0011     printf(" * pa = % d\n", * pa);
0012     printf("pa   = % p\n", pa);
0013     printf("a 的地址: % #p\n", &a);
0014     printf("pa 的地址: % #p\n", &pa);
0015     return 0;
0016 }
```

程序运行的结果如图3-27所示。调试时的情况如图3-28所示。调试时,断点设置在了第14行。

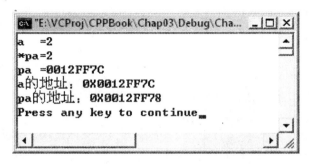

图3-27 例3-20程序运行结果图

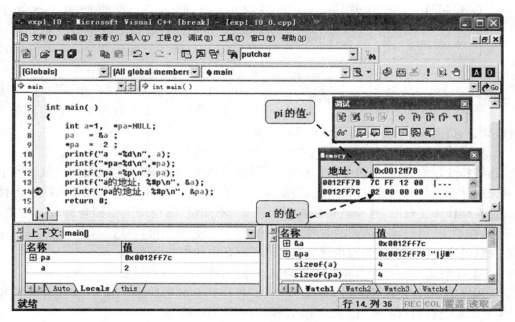

图 3-28 例 3-20 指针示例程序的调试状态

在程序第 7 行,定义了 int 型的变量 a 并初始化为 1;定义了指针变量 pa,同时初始化为 NULL。定义指针变量的时候,通常采用在变量名加一个 p 的形式为该指针变量命名,这里 p 代表 pointer(英文"指针"的意思)。

在一行变量定义语句中可以同时定义多个普通变量,及指向该类型的指针变量。普通变量跟指针变量的区别是,指针变量名前必须跟一个指针定义运算符"＊"(其前后都可以有空格),而不能用一个总的"＊"来同时定义几个指针变量。另外,如果有如下的定义:

```
int * pa , pb, pc, pd;
```

那么,由于只有 pa 前面有一个"＊"号,所以只有变量 pa 是指向 int 型数的指针变量,其他的 pb、pc、pd 都是 int 型的变量。

第 8 行中给指针变量赋值:pa ＝ &a。其中的运算符"&"叫做取地址运算符。因为指针变量的取值一定是指针(地址),所以赋值的时候必须把变量的地址赋给指针变量,称作令指针变量指向变量某某。

进行取地址运算时,变量名和取地址运算符"&"之间可以有空格,但是为了凸显取地址的对象,往往把"&"跟变量名紧紧写在一起。而赋值运算符"＝"左右经常都留有空格,一则为整齐,二则为把左边变量和右边的表达式分开,为使人能一目了然地明白把谁赋给了谁。

在进行指针赋值时,指针变量指向的数据类型和"＝"号右边取地址的变量的类型必须相同。第 8 行中,a 是 int 型,pa 是指向 int 型的指针变量,可以把 a 的地址赋给 pa

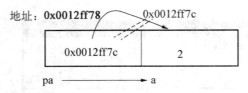

地址：**0x0012ff78**   0x0012ff7c

0x0012ff7c	2

pa ——————→ a

图3-29　pa指向a(用箭头表示)的含义

(即让 pa 指向 a)。a 的地址为 &a 等于 0x0012ff7c(不同计算机上这个值可能不同)。而经过第 8 行的指针赋值之后,pa 的值也是 0x0012ff7c,即 a 的地址,如图 3-29 所示。

让一个指针变量指向某个变量的时候,这个变量在之前一定要先有定义。如本例第 8 行,让 pa 指向 a,a 在上面第 7 行就已经定义了。

程序第 9 行的语句 * pa=2;中" * "又有一个特殊的名字:间接运算符。把" * "号放在指针变量前面,就等价于该指针变量所指向的变量。于是,对其进行赋值就等价于对该指针变量指向的变量(目标变量)赋值。这是通过直接对指针变量的值对应的内存进行写操作来实现的,这样就可以在目标变量"不知情"的情况下悄悄地修改它的值。所以,在第 10 行打印 a 的值的时候,得到的是 2。指针变量可以直接修改内存,跟内存相关联的变量的值会因为被指针变量修改了内存中的内容而改变。

第 11 行通过间接运算符" * "打印出 pa 指向的变量 a 的值,也是 2。

程序第 12 行使用新的格式控制串"%p"打印指针变量的值。对于 32 位计算机和 VC 6 来说,这将打印一个以 8 位十六进制数表示的地址。

指针变量 pa 的大小为 4(从图 3-28 右下方看到 sizeof(pa)的值为 4)个字节,取值为 0x0012ff7c。&pa 的值(变量 pa 关联的内存的起始地址)是 0x0012ff78,&a 的值(变量 a 关联的内存的起始地址)是 0x0012ff7c。在"Memory"窗口可以看到,地址为 0x0012ff78 的内存单元中的 4 个数(因为指针值占 4 个字节),就是指针变量 pa 的取值。而第二行地址为 0x0012ff7c 中的值就是 int 型变量 a 的取值。

对于多个字节的顺序,哪些字节对应高位,哪些字节对应低位,该如何设计,是处理器架构必须要考虑的,程序员也必须了解。比如,对于十六进制数 0x12345678,在 Intel 架构的处理器上,会按照内存地址从低到高的顺序,按 78 56 34 12 顺序存储这 4 个二进制数(4 个字节),或者说,是按照数字(两个十六进制数字一组)原来书写的顺序颠倒过来存储,这叫做小端序(Small Endian),故 pa 的值 0x00 12 ff 7c 在内存中存放时是以 7C FF 12 00 这个跟数字书写顺序相反的顺序来存储;而 a 的值 2 则用 02 00 00 00 来存储。其特点是低地址放低位。

在采用 IBM 架构等的机器上,采用另一种字节序,叫大端序,即十六进制数在内存中存储时,按照数字书写的顺序存储。0x12345678 在内存中的表示为 12 34 56 78(从左到右内存的地址递增),低地址放高位,如图 3-30 所示。

在程序的第 13、14 行,用取地址运算符获得 a 和 pa 的地址后,分别以格式控制串"%♯p"打印出来。跟前面的"%p"不同的是,这里加了一个"♯"号。它用在"%o"的"o"前面,表示输出时要显示八进制的前缀 0,比如,在 printf 中用"%♯o"输出 15 时,将输出 017。在打印十六进制数时,用在"%x""%X""%p"的字母前,在打印出来的数值前添加十六进制标志 0x(0X)。比如本例输出结果 pa 的地址是 0X0012FF7C。

这个例子也说明,指针变量也是变量,具有跟其他变量一样的性质,如系统会将其

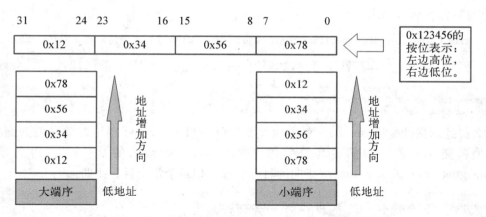

图 3 - 30 两种字节序表示 4 个字节(32 比特)的十六进制数

跟内存相关联,所以它也有地址,它的值可以变化,它的命名也必须使用合法的标识符等。

练 一 练

(1) 在例 3 - 20 第 7 行删除指针变量 pa 的定义。在下面插入一行 pa 的新的定义:int **const** * pa = NULL;编译程序,观察 VC"组建"窗口的输出。

(2) 在例 3 - 20 第 7 行删除指针变量 pa 的定义。在下面插入一行 pa 的新的定义:**const** int * pa = NULL;编译程序,观察 VC"组建"窗口的输出。

(3) 在例 3 - 20 第 7 行删除指针变量 pa 的定义。在下面插入一行 pa 的新的定义:int * **const** pa = NULL;编译程序,观察 VC"组建"窗口的输出。

指针变量也可以定义成常量类型,其定义格式为

  数据类型 * **const** *指针变量名* = *初始化指针值;*

在"指针变量名"前面加上 const 作修饰,表示这个指针变量是个 const(常量),在定义的时候就必须初始化,而且之后其值(指针变量的指向)不能被改变。比如在例 3 - 19 中,动态内存分配之后把所分到的内存的首地址保存在指针变量中,并规定它在之后的处理中不能改变(若改变了,free 函数和这个指针值释放内存时就会出错),就可以把 numbers 定义成为一个常指针变量。为此,可以把第 8 行的指针变量 numbers 的定义注释掉,然后把第 25 行改成

```
unsigned int * const   numbers = (unsigned int * )calloc(N + 1, sizeof(unsigned int));
```

即可。这样,numbers 看起来就更像是个数组了(记住,定义数组时,数组名就是一个常量指针)。

常指针变量跟一般用 const 修饰的变量一样,必须在定义的时候初始化。之后它的值是恒定的。如果程序员错误地对一个 const 修饰的(指针)变量的值进行修改,则

编译检查会出错，提示

error C2166：l‑value specifies const object（错误 C2166 号：左值指定的是个常对象）

　　但是，上面定义常指针变量时，如果把 const 放在了"＊"号的前面，即如，

```
unsigned int const * numbers;
```

那么得到的指针变量 numbers 就不再是常指针变量了。const 也可以放在最前面（和类型名交换位置），跟前者是等效的。这时候，const 修饰的是"＊"左边的类型（unsigned int），表示 numbers 指向的目标变量类型是个常变量。比如：

```
unsigned int const x = 0；//或 unsigned int const x = 0；
numbers      = &x；     //正确，numbers 指向的目标类型和 x 的类型都是 const unsigntd int 类
                          型的。
unsigned int y；
numbers      = &y；     //错！ y 是 unsigned int 型，而 numbers 指向的目标类型是 const
                          unsigned int 型。
```

　　由于指针变量的值是地址（指针），虽然地址形式上是 32 位（以后默认都是 VC 6 运行在 32 位机上）的整数，但是它能够参加的运算和整数能够参加的运算是不同的。比如，两个指针变量不能相加、相乘、相除和取余。但是，指针变量可以自增、自减、加减整数。当指针变量 p 加一个正整数 i 时，表示让 p 的指向在未加之前，往后（按地址值增加的方向）移动 i 个目标类型的数据块，指向新的位置。

　　例 3‑21　指针变量的增减示例。

```
0001 /＊文件：exp3_03_5.cpp＊/
0002 /＊指针变量的增减运算示例＊/
0003 #include <stdio.h>
0004 #include <conio.h>
0005 int main( )
0006 {
0007     int score[] = {0,1,2,3,4,5}；//通过初始化右边数的个数来指定数组元素个数
0008     int * pa = NULL,   * pa1 = NULL；
0009     //用数组大小（字节）除以每个元素大小（字节）来获得数组元素的个数
0010     int N = sizeof(score)/sizeof(int)；
0011     pa1 =  pa  =  score ；  //让 pa1 和 pa 都指向数组 score
0012
0013     for(int i = 0；i<N；i++ ) //正向顺序打印数组元素的值①
0014     {
0015         printf("%3d", * pa)； //＊pa 即 pa 当前所指向的变量
0016         pa++；                //指针变量 pa 的值自增
0017     }
```

```
0018        putchar('\n');
0019
0020        while( − −pa ＞= score )     //反向打印数组元素的值
0021            printf(" % 3d", * pa);
0022
0023        putchar('\n');
0024
0025    for(i = 0;i＜N;i + + )            //正向顺序打印数组元素的值②
0026    {
0027            printf(" % 3d", * pa1);
0028            pa1 += 1;                 //指针变量 pa1 的值加 1 后赋给自己
0029    }
0030    printf("\n 程序结束。请按任意键返回……\n");
0031    getch();
0032    return  0;
0033 }
```

　　首先定义指针变量 pa、pa1（第 8 行），然后令其皆指向学生成绩数组 score（第 11 行）。然后在打印数组元素的循环中，利用间接运算符"＊"取得 p 和 pa 指向的数组元素的值（第 16、21、28 行）后，在 printf 函数中打印。每循环一次，p 和 pa 的指向都要发生改变，通过自增运算（第 15 行）使指针指向内存中的下一个 int，自减运算（第 20 行）使指针指向内存中的上一个 int，复合赋值运算（第 28 行）使指针指向内存中的下一个 int，程序运行结果如图 3 - 31 所示。

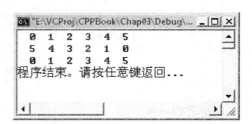

图 3 - 31　例 3 - 21 程序运行结果

　　程序的第 7 行定义了一个 int 型数组 score，但是没有规定数组的大小。只有在定义数组的同时进行初始化，才可以省略数组的大小。因为这时编译器可以根据右边给出的初始化值的个数来确定数组有多少个元素。程序员如果需要数组的大小，就要使用第 10 行赋值语句的右边的表达式来计算。sizeof 后面跟数组名，计算得出来的是数组所占用的内存空间字节数；sizeof 后面跟类型名，则算出来的是该类型所占内存字节数。而不是默认的用 4 作为 int 型的大小，是为了方便移植；因为有的系统中（比如 64 位系统），其 int 型的大小可能超过 4 个字节，把 int 型数的大小硬写成 4 来参加计算，所得到的数组元素个数就不正确了。

　　程序第 15、21、27 行的 printf 中格式控制串"％d"中间夹了一个 3，这个 3 叫做域宽，表示要打印的数所占字符的个数。3 表示打印的每个成绩要占 3 个字符的宽度，如果实际的数值没有指定的域宽那么宽，则用空格填充；如果实际的数的位数超过了域宽，则按实际数所占的字符个数进行打印。

> **练 一 练**
>
> 把程序中指定的域宽 3 改为 4、5、6,观察输出的结果。

在第 15 行加上断点并按[F5]调试,程序运行到第 15 行便暂停下来。点击"调试"工具栏上的"Memory"按钮启动内存观察窗口。把 score 的值(数组首地址)拷贝到"Memory"窗口的地址栏并回车,便可观察到 6 个数组元素的值在内存中的存放情况。调整"Memory"窗口的宽度,使得每行显示 4 个字节,如图 3-32 所示。

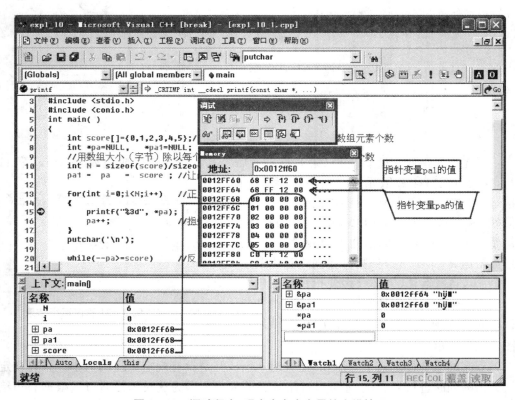

图 3-32　调试程序,观察内存中变量的安排情况

现在 score、pa、pa1 的值都相同,都指向起始地址为 0x12ff68 这块内存。其中的 6 个数组元素的值 0~5 按内存地址增加的顺序依次排列,每个元素占 4 个字节(因为本机上 int 型占 4 个字节)。

在 VC 右下角的 Watch 窗口添加 *pa(pa 指向内存中的值)、*pa1(pa1 指向内存中的值)、&pa(pa 所在的内存起始地址)、&pa1(pa1 所在的内存起始地址)。可以看到,&pa 为 0x0012ff64,找到内存中该地址,可以看到里面的 4 个字节是 68 ff 12 00,正是小端序表示的 4 个字节的地址值 0x0012FF68。&pa1 的值为 0x0012ff60,对应内存中的 4 个字节依次为 68 FF 12 00,也是数组 score 首地址的小端序表示。*pa 和 *pa1 的值均为 0,正是数组第一个元素 score[0] 的值。

在图 3 - 32 的调试状态下，按[F10]步进执行两次，可以看到，经过了一次自增运算（pa++），pa 的值变成了 0x0012ff6C，如图 3 - 33 所示。相对于之前的值，在数值上，pa 的值增加了 4，正好是一个 int 数据的大小。所以，现在 pa 指向的位置是数组元素 score[1] 所指向的内存起始地址，*pa 实际就是 score[1]。

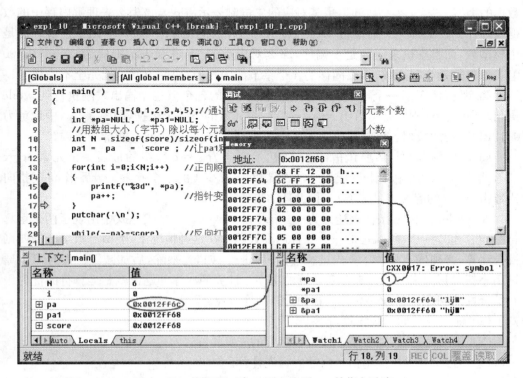

图 3 - 33　执行了一次 pa++之后，pa 的指向改变

第 25 行开始的 for 循环实现跟第 13 行开始的 for 循环同样的功能，都是按照下标递增的顺序，依次打印数组 score 的各元素的值。只不过每次用的是复合赋值运算符代替了"++"自增运算符而已。

继续步进执行程序，执行完 pa++后，pa 的值在上一次的值基础上又加了 4。此时 pa 指向 score 数组的元素 score[2]，而 *pa 跟 score[2] 是等价的。以后的每次循环都如此类推，直至循环结束。每次 pa 增加 1（pa1 增加 1），其实在数值上都是增加一个 int 型所占的字节数（4）。

其实指针 p 加（减也类似）一个整数 i，实际上是让 p 指向当前位置开始之后的第 i（i 从 0 开始取值）个数据元素（等于其首地址）。一个数据元素，其实就是在定义指针变量时"*"前的数据类型对应的数据。如果定义 int * p, a[10], i=3；那么随后的 p = a; p += i；表示让 p 指向数组 a，然后让 p 自增 3，即 p 指向当前位置后的第 3 个元素（从 0 开始计数）。

这就解释了为什么定义指针变量时前面的目标变量类型那么重要了。编译器需要这方面的信息，以便在当它看到 pa+=i 形式的表达式的时候，知道要将指针变量具体向前移动多少(i×sizeof(目标变量))个字节。而 pa 的值在数值上则变成 pa 原来的值＋i×sizeof(目标变量)。

另一方面,定义指针变量时的目标变量类型说明了指针变量指向的内存中的数据的含义。计算机存放的数据都是用 0、1 来表示的二进制数据。只有知道数据的起始位置、数据的类型(知道了类型就知道了其对应的二进制表示方式),该怎么去理解内存中的数据就好办了。比如,在内存地址 0x0012FF6C 里,存放的是 01 00 00 00 四个字节。这是个整型数,而且本机采用的是小端序,那么对应数的 16 进制表示则应为 0X 00 00 00 01。如果这是个浮点数,那么同样的 4 个字节的内容,对应的值就可能完全不一样了。

第 20 行使用了一个 while 循环把数组 score 的各个值逆序输出。刚执行到 while 语句时,指针 pa 刚好指向数组 score 最后一个元素的下一个数据,即图 3-33 中地址为 0012FF80 处的数据。该数据由于不属于数组,所以对它的访问可能带来错误。

而在逆序打印时,需要让指针 pa 的初始指向为 score 数组的最后一个元素 score[5],然后通过每次循环让 pa 自减 1,以便访问下标少 1 的一个元素。最后当 pa 的指向比数组 score 的起始地址还要小时,循环结束。

在 while 循环中,条件表达式为－－pa ＞＝ score。这个表达式中出现了两个运算符"－－"和"＞＝",所以它是一个混合运算式子。在这种情况下,类似于数学上的四则混合运算,必须确定哪些运算先进行,哪些后进行(如"先乘除,后加减")。而且可以通过用小括号括起来的方式来改变计算的次序。计算的次序问题也就是运算符的优先级和结合性的问题。一般的复合运算的计算顺序满足:

(1) 优先级高的运算先算,比如" ＊ "比"＋"先运算;

(2) 相同优先级,要看结合性。右结合的先算;

(3) 遇到小括号时,小括号内的内容先计算。

C/C++语言规定,自增、自减运算符具有很高的运算级别,而关系运算符(＞＝)的优先级别要低一些。所以,虽然没有用小括号,－－pa ＞＝score 的含义也是很明确的:先让 pa 的值自减 1,然后拿自减后的 pa 的值跟数组起始地址 score 进行比较,当大于后者时继续循环(此时表示数组元素还没有处理完)。

"＋＋"和"－－"运算符都有前置和后置两种形式。前置时,先让后面的变量的值自增或自减 1,然后取这个改变后的值去参与运算。像本例中的"－－pa ＞＝score",由于执行到 while 时 pa 指向的位置是 score 数组外的下一个地址(图 3-32 中的 0X0012F80),所以把"－－"放前面,保证判断时使用的数据元素的地址 pa 是 score 数组的最后一个元素的地址。

当"＋＋""－－"运算符后置时,先把其前面的变量的值取出来进行别的运算,再把该变量的值增加 1,例如,

```
int a = 1;
printf (" % d\n", a+ + * 3);
printf (" % d\n", 3 * + +a);
```

第 2 行将打印 3；第 3 行将打印 9。因为执行了 a＋＋＊3 之后，a 的值会变成 2（自增运算的作用）。所以第 3 行开始计算前 a 的值是 2。但是由于自增、自减运算符具有比乘除更高的优先级别，所以第 3 行先执行前置的"＋＋"运算，把 a 的值增加 1（由 2 变成 3）后再来让前面的 3 来跟它乘，故输出 9。

第 2 行的 a＋＋＊3 和第 3 行的 3＊＋＋a 都是合法的表达式，但是不直观，建议：不要写非常复杂的表达式，可以把复杂运算分成若干步进行，每一步都用简单的表达式来表示；如果非写不可的话，要多使用小括号把要先运算的式子括起来。用小括号体现运算的先后顺序：括号里的先算，括号外的后算。上述片段中的两个复合运算表达式可分别改为(a＋＋)＊3 和 3＊(＋＋a)，看起来就一目了然了。

另外，应尽量避免让一个表达式除了进行规定的计算之外还带来一些副作用，比如这里的程序片段中除了打印计算得到的值外，还让 a 的值实现自增。因为这样会让读者对代码的含义感到困惑，还会让程序员忽略了副作用而带来后续处理上的错误。为使程序表达更清晰，可以把上述的代码拆开为没有副作用的代码：

```
int a = 1；
printf("％d", a ＊ 3)；a＋＋；
a＋＋；printf("％d", 3 ＊ a)；
```

例 3－21 的第 30 行打印程序结束的提示信息"程序结束。请按任意键返回……"，第 31 行调用函数 getch()，这个函数的声明在头文件 conio.h 中，所以要在 main 前方增加 ＃include ＜conio.h＞文件包含指令。getch 函数的原型为

```
int getch(void)；
```

它要求用户按下任意键并返回用户按下键的值。这个函数通常用在程序中等待用户输入指定的按键；或像本例一样，用在程序结束的位置，等待用户输入任意键以结束程序，以免在资源浏览器中双击程序运行时是一闪而过的效果。

例 3－22　修改前面的学生成绩等级判定的程序，要求使用动态内存分配，学生人数由用户输入。编写一个函数来接受输入，另一个函数打印所有的成绩。

```
文件：mysubs.h
0001 /＊文件名：mysubs.h＊/
0002 int PrintGradeN(int ＊ score, unsigned int n)；/＊输出 score 指向内存中的 n 个成绩等级＊/
0003 /＊使用动态内存分配的办法输入[min,max]之间的 n 个整数，返回该内存首地址，失败返回
     NULL＊/
0004 int ＊ InputIntScoreN(unsigned int const n, int min, int max)；
0005 int PrintGrade(int x)；　　//打印百分制成绩的级别
……


文件：mysubs.cpp
0001 /＊文件名：mysubs.cpp＊/
```

```
0002 #include <stdio.h>
0003 #include <math.h>
0004 #include <stdlib.h>
0005 #include"mysubs.h"
0006 /* 输出 score 指向内存中的 n 个成绩等级
0007 失败返回 -1,成功则返回处理了的成绩个数 */
0008 int PrintGradeN(int * score, unsigned int n)
0009 {
0010     if(score == NULL)
0011         return -1;
0012     for(unsigned int i = 0;i<n;i++)
0013     {
0014         printf("成绩:%d\t 等级:", score[i]); //打印第 i 个变量的值(成绩)
0015         PrintGrade(score[i]);//判断第 i 个成绩的等级
0016     }
0017     return i; //处理的数据个数
0018 }
0019 /* 使用动态内存分配的办法输入[min,max]之间的 n 个整数,返回该内存首地址,失败返回 NULL */
0020 int * InputIntScoreN(unsigned int const n, int min, int max)
0021 {
0022     int * const score = ( int * )malloc(n * sizeof( int));
0023     if(score == NULL) //内存分配失败,则返回 NULL 给主调函数
0024         return NULL;
0025
0026     printf("请输入 %d 个整数(%d~%d):\n",n, min, max);
0027     for(unsigned int i = 0;i<n;i++)
0028     {
0029         printf("%d#:",i+1);
0030         //输入第 i 个元素(变量)的值
0031         while( (0 == scanf("%d",score + i)) || (score[i]<min) || (score[i]>max) )
0032         {
0033             fflush(stdin); //读取输入缓冲区的"垃圾"(不正确输入)并抛弃
0034             printf("%d#:",i+1);
0035         }
0036         fflush(stdin);
0037     }
0038     return score;
0039 }
......
```

文件:exp3_03_6.cpp

```
0001 /* 文件:exp3_03_6.cpp */
0002 /* 学生成绩等级判定程序——函数实现 */
0003 /* 动态分配内存保存用户键入个数的学生成绩数 */
0004 /* 采用函数对输入和学生等级判别进行整体处理 */
0005 #include <stdio.h>
0006 #include <stdlib.h>
0007 #include"mysubs.h"   /* 因为后面用到了 PrintGrade 函数,所以要把 mysubs.h 包含进来 */
0008 typedef unsigned int UINT;
0009 int main()
0010 {
0011     int * score = NULL; //定义指针变量,使其在后来指向动态分配的内存
0012     unsigned int N = 0; //定义成绩数据个数变量 N
0013     //以下输入数据。首先输入数据个数 N,再调用 InputIntScoreN 函数输入 N 个成绩
0014     printf("请输入成绩的个数:");
0015     scanf("%u", &N);
0016     fflush(stdin);                                    //清除输入缓冲区
0017     printf("--------------------------\n");
0018     if( (score = InputIntScoreN(N, 0, 100)) == NULL ) //输入 N 个成绩,范围[0,100]
0019     {
0020         printf("内存分配失败! 退出……\n");
0021         exit(-1);
0022     }
0023     printf("--------------------------\n");
0024     PrintGradeN(score, N);                            //处理并输出 N 个成绩等级
0025
0026     if(score ! = NULL) free(score); //释放内存
0027     return 0;
0028 }
```

例 3-22 的程序把整个程序划分成 3 个主要模块:(1) 主模块,(2) 输入模块,(3) 处理和输出模块。每个模块都用函数来实现。模块 1 由主函数 main 构成,模块 2 由函数 InputIntScoreN 构成,模块 3 由函数 PrintGradeN 和 PrintGrade 构成。程序运行结果如图 3-34 所示。

跟以前的处理相同,除 main 函数之外的函数定义放在文件 mysubs.cpp 的开始的位置,而对应的声明放在文件 mysubs.h 开始的位置。由于函数 PrintGradeN 要调

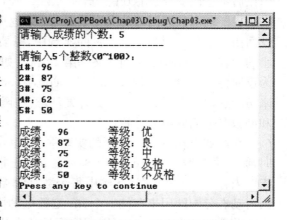

图 3-34 例 3-22 的运行结果

用先前写好的函数 PrintGrade,而在源文件 mysubs. cpp 中 PrintGradeN 函数的定义又在 PrintGrade 定义代码的上方,所以需要先进行函数 PrintGrade 的声明,再在 PrintGradeN 中调用它。这是通过在函数实现文件 mysubs. cpp 的开始位置增加文件包含指令♯include"mysubs. h"来实现(现在的 mysubs. cpp 的第 5 行代码)。

　　main 函数中,首先定义了指向 int 型变量的指针变量 score 并初始化为 NULL(第 11 行),然后定义了成绩数据个数变量 N,并初始化为 0(第 12 行)。第 13～16 行代码用来输入 N 的值。scanf 中用到的格式控制串为"%u",表示要输入的数是一个无符号整数。注意后面对应的变量 N,其类型一定是 unsigned int 型;而且要用取地址运算符"&"对其求地址(第 15 行)。另外,为了使这里的输入不对后续 N 个成绩值的输入造成影响,输入完成之后用 fflush(stdin)函数调用将输入缓冲区的内容清空(第 16 行)。

练 — 练

　　将第 16 行的语句用"//"注释掉,编译运行程序,故意进行错误的输入(比如输入带小数的浮点数,或非数字的字母符号)并观察运行结果。

　　在第 18 行的 if 语句中,首先调用 InputIntScoreN 函数进行 N 个[0,100]之间成绩数据的输入。函数 InputIntScoreN 的返回值为用来存储 N 个整数的内存块起始地址;如果内存分配失败,则函数返回 NULL。把这个返回的地址值赋给指针变量 score,并判断返回值若为 NULL,则由于内存分配错误,给出出错提示并退出程序(第 18～11 行)。只有内存分配成功,函数 InputIntScoreN 顺利实现 N 个成绩数据的输入,程序在继续执行第 19 行以后的语句。函数 InputIntScoreN 是自定义的函数,其原型为

```
int * InputIntScoreN(unsigned int const n, int min, int max);
```

　　第一个参数 n 是要输入的数据个数,为非负值,所以定义为 unsigned int 型;这个值以后不会改变,故用 const 修饰。第二、三个参数 min 和 max 为要输入数的左边界和右边界。该函数返回值的类型是 int *,即返回一个指向 int 的指针。这样的函数称为返回指针函数。因为在该函数的实现中,需要首先根据第一个的值分配 n 个 int 型大小的内存空间(mysubs. cpp 文件第 22 行),如果分配成功,这个空间的首地址最后会作为返回值返回给主调函数(mysubs. cpp,第 38 行),这样主调函数就可以通过这个地址来访问这块内存里的数据。另外要注意,在函数实现代码中,return 后面值的类型必须和函数名前面的类型一致。

　　在函数 InputIntScoreN 的实现中,文件 mysubs. cpp 第 31 行调用 scanf 进行输入时,第二个参数是 score + i。根据前面对于指针加减整数的含义的解释,此即为 score 指向内存中第 i 个数据(此例中每个数据都是 int 型)的地址。它相当于 & score[i]。因为动态分配的用来存储 n 个 int 型数据的内存可以看作跟一个数组关联,通过指向它的首地址的指针变量,可以用取下标的方法来存取该数组的第 i 个数据元素。事实

上,数组的第 i 个元素的存取在后台都是按照指针的方式进行的:要存取数组元素 a[i],首先要获得数组名 a 对应的常量地址 BASE_ADDR,然后在 BASE_ADDR 基础上找到第 i 个数据元素的地址,再到该地址中根据数组的类型来访问内存数据,即 a[i] 相当于 *(a + i),先找到地址,再根据地址访问内存。

文件 exp3_03_6.cpp 第 18 行,函数 InputIntScoreN 的调用成功后,指针变量 score 便指向了存有 N 个[0,100]之间的成绩的内存块。在第 24 行中,调用函数 PrintGradeN,把 score 指向的内存块中存储的 N 个数据读出来,分别进行等级的判定和输出。PrintGradeN 函数的原型为

```
int PrintGradeN ( int * score, unsigned int n );
```

这个函数把 score 指向的内存中的 n 个整型元素 score[i]依次读出来(i 从 0~N—1),利用 PrintGrade 函数依次进行等级判断和输出(mysubs.cpp,第 15 行),最后返回成功处理的数据的个数。如果传入的实参地址值为 NULL,表示 score 指向的内存非法,则返回—1。返回值可以交给主调函数,由它来判断处理;主调函数也可以简单地忽略这个返回值,如本例第 24 行。函数 PrintGradeN 的第一个形参的类型是 int * ,表示该函数需要一个指向 int 型的指针作为第一个实参,其实是把这个作为实参的地址赋给了形参变量 score,这个形参指针变量 score 就可以访问相应的内存了。

也可以将形参 int * score 写成 int score[]的形式,其实质是一样的。只是后一种表示使得 score 看起来更像是个数组名。在实参为数组名的时候,或者需要对一个数组进行处理的时候,后一种写法更常用,因为这样人们能更明确函数要处理的数据对象的形式(是数组)。尽管这样,传给被调函数的也不过是该数组的首地址而已。

数组是不能作为整体传给被调函数的,只能够把数组的首地址传给形参变量(必须是指针变量),使得被调函数可以访问该数组中的元素。

练 — 练

在 exp3_03_6.cpp 第 25 行添加 printf("score[N]=%d\n", score[N]);编译运行程序。

访问数组时要特别小心,因为编译器并不提供数组越界的判断。所谓数组越界,就是指程序中通过下标或指针访问数组元素时,访问了数组所在内存块之外的内存。上面程序中,用 score[N]访问 score 数组第 N 个元素。但是由于有 N 个元素的数组,其合法元素的下标只能是 0,1,…,N—1 共 N 个,故 score[N]将取到数组 score 所在内存块之后的一个 4 字节内存中存放的值,而程序员并不能确定这个内存单元是否已被其他变量使用。如果再试图通过++score[N];类似的语句来改变其中的值,就有可能改变其他的变量,带来混乱和错误。

通过下标访问数组元素,要避免数组越界相对还比较容易。但是如果通过指针变量来访问数组元素,如例 3-21 那样,由于指针变量对数组元素的存取("*"加指针变

量名就可以了)不如用下标那么直观,所以要特别当心。一般发生了数组越界错误的程序在运行时,Windows 系统会弹出一个类似于图 3-35 那样的出错窗口。

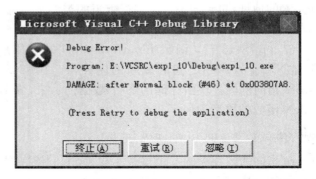

图 3-35　发生数组越界错误时 Windows 弹出的出错窗口

3.4　本章小结

　　这一章是结构化程序设计(C 程序设计)的核心,内容比较多,请注意以下的主线,在此基础上补充理解和掌握本章讲解的其他知识点。

　　函数就是它所封装的语句的抽象(代表)。这些重复的代码中,有的数据是可以变化的,可以把这样的数据设计为函数的参数(形参),由函数调用时传递给函数的实际参数(实参)来为形参赋值,从而实现一段代码可以针对不同的数据进行相似的处理。

　　在类似排序这样的应用中,需要处理的是相同类型的一组数据,这时就可以利用数组类型把这一组数存入一个数组中。数组名就是这样一组数的一个代表,它其实是这一组数在内存中连续存放时的起始内存编号,这个编号称为地址或指针。数组名就是一个指针。可以通过下标运算来访问数组中的任意元素。通过下标运算获得的数组的每个元素都是定义数组时指定的类型的变量。

　　函数调用时,参数通过值传递,其实是把实参的值拷贝给了形参。在函数体内修改了形参的值,并不会影响实参的值。为了能在被调函数中访问和修改主调函数中的数据,必须采用地址传递的方式,把变量取地址(利用"&"运算符)或数组名传递给函数。如果在函数体内对对应的数据进行了写操作,操作的结果会实际反应到主调函数中。

　　C/C++程序可以由多个源文件组成。可以把编写的函数放在 .h 文件中,而在需要的地方包含这个头文件就可以了。不同的 cpp 源文件如果没有被修改,则在程序编译时不会被再次编译,这就是单独编译和增量编译。这种方法可以节省编译时间。链接器会把对应的 .obj 文件链接成一个可执行的 .exe 文件。程序的执行就是执行这个 .exe 文件。

复习思考题

● 什么是函数? 为什么要使用函数?

● 函数由哪几部分构成?

● 函数该如何定义? 能否在一个函数体内定义另一个函数?

● 如何调用函数?

● 什么是数组? 如何定义数组? 如何访问数组中指定元素?

● 什么是数组访问越界?

● 什么是符号常量?

● 怎么进行条件编译?

● 如何进行动态内存分配? 何时释放?

● 什么是指针? 有什么用?

● 什么是大端序、小端序?

● 如何进行强制类型转换?

● 什么是表达式?

练 习 题

1. 数组定义时有 3 个要素:数组名、数组元素的_____和数组元素的_____。按元素在数组中的位置进行访问,是通过_____进行的。

2. 指针变量保存了另一变量的_____值,不能任意给指针变量赋一个地址值,只能赋给它_____和_____的地址。

3. 数组名在表达式中被自动转换为指向_____的指针常量,数组名是地址,但数组名中放的地址是_____,所以数组名的指向不能_____。这样数组名可以由_____来代替,C/C++这样做使用时十分方便,但丢失了数组的另一要素_____,数组名是指向数组_____的指针,而不是指向数组_____的。编译器按数组定义的大小分配内存,但运行时对_____不加检测,这会带来无法预知的严重错误。

4. 当动态分配失败,系统采用_____来表示发生了异常。如果 malloc 返回的指针丢失,则所分配的自由存储区空间无法收回,称为_____。这部分空间必须在_____才能找回,这是因为无名对象的生命期_____。

5. 有如下定义:

```
int ival = 60021;
int * ip;
double * dp;
```

下面哪些赋值非法或可能带来错误,并加以讨论:

    ival = * ip; ival = ip; * ip = ival; ip = ival; * ip = &ival;

    ip = &ival; dp = ip; dp = * ip; * dp = * ip;

6. 定义函数 up(ch),如字符变量 ch 是小写字母就转换成大写字母并通过 up 返回,否则字符 ch 不改变。要求在短小而完全的程序中显示程序调用。

7. 编写主程序调用带实数 r 和整数 n 两个参数的函数并输出 r 的 n 次幂。

8. 编写有字符型参数 C 和整形参数 N 的函数,显示出由字符 C 组成的三角形。其方式为第 1 行有 1 个字符 C,第 2 行有 2 个字符 C,等等。

9. 编写一个程序,该程序建立一个动态数组,为动态数组的元素赋值,显示动态数组的值并删除动态数组。(提示:使用 malloc 函数分配内存,用 free 函数删除数组内存)

10. 编写一个程序,要求输入三角形的 3 条边,然后判断是否合理,如果不合理,给出信息并要求重新输入;如果合理,计算其面积。

11. 写一个函数,找出给定字符串中大写字母字符(即'A'～'Z'这 26 个字母)的个数。

12. 写一个函数,输入一个 4 位数字,要求输出这 4 个数字字符,但每两个数字间有一个空格。如输入 1990,应输出 1 9 9 0。

13. 编写一个递归函数求满足 $1^2 + 2^2 + \cdots + n^2 < 1\,000$ 的最大的 n。

14. 编写一个函数 int Reverse(unsigned int s),该函数将参数 s 逆转并作为函数的执行结果。例如,s 为 1234 时,该函数的结果为 4321。

15. 有一个已经排好序的数组,今输入一个数,要求按原来的排序规律将它插入数组中。

16. 编写一个函数,统计出具有 n 个元素的一维整数数组中大于等于所有元素平均值的元素个数。

17. 将 10 个整数输入数组,求出其平均值并输出。

18. 编写程序,定义一个 3 行 4 列的二维整型数组,从键盘输入各元素值,求出并输出各行、各列元素的和、平均值及其全体元素的和与平均值。

19. 编写一个程序采用递归方法逆序放置 a 数组中的元素。假设数组定义为 int a [10]={0,1,2,3,4,5,6,7,8,9};

20. 编写一个函数 void trans(int n, int base),该函数的功能是将十进制数 n 转换成 base(如 2、8、16 等)进制数输出。

21. 从键盘输入 10 名学生的 C/C++语言成绩存入一维数组内,编写程序计算 10 名学生的最高分、平均分和及格人数。

22. 利用函数将给定的 3×3 二维数组转置。

23. 设计一个函数 IsPrime,用来判断一个整数是否为素数。

24. 将一个数组中的值按逆序重新存放。例如,原来顺序为 a,b,c,d,e,f,g,现在顺序为 g,f,e,d, c,b,a。(数组长度不限)。

25. 设计程序:定义可以存储 1 000 个整数的数组,在该数组中依次存入 1～1 000,在屏幕上打印出数组中所有 17 的倍数。

26. 写出一个函数,求 n!。(n! = 1 * 2 * 3 * … * n)。

27. 从键盘上输入一个 3 * 3 的矩阵,并求其主对角线元素的和。

28. 从键盘输入任意一串字符串存入数组中,程序输出同样的一串字符,要求输出字符串中大小写相互转化,其他符号不变。如输入"a123BxC",则输出"A123bXc"。

29. 用 #include,srand(5) 为种子,rand( ) 产生 10 000 个随机数的数组,求排序后下标号为 3456 的数是多少。

30. 杨辉三角形形式如下:

```
            1
          1 1
         1 2 1
        1 3 3 1
       1 4 6 4 1
     1 5 10 10 5 1
   1 6 15 20 15 6 1
      ......
```

求杨辉三角形第 39 行第 19 列的数。

31. 设计一个函数 sum,计算数组的前 n 项之和。

32. 有 57 个人围成一圈,顺序排号。从第一个人开始报数(从 1~4 报数),凡报到 4 的人退出圈子,问最后留下的是原来第几号的那位。

33. 设计函数 fun 判断 s 所指的字符串是否是回文(即顺读和逆读是相同的字符串),若是回文,函数返回 1,否则,返回 0,请编程序。

34. 编程定义一个整型、一个双精度型、一个字符型的指针,并赋初值,然后显示各指针所指目标的值与地址,各指针的值与指针本身的地址及各指针所占字节数(长度)。其中地址用十六进制显示。

35. 请编写一个函数 sortnum(int num),参数 num 是一个 3 位的整数,该函数将 num 的百位、十位和个位的数字进行重排,并返回由上述的 3 个数字组成的最大的 3 位数。

36. 请编写一个函数 printdate(int year,int month,int day),将输入的 3 个数字转换成英语数字纪年输出,如输入 1978 3 9,则输出 March 9,1978。注意:使用 switch 结构实现该函数的基本功能并判断输入错误。

37. 编写函数 fun( ),求 n 以内(不包括 n)同时能被 3 与 7 整除的所有自然数之和的平方根 s,并作为函数值返回。例如,n 为 1 000 时,函数值应为 s=153.909 064。

38. 请编写两个函数 int sum_of_powers(int k, int n), powers(int m, int n),求 1~6 的 k 次方的和,sum_of_powers 中参数 k 和 n 分别表示 k 次方和所求数列中最大的一个自然数,最后返回所求值;powers 中参数 m 和 n 分别表示 m 为底数 n 为指数,最后返回所求值。要求使用 for 循环和函数嵌套(int sum_of_powers 中调用 powers)实现算法。输出结果如下:

    sum of 4 powers of intergers from 1 to 6 = 2 275

39. 请编写一个函数 fun(int x,int n),该函数返回 x 的 n 次幂的值,其中 x 和 n 都是非负整数。x 的 n 次幂的计算方法是 1 与 x 相乘 n 次,如 x 的 20 次幂的计算为 1 与 x 相乘 20 次。

如输入 3 和 4,输出结果如下:

3 4

81

40. 请编写函数 fun(),计算并输出下列多项式值

$$Sn=1+1/1!+1/2!+1/3!+1/4!+\cdots+1/n!$$

例如,从键盘输入 15,则输出为 s=2.718 282。

41. 请编写一个函数 prim(int num),判别参数 num 是否为素数,在主函数中利用 prim()函数验证哥德巴猜想(任何比 2 大的偶数都可表示为两个素数之和),根据 main 函数的调用情况给出正确的返回值。

42. 编写一个函数 int Count(double a[], int n),统计出具有 n 个元素的一维数组中大于等于所有元素平均值的元素个数并返回这个值。注意:请使用 for 循环实现该函数。

43. 请编写一个函数 index(int x,int a[],int n),该函数先显示给定长度的一数组中所有元素,然后在其中查找一个数是否存在的功能。注意:使用 for 循环结构实现该函数的基本功能,根据 main 函数的调用情况给出正确的返回值。请勿修改主函数 main 和其他函数中的任何内容,仅在函数 index 的花括号中填写若干语句。

44. 请编写一个函数 fun(int score[][3],int num),该函数返回有一门课程成绩在 85 分以上,其余课程成绩不低于 70 分的人数。数组 score 按行存放 num 名考生各自的 3 门期末考试成绩。

45. 请编写一个函数 int sum(int n),该函数完成 $1+2+3+\cdots+n$ 的运算,并返回运算结果,其中 n>0。注意:请使用递归算法实现该函数。

46. 请编写一个函数 long Fibo(int n),该函数返回 n 的 Fibonacci 数,规则如下:n 等于 1 或者 2 时,Fibonacci 数为 1,之后每个 Fibonacci 数均为其前两个数之和,即 $F(n)=F(n-1)+F(n-2)$。

注意:请使用递归算法实现该函数。

47. 请编写一个函数 comm(int n,int k),用递归算法计算从 n 个人中选择 k 个人组成一个委员会的不同组合数,由 n 个人里选 k 个人的组合数=由(n−1)个人里选 k 个人的组合数+由(n−1)个人里选(k−1)个人的组合数。

48. 请编写两个函数 void sort(int &x, &y)和 void sort(int x,int y,int z),实现对 2 个和 3 个元素的排序并在屏幕上输出排序结果(数字之间使用跳格)。输出结果如下:

3   4

2   3   4

请勿修改主函数 main 和其他函数中的任何内容,仅在函数的花括号中填写若干语句。

注意:部分源程序已给出:

```
#include <iostream.h>
void sort(int &x,int &y)
{
    /** 1 **/
}
void sort(int x,int y,int z)
{
    /** 2 **/
}
void main()
{
    int a = 4,b = 3,c = 2;
    sort(a,b);
    sort(a,b,c);
}
```

49. 设 $f(x) = x*x + x/2.1-8$,$g(x) = 2*f(x) - 3.5*f(2*x) + 5.5$。编程序,对 $x=-5,-4,-3,\cdots,3,4,5$,计算各 $g(x)$ 之值并输出这 11 个计算结果。

50. 找出一个二维数组中的鞍点,即该位置的元素在该行上最大,在该列上最小(也可能没有鞍点)。

51. 将数组 a[n]的每一个元素依次循环向后移动一位。

52. 将一个正整数 n(长整型)输出成千分位形式,即从个位数起,每 3 位之间加一个逗号,例如,将 7654321 输出成 7,654,321。(提示:需要先将 n 拆成一位一位的数字,然后再输出。然后,拆数时,只能从个位数拆起,而输出时,又得从高位数起输出,所以不得不将拆出的数字存放在一个数组中,然后再输出。while(n){digit[++i]=n%BASE; n/=BASE;})

53. 编写函数,给出年、月、日后,求该日是该年的第几天。

54. 编写 3 个函数,getdata 函数的任务是获取数据,reversedata 函数的任务是将数据递顺存放,showdata 函数的任务是输出数据。主函数按下面这样调用这 3 个函数:

```
void getdata(int * a, int num);
void reversedata(int * a, int num);
void showdata(int * a, int num);
void main()
{
int a[10];
```

```
getdata(a,10);
reversedata(a,10);
showdata(a,10);
}
```

55. 输入数组 int a[N],b[N]的元素,用数组 a 和 b 构造数组 c[n],使得:
$c[i]=a[i]-b[i]$ 当 $a[i]>b[i]$ 时;
$c[i]=b[i]-a[i]$ 当 $a[i]<=b[i]$ 时。

第4章 信息的高效查询

学习要点

- 排序与查找
- 冒泡排序
- 简单选择排序
- 插入排序
- 归并排序
- 顺序查找
- 二分查找

对数据的处理当中，经常会用到排序操作。比如把一个班学生的成绩按照从高到低的顺序排列，又比如，在 Windows 的资源管理器中，按照文件的大小来排列文件等。另外，在一组数据中查找指定的数据也是常见的应用需求。

4.1 排序——让随机的信息变得有序

排序，顾名思义，就是把一组无序的数据按照从小到大（或从大到小）的关系进行有序的组织，使得这组数据当中任意两个相邻元素之间存在相同的大小关系。排序的对象可以是整数，可以是浮点数，也可以是字符串，还可以是包含若干数据项的记录类型，只要程序员能规定大小关系的含义。比如，对 Excel 中的学生记录排序，可以是对学号排，也可以是对姓名排，还可以是对成绩排。但是无论是对哪项排，最终排序的结果都是整个学生记录表顺序的重新调整，而不只是其中某个或某几个项的单独调整。

常用的排序算法有冒泡法、插入法、选择法、归并法和快排法。以整型数据排序为例来进行讲解，待排序的数据以数组的方式来存放，排序的结果是数据按从小到大的顺序。

4.1.1 冒泡法排序

冒泡法排序的排序过程如下：

（1）首先将第一个数据与第二个数据进行比较，若为逆序（a[0]>a[1]），则将两个数据交换，然后比较第二个数据和第三个数据。依次类推，直到进行 n−1 次比较后，所有的 n 个数据都已完成比较和交换为止。上述过程称为第一轮冒泡排序过程，其结果使得所有 n 个数据中最大的一个放在了最后一个数据的位置上(a[n−1])。

（2）然后进行第二轮冒泡排序,对前 n−1 个数据进行同样的操作,将次大的数据放在倒数第 2 个(即第 n−1 个)数据的位置上(a[n−2])。

（3）如此依次对前 n−2,n−3,…,2 个数据进行第 3,4,…,n−1 轮冒泡,使得数据最终按照由小到大的顺序排列。

由于此算法中小的数据像水中的气泡一样向上浮动,而大的数据像石头一样沉入水底,因此形象地称此算法为冒泡法排序。

假设待比较的数为 49①,38,65,97,49②,76,存放在数组 int a[6]中。其中的圆圈数字是在两个元素的值相同时,用来区分二者的。

第一轮冒泡的对应过程:

（1）a[0](=49)跟 a[1](=38)比较,因 a[0]>a[1],二者交换,得数组 38,49①,65,97,49②,76;

（2）a[1](=49)和 a[2](=65)比较,因 a[1]<a[2],不用交换,数组不变;

（3）a[2](=65)和 a[3](=97)比较,因 a[2]<a[3],不用交换,数组不变;

（4）a[3](=97)和 a[4](=49)比较,因 a[3]>a[4],二者交换得数组 38,49①,65,49②,97,76;

（5）a[4](=97)和 a[5](=76)比较,因 a[4]>a[5],二者交换得数组 38,49①,65,49②,76,97。

第二轮冒泡过程将对前 5 个数据(38,49①,65,49②,76)进行 4 次比较,具体过程如下:

（1）a[0](=38)跟 a[1](=49)比较,因 a[0]<a[1],二者不交换;

（2）a[1](=49)跟 a[2](=65)比较,因 a[1]<a[2],二者不交换;

（3）a[2](=65)跟 a[3](=49)比较,因 a[2]>a[3],二者交换得数组 38,49①,49②,65,76;

（4）a[3](=65)跟 a[4](=76)比较,因 a[3]<a[4],二者不交换。

第二轮结束。次小的数 76 跑到了倒数第 2 个位置,数组变为 38,49①,49②,65,76,97。

第三轮冒泡过程将对前 4 个数据(38,49①,49②,65)进行 3 次比较,具体过程如下:

（1）a[0](=38)跟 a[1](=49)比较,因 a[0]<a[1],二者不交换;

（2）a[1](=49)跟 a[2](=49)比较,因 a[1]=a[2],二者不交换;

（3）a[2](=49)跟 a[3](=65)比较,因 a[2]=a[3],二者不交换。

第三轮结束。因为本轮没有发生过交换,所以数组仍为 38,49①,49②,65,76,97。

因为在第三轮冒泡过程中,相邻数据比较时没有一次交换发生,说明这时参加冒泡的数据都已经是有序的了。而之后的两个数据(76,97)本来就已经有序,且都比参加本轮冒泡的数都要大,所以整个序列就都已经有序了。这时,可以结束整个冒泡算法,输出已经排好序的数据序列。

在一轮冒泡过程中,可以用一个整型变量 changes 计数交换次数。该变量在每轮冒泡开始的时候清零,然后每次交换发生,则其值增加 1。一轮冒泡完成,则判断该变量的值是否仍然是 0。如果是,则表示这一轮冒泡过程没有交换发生,也说明这个数据序列已经是有序的了。算法结束。否则,继续下一轮冒泡,直到完成整个的 n−1 轮冒泡,或者某次冒泡过程中 changes 的值保持为 0 不变。

另外,还应该注意到,本例中编了号的两个 49,它们的相对位置(用作为上标的圆圈数字①②表示)排序后仍然保持不变。像这样经过排序后相同元素的相对位置保持不变的排序算法称为稳定的排序算法;否则称为不稳定的排序算法。由本例可以看出,冒泡算法是一种稳定的排序算法。

冒泡排序法对应的程序流程图如图 4−1 所示。其中带箭头的线条表示程序执行的先后顺序;方框中的内容表示程序执行的指令;菱形作为判断的条件(用在 if、for 和 while 循环中),当条件为真(图中标注为"YES")时,执行一个分支;条件为假时(图中标注为"NO"),执行另一个分支。

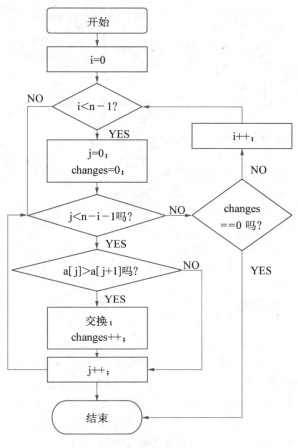

图 4−1 冒泡排序法流程图

根据上面的排序过程的分析及流程图,给出整数序列冒泡排序的函数实现 bubblesort,把它的声明和定义分别添加到文件 mysubs. h 和 mysubs. cpp 中:

```
文件:mysubs. h
void bubblesort(int a[], int n);//对数组 a 中前 n 个元素进行冒泡排序的函数
……

文件:mysubs. cpp
0001 /＊文件名:mysubs.cpp＊/
0002 #include ＜stdio.h＞
0003 #include ＜math.h＞
0004 #include ＜stdlib.h＞
0005 #include"mysubs.h"
0006 //对数组 a 中前 n 个元素进行冒泡排序的函数
```

```
0007 void bubblesort(int a[], int n)
0008 {
0009     int i,j,changes, tmp;
0010     for(i = 0; i<n-1; i++)
0011     {
0012         for(j = 0,changes = 0; j<n-i-1; j++)        //每轮冒泡开始,交换次数清0
0013         {
0014             if(a[j] > a[j+1])
0015             {
0016                 tmp = a[j],a[j] = a[j+1],a[j+1] = tmp; //交换a[j]和a[j+1]
0017                 changes++;                             //计算发生交换的次数
0018             }///if 结束
0019         }///内层 for 结束
0020         if(changes == 0) break;
0021     }///外层 for 结束
0022     return ;
0023 }
```

初学者要注意:

第一,外层 for 循环的循环条件是 i<n-1 而不是 i<n(mysubs. cpp,第 10 行)。因为 i 从 0 开始,i<n-1 作为循环条件表示 i 的取值范围为[0,n-2],在这个范围时将执行循环体内语句,一共是 n-1 次,正好对应了冒泡循环所需要的最多轮数:n-1 轮。若用 i<n,内层循环变量 j 的上界最小将变为 n-i-1=n-(n-1)-2=0,而 j 的最小值才是 0,0<0 的值为"假",所以此时内层循环的循环体语句不会执行。虽然不会带来严重的后果,但是这确实是不必要的。

第二,内层循环的循环条件 j<n-i-1(mysubs. cpp,第 12 行),表示 j 的值最大取到 n-i-2。因为在循环体中要拿 a[j] 和 a[j+1] 进行比较,必须保证 j 和 j+1 都在合法的范围内,j 最小为 0,而 j+1 必须能取到每轮冒泡时的数组元素的最大下标:在第一轮时最大下标为 n-1,第二轮时最大下标为 n-2,……,以此类推,第 n-1 轮时最大下标为 1。具体取值情况如下:

(1)   i = 0:   j=0,1,…,n-2,   j+1=1,2,…,n-1   (第 1 轮冒泡);
(2)   i = 1:   j=0,1,…,n-3,   j+1=1,2,…,n-2   (第 2 轮冒泡);
……
(n-1) i = n-2: j=0,   j+1=1   (第 n-1 轮冒泡)。

第一轮冒泡时,i=0,内层循环分别把 a[j] 和 a[j+1] 进行比较,即把 a[0] 和 a[1],a[1] 和 a[2],……,a[n-2] 和 a[n-1] 分别进行比较;

第二轮冒泡时,i=1,内层循环分别把 a[j] 和 a[j+1] 进行比较,即把 a[0] 和 a[1],a[1] 和 a[2],……,a[n-3] 和 a[n-2] 分别进行比较;

以此类推,当 i=n-2 时,内层循环比较 a[j] 和 a[j+1] 时,只需要把 a[0] 和 a[1] 进行比较即可。

第三,交换两个变量的操作(mysubs. cpp,第 16 行)。先把 a[j]赋值给 tmp,再把 a[j+1]赋给 a[j],再把 tmp(原来的 a[j]的值)值赋给 a[j+1]。这样,a[j+1]和 a[j]的值就完成了交换。比如,原来的值 a[j]=3, a[j+1]=4。把 a[j]赋值给 tmp,则 tmp 值为 3;再把 a[j+1]值赋给 a[j],则 a[j]值为原来 a[j+1]的值 4;再把 tmp 的值赋给 a[j+1],则 a[j+1]的值为 tmp 的值也即是原来 a[j]的值 3。交换完成,如图 4-2 所示。

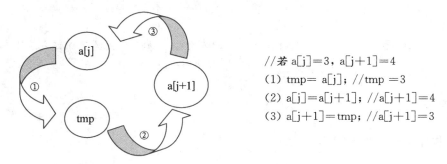

//若 a[j]=3, a[j+1]=4
(1) tmp= a[j]; //tmp =3
(2) a[j]=a[j+1]; //a[j+1]=4
(3) a[j+1]=tmp; //a[j+1]=3

图4-2　利用辅助变量 tmp 交换 a[j]和 a[j+1]

另一种交换两个数 a 和 b 的值的做法是:

(1) a=a+b; //a 值变为原来 a、b 之和;

(2) b=a−b; //b 值变成原来 a、b 之和,再减原来的 b 的值,即 b 变成 a 原来的值;

(3) a=a−b; //a 值变成原来 a、b 之和,再减新 b 值(a 原来的值),则 a 变成 b 原来的值。

例 4-1　修改学生成绩等级判断程序,先对输入成绩数据进行冒泡排序,再对每个成绩进行等级判断输出。

```
0001 /* 文件:exp4_01.cpp */
0002 /* 冒泡排序例程 */
0003 # include <stdio. h>
0004 # include <stdlib. h>
0005 # include"mysubs. h"
0006 int main()
0007 {
0008     int * score = NULL;
0009     unsigned int N = 0;
0010
0011     printf("请输入成绩的个数:");
0012     scanf("% u", &N);
0013     fflush(stdin);
0014     printf("-------------------------- \n");
0015     if( (score = InputIntScoreN(N, 0, 100)) = = NULL )//输入 N 个成绩,范围[0,100]
```

```
0016    {
0017        printf("内存分配失败！退出……\n");
0018        exit(-1);
0019    }
0020    bubblesort(score, N);        //对 score 指向的内存中存放的 N 个成绩进行冒泡排序
0021    printf("----------------------------\n");
0022    PrintGradeN(score, N);       //处理并输出 N 个成绩等级
0023
0024    if(score! = NULL) free(score); //释放内存,加判断是为了保证先前没有释放过
                                        score 指向的内存
0025    return 0;
0026 }
```

程序运行结果如图 4-3 所示。

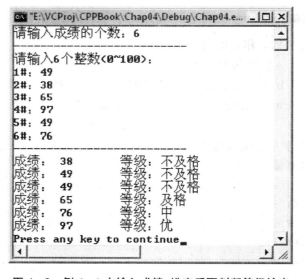

图 4-3   例 4-1 中输入成绩,排序后再判断等级输出

程序在第 3 章例 3-22 的基础上修改完成。主程序几乎完全一样,仅仅在第 20 行的位置添加了一行 bubblesort 函数的调用语句,对 score 指向内存中存放的 N 个整数进行从小到大的冒泡排序操作而已。可以看到,虽然输入的数据是随机的数字,但是在显示成绩及对应等级的时候,已经是按照成绩递增的顺序在有序显示了。

练 — 练

修改 bubblesort 函数,使得本例中的成绩结果输出是按照从高到低的顺序输出的。

当所要排序的数据具有跟要求的顺序正好相反的顺序时(比如要求把 1 2 3 4 5 按照从大到小顺序排列),每轮冒泡都需要进行最多次数的交换操作。排序最基本的运算就是比较和交换。因为第 k 轮要比较交换 n－k 次(k＝1,2,…,n－1),所以总共要进行(n－1)＋(n－2)＋…＋2＋1＝n(n－1)/2 次交换。所以这种方法的运算量级别在 n^2 量级(当 n 很大时,n 的 1 次方和零次方的值相对于 n^2 而言都可以忽略不计)。当 n 很大时,算法的复杂度增加得很快。

4.1.2　插入排序法

插入排序法也叫直接插入法排序,思路是:任一时刻都把待排序数据序列分成左右两部分,左边部分数据序列是有序的(称为有序表),而右边数据序列无序(称为无序表)。每次都把右边数据序列的第一个数(设为 y0)拿出来插入到左边有序数列中,使得左边数列保持有序。具体操作就是拿 y0 从后往前逐个跟左边的有序表比较,直到找到第一个小于等于它的数(设为 x)为止;然后把左边数据序列 x 后面的数统统往后移动一个数据的位置,再把 y0 插入到 x 后面的位置。开始的时候,左边有序数列中只有一个数。这样反复进行前面的插入操作,到最后右边无序数列中的所有数据就都插入到有序数列中去了。这样整个数列就有序了。

下面同样以有 n 个元素的数组 a 为例,详细讲述插入排序法的工作流程:

(1) 将第一个数组元素作为左边有序表的唯一元素{a[0]},右边所有的数组元素都属于无序表{a[1],…,a[n－1]};

(2) 无序表的首元素 a[1]赋给 y0,把 y0 从后到前跟左边有序表中的元素 a[0]比较,若 y0 小于 a[0],把 a[0]的值移到 a[1]的位置,把 y0 插入到数组的第 0 个位置,否则保持不变。左边有序表的元素个数变为两个,记作{b[0],b[1]}。其中 b[0],b[1]是 a[0],a[1]的顺序排列的表示形式。后同。

(3) 再将无序数列的首元素 a[2]赋给 y0,让 y0 跟有序表中元素从后往前逐个比较。若 y0 小于 b[k],则让 y0 再跟 b[k－1]比较;直到 y0 第一次大于等于有序表中的元素 x。将 x 之后的数组元素都往后(下标增大方向)移动一个元素的位置,把 y0 插入到空出来的位置(x 后的相邻元素位置)上。

(4) 重复上述操作,直到整个数组都有序为止。

跟冒泡排序法的具体分析一样,我们假设待排序的数也是 49①,38,65,97,49②,76,存放在数组 int a[6]中。

(1) 有序表{49①},无序表{38,65,97,49②,76}。用无序表首元素跟有序表的唯一元素比较,38＜49,所以 38 插入到 49 之前。有序表变为{38,49①},无序表为{65,97,49②,76};

(2) 用无序表的首元素 65 跟有序表末元素 49 比,65＞49,故 65 插入到 49 之后。有序表变为{38,49①,65},无序表是{97,49②,76};

(3) 用无序表的首元素 97 跟有序表末元素 65 比,97＞65,故插在 65 之后,有序表变为{38,49①,65,97},无序表为{49②,76};

(4) 用无序表的首元素 49②跟有序表末元素 97 比,49＜97;再跟 97 之前的 65 比,49＜65;再跟 65 之前的 49 比,49②＝49①。故 49②应插入到 49①之后。有序表变为{38,

$49^①$，$49^②$，65,97}，无序表变为{76}；

（5）用无序表的首元素 76 跟有序表末元素 97 比,76<97,应再跟 97 前面的 65 比,76>65。故把 76 插在 65 之后。这样,有序表变为{38，$49^①$，$49^②$，65,76,97}，无序表为空。排序算法结束。

可以看到,两个相同值的元素在比较之后,仍保持了之前的相对先后位置不变。所以插入排序法也是一种稳定的排序方法。

根据以上的详细分析,可以写出代码。同样是把函数的实现代码保存在mysubs.cpp中,函数声明保存在 mysubs.h 文件中。

```
文件:mysubs.h
void insertsort(int a[], int n);//对数组 a 中前 n 个元素进行直接插入排序的函数
……

文件:mysubs.cpp
0001 /* 文件名:mysubs.cpp */
0002 #include <stdio.h>
0003 #include <math.h>
0004 #include <stdlib.h>
0005 #include"mysubs.h"
0006 //对数组 a 中前 n 个元素进行直接插入排序的函数
0007 void insertsort(int a[], int n)
0008 {
0009     int i,j, k, y0, InsertPos;    //InsertPos 用来保存每次插入的位置
0010     for(i=1;i<n;i++)              //i是无序表的首元素下标:从 1 到 n-1 遍历。
0011     {
0012         y0     = a[i];       //保存无序表的首元素
0013         j      = i-1;        //有序表的最后一个元素的下标
0014         //无序表头元素 y0 依次跟有序表末元素从后往前比较,直到数组开始位置
0015         while((y0<a[j]) && (j>=0)) j--;
0016         if(j<0) InsertPos = 0;   //若比到数组开始位置还有 y0<a[0]成立,则插入到 0
                                        位置
0017         else    InsertPos = j+1;//若a[j]<=y0,则应该把 y0 存到 j 的下一个位置
0018         for(k=i;k>InsertPos;k--)
0019             a[k] = a[k-1];       //把待插入位置到有序表中的最后一个元素依次后移
                                        一个元素
0020         a[InsertPos] = y0;        //把无序表首元素插入
0021     }
0022     return ;
0023 }
```

函数 insertsort 的第一个形参变量类型为 int []型(把变量名去掉便可得到类型

名),这种形式在前面讲过,其实就是指针变量类型 int＊。这样写的原因只是为了提醒函数的使用者,这个函数要对一组数据进行处理。第 2 个参数是所处理数据的个数,函数要对从 a[0]开始后,一直到 a[n－1]的数据进行处理。

除了循环变量 i、j、k 外,因为在找到数据待插入的位置之后,该位置上及之后的几个元素都要后移,最后一个元素将覆盖无序表的首元素 a[i],故要把该元素的值保存起来(第 12 行,y0＝a[i])。

有序表大小为 i,元素个数从 1 开始。当前有序表的第一个元素下标为 0,最后一个元素下标为 i－1。因是从有序表最后一个元素开始倒着往前比,所以 j＝i－1 初始化 j 为有序表的最后一个元素的下标,j 是往前比较时所使用的待比较的有序表下标的循环变量。

在第 15 行的循环中,如果无序表第一个元素的值 y0 比 a[j]小,则继续比,直到 y0≥a[j]时停下来;或者比完了所有的有序表元素,都没有找到元素小于 y0,循环结束。循环结束因为有以上两种情况,所以在 16 行要用 if...else 语句对这两种情况分别进行处理。这一点要注意,当循环中有多个条件连接起来循环时,要对循环结束到底是哪种情况造成的进行判断处理。本例中,若循环结束是因为 j＜0,即比较完了所有有序表元素,都没有一个比 y0 小,那么这时 y0 就应该插入到有序表的最前面,即插入位置变量 InsertPos＝0。而如若是因为执行到某个 a[j]时,y0＜a[j]的结果变为假,造成循环结束,说明 a[j]≤y0,那么 y0 当插入到 a[j]的后一个相邻位置。

第 18～20 行进行具体的插入 y0 的操作。要把 y0 插入 InsertPos 所对应的数组位置,就要把该位置及之后一直到有序表末元素 a[i－1]的所有元素都向后移动一个位置,使 a[i－1]移动到 a[i]上,…,a[InsertPos]移动到 a[InsertPos＋1]上。通过循环执行 a[k]＝a[k－1]:k 从 i 开始递减到 InsertPos＋1,实现了上述的移动。最后通过第 20 行的赋值操作,把 y0 插入到有序表中的正确位置,使得增加了一个元素的有序表仍然有序;而无序表的大小减少 1。

继续循环,直到完成 n－1 轮插入之后,有序表中元素个数为 n 个,而无序表变为空表。排序结束。

在插入排序中,基本的操作是拿无序表的首元素跟有序表元素从后往前的比较操作,以及找到插入位置 InsertPos 之后把元素 a[InsertPos]到 a[i－1]往后移一位的移位操作。第 i 轮插入操作中,要比较的元素个数最多有 i 个,最多要移动元素的个数有 i 个,一共要执行 n－1 轮。所以算法总的需要执行的比较的次数最多为 1＋2＋…＋n－1＝n(n－1)/2 次;而要移动元素的次数最多也是 n(n－1)/2 次。所以算法的复杂度为 n^2 量级。随着问题规模的增大(即 n 值的增大),算法复杂程度增加很多。

练 一 练

例 4－1 中,把 bubblesort 函数调用改成 insertsort 函数调用:insertsort(score,N);编译运行程序,观察结果。

4.1.3 简单选择法排序

简单选择法排序基本思想是：先从 n 个元素中找到最小的,将其放在第一个元素 a[0]的位置上;再从剩下的 n－1 个元素中找一个最小的,将其放在数组第二个元素 a[1]的位置上,……,依此类推,每次都在剩下的数据中找到最小的一个,放在这些数据的最前面。到剩下的数据只有一个的时候,排序算法结束,所有的元素就都已按照规定的从小到大的顺序排列好了。

(1) 第一次选择：从 n 个数组元素中找到最小的一个所对应的下标 k,如果 k 不为 0,则将 a[k]与 a[0]交换。这样 a[0]就是整个数组元素中最小的一个。

(2) 第二次选择：再从 a[1]到 a[n－1]的 n－1 个元素中找到最小的一个所对应的下标,记作 k;如果 k≠1,则将 a[k]和 a[1]交换。这样 a[1]就是整个数组中次小的一个。

(3) 与此类推,第 i(i≥1)次选择：从 a[i－1]到 a[n－1]这 n－i＋1 个元素中找到最小的一个所对应的下标,记作 k;如果 k≠i－1,则将 a[k]和 a[i－1]互换。a[i－1]就是整个数组中第 i－1 小的一个。

(4) 当 i 等于 n－1 时,从 a[n－2]和 a[n－1]中挑一个最小的,放在 a[n－2]的位置上。那么 a[n－1]自然就是整个数组中最大的元素。至此,算法结束, a[0], a[1],…,a[n－1]按从小到大排排好序了。

设待比较的数为 49①,38,65,97,49②,76,存放在数组 int a[6]中,选择排序的详细过程为：

(1) 从 a[0]到 a[5]中找到最小的一个的序号 k=1,不为 0,则将 a[1]和 a[0]交换。数组变为 38, 49①, 65,97,49②,76;

(2) 从 a[1]到 a[5],以 49①为基准,找比它小的,没有找到,则认为 49①是最小的。最小值下标 k=1,不用交换。数组为 38, 49①, 65,97,49②,76;

(3) 从 a[2]到 a[5]中,以 a[2]=65 为基准,找比它小的最小值,为 49②,其下标 4 赋给 k。因 k≠2,故交换 a[4]和 a[2]。数组变成 38, 49①, 49②, 97, 65, 76;

(4) 从 a[3]到 a[5]中,以 a[3]=97 为基准,找比它小的最小值,为 65,其下标为 4, 赋给 k。因 k≠3,故交换 a[3]和 a[4]。数组变成 38, 49①, 49②, 65, 97, 76;

(5) 从 a[4]到 a[5]中,以 a[4]为基准,找比它小的最小值,为 76,其下标为 5,赋给 k。因 k≠4,故将 a[4]和 a[5]交换。数组变成：38, 49①, 49②, 65, 76, 97。算法结束。

同样是把选择排序函数 SelectSort 的实现代码保存在 mysubs.cpp 中,函数声明保存在 mysubs.h 文件中。

```
文件:mysubs.h
void SelectSort(int a[],int n);//对数组 a 中前 n 个元素进行排序排序的函数
……

文件:mysubs.cpp
```

```
0001  /*文件名:mysubs.cpp*/
0002  #include <stdio.h>
0003  #include <math.h>
0004  #include <stdlib.h>
0005  #include"mysubs.h"
0006  void SelectSort(int a[],int n)
0007  {
0008      //n为数组元素个数
0009      int i,j,k,temp;
0010      //i为基准位置,j为当前被扫描元素位置,k用于暂存出现的较小的元素的位置
0011      for(i=0;i<n-1;i++)
0012      {
0013          k=i;//i是基准位置;初始化最小值位置k为基准位置
0014          for(j=i+1;j<n;j++)      //j从i的下一个位置开始,直到最后一个元素下
                                            标n-1
0015          {
0016              if (a[j]<a[k]) k=j;    // k  始终指示出现的较小的元素的位置
0017          }//内层for结束
0018          if(k!=i)                // 如果k不是位于基准位置,则交换
0019              temp=a[k],a[k]=a[i],a[i]=temp;
0020      }
0021      return;
0022  }
```

　　函数 SelectSort 的参数中,第一个参数 a 形式上看起来是数组,但其实质是指针变量。写成类数组的形式,只是为了提醒函数是对一组数进行处理。第二个参数 n 表示要排序的数的个数(从数组的第 0 个到第 n−1 个元素)。

　　第 11 行的外层循环的循环变量 i 是选择排序的轮数,也是每轮作为基准的首元素的下标。i 最大不超过 n−2,因为最后一次选择参与的元素只有两个;如果剩下一个元素,就无需选择运算了,所以不要 i 等于 n−1。

　　第 13 行,每轮循环开始时,让保存最小值下标的变量 k 值为本轮最前面元素的下标。在内层循环中(从第 14 行开始),j 从 i 的下一个值开始,最大为 n−1,因为 a[j]是要拿来跟 a[k]比较的。a[k]初值为 a[i],即每轮开始时的首元素,所以 j 就不必从 i 开始了,因为不需要拿 a[i]和 a[i]比较。这样,内层循环实际上就是通过比较来找最小值下标的操作。当某个 a[j]的值比 a[k]小的时候,a[j]就是迄今最小的元素;于是就把 j 赋给 k,等所有的元素都比较完之后,k 的值就是从 a[i]开始到 a[n−1]的最小元素的下标了。

　　第 18 行,每轮选择过程结束时,k 中保存的是从 a[i]到 a[n−1]中最小元素的下标。如果这个下标 k 和 i 相等,因 i 已经是每轮选择的首元素下标,就不用做任何交换。如果 k 和 i 不等,说明最小值在 a[i]的后面,就要把 a[k]和 a[i]进行交换。交换依然采

用辅助变量 temp 进行。注意这里用逗号","把多个表达式隔开。这时运算的顺序是从左到右,依次计算逗号分隔开的表达式。用逗号","分割形成的表达式称为逗号表达式,整个表达式的值就是最后一个表达式的值。在第 19 行,逗号表达式最后一个组成部分是赋值表达式 a[j]＝temp,其值为 temp,也就是原来的 a[k]。所以逗号表达式的值是 a[k]的值。

两层循环都结束之后,a 指向的内存中的数据都已经排好序了。这时,在主调函数中再来对 a 指向的内存进行访问,得到的是一组有序的数据。

练 一 练

在例 4-1 中,把 bubblesort 函数调用改成 SelectSort 函数调用:SelectSort (score,N);编译运行程序,观察结果。

n 个数需要进行 n−1 次选择的过程。第 i(i 从 1～n−1)次选择过程最多要进行 i 次比较才能确定从 a[i−1]到 a[n−1]中最小的元素的下标。所以总的比较次数最多为 1+2+…+n−1=n(n−1)/2。而第 i 次选择过程可能要移动数的个数最多为 i 个,故算法总的移动数的次数最多也是 n(n−1)/2。所以算法的复杂程度是 n² 量级。

4.1.4　归并排序法

归并排序是用两组分别有序的数据合并成一个大的有序的数据。假设这两个数组分别为 a 和 b,其元素分别为

数组 a:25,27,74,88,98 (5 个元素);

数组 b:2,44,77,79,97,99,100 (7 个元素)。

这两个数组各自都已经从小到大排列好了。现在要把这两个数组合并成一个大的有序数组 C,则应该这样处理:

(1) 令 i=0,j=0,k=0 分别为 a、b 和 c 的起始元素下标。因为 b[0]<a[0],所以把 b[0]赋给 c[0],j 值增加 1,指向数组 b 的下一个位置 b[1]。k 值增加 1(k=1),数组 C:2,…;

(2) 用 a[i]和 b[j]比较,因为(i=0,j=1,k=1),而 a[0](=25)<b[1](=44),故把 a[0]赋给 c[1]。i 值增加 1(变成 1),k 值也增加 1(变成 2)。数组 c:2,25,…;

(3) 用用 a[i]和 b[j]比较,因为(i=1,j=1,k=2),而 a[1](=27)<b[1](=44),故把 a[1]赋给 c[2]。i 值增加 1(变成 2),k 值增加 1(变成 3)。数组 c:2,25,27,…;

(4) 就这样,i,j,k 从 0 开始。依次将 a[i]和 b[j]进行比较,并将其中较小的一个赋给 c[k]。对应的数组下标自增 1,k 值也自增 1。直到其中一个数组元素全部插入到了 c 中(本例中,当数组 a 的下标 i=5 发生越界时,表示数组 a 的所有元素都已经插入到了数组 c 中;这时 j 的值为 5,对应元素 b[5]=99);

(5) 把另一个数组剩下的元素直接拷贝到数组 c 的后面(本例是数组 b 的末两个元素 99、100)。排序完成。c 中即为已经排好序的数组。

得到的合并好的数组 c 为 2,25,27,44,70,77,79,88,97,98,99,100。

这样,所需要的比较次数最多为两个数组元素个数和减一。比起前面的排序方法所需要的平方量级的次数要小很多。当然,这需要两个前提:第一,两个数组是有序的;第二,存储空间的增加:需要额外的数组 c 来存储排序结果。

例 4 - 2 编程序,把两个分别有序的数组(大小分别为 N 和 M)合并成一个大的有序数组。要求利用条件编译命令,在程序运行时打印中间结果。

```
文件:mysubs.h
0001 /*文件名:mysubs.h*/
0002 //merge 把有序数组 a 和 b(各有 n 和 m 的元素)合并后存入数组 c 中,使 c 保持有序。
0003 void merge(int a[], int n, int b[], int m, int c[]);

……

文件:mysubs.cpp
0001 /*文件名:mysubs.cpp*/
0002 #include <stdio.h>
0003 #include <math.h>
0004 #include <stdlib.h>
0005 #include"mysubs.h"
0006 /*merge 把有序数组 a 和 b(各有 n 和 m 的元素)合并后存入数组 c 中,使 c 保持有序。*/
0007 void merge(int a[], int n, int b[], int m, int c[])
0008 {
0009     int i=0, j=0, k=0, cnt=0;//cnt 用来记录比较次数
0010     //这个 a 和 b 其实都是指针变量
0011     //保证 a、b 中有一个不是 NULL,c 不能是 NULL,m、n 不能同时为 0,否则直接返回
0012     if(((a==NULL) && (b==NULL)) || (c == NULL) || (n*n+m*m == 0) ||(n<0) ||(m<0))
0013         return;
0014     //以下 a 和 b 中最多有一个等于 NULL
0015     if( a==NULL   ) //a 为 NULL,而 b 不为 NULL。则将数组 b 拷贝到数组 c 即可
0016     {
0017         if( m>0 ) //只有数组 b 有元素
0018         {   j=0; k=0;
0019             while(j<m) c[k++]=b[j++];
0020         }
0021         return; //处理完之后直接返回
0022     }
0023     else if(b==NULL) //a 不为 NULL,而 b 为 NULL。则将数组 a 拷贝到数组 c 即可
0024     {
0025         if(n>0)
0026         {   i=0; k=0;
0027             while(i<n) c[k++]=a[i++];
0028         }
```

```
0029            return; //处理完之后直接返回
0030
0031        }//以下a、b都不是NULL,但是m或n可能为0
0032        else if (n == 0)//n为0时,m就不为0。这时将数组b拷贝到数组c中
0033        { j = 0; k = 0;
0034            while(j<m) c[k + +] = b[j + +];
0035            return; //处理完之后直接返回
0036        }
0037        else if (m == 0)//n不为0时,m为0。这时将数组a拷贝到数组c中
0038        { i = 0; k = 0;
0039            while(i<n) c[k + +] = a[i + +];
0040            return; //处理完之后直接返回
0041        }
0042        //以上处理数组指针有NULL,或者元素个数为0的情况,处理完之后直接返回
0043        do{
0044            while(a[i]< = b[j])
0045            {
0046   #ifdef _DEBUG
0047                cnt + +;
0048                printf("% - 3d: a[%d]< = b[%d](即%d< = %d),把a[%d]存入c[%d]
                    中。",cnt,i,j,a[i],b[j],i,k);
0049   #endif
0050                c[k + +] = a[i + +];   //把a当前元素存入c当前位置k。i和k都自增1
0051   #ifdef _DEBUG
0052                printf("然后k + +, i + +。",k,i);
0053                printf("\t当前 i= %d,j= %d,k= %d\n\n",i,j,k);
0054   #endif
0055                if(i == n) //若之前已经把数组a最后一个元素放到了数组c中
0056                {
0057   #ifdef _DEBUG
0058                    printf("数组a中元素以全部存入c中！把数组b剩余元素存入数组c尾
                        部!");
0059                    printf("当前 i= %d,j= %d,k= %d\n",i,j,k);
0060   #endif
0061                    while(j<m)//下面就把数组b剩下的元素都放在数组c的尾部
0062                    {   c[k + +] = b[j + +];   }
0063                    break;//排序完成。跳出循环。
0064                }//end if
0065            }
0066            while((i<n)&&(b[j]<a[i]))//同时要保证i小于n
0067            {
```

```
0068  #ifdef _DEBUG
0069          cnt++;
0070          printf("%-3d: b[%d]<a[%d](即%d<%d),把b[%d]存入c[%d]中。",
              cnt,j,i,b[j],a[i],j,k);
0071  #endif
0072          c[k++]=b[j++];    //把b当前元素存入c当前位置k。j和k都自增1
0073  #ifdef _DEBUG
0074          printf("然后 k++,j++。");
0075          printf("\t当前 i=%d,j=%d,k=%d\n\n",i,j,k);
0076  #endif
0077          if(j==m) //数组b的元素已经完全在c中。
0078          {
0079  #ifdef _DEBUG
0080          printf("数组b中元素以全部存入c中！把数组a剩余元素存入数组c尾
              部!");
0081          printf("当前 i=%d,j=%d,k=%d\n",i,j,k);
0082  #endif
0083          while(i<n)//把数组a剩下元素放在c的尾部
0084          { c[k++]=a[i++]; }
0085          break;//排序完成。跳出循环
0086          }//end if
0087        }//第2个while循环
0088      }
0089    while((j!=m) || (i!=n)); //do...while大循环结束
0090    return;
0091  }
```

主函数：

```
0001  /*文件：exp4_02.cpp  合并两个有序数组的例子*/
0002  #include <stdio.h>
0003  #include <stdlib.h>
0004  #include"mysubs.h"
0005  int main( )
0006  {
0007      int a[5]={25, 27, 70, 88, 98};//把数据放在初始化里,简化数据输入,方便后续的调试
0008      int b[7]={2, 44, 77, 79, 97, 99, 100};
0009      int c[12]={0};
0010
0011      printf("a:");            //打印归并之前a中的有序数组
0012      for(int i=0;i<5;i++)
0013          printf("%4d",a[i]);
0014
```

```
0015        printf("\nb: ");              //打印归并之前 b 中的有序数组
0016        for(i = 0;i<7;i + +)
0017            printf(" % 4d",b[i]);
0018        printf("\n\n");
0019
0020        merge(a,5,b,7,c);  //调用合并函数 merge。把有 5 个元素的数组和 7 个元素的数组 b 合
                               并存到 c 中
0021
0022        printf("归并之后:\nc: ");  //打印归并之后 c 中的有序数组
0023        for( i = 0;i<12;i + +)
0024        {
0025            printf(" % 3d ", c[i]);
0026        }
0027        printf("\n");
0028        return  0;
0029 }
```

在 mysubs. cpp 的函数 merge 的实现中,采用了条件编译命令 ♯ifdef _DEBUG … ♯ endif。在定义了宏_DEBUG 的条件下,编译器会编译 ♯ ifdef 和 ♯ endif 之间的语句序列。这些语句的作用是打印程序运行的状态和提示信息,可以当作直观的调试信息使用。宏_DEBUG 是在系统中定义的。在 VC 中执行菜单命令"工程"→"设置",则会弹出工程设置窗口,如图 4-4 所示。选中左边的当前工程名,在左上方"设置"下拉列表

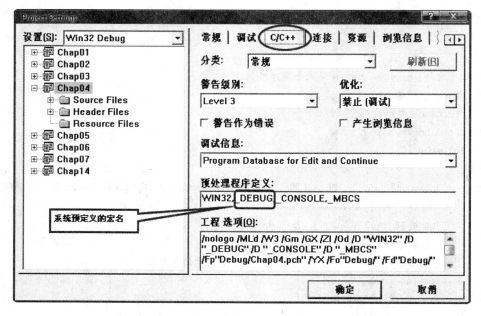

图 4-4   在工程属性中看到预定义的宏_DEBUG

中选中"**Win32 Debug**",这表示要生成的应用程序是 Debug(调试)版的。在右上方点击"C/C++"选项卡,在下方的"预处理程序定义"的编辑框中,可以看到有一个词是"_ DEBUG"。这表示,当生成调试版的应用程序时,系统预先定义了_DEBUG、WIN32 等一系列的宏。这些宏与程序源代码中用♯define 定义完全等价。也可以在"设置"后面的下拉列表中不选"Win32 Debug",而选择"Win32 Release",表示要生成的应用程序是调试版本。这时编译器就不会在生成的代码中加入调试信息了。而且,在右侧"C/C++"选项卡下的"预处理程序定义:"编辑框中,也没有_Debug 了。

　　在 VC 中,执行菜单命令"工具"→"定制",在弹出的"定制"对话框中点击"工具栏"选项卡,在对应右边的"工具栏"列表中,找到"组建",选择。这时,"组建"工具栏就会显示出来,如图 4-5 所示。

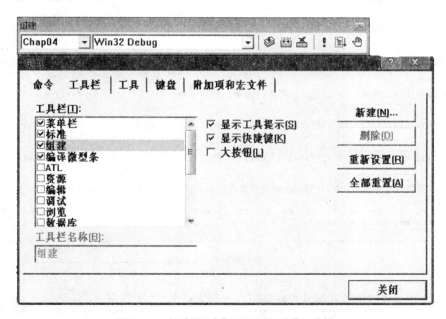

图 4-5　勾选"组建"以显示"组建"工具栏

　　"组建"工具栏左边第一项是可选的项目列表;第二项是应用程序的生成方式选择(Win32 Debug 和 Win32 Release)。通过第二项的选择,便可定制生成调试(Debug)版还是发布(Release)版的程序。

　　程序的运行结果如图 4-6 所示。

　　在文件 mysubs. cpp 里 merge 函数的实现中,第 9 行定义变量 i、j、k 作为数组 a、b、c 的下标,分别是 a、b 要比较的两个元素的下标,和 c 中要存放的下一个数的下标。cnt 是打印调试信息用的,用来计算程序中进行了多少次比较。

　　第 12 行的 if 语句用来保证 a、b 中有一个不是 NULL,c 不能是 NULL,m、n 不能同时为 0,也不能为负数;否则直接返回。条件部分被分成 5 块:(a==NULL)＆＆(b==NULL),c == NULL,n * n+m * m == 0,n<0 和 m<0,中间用逻辑或运算符"||"连接起来。要注意逻辑或运算符具有所谓的短路特性,即其左边表达式的值

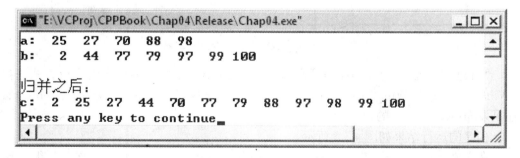

（a）调试版程序运行结果

```
"E:\VCProj\CPPBook\Chap04\Release\Chap04.exe"                    _ □ ×

a:   25   27   70   88   98
b:    2   44   77   79   97   99  100

归并之后:
c:   2   25   27   44   70   77   79   88   97   98   99  100
Press any key to continue_
```

（b）发布版程序运行结果

图 4－6 两个有序数组合并成一个有序数组的过程

为真的时候,表达式的值为真便能确定下来;右边的表达式就不用参与运算了。

（a＝＝NULL）＆＆（b＝＝NULL）是第一个复合条件,它又是用逻辑与运算符"＆＆"连接的两个条件:a＝＝NULL 和 b＝＝NULL,表示指针变量 a 和 b 同时指向 NULL,即 a 和 b 数组同时是空。如果这个条件为真,那么什么数据都没有,则什么都不用做了,直接执行 if 后面的 return。

条件的第二部分是 c==NULL。只有当条件的第一部分为假时,才会继续判断条件的第二部分的真假。条件第一部分为假,其含义是:a 和 b 中至少有一个数组中有数据。这时,如果条件的第二部分的 c==NULL 为真,表示数组 c 是空数组,那么由于合并结果保存在数组 c 中,空数组显然不能满足要求。于是函数也是什么都不做,直接return。

条件的第三部分是 n*n+m*m == 0,表示 n 和 m 不能同时为 0。只有用"||"连接的 3 个条件的前两个都为假,即数组 a、b 中有数据且数组 c 不是空数组时,才判断第三个条件。m 和 n 同时为 0 时,函数也不用做任何事情,直接 return 返回。

条件的第四、第五部分保证 m 和 n 都是自然数,否则直接返回。

第 15 行的 else if 后面的条件 a==NULL 如果满足时(这时 b 一定不为 NULL,因为 a、b 同时为 NULL 已经在第 12~13 行的 if 中处理过了),判断 b 的数据个数 m 是否大于 0,若是,则把 b 的 m 个有序的数直接插入到 c 中(第 17~20 行)。j 和 k 都赋初值 0,然后利用 while 循环,把下标 j 小于 m 的所有的 b[j] 都依次赋给 c[k]。这里采用了紧凑的形式 c[k++] = b[j++];等价于 c[k]=b[j],j++,k++;后面的移动做法相同。处理完之后立即返回(第 21 行)。

第 23 行的 else if 后面的条件 b==NULL 若为真,则 a≠NULL 成立。跟上面的处理类似,如果数组 a 的元素个数 n 大于 0 个,则把数组 a 的元素逐个拷贝到数组 c 中(第 25~28 行)。处理完后立即返回(第 29 行)。

第 32 行的 else if 后面的条件 n==0 如果为真,则表示:在 a 和 b 都不为 NULL 的前提下,数组 a 中没有元素;因为 n*n + m*m==0 即 m、n 同时为 0 的情况已经在 if 的第一个分支里处理过了,这时 m 一定不为 0。这样,只要把数组 b 中的 m 个元素逐个拷贝到数组 c 中即可(第 33、34 行)。处理完后直接返回(第 35 行)。

第 37 行开始的 else if 语句块处理 m==0 的情况。跟 n==0 时类似,因为 m 和 n 不能同时为 0,m 为 0 了,n 就一定大于 0。所以这时把数组 a 中的 n 个元素逐个拷贝到数组 c 中即可(第 38、39 行)。处理完后直接返回(第 40 行)。

从第 43~61 行是程序的主体部分,通过 do ... while 循环结构完成合并。这里的循环条件是 (j!=m) || (i!=n)。那么循环结束的条件就是这个条件的非。根据关系代数的知识:!(A||B) 等价于 (!A)&&(!B)。这里 A:j!=m, B: i!=n。!A 就是 j==m, !B 就是 i==n。也就是说,只有当 i==n,而且 j==m 时,最外层的 do... while 循环才结束。这表示已经把数组 a 中的 n 个元素和数组 b 中的 m 个元素都合并到数组 c 中去了。当然,这个条件也可以改成 k==m+n,即是说,通过合并的方法,数组 c 中已经存放了 m+n 个来自数组 a 和数组 b 的元素。

do... while 循环的循环体中,第一个 while 循环条件是 a[i]<=b[j],用来比较数组 a 当前位置 i 对应元素 a[i] 跟数组 b 当前位置 j 所对应的元素 b[j]。如果前者小于等于后者,就把前者赋值给数组 c 的当前位置 k 对应元素 c[k]。然后 i 值自增 1,k 值自增 1。第 50 行把赋值以及 i、k 的自增写到了一条语句中。第 50 行等价于 c[k]=a[i];i++;k++;相比较而言,本程序中的写法更简练。

因为 i 的值自增了 1，有可能导致 i 的值超过数组 a 的上界 n−1。第 55 行的 if 判断条件 i==n 如果为真，数组 a 的每个元素都已经插入到数组 c 当中适当的位置了。这时要做得就是把数组 b 中余下的所有元素都加到数组 c 的尾部。这正是第 61、62 行的循环所要完成的任务（这里把大括号和其中语句都写在了同一行是为了排版的紧凑，在实际编写的程序中建议还是分行书写）。当 j 小于 m 的时候，把 b[j] 赋给 c[k]，然后 j 和 k 分别自增 1；第 62 行的代码也采用了紧凑的形式，相当于 c[k]=b[j]，j++，k++；其效果是一样的。当第 61、62 行的循环完成之后，j==m 成立。用 break 语句跳出本层的 while 循环，进入到第 66 行执行。也就是说，第 43 行开始的循环有两个结束条件：一个是 a[i]>b[j]，另一个是 i==n 且 j==m。

第 66 行的循环条件为 (i<n)&&(b[j]<a[i])。当上一个循环以第 2 个条件结束时 (i==n 且 j==m)，不满足本循环的第一个条件 i<n。所以程序直接跳到本 while 循环下一条语句，即第 89 行。根据前面的分析，正好使得 while 中的条件 (j!=m) || (i!=n) 为假。所以 do ... while 循环结束，整个函数返回。

但是如果 do ... while 循环体内的第一个 while 循环结束时候因为 a[i]>b[j]，程序就将进入第 66 行的循环。因为这说明 a[i] 是当前第一个大于 b[j] 的元素，就该把 b[j] 的值赋给 c[k]，然后 j 自增 1、k 也自增 1，直到 j 超出了数组 b 的右边界，或者 b[j]>=a[i]。前一种情况出现，说明 b 中的数据都已经插入到了 c 中。只需要把 a 中余下的数据依次放到 c 的末尾就可以了，然后跳出循环，其做法跟上一个 while 中的第 61~63 行类似。当第二种情况出现（即第 77 行的 if 条件为假），则回到 do ... while 循环的开始，继续这个过程。

主函数 main 中则很简单，首先定义两个数组 a 和 b，分别存放 25，27，70，88，98 和 2，44，77，79，97，99，100 这两组有序的数。数组 c 的大小为前两个数组大小之和，采用不完全初始化的方法初始化其每个元素的值都为 0。

在打印完初始数组的值之后，在第 20 行调用 merge 函数进行 a 和 b 的合并，并把合并的结果存放在数组 c 中：merge(a,5,b,7,c);。

再以后的数据就是打印合并之后的结果，用来验证程序的实现是否正确。

数组 X：77，2，99，44，79，100，97（排序前，共 7 个元素）

前面示例中的两个数组 a 和 b 其实可以用一个数组的两个部分来代替。比如把数组 X 的前 n 个元素作为数组 a，而后 m 个元素作为数组 b。通常都要求 n 和 m 相等，或最多相差 1，即 |n−m|≤1，把 X 近似二等分。X 的两个部分分别有序，才能进行下一步的合并排序。要 a 和 b 有序，其实也是数组 a 和 b 各自分成两半；a 的两半和 b 的两半要先有序，就必须重复这样的分割过程，直到两半里都只有一个元素，或有一个一半中没有元素，而另一个一半中元素个数为 1。这样，对于这种 1+1 个或 1+0 个的组合，两半内自然都是有序的，可以进行合并。然后再往上合并，直至整个数组有序。这个过程如图 4−7 所示。

可以看到，整个过程就是分割和合并的过程。分割到不能再分割，然后再两两往回合并。每步合并地得到有序的子数组，往回合并的时候就一定能满足必须是两个有序数组进行合并的条件。

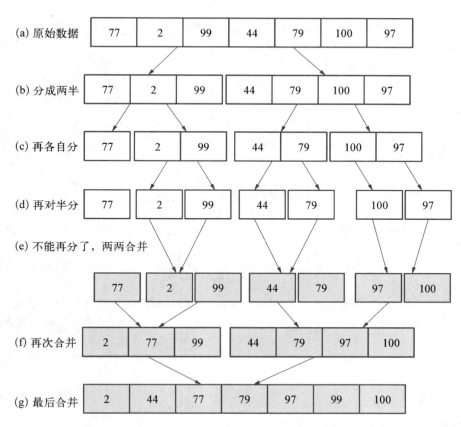

图 4-7 (77, 2, 99, 44, 79, 100, 97)的划分和归并过程

例 4-3 利用前面的 merge 函数,根据归并排序法的描述,实现归并排序的函数 MergeSort,并在主程序中调用这个函数来演示归并排序的效果。

```
文件:mysubs.h
0001 /* 文件名:mysubs.h*/
0002 void MergeSort(int X[], int N, int Y[]);//归并排序函数,把 N 个元素的数组 X 排序后存
……                                          入数组 Y

文件:mysubs.cpp
0001 /* 文件名:mysubs.cpp*/
0002 #include <stdio.h>
0003 #include <math.h>
0004 #include <stdlib.h>
0005 #include"mysubs.h"
0006 /* MergeSort:
0007   递归函数,实现归并排序,利用 merge 函数,把有 N 个元素的数组 X 的两半有序的数组
```

```
0008    合并成一个更长的有序数组存放在另一个数组 Y 中 */
0009 void MergeSort(int X[], int n, int Y[])
0010 {
0011     if(n< = 0) return;
0012     if(n == 1)
0013     {
0014         Y[0] = X[0];
0015         return;
0016     }
0017     else    //两个以上元素,递归调用自身
0018     {
0019         MergeSort(X,       n/2,     Y        );//前面一半进行归并排序,存入 Y 的前半
                                                     部分
0020         MergeSort(X + n/2, n - n/2,Y + n/2);//后面一半进行归并排序,存入 Y 的后半
                                                     部分
0021         merge(Y,  n/2, Y + n/2, n - n/2, X);//把 Y 的两个有序的半部分合并到 X 中
0022         merge(X,  n,   NULL,    0    , Y);//把 X 中的合并结果存入 Y 中,作为排序
                                                     结果
0023     }
0024     return;
0025 }
```

主函数:
```
0001 /* 文件:exp4_02_1.cpp    进行归并排序的主程序 */
0002 # include <stdio.h>
0003 # include <stdlib.h>
0004 # include"mysubs.h"
0005 #define  N      7
0006 int main()
0007 {
0008     int x[N] = { 77, 2, 99, 44, 79, 100, 97};//把数据放在初始化里,简化数据输入,方便
     调试
0009     int y[N] = {0};                          //辅助数组 y,初始化为 0
0010
0011     printf("X:");                            //打印归并之前 X 中的有序数组
0012     for(int i = 0;i<N;i+ + )
0013         printf(" % 4d",x[i]);
0014     printf("\n");
0015
0016     MergeSort(x, N, y);                      //进行归并排序
```

```
0017
0018        printf("归并排序后的结果:\nX:"); //打印归并之后 X 中的有序数组
0019        for( i = 0;i<N;i+ + )
0020        {
0021             printf(" % 4d ", x[i]);
0022        }
0023        printf("\n");
0024        return  0;
0025 }
```

　　主程序中的 main 函数,直接把要排序的数据初始化到数组 X 中。数组 Y 具有跟 X 相同的大小,初始化为 0(不是必须的)。然后在第 11～14 行打印原始数据;第 16 行调用归并排序的函数 MergeSort,对有 N 个元素的数组 X 进行归并排序,以 Y 为辅助数组。最后,在第 18～23 行,打印排序的结果。然后主函数返回,程序结束(第 24 行)。

　　文件 mysubs. cpp 中第 9 行的递归的归并排序函数 MergeSort(为了便于展示,每次新添加到 mysubs. cpp 和 mysubc. h 中内容都放在文件的最前面,在提供的源代码中可以查找到对应的函数)有 3 个形参。第一和第三个参数都是指针变量,写成了数组的形式 int X[]和 int Y[],是为了提醒程序员这里需要处理一组数据。第二个参数是 int 型的 n,表示要排序的数据个数。

　　在 MergeSort 函数中,和其他的递归函数一样,首先给出所谓的 base condition(基础条件)的处理(第 12～16 行),即函数层层递归,递归到这里就不能再递归下去了。它对应了最简单或最基本的情况,比如拿一个数来进行归并等。第 11 行的 if 语句,用来保证 n 的合法性:n 必须是正整数,否则不做任何处理,立刻返回。第 12～16 行的语句处理的就是最基本的情况:数组 X 中只有一个元素时,直接把 X 中的这 1 个元素拷贝到 Y 中即可(第 14 行)。这样,X 和 Y 中就有相同的元素。

　　在 base condition 处理之后,第 17～23 行开始处理一般的情况:n>1 的情况。首先,把 X 中的 n 个元素分成个数几乎相等的两半,前一半有(n/2)个(实际是对它向下取整得到的整数,即向数轴左边取距离 n/2 的实际数值最接近的整数,后同),后一半有 n－n/2 个元素。当 n=7 时,前一半有(7/2)即 3 个数据,后一半有(9－9/2)共 4 个数据。

　　然后递归调用 MergeSort 函数,对这两半数据分别进行归并排序(第 19、20 行)。这样,这两部分数据各自分别有序地存在了数组 Y 中(当 n=7 时,即 Y 前 3 个数据有序,后 4 个数据有序)。然后调用 merge 函数,把这两个半有序数据序列合并起来,并存入 X 中(第 21 行)。这样 X 中即保存着有序的数组了。

　　本次合并的结果会作为下次更大的数组的合并算法所需的两个有序数组中的一个,所以要把这个合并结果复制到数组 Y 中(第 22 行,merge(X,n,NULL,0,Y))。这里使用调用 merge 函数时,第一个参数是数组 X 的首地址,第二个形参是 n,为数组 X 的大小。第三个形参用 NULL,第四个形参用 0,表示用来合并的第二个数组不存在。

merge 函数直接把第一个数组中的 n 个元素逐个拷贝到数组 Y 中。因为 X 中的数据经过第一次的合并(第 13 行)已经变得有序,所以第 14 行的二次调用 merge 函数将会把有序的 X 直接拷贝到 Y 中。当然,第 14 行也可以写成循环语句,逐个用 X 的 n 个元素为 Y 的 n 个元素赋值,但是,使用 merge 函数代码更简洁。

这样,把 X 的前后两半排序,结果分别存入 Y 中;再把这两半各自有序的数据合并到 X 中,这样 X 中便是排好序的数据了。在主调函数中打印 X 对应的数组,便可得到最后的排序结果。由于在第 22 行把 X 中的数据又拷贝了一份到 Y 中,所以,最后 Y 中的数据和 X 中的数据完全相同,也即是说,在主调函数中,输出 X 对应的数组元素和输出 Y 所有的数组元素,结果完全相同。

练 一 练

修改例 4-1 修改学生成绩等级判断程序,先对输入成绩数据进行归并排序,再对每个成绩进行等级判断输出。

图 4-8 详细分析了把数组 X 中的数据进行归并排序的递归过程,其中虚线表示进入函数体或从函数返回。

另外,因为在文件 mysubs. cpp 里的 merge 函数中,有很多的 #ifdef _DEBUG … #endif 条件编译块,要在 VC 的调试状态下避免输出这里面的调试信息,在 mysubs. cpp 前面可以用另一个条件编译指令 #undef _DEBUG 取消本工程中 _DEBUG 的定义。这样,工程即使编译成为调试版的可执行程序,也不会输出手动插入的调试信息,而且仍然能在 VC++中进入调试状态来调试程序。

归并排序法的分析比较复杂,代价是用 n 个额外的存储,但是它的效率比前面几种排序方法都要高,是 $n\log_2 n$ 量级的。而且,由合并的过程可以看出,归并排序是一个稳定的排序方法(具有相同关键值的两个数据排序后仍保持原来的相对先后关系)。

4.1.5 快速排序法

一般来说,冒泡法是程序员最先接触的排序方法,它的优点是原理简单、编程实现容易,但它的缺点是速度太慢。快速排序法(quick sort)是基于冒泡排序法的改进的排序法,是目前最快的排序算法,其复杂度也是 nlogn 量级,同样需要递归。

快速排序法的基本思想是:选择待排序数据中的一个(常用数组的首元素)作为基准 pivot,通过一趟排序将要排序的数据分割成两个独立的部分,其中左边一部分的所有数据都比这个基准小,另外一个部分的所有数据都比这个基准大或相等。然后再按此方法对这两部分数据分别进行快速排序。整个排序过程可以递归进行,使得整个数据序列都成为有序的序列。

设要排序的数组是 a[0],…,a[N−1],首先任意选取一个数据(通常选用第一个数据)作为基准,然后将所有比它小的数都放到它前面,所有比它大的数都放到它后面,这个过程称为一趟快速排序。一趟快速排序的算法是:

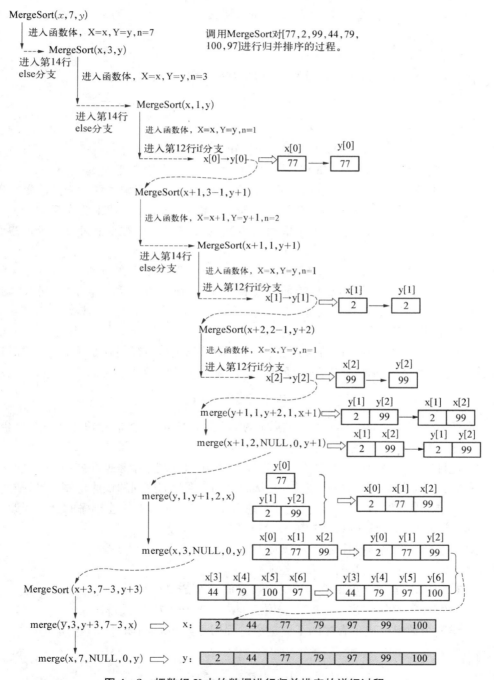

图 4-8　把数组 X 中的数据进行归并排序的详细过程

（1）设置两个变量 i、j，排序开始的时候 i＝0，j＝N－1；

（2）以第一个数组元素作为基准，赋值给 pivot，即 pivot＝a[0]；

（3）从 j 开始向前搜索，即由后开始向前搜索(j＝j－1)，找到第一个小于 pivot 的值，让该值与 pivot 交换；

（4）从 i 开始向后搜索，即由前开始向后搜索(i＝i＋1)，找到第一个大于 pivot 的值，让该值与 pivot 交换；

（5）重复第 3、4 步，直到 i＝j。

例如，待排序的数组 a 的值分别是(初始基准设为 a[0]，pivot＝49)：

a[0]　a[1]　a[2]　a[3]　a[4]　a[5]　a[6]　　(i＝0，j＝6)
49　　38　　65　　97　　76　　13　　27

（1）←按照算法的第三步从后面开始找并交换的结果。

进行第一次交换：27 38 **65** 97 76 13 49　　(i 自增 1 变为 1，j＝6)

（2）→按照算法的第四步从前面开始找大于 pivot 的值，65＞49，两者交换，i 变成 2。

进行第二次交换：27 38 49 97 76 13 **65**　　(i＝2，j 自减 1 变为 5)

（3）←按照算法的第五步将再次执行算法的第三步从后往前找小于 pivot 的值，13＜49，j＝5。

进行第三次交换：27 38 13 **97** 76 49 65　　(i 自增 1 变为 3，j＝5)

（4）→按照算法的第四步从前面开始找大于 pivot 的值，97＞49，两者交换，此时 i＝3。

进行第四次交换：27 38 13 49 76 **97** 65　　(i＝3，j 自减 1 变为 4)

（5）←按照算法的第五步将再次执行算法的第三步从后往前找小于 pivot 的值，这时遇到 i＝j。结束一趟快速排序。经过一趟快速排序之后的结果是：

27 38 13 49 **76 97 65**

即所有大于 49 的数全部在 49 的后面，所以小于 49 的数全部在 49 的前面。整个划分过程用函数 partition 来实现。

快速排序就是递归调用此过程——在以 49 为中点分割这个数据序列，分别对前面一部分和后面一部分进行类似的快速排序，从而完成全部数据序列的快速排序，最后把此数据序列变成一个有序的序列。根据这种思想对于上述数组 a 的快速排序的全过程如下：

（1）初始状态 {**49** 38 65 97 76 13 27}。

（2）进行一次快速排序之后划分为 {27 38 13} 49 {76 97 65}。

（3）分别对前后两部分进行快速排序：

{**27** 38 13} 经第三步和第四步交换后变成 {13 **27** 38} 完成排序；

{**76** 97 65} 经第三步和第四步交换后变成 {65 **76** 97} 完成排序。

这样整个数组就成了有序的了。这个过程用函数 quicksort 来实现。

文件：mysubs.h

0001 /＊ 文件名：mysubs.h ＊/

```
0002 void quicksort(int data[],int low,int high);//递归实现的快排函数
0003 int partition(int data[], int low, int high);//partition:找到基准元素的位置并把其插
                                            进去.辅助
......

文件:mysubs.cpp
0001 / * 文件名:mysubs.cpp * /
0002 # include <stdio.h>
0003 # include <math.h>
0004 # include <stdlib.h>
0005 # include"mysubs.h"
0006 //quicksort:通过递归的方法进行快速排序。首先通过 partition 把数组根据基准元素划分
0007 //成两部分,两部分分别用 quicksort 来排序
0008 void quicksort(int data[],int low,int high)
0009 {
0010     if (low >= high) return;
0011
0012     int insertPos = partition(data, low, high); //返回 data 中基准数的位置并把基准
                                            数插入该位置
0013     quicksort(data,low,insertPos-1);    //对基准数左边的数据序列执行快排算法
0014     quicksort(data,insertPos+1,high);   //对基准数右边的数据序列执行快排算法
0015
0016     return;
0017 }
0018 //partition:找到数组 data 从 low 到 high 位置上的基准元素的位置并把其插进去
0019 //返回该位置对应的数组下标。quicksort 的辅助函数。
0020 int partition(int data[], int low, int high)
0021 {
0022     int i,pivot,j;
0023     if(low < high)
0024     {
0025         pivot    = data[low];//选作基准的数是数组最左边的数
0026         i=low;  j=high;    //i 从左向右,j 从右向左
0027         while(i<j)          //i 和 j 指向的位置不重合、不交错,则循环
0028         {
0029             while((i<j) && (data[j]>=pivot)) //从后向前找第一个小于 pivot 的数
0030                 j--;                //直到找到,或 j≤i 为止(此时循环结束)
0031             if(i<j)         //表示上面循环结束是因为找到了比 pivot 小的数 data[j]
0032             {
0033                 data[i++] = data[j]; //把 data[j]的值赋给 data[i],然后 i 的值加 1,
                                    使 i 指针后移
```

```
0034                }
0035                while((i<j) && (data[i]< = pivot))//类似的,从前向后找第一个大于
                                              pivot 的数
0036                    i++;
0037                if(i<j)                    //表示上面循环结束是因为找到了比 pivot 大的
                                              数 data[i]
0038                    data[j--] = data[i];//把 data[i]的值赋给 data[j],然后 j 的值减1,使
                                              j 指针前移
0039            }
0040        data[i] = pivot;//i == j, 把基准数插入到该位置。
0041    }
0042    return i;                //返回作为基准的数在有序数组中的位置。
0043 }
```

练一练

把例 4-1 的程序改为用快速排序法来排序,观察输出结果。

quicksort 函数对数组 data 中的下标从 low 开始到 high 结束的这段数据进行快速排序。在其函数体中,mysubs.cpp 文件第 10 行,首先判断 low 是否大于等于 high,是的话,返回。这个作为递归的基条件(base condition)。下面语句执行的隐含前提就是 low<high。这时,首先通过调用函数 partition,把数组 data 从 low 到 high 子数组的基准数据排到应该在的位置,然后对应这个位置的下标返回给主调函数,并赋值给变量 insertPos(第 13 行)。然后对数组 data 从 low 到 insertPos-1 这一段进行快速排序,insertPos+1 到 high 这一段也进行快速排序。都排完之后,数组 data 从 low 到 high 这一部分就都有序了。当主函数 main 调用 quicksort 时,low 取 0,high 取数组大小减 1,就可以保证整个数组中的所有数据都能排好序。

可见,快速排序法的基本运算是下面的 partition 函数。这个函数把数组 data 的基准数 pivot(=data[low],第 25 行)插入到 data 从 low 到 high 这一段的适当位置,使得对这一段数据而言,pivot 左边的数都比它小,pivot 右边的数都比它大。当 partition 函数执行完后,返回作为基准的数在排好序之后数组中的绝对位置,同时还要把这个基准数插入到该位置去。

查找过程在 low 小于 high 的前提下,通过最外层的 while 循环(第 27 行开始)实现。在这个循环体内,第 29 行,又是一个 while 循环,其循环条件为(i<j) && (data[j]>=pivot),也就是 j 从后往前找小于基准数 pivot 的数;没找到的话就让 j 自减 1 然后再找,但同时要保证 i<j 这个前提。因为如果 i≤j,则不但本 while 循环结束,而且最外层的 while 循环也要结束,pairtition 函数返回。

但第 29 行的循环结束时,如果是在 i<j 的条件下结束的,也即是找到了比 pivot 更小的 data[j]的话,那么就把这个值赋给 data[i],然后 i 自增 1。

partition 函数执行的过程即把数组 data 中的元素按照在本部分开始所讲述的算法的要求进行分割,并把基准元素插入到已经排好序的数组中去,然后返回这个位置所对应的下标。

由于快速排序法有 nlogn 量级的复杂度,而且所需的额外存储空间也不多,所以得到广泛应用。目前在 C/C++语言的标准库中已经实现了快速排序算法。其声明所在的包含文件是 stdlib. h,其原型为

> void qsort(void * *base*, size_t *nmemb*, size_t *size*, int(* *compare*)(const void * ,
> const void *));

这个函数具有很强的通用性,它可以把各种类型的数据进行排序。也就是说,它除了能对基本的 int、float 等简单类型的数据进行排序外,它还可以对字符串、结构类型等复杂类型的数据进行排序。在应用于后者时,qsort 把这些复杂的数据按照自己的第四个形参变量 compare 所指定的比较大小的规则进行比较排序。

qsort 的第一个参数 **void * base** 指定了要排序的数据序列存放的内存首地址(指针)。之所以定义成空(void)指针变量,是因为算法要适应各种类型的数据序列,所以这里就先不具体指定某一种数据类型作为目标类型,而在函数调用的时候,根据所要排序的目标数据的类型确定。在函数调用的时候,把指向其他目标数据类型的指针变量值赋给一个指向 void 数据的指针变量,这个方向的类型转换会在传递参数的时候自动强制发生。

qsort 的第二个参数 size_t **nmemb** 给出了要排序的数据的条数。size_t 类型在 stdio. h 文件中有定义,通过 typedef unsigned int size_t; 类型定义语句把 size_t 定义成 unsigned int 的一个别名。size_t 从英文名上更直观,更容易让人了解 nmemb 变量应该取值的类型和范围。

qsort 的第三个参数也是一个 size_t 类型的,变量名 **size**,指参加排序的每个数据的大小(以字节数计算)。这个值一般可以利用 sizeof 运算符获得。

qsort 的第四个参数 compare 在声明形式上很特别,它实际上是一个指向函数的指针变量,指向一个有两个参数(const void * 和 const void *)的函数,该函数的返回值为 int 型。

因为对于大小关系不明确的复杂数据进行排序,首先必须指定比较的规则。比较两个学生记录等复杂的数据项,不像比较两个简单整数或浮点数那么简单、直观、有固定约定,需要额外用一个函数指定比较的规则,当一个数据"大于"另一个数据时,返回正整数值;"小于"的时候,则返回负整数值;"等于"的时候,则返回 0。参数 compare 就起到这个作用。

compare 的声明:

> int(* *compare*)(const void * , const void *)

该声明从标识符出发(这里从 compare 出发)向右读。当遇到")"时停下来,折而向左。这时将首先读到" * "。在声明部分的" * "表示指针的定义,所以这里它表示标识符 compare 是一个指针变量。继续向左读,遇到"(",然后就再折向右。右边是一对小

括号,里面有两个 const void ＊型的参数列表,表示 compare 指向的目标对象是一个函数,这个函数有两个 const void ＊型的指针变量作为形参。再看左边,有一个 int,表示这个 compare 指向的这个函数的返回值类型为 int。总地说来,compare 是一个函数指针变量,它指向的函数应该有两个 const void ＊指针类型的形参,返回值须为 int 型。调用 qsort 进行快速排序时,必须提供一个这样类型的函数名给 qsort 函数作为其第四个参数。在这个函数中,要实现对于两个数据大小比较的规则:前面的数据"大于"后面的数据,则返回正整数;"小于"后面的数据,则返回负整数;"等于"后面的数据,则返回 0。qsort 函数会在自己的函数体内自动调用 compare 函数来判断相邻两个复杂数据的"大小"关系。

这种分析复杂声明的方法叫做右左法。其具体规则是:*首先从含标识符的最里面的圆括号看起,然后往右读,再往左读。每当遇到圆括号时,就应该掉转阅读方向。一旦解析完圆括号里面所有的东西,就跳出圆括号,再重复这个先右后左的解析过程,直到整个声明解析完毕。*

例 4 - 4 含指针的复杂声明的右左法解析下列标识符 func 所代表的含义:

(1) int（＊func)(int ＊p);　　　　(2) int（＊func)(int ＊p, int（＊f)(int ＊));

(3) int（＊func[5])(int ＊p);　　　(4) int（＊（＊func)[5])(int ＊p);

(5) int（＊（＊func)(int ＊p))[5];　(6) int func(void) [5];

(7) int func[5](void);　　　　　(8) int（＊（＊func)[5][6])[7][8]

(9) int（＊（＊（＊func)(int ＊))[5])(int ＊)

(10) int（＊（＊func[7][8][9])(int ＊))[5]

解:(1) int（＊func)(int ＊p);　首先找到那个未定义的标识符,就是 func,它的外面有一对圆括号,而且左边是一个 ＊号,这说明 func 是一个指针。然后跳出这个圆括号,先看右边,也是一个圆括号,说明（＊func)是一个函数,而 func 是一个指向这类函数的指针。就是一个函数指针。这类函数具有 int ＊类型的形参,返回值类型是 int。

(2) int（＊func)(int ＊p, int（＊f)(int ＊));　func 被一对括号包含,且左边有一个 ＊号,说明 func 是一个指针,跳出括号,右边也有个括号,那么 func 是一个指向函数的指针。这类函数具有 int ＊和 int（＊)(int ＊)这样的形参,返回值为 int 类型。再来看一看 func 的形参 int（＊f)(int ＊),类似前面的解释,f 也是一个函数指针,指向的函数具有 int ＊类型的形参,返回值为 int。

(3) int（＊func[5])(int ＊p);　func 右边是一个[]运算符,说明 func 是一个具有 5 个元素的数组,func 的左边有一个 ＊,说明 func 的元素是指针,要注意这里的 ＊不是修饰 func 的,而是修饰 func[5]的,原因是[]运算符优先级比 ＊高,func 先跟[]结合,因此 ＊修饰的是 func[5]。跳出这个括号,看右边,也是一对圆括号,说明 func 数组的元素是函数类型的指针,它所指向的函数具有 int ＊类型的形参,返回值类型为 int。

(4) int（ ＊（＊func)[5])(int ＊p);　func 被一个圆括号包含,左边又有一个 ＊,那么 func 是一个指针。跳出括号,右边是一个[]运算符号,说明 func 是一个指向数组的指针。往左看,左边有一个 ＊号,说明这个数组的元素是指针,再跳出括号。右边又有一个括号,说明这个数组的元素是指向函数的指针。总结一下,就是:func 是一个指向数组的指针,这个数组的元素是函数指针,这些指针指向具有 int * 形参,返回值为 int 类型的函数。

(5) int (* (* func)(int * p))[5]; func 是一个函数指针,这类函数具有 int * 类型的形参,返回值是指向数组的指针,所指向的数组的元素是具有 5 个 int 元素的数组。

(6) int func(void) [5]; func 是一个返回值为具有 5 个 int 元素的数组的函数。但 C/C++语言的函数返回值不能为数组,这是因为如果允许函数返回值为数组,那么接收这个数组的内容的,也必须是一个数组,但 C/C++语言的数组名是一个右值,不能作为左值来接收另一个数组,因此函数返回值不能为数组。要注意像这样的复杂指针声明是非法的。

(7) int func[5](void); func 是一个具有 5 个元素的数组,这个数组的元素都是函数,这也是非法的。因为数组的元素除了类型必须一样外,每个元素所占用的内存空间也必须相同,显然函数是无法达到这个要求的,即使函数的类型一样,但函数所占用的空间通常是不相同的。

(8) int (* (* func)[5][6])[7][8] func 是一个指针,指向行数为 5、列数为 6 的二维数组;数组中保存的是指针,指向行数为 7、列数为 8 的 int 型数组。

(9) int (* (* (* func)(int *))[5])(int *) func 是一个函数指针,函数接收 int * 参数,返回一个指针,指向包括 5 个元素的数组。数组中的元素是函数指针,函数接收 int * 参数,返回 int 值。

(10) int (* (* func[7][8][9])(int *))[5] func 是一个 3 个元素数组,数组中的每个元素是指针,指针指向函数,函数具有一个 int * 型参数,且返回指向包含 5 个元素的 int 数组的指针。

上面的例子中的分析很有难度,平时遇到的声明基本上都没有这么复杂,而且,写程序的时候,要尽量避免使用过于复杂的声明,以避免给程序的阅读者带来疑惑。

例 4-5　利用 stdlib. h 中提供的 qsort 快速排序函数对 49,38,65,97,76,13,27 进行快速排序。

```
文件:mysubs. h
0001 / * 文件名:mysubs. h * /
0002 / * 供 qsort 库函数使用的辅助比较函数 compareInt。前数"大于:后数时返回 1,则 qsort 按
     升序排列 * /
0003 compareInt （const void *  a, const void *  b);
……

文件:mysubs. cpp
0001 / * 文件名:mysubs. cpp * /
0002 # include <stdio. h>
0003 # include <math. h>
0004 # include <stdlib. h>
```

```
0005 ♯include"mysubs.h"
0006 /*供qsort库函数使用的辅助比较函数compareInt。前数"大于:后数时返回1,则qsort按
     升序排列*/
0007 compareInt (const void* a, const void* b)
0008 {
0009     return *((int*)a) - *((int*)b)>0;//简洁的写法,为升序排列
0010 }
......

主函数:
0001 /*文件:exp4_02_2.cpp  进行归并排序的主程序*/
0002 ♯include <stdio.h>
0003 ♯include <stdlib.h>
0004 ♯include"mysubs.h"
0005 ♯define N      7
0006
0007 int main()
0008 {
0009     int x[N]={49,38,65,97,76,13,27};//把数据放在初始化里,简化数据输入,方便
                                              后续的调试
0010
0011     printf("排序前 X:");                    //打印排序之前 X 中的有序数组
0012     for(int i=0;i<N;i++)
0013         printf("%4d",x[i]);
0014     printf("\n");
0015
0016     qsort(x, N, sizeof(int), compareInt);//利用qsort把x中N个大小为sizeof(int)型
                                                  数据进行快排
0017
0018     printf("排序后 X:");
0019     for (i=0;i<N;i++)
0020         printf("%4d", x[i]);
0021     printf("\n");
0022
0023     return 0;
0024 }
```

程序运行结果如图 4-9 所示。

main 函数中首先利用 for 循环打印排序前的数据序列,然后调用 qsort 快速排序。最后再打印排序后的数据序列。主程序文件第 16 行的 qsort 函数调用中,第一个参数 x 为要排序数组的指针,第二个参数 N 是待排序元素的个数,第三个参数 sizeof(int)是

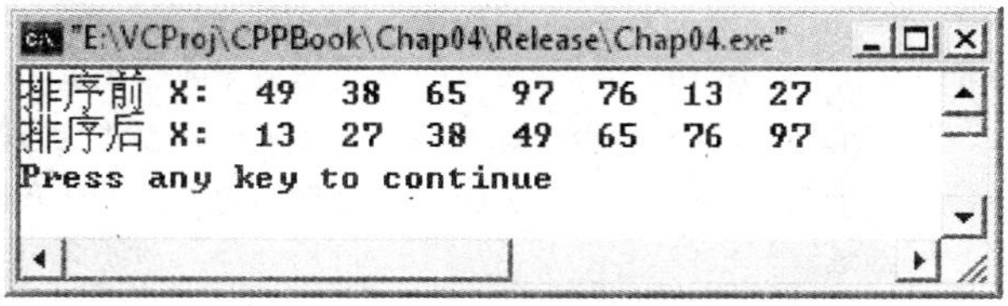

图 4-9　qsort 对数组排序的例子

每个待排序元素的大小（字节数），第四个参数 compaerInt 比较数据序列中任两个数据“大小”函数指针。compareInt 实际上是在 mysubs. cpp 中定义的函数名，函数名的地址是函数在程序中的入口地址（即存放该函数运算指令的首地址），所以当把函数名作为第四个参数时，实际上传递的就是一个函数指针，即 compare = compaeInt。但是一定要注意的是，这个函数的声明必须和 qsort 第四个参数（函数指针变量所指向的目标类型）要一致。像 qsort 函数中第四个参数 compare 是一个指向具有两个void ＊指针变量作形参，返回值为 int 的函数指针，而这里 compareInt 也是一个指向具有两个 void ＊指针变量型形参，返回值为 int 的函数。这样进行参数传递时才不会发生错误。

而比较函数 compareInt 的函数体中，只有一行语句：return ＊（（int ＊）a）－＊（（int ＊）b）;（mysubc. cpp 第 9 行）。首先，通过强制类型转换（int ＊）a 和（int ＊）b 把类型为 void ＊型的形参变量 a 和 b 强制转换成整型。然后对转换成功后的结果取间接运算，即 ＊（（int ＊）a）和 ＊（（int ＊）b），表示分别取 a 和 b 指向的内存中的数。然后前面的数减后面的数，当前面的数大于后面的数时返回正整数，相等时返回 0，小于时返回负整数。这就是 compareInt 定义的 int 型数的比较规则。如果把 return 语句后面的两个参数交换一下位置，则调用 qsort 进行的排序将是按照降序排列。

要比较算法的性能，就需要用大量的数据验证各种算法的时间特性。而当参与排序的数据非常多的时候，无论是把数据硬性地写入程序代码中，还是通过控制台输入，显然都是不现实的。C/C++语言中提供了产生随机数的函数，用随机数发生器产生大量的数据，并调用 clock 函数计算各种排序所花费的时间，进而得到各种算法效率高低的直观映像。因为各人使用的计算机软硬件配置不同、计算机上当前运行的程序数量不一样，所以计算机上运行的结果可能会有差异。但是，冒泡法、插入法、选择法所需要花费的时间的数量级差不多，而归并法和快速排序法花费的时间也应该是差不多的。

例 4-6　产生大量随机数，比较各种排序算法性能。

```
文件:mysubs. h
0001 /＊文件名:mysubs. h＊/
0002 #include ＜stdio. h＞
0003 #include ＜math. h＞
0004 #include ＜stdlib. h＞
0005 #include ＜ctype. h＞
0006 #include ＜conio. h＞
```

```
0007 #include <time.h>
0008 void random_shuffle(int * a, int n);//把数组a中的n个元素随机排列
0009 void swapi(int * a, int * b);/* swapi:通过指针来交换两个整型变量的值 */
0010 int   getchoice();/* getchoice:输入一个1～9之间的数字(用户的选择),把它返回给主调
                函数 */
0011 void prompt();//prompt:打印各种排序法的名称(用作提示)
0012 /* 供qsort库函数使用的辅助比较函数compareInt。前数"大于:后数时返回1,则qsort按
     升序排列 */
0013 compareInt (const void * a, const void * b);
0014 void quicksort(int data[],int low,int high);//递归实现的快排函数
0015 int partition(int data[], int low, int high);//partition:找到基准元素的位置并把其
                插进去。快排辅助
0016 void MergeSort(int X[], int N, int Y[]);//归并排序函数,把N个元素的数组X排序后存
                入数组Y
0017 //merge把有序数组a和b(各有n和m的元素)合并后存入数组c中,使c保持有序。
0018 void merge(int a[], int n, int b[], int m, int c[]);
0019 void SelectSort(int a[],int n); //对数组a中前n个元素进行选择排序的函数
0020 void insertsort(int a[], int n);//对数组a中前n个元素进行直接插入排序的函数
0021 void bubblesort(int a[], int n);//对数组a中前n个元素进行冒泡排序的函数
……
```

文件:mysubs.cpp

```
0001 /* 文件名:mysubs.cpp */
0002 #include"mysubs.h"
0003 //把数组a中的n个元素随机排列
0004 void random_shuffle(int * a, int n)
0005 {
0006     if(n< = 0 || a == NULL) return;
0007     srand(time((time_t * ) NULL ));
0008     for(int i = 0;i <n;i ++ ) {
0009         swapi(a + i,a + rand() % n);
0010     }
0011     return;
0012 }
0013 /* swapi:交换两个整型变量的值 */
0014 void swapi(int * a, int * b)
0015 {
0016     int temp = 0;
0017     temp = * a, * a = * b, * b = temp;
0018     return;
0019 }
```

```
0020 //prompt:打印各种排序法的名称(用作提示)
0021 void prompt()
0022 {
0023     printf("现有排序方法:\n");
0024     printf("\t1.冒泡排序法\n");
0025     printf("\t2.插入排序法\n");
0026     printf("\t3.选择排序法\n");
0027     printf("\t4.归并排序法\n");
0028     printf("\t5.快速排序法\n");
0029     printf("\t6.快速排序法(库函数)\n");
0030     printf("\t 请输入排序法编号[1-6](默认是 1):");
0031     return;
0032 }
0033 /* getchoice:输入一个 1~9 之间的数字(用户的选择),把它返回给主调函数 */
0034 int  getchoice()
0035 {
0036     int choice;
0037     choice = getche();
0038     if (isdigit(choice))
0039     {
0040         choice - = 48;
0041         if (choice>9 || choice <1)
0042         {
0043             choice = 0;
0044         }
0045     }
0046     else
0047     {
0048         choice = 0; //默认的选择是 0
0049     }
0050     printf("\n 您的选择是:%d",choice);
0051     return choice;
0052 }
......

//主函数 main:
0001 /* 文件:exp4_02_3.cpp    利用大量随机数来比较排序算法性能的程序 */
0002 # include"mysubs.h"
0003 int main()
0004 {
0005     int N = 10000;     //待排序数据的个数(默认值)
```

```
0006        printf("各种排序法性能比较的程序,选择所列排序法之外的序号退出程序\n\n");
0007        //确定待排序数据的个数
0008        printf("请输入待排序数的个数 N(<2^32,默认是%d):",N);
0009        scanf("%u", &N);//输入待排序数据个数。如果这里输错,将按默认值进行排序
0010        int * data = (int *)calloc(N, sizeof(int));//分配内存,N个int大小。
0011        if(data == NULL){                              //内存分配失败,程序退出
0012            printf("内存分配错误! 退出……\n");
0013            exit( -1);
0014        }
0015        int * Y   = (int *)calloc(N, sizeof(int) );//归并法使用的辅助内存,N个int大小
0016        if(Y == NULL){                                 //内存分配失败,程序退出
0017            printf("内存分配错误! 退出……\n");
0018            exit( -1);
0019        }
0020        / ********************************************************** * /
0021        /* 随机生成 N 个测试数据,N<= MAXSQLISTLEN * /
0022        srand( time((time_t *)NULL) );//设置随机数种子。用 time 函数使得每次运行时生成
                                            的随机数序列都不同
0023        int i;
0024        for (i = 0;i<N;i++)
0025            data[i] = rand() % N;
0026
0027        clock_t begin, end;        //定义起始时间变量
0028        double   timespent;
0029        / ********************************************************** /
0030        printf(" ============ 排序方法的演示例程 ============== \n");
0031        prompt(); //打印备选的排序方法
0032        do
0033        {
0034            int choice = getchoice();//用户做出选择:返回1~9的选项。默认是0。
0035            fflush(stdin);
0036            begin = clock();          //算法计时开始
0037            //以下对选中的各种算法的分别排序,并计算和打印算法执行时间
0038            switch(choice)
0039            {
0040            case 1: printf("\t.冒泡排序法\t",choice);
0041                printf("......");
0042                bubblesort(data, N);
0043                break;
0044            case 2: printf("\t.插入排序法\t",choice);
0045                printf("......");
```

```
0046            insertsort(data, N);
0047            break;
0048       case 3: printf("\t.选择排序法\t",choice);
0049            printf("......");
0050            SelectSort(data, N);
0051            break;
0052       case 4: printf("\t.归并排序法\t",choice);
0053            printf("......");
0054            MergeSort(data, N, Y);
0055            break;
0056       case 5: printf("\t.快速排序法\t",choice);
0057            printf("......");
0058            quicksort(data, 0, N-1);
0059            break;
0060       case 6: printf("\t.快速排序法(库函数)\t",choice);
0061            printf("......");
0062            qsort(data, N, sizeof(int), compareInt);
0063            break;
0064       default:
0065            printf("\n>>>>>>错误的选项！退出……\n");
0066            break;
0067       }
0068       if ((choice>6) || (choice<1))
0069       {
0070            break;
0071       }
0072       ///////////////////打印耗时结果//////////////////////////
0073       end = clock();                                    //算法结束时间点
0074       timespent = (double)(end - begin) / CLOCKS_PER_SEC; //计算以秒计的耗时
0075       printf("\t 共耗时: % .3lf ms\n", timespent * 1000);   //打印以毫秒计的耗时
0076       random_shuffle(data, N);            //前面数据已经排好了序,要再排,则需要打乱顺序
0077       random_shuffle(data, N);            //执行两遍,保证数据的顺序很乱
0078       printf(">>>>请选择排序方法:");//再选一种排序方法来做实验
0079   }while(1);
0080
0081   system("pause");                       //stdlib.h   中定义
0082   free(data); free(Y);
0083   return 0;
0084 }
```

以上主程序的设计思路就是：用户输入待比较的数据个数 N（第 9 行），然后利用

calloc 函数动态分配 N 个 int 型数据的内存空间（第 10 行）。调用系统库里的 rand 函数产生 N 个随机的数，存到刚才分配的内存中（第 22、24、25 行）。然后给出 6 种排序算法的提示（第 31 行），用户输入对应算法的编号（第 34 行）后，便执行该算法对数据排序（第 38～67 行）。排序的同时计时（第 36、73 行），排序完成之后计算并输出算法所花时间（第 74、75 行）。然后把已经排好序的数据打乱（第 76、77 行），重新邀请用户选择一种排序算法来排。

程序执行结果如图 4－10 所示，待排序数据个数为 10 万个。冒泡、插入、选择排序所花时间在一个量级，而归并、快速排序则比前几种要快得多。采用库函数的快速排序法要反复调用 compareInt 函数，其性能比直接比较两个 int 型数的第五种算法要略慢一些，但是还是在同一个量级。它的好处是适用于多种复杂数据的排序，只需要编一个比较的函数即可，不用重新把快速排序算法再重新实现一遍。

```
 "E:\VCProj\CPPBook\Chap04\Release\Chap04.exe"
各种排序法性能比较的程序.选择所列排序法之外的序号退出程序

请输入待排序数的个数N（<2^32,默认是10000）: 100000
==============排序方法的演示例程==============
现有排序方法:
    1.冒泡排序法
    2.插入排序法
    3.选择排序法
    4.归并排序法
    5.快速排序法
    6.快速排序法<库函数>
    请输入排序法编号[1-6]<默认是1>:1
您的选择是:1      .冒泡排序法      ......  共耗时:  19812.000 ms
>>>>请选择排序方法:2
您的选择是:2      .插入排序法      ......  共耗时:   3750.000 ms
>>>>请选择排序方法:3
您的选择是:3      .选择排序法      ......  共耗时:   4110.000 ms
>>>>请选择排序方法:4
您的选择是:4      .归并排序法      ......  共耗时:     15.000 ms
>>>>请选择排序方法:5
您的选择是:5      .快速排序法      ......  共耗时:     16.000 ms
>>>>请选择排序方法:6
您的选择是:6      .快速排序法<库函数>..  共耗时:     15.000 ms
>>>>请选择排序方法:0
您的选择:0
```

图 4－10　各种排序算法对大量随机数据排序的时间消耗比较示例

首先，把除了 mysubs. h 之外的头文件包含指令都放到了 mysubs. h 文件的开始位置（mysubs. h，第 2～7 行）。这样，在 mysubs. cpp 和主函数 main. cpp 中，就不用重复的包含同名的头文件，而只需要包含 mysubs. h 即可达到同样的效果（mysubs. cpp，第 2 行，主程序文件第 2 行）。

为了产生大量的随机的数，调用了 stdlib. h 中声明的随机数产生的函数 rand（主程序文件第 25 行），其原型为

```
int rand(void);
```

rand 函数的每次调用都会返回一随机数值，范围在 0 至 RAND_MAX（stdlib. h 中，♯define RAND_MAX 0x7fff）间。在调用此函数产生随机数前，必须先利用 srand（）设好随机数种子，否则，rand（）在调用时会自动设随机数种子为 1。在主程序文件第 25 行给数据 data[i] 随机赋值时，后面还对 N 取余，这样得到的待排序的随机数的范围

就是 0~N−1。这样处理不是必须的。

在使用 rand 之前，在主程序文件的第 22 行调用了 srand 函数设计随机数的种子。因为在电脑上不可能产生真正的随机数，而只能根据随机数种子产生一个随机数序列。这个序列看起来是随机的，但是大量重复之后能看到，这其实是个周期很长的周期序列，只不过其统计特性逼近随机均匀分布而已。srand 的声明也在 stdlib. h 中，其原型为

```
void srand( unsigned int );
```

它接受一个无符号整数作为其随机数种子。在本例中，主程序文件第 22 行，调用了 time 函数作为随机数种子。time 函数的声明在 time. h 中，它会返回当前时间，如果发生错误返回零。如果给定参数 t，那么当前时间存储到参数 t 中。所谓的当前时间是从 1970 年 1 月 1 日零时开始的秒数。这样，每次程序执行的时候，time 的值都不同，用这个值作为随机数种子，所产生的待比较的随机数序列就是不一样的。time 函数的原型为

```
time_t time(time_t * t);
```

其中 time_t 定义在 time. h 中：typedef long time_t;。实际上就是一个 long 长整型。

在本例中调用 time 函数时给它的实参为（time_t *）NULL。NULL 的定义是（void *）0，是一个 void * 型的指针，而 time 函数需要一个 time_t * 型的指针，所以这里进行了显式的强制类型转换。这样写是为了让读者更明确发生了什么，而且假定任何自动进行的强制类型转换都是不可靠的。因为实际上，void * 型的指针是可以自动转换为其他类型的指针的。time((time_t *)NULL)很多地方也写成 time(NULL)，只是写成前者更严谨。

prompt 的函数在 mysubs. cpp 中实现，它的作用很简单，就是打印出 6 种排序算法的名称和序号。

同样用作辅助输入的函数 getchoice，调用 conio. h 中定义的函数 getche 从控制台无缓冲的接受用户输入的一个字符（带回显，这是 getche 跟 getch 函数的唯一区别），把这个字符的 ASCⅡ编码的值赋给变量 choice(mysubs. cpp 第 37 行)。getche 的原型为

```
int getche( void );
```

然后，调用 ctype. h 中定义的函数 isdigit 来判断：用户输入的字符是数字字符。如果是，则转换成对应的整数(mysubs. cpp 第 40 行)，如果不是，则将 choice 赋值为 0（第 43、48 行）。最后输出用户的选择（要使用的排序算法的编号），并返回该值（第 50、51 行）。

主程序文件第 36 行，调用 time. h 中定义的 clock 函数，记录算法开始执行时的时间点 begin。clock 函数返回开启进程和调用 clock()之间的 CPU 时钟计时单元(clock tick)数，在 MSDN 中称为挂钟时间(wall-clock)，每过千分之一秒(1 毫秒)，调用 clock()函数返回的值就加 1。clock 函数的原型为

```
clock_t clock( void );
```

其中 clock_t 的定义为 typedef long clock_t;。在主程序文件第 73 行,记录下排序完成之后的时间点 end。第 74 行用 end 和 begin 之间的差(强制类型转换为浮点数后),除以一秒钟对应的时钟单元数 CLOCKS_PER_SEC(time. h 文件中,♯define CLOCKS_PER_SEC 1000),得到算法执行所花费的时间 timespent,在程序的第 75 行,打印。

在主程序第 75 行的 printf 的格式字符串中,有一个新的格式字串的形式"％10. 3lf"。如前所述,lf 称为转换说明符,表示打印的是 double 型数据。但是"％"之后,"lf"之前的"10. 3",这里的 10 表示输出的域宽,即至少要打印的字符的个数。如果数据的个数没有域宽那么宽,那么默认在数据前面填充空格。打印的时候右对齐打印。只需在"％"后面加一个"一"号变成"％—10. 3lf",就会左对齐打印了。

小数点后的整数表示精度,即对浮点数来说,是输出小数点之后的位数。比如以％10. 3lf 打印 16. 0,那么打印出来的形式为:＿＿＿＿16. 000。在 16 前面有 4 个空格(用 4 个下划线表示)。但是整数没有小数部分,如果规定了它的精度,那么打印的时候,整数的精度表示至少要输出的数字个数(如果被输出的数字个数小于指定的精度,就在输出值前面加 0)。例如,用"x＝％10. 3d"打印 x,x 值为 16,那么就会打印出 x＝＿＿＿＿＿＿＿016。前面有 7 个空格,补充域宽 10 的";"后面的数字。前面的 0 不是表示这个是 8 进制整数,而是当实际数值的位数(为 2)小于指定的精度(为 3)的时候,用来补充精度所添加的 3—2＝1 个 0。

在主程序文件第 76、77 行出现的函数 random_shuffle 是定义在 mysubs. cpp 中的自定义函数,作用是:把 data 对应的 int 型数组的前 N 个元素进行随机排列。在前一次排序完成之后,得到的 data 已经是有序的了,下次再排序还要使用这个 data 数组,就需要把它打乱(使其无序)。其原型为

```
void random_shuffle(int * a, int n);
```

在这个函数的实现文件中,同样首先调用了 srand 函数来设置随机数种子(mysubs. cpp,第 7 行),其调用形式跟 main 函数中一样。random_shuffle 函数的主体部分第 8~10 行的循环。循环体中只有一行语句 swapi(a+i,a+rand()％n);。swapi函数是我们在 mysubs. cpp 中自定义的交换两个形参指针指向的整型变量的值的函数(mysubs. cpp,第 14~19 行)。在 random_shuffle 函数对 swapi 函数的调用中,两个形参分别为 a+i 和 a+rand()％n。因为指针变量 a 指向数组的首地址,故 a+i 是数组的第 i 个元素的起始地址;而 a+rand()％n 通过数组起始地址 a 加一个随机的整数值(0~n—1)指向数组 a 的一个随机的元素。swapi 则把 a[i]和这个随机元素的值进行交换。i 从 0 到 n 循环一轮,则每个位置上的数据元素就几乎都被交换过了。主程序调用了两次 rand_shuffle 函数,这样,保证了下次排序前的数据是乱序的。

主程序文件的第 81 行,system("pause");是一个系统调用,参数字符串中的是一个系统命令的名字。它的作用是停下来等待用户按下任意键才结束程序。相当于用 printf 打印一行提示信息,然后再调用 getch 函数等待用户(无回显地)输入任意字符。

主程序文件的主体是第 32 行开始的 do. . . while 循环。while 循环的条件总是为 1

（真）。退出循环的条件在第 70 行的 break 处，即如用户输入了 1～6 之外的其他数字，则跳出循环，到第 81 行处执行。

do...while 循环中首先调用 getchoice 函数，接受用户对算法的选择（第 34 行），然后开始计时（第 36 行），判断用户的输入（第 38～67 行），并根据用户选择的算法的编号决定使用哪种排序算法。要注意，这里使用了一种新的分支结构 switch...case 结构，又叫开关分支语句。这种结构的基本形式如下：

```
switch(整型或字符型表达式)
{ case E₁：语句组 1;
        [break;]
  case E₂：语句组 2;
        [break;]
  ……
  case En：语句组 n;
        [break;]
  default：  语句组;
        [break;]
}
```

这种结构跟 if...else if...结构有点类似，它在一个结构中对多种情况进行处理。switch 后面括号里的表达式的取值只能是整型或字符型，而 case 后面的表达式 E_1，E_2，…，E_n 必须取值为整型或字符型的常量或常量表达式。每一个 case 对应 switch 后面的表达式的一种取值情况（即表达式的值＝＝E_i，i＝1，…，n）。当 switch 后的表达式值为 E_i 时，进入到 E_i 所对应的 case 后面的语句块 i 去执行。要注意这个常量（表达式）后面的冒号不能忽略。当语句块 i 执行完之后，如果遇到 break;语句，则跳出 switch...case 结构，执行下一条语句。如果 E_i 后面的语句块 i 执行完之后没有遇到 break;语句，则程序流程继续执行下一个 case 后面的语句块，即 E_{i+1} 对应的语句块 i＋1。要一直执行到 break 语句，或者遇到 switch...case 语句最后的大括号为止。

其他情况统统用 default 后面的语句来处理。default 及其后的语句可以省略，但是一般都不省略。而且 default 最后的 break;语句也可以省略，但是一般情况下也不省略。保留 default 就表示预留了一条处理其他情况的分支；把 default 最后的 break;语句留在那里，明确地告诉读者这里处理完之后会跳出 switch...case 结构。switch...case 分支结构的流程如图 4-11 所示。

要注意这里的 break，跟前面在循环中的 break 不一样。即使 switch...case 结构在循环（如本例）内部的 break 也只起到跳出 switch...case 结构的作用，而不是用来跳出当前这一层的循环。

case 后面也可以没有任何语句，几个 case 可以用一组代码来处理。这时，这些

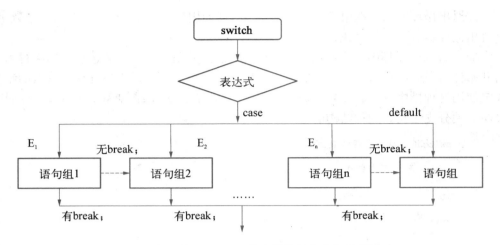

图 4‑11　switch...case 分支结构程序走向示意图

case 语句甚至可以写成一行。

例 4‑7　输入一个按键,判断它是否是数字键、空格符、制表符,还是其他键。

```
0001 /* 文件:exp4_02_4.cpp    输入一个按键,判断它是否是数字键,制表键、空白键还是其他键 */
0002 #include"mysubs.h"
0003
0004 int main()
0005 {    int input;
0006     printf("输入一个按键,判断它是否是数字键,制表键、空白键还是其他键\n");
0007     printf("按 Ctrl + Break 退出\n");
0008     while(1)
0009     {
0010         printf( "请输入一个按键:" );
0011         input = getch();    //调用 getch 得到等待用户按下一个键
0012         switch(input)
0013         {
0014             case'0':case '1':case'2':case'3':case'4':
0015             case'5':case'6':case'7':case'8':case'9':
0016                 printf("数字键%c! \n",input);break;//所有是数字的键进行统一判断
0017             case'': printf("空格键! \n");break;        //判断是否是空格键
0018             case'\t':printf("制表键! \n");break;        //判断是否是制表键
0019             default:
0020                 printf("其他键。ASCⅡ码:%#x! \n",input);//其他所有情况,打印对
                                                        应 ASCⅡ 码
0021                 break;
0022         }
```

```
0023        }
0024        return 0;
0025 }
```

第 11 行调用 getch 函数获取用户按键(无回显)并赋给变量 input,然后在第 12 行开始的 switch...case 结构中根据 input 的值确定用户按键的类型。这个例子实际上可以用在游戏设计中,用来判断玩家按下键的类型。

第 12 行开始的 switch...case 结构中,前面 10 种取值的情况都写在了一起,然后用一个 printf 判断用户按下的是数字键。格式控制串"%c"表示输出单个字符,必须对应后面的字符型的数据(第 16 行的 input)。处理完之后用 break 跳出 switch 结构。后面的分析类似。只是在 default 对其他按键处理的时候,同时还以十六进制的形式打印按下键的 ASCⅡ值。格式控制串"%♯x"中,转换说明符 x 表示输出 16 进制整数;标志"♯"表示打印十六进制数时在前面打印十六进制标志 0x(打印八进制数时在数前面添加八进制标志 0)。程序运行结果如图 4 - 12 所示。

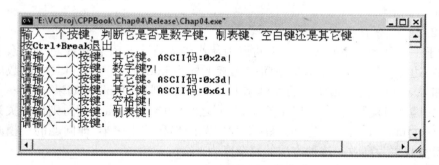

图 4 - 12　按键判别程序运行结果

4.2　查找——在海量数据中对特定信息的搜索

在 Excel 以及数据库应用中,经常会用到查找功能。要进行高效的查找,数据必须是有序的。比如有 65 个 1~100 之间无重复的数,要在其中查找某个特定的数 x(如43),如果这些数是无序的,就只能一个一个去找,这称为顺序查找。这样,最多要查找的次数为 65 次。而如果这些数是按由小到大排列的,可以采用所谓的折半查找(又叫二分查找)的方法,先对(65/2)取整加 1 得 33,用 x 跟第 33 个数(令 mid 等于其序号值33)进行比较,如果 x 比它大,则 x 就不可能在前 32 个数当中。然后查找的范围变为原来的第 34~65 个数,范围缩小了一半。在缩小的范围内继续使用上述方法,最多只需要 9(对 $\log_2 65$ 向上取整得 9)次,便可以找到该数 x 在原来 65 个数中的位置,或者判定 x 不在这 65 个数当中。

以下的讲述都假设数据存放在数组 a 当中,数组 a 有 N 个元素,每个元素都是整数。其他类型的数的查找类似。

4.2.1 顺序查找

顺序查找即对数组进行从前到后的遍历,用其中每个元素 a[i]跟 key(关键值)比较(i 从 0 到 n−1 遍历)。

```
文件:mysubs.h
/* search:在有 n 个元素的数组 a 中顺序查找关键值 key,返回其位置。没找到就返回−1。*/
int search(int a[], int n, int key);


文件:mysubs.cpp
/* search:在有 n 个元素的数组 a 中顺序查找关键值 key,返回其位置。没找到就返回−1。*/
int search(int a[], int n, int key)
{   for(int i = n−1;i >= 0;i−−)  //采用下标递减的方法,没找到 key 时,将返回−1。
        if(key == a[i]) break;     //找到了就跳出循环
    return i;                      //i 的值即所要找的数的下标(未考虑有重复的情况)
}
```

4.2.2 二分查找

对于一个已经有序的数组 a(不妨设为从小到大排列),设它的最左边元素下标为 low,最右边元素下标为 high,正中间的元素下标为 mid(⌊ · ⌋表示对其中的数向下取整)。如果 a[mid]的值跟要找的关键字 key 值相等,则返回 mid。如果 key>a[mid],则认为关键字可能是在 a[mid+1]~a[high]之间;如果 key<a[mid],则认为关键字在 a[low]~a[mid−1]之间。这样,每次要找的范围都会缩小一半,即问题的规模减小一半,使得查找更为高效。这种方法的复杂度为 $\log_2 n$。

二分查找的实现有递归和非递归两种方式。

例 4-8 在 77,2,99,44,79,100,97,15,30,6,20 中查找关键字 key。要求 key 由用户输入,使用顺序查找和二分查找(先排序)在数组中查找 key 出现的位置。

```
文件:mysubs.h
/* binsearch_r:二分查找法,在有 n 个元素的整型数组 a 中找关键字 key。递归 */
int binsearch_r(int a[], int low, int high, int key);
/* binsearch:二分查找法,在有 n 个元素的整型数组 a 中找关键字 key。非递归 */
int binsearch(int a[], int n, int key);
/* search:在有 n 个元素的数组 a 中顺序查找关键值 key,返回其位置。没找到就返回−1。*/
int search(int a[], int n, int key);
……
文件:mysubs.cpp
0001 /* 文件名:mysubs.cpp */
0002 # include"mysubs.h"
0003 /* binsearch:二分查找法,在有 n 个元素的整型数组 a 中找关键字 key。递归 */
```

```
0004  int binsearch_r (int a[], int low, int high, int key)
0005  {
0006      if(low > high) return  -1; //如果 high<low,说明没找到
0007      int mid = ( low + high)/2;
0008
0009      if(a[mid] == key) return mid; //找到,则返回位置 mid
0010      /* 下面,当 key<a[mid]时,在 low 到 mid-1 这个范围执行查找算法 */
0011      if(key<a[mid]) return binsearch_r(a, low, mid-1, key);
0012      /* 否则,当 key>a[mid]时,在 mid+1 到 high 这个范围执行查找算法 */
0013      else              return binsearch_r(a, mid+1, high, key);
0014  }
0015  /* binsearch:二分查找法,在有 n 个元素的整型数组 a 中找关键字 key。非递归 */
0016  int binsearch(int a[], int n, int key) //非递归实现
0017  {
0018      int low = 0, high = n-1, mid = (low+high)/2;
0019      while(low< = high)
0020      {
0021          mid = (low+high)/2;
0022          if(a[mid] == key) return mid; //比较中点位置与 key,相等返回其位置
0023          else
0024              if(key<a[mid]) high = mid-1; //x 小于 mid 元素,则在中点前
0025              else low = mid+1;
0026      }
0027      return  -1;
0028  }


主程序文件:
0001  /* 文件:exp4_02_5.cpp   查找算法举例 */
0002  #include"mysubs.h"
0003
0004  int main()
0005  {
0006      int a[] = {77, 2, 99, 44, 79, 100, 97,15, 30, 6, 20};
0007      int N = sizeof(a)/sizeof(int);
0008      int key = 7;
0009      int pos = -1;
0010      printf("顺序和二分查找算法举例\n");
0011
0012      printf("排序前数据:\n");
0013      for(int i = 0;i < N; i++)
```

```
0014            printf("%4d",a[i]);
0015
0016    printf("\n 输入要查找的数:");
0017    scanf("%d", &key);
0018
0019    pos = search(a, N, key);//调用顺序查找的方法来确定 key 在数组 a 中的位置
0020    printf("\n 顺序查找");
0021    if(pos ! = -1)
0022    {
0023            printf("找到拉! \t\ta[%d] = %d\n\n",pos, key);
0024    }
0025    else{
0026            printf("没有找到:(。我下次会更努力啦……\n\n");
0027    }
0028
0029    //下面先排序,再调用二分查找法来找 key 在有序数组中的位置。
0030    quicksort(a, 0, N-1);//利用我们自己写的快速排序算法把数组排序
0031    printf("\n 排序后数据:\n");
0032    for(i = 0;i < N; i ++)
0033            printf("%4d",a[i]);
0034    pos = binsearch(a, N, key);//调用二分查找的方法来确定 key 在数组 a 中的位置
0035    printf("\n 二分查找(非递归)");
0036    if(pos ! = -1)
0037    {
0038            printf("找到拉! \ta[%d] = %d\n",pos, key);
0039    }
0040    else{
0041            printf("没有找到:(。我下次会更努力啦……\n");
0042    }
0043
0044
0045    pos = binsearch_r(a, 0, N-1, key);//调用二分查找的方法来确定 key 在数组 a 中的位置
0046    printf("二分查找(递归算法)");
0047    if(pos ! = -1)
0048    {
0049            printf("找到拉! \ta[%d] = %d\n\n",pos, key);
0050    }
0051    else{
0052            printf(" 没有找到。我下次会更努力啦……\n\n");
0053    }
0054
```

```
0055        system("pause");
0056        return 0;
0057   }
```

程序执行的结果如图 4－13 所示。

在主程序中，先调用了 search 函数对无序数组进行顺序查找（主程序文件，第 19 行）。然后用快速排序法对该数组进行排序（第 30 行），并分别调用非递归的二分查找函数 binsearch（第 34 行）和递归的二分查找函数 binsearch_r（第 45 行）在有序的数组中查找关键字 key。如果找到，给出其所处的位置，如果没找到，则给出提示。

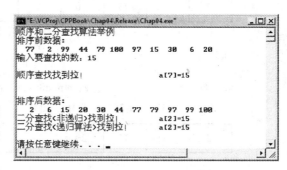

图 4－13　查找算法举例

例 4－8 中用二分查找法在数组 a 中查找 15 的过程如图 4－14 所示：

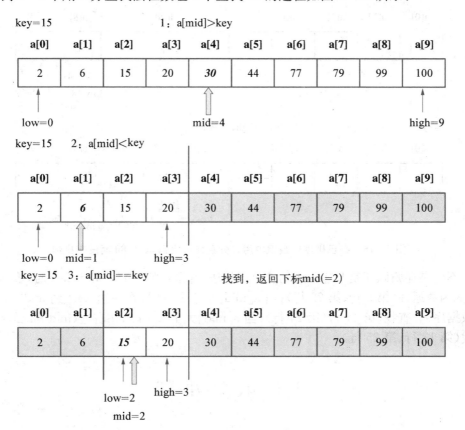

图 4－14　在已排序序数组中用二分查找法找到 key＝15

例 4-8 中用二分查找法在数组 a 中查找 80 而没有找到的过程如图 4-15 所示：

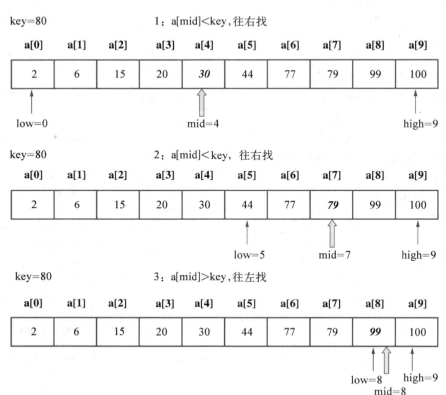

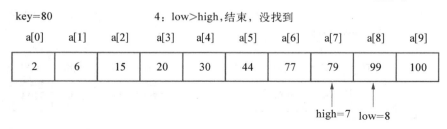

图 4-15 在已排序序数组中用二分查找法找到 key＝80 而没有找到

不论是递归版还是非递归版的二分查找法，都是：当 a[mid]等于 key 时，表示找到了，从函数返回（第 9 行、第 22 行）；当 a[mid]小于 key 时，在左边（left 到 mid－1 对应的数据序列）查找（第 11 行、第 24 行）；当 a[mid]大于 key 时，在右边（mid＋1 到 right）查找（第 13 行、第 25 行）。

4.3 本 章 小 结

在实际应用中，可以采用冒泡排序法、插入排序法、选择排序法、归并排序法、快速排序法等多种排序算法对同类数据进行排序，以便后期对数据的输出，或提高查找特定数据的效率。排序算法的核心是比较和交换。其中,冒泡排序法等由于要进行 n^2 量级的操作,其效率比较低下,在实际中很少使用。归并排序法和快速排序法具有很高的效率,其中归并排序法具有排序的稳定性,但是需要额外的存储空间。快速排序法对于不需要稳定性的应用有着更广泛的应用。库里提供了快速排序的算法 qsort,可以指定关键字的比较函数,实际应用中对多种实际类型的数据进行排序。

排完序的序列具有很好的查找特性,可以进行顺序查找或二分查找。顺序查找具有线性的复杂度,因为它必须对序列中的元素进行遍历以确定待查找元素的位置或是否出现。而二分查找对于已经排好序的序列来说则具有更高的查找效率,因为它每次把待查找的元素的范围缩小一半,具有指数的复杂度。

复习思考题

● 什么是排序? 本章介绍了哪些种排序方法? 各有什么特点?

● 什么是冒泡排序? 如何操作?

● 什么是插入排序? 如何操作?

● 什么是简单排序? 如何操作?

● 什么是归并排序? 如何操作?

● 什么是快速排序? 如何操作?

● 如何使用库里的快速排序 qsort 进行排序操作?

● 本章介绍的排序算法的效率如何?

● 什么是查找? 主要有哪两种查找方式? 各针对什么情况?

练 习 题

1. 顺序查找可以用于_____线性表,而对半查找可以用于_____线性表。

2. 分别用选择排序法、冒泡排序法、直接插入排序法、归并排序排序法、编写的快速排序法将 10 个整数由大到小排序。

3. 用库里的 qsort 函数实现的快速排序法将 10 个整数由大到小排序。

4. 现有两个已升序排好的数组,将它们合并为一个升序排序的数组(归并)。

5. 希尔排序(shell sort),又称缩小增量排序(diminishing increment sort)。其思想如下:设线性表 L 长度为 n,取增量 gap=n/2,即以 L[0]和 L[gap]为一组,L[1]和 L[gap+1]为一组,L[2]和 L[gap+2]为一组,……,L[n−gap]和 L[n]为一组,分别进行插入排序。再取 gap=gap/2,则分组成为 L[0],L[gap],L[2gap],……为一组,L[1],L[gap+1],L[2gap+1],……为一组,等等,分别进行插入排序。直到 gap=1,这时分组成为整个表,并只有一个组,再插入排序,完成全部任务。试编程实现希尔排序算法。

6. 请编写函数 fun(),对长度为 7 个字符的字符串,除首、尾字符外,将其余 5 个字符按 ASCⅡ 值码降序排列。

7. 请编写一个函数 int SeqSearch(int list[], int start, int n, int key),该函数从 start 开始,在大小为 n 的数组 list 中查找 key 值,返回最先找到的 key 值的位置,如果没有找到则返回−1。请使用 for 循环实现。

8. 输入 10 个整数,将它们按升序排列输出,并且奇数在前,偶数在后。如果输入的 10 个数是 10 9 8 7 6 5 4 3 2 1,则输出 1 3 5 7 8 2 4 6 8 10。(提示:可利用 2 个数组变量,一个用来存放输入的整数,输入后,对这个数组进行排序,然后将数据复制到另一个数组中,先复制奇数再复制偶数)

第 5 章　文字信息的处理

学习要点

- 字符数组与字符串
- 字符指针
- 字符处理库函数
- 字符串与数字的转换
- 字符串匹配
- 字符串排序

在计算机非数值数据的处理应用中,经常处理的是文字信息,处理的数据对象就是字符序列(又叫字符串)。比如学生管理系统中,学生的名字、Email 地址、家庭住址等信息。文字信息也叫文本信息。

一个特定的字符序列称为字符串,简称为串。在 C/C++语言中,没有专门的字符串类型。这些串在计算机程序设计中经常是:(1)以字符串常量的形式存放在程序的常量内存区,(2)保存在字符类型的数组中,(3)存放在用 malloc、alloc 函数分配的内存(术语叫做堆 heap)中。

串的表示有两种方法:一是人为地约定一个特殊代码作为字符序列的结束符,每个字符串最后都有这个结束符;另一种做法是,为每个字符序列另引入一个整数,让该整数指出该字符串的字符个数。在 C/C++语言中一般都采用第一种方式,结束符设定为字符'\0'(记住,这是一个八进制表示的字符,ASCⅡ值为 0,也记作 NUL),称为以零结尾的字符串(NUL terminated string)。第二种表示方法多在比较复杂的数据结构中使用,当然对于比较短的字符串,在存储它的字符数组中用一个元素(一般是首元素)保存该串的长度值也是可以的,不过程序员要特别说明这种做法,也不能保证别的程序员都认可这种做法。

5.1　文本信息的表示与存储

字符串常量即用双引号括起来的字符串,如"Hello","大家好","刘华"等都是合法的字符串常量,用来提供不可变的固定信息。程序有一块内存区专门存放这种字符串常量。在存储时,字符串常量要以字符'\0'作为结束标记。比如"Hello",在存放在内存

中时,就是把其中的每个'H','e','l','l','o','\0'依次存放的:

字符串"Hello": | 'H' | 'e' | 'l' | 'l' | 'o' | '\0' |

不允许以任何方式对字符串常量进行修改。

另外要注意的是""(两个双引号,里面什么也没有)也是一个合法的字符串,叫做空串,它是一个长度为 0 的串。但实际上它也要占用一个字节的内存空间:

空串"" | '\0' |

如果采用字符数组的形式来表示字符串,则应首先定义一个字符类型的数组。

例 5-1 字符数组的定义和初始化

```
0001 char name[8]      = "Li Gang";
0002 char name1[]      = "Li Gang";
0003 char str[10]      = {'H','e','l','l','o'};
0004 char str1[3]      = {"Hello"};                //错误! 初始值个数太多
0005 char str2[]       = {"Hello"};
0006 char str3[]       = {'H','e','l','l','o'};
0007 char str4[]       = {'H','e','l','l','o','\0','o','o'};
0008 char str5[10];    str5 = "Hello";             //错误!
0009 char * str6;      str6 = "Hello";             //正确
0010 * str6 = 'h';                                 //运行时错误! 企图改变字符串常量的值!
```

字符数组的定义和普通的数组定义并没有什么不同,只不过把类型用 char 而已。而且在定义的同时也一样可以初始化:

char 数组名［数组大小］＝［初始化列表］;

其中数组名必须是合法的标识符。数组大小为常量表达式。右边的初始化列表也可省略(例 5-1 第 8 行 str5 的定义)。

如果在定义字符数组的同时进行初始化,可以省略数组的大小(例 5-1 第 2、5、6、7 行),这时,数组的大小将由编译器根据右边初始值的个数确定。当右边用字符串常量的形式来初始化省略了大小的字符数组的时候(第 2、第 5 行),数组的大小应该是字符串常量中字符个数加 1。这是因为字符串常量的尾部的结束符'\0'也要占一个字节。数组 name1 的大小是"Li Gang"中的字符个数 7 加结束符'\0'的 1,共 8 个元素;数组 str2 的大小为"Hello"的长度 5 加'\0'的 1,共 6 个元素。初学者往往容易忘记这个'\0',切记!

如果定义字符数组时省略了数组的大小,也可以采用一般的数组初始化的方式,即在"="右边用大括号括起来的元素取值列表来依次为字符数组元素赋初值。如例 5-1 中第 6、第 7 行中对数组 str3 和 str4 的初始化。这时,字符数组的大小将由右边给出的初始值的实际个数来确定,而不是像用字符串常量来初始化时还要加个 1。比如,数组 str3 右边初始化列表中有 5 个字符,str3 的大小就是 5;而数组 str4 右边初始化列表中有 8 个字符,则 str4 的大小就是 8。

当用字符串来初始化字符数组时,这个字符串常量可以括在大括号中(第 4、第 5 行),也可以不用括(第 1、2 行),效果是一样的。但是,绝对不可以在定义了数组之后,在后面的语句中把字符串常量赋值给字符数组名! 原因之一是二者的类型是不同的。在第 8 行,str5 是 char [10] 类型的常量指针,而"Hello"是一个 char [6](因为"Hello"中有 6 个字符)类型的字符串常量。这时,因为不存在相应的类型转换,所以编译器会出错。出错信息为:

> *error C2440 : '= ' : cannot convert from 'char* [6]' *to 'char* [10]' *There is no context in which this conversion is possible*(错误 C2440 : '= ' : 不能从 'char [6]' 类型转换到 'char [10]' 类型,不存在可能转换的上下文)

两个类型之间相差的就是数组大小。把 str5 的大小也改成 6,再编译程序时,就发生了不能这样赋值的第二个原因:

> *error C2106 : '= ' : left operand must be l-value*(错误 C2106 : '= ' : 左边的运算数必须是左值)

该错误是因为,str5 是一个数组名,而数组名是一个指针常量,跟系统为数组分配的内存相关联,它的值是不能改变的。而要作为左值的必须是一个可改变的量(通常是一个变量的形式)。

只有当定义了指向字符的指针变量的时候,才能把字符串常量赋给它。即如本例第 9 行,把字符串常量"Hello"赋给字符串指针变量 str6。其实质是把该字符串常量的起始地址赋给指针变量 str6。

在第 10 行中,* str6 = 'h' ;语句企图通过指向它的指针变量把"Hello"的第一个字母改为小写。因为字符串常量是不能修改的,而这条语句本身没有语法错误,所以编译的时候不会出错。在程序执行的时候(把例中的语句放在 main 函数体内),就会弹出"该内存不能为 written"的应用程序错误提示(调试版程序)。

在初始化的时候,如果同时也指定了字符数组的大小,则对应 3 种情况。一是右边的初始值的个数跟左边字符数组大小相等,这时左边数组元素跟右边的初始值存在一一对应的关系(第 1 行)。二是左边数组的元素个数比右边初始值的个数多(第 3 行),这时除了把数组前面的元素用右边的初始值逐个赋值外,其他没有提供初始值的元素的值全部置为 0。三是左边数组元素的个数比右边初始值的个数少(第 4 行),这时由于数组不能容纳所提供的所有初值,编译出错,提示"array bounds overflow"(数组边界溢出)。也就是说,如果初始化的同时指定了数组元素的个数,则此个数一定要大于等于右边提供的初值的个数。这一点对一般的数组都是适用的。

5.2　文本信息的处理方法

文本信息常见的操作有字符串拷贝、连接、比较、查找、反转等。这些字符串都是以'\0'作为结束符的,判断比较时,有时需要以此为参照。

例5-2 创建函数,分别实现字符串拷贝、连接、比较、查找、反转的操作。

文件:mysubs.h

```
char * mystrReverse(char * dest);/*mystrReverse:字符串反转,会颠倒目标字符串的顺序*/
int mystrchr(char const * dest, char ch);/*mystrchr:在字符串 dest 中查找字符 ch*/
int  mystrcmp(char const * dest, char const * src);/*:逐字符比较两个字符串的大小*/
char * mystrcat(char * dest, char const * src);/*字符串连接,dest 指向的内存必须足够大*/
char * my_strncat(char * s,char * t,int n);//把 t 中最多 n 个字符连接在 s 末尾,返回 s
char * mystrcpy(char * dest, char const * src);/*字符串拷贝,结果存在 dest 指向的内存*/
```

......

文件:mysubs.cpp

```
0001 /*文件名:mysubs.cpp*/
0002 #include"mysubs.h"
0003 /*mystrcpy:字符串拷贝。dest 指向的内存必须足够大*/
0004 char * mystrcpy(char * dest, char const * src)
0005 {    char *p = dest;
0006     while(((* dest)! = '\0') && ((* src)! = '\0'))
0007         * dest ++ = * src ++ ;
0008     return p;//拷贝完后返回目标字符串地址。不会自动添加'\0'
0009 }
0010 /*mystrcat:字符串连接,dest 指向的内存必须足够大*/
0011 char * mystrcat(char * dest, char const * src)
0012 {    char *p = dest;
0013     while((* dest)! = '\0') dest ++ ;
0014     while( (* src)! = '\0')
0015         * dest ++ = * src ++ ;
0016     * dest = '\0';
0017     return p;
0018 }
0019
0020 /*mystrcmp:两个字符串比较,前者大返回正整数,后者大返回负整数。相等返回 0*/
0021 int  mystrcmp(char const * dest, char const * src)
0022 {
0023     while((* dest) == (* src) )
0024     {
0025         if(* dest == '\0')
0026             return 0; //两个字符串完全相等
0027         dest ++ ; src ++ ;
0028     }
```

```
0029      //不等时循环结束
0030      return * dest - * src;
0031 }
0032 /* mystrchr:在字符串 dest 中查找字符 ch,没找到返回 -1,找到返回下标 */
0033 int mystrchr(char const * dest, char ch)
0034 {
0035      int pos = 0;
0036      while((dest[pos] ! = '\0') && (dest[pos] ! = ch))
0037          pos ++ ;
0038      if(dest[pos] == '\0')
0039          return -1;
0040      else
0041          return pos;
0042 }
0043 /* mystrReverse:字符串反转,会颠倒参数字符串的顺序 */
0044 char * mystrReverse(char * dest)
0045 {    char * head = dest;
0046      char * tail = dest, tmpchar;
0047      while( * tail ! = '\0') tail ++ ;
0048      tail - - ;
0049      while(tail > head)
0050      {
0051          tmpchar = * head, * head = * tail, * tail = tmpchar;
0052          tail - - ;
0053          head ++ ;
0054      }
0055      return dest;
0056 }
0057 /* my_strncat 把 t 中最多 n 个字符连接在 s 末尾 */
0058 char * mystrncat(char * s,char * t,int n)
0059 {    char *p = s;            //保存 s 的起始位置以便返回
0060      while( * s) s ++ ;       //保证不跳过末尾的'\0'
0061      while( * t && n - - ) * s ++ = * t ++ ;//逐字符拷贝,最多拷贝 n 个或到 t 结束为止
0062      * s = '\0';             //在串尾加字符串结束符
0063      return p;
0064 }
```

主程序文件:

```
0001 /* 文件:exp5_01.cpp   基本字符操作举例 */
0002 # include "mysubs.h"
```

```
0003
0004 int main()
0005 {
0006     char s1[50] = "TO BE,";
0007     char s2[50] = "TO BE SOMEBODY";
0008
0009     printf("s1:\t%s\n",s1);
0010     printf("s2:\t%s\n",s2);
0011
0012     char ch = 'E';
0013     printf("\n查找字符:  ");
0014     int pos = mystrchr(s1, ch);
0015
0016     if(pos == -1)
0017         printf("没在s1:%s 中找到 %c\n",s1,ch);
0018     else
0019         printf("%c是s1:%s 的第%d个字符\n",ch, s1, pos+1);
0020
0021     printf("字符串比较:");
0022     if(mystrcmp(s1,s2) == 0)          printf("两字符串相等! \n");
0023     else if(mystrcmp(s1,s2)<0)        printf("s1<s2! \n");
0024     else printf("s1>s2! \n");
0025     printf("字符串连接:");
0026     printf("append s2 to s1:\t%s\n",mystrcat(s1,s2));
0027     printf("字符串拷贝:");
0028     printf("copy s2 to s1:\t%s\n",mystrcpy(s1,s2));
0029     printf("字符串反转:");
0030     mystrcpy(s2,s1);
0031     printf("reversed s1:\t%s\n", mystrReverse(s1));
0032     if (mystrcmp(s1,s2) == 0)
0033         printf("字符串 s1 是对称字符串! \n", s1);
0034     else
0035         printf("字符串 s1 非对称字符串! \n", s1);
0036
0037     return 0;
0038 }
```

函数 mystrcpy、mystrcat、mystrcmp、mystrchr、mystrReverse 分别实现了字符串的拷贝、连接、比较、查找和反转操作。主程序给出了这些函数的使用示例,其中,首先定义了两个字符串:

```
char s1[50] = "TO BE,";
char s2[50] = "TO BE SOMEBODY";
```

主程序文件首先打印这两个原始的字符串,以便跟后面的更改后的字符串进行对比。打印字符串的时候,采用的格式控制串是"％s"(第 9、第 10 行),而在后面跟其对应的变量或值应该为[const] char ＊即指向字符的指针类型(可以是指向字符的指针变量,一维字符数组名等)。

主程序文件第 14 行,在 s1 中查找字符'E',将调用函数 mystrchr,该函数从第一个参数指向的字符串 dest 的首字符开始逐个往后查找 ch,直到第一次找到 ch 为止,这时返回 ch 在 s1 中第一次出现的位置(mysubs. cpp,第 36、37 和 41 行)。如果没有找到,则返回－1(mysubs. cp,第 38、39 行)。主函数调用该函数,找到'E'在 s1 中第一次出现的位置 5,如图 5－1 所示。

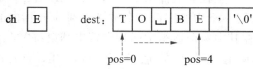

图 5－1　'E'在 s1 中第一次出现

主程序文件第 22 行比较字符串 s1 和 s2 是否相等。这是通过调用字符串比较函数 mystrcmp 来完成的。mystrcmp 把两个字符串的对应字符一一比较(mysubs. cpp,第 23 行的 while 循环)。如果两个字符串完全相等,那么将比较到作为字符串结束符的'\0'处也是相等的。这时返回 0,表示相等(mysubs. cpp,第 25、26 行)。如果两个字符串不相等,则循环在第一个不等元素位置处停下来,这时将返回这两个位置上字符的ASCⅡ码的差。这个差大于 0,即前一个字符大于后一个字符,也就是 dest 字符串大于src 字符串;反之则小于,如图 5－2 所示。

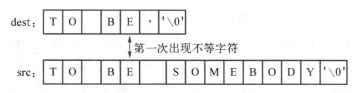

图 5－2　第一次出现不等字符

主程序文件第 26 行,把字符串 s2 连接到 s1 的后面,通过调用函数 mystrcat 来实现,如图 5－3 所示。这将改变字符串 s1。在连接的时候,调用函数的时候要保证 s1 的大小足够大,能够容纳下 s1＋s2 两个字符串的字符。

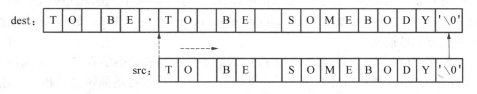

图 5－3　连接 s2 和 s1

mystrcat 函数首先定位到 dest 对应字符串的末尾,指向该字符串的结束符'\0'

(mysubs. cpp,第 13 行),然后把 src 指向的字符串中的字符逐个拷贝在其后面,直到遇到 src 字符串的结束符为止(mysubs. cpp,第 14、15 行)。这时,dest 指向所有字符的下一个位置,在这个位置上设置一个字符串结束符(mysubs. cpp,第 16 行)。因为 mystrcat 函数返回的是指向连接好之后的字符串的指针,所以可以把它作为 printf 的参数来打印。mystrcat 由于在连接时不能保证目标串的空间足够容纳源串加目标串,所以很有可能造成数组越界错误,因此是不安全的。在此基础上改进函数,定义 mystrncat,它限定可以连接的最大字符数(mysubs. cpp,第 58 行),这样在调用它的时候通过指定 n 值为目标字符数组的大小减去目标字符串长度,就可以安全地进行字符串的连接了。

主程序文件第 28 行,调用 mystrcpy 函数把字符串 s2 拷贝到 s1 中,如图 5 - 4 所示。src 中的字符逐个被拷贝到 dest 指向的字符数组中(mysubs. cpp,第 6、7 行),直到在其中一个数组中遇到字符串结束符'\0'为止。因为前面的 mystrcat 连接了两个字符串,使得 s1 的值变为 TO BE, TO BE SOMEBODY,而 s2 的值为 TO BE SOMEBODY,拷贝操作将把 s2 中的全部字符(14 个)拷贝到 s1 的前 14 个字符的位置,使其变成 **TO BE SOMEBODY**MEBODY。后面的字符串是原来 s1 中没有被 s2 的字符串所覆盖的部分。

图 5 - 4　把 s2 拷贝到 s1 中

如果字符数组 s1 不够大,而且 s1 中也没有字符串的结束符,s2 比字符数组长,算法在执行的时候就会拷贝到数组 s1 的最后一个元素后面,造成数组越界。mystrcat 函数也有这个问题。以 NUL 结尾的字符串不能很好地解决这个问题,除非能指定最多允许拷贝(连接)的字符个数。

主程序文件第 30 行把串 s1 拷贝到了 s2 中,用以保存 s1 的值。第 31 行调用 mystrReverse 函数将字符串 s1 前后翻转。只需在 mystrReverse 函数的实现中首先定位到字符串尾部(用 NUL 界定,mysubs. cpp,第 47、48 行)。然后,逐次在首尾位置上把相应的元素两两交换,每交换一次,首指针 head 向尾部移动一位,尾指针 tail 向头部移动一位,直至二者相等或 tail>head(mysubs. cpp,第 49~54 行)。最后,把完成交换的字符串首地址返回。

主程序中(第 32 行)还调用 mystrcmp 函数来比较翻转后的字符串 s1 和翻转前的 s1(保存在 s2 中),看它们是否相等。如果相等,说明字符串首尾翻转之后和自己相同,这样的字符串称为回文。利用这样的方法,可以来判断输入的文本是否是回文。这个字符串操作示例程序的运行结果如图 5 - 5 所示。

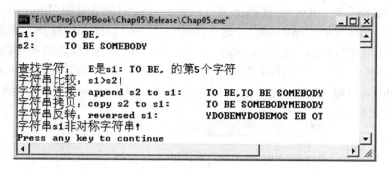

图 5-5　字符串操作示例

5.3　用于文市信息处理的库函数

C/C++语言的库里提供了大量常用的字符串处理函数,像上例中的字符串比较、拷贝、连接等操作,都有 C/C++语言的库函数版本。要使用库里的字符串操作,通常需要包含头文件 string.h,有时还需要包含 stdlib.h。因为库函数是经过测试和优化的,甚至有的函数还是用汇编语言来完成的,效率更高(C 允许与汇编等其他语言混合编程)。

常用于字符串处理的库函数有字符串拷贝类(strcpy、strncpy、strdup、strndup、memcpy、memmove)、字 符 串 连 接 类(strcat、strncat)、字符串比较类(strcmp、strncmp、stricmp、strcmpi、strnicmp、memcmp)、字符串改写类(strnset、strset)、串中查找字符类(strchr、strspn、strcspn、strpbrk)、字符串反转(strrev)等。

1. **函数名:strcpy**
   功能:字符串拷贝
   用法:**char * strcpy(char * dest,char * src);**
   程序举例:

```
#include <string.h>
#include <stdio.h>
int main(void)
{
    char string[10];
    char * str1 = "I am fine";//9 个字节的字符串
    //把 str1 指向的字符串拷贝到 string 数组中
    strcpy(string, str1);
    printf("%s\n", string);
    return 0;
}
```

说明：如图 5－6 所示，程序将把字符指针 str1 指向的字符串"I am fine"拷贝到字符数组 string 中（包括末尾的'\0'）。这个函数在源串的长度大于目标字符数组的长度的时候，会在填满目标数组之后停下来。如果在拷贝的过程中，遇到源串内部的'\0'字符，也会认为遇到了结束符而停止拷贝。比如上例中，把 str1 的定义改为 char ＊ str1 ＝ "I\0 am file"，再调用 strcpy(string，str1)，则打印出来的 string 字符串为 I。

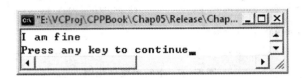

图 5－6　函数 strcpy 应用

2. 函数名：**strcat**
功能：字符串连接函数，把 **dest** 和 **src** 连接，存在 **dest** 中
用法：**char ＊strcat(char ＊dest，char ＊src)；**
程序举例：

```
# include <string.h>
# include <stdio.h>

int main(void)
{
    char destination[25];
    char * blank = " ", * c = "C++", * Borland = "Borland";

    strcpy(destination, Borland);
    strcat(destination, blank);
    strcat(destination, c);

    printf("%s\n", destination);
    return 0;
}
```

说明：如图 5－7 所示，程序把"Borland"拷贝到 destination 字符数组中，再把空格 blank 连接在其后，然后把"C++"连接在最后。

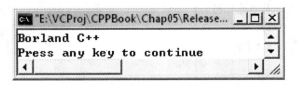

图 5－7　函数 strcat 应用

3. 函数名：**strchr**

功能：在一个串 **str** 中查找给定字符 **ch** 的第一个匹配之处（返回位置指针）

用法：**char ＊strchr(char ＊str，char ch)**；

程序举例：

```
# include <string.h>
# include <stdio.h>

int main(void)
{
    char string[15];
    char *ptr, ch = 'r';

    strcpy(string, "This is a string");
    ptr = strchr(string, ch); //把 strring 中查找 ch = 'r'
    if (ptr)
        printf("The character %c is at position: %d\n", ch, ptr-string);
    else
        printf("The character was not found\n");
    return 0;
}
```

说明：如图 5-8 所示，程序在 string（通过 strcpy 赋值）中查找 ch='r' 从左到右第一次出现的位置得：12（下标）。

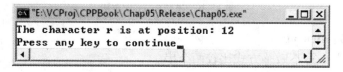

图 5-8　函数 strchr 应用

4. 函数名：**strcmp**

功能：串比较，**str1＞str2** 返回正整数，小于时返回负整数，等于时放回 **0**

用法：**int strcmp(char ＊str1，char ＊str2)**；

程序举例：

```
# include <string.h>
# include <stdio.h>

int main(void)
{
```

```
    char * buf1 = "aaa", * buf2 = "bbb", * buf3 = "ccc";
    int ptr;

    ptr = strcmp (buf2, buf1);//字符串 buf2 和 buf1 比较
    if (ptr > 0)
        printf("buffer 2 is greater than buffer 1\n");
    else
        printf("buffer 2 is less than buffer 1\n");

    ptr = strcmp(buf2, buf3); //字符串 buf2 和 buf3 比较
    if (ptr > 0)
        printf("buffer 2 is greater than buffer 3\n");
    else
        printf("buffer 2 is less than buffer 3\n");
    return 0;
}
```

说明：如图 5-9 所示，程序比较字符串指针 buf1 和 buf2 指向的字符串常量 "aaa"、"bbb"是否相等，再比较 buf2 和 buf3 指向的字符串常量"bbb"、"cc"是否相等。

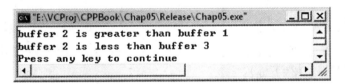

图 5-9　函数 strcmp 应用

5. 函数名：**stricmp**

功能：以大小写不敏感方式比较两个串

用法：**int stricmp（char ＊ str1，char ＊ str2）；**

程序举例：

```
# include <string. h>
# include <stdio. h>

int main(void)
{
    char * buf1 = "BBB", * buf2 = "bbb";
    int ptr;
    ptr = stricmp (buf2, buf1);
if (ptr > 0)
        printf("buffer 2 is greater than buffer 1\n");
```

```
if (ptr < 0)
    printf("buffer 2 is less than buffer 1\n");
if (ptr == 0)
    printf("buffer 2 equals buffer 1\n");

    return 0;
}
```

说明：如图 5-10 所示，程序比较字符串指针变量 buf1 和 buf2 指向的字符串常量
"BBB"、"bbb"是否相等(不分大小写)。结果为相等。不限定比较的字符个数。

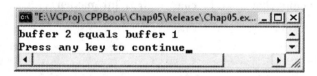

图 5-10　函数 stricmp 应用

6. 函数名：**strcmpi**

功能：将一个串与另一个比较，不管大小写。跟 **stricmp** 一样

用法：**int strcmpi(char ＊ str1, char ＊ str2)；**

程序举例：

```
# include <string.h>
# include <stdio.h>
int main(void)
{
    char * buf1 = "BBB", * buf2 = "bbb";
    int ptr;

    ptr = strcmpi(buf2, buf1);

    if (ptr > 0)
        printf("buffer 2 is greater than buffer 1\n");
    if (ptr < 0)
        printf("buffer 2 is less than buffer 1\n");
    if (ptr == 0)
        printf("buffer 2 equals buffer 1\n");

    return 0;
}
```

说明：如图 5－11 所示，程序比较字符串指针变量 buf1 和 buf2 指向的字符串常量"BBB"、"bbb"是否相等(不分大小写)。结果为相等。跟 stricmp 相同。

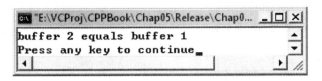

图 5－11　函数 strcmpi 应用

7. 函数名：**strncmp**

功能：串比较。区分大小写，且限定最大比较长度 **maxlen**

用法：**int strncmp(char ＊ str1，char ＊ str2，int maxlen)；**

程序举例：

```
# include <string. h>
# include <stdio. h>
int main(void)
{
    char * buf1 = "aaabbb", * buf2 = "bbbccc", * buf3 = "ccc";
    int ptr;

    ptr = strncmp(buf2,buf1,3);
    if (ptr > 0)
        printf("buffer 2 is greater than buffer 1\n");
    else
        printf("buffer 2 is less than buffer 1\n");

    ptr = strncmp (buf2,buf3,3);
    if (ptr > 0)
        printf("buffer 2 is greater than buffer 3\n");
    else
        printf("buffer 2 is less than buffer 3\n");

    return(0);
}
```

说明：如图 5－12 所示，程序比较字符串指针变量 buf1 和 buf2 指向的字符串常量"aaabbb"、"bbbccc"是否相等，最多比较 3 个字符，结果是 buf2＞buf1。然后把 buf2 和 buf3 指向的"bbbccc"、"ccc"进行比较，最多比较 3 个字符，结果是 buf2＜buf3。

8. 函数名：**strerror**

功能：返回指向程序运行中最近一次错误的信息字符串的指针

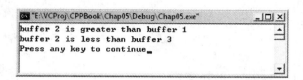

图 5 – 12 函数 strncmp 应用

用法：**char ∗ strerror(int errnum)**；

程序举例：

```
#include <stdio.h>
#include <errno.h>
#include <string.h>
int main(void)
{
    char * buffer;
    buffer = strerror(errno);
    printf("Error：% s\n", buffer);
    return 0;
}
```

说明：如图 5 – 13 所示，errno 在头文件 errno. h 中定义，对应 C 规定的标准错误的编号。

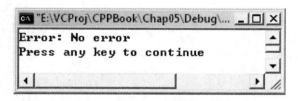

图 5 – 13 函数 strerror

9. 函数名：**strcspn**

功能：返回字符串 **str1** 中从头开始连续不含指定字符串 **str2** 中任一内容的字符数，或者 **str2** 中任一字符在 **str1** 中出现的位置(下标)

用法：**int strcspn(char ∗ str1，char ∗ str2)**；

程序举例：

```
#include <stdio.h>
#include <string.h>
int main(void)
{
    char * string1 = "1234567890";
```

```
char * string2 = "747DC8";
int length;


length = strcspn(string1, string2);
printf("字符集 2 中的字符第一次出现在字符串 1 中的位置：%d\n", length);
return 0;
}
```

说明：如图 5 - 14 所示，程序在字符指针变量 string1 指向的字符串常量 "1234567890"中找 string2 中的字符未出现的连续字符个数。结果为 3(下标)。因为 string2 中的字符'4'出现在 string1 的第 4 个位置(下标为 3)。

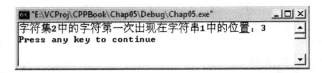

图 5 - 14　函数 strcspn

10. 函数名：**strspn**

功能：返回字符串 **str1** 中从头开始连续出现指定字符串 **group** 中字符的个数

用法：**int strspn(char ∗ str1, char ∗ group)；**

程序举例：

```
# include <stdio. h>
# include <string. h>


int main(void)
{
    char * string1 = "1234567890";
    char * string2 = "54321";
    int length;
    printf("string1:%s\n",string1);
    printf("string2:%s\n",string2);
    length = strspn(string1, string2);
    printf("字符集 2 中的字符连续出现在字符串 1 中的次数:%d\n", length);
    return 0;
}
```

说明：如图 5 - 15 所示，跟上一个函数相反，从头开始在字符串"1234567890"中找 string2 中的字符"54321"连续出现的最大长度，得 5。

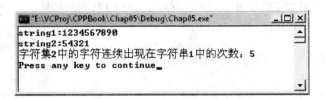

图 5 - 15 函数 strspn 应用

11. 函数名：**strdup**

功能：将串拷贝到新建的位置处

用法：**char ∗ strdup(char ∗ str);**

程序举例：

```
#include <stdio.h>
#include <string.h>
#include <alloc.h>

int main(void)
{
    char * dup_str, * string = "Hello";

    dup_str = strdup(string);
    printf("%s\n", dup_str);
    free(dup_str);

    return 0;
}
```

说明：如图 5 - 16 所示，程序调用 strdup 把字符串指针 string 指向的字符串常量
"Hello"拷贝到 dup_str 指向的内存中。strdup 函数会自动分配内存,把字符串拷贝到
新分配的内存中之后,将返回该内存的首地址。所以,在不用该内存的时候,需要手动
释放它分配的内存 free(dup_str)。类似功能的 strndup 函数(限定拷贝个数)也要手动
释放内存。

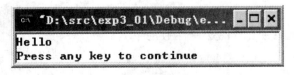

图 5 - 16 函数 strdup 应用

12. 函数名：**strncpy**

功能：串拷贝,从 **src** 拷到 **dest**。最多拷 **maxlen** 个字符

用法：**char ＊ strncpy(char ＊ dest，char ＊ src，int maxlen)；**
程序举例：

```
#include <stdio.h>
#include <string.h>

int main(void)
{
    char string[10];
    char ＊ str1 = "abcdefghi";

    strncpy(string, str1, 3); //最多拷贝 3 个字符
    string[3] ='\0'; //在最后拷贝的字符后加字符串结束符
    printf(" % s\n", string);
    return 0;
}
```

说明：如图 5-17 所示，程序调用 strncpy 函数把字符指针变量 str1 指向的字符串常量"abcdefghi"中的前 3 个，拷贝到字符数组 string 中，然后在 string 串的后面加上结束符'\0'。

图 5-17 函数 strncpy 应用

13. 函数名：**strnicmp**
功能：不注重大小写地比较两个串，最多比较 **maxlen** 个字符
用法：**int strnicmp(char ＊ str1，char ＊ str2，unsigned maxlen)**
程序举例：

```
#include <string.h>
#include <stdio.h>
int main(void)
{
    char ＊ buf1 = "BBBccc"，＊ buf2 = "bbbccc";
    int ptr;

    ptr = strnicmp(buf2, buf1, 3);
    printf("buf1: % s\tbuf2: % s\n",buf1, buf2);
    if (ptr > 0)
```

```
     printf("buffer 2 is greater than buffer 1\n");
  if (ptr < 0)
     printf("buffer 2 is less than buffer 1\n");
  if (ptr == 0)
     printf("buffer 2 equals buffer 1\n");

  return 0;
}
```

说明：如图 5-18 所示，程序比较 buf1 和 buf2 指向的字符串常量，不分大小写，如 'G'和'g'相同。结果为"BBBcc"和"bbbccc"相等。

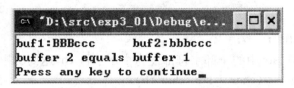

图 5-18 函数 strnicmp 应用

14. 函数名：**strnset**
功能：将一个串中的前 **n** 个字符都设为指定字符，返回源串地址
用法：**char * strnset(char * str, char ch, unsigned n);**
程序举例：

```
# include <stdio.h>
# include <string.h>

int main(void)
{
  char string[50] = "1234567890abcdefg";
  char letter = 'x';

  printf("string before strnset：% s\n", string);
  strnset(string, letter, 13);
  printf("string after strnset：% s\n", string);

  return 0;
}
```

说明：如图 5-19 所示，程序调用函数 strnset 把字符数组 string 的前 13 个字符都换成 letter 表示的字符'x'。

195

图 5 - 19 函数 strnset 应用

> **注 意**
>
> 不能写成 char * string = "abcdefghijklmnopqrstuvwxyz"；然后调用 strnset (string, letter, 13)；因为这里 string 指向的是常量区"abcdefghijklmnopqrstuvwxyz"的地址,它具有不能再被更改的内容。

15. 函数名：**strset**

功能：将一个串 **str** 中的全部字符都设为指定字符 **ch**,返回源串地址

用法：**char * strset(char * str, char ch);**

程序举例：

```cpp
#include <string.h>
#include <stdio.h>
int main()
{   char s[20] = "Golden Global View";
    printf("替换前 s%s\n",s);
    strset(s,'G');
    printf("替换后 s%s\n",s);
    return 0;
}
```

说明：如图 5 - 20 所示,程序简单地把字符串"Golden Global View"中的每个字符都替换成'G'。

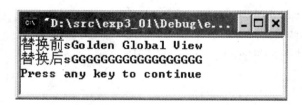

图 5 - 20 函数 strset 应用

16. 函数名：**strpbrk**

功能：在源字符串 **str1** 中找出最先含有搜索字符串 **str2** 中的任一字符的位置并返

196

回，若找不到则返回空指针。类似 **strcspn**

用法：**char ＊ strpbrk(char ＊ str1，char ＊ str2)；**

程序举例：

```
# include <stdio.h>
# include <string.h>

int main(void)
{
    char * string1 = "abcdefghijklmnopqrstuvwxyz";
    char * string2 = "onm";
    char * ptr;

    ptr = strpbrk(string1, string2);
    if  (ptr) printf("strpbrk found first character: % c\n", * ptr);
    else      printf("strpbrk didn''t find character in set\n");

    return 0;
}
```

说明：如图 5 - 21 所示，程序跟 strcspn 类似，不过返回的是指针。它通过调用 strpbrk 在 string1 中找到含有 string2 中任一字符的位置，返回指向该字符的指针并返回。

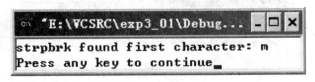

图 5 - 21　函数 strpbrk 应用

注　意

因 strpbrk 的返回值是指向源字符串的指针，所以在使用返回结果的时候，应确保源字符串的有效性。其他返回字符串指针的函数也要注意这个问题。

17. 函数名：**memcpy**

功能：由 **src** 指向地址为起始地址的连续 **n** 个字节的数据复制到以 **dest** 指向地址为起始地址的空间内

用法：**void ＊ memcpy(void ＊ dest，void ＊ src，size_t count)；**

程序举例：

```
#include <stdio.h>
#include <string.h>
int main()
{
    char * s = "Golden Global View";
    char d[20] = "";
    printf("拷贝前d = %s\n",d);
    memcpy(d,s,strlen(s));
    d[strlen(s)]='\0'; //因为从d[0]开始复制,总长度为strlen(s),d[strlen(s)]置为结束符
    printf("拷贝后d = %s\n",d);
    return 0;
}
```

说明：如图 5-22 所示,程序把来自源串 s 的"Golden Global View"拷贝到目标字符数组 d 中(d 初始化为空串),通过 memcpy 函数逐字符进行拷贝。拷贝字符串的大小用 string. h 中声明的计算形参字符串长度的函数 strlen 来计算获得。strlen(s)计算字符串 s 中第一个结束符'\0'之前的所有字符的个数并返回。在本程序中,由于字符串结束符没有拷贝,所以强行在目标字符串末尾加上一个'\0'表示字符串的结束(strlen("12345\06789"将返回 5,因为第一个'\0'出现在前 5 个字符之后))。要注意,作为拷贝目标内存 d 中的字节数应该大于要拷贝的字节数加 1。

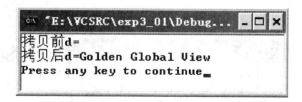

图 5-22　函数 memcpy 应用

注　意

因为 memcpy 函数的作用不限于作字符拷贝。用在其他的整块内存(多个连续字节)拷贝的场所,就没有必要在最后手动加上字符串结束符'\0'。跟专用的字符串拷贝函数 strcpy 相比,strcpy()函数只能拷贝字符串。strcpy()函数将源字符串的每个字节拷贝到目录字符串中,当遇到字符串末尾的 NUL 字符('\0')时,会把该字符拷贝到目的串,并结束拷贝。如果'\0'出现在字符串内部,如"abc\0def",那么 strcpy 也会把它当作字符串的结束符,从而结束拷贝的。

18. 函数名：**memmove**

功能：由 **src** 所指内存区域复制 **count** 个字节到 **dest** 所指内存区域

用法：**void ＊ memmove(void ＊ dest，const void ＊ src，size_t count ）；**
程序举例：

```
# include <stdio.h>
# include <string.h>
int main(void)
{
    char s[] = "Golden Global View";
    printf("搬移前 s:% s\n",s);
    //把字符串 s 从第 7+1 个字符开始往前移动到字符串开始位置
    memmove(s,s+7,strlen(s)+1-7);//加1是'\0'的需要
    printf("搬移后 s:% s\n",s);
    return 0;
}
```

说明：如图 5-23 所示，程序将 s+7 之后的字符串全部通过 strlen(s)+1-7 确定长度，包含了末尾的'\0'）移到了 s 开头的位置。因为有'\0'在改变后的 s 的字串当中，所以打印出来就只有前面的"Golbal View"。移的过程如图 5-24 所示。

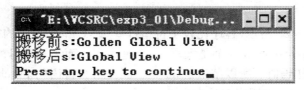

图 5-23　函数 memmove 应用

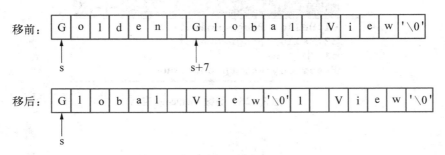

图 5-24　字符串移动

19. 函数名：**memcmp**
功能：比较内存区域 **buf1** 和 **buf2** 的前 count 个字节。当 **buf1＜buf2** 时，返回值＜0；当 **buf1＝buf2** 时，返回值＝0；当 **buf1＞buf2** 时，返回值＞0
用法：**int memcmp(void ＊ buf1，void ＊ buf2，size_t count)；**
程序举例：

```
#include <string.h>
#include <stdio.h>
main()
{
    char * s1 = "Hello, Programmers!";
    char * s2 = "Hello, programmers!";
    int r;

    r = memcmp(s1,s2,strlen(s1));//逐字节比较内存中的值
    printf("s1:% s\ns2:% s\n",s1,s2);
    if(r == 0) //根据 memcmp 返回值判断字符串大小
        printf("s1 等于 s2");
    else if(r<0)
        printf("s1 小于 s2");
    else
        printf("s1 大于 s2");
    putchar('\n');
    return 0;
}
```

说明：如图 5-25 所示，程序比较字符指针变量 s1 和 s2 指向的字符串常量是否相等。因为这两个字符串在 p 一个是大写，一个是小写。而小写字母的 ASCⅡ码值大于大写字母的 ASCⅡ码值。所以结果是 s2 大。倒数第 2 行语句 putchar('\n')函数输出一个回车换行符，它的声明也存放在 stdio.h 中。

图 5-25　函数 memcmp 应用

5.4　转换数值和文字信息

在信息处理时，有时需要把数字信息转换成文本形式，比如把 12.34 转换成 "12.34"，然后保存在字符数组或者文本文件中。而在别的一些场合下，又需要把类似 "12.34"这样全数字形式的字符串，转换成真正的数 12.34，用来参与运算。字符串在计算机中用如 ASCⅡ码一样的编码表示，而整数用补码来表示，浮点数则广泛采用

IEEE 754 的浮点数表示,各种表示机制都完全不一样,要实现转换就必须深入了解这几种机制。

一、数字转成字符串

常用的数字有两种整型数和浮点型数。把整型数转换成字符串的函数有 itoa(将整型值转换为字符串)、ltoa(将长整型值转换为字符串)、ultoa(将无符号长整型值转换为字符串)。其原型定义在 stdlib. h 中,为

```
char *  itoa   (int num, char * dest, int base);
char *  ltoa   (long num, char *  dest, int base);
char *  ultoa (unsigned long num, char * dest , int base);
```

其中,第一个参数 num 是要转换的数字,第二个参数 dest 是转换后的字符串首指针,第三个参数 base 是转换的基数(即进制数,十进制就用 10)。

程序举例:

```
# include <stdio. h>
# include <stdlib. h>

int main ()
{
    int num =  100, base = 10;
    long numl = - 10000L;
    unsigned long numul = 10000UL;
    char str[25];
    itoa(num, str, base);//整型数转字符串
    printf("整型数:%d, 转换成%d进制字符串:\"%s\".\n",
        num, base, str);
    ltoa(numl, str, base);//长整型数转字符串
    printf("长整型数:%ld, 转换成%d进制字符串:\"%s\".\n",
        num, base, str);
    ultoa(numul, str, base);//无符号长整型数转字符串
    printf("无符号长整型数:%lu, 转换成%d进制字符串:\"%s\".\n",
        num, base, str);
    return 0;
}
```

说明:如图 5-26 所示,上面程序分别把整型、长整型、无符号长整型数转换成字符串,保存在 srt 中并打印。直接数字一般为整型,在其后加 L 表示长整型,加 UL 表

示无符号长整型。在用 printf 打印的时候,格式控制串用%ld 表示打印长整型,%lu 表示打印无符号长整型。要注意,要在目标字符串中预留足够的位置以备保存转换之后的结果字符串。

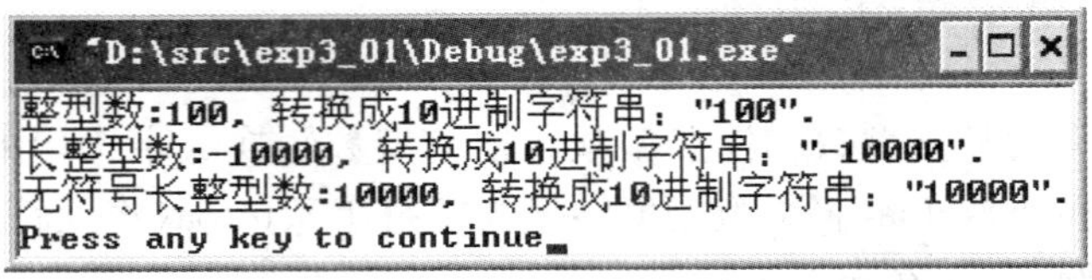

```
D:\src\exp3_01\Debug\exp3_01.exe
整型数:100, 转换成10进制字符串: "100".
长整型数:-10000, 转换成10进制字符串: "-10000".
无符号长整型数:10000, 转换成10进制字符串: "10000".
Press any key to continue
```

图 5 - 26 整型数转换成字符串

浮点型数字转换为字符串时,需要使用另外一组函数 fcvt、ecvt 和 gcvt。其原型分别为

```
char *  ecvt(double value, int count, int * dec, int * sign);
char *  fcvt(double value, int count, int * dec, int * sign);
char *  gcvt(double value, int digits, char * buffer);
```

ecvt 待转换的数是 value(双精度浮点数),函数返回指向转换结果字符串的指针,这个字符串长度最多为 count 个字节,其末尾会自动添加字符串结束符'\0'。dec 参数指出给出小数点位置的整数值,它是从该字符串的开头位置计算的。0 或负数指出小数点在第一个数字的左边。sign 参数指出一个指出转换的数的符号的整数。如果该整数为 0,这个数为正数,否则为负数。函数使用一个静态分配的缓冲区,每次调用它都销毁以前调用的结果。

程序举例:

```
# include <stdlib. h>
# include <stdio. h>
int main( void )
{
    int decimal,sign;
    char * buffer;
    int digits = 10;
    double source = 3.1415926535;
    buffer = ecvt( source, digits, &decimal, &sign );
    printf( "浮点数:%15.10lf 有效数字个数:%d\n",source, digits);
    printf("转换结果:\"%s\"\t 小数点在第%d 位数后,正负:%d\n",
                    buffer, decimal, sign );
    return 0;
}
```

说明:如图 5 - 27 所示,程序把 source 表示的浮点数 3.1415926535(10 位精度,11

位有效数字)用 ecvt 转换成 buffer 指向的字符串中,转换时要求有效数字个数为 digits
(=10),所以转换结果字串 3141592654(四舍五入)只有 10 位有效数字。小数点的位
置保存在 decimal(结果为 1)中,表示小数点前数的个数为 decimal 个。数值的正负保
存在 sign(结果为 0)中,为 0 则表示是正的数值。

图 5 - 27 函数 ecvt 应用

函数 fcvt 把浮点数转换为以零结尾的字符串,第一个参数 value 是要转换的浮点
数,值为 value 的数字将被存储为字符串,并添加一个结束符'\0'。count 参数指出小数
点之后存储的数字位数(精度)。超过的数字舍入到 count 位置。如果少于指定精度的
count 个数字,该字符串用 0 填充。函数的转换结果中并不包含十进制小数点,而是以
第三个参数 dec 保存指向小数点位置的指针。dec 参数指出给出小数点位置的整数值,
它是从该字符串的开头位置计算的。0 或负数指出小数点在第一个数字的左边。sign
参数指出一个指出转换的数的符号的整数。如果该整数为 0,这个数为正数,否则为
负数。

程序举例:

```
# include <stdlib. h>
# include <stdio. h>
int main( void )
{
    int decimal, sign, count = 7;
    char * buffer;//指向转换结果
    double source = - 3.141592653589;
    buffer = fcvt( source, count, &decimal, &sign );
    printf( "浮点数: % 15.10lf 转换精度:% d\n 转换后字符串: \" % s\"\
 小数点在第:% d 个数字后 符号:% d\n",source, count,buffer, decimal, sign );
    return 0;
}
```

说明:如图 5 - 28 所示,程序把 source 表示的浮点数-3.141592653589 转换成字
符串,转换后保留小数点后 count(=7)位精度,小数点的位置在 decimal(结果是 1)位
数字后面,转换后的符号保存在 sign(=1)中,sign 为 1 表示是负数。这个结果不是很
直观,如果要更直观地显示转换后的字符串,还要进行进一步的手动处理。

在上例的 printf 语句中,第一个格式控制串为%15.10lf。如前所述,lf 表示打印双
精度浮点数;15 为域宽,表示至少要打印的字符个数(不够就在前面补空格,因为默认

图 5-28　函数 fcvt 应用

是右对齐打印)；小数点后的 10 是精度，即打印的小数点后数字的个数，如果原数没有那么多位小数，就在后面用 0 补够。本例 source 的值包括小数点、负号一共 15 位，但是要求打印的精度为 10，即小数点后的数字只保留 10 位（四舍五入），剩下的 15—10＝5 位中除去'3'、'\.'、'—'之外，就只有两个位置空余，所以打印出来的结果在双精度浮点数前面补两个空格。

　　域宽和精度还可以用变量的形式来控制。比如前面这个浮点数的打印，也可以写成

```
printf( "浮点数：% *.* lf",15, 10,source);
```

的形式。打印百分号后面的第一个" * "号（表示未定的域宽）将由后面的 15 来替代，第二个" * "号（表示未定的精度）将由后面的 10 来代。注意能省略 lf 以及后面的参数source。因为这才是真正要打印的数据类型和变量，是必须要有的。前面的域宽和精度只起格式控制的作用。没有要打印的东西，格式控制就成了无米之炊，无本之木。

　　要输出引号，必须进行转义。因为 C/C＋＋语言中，引号具有特定的含义，如成对双引号表示字符串。所以，转义之后才能作为普通字符来打印。转义方法为，在前面加反斜线"\"，变成"\""。

　　在打印的时候，printf 的第一个字符串参数太长，可以分行书写。但是分行后，在未结束的字符串中间、每行的末尾加一个'\'。另外，另起一行的时候，一般不要加空格，因为添加的空格也会被作为 printf 第一个字符串参数的一部分被原封不动的打印。但是，最好的还是不要把这么多内容都打印在一起，而是用几个 printf 分别打印。

　　fcvt 和 ecvt 就只有第二个参数的含义不同，对 fcvt 是转换精度，对 ecvt 则是有效数字个数。

　　而第三个转换函数 gcvt 函数则把一个浮点值 value 转换成一个字符串（包括一个小数点和可能的符号字节），并把该字符串存储在 buffer 中。该 buffer 应足够大以便容纳转换的值加上结尾的'\0'（自动添加的）。有效数字位数限定为 digits 位。如果一个缓冲区的尺寸为 digits 的尺寸＋1，该函数会覆盖该缓冲区的末尾。这是因为转换的字符串包括一个小数点以及可能包含符号和指数信息。gcvt 试图以十进制格式产生digits 数字，如果不可能，它以指数格式产生 digits 数字（科学记数法），在转换时可能截除尾部的 0。

　　程序举例：

```
# include <stdlib.h>
# include <stdio.h>
int main( )
{
    char buffer[50], digits = 3;
    double source = −3.1415e5;
    gcvt( source, digits, buffer );
    printf( "source: %lf buffer:'%s'\n", source, buffer );
    gcvt( source, digits, buffer );
    printf( "source: %e buffer:'%s'\n", source, buffer );
    return 0;
}
```

说明：如图 5 - 29 所示，程序企图以 3 位有效数字转换浮点数 source（= −3.1415e5，e5 表示 10^5，是用科学记数法表示浮点数），并把转换结果存在字符数组 buffer 中。而 source 的有效数字是 5 位，digits<5，故转换结果将以科学记数法来表示。如果把 digits 的值改为 6 或更大，转换结果将会以十进制形式表示。

图 5 - 29　函数 gcvt 应用

在上例的第二个 printf 语句中，采用的格式控制串为%e，这表示，要用科学记数法的形式来打印后面对应的浮点数。

除了采用 itoa、fcvt 等转换函数把特定类型的数值转换成数字形式的字符串，还有一个通用的函数 sprintf 也可以把数字转换成字符串。它的功能很强大，除了可以把数字转换成字符串之外，还可以加入各种格式控制。因为这个函数从形式上看就是 printf 前面加了个 s(代表 string)，功能和使用方法跟 printf 几乎一模一样，只是输出的位置与 printf 不同。sprintf 定义在标准输入输出库中，使用时需包含 stdio.h 头文件。其原型为

```
int sprintf(char * buffer, const char * format, var1, var2,...);
```

printf 是把格式化的字符串打印显示在屏幕上，而 sprintf 则把格式化的字符串打印到字符指针 buffer 指向的内存中。利用 format 字符串常量，就可以很轻松地把数字转换成字符串保存起来，而且结果十分直观，可读性强。

例 5 - 3　用 sprintf 实现数字到字符串的转换示例。

```
0001 /* 文件名:exp5_02.cpp　利用 sprintf 把数字转换成字符串并保存 */
0002 # include <stdio.h>
```

```
0003 #include <stdlib.h>
0004
0005 int main ()
0006 {    int base = 10;           //转换的基底－取10进制
0007      int num = 100;                      char str_i[25] = {'\0'};
0008      long numl = - 10000L;               char str_l[25] = {'\0'};
0009      unsigned long numul = 10000UL;      char str_ul[25] = {'\0'};
0010      printf(" ========== 整型数转字符串 ========== \n");
0011      sprintf(str_i,"%d",num);            //整型数转字符串
0012      sprintf (str_l,"%ld",numl);         //长整型数转字符串
0013      sprintf (str_ul,"%lu",numul);       //无符号长整型数转字符串
0014
0015      printf("整型数:%d, 转换成%d进制字符串:\"%s\".\n",num, base, str_i);
0016      printf("长整型数:%ld, 转换成%d进制字符串:\"%s\".\n",num, base, str_l);
0017      printf("无符号长整型数:%lu, 转换成%d进制字符串:\"%s\".\n",num, base, str_ul);
0018      printf("\n ========== 浮点数转字符串 ========== \n");
0019
0020      double source =  - 3.141592653589;//待转换浮点数
0021      int    prec = 7;                    //转换后的精度
0022      char   buffer[20] = {'\0'};         //保存转换结果的字符串
0023      sprintf (buffer, "% - 15. * lf", prec, source);//通过"打印"来转换浮点数
0024      printf( "浮点数:%15.10lf 转换精度:%d\n 转换后字符串:\"%s\"\n",
0025            source, prec, buffer);
0026      printf("\n ============ 程序结束 =============== \n");
0027      return 0;
0028 }
```

程序运行结果如图 5－30 所示。在主程序文件第 11、12、13 行,分别把整型变量 num、长整型变量 numl、无符号长整型变量 numul"打印"到字符数组 str_i、str_l 和 str_ul中。在第 15～17 行以格式控制串%s 在 printf 中打印转换结果字符串。如果字符数组的大小足以容纳转换后的结果,sprintf 则将在末尾自动添加字符串结束符'\0';否则 sprintf 函数会把转换结果(包括字符串结束符'\0')写入字符数组外边,形成所谓的数组越界。由此看来,sprintf 不是一个安全的函数,因为它可能会非法改写其他地方的内存。在实际中,更常用的是它的一个改进版本 snprintf,其原型为

    int snprintf(char * buffer, size_t size, const char * format, ...);

其中第二个参数 size 限定了可以写入 buffer 指向的内存中的转换结果的最大字符数。当格式化后的字符串长度小于 size 时,将此字符串全部复制到 buffer 中,并添加一个字符串结束符;否则,只复制格式化后的字符串的前 size—1 个字符到 buffer 中,并自动在最后添加字符串结束符'\0'。实践中,size 的值通常取为 buffer 指向的内存的大小(字节数)。

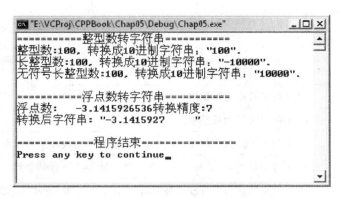

图 5‑30　利用 sprintf 的数字到字符串转换结果

> **练 一 练**
>
> 把上例中的 sprintf 均改成 snprintf,其中第二个参数 size 取值为 25(字符串大小)。

主程序第 20 行开始转换浮点数 source 为字符串,保存在字符数组 buffer 中。精度 prec 取值为 7。在第 23 行进行具体转换的时候,采用的格式控制串"%−15.∗lf"中,lf 表示要打印双精度浮点数,15 为域宽(转换后的最小字符个数),"."后面的"∗"号表示要由后面的参数(本例为 prec=7)来限定精度;百分号后面的"−"号表示左对齐打印。

> **练 一 练**
>
> (1) 将第 20 行的格式控制串中的"−"号改为"+"号,看输出结果如何变化;
>
> (2) 接着再把 source 改为正值,编译运行,看输出结果如何变化;
>
> (3) 接着再在第 20 行的格式控制串中在百分号后面加"−"号,看结果如何变化。

printf 类函数的格式控制串中的"−"号、"+"号、"♯"号等称为标志。"+"(加号)表示在正数值前面显示一个加号,在负数值前面显示一个减号;"−"(减号)表示使输出在域宽中左对齐;"♯"号和八进制转换说明符"o"一起使用时,在输出值前面加上 0,和十六进制转换说明符"x"或"X"一起使用时,在输出值前面加上 0x 或 0X。

sprintf 除了可以用来把数字转换成字符串之外,还可以用来连接字符串,只要在表示格式的 format 字符串中用几个"%s"即可。

▶ 二、字符串转数字

在 C/C++语言的标准库(要包含头文件 stdlib. h)中,也定义了把数字字符串转换成真正的数字的函数,使用起来也很方便,见表 5‑1。

表 5-1 数字字符串转成数字

函 数 名	功 能 简 述
atof()	将字符串转换为双精度浮点型值
atoi()	将字符串转换为整型值
atol()	将字符串转换为长整型值
strtod()	将字符串转换为双精度浮点型值,并报告不能被转换的所有剩余数字
strtol()	将字符串转换为长整值,并报告不能被转换的所有剩余数字
strtoul()	将字符串转换为无符号长整型值,并报告不能被转换的所有剩余数字

其原型分别为

```
double atof(const char * nptr);
int    atoi(const char * nptr);
long   atol(const char * nptr);
double      strtod(const char * nptr, char ** pp);
long        strtol(const char * nptr, char ** pp, int base);
unsigned long strtoul(const char * nptr, char ** pp, int base);
```

str 开头的函数跟 a 开头的函数相比,增加了对不能被转换的剩余数字的报告,是对应 a 开头转换函数的增强版。一开始 strtol() 会扫描参数 nptr 字符串,跳过前面的空格字符,直到遇上数字或正负符号才开始做转换,再遇到非数字或字符串结束时('\0')结束转换,并将结果返回。若参数 endptr 不为 NULL,则会将遇到不合条件而终止的 nptr 中的字符指针由 endptr 返回。

这些函数的行为都很相似,都是首先扫描参数 nptr 字符串,跳过前面的空格字符,直到遇上数字或正负符号才开始做转换,而再遇到非数字或字符串结束符'\0'才结束转换,并将结果返回。如果整个字符串中都没有合乎条件的字符,它们都会返回 0(或 0.0)。

在增强版以 str 开始的转换函数中,第二个参数 char ** pp 是一个指向指针的指针变量。首先从标识符开始,使用右左法进行分析,可以帮助我们认清 pp 的真实身份。

具体分析如下:从 pp 开始往右,而 pp 的右边什么都没有;折而向左读,找到第一个"*"号,这表示 pp 是一个指针类型;再继续往左,又读到一个"*"号,表示指针变量 pp 指向一个指针;再继续往左,读到最后一部分"char",表示 pp 这个指针变量所指向的指针变量最终指向一个字符。其指向关系如图 5-31 所示:

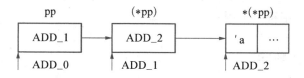

图 5-31 指向指针的指针示意图

因为 pp 是变量名,而一个变量需有型和值,还要跟一块内存相关联,所以,指向指针的指针变量 pp 的类型为 char ＊ ＊（又称为二级指针），它的地址 &p 为 ADD_0。pp 的值为地址 ADD_1，表示 pp 指向 ADD_1 这个内存地址。

指针的目标类型也是非常重要的。所谓目标类型，就是指针类型所指向的内存中存放的数据的类型。比如有定义 int ＊ pi；那么 pi 的目标类型就是 int 类型，也就是说 pi 指向的内存中存放 int 型数据。编译器据此来解释 ＊pi 的含义，把 ＊pi 解释成跟它指向的内存中的数据等价。从形式上看，指针变量（不管是多少级）的目标类型，就是左边紧挨着它的"＊"号前面的类型。对 char ＊＊ pp 来说，pp 前的相邻的"＊"表示 pp 是指针变量这一身份；而再前面的 char ＊ 就是 pp 所指向的目标变量的类型。

图 5－31 中，地址 ADD_1 中存放的值是（＊pp），它的类型是 char ＊。也即是说，pp 指向的目标类型是 char ＊，其值为（＊pp）。

（＊pp）等价于一个 char ＊ 型变量，即一个字符指针，它的目标类型是"＊"号前面的 char，即它指向一个存放字符的内存（地址为 ADD_2，或字符型变量，因为字符型变量跟存放字符的内存相关联）。这个内存中的数据的值等价于对（＊pp）再取间接运算，即 ＊（＊pp）。

pp 其实就是一个指针变量，其值为一个 char ＊ 型的指针。给 pp 赋值的过程可以像这样：

```
char string[] = "12345Hello"; //定义一个数组 string,string 是字符指针常量
char *p    = string;         //令字符指针变量 p 指向 string[0]
char **pp = &p;              //令二级指针 pp 指向 p。
```

在这些 str 开头的转换函数中，第二个参数 char ＊＊ pp 的值如果不为 NULL，则会将遇到不合条件而终止的 nptr 中的字符指针由 pp 返回。

例 5－4 利用库函数把字符串转成数字。

```
0001 /*文件名:exp5_02_1.cpp 利用转换函数把数字字符串转换成真正的数*/
0002 #include <stdio.h>
0003 #include <stdlib.h>
0004 #include <string.h>
0005 #include <errno.h>
0006 #include <limits.h>
0007 int main ()
0008 {
0009     char string[] = "12345Hello"; //定义一个数组 string,string 是字符指针常量
0010     char *p    = string;         //令字符指针变量 p 指向 string[0]
0011     char **pp = &p;              //令二级指针 pp 指向 p。
0012     printf("源串:%s\n",string);
0013     printf("转换:%lf(双精度浮点数)\n",strtod(string, pp ));
0014     printf("残留:%s\n",(*pp));
0015
```

```
0016        //如果遇到要转换的数据太大的情况
0017        char *  str = "1234567891011121314151617181920 ABC";
0018        unsigned long num;
0019        char *  leftover = str;
0020        num = strtoul(str, &leftover, 10);
0021        printf("源串：%s\n",str);
0022        printf("转换：%lu(无符号整数)，ULONG_MAX = %lu\n", num, ULONG_MAX);
0023        printf("残留：%s\n", leftover);
0024        printf("错误%d：%s\n", errno, strerror(errno));
0025        return 0;
0026    }
```

程序运行结果如图 5-32 所示。第 11、12 行展示了指向指针的指针变量的赋值。在第 14 行中调用 strtod 把字符串"12345Hello"转换成浮点数，结果为 12345.000000。没能转换的部分字符串用(＊pp)来指向，其实就是用 p 来指向(因 pp＝&p)。

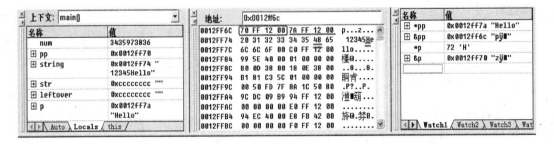

图 5-32　调试时的内存数据

在第 17 行添加断点，然后开始调试程序。点击调试工具栏上的"Memory"内存图标，调出内存观察窗。把它排列到下方，如图 5-33 所示。在右侧的观察窗口加入 ＊pp，&pp，＊p，&p 来观察。

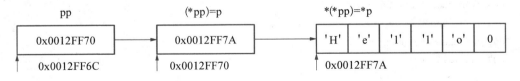

图 5-33　通过调试看指针的指向

首先在内存窗观察 &pp，即 pp 的地址 0x0012ff6c 对应的值，可以看到里面的 4 个字节分别为 70 FF 12 00，正是小端序的十六进制数 0x0012ff70 地址。也就是说，二级指针 pp 指向内存窗 0012FF6C 同一排后半部分的首地址 0x0012FF70，这也正是指针 p 的地址。对应内存中的值依次是 7A FF 12 00，是小端序的十六进制值 0x0012FF7A，也即是(＊pp)，也是指针 p 的值。再通过 0x0012FF7A 这个地址去找内存中的对应位置，正好是第二排中倒数第二个字节的地址，对应内存中的字节值为'H'。也就是说，p

指向的是'Hello'这个字符串的首地址。所以,在第 14 行打印(＊pp)所指向位置的字符串时,就是打印地址 0x0012FF7A 对应内存中的以'\0'结束的字符串,就是"Hello"。

　　在后一部分,调用 strtoul 把很长的字符串"123456789101112131415161718 1920 ABC"转换成无符号长整型。因为这个值实在太大,超出了无符号长整型所能表示的最大整数,所以转换结果用无符号长整型数的最大值来表示。因为无符号长整型的最大值在 limits.h 定义为 ULONG_MAX,所以主程序前要包含头文件 limits.h。程序运行结果可以看到,转换结果确实和 ULONG_MAX 的值相等,如图 5-34 所示。而残留的没能转换的部分字符串存在了 leftover 指向的内存(数组 string 对应的内存)中。在第 21 行调用 strtoul 的时候,第二个 char ＊＊ 型的参数用 char ＊ 型变量 leftover 的地址来表示,说明在函数中会通过传地址的方式改变 leftover 的值,也就是改变 leftover 的指向。不管原来 leftover 指向的是哪里,函数执行的结果都将让它指向未能转换的字符串的首地址,即这里" ABC"的首地址。

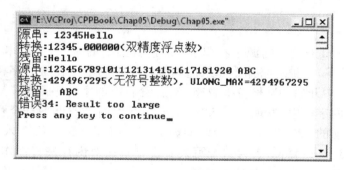

图 5-34　字符串转数字

　　跟数字转换成字符串类似,也有一个比较通用的函数 sscanf 可以把字符串转换成多种类型的数字。sscanf 跟 scanf 函数功能类似,只不过它是从一个给定的字符串中读取输入,而不像 scanf 函数一样必须从标准输入设备(如键盘)中读取输入。sscanf 也是标准库中定义的函数,使用时必须包含头文件 stdio.h。它的原型是

　　　　int sscanf(const char ＊ src, const char ＊ format, &var1,&var2,...);

其中,src 是指向源字符串的指针,format 是跟 scanf 的第一个参数一样的格式字符串,可以使用多种格式控制字符;后面的变量是用来存储转换结果的。可以看到,利用 sscanf 不但可以把字符串 src 按照 format 所指定的格式和类型转换成目标变量(整型、浮点型等),而且还可以一次转换出多种类型的多个数字。同 scanf 一样,src 指向的多个数字字符之间一般需以空白符分隔开。

　　例 5-5　利用 sscanf 把字符串转换成数字。

```
0001 /＊文件名:exp5_02_2.cpp 利用 sscanf 函数把数字字符串转换成真正的数＊/
0002 #include <stdio.h>
0003 #include <stdlib.h>
0004
```

```
0005 int main ()
0006 {    char string[] = " 12345.01 Hello";//定义一个数组string,string是字符指针常量
0007     int var_i;        //保存转换后的整数
0008     float var_f;        //保存转换后的浮点数
0009     double var_lf;    //保存转换后的双精度浮点数
0010     printf("源串:\"%s\"转换后为:\n",string);
0011     sscanf(string, "%d", &var_i);        //转换成整数
0012     sscanf (string, "%f", &var_f);        //转换成浮点数
0013     sscanf (string, "%lf", &var_lf);    //转换成双精度浮点数
0014     printf("   整数        = %10.3d\n", var_i);
0015     printf("   浮点数      = %10.3f = %e\n", var_f, var_f);
0016     printf("   双精度浮点数 = %10.3lf = %e\n", var_lf, var_lf);
0017     return 0;
0018 }
```

本例在 sscanf 对输入的源字符串 string 进行扫描的时候,字符串开始的空白符(空格和制表符等)将被忽略掉。如果遇到跟格式控制串不相符的字符,则返回。如第 11 行,string 中开始的空格符被忽略,然后看后面的字符串跟%d 是否匹配,即是否是整数形式的字符串,发现 12345 都是,但是之后的小数点不符合整数的要求,故而只把小数点前的 12345 当成是合法的整数值并将其真正的值写入变量 var_i 中。注意这里的取地址运算符,因为这个写入其实是直接对内存进行操作的。后面的第 12、13 行转换成浮点数和双精度浮点数类似。用 printf 打印结果时,格式控制串的百分号后面的 10.10 是指最少打印字符宽为 10 个字符,不够将补空格,默认补在前面(即右对齐,如这里的整数的输出);精度 10 在打印整数的时候表示至少打印的整数数字的个数,不够就在前面补 0。对于浮点数,printf 的格式控制串的百分号后面是10.3,表示输出精度为 3(小数点后保留 3 位,成了 010),域宽为 10。因 12345.010 中含小数点一共是 9 个字符,小于域宽规定的 10 个,故在最前面打印一个空格来补足 10字符的宽度。

程序运行结果如图 5-35 所示。

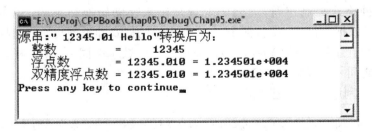

图 5-35　sscanf 转换数字的结果

和 scanf 一样,sscanf 成功的话返回成功转换的变量个数;失败的话则返回-1。

三、其他的转换

C/C++语言的标准库(♯include ＜stdlib. h＞)中还定义了一些别的转换函数, 比如把大写转换成小写的函数 tolower 和把小写转换成大写的函数 toupper 等。它们的参数是待判断的字符,而返回值是转换结果。在 string. h 中,定义了 strlwr 函数,把参数字符串中的大写字母全部转换成小写字母;而另一个函数 strupr 函数,则把参数字符串中的小写字母全部转换成大写字母。

另外,在 ctype. h 头文件中,还定义了一些判断函数,可以辅助转换来使用,如 isdigit 判断是否是数字字符,isalpha 判断是否是英文字母,isupper 判断是否是大写字母,islower 判断是否是小写字母,isspace 判断是否是空白字符等,ispunct 判断是否是标点符号(空白、数字和英文字母之外的符号)。它们的参数是待判断的字符,返回值为真(非 0 整数)表示是数字、字母等;不是则返回 0。

例 5－6　判断输入的字符串中有多少个数字字符、字母字符(其中大小写各多少个)、空白字符、标点符号字符。并把其中的大小写相互转换后输出。

```cpp
0001 / * 文件名:exp5_02_3.cpp　输入一行字符,计算其中各类字符个数 * /
0002 # include ＜stdio. h＞
0003 # include ＜stdlib. h＞
0004 # include ＜ctype. h＞
0005 int main ()
0006 {      char string[80] = {'\0'}, * p, ch;//定义一个数组 string,string 是字符指针常量
0007      int digits = 0;          //数字符号计数
0008      int spaces = 0;          //空白符计数
0009      int puncts = 0;          //标点符号计数
0010      int alphas = 0;          //英文字母计数
0011      int upperchars = 0, lowerchars = 0;//大小写字母计数
0012      int others = 0;          //其他类型字母计数
0013
0014      printf("输入一行字符,计算其中各类字符个数\n");
0015      gets(string);          //接受键盘输入的一行字符,保存在 string 中
0016      p = string;
0017      while(( * p !  = '\n') && ( * p!  = '\0'))    //以回车符作为循环结束符
0018      {      ch = * p;
0019          if(isalpha( * p)) //字母
0020          {
0021              alphas ++ ;
0022              if(isupper(ch)) {
0023                  upperchars ++ ;//大写
0024                  * p = tolower(ch);//大写转小写
```

```
0025                }
0026            else
0027            {
0028                lowerchars ++ ;//小写
0029                * p = toupper(ch);//小写转大写
0030            }
0031        }
0032        else if(isdigit(ch)) digits ++ ;    //数字
0033        else if(ispunct(ch)) puncts ++ ;    //标点
0034        else if(isspace(ch)) spaces ++ ;    //空白符
0035        else others ++ ;        //其他字符
0036        p ++ ;
0037    }
0038    printf("字母:%d个,    其中大写%d个,    小写%d个\n",
0039            alphas, upperchars, lowerchars);
0040    printf("数字:%d个\t空白:%d个\t标点:%d个\t其他:%d个\n",
0041        digits, spaces, puncts, others);
0042    printf("大小写转换后的结果为:%s\n",string);
0043    return  0;
0044 }
```

本程序的输出结果如图 5 - 36 所示。说明已经全部放在程序中以注释的形式给出了。

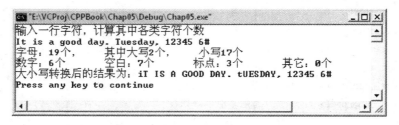

图 5 - 36　输入各类字符判断统计,以及大小写转换

5.5　多条文本信息的表示与处理

　　C 中的字符串数组,就是采用二维数组的方式来存放多条字符串,每条字符串占用一行。按照类似一维数组的定义,C/C++语言支持二维数组、三维数组,甚至更多维的数组。实际应用最多的就是一维、二维和三维数组,更高维的数组只在非常特殊的场合下才可能遇到。高维数组,其实是元素为数组的数组。一维、二维、三维数组的定义格式如下:

　　(1) T A[N];　　　//定义一维数组 A,它有 N 个元素,每个元素为类型 T。

(2) T　B[M][N];　　//定义二维数组B,它有M×N个类型为T的元素

(3) T　C[K][M][N];　//定义三维数组C,它有K×M×N个类型为T的元素

其中,T 是 C/C++语言中合法数据类型名,也可以是用 typedef 定义的别名。数组名 A、B、C 必须为合法的标识符,它是一个常量指针。K、M、N 必须为取值为正的常量表达式。对于二维数组,它跟线性代数上的矩阵相对应,故通常把 M 称为行数,N 称为列数。在定义的时候可以同时进行初始化,初始化的时候可以省略下标。但是对于高维数组来说,只能省略挨着数组名最近的一维的下标。另外,从左到右,维数从低到高,故(3)中的 K 为第一维大小,M 为第二维的大小,N 为第三维的大小。

对于以上的定义,如果使用右左法进行分析,更容易得到 A、B、C 的实质。对于(1),从标识符 A 向右看,看到[N],说明 A 是一个有 N 个元素的数组;右边到了头,再向左看,看到 T,于是说明该数组每个元素类型都是 T。

对于(2),从标识符 B 开始向右看,看到[M],说明 B 是一个具有 M 个元素的数组。至于每个元素的类型,看外面的 T[N],即说明 B 的每个元素都是一个有 N 个 T 类型的元素的数组。

对于(3)的分析跟(2)类似。C 是具有 K 个元素的数组,每个数组元素是个二维数组 T[M][N]。

在 C/C++语言中,数组是按照内存地址从低到高的顺序逐元素存放的,下标从 0 开始递增。对于一维数组 T A[N],就是从下标为 0 的元素开始依次连续存放,如图 5 - 37(a)所示。

二维数组也是按照内存地址从低到高的顺序逐元素存放。因为二维数组的每个元素都是一维数组,在内存中先存放编号为 0 的一维数组,再存放编号为 1 的一维数组,以此类推。而一维数组的存放则按一维数组的下标从小到大在内存中按地址增加的方向连续存放。所以,又把二维数组在内存中的存放称为行优先存储。数组 B[M][N]在内存中的表示如图 5 - 37(b)所示。

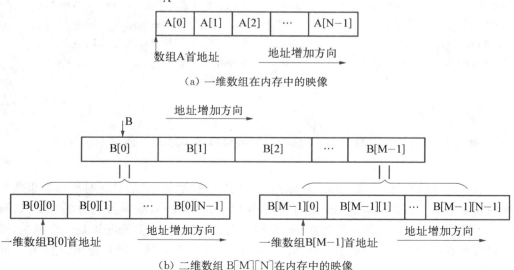

(a) 一维数组在内存中的映像

(b) 二维数组 B[M][N]在内存中的映像

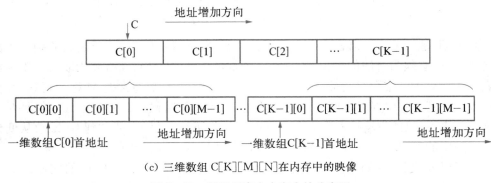

(c) 三维数组 C[K][M][N]在内存中的映像

图 5-37 数组元素在内存中的分布图

三位数组也一样,它可以看作元素是二维数组的数组。这样从第 0 个元素(二维数组)开始按地址升序依次在内存连续安排各个元素(二维数组)。而对于每个元素内部的存放方法跟前面的二维数组的存放方法一样,如图 5-37(c)所示。

如果把上述数组定义中的 T 改成 char,就是一、二、三维字符型数组的定义了。

例 5-7 二维字符数组的定义和初始化。

```
0001 char s1[2][3];                          //定义而不初始化
0002 char s2[2][3] = {'a','b','c','1','2','3'};      //逐元素完全初始化
0003 char s3[2][3] = {'a','b','c','1','2'};          //逐元素不完全初始化,把0赋给剩余元素
0004 char s4[2][3] = {{'a','b','c'},{'1','2','3'}};//按行逐元素完全初始化
0005 char s5[2][3] = {{'a','b'},{'1','2'}};         //按行逐元素不完全初始化,把0赋给剩余元素
0006 char s6[ ][3] = {'a','b','c','1','2','3'};//省略第一维大小,完全初始化
0007 char s7[ ][3] = {'a','b','c','1','2'};          //省略第一维大小,不完全初始化
0008 char s8[2][3] = {{"ab"},{"1"}};//用常量字符串进行逐元素初始化(√)
0009 char s9[2][3] = {"ab","1"};          //用常量字符串进行逐元素初始化(√)
0010 char sa[2][3] = {"abc","123"};     //用常量字符串进行逐元素初始化(×,越界错)
0011 char sb[][3];                            //定义时不初始化,也不给出数组的大小(×)
0012 char sc[2][];                            //定义时不初始化,也不给出数组的大小(×)
0013 char sd[2][] = {"abc","123"};     //定义时省略高维(×)
```

练 — 练

把上面的代码拷贝到 main 函数中,编译,观察编译器输出的提示。

从上例可以看到,定义二维字符数组时,可以不初始化,但是要同时给出数组两个维的大小(第一行的 s1),如果省略了其中任何一维的大小,编译器会报错(第 11、12 行)。其中第 11 行的二维字符数组 sb,根据左右法的分析,它首先应该是一个数组,每个数组元素都是 char [3]即有 3 个元素的一维字符数组类型。但是这里没有规定 sb

这个数组中有多少个这样的一维数组元素,因此,编译器报错:'sb': unknown size(sb 的大小未知)。第 12 行的 sc 跟 sb 类似,给出了 sb 这个数组中元素的个数为 2,而且每 个元素都是一个一维数组(char [ ]),但这个一维数组的大小却没有给出来,因此编译 器报错:missing subscript(缺少下标)。

当然,也可以在定义二维数组的同时进行初始化,初始化可以是逐元素进行的(第 2、3、6、7 行的 s2、s3、s6、s7,用字符常量为数组元素赋初值),也可以是分行进行的(第 4、5、8 行的 s4、s5、s8,用大括号括起来的值为同一行的元素的初值)。因为数组在内存 中是线性存放在连续内存中的,因此,如 2 行 3 列的数组 s2,它一共有 2×3=6 个元素, 这些元素按照行优先的原则依次存放在连续的内存中,先放编号为 0 的行上的 3 个元 素,再放编号为 1 的行上的 3 个元素,如图 5-38 所示。

字符数组 s1: ? ? ? ? ? ? 　没有初始化,每个元素为随机值

字符数组 s2: 'a' 'b' 'c' '1' '2' '3' 　逐元素完全初始化

字符数组 s3: 'a' 'b' 'c' '1' '2' 　逐元素不完全初始化

字符数组 s4: 'a' 'b' 'c' '1' '2' '3' 　按行完全初始化

字符数组 s5: 'a' 'b' '\0' '1' '2' '\0' 　按行不完全初始化

字符数组 s6: 'a' 'b' 'c' '1' '2' '3' 　省略第一维的完全初始化

字符数组 s7: 'a' 'b' 'c' '1' '2' '\0' 　省略第一维的不完全初始化

字符数组 s8: 'a' 'b' '\0' '1' '\0' '\0' 　用字符串常量进行初始化

字符数组 s9: 'a' 'b' '\0' '1' '\0' '\0' 　用字符串常量进行初始化

图 5-38　二维字符数组初始化

在进行二维数组的初始化的时候,可以进行完全初始化,也可以进行不完全初始 化。前者就是为数组的所有元素都赋初值,后者不为所有的数组元素赋初值。没有赋 初值的元素,系统会默认地为其赋值 0(等于字符'\0')。

初始化的时候,除了为每个元素赋以一个字符型的常量值外,还可以使用字符串常 量为二维字符数组赋初值(第 8、9 行的 s8 和 s9)。这时候,一个字符串对应二维字符数 组的一行,用不用大括号括起来都一样。另外,字符串常量末尾的结束符'\0'也要作为 有效的元素值赋给字符数组。这样,s8 和 s9 虽然都是以"ab"为初值,实际上这个字符 串末尾的'\0'也赋给了数组元素。第 10 行企图为二维数组 sa 第 0 行赋初值"abc",但 是这个字符串包括末尾的'\0'一共有 4 个字符,而 sa 一行只能包含 3 个字符,所以这样 的初始化是错误的,因为这时"abc"末尾的'\0'会企图占据下一行的首元素的位置(编 译器报错:Array bounds overflow,数组边界溢出)。

初始化的时候,可以省略数组的第一维的下标(第 6、7 行的 s6、s7),其他的下标不 能省略(第 12、13 行的 sc、sd)。省略下标的情况一定是在初始化的时候,不能在没有初

始化的定义中省略第一维下标(第11、12行)。编译器只能根据给出的初始值的个数,以及数组第二维的大小,计算出第一维的大小。反之则不行。这跟更高维的情况兼容,高维数组初始化时省略的下标也只能在第一维上省略。

图5-38是二维数组在内存中的实际存放方式——即线性存放的方式。所谓线性,就是说二维数组中的元素是逐个存放的,是一行一行存;而在每行内,则是一个元素一个元素存放。一维数组中的元素定位只需要一个下标就够了,而二维数组中的元素的定位则必须要用两个下标。同样,二维数组的下标编号也是从0开始的,二维数组名也是一个常量指针。如上例数组s2,在对其初始化的时候,实际上是定义数组的同时对它的每个元素赋值:s2[0][0]='a', s2[0][1]='b', s2[0][2]='c', s2[1][0]='1', s2[1][1]='2', s2[1][2]='3'。

另外,因为二维数组跟矩阵很相似,所以用图表示的时候,往往把二维数组的存放用二维的方式来表示,每一行的首地址紧接上一行的末尾地址开始;每一行从左到右地址按照递增顺序排列每个元素 s2[i][j](i=0,1;j=0,1,2)。

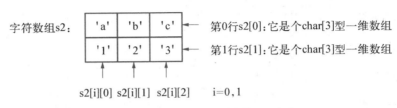

图5-39 数组 char s2[2][3]的二维表示

正如前所述,s2是一个大小为2的数组,其每个元素(即 s2[0], s2[1])都是一个由3个元素组成的字符数组(char [3]类型)。跟一维字符数组定义 char arr[3];相比,这里的 s2[0], s2[1]就相当于一个一维数组的名字 arr。既然 s2[0]、s2[1]相当于一个一维数组的名字,那么访问这些(有3个元素的)一维数组中的元素当然可以用下标访问的形式:s2[0][j], s2[1][k],j,k=0,1,2。

为了便于理解,使用 typedef 语句来把二维数组 s2 的定义分解为

```
typedef char CHAR3ARRAY[3];   //定义 CHAR3ARRAY 为具有3个元素的字符数组类型
CHAR3ARRAY s2[2], * p=s2;   //s2 的类型是具有2个 CHAR3ARRAY 型元素的数组。
```

这里首先利用 typedef 定义类型别名的功能,为 char [3]这种类型定义了一个新的类型名字 CHAR3ARRAY,然后用这个新的类型名来定义数组 s2。这里的 s2 除了没有初始化之外,其类型跟例5-7中的类型一模一样,其访问也是采用两个下标的形式(习惯上仍然把第一维的下标称为行下标,把第二维下标称为列下标)。

根据指针的性质,指针变量加1表示指向下一个目标类型数据,这里的 p 指向的目标类型是 CHAR3ARRAY,因为 p 初始化为 s2,故 p[0]等同于 s2[0],p[0][j](j=0,1,2)表示 s2[0]这个数组的3个元素。如果再让 p++,则表示让 p 指向 s2 的下一个元素 s2[1],即 p=&s2[1],那时,p[0]等同于 s2[1],p[0][j](j=0,1,2)就表示 s2[1]这个数组的3个元素(要方便理解,可以先把 CHAR3ARRAY 换成 int 来看,然后再换

回来)。

高维数组也可以采用类似的方法分解,以便更清楚了解数组具体是什么类型。

要注意的是,不管采用线性表示还是行列二维类似矩阵形式的表示,二维数组在内存中都占有地址连续的内存单元。所以,在实践中,也常常采用动态内存分配的方式来动态创建二维数组。比如,

```
typedef char CHAR3ARRAY[3];      //定义 CHAR3ARRAY 为具有 3 个元素的字符数组类型
CHAR3ARRAY * s2;                 //s2 的类型是指向 CHAR3ARRAY 型的指针变量类型
s2 = (CHAR3ARRAY * )calloc(2, sizeof(CHAR3ARRAY));//利用 calloc 函数动态分配内存
```

这里也是首先为 char [3]这种类型定义了一个新的类型名字 CHAR3ARRAY,再利用它定义指向 CHAR3ARRAY 型的指针变量 s2(注意这里 s2 不再是数组类型,而是指针变量),然后利用内存分配函数分配两个大小为 CHAR3ARRAY 类型那么大的内存单元。通过观察很容易确定,因为 CHAR3ARRAY 是有 3 个元素的字符数组类型,故其大小为 3 个字节(sizeof(CHAR3ARRAY)等于 3)。分配得到的内存首地址指针要进行强制类型转换,转换成跟 s2 相同的类型。这时,对 s2 指向的内存中元素的访问,也跟前面对同名数组的元素的访问相同,都采用行列下标的方式:s2[i][j],i=0,1;j=0,1,2。但是,要清楚,这里的 s2 是指针变量,它的值是指针。前面的 s2 是数组名,其实质是指针常量。通过求 sizeof(s2)的值也可以确认这一点。这里的 sizeof(s2)得到的是指针变量所占内存大小,在 32 位系统中是 4 个字节;前面的 sizeof(s2)得到的是二维字符数组 s2 的大小,值为 6(2 行×3 列×1) 字节。

进行多条字符串的处理,只需要把每条字符串放到二维字符数组的一行中,需要的时候把对应行的字符串提取出来处理即可。要注意,这时每行的大小必须为要处理的字符串中最长的那个的大小加 1(因为需要字符串结束符'\0')。

例 5-8　利用二维字符数组进行多条信息的存储和打印。

```
0001 /* 文件名:exp5_03.cpp 利用二维字符数组进行字符串的操作。*/
0002 #include "mysubs.h"
0003 int main ()
0004 {
0005     char names[][20]={"Tom", "Jerry", "Kitty","Shrek"};//定义二维字符数组
0006     int N = sizeof(names)/20;        //计算数组的第一维
0007     for(int i = 0;i<N;i++)           //循环打印
0008         printf("%s\n",names[i]); //names[i]相当于一维字符数组的名字
0009     return 0;
0010 }
```

在本例中,首先定义了二维字符数组 names 并同时初始化,用以存储多个名字。第一维省略,第二维是 20,为允许的名字的最大长度。第 6 行通过 sizeof 运算符来计算

得到第一维的大小 N。因为 names 是数组名字,故 sizeof(数组名)计算得到的是该数组所占用的内存字节数,这要跟 sizeof(指向数组的指针变量名)区分开,后者得到的只是这个指针变量所占用的内存字节数(32 位系统上为 4 个字节)。除以 20 是因为每行有 20 个元素,每个元素占 1 个字节(char 型数据占一个字节),于是便得到了数组的行数 N。

在第 7 行开始的 for 循环中调用 printf,利用格式控制串"%s"逐次打印每行的字符串。用"%s"打印字符串的时候,后面对应的变量类型应为一维的字符数组指针。names 是一个二维字符数组,其实质是元素为 char [20]一维数组的数组,因此 names[i]相当于一个 char[20]类型的一维字符数组。打印的时候,从该数组指针指向的首地址处的字符开始打印,直到遇到字符串结束标志'\0'结束。如果该字符数组中没有'\0',则会继续打印内存中后续的字符序列,直到遇到'\0'为止。这也是为什么在用字符数组来存储字符串时,要预留一个位置来存储字符串结束符'\0'的原因。

names

names[0]	'T'	'o'	'm'	'\0'	……16 个'\0'	
names[1]	'J'	'e'	'r'	'r'	'y'	'\0'	……14 个'\0'
names[2]	'K'	'i'	't'	't'	'y'	'\0'	……14 个'\0'
names[3]	'S'	'h'	'r'	'e'	'k'	'\0'	……14 个'\0'

图 5 - 40　4×20 的二维字符数组 names 在内存中的按行存储示意图

图 5 - 40 所示是 names 数组的各个元素 names[i](i＝0,1,2,3)在内存中的示意图。每行对应一个 char [20]即有 20 个元素的一维字符数组,从上到下依次是 names 的各行。names[i]事实上是第 i 行的数组名。要存取对应行中的下标为 j 的元素,只需要用 names[i][j]即可。而在打印字符串时,跟格式控制串"%s"对应的参数应该为一维字符数组的名字(即表示一维字符数组首地址的指针),即这里的 names[i]。但是由于 C/C++语言中不能对数组作为一个整体处理,所以不能对 names[i]像元素为简单数据类型的数组那样进行赋值操作等。

图 5 - 41 是调试模式下看到的 names 数组及相应的各行在内存中的分布情况。启动调试,再步进执行,在调试状态下让程序运行到第 8 行处停下来。点击"调试"工具栏上的"Memory"(内存)观察窗,在"地址"编辑框中左侧 names 对应的值(names 指向的地址)0x0012ff30(本机如此,其他计算机上应输入左侧 names 对应的实际值)。调整内存观察窗的宽度,使每行显示 10 个内存字节的内容。在 VC 右下方的观察窗中输入观察对象 names[0]、names[1]、names[2]、names[3]。可以看到,names[i]都是地址值,比如 names[0]为 0x0012ff30,这实际就是对应的一维数组的首地址,跟中间的内存窗口编号为 0x0012ff30 的地址是对应的。这个地址开始的 20 个字节,便是 names[0]这个一维数组的各个元素,是字符'T'、'o'、'm'的 ASCⅡ码的十六进制表示。另外,同时可以看到,names 和 names[0]的值在数值上是相等的,说明这两个指针都指向同一块

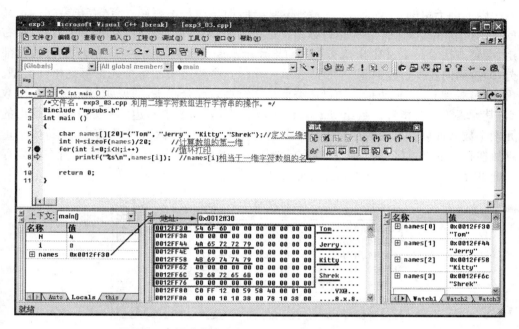

图 5-41　调试状态下数组 names 各元素的内存分布图

内存的首地址。但是这两个实体的含义是不同的：names 是二维数组（类型为 char [4] [20]，图中内存窗用矩形框起来的部分），names[0]是一维数组（类型为 char [20]，图中内存窗的头两行）。sizeof(names)得出的大小是 $4 \times 20 = 80$，sizeof(names[0])得出的大小是 20，也验证了这一点。

有时候也把例 5-8 中的 names 写成这样的形式：

    char * names[] = {"Tom", "Jerry", "Kitty","Shrek"};

含义和例 5-8 中的 names 是不同的。这里的 names 实际上是一个字符指针数组类型。

例 5-9　修改例 5-8，使用指针数组。

```
0001 /*文件名:exp5_03_1.cpp 利用字符指针数组进行字符串的操作。*/
0002 #include "mysubs.h"
0003 int main()
0004 {
0005     char * names[] = {"Tom", "Jerry", "Kitty","Shrek"};//字符指针数组
0006     int N = sizeof(names)/sizeof(char *);       //计算数组大小
0007     for(int i = 0;i<N;i++)          //循环打印
0008         printf("%#p\t%s\t%d字节\n", names[i],names[i],sizeof(names[0]));
                                        //names[i]是 char * 型指针
0009     return 0;
0010 }
```

221

以上例子跟例 5-8 的运行结果基本一样,但是原理不相同。首先,在第 5 行定义的标识符 names 是一个字符指针数组。这是因为,用右左法分析,从 names 开始,往右走,看到方括号。定义中出现方括号,表示 names 是个数组。再往右边,是初始化部分,即折而向左。首先遇到"＊"号,表示 names 这个数组中的每个元素都是指针类型。再往左,看到 char,说明指针的目标类型是字符型。综合起来,即说明 names 是一个数组,其元素为字符指针。数组 names 的大小省略,表示要由右边的初始化列表给出的元素个数来计算。右边大括号中有 4 个字符串常量。在 C/C++ 语言中,字符串常量存放在程序的常量区。在本例的初始化形式中,其实是把各个字符串常量所在的内存首地址赋给了 names 的各个数组元素作为初值。

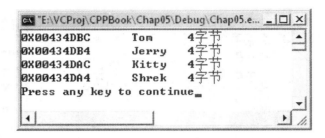

图 5-42　例 5-9 打印的地址和对应字符串

在第 8 行的循环中,格式控制串"％＃p"将对应的指针变量的值以十六进制数的形式打印出来,标志"＃"会导致打印带有前缀的 0X,如图 5-42 所示。仔细对比图 5-42 和图 5-41,可以发现,这时各字符串首地址之间已不是从上到下递增的关系,而是递减的关系。因为这里的 4 个字符串存放在程序的只读内存区,而且也不是按照行优先的顺序存放,每个字符串按照其大小存放在内存中,不存在长度相等的行。用 sizeof(names[i])计算得到的值也不是上例的 20,而是 4。因为这里的 names[i]实质上是一个指针变量(类型为 char ＊),在 32 位系统上它占 4 个字节;而上例的 names[i]的类型是 char [20],是一个占 20 个字节的字符数组。

例 5-9 中的这种用法其实不常见,因为这时定义的指针数组 names 的各个元素都指向一个常量内存区,该内存中的内容不允许修改,是只读的。而通常需要对指针指向的内存同时进行读和写,这样,就不能采用指向常量字符串的方式来为指针变量赋值。

例 5-10　从键盘动态输入学生人数,学生名字,排序后输出。

文件:**mysubs. h**

……

void sortstrings(char ＊ s[], int n);//sortstrings:对 n 个字符串进行排序的函数

……

文件:**mysubs. cpp**

0001 /＊文件名:mysubs. cpp＊/

0002 ＃include"mysubs. h"

```
0003 /*
0004 sortstrings:对 n 个字符串进行排序的函数,采用冒泡排序算法
0005          采取的是交换指针的方式
0006 */
0007 void sortstrings(char * s[], int n)
0008 {
0009     int i,j, exchanged = 1;//exchanged 为 1 轮中是否有交换发生的标记
0010     char * tmp;
0011     for(i = 0;(i<n-1) && (exchanged! = 0);i++)
0012     {   exchanged = 0;     //开始,没有交换发生
0013         for(j = i;j+1<n-i;j++)
0014         {
0015             if(strcmp(s[j], s[j+1])>0)//如有逆序,则交换两个指针
0016             {
0017                 tmp = s[j],s[j] = s[j+1],s[j+1] = tmp;
0018                 exchanged = 1;
0019             }
0020         }
0021     }
0022     return;
0023 }
```

主程序文件:

```
0001 /* 文件名:exp5_03_2.cpp 利用字符指针数组进行字符串的操作。*/
0002 # include "mysubs.h"
0003 int main ()
0004 {   int num = 1, maxlen = 20;
0005     /**** 初始设置部分 *************** /
0006     printf("请输入学生人数:");
0007     scanf("%d",&num);
0008     printf("请输入%d个名字,每个姓名以回车结束\n",num);
0009     printf("名字最长为%d个字符\n",maxlen);
0010
0011     char ** names = (char ** )calloc(num,sizeof(char * ));//为存放字符指针的数组
                                                              分配内存
0012     if(names == NULL) return -1;//若内存分配失败,程序结束
0013     /**** 输入数据部分 *************** /
0014     fflush(stdin);                 //先清空输入缓冲区,避免先前输入对后续输入的影响
0015     for(int i = 0;i<num;i++)
0016     {
0017         printf("#%d:",i+1);
```

```
0018            *(names + i) = (char *)malloc((maxlen + 1) * sizeof(char));//为每个学生
                                                                    的名字分配存储内存
0019            if(names[i] == NULL)
0020                return  -1;                //若内存分配失败,程序结束
0021            gets(names[i]);                //输入学生姓名
0022        }
0023        /**** 排序部分 **************** /
0024        printf("排序前:\n");
0025        for(i = 0;i<num;i++)
0026        {
0027            puts(names[i]); //打印学生名字;
0028        }
0029
0030        sortstrings(names, num);
0031        printf("排序后:\n");
0032        for(i = 0;i<num;i++)
0033        {
0034            puts(names[i]); //打印学生名字;
0035            free(names[i]); //释放对应的内存
0036        }
0037        free(names);                //释放字符指针数组的内存
0038        return 0;
0039    }
```

本程序首先输入要排序的学生人数,然后依次输入学生的名字,最后输出排好序后的学生名字。学生名字按行输入,每个名字中间可以有空格。程序运行结果如图5-43所示。

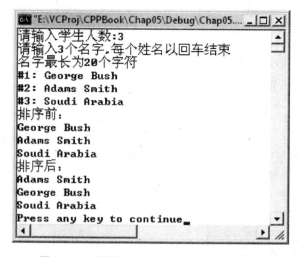

图5-43 把输入的多个学生姓名进行排序

本程序首先创建了一个对字符串进行排序的函数 sortstrings：

```
void sortstrings(char * s[], int n);
```

这个函数可以对 n 个字符串进行排序，排序结果存在 s 中。

在函数形参中出现的方括号实际上也是指针的另一种写法，也就是说，char * s[]，实际上等价于 char * *s。用右左法分析：从标识符 s 往右看，什么都没有遇到；折而向左，读到一个"*"号，表示 s 是一个指针。再往左边看到的 char * 就是 s 指向的目标变量的类型。也就是说，s 是一个指向字符指针的指针变量，是一个二级指针。跟定义 int * p；相对比，后者的 p 是一个指向 int 型的指针变量，表示 p 所指向的内存中存放的内容是一个个 int 型的值；p[i] 等价于 *(p+i)，即从 p 指向的内存首地址开始的第 i 个 int 型数(i=0,1,……)。同样，char ** s 就表示，指针变量 s 指向的内存中存放的就是一个个 char * 型的值，即字符指针。而 s[i] 就是从 s 指向的内存首地址开始的第 i 个 char * 的指针值，等价于 *(s+i)，其类型是 char *。至于内存中到底存放了多少个 char * 类型的指针值，由程序员决定，不是由指针变量 s 或 p 所能决定的。

在主程序文件第 11 行，定义了二级字符指针变量 names，它的类型和实质跟上一段中提到的 s 其实是一样的。在初始化 names 的时候，调用了动态内存分配函数 calloc，其中指定了在分配的内存中到底可以存储多少个(第一个实参，num 个)char * 类型指针值(第二个实参 sizeof(char *) 指定了每个单元大小为一个字符指针的大小)。也就是说，names[i] 等价于 *(names+i)(参见主程序文件第 18 行的 *(names+i)，第 21 行及之后的 names[i]，这两种写法可以互换)，都是指向字符的指针类型。在本节之前，如果定义指向字符的指针变量 char * str;，其含义是：str 指向的内存中的数据是一个个的字符型(char 型)数据。string.h 头文件中声明的字符串处理函数很多参数都是 char * 类型的，如字符串比较函数 strcmp。这样，在本例中，names[i] 和 s[i] 就都可以直接作为类似 strcmp 之类函数的参数(mysubs.cpp，第 15 行)。

主程序文件第 21、27、34 函数 gets 和 puts，在 stdio.h 头文件中声明，其原型为

```
int puts(const char * src);
char * gets(char * dest);
```

gets()函数调用要求用户从键盘上输入一行字符，遇换行符结束，然后把每个字符(不包括换行符)依次存在 dest 指向的内存中。在这些字符的末尾 gets 会自动添加一个空字符'\0'，也存到 dest 指向的字符串的末尾。换行符会被自动丢弃，这样下一次读取就会在新的一行开始。函数返回的也是 dest 的值。

而 puts()函数在屏幕上显示 src 指向的以'\0'结束的字符串。在输出整个字符串之后，它会自动换行。使用 puts()输出字符串时，应该确保字符串中有空字符'\0'存在。

练　一　练

把主程序文件第 21 行的 gets(names[i])改成 scanf("%s"，names[i])后编译运行，输入图 5-43 中的名字。

用 scanf 进行字符串的输入,则应使用格式控制串"％s",跟其对应的后面的变量应为 char ＊,即指向字符的指针类型。scanf 在输入字符串的时候把空格符作为字符串结束字符,所以用 scanf 输入姓名的中间不能有空格。而国外的人名往往是多个单词,中间以空格隔开,所以这里应采用 gets 函数来代替 scanf 输入才能获得带空格的姓名字符串。

gets 函数不是一个安全的函数,因为用户可能输入比 dest 指向的可用的内存更多的字符,造成数组越界错误。

在 mysubs. cpp 文件中实现的 sortstrings 函数,采用了冒泡法进行排序。比较字符串的时候,调用了 strcmp 库函数。在发现相邻字符串逆序时,把这两个字符串交换(mysubs. cpp,第 17 行)。交换字符串是一个比较有迷惑性的描述,实际上是把指向字符串的指针变量的值进行了交换。经过一轮冒泡之后,指向本轮中值最大的字符串的数组元素(它是一个指针变量)的值被交换到本轮处理元素的最后。这样,最多经过 n－1 轮冒泡之后(mysubs. cpp 中的两个 for 循环),字符指针数组中的各元素就按照所指向字符串从小到大的顺序重新排列过了。当然,如果经过了少于 n－1 轮冒泡之后字符串就已经有序了的情况,引入了交换标记变量 exchanged。每轮冒泡开始时,exchanged 置为 0,表示还没有交换发生。如果在每轮中存在字符串逆序,则 exchanged 置 1,表示发生了交换。在第 11 行的 for 循环中,如果上一轮没有发生过交换,exchanged 等于 0,则循环条件不满足,冒泡排序结束。

为了阅读方便,把 stdlib. h 中快速排序函数 qsort 的原型重新写在下面:

```
void qsort(void ＊ base, size_t nmemb, size_t size, int(＊ compare )(const void ＊,
const void ＊));
```

qsort 的第一个参数 void ＊ base,指定了要排序的数据序列存放的内存首地址(指针)。qsort 的第二个参数 size_t nmemb 给出了要排序的数据的条数。第三个参数也是一个 size_t 类型的,变量名 size。它是指参加排序的每个数据的大小(以字节数计算)。第四个参数 compare 在声明形式上很特别,它实际上是一个指向函数的指针变量,指向一个有两个参数(const void ＊ 和 const void ＊)的函数,该函数的返回值为 int 型。这种放在函数中作为形参的函数 compare 又有一个名字叫做回调函数。

所谓回调函数,是由用户提供的。在 qsort 的实现中,设计该函数的目标是对任意类型的同类数据集合快速排序,比如一组整型数的排序,或者一组字符串的排序,又或者是一组"记录"的排序。既然是排序,那么 qsort 必须知道如何判定具体类型的两个数据的大小,而 qsort 的设计者认为这一功能应当交给用户来实现,因为他并不清楚用户究竟要使用 qsort 对哪种类型的数据集合进行排序。用户在调用 qsort 函数时,提供实现具体类型的数据大小比较的函数,可以用来比较自己需要排序的数据集合中的任两个数据元素。这个函数就是 qsort 的最后一个参数(函数指针)对应的回调函数。

用户程序、被调用的函数 qsort 以及回调函数之间的关系如图 5－44 所示。

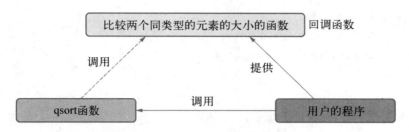

图 5 - 44　qsort 的调用与回调函数

例 5 - 11　用系统标准函数 qsort 实现字符串的排序。

```
文件:mysubs.h
……
int compareStr (const void ∗ s1, const void ∗ s2);//比较两个字符串的大小
……
文件:mysubs.cpp
0001 / ∗ 文件名:mysubs.cpp ∗ /
0002 ♯ include"mysubs.h"
0003 int compareStr (const void ∗ s1, const void ∗ s2) //比较两个字符串的大小
0004 {
0005     char ∗ str1 = ∗ (char ∗∗ )s1;
0006     char ∗ str2 = ∗ (char ∗∗ )s2;
0007     return stricmp(str1, str2); //调用 strcmp 来比较字符串的大小(不分大小写)
0008 }
……

主程序文件:
0001 / ∗ 文件名:exp5_03_3.cpp  利用 qsort 进行字符串的排序。 ∗ /
0002 ♯ include "mysubs.h"
0003
0004 int main ()
0005 {   int i = 0;
0006     char ∗ names[5] = {"James Bond", "George Bush",        //字符指针数组
0007         "William Wordsworth", "Adam Smith", "Zone Alarm"}; //每个元素是字符指针变量
0008
0009     printf(" ==== 利用 qsort 进行字符串的排序 ==== \n");
0010     printf("排序前:\n");
0011     for (i = 0; i< 5; i++)
0012         printf ("\t% s\n", names[i]);
0013
0014     qsort ((void ∗ )names, 5, sizeof (char ∗ ), compareStr);//调用 qsort 函数进行排序
```

227

```
0015        printf("排序后:\n");
0016        for (i = 0; i< 5; i++)
0017            printf ("\t%s\n", names[i]);
0018        printf ("\n");
0019
0020        return 0;
0021  }
```

程序运行结果如图 5-45 所示。在主程序文件中,首先定义了 names。用右左法分析,names 是一个有 5 个元素的数组,每个元素都是字符指针类型(char *),用右边的大括号列表中的字符串常量首地址初始化。在第 14 行调用了 qsort 函数。要注意 qsort 函数的调用方法,第一个参数是要用来比较的数据的首地址,对于本例,names 是要比较的多条字符串的首地址,故实参用 names。第二个参数是要比较数据的条数,本例是 5 条。第三个参数是每条数据的大小。因为本例中,names 数组中的每个元素是 char * 型,也即是说,要比较的每条数据的大小就是 names 数组中每个元素的大小,所以这里用 sizeof(char *)来表示。第四个参数即用于比较的回调函数 compareStr。这个函数在 mysubs. cpp 中给出定义。

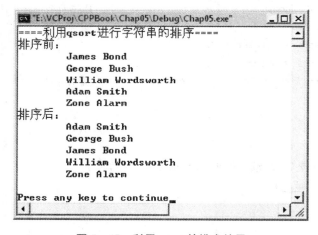

图 5-45 利用 qsort 的排序结果

qsort 设计的时候,指定第四个形参 compare 指向的函数的形参列表是待比较的两个元素的指针(即在 qsort 函数体中,是把两个元素的指针传给回调函数 compare 的)。本例中,待比较的元素是 char * 型,对其取指针,则变成二级指针,即 char ** 型了。所以在 mysubs. cpp 第 5、6 行,先要对 compareStr 函数的两个 void * 型的形参指针变量 s1 和 s2 进行强制类型转换(char **),使 s1 和 s2 恢复其真正含义,即指向字符指针的指针变量。然后,通过取间接运算,获得 s1 和 s2 指向的字符串的首地址。为了方便书写,又创建了两个 char * 型的指针变量 str1 和 str2 来保存这两个字符串的首地址。最后,通过调用库函数 stricmp 比较两个字符串(第 7 行)并返回比较结果。前一个字符

串大于后一个,则返回正数;相等,返回 0;小于,则返回负数。按照这样的比较规则,
qsort 会把 names 中各元素指向的字符串升序排列(不分大小写,因为 stricmp 比较字
符串的时候不区分大小写)。

　　qsort 调用的形式也可直接应用于例 5 - 10 中。只需把例 5 - 10 中的主程序文件
第 30 行对 sortstrings 的调用换成对 qsort 的调用即可:

```
qsort ((void * )names, num, sizeof (char * ), compareStr);//调用 qsort 函数进行排序
```

　　但是对于以二维字符数组形式存放的字符串的排序,对 qsort 函数的调用就有所
不同了。

　　例 5 - 12　调用 qsort 函数以便对二维字符数组形式存放的字符串排序。

文件:**mysubs. h**

……

int compareStr2(const void * s1, const void * s2);/ * 比较两个字符串的大小,s1 和 s2 对应的
                                                                  实参是字符指针变量 * /

……

文件:**mysubs. cpp**

```
0001 / * 文件名:mysubs.cpp * /
0002 #include"mysubs.h"
0003 / * compareStr2:对两个字符串进行比较大小,s1 和 s2 对应的实参就是字符指针变量 * /
0004 int compareStr2  (const void * s1, const void * s2)
0005 {
0006     return stricmp((char * )s1,(char * )s2);
0007 }
```

主程序文件:

```
0001 / * 文件名:exp5_03_4.cpp 利用 qsort 进行字符串的排序。 * /
0002 #include "mysubs.h"
0003 #define NUM        5
0004 #define LEN        25
0005 int main ()
0006 {    int i = 0;
0007      char names[NUM][LEN] = {"James Bond", "George Bush",          //二维字符数组
0008          "William Wordsworth", "Adam Smith", "Zone Alarm"};        //每行占 25 个字节
0009
0010      printf(" ==== 利用 qsort 进行字符串的排序 ==== \n");
0011      printf("排序前:\n");
0012      for (i = 0; i< NUM; i ++)
0013          printf ("\t% s\n", names[i]);
0014
```

```
0015        qsort ((void *)names, NUM, sizeof (char [LEN]), compareStr2);//调用 qsort 函数
                                                                      进行排序
0016        printf("排序后:\n");
0017        for (i = 0; i< NUM; i++ )
0018             printf ("\t%s\n", names[i]);
0019        printf ("\n");
0020        return 0;
0021   }
```

　　程序运行的结果跟上例结果相同。不同的是这里所使用的回调函数 compareStr2 和 qsort 函数的调用方式。在本例中,存放名字的数据结构是一个 NUM 行 LEN 列的二维字符数组 names(主程序文件,第 7 行),而不像前例中 names 是个一维指针数组,其元素都是指向 char 的指针变量。程序采用初始化的方式把待比较的字符串固化在代码中,是为了简化输入输出而突出程序的主体。

　　由于 names 实质是元素为数组的数组。所以,在调用 qsort 的时候,首先传入存放数据的地址即 names;然后传入需要比较的名字个数,本例即是 names 的行数 NUM。再传入的第三个参数是每个待比较的数据的大小,本例即每个名字的长度(sizeof (char [LEN]))也即是字符数组的第二维大小。第四个参数是回调用的比较函数 compareStr2。因为 qsort 回调 compareStr2 的时候,传给它的参数是待比较的两个数据元素的地址,对本例来讲,就是字符数组的首地址(如 &names[0], &names[1]等)。因为一维数组名 names[i]本身就是这个一维数组的首地址,它本身并不是个实际存在的变量;而再对其取地址,得到的 &names[i],和它本身在值上是相同的。所以,compareStr2 要比较的两个指针,就是两个一维字符数组取地址的形式:&names[i],&names[j]。在设计实现 compareStr2 这个比较函数的时候(mysubs.cpp,第 4～7 行),直接把传入的两个 const void * 型的形参 s1 和 s2 进行强制类型转换成 char * 型,然后代入到 stricmp 函数中进行不区分大小写的字符串比较即可。

　　练 一 练

　　(1) 利用 printf 的格式控制串"%p",打印 names[i]和 &names[i]的值,并进行比较。
　　(2) 把例 5-12 中第 13、18 行的打印语句 printf 后的 names[i]都换成 &names[i],编译运行。

　　另外还需要说明的是,二维数组的名字是个行指针。比如本例的 names,实际上它是 names + 0,它和 names[0]在数值上是相等的。

　　练 一 练

　　把例 5-12 中第 13、18 行的打印语句 printf 后的 names[i]都换成 names+i,编译运行。

因为 printf 用格式控制串"％s"打印字符串是很不严格的,它并不严格限定对应的指针的类型,只要其指针值所对应的内存中存放着以'\0'结束的字符序列即可。

练 — 练

把例 5 - 12 中第 13、18 行的打印语句 printf 都用 puts 来代,names[i]都换成 names+i 或 & names[i],编译程序,观察结果并思考原因。

5.6 文字信息的检索

文字信息,为简便起见,假设是英文文字信息,其实就是字符串。在文字信息中查找关键词,其实就是用关键字去跟源串中同样长度的一部分进行比较,看是否相等。这实际上就是一个字符串的匹配问题。设源串为 A,长度为 lenA,而待查找串为 B,长度为 lenB(B 的长度小于 A),则实现在 A 中找 B 的很自然采用子串查找算法一:

(1) i 从 0 开始。

(2) 比较 A[i]开始的 lenB 个字符是否跟 B 中的对应字符相等。如果有,那么在 A 中找到 B。输出对应的位置 i。

(3) 否则,i 自增 1,继续(2)的过程。

(4) 重复(2)和(3),直到 A 的从 A[i]开始的子串长度小于 B 串。

以源串 A 为"ababab cd",关键字串 B 为"ababc"为例,如图 5 - 46 所示,此时 lenA 为 8,lenB 为 5。

图 5 - 46　在"ababab cd"中找"ababc"的步骤

例 5 - 13　利用子串查找算法一实现字符串查找。

文件:**mysubs.h**

……

int mysubstr(char * src, char * key, int m, int n);//在串 src 中查找关键字串 key,返回其出
现的位置

……

文件:**mysubs.h**

```
0001 /* 文件名:mysubs.cpp */
0002 #include"mysubs.h"
0003 /* mysubstr:在待搜索的源串 src 中查找关键字串 key,返回其第一次
0004          在源串中出现的位置。m,n 分别为源串和关键字串的长度 */
0005 int mysubstr (char * src, char * key, int m, int n)
0006 {
0007     if(m<= 0 || n<= 0) return -1; //-1 表示没有找到
0008     if(n>m) return -1;  //关键字串也不能比源串长
0009
0010     char * s = src, * k = key;
0011     int i, j;
0012     i = 0;
0013     while(i<= m-n)       //i 是源串比较时的起始位置下标
0014     {   s = src + i;     //s 指向源串开始比较时的首字符
0015         k = key;         //k 指向关键字串的首字符
0016         j = 0;           //j 是关键字串当前比较的字符的下标
0017         while( (j<n) && ( *k++ == *s++ ))//逐个字符进行相等比较
0018             j++;         //直到比较完关键字的 n 个字符,或遇到不等的字符
0019         if(j == n) return i; //循环因第一个条件不满足而退出:表示找到匹配串
0020         else i++;        //否则回到循环头,i 自增一,重复以上查找过程
0021     }
0022     return -1;
0023 }
```

……

主程序文件:

```
0001 /* 文件名:exp5_04.cpp 字符串的查找。*/
0002 #include "mysubs.h"
0003 int main ()
0004 {   int i = 0;
0005     char A[] = "abcdaabcababcdaabcababcdaabcab";//要在 A 中去查找是否有 B
0006     char B[] = "abcdaabcab";
0007
0008 //     char A[] = "abababcd";
```

```
0009 //        char B[] = "ababc";
0010      char * pA = A;
0011      printf(" ==== 字符串查找例程 ==== \n");
0012
0013      printf("源串 A：   % s\n",  A);
0014      printf("关键字串 B：% s\n\n",B);
0015
0016      int result = 0;        //查找到的字符串的相对于源串起始位置的偏移
0017      int pos    = 0;        //用来保存下一次查找时源串的起始位置
0018      do{
0019          pA = pA + result;    //pA 指向下一次查找时源串的开始字符,等价于 pA = A + pos；
0020          result =  mysubstr (pA,B,strlen(pA), strlen(B));//在 pA 指向的子串中查找 B
0021          if(result == −1){ //上面的函数当返回值为 −1 时表示没有找到
0022              break;        //说明没有匹配的了。结束循环。
0023          }
0024          else{//mysubstr 返回值不为 −1,表示找到了。result 即为 key 相对于 pA 的起始
              位置的偏移
0025              printf("找到了！ A 起始位置：% d\n", result + 1 + pos);//加上 pos 即是 B 实
                                                          际在 A 中的位置
0026              result ++；//下次查找,从当前匹配位置右移一位开始查找
0027              pos += result;//记录下下次查找的起始位置实际上在源串 A 中的绝对位置
0028          }
0029      }while(result! = −1);//找完所有的可能匹配
0030
0031      if(pos == 0) printf("没有匹配\n");//pos 保持初值不变,说明一个匹配的都没有
0032      return 0;
0033 }
```

子串查找算法一的实现代码是文件 mysubs. cpp 中的 mysubstr 函数。其原型如下：

```
int mysubstr(char * src, char * key, int m, int n)
```

第一个参数 src 是要查找的源串,第二个参数 key 是查找用的关键字,第三个参数 m 是源串 src 的长度,第四个参数 n 是关键字串 key 的长度。通常第三、四个参数都用 strlen 函数计算得到,如本例主程序文件第 20 行。

函数 mysubstr 实现在长为 m 的源串 src 中查找长为 n 的关键字串 key。如果找到了,就返回 key 首次在 src 中出现时它相对于 src 的首字符的位移。假如 src 为"you are fine",而 key 为"are",则调用 mysubstr 时,mysubstr(src, key, strlen(src), strlen(key))返回"are"在"you are fine"中首次出现时相对于 src 首字符的位移 4。

为了实现这个目的,就需要每次拿 key 跟源串 src 第 i(i 从 0 开始,到 m−n)个位

置开始处的 n 个字符比较(mysubs.cpp,第 17 行)。如果比较完所有的 n 个字符,都是两两相等的,则说明在 src 中找到了跟 key 匹配的子串,返回该子串的首元素相对于源串 src 的位移(也即是该子串的首元素在 src 中的下标 i。mysubs.cpp,第 19 行)。如果在比较过程中发现某两个对应字符不同,则将源串比较的起始位置向右移一位(i 自增 1),然后重复上面过程,直到找到匹配串,或者源串第 i 个位置开始的子串长度小于串 key 的长度为止(mysubs.cpp,第 13~21 行的循环)。

主程序文件就是给定两个串 A 和 B,分别作为源串和关键字串。然后调用 mysubstr 函数在 A 中查找 B 是否出现,和出现的位置。程序比较复杂的原因是:本程序可以查找 A 中 B 的所有出现的位置,而不只是第一次出现的位置。为此,程序定义了辅助变量 char * pA;指向当前要比较的源串的起始地址。int result;作为匹配串出现在源串中的相对位置(即相对于源串的首字符的位移)。int pos;保存下一次查找时源串 A 的开始比较的绝对位置(A 的下标)。每次查找,用 pA 指向的 A 的子串作为源串(主程序,第 20 行),关键字串 key 不变。如果串 key 没在子串 pA 中找到,返回−1;否则返回 key 在 pA 中首次出现时相对于 pA 的位移 result(下标)。因为 pA 是变化的,所以 result 是相对值。接着去找下一个可能的匹配时,就需要计算 pA 的新指向。因为上一次匹配发生在 pA[result]这个位置,所以要找下一个匹配,就应该从这个位置之后去找,即从 pA[result+1]这个位置开始去找(主程序,第 26 行、19 行,先让 result++,再令 pA=pA+result,实现源串的右移一个字符)。从第一次开始,每次找到匹配子串的时候,把这个位置保存在 pos 变量中(第 25、27 行),这样 pos 就是下一次查找时的源串的绝对位置(下标)。第 25 行的 result+1+pos 就是找到的子串在源串 A 中的绝对位置(从编号 1 开始)。

程序运行结果如图 5-47 所示。

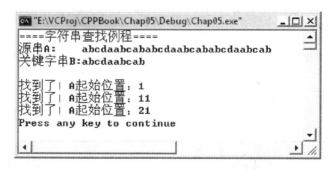

图 5-47 子串查找算法一(例 5-13)的结果

练 一 练

调试程序,在第 19 行设置断点,采用步进执行的方式,观察 pA、pos、result 的变化情况。

上面的算法可以查找到关键字串 B 在源串 A 中是否出现和出现的位置。类似处理可以找到 B 在 A 中出现的次数及相应的位置。每次查找子串的时候,算法需要比较的次数最多为 n 次(不相等的字符出现在关键子串 B 的最后)。如果关键子串 B 不在源串 A 中,源串须从第 1 个字符开始比较和查找子串的操作,一直到第 m－n+1 个位置开始的 m 个字符都比较完才结束。总共所需的比较次数为(m－n+1)×n 个。一般来讲源串长度 m 要远大于关键字串长度 n。故上面的算法的总的复杂度量级为 mn,术语上记作 O(mn)级复杂度(最坏情况下的复杂度)。"O"表示只取复杂度计算时占支配地位的项,而忽略其他项,以体现复杂度的决定因素。冒泡排序法的复杂度为 $O(n^2)$,而快速排序法的复杂度记作 O(nlogn)。

上述算法在 m 或 n 值都比较小的情况下是可以满足查找要求的。但是,在一些比较极端的情况下,这样的效率是难以令人满意的。比如源串 A 是由一本 100 万字符的英文小说构成的字符串,而 B 是 100 个字符构成的关键字,那么,在 A 中查找 B 的复杂度就需要 100×100 万＝$1×10^8$ 次比较。KMP 算法是一种高效的算法,复杂度在 O(m+n)量级。因为 n 值通常远小于 m 值,故此时复杂度只跟源串长度 m 有关。若源串由 100 万字符构成,则执行的比较次数约为 100 万次。

KMP 算法是一种改进的字符串匹配算法,由 D. E. Knuth 与 V. R. Pratt 和 J. H. Morris 同时发现,因此人们称它为克努特-莫里斯-普拉特操作(简称 KMP 算法)。该算法的高效之处在于当在某个位置匹配不成功的时候可以根据之前的匹配结果从模式字符串的另一个位置开始,而不必从头开始匹配字符串。不像上例每次不匹配的时候,关键字串只向右滑动一个字符的位置进行比较。KMP 算法演示如图 5-48 所示。

B 串不匹配位置前的 4 个和 B 开始处的 4 个字符相等。令 k=4。下次 A 从 i－k=2 的位置开始比较。

B 串不匹配位置前的 3 个和 B 开始处的 3 个字符相等。令 k=3。下次 A 从 i－k=4 的位置开始比较。

B 串不匹配位置前的 1 个和 B 开始处的 1 个字符相等。令 k=1。下次 A 从 i－k=6 的位置开始比较。

起始位置:6　i＝7

A　a b a b a b a a b a b a b b　　　　(4)

B　　　　　　a b a b a b b

j＝1

B串不匹配位置前只有1个字符。令k＝0。下次A从i－k＝7的位置开始比较。

起始位置:7　　　　　　　i＝14

A　a b a b a b a a b a b a b b　　　　(5)

B　　　　　　a b a b a b b

j＝7

B串下标j＝7,跟B串长度相等。说明已经在A中找到了跟B匹配的子串,其位置即起始位置7。要找下一次匹配,须从A串当前匹配子串的下一个位置(i＝i－lenB＋1)开始找。

起始位置:8

A　a b a b a b a a b a b a b b　　　　(6)

B　　　　　　a b a b a b b

j＝0

此时因为串A起始位置开始向右剩余的子串长度小于B串长度,所以无需再比。查找结束。否则还需要进行上面的比较过程,直至A剩余子串长度小于B串长度为止。

图5-48　KMP算法的查找过程示意图

假设源串A＝abababaabab*abb,关键字串B＝abababb。i和j指向第一个不匹配的位置。串A的长度为lenA＝14,串B的长度lenB＝7。

KMP算法首先从源串A的开始位置比较。设A的下标为i,B的下标为j时遇到第一个不匹配的字符。这时,如果是用子串查找算法一(后简称算法一),则应让i从当前比较开始的位置后移一个字符,作为下一次比较的开始位置(i＝i－j＋1)。但是,KMP算法对这个移动的字符数进行了改进,根据B串发生不匹配时的位置j前面的子串的特点,让串A的起始位置向后滑动一个字符块,这个字符块的长度可以大于1。

第(1)次进行匹配,A串比较的起始位置是0,在i＝6、j＝6时A和B发生了首次不匹配。如果用算法一,则下次比较时A串的起始位置应为i－j＋1＝1(对应A[1])。相当于B串右移一位再跟A串比较。或者说,B[0],B[1],…,B[4]跟A[1],A[2],…,A[5]比较。因为在B后移之前,A[0]～A[5]和B[0]～B[5]都是匹配的,即A[0]＝B[0],A[1]＝B[1],…,A[5]＝B[5]。所以,B右移一位,比较B[0]和A[1],就是比较B[0]和B[1];……依此类推,比较B[4]和A[5],就是比较B[4]和B[5]。总言之,问题变成了比较B的前5个字符和B在j前的后5个字符。如果这5个字符两两相等,那么再比较后面的字符;如果不等(本例是不等的),则还需要将B向后移一位,比较B[0]和A[2](即B[0]和B[2]),B[1]和A[3](即B[0]和B[3]),……B[3]和A[5](即B[3]

和 B[5]);也即是,B 的前 4 个字符和 B 在 j 前面的 4 个字符。这时正好这 4 个字符都是相等的。令 k=4,B[j]前面的倒数 k 个字符 B[j-k]～B[j-1](此时为 B[2]～B[5])和 B 开始的 k 个字符 B[0]～B[k-1](此时为 B[0]～B[3])相等,如图 5-49 所示。

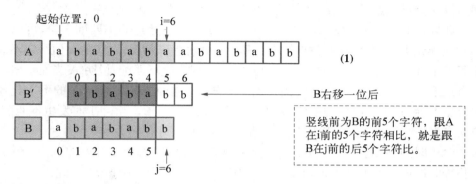

B 右移一位之后跟 A 的比较,实际上相当于 B 的前 5 个字符跟 B 的后 5 个字符(j 前)的比较。

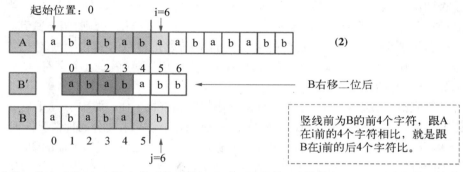

B 右移二位之后为 B′,它跟 A 的比较,实际上相当于 B 的前 4 个字符跟 B 的后 4 个字符(j 前)的比较。此时 B′的前 4 个字符跟 A[i]的前 4 个字符相等,实际上就是 B 的前 4 个字符和 B 在 j 前的 4 个字符相等(B[0]～B[3]分别等于 B[2]～B[5])。这时再比较 A[i]和 B[k](即 A[6]和 B[4])及之后字符。

图 5-49　第一轮比较后的两次移位

这样,k 就是在发生不匹配时,B[j]前面的字符串中开始的 n 个和末尾的 n 个相等时的最大 n 值:k=max{n|B[0]～B[n-1]依次等于 B[j-n]～B[j-1], 1≤n≤j-1}。这个 k 值小于 j,否则意味着 B[j]前面的子串和自己相等了。这时,A 串下一次比较的开始位置,就是 i-k 这个位置了。图 5-48 中,在第一次发生不匹配(i=6)时,A 下次比较的开始下标就应该是 i-k=6-4=2。反过来说,如果 A 保持当前位置 i 不变,则串 B 应该从位置 k 处开始跟 A[i]及之后的子串比较。

由上所述,每次 A[i]≠B[j]的时候,B 所需要向后滑动的字符数,其实跟源串 A 没有关系,而只跟串 B 在 B[j]之前的子串有关系。如果串 B 满足 B[0]～B[k-1]等于 B[j-k]～B[j-1]的子串的最大 k 值能够计算出来,那么下次比较时 B 在前一次基础上右滑的字符数就是 j-k 个(图 5-48 的(2)(3)(4),图 5-49 的(2))。而且比较的时候,从 B[k]开始,跟 A 的 A[i]及之后的字符依次比较(因为 B[0]～B[k-1]跟 B[j-k]～B[j-1]相等,也就是跟 A[i-k]～A[i-1]相等)。

当 A[i]≠B[j]的时候,如果 B[j]前面找不到满足 B[0]～B[k−1] 等于 B[j−k]～B[j−1]的大于 0 的 k 值,令 k=0。这时,不论 B 往右移几位字符(小于 j),都不可能有 B 的前几个字符和 B[j]前的几个字符对应相等。这样,在下一次比较的时候,令 j=0,即 B 从头开始去跟 A[i]及之后的子串相比(即 B 向右滑动 j 个字符)。

如果在 B 的第 j 个位置(j=0,1,……,lenB−1)开始遇到不匹配字符,可以把对应的 k 值预先求出来,保存在数组 p 中。其中有两种特殊情况,对应的 k 值一定不满足大于等于 1 且小于等于 j−1 的条件:(1) 当 j=0 时发生不匹配,说明 A 当前子串的首字符就跟 B 的首字符不等。这时,预设 p[0]=−1。这种情况下源串 A 的下次比较的子串起始下标为 i+1,而关键字串 B 的起始下标设为 0。(2) 当 j=1 时发生不匹配,B 串应向右滑一个字符,让 B 串跟 A[i]开始的子串相比,对应 p[1]=0。

j>1 时的 p[j]值的求法如前所述,由 B[j]前面的字符串中开始的 n 个和末尾的 n 个相等时的最大 n 值 k=max{n|B[0]～B[n−1]依次等于 B[j−n]～B[j−1], 1≤n≤j−1}求得。为此,先令 k=j−1,再用一个循环比较 B[0]～B[k−1]和 B[j−k]～B[j−1]是否两两都相等。如果某个字符处不相等,则将 k 值自减 1,再如上比较。当第一次遇到前后 k 个字符全相等,而且 k 为正整数时,则令 p[j]=k。否则,当 k 减到 0 循环结束,这时,说明 B[j]前的子串首尾的 k 个字符对任意正整数 k 都没有一对相等的。这时令 p[j]=0。在下次比较的时候,子串 B 要右滑的字符数就是 j 个字符,即用关键字串 B 跟 A[i]开始的子串比较。

计算完滑窗数组 p 之后,进行具体的字串比较和查找工作。源串 A 从下标 i=0 处开始跟 B 串进行逐字符相等的判定。如果发现某个 B[j]≠A[i],要分两种情况处理:(1) 此时 j=0,源串 A 的比较起始位置右移一位再继续比较;(2) j>0,根据上面的图5-49中(2)及相关的分析,此时 B[j]前的子串的前 p[j]个字符和后 p[j]个字符相等,下次比较时,B 子串应该右滑 p[j]个字符。滑动后,正好 B 的前 p[j]个字符跟 A[i]的前 P[j]个字符相等,正好用 A 的第 i 个位置开始的子串跟 B 的第 p[j]个位置开始的子串进行比较(如图 5-49 中(2),i=6,j=6,p[6]=4,滑动后的 B 的前 p[6]个字符跟 A[6]前的 4 个字符相等。下次比较,A 应从 A[i]开始,B 应从 B[4](因为 p[j]=4)开始向后比)。

对该程序进行修改即可实现一般的 KMP 子串查找函数。主要用的是滑窗函数 GetSlideWindowLen,其原型为

```
int * GetSlideWindowLen(char * s, int n, int p[]);
```

例 5-14 实现 KMP 算法,在给定源串 A 中查找关键字串 B,给出它出现的位置。

```
0001 /* 文件名:exp5_04_1.cpp 利用 KMP 算法进行字符串的查找。*/
0002 /* 参考 URL:http://www.matrix67.com/blog/archives/115 */
0003 #include <string.h>
0004 #include <stdio.h>
0005 #include <stdlib.h>
0006 int * GetSlideWindowLen(char * s, int n, int p[]);
0007 int main()
```

```
0008  {
0009  //      char A[] = "abcdaabcababcdaabcababcdaabcab";//要在 A 中去查找是否有 B
0010  //      char B[] = "abcdaabcab";
0011         char A[] = "ababababaabababb";
0012         char.B[] = "abababb";
0013  //      char A[] = "abcdabccabcde";
0014  //      char B[] = "abcde";
0015  //    char A[] = "aaaaaaaaaab";
0016  //    char B[] = "aaaa";
0017       size_t lenA = strlen(A);
0018       size_t lenB = strlen(B);
0019       int i,j;
0020       int times = 0;                          //匹配次数计数
0021
0022       if(lenA＜lenB)                    //源串 A 长度过小,肯定找不到,故返回 -1。
0023       {
0024           printf("找不到\n");
0025           return  -1;
0026       }
0027       int * p = (int *)malloc(lenB * sizeof(int));//存放滑窗大小的数组
0028       if  (p == NULL)
0029       {
0030           return  -1;
0031       }
0032       printf("/ * 字符串匹配的 KMP 算法 * /\n");
0033       printf("源串 A：    % s\n",A);
0034       printf("关键字串 B：% s\n\n",B);
0035       / * ★★滑窗的计算,结果存在 p 指向的内存中:关键! ★★ * /
0036       GetSlideWindowLen (B, lenB, p);
0037       printf("每次发生不匹配时源串要左滑的长度\n");
0038       printf("发生不匹配的位置 j：    ");
0039       for (j = 0;(unsigned )j＜lenB;j ++ )
0040       {
0041           printf(" % 4d",j);               //显示对应的 j
0042       }
0043       printf("\n");
0044       printf("串 A 下标 i 要左移的大小:");
0045       for (j = 0;(unsigned )j＜lenB;j ++ )
0046       {
0047           printf(" % 4d",p[j]);               //显示滑窗
0048       }
```

```
0049        printf("\n\n");
0050        ///////////////KMP算法的具体查找过程///////////////
0051        //从A的首字符位置开始查找
0052        i = 0;
0053        j = 0;//j是串B中元素的下标
0054        while((size_t )i<lenA&& strlen(&A[i]) >= (size_t )lenB)
0055        {//当A的下标不越界,且子串A+i长度小于B的长度时循环
0056            while(((size_t )j<lenB)&&(A[i] == B[j]))//逐个字符比对
0057            {    i++ ;j++ ;//如果相等,则比对应的下一个字符
0058            }
0059            if ((size_t)j<lenB) //在串B内部某个位置比对的时候,有B[j]! = A[i]
0060            {
0061                if (j == 0) i++ ;  //如果首字符就不等,则A当前位置i右移一位再比
0062                else j = p[j];     //为下次A[i]和B[j]比对时的新j值
0063                continue;          //继续下次的比对
0064            }
0065            else               //前一个循环因为B[j] == '\0'而结束,说明A中找到了B
0066            {
0067                printf("\nA中找到了B! \t");
0068                printf("位置 # %d: %d", ++ times,i - lenB + 1);//times表示是第几次找
                                                到B
0069                i = i - lenB + 1;//要开始找下一次匹配,让i从i - lenB的后一个位置开始找
0070                j = 0;          //B串要从头开始重新去比对
0071            }
0072        }
0073        if (p! = NULL)free(p);//释放内存
0074        printf("\n");
0075        return 0;
0076    }
0077    /* GetSlideWindowLen:计算滑窗大小,存在p数组中。
0078       p的第j个元素的值,即为当B的第j个元素跟源串对应位置i上元素首次不匹配
0079       ,应该将源串的下标i左移的字符数,以i - p[j]作为新的比较起点i
0080       s是关键字串,n为s的字符串长度,p是保存各个滑窗大小的数组
0081    */
0082    int * GetSlideWindowLen (char * s, int n, int  p[])
0083    {
0084        if (s == NULL || p == NULL)
0085        {
0086            return NULL;
0087        }
0088        if(n<1) return NULL;
```

```
0089    p[0]=-1;//如果在 s 的第 0 个位置即发生了不匹配,源串应该右移 1 个字符
0090    if(n==1) return p;//如果关键字串 p 只有一个字符
0091    p[1]=0;//若从 s 的第 1 个位置开始不匹配,源串从当前位置开始继续比对
0092    // 完成初始化
0093    / ************* 下面对应关键字串 s 大于等于 2 个字符的情况 *********** /
0094    int i,j,k;
0095    for (j=2;j<n;j++)
0096    {/* 对于一个给定的开始不匹配的位置 j 查找关键字串中前 k 个和后 k 个相同
0097        子串的情况对应的最大的 k 值。k 从 j-1 开始而不能从 j 开始是因为 k 从 j
0098        开始的话,前 j 个和后 j 个实际上就是第 j 个位置前面的 j 个字符,是一定
0099        相等的,不是我们要找的。
0100    */
0101        for (k=j-1;k>0;k--)//由大往小找最长匹配的前后子串长度 k
0102        {
0103            i=0;                //i 从 0……k-1 依次跟最后的 k 个字符比较
0104            while ((i<k)&&(s[i]==s[j-k+i])) i++;
0105            if (i==k)        //i=k 而循环结束,说明首尾 k 个字符完全匹配,
0106            {
0107                p[j]=k;//得到 B[j]前子串前后各 k 个字符对应相等的最大 k 值
0108                break; //结束当前 j 对应的计算 k 值的过程
0109            }//否则继续 for 循环,令 k 自减,重复上述过程。
0110        }//内层 for 循环结束
0111        if(k==0) p[j]=0;//j 前的子串前后没有相同的部分,则 p[j]=0。
0112    }//外层 for 循环结束
0113
0114    return p;//返回指针 p
0115 }
```

程序在给定源串 A=abab* abaababab abb,关键字串 B=ababab b 时,其运行结果如图 5-50 所示。

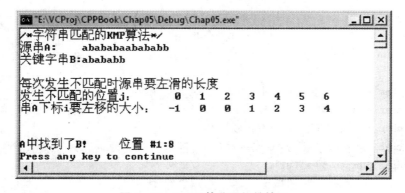

图 5-50　KMP 算法运行的情况

> **练 一 练**
>
> 在例 5-14 中,利用第 9~16 行其他的 A 和 B 的定义来运行程序,观察运行结果,分析滑窗数组 p 中的各元素值的取得过程。

如果关键字的滑窗数组中 0 的个数非常多,KMP 的算法的实际执行速度相对于算法一的改善是很有限的。因为这时候大多数情况下向右滑动的字符数都不会超过 1 个字符。

5.7   多条信息的显示

假设有学生成绩记录如下:

学号	姓名	性别	课程名	班级	学期	平时分	期末分	总评
0053853	齐小琴	女	SystemView 仿真	C01	072	20.0	95.0	96
0053861	曾俊杰	女	SystemView 仿真	C01	072	20.0	90.0	92
0053855	孙斌	男	SystemView 仿真	C01	072	20.0	92.0	93.6
0053850	刘秀芳	女	SystemView 仿真	C01	072	20.0	91.0	92.8
0053857	王辉	男	SystemView 仿真	C01	072	18.0	91.0	90.8
0053858	吴凡贤	男	SystemView 仿真	C01	072	20.0	93.0	94.4
0053856	唐沙沙	女	SystemView 仿真	C01	072	19.0	90.0	91

要在程序中把这些数据用类似表格的形式打印出来,根据学号进行排序,根据总评成绩重新排序,必须为学号、姓名各创建一个二维字符数组,为性别创建一个字符型数组('F'表示女,'M'表示男),班级、学期各用一个一维数组来存储;平时分、期末分、总评各用一个浮点型数组来存储。此外还应该定义一个整型辅助数组,用来保存各记录的编号。

例 5-15   打印如上的成绩表格。

```
0001 /* 文件名:exp5_05.cpp  打印成绩表格。*/
0002 #include <stdio.h>
0003 #define N   7                //学生记录条数
0004 int main( )
0005 {
0006     char * numbers[N] ;//学号
0007     char * names[N] ;    //姓名
0008     char gender[N];         //性别
0009     char course[30] = "SystemView 仿真";//课程名
0010     char classno[5] = "C01";          //班级号
0011     char semester[4] = "072";         //学期
```

```
0012      float pingshi[N], final[N], score[N];
0013      int  stu_no[N];
0014      int i = 0,j = 0;
0015      //数据定义完毕。下面进行赋值。
0016      numbers[0] = "0053853"; numbers[1] = "0053861";numbers[2] = "0053855";
0017      numbers[3] = "0053850"; numbers[4] = "0053857";numbers[5] = "0053858";
0018      numbers[6] = "0053856";
0019
0020      names[0] = "齐小琴"; names[1] = "曾俊杰";names[2] = "孙斌";
0021      names[3] = "刘秀芳"; names[4] = "王辉";names[5] = "吴凡贤";
0022      names[6] = "唐沙沙";
0023
0024      gender[0] = 'M'; gender[1] = 'M';gender[2] = 'F';
0025      gender[3] = 'M'; gender[4] = 'F';gender[5] = 'F';
0026      gender[6] = 'M';
0027
0028      pingshi[0] = 20.0; pingshi[1] = 20.0;pingshi[2] = 20.0;
0029      pingshi[3] = 20.0; pingshi[4] = 18.0;pingshi[5] = 20.0;
0030      pingshi[6] = 19.0;
0031
0032      final[0] = 95.0 ; final[1] = 90.0 ;final[2] = 92.0 ;
0033      final[3] = 91.0 ; final[4] = 91.0 ;final[5] = 93.0 ;
0034      final[6] = 90.0 ;
0035      //打印并计算总评成绩
0036      printf(" 学号  姓名  性别  课程名  班级  学期  平时分  期末分  总评\n");
0037      for(i = 0;i<N;i++ )
0038      {
0039          stu_no[i] = i + 1;//给学生的编号
0040          score[i] = pingshi[i] + 0.8 * final[i];//计算总评成绩
0041          printf("% − 8s% − 8s% 5s% 20s% 7s% 7s% 8.1f% 8.1f% 8.1f\n",numbers[i],
                 names[i],
0042             (gender[i] == 'F')?"女":"男",course, classno, semester,
0043              pingshi[i], final[i], score[i]    );
0044      }
0045      return 0;
0046 }
```

　　程序就是定义了一系列的数组、变量之后,为其一个个的赋初值,把变量、字符串的值都硬编码到源程序当中,是为了简化输入和方便调试。一般情况下,这些数据记录都是来自文件或者数据库等能存储大量数据的数据源。

程序的主体就是一个 for 循环语句(第 37～44 行),给每个学生记录一个编号,计算了总评成绩,并调用 printf 函数进行格式化的打印。其中％－8s 表示打印字符串,至少占用 8 个字符宽,标志"－"表示要左对齐打印。如果实际字符串没有那么长,则在前面用空格补齐。后面的数字也是同样的含义(术语叫域宽)。格式控制串％8.1f,表示要打印浮点数,域宽为 8(8 位有效数字),精度为 1(小数点后保留 1 位)。程序运行的结果如图 5－51 所示。如果表头打印得不够整齐,微调第 36 行表头各项之间的空格数,直到满意为止。

```
"E:\VCProj\CPPBook\Chap05\Debug\Chap05.exe"
学号      姓名    性别       课程名        班级    学期    平时分    期末分   总评
0053853  齐小琴   女    SystemView仿真    C01    072    20.0    95.0    96.0
0053861  曾俊杰   女    SystemView仿真    C01    072    20.0    90.0    92.0
0053855  孙斌    男    SystemView仿真    C01    072    20.0    92.0    93.6
0053850  刘秀芳   女    SystemView仿真    C01    072    20.0    91.0    92.8
0053857  王辉    男    SystemView仿真    C01    072    18.0    91.0    90.8
0053858  吴凡贤   男    SystemView仿真    C01    072    20.0    93.0    94.4
0053856  唐沙沙   女    SystemView仿真    C01    072    19.0    90.0    91.0
Press any key to continue_
```

图 5－51　格式化输出学生成绩表

　　例 5－16　把上述记录按照总评成绩由高到低的顺序排列并打印。

```
0001 /* 文件名:exp5_05_1.cpp  根据总评成绩来排序并打印成绩表格。*/
0002 #include <stdio.h>
0003 #define N  7                    //学生记录条数
0004 int main( )
0005 {
…… /* 变量定义和初始化赋值等,同上例 6～34 行
0035     //首先给原来的每个学生记录顺序编号。stu_no[i]是从上到下排列的第 i 条记录
0036     //其值为该记录在原来记录中的编号。开始的时候是一致的。当进行重新排序后,
0037     //从上到下的第 i 条记录可能就不再是原来的第 i 条记录。
0038     for(i = 0;i<N;i++ )
0039     {
0040         stu_no[i] = i;//给学生的编号
0041         score[i] = pingshi[i] + 0.8*final[i];//计算总评成绩
0042     }
0043
0044     //打印初始记录的成绩
0045     printf("排序之前:\n");
0046     printf(" ============================================================ \n");
0047     printf(" 学号   姓名   性别   课程名   班级   学期   平时分   期末分   总评\n");
0048     for(i = 0;i<N;i++ )
0049     {
```

```
0050          printf("%-8s%-8s%5s%20s%7s%7s%8.1f%8.1f%8.1f\n",numbers[i],
              names[i],
0051             (gender[i] == 'F')?"女":"男",course, classno, semester,
0052             pingshi[i], final[i], score[i]     );
0053      }
0054

0055      //排序
0056      int changed = 1, tmpi;   //上一轮中交换的次数,0 表示没有
0057      float tmpf;
0058      //用冒泡法对总评成绩进行从大到小的排序
0059      for(i = 0;(i<N-1)&&changed;i++)//一共 N-1 轮
0060      {
0061          changed = 0;
0062          for(j = 0;j + 1<N- i; j++)
0063          {
0064              if( score[j] < score[j+1] )//前一个数小于后一个数,
0065              {
0066                  tmpf = score[j], score[j] = score[j+1], score[j+1] = tmpf;//交换两个数
0067                  tmpi = stu_no[j],stu_no[j] = stu_no[j+1],stu_no[j+1] = tmpi;
0068                  changed ++ ;
0069              }
0070          }
0071      }
0072

0073      //打印排序后记录的成绩
0074      printf("\n\n排序之后:\n");
0075      printf(" ============================================================ \n");
0076      printf(" 学号  姓名  性别  课程名  班级  学期  平时分  期末分  总评\n");
0077      for(j = 0;j<N;j++)
0078      {
0079          i = stu_no[j];
0080          printf("%-8s%-8s%5s%20s%7s%7s%8.1f%8.1f%8.1f\n",numbers[i], names[i],
0081             (gender[i] == 'F')?"女":"男",course, classno, semester,
0082             pingshi[i], final[i], score[j]     );
0083      }
0084

0085      return 0;
0086 }
```

35 行前的初始化都跟上一个例子一样。第 38～42 行的循环中,首先给原来每行的记录一个编号(stu_no[i]=i),这个编号就是它从上到下出现的次序(从 0 开始)。这

个编号很关键。在第 59～71 行的冒泡排序中，如果两个总评成绩需要交换(第 66 行)，则把这两个成绩对应的记录编号也交换(第 67 行)，能始终保持记录编号跟总评成绩之间的对应关系。否则总评成绩排好序之后，它跟学生的对应关系却可能打乱而且找不回来了。

在第 77～83 行打印排好序的记录的时候，由于冒泡法的交换，如果总评成绩按从高到低排，对应的记录编号就应该是 stu_no 数组中的值。第 79 行令 i=stu_no[j]，即是得到排序后的第 j 个记录对应的原始编号。然后通过这个编号取得学生的姓名、学号等信息(第 80、81、82 行)，没有改变过。因为总评成绩数组 score 是排过序的，位置已经变成了由高分到低分，所以打印时直接打印 score[j](j=0 表示最高分，以此类推)即可。

在打印记录的 printf 语句中，还使用到了三元条件运算符“?:”，第 51、81 行中的

```
(gender[i]=='F')?"女":"男"
```

就是由条件运算符构成的条件表达式。它的运算特点是：首先计算“?”前面的式子，若其值为“真”(非 0)，则条件表达式的值为“:”前的式子的值。否则条件表达式的值为“:”之后的式子的值。条件表达式相当于一个精简的 if... else 判断。在本例中，跟 printf 的第 3 个格式控制串%5s 相对应，根据 gender[i]对应的值，打印出性别的实际值“男”或“女”来。

程序运行结果如图 5-52 所示。

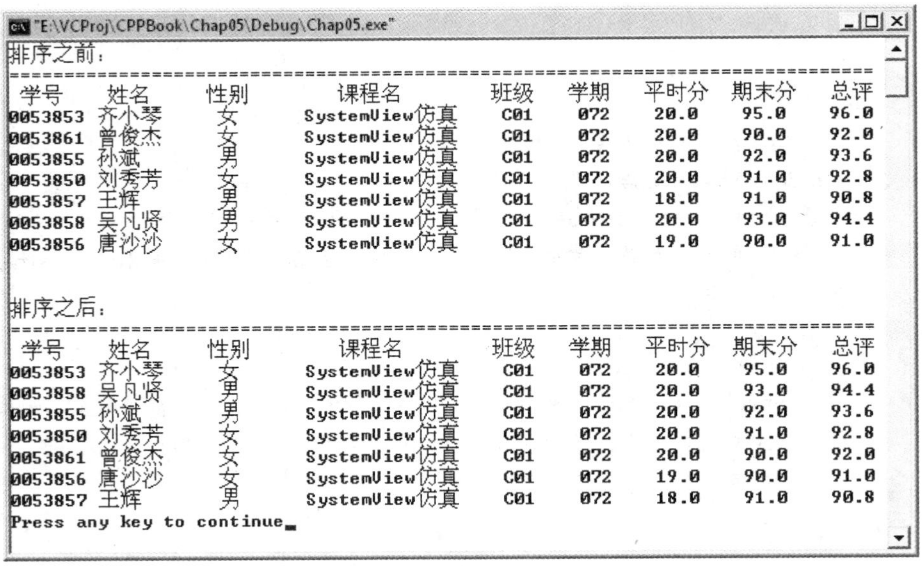

```
"E:\VCProj\CPPBook\Chap05\Debug\Chap05.exe"
排序之前:
==========================================================================
 学号     姓名     性别       课程名           班级   学期   平时分  期末分   总评
0053853 齐小琴     女     SystemView仿真      C01    072    20.0    95.0    96.0
0053861 曾俊杰     女     SystemView仿真      C01    072    20.0    90.0    92.0
0053855 孙斌       男     SystemView仿真      C01    072    20.0    92.0    93.6
0053850 刘秀芳     女     SystemView仿真      C01    072    20.0    91.0    92.8
0053857 王辉       男     SystemView仿真      C01    072    18.0    91.0    90.8
0053858 吴凡贤     男     SystemView仿真      C01    072    20.0    93.0    94.4
0053856 唐沙沙     女     SystemView仿真      C01    072    19.0    90.0    91.0

排序之后:
==========================================================================
 学号     姓名     性别       课程名           班级   学期   平时分  期末分   总评
0053853 齐小琴     女     SystemView仿真      C01    072    20.0    95.0    96.0
0053858 吴凡贤     男     SystemView仿真      C01    072    20.0    93.0    94.4
0053855 孙斌       男     SystemView仿真      C01    072    20.0    92.0    93.6
0053850 刘秀芳     女     SystemView仿真      C01    072    20.0    91.0    92.8
0053861 曾俊杰     女     SystemView仿真      C01    072    20.0    90.0    92.0
0053856 唐沙沙     女     SystemView仿真      C01    072    19.0    90.0    91.0
0053857 王辉       男     SystemView仿真      C01    072    18.0    91.0    90.8
Press any key to continue
```

图 5-52　学生成绩记录排序

由本例看到，要对复杂的记录进行排序，即便是简单的冒泡法排序，都必须设计一个辅助数组即记录编号数组 stu_no，然后在交换的时候，把 stu_no 对应位置上的元素也同时交换，以便保持成绩记录和编号的一致。使用快速排序法，也必须根据应用来重

写排序函数。当基准在数组中改变位置的时候,对应的 stu_no 的元素也要相应的改变位置,以便保持待排序的数据跟它的编号在位置上的一致,这样的设计繁琐而且生硬,也无法利用标准库中的 qsort 函数来简化实现。

5.8 本章小结

本章主要介绍的是文本信息的处理,包括表示、保存、比较、查找、排序等。文本信息在 C/C++语言中以字符串或字符串数组的方式进行存储。C/C++语言的 string. h 头文件中声明了对字符串操作的函数,如 strlen、strcmp、strcpy 等。对于多个字符串排序的时候,可以使用 strcmp 来完成字符串的比较操作,并利用 qsort 函数的快速排序算法排序。如果文字中有数字信息,利用库函数 atoi 提取出来;也可以用库函数 itoa 来把数字信息转换为文本信息。另外,sscanf 等函数在从字符串中提取格式化的数字信息等方面也有非常重要的应用。在文本信息中查找匹配字串,可以采用 KMP 算法等高效算法。

复习思考题

● 什么是字符串? 怎么表示和保存字符串?

● 什么是字符数组? 它和字符串有何区别?

● 有哪些库函数可以用来进行文字信息的处理? 试举例说明。

● 如何进行数值和字符串之间的转换?

● 如何快速在一个字符串中查找另一个字符串的首次出现位置? 末次出现位置?

● 什么是 KMP 算法? 试说明。

● 什么是二维字符数组? 怎么定义? 如何初始化?

● 怎么对多个单词进行排序?

● 如何对多个数组定义的相关信息进行排序?

练 习 题

1. 编写一个求字符串长度的函数,Strlen(),再用 Strlen()函数编写一个函数 Revers(s)的倒序递归程序,使字符串 s 逆序(即把"abcde"这样的字符串逆转成"edcba")。(在编写的函数中不允许使用库函数 strlen)

2. 编写对两个字符串进行比较的函数 Strcmp(char * str1,char * str2),该函数的返回值如下:

表达式	返回结果
str1<str2	-1
str1 = = str2	0
str1>str2	1

3. 编写一个将字符串 s1 拷贝到 s2 中去的函数 Strcpy( )，不能使用 strcpy( )库函数。

4. 编写程序，逆转字符串。比如原来为"Apple Red"，逆转后为"Red Apple"。

5. 编写函数 int atoi(char s[ ])，将字符串 s 转化为整型数返回。注意负数处理方法。

6. 使用递归和非递归的两种方法编写函数 char * itoa (int n, char * string)；将整数 n 转换为十进制表示的字符串。（在非递归方法中，可使用 reverse( )函数）

7. 输入一个十六进制数形式的字符串，输出相应的十进制数。

8. 输入一行字符，将此字符串中最长的单词输出。

9. 请编写一个函数 fun(char * num)，该函数返回与传入的二进制数相应的十进制数（字符串），参数 num 指向存放 8 位二进制数的字符数组。

10. 请编写一个函数 char MaxCharacter(char * str)，该函数返回参数 str 所指向的字符串中具有最大 ASCⅡ码的那个字符（如字符串"world"中字符'w'具有最大的 ASCⅡ码）。当 str 所指向的字符串为空时，则返回空字符 0x0 或'\0'。

11. 编写函数，从字符串中删除指定的字符，同一字母的大、小写按不同字符处理。

12. 请编写一个函数 int pattern_index(char substr[ ], char str[ ])，执行含通配符"?"的字符串的查找时，该通配符可以与任一个字符匹配成功。当子串 substr 在 str 中匹配查找成功时，返回子串 substr 在 str 中的位置，否则返回值为 0。要求使用 for 循环实现。输出结果如下：

子串起始位置：5

13. 输入一行字符，调用统计单词个数的函数 word_count 计算该行字符中包含多少个单词，单词之间用空格分隔开。

14. 输入两串字符（假定不输入大写字母），每串以"&"结束。（1）输出在任一串中至少出现一次的字母；（2）输出在两个串中的任一串中重复出现过的字母；（3）输出在两个串中都出现的字母。

15. 录入一段英文文章（存放在字符数组 a[n]中），统计其中的单词个数，并按照单词长度由小到大次序输出各个单词。假定这段文章不超过 1 000 个字符，单词不超过 240 个。请自行设计录入结束条件。

第6章 复杂记录的表示、处理和存储

学习要点

- 结构体
- 结构体数组
- 链表的使用
- 共用体

实际应用中经常处理的数据都会比较复杂。比如在学生管理系统中，既涉及学生姓名、学号等文本信息，又涉及性别等字符信息。而且，这些数据之间还有关联，一般都是作为一个整体（记录）出现的，所以，处理的时候应该把它们作为一个整体来处理。这时，光靠基本数据类型 int、float、char 等以及数组就不够了。C/C++语言为此引入了结构体这种构造数据类型，把多种信息合成一个整体来处理。

6.1　复杂数据记录对应的 C 类型

所谓基本数据类型，就是只有一个值的不可分的原子类型。比如一个 char 型，它再也不能分割成更小的成员。但是构造数据类型则不然。构造数据类型是根据已定义的一个或多个数据类型，用构造的方法来定义的。也就是说，一个构造类型的值可以分解成若干个成员或元素。每个成员都是一个基本数据类型或又是一个构造类型。在C/C++语言中，构造类型有以下几种：数组类型、结构类型、联合类型。

对于上一章最后涉及的学生课程成绩记录，可以把每一项对应的数据组合在一起，形成学生记录类型。然后直接使用学生记录类型对数据进行处理。这通过定义如下的结构类型来实现：

```
0001 struct studentrec{
0002     char number[8];   //保存学生 7 位学号字符串
0003     char name[21];    //保存学生姓名，最长 10 个中文字
0004     char gender;      //性别，取值为'M'或'F'
0005     char course[30];  //课程名
0006     char classno[5];  //课程编号
0007     char semester[4]; //开课学期
```

```
0008        float pingshi, final, score;//平时分,期末分,总评分
0009        struct studentrec * next;    //指针,后续使用
0010    }stu[7], * pstu = stu, stu_tmp;  //用这种结构类型来定义数组,变量,指针等。
```

这其实就是把例 3-16 中使用到的组成记录的各种数据(学号、姓名等)都组合在了一起,构造了一个新的类型:struct studentrec 类型。要使用结构体,必须先根据应用的要求构造一个具体的结构体类型。构造(定义)结构体类型时,要使用 C/C++语言关键字 struct 后跟一个标识符(如这里的 studentrec)的形式(第 1 行),标识符表示结构类型的名字,必须跟 struct 一起使用。后面用一对大括号把组成这个结构体的具体数据(变量等)括起来(第 2~10 行)。struct 标识符实际上就代表了后面大括号括起来的所有数据的一个集合(第 2~9 行的各个变量等)。

在定义结构体类型之后(即在 struct 标识符首次出现行的后面),这个结构体类型已经是一个合法的 C/C++语言数据类型了,就可以用这种结构类型定义变量、数组、指针等,跟用 int、char 定义变量的形式完全一样。第 10 行定义了一个 struct studentrec 类型的变量 stu_tmp,一个由 7 个 struct studentrec 类型元素组成的数组 stu,一个指向 stu 数组首元素的指针变量 pstu。

在结构体定义的内部,也可以定义本结构体类型的指针变量,如 struct studentrec 类型的指针变量 next(代码第 9 行)。结构体内部定义的变量称为该结构体的成员变量,也简称成员。比如,上面的定义代码中,number、name 等都是结构体 struct studentrec 的成员变量。成员变量不能是未定义类型的变量,不能是本结构体定义的非指针类型的变量,否则会出现定义嵌套,引起无穷递归,这是 C/C++语言所禁止的。

当然,也可以不在定义结构类型的时候同时定义变量。比如,把上述代码第 10 行中的 stu[7], * pstu=stu, stu_tmp 删掉,另起一行来定义这些数据:

```
struct studentrec stu[7], * pstu, stu_tmp;
```

struct studentrec 作为类型的名字是一个整体(不能忘了写 struct),它跟基本数据类型地位是一样的,可以用来定义变量、数组、指针变量等,也可以作为函数的参数。

但是每次用结构体类型定义变量的时候,都要写 struct 标识符作为类型名。所以,程序员常使用 C/C++语言的 typedef 关键字为结构类型起一个更简单的名字,如,

```
typedef struct studentrec STUREC;
```

STUREC 作为 struct studentrec 的别名,就跟它是完全等同的。然后,就可以利用 STUREC 这个类型名定义变量。程序员往往更愿意使用 typedef 之后的新类型名字。而且,还可以从新的名字出发定义更复杂但是含义更清楚的类型,如

```
typedef STUREC * PSTUREC;//定义指向 STUREC 类型的指针类型 PSTUREC
```

便定义了指向 STUREC 类型,也即是 struct studentrec 类型的指针类型。用 PSTUREC 定义的变量,其实质都是指向 STUREC 结构类型的指针变量。

而且，用 typedef 定义类型别名，可以在定义结构体的同时进行。比如，

```
typedef struct studentrec{
    ……              //成员变量跟上面的代码相同
}STUREC, * PSTUREC;   //用这种结构类型来定义结构类型和结构指针类型
```

同样定义了一个 struct studentrec 类型的别名 STUREC，和一个指向 struct studentrec 结构类型的指针类型 PSTUREC。其含义跟单独用 typedef 来定义新类型是一样的。以后使用结构体类型的时候就利用类型别名就可以了，这里的 studentrec 可以省略。省略和不省略的区别就在于，省略，程序中就没有引入 studentrec 这个符号，当然在后面就不能使用。因为 C/C++语言规定，每个符号都必须先声明（定义）后使用。不省略 studentrec，就可以使用结构类型 struct studentrec 定义变量等操作。

对结构体的操作，很多情况下是将结构体类型变量作为一个整体，比如赋值、取地址。除此之外，作为整体结构体变量没有其他的运算。可以用函数定义两个结构体变量的大小，根据需要给"大小"一个明确的含义。比如，在学生成绩记录结构体 struct studentrec 中，用总评成绩的大小来表示两条记录的大小。要比较两个成绩记录中总评成绩的大小，就必须访问结构体成员变量。C/C++语言使用成员运算符"."访问结构体的成员变量。"."的左边必须是一个结构体类型的左值，右边必须是该结构体的成员变量的名字。比如，

```
struct studentrec x, y;
x. score = 90.0;
y. score = 89.0;
strcpy(x.name, "刘德花");
if(x. score >  y. score) printf("x > y!");
```

定义了两个结构类型的变量 x 和 y，然后通过成员运算符为各自的成员变量 score 赋值。因为成员变量 name 是 char[21]字符数组类型，不能直接赋值，所以利用字符串拷贝函数 strcpy 把初值"刘德花"拷贝到 x 的成员变量——字符数组 name 中。然后用成员运算符取得 x 和 y 的两个成员变量 score，比较它们的大小并输出结果。注意，"结构体变量. 成员变量"是最终的成员变量的类型，比如 x. score 的类型是 float。

要通过指向结构体的指针变量 p 访问结构体的成员变量，首先应该对该指针取间接运算得到对应的目标变量（即（* p）），然后再利用成员运算符"."取得相应的成员变量。比如，

```
struct studentrec x, y, * p = &x; //指针变量p指向结构体变量x
(* p). score = 90.0;//对指针变量p先取间接运算,再用成员运算来访问成员变量
y. score = 89.0;
strcpy(p - >name, "刘德花");//用指针变量p访问成员变量也可简写成p->成员变量
if(p - >score >  y. score) printf("x > y!");
```

这里,首先定义了两个结构体变量 x 和 y,同时定义了一个指向结构体类型的指针变量 p,并令其指向 x。然后对 p 取间接运算,得到 * p, * p 实际上就等同于结构体变量 x。然后再对 * p 取成员得(* p). score,就相当于 x. score。但是每次都这样写比较麻烦,而且不直观。C/C++语言对这种情况引入了新的成员运算符"—>",使程序员通过指向结构体的指针变量访问目标变量的成员。该运算符使用时,左边必须是指向结构体的指针变量,右边是目标结构体的成员变量名。其数据类型为成员变量的类型。比如 p—>name 便是 name 的类型——字符数组型,所以可以用 strcpy 对其赋值。而 p—>score 的类型则是 score 的类型 float,可以跟 y. score 比较大小。

例 6 - 1 利用结构体来存储学生成绩记录表,并按降序排序输出。

```
0001 / * 文件名:exp6_01.cpp   用结构体存储成绩表,并将记录按总评成绩降序排列。 * /
0002 # include <stdio. h>
0003 # include <stdlib. h>
0004 # include <string. h>
0005 #define N   7                //学生记录条数
0006
0007 typedef struct studentrec{
0008     char number[8]; //保存学生 7 位学号字符串
0009     char name[21];   //保存学生姓名,最长 10 个中文字
0010     char gender;      //性别,取值为'M'或'F'
0011     char course[30];//课程名
0012     char classno[5];//课程编号
0013     char semester[4];//开课学期
0014     float pingshi, final, score;//平时分,期末分,总评分
0015     struct studentrec * next;   //指针,目前不用
0016 } STUREC, * PSTUREC;            //用 typedef 为 struct studentrec 结构类型定义别名
0017
0018 / * CompStuRec:比较两个记录的大小(根据总评成绩降序来比)
0019         供 qsort 函数使用的回调函数 * /
0020 int CompStuRec(const void * s1, const void * s2)
0021 {
0022     PSTUREC rec1 = ( PSTUREC)s1;        //s1 实际指向的是一个个的记录元素
0023     PSTUREC rec2 = ( PSTUREC)s2;        //s2 实际指向的也是一个记录元素
0024     if(rec1 ->score < rec2 ->score)//降序
0025         return 1;
0026     else if  (rec1 ->score > rec2 ->score)
0027         return - 1;
0028     else
0029         return 0;
0030 }
```

```
0031
0032  int main( )
0033  {
0034      STUREC a[N]; //定义 N 个元素的学生成绩记录数组
0035
0036      int i = 0,j = 0;
0037      //数据定义完毕。下面进行赋值。
0038      strcpy(a[0]. number,"0053853"); strcpy(a[1]. number,"0053861");strcpy(a[2].
          number,"0053855");
0039      strcpy(a[3]. number,"0053850"); strcpy(a[4]. number,"0053857");strcpy(a[5].
          number,"0053858");
0040      strcpy(a[6]. number,"0053856");
0041      //用 strcpy 来为字符串赋值
0042      strcpy(a[0].name,"齐小琴"); strcpy(a[1].name,"曾俊杰");strcpy(a[2].name,"孙斌");
0043      strcpy(a[3].name,"刘秀芳"); strcpy(a[4].name,"王辉");strcpy(a[5].name,"吴凡贤");
0044      strcpy(a[6].name,"唐沙沙");
0045      //为性别赋值
0046      a[0]. gender = 'M'; a[1]. gender = 'M';a[2]. gender = 'F';
0047      a[3]. gender = 'M'; a[4]. gender = 'F';a[5]. gender = 'F';
0048      a[6]. gender = 'M';
0049      //平时成绩
0050      a[0]. pingshi = 20.0; a[1]. pingshi = 20.0;a[2]. pingshi = 20.0;
0051      a[3]. pingshi = 20.0; a[4]. pingshi = 18.0;a[5]. pingshi = 20.0;
0052      a[6]. pingshi = 19.0;
0053      //期末成绩
0054      a[0]. final = 95.0 ; a[1]. final = 90.0 ;a[2]. final = 92.0 ;
0055      a[3]. final = 91.0 ; a[4]. final = 91.0 ;a[5]. final = 93.0 ;
0056      a[6]. final = 90.0 ;
0057      //打印并计算总评成绩
0058      printf("排序之前:\n");
0059      printf(" ============================================================ \n");
0060  printf("   学号   姓名   性别   课程名   班级   学期   平时分   期末分   总评\n");
0061      for(i = 0;i<N;i ++ )
0062      {
0063          strcpy(a[i].course,"SystemView仿真");
0064          strcpy(a[i].classno,"C01");
0065          strcpy(a[i]. semester,"072");
0066          a[i]. score = a[i]. pingshi + 0.8 * a[i].final;//计算总评成绩
0067          printf("% -8s % -8s %5s %20s %7s %7s %8.1f %8.1f %8.1f\n",a[i]. number, a
          [i]. name,
```

```
0068                (a[i].gender == 'F')?"女":"男",a[i].course, a[i].classno, a[i].semester,
0069                a[i].pingshi, a[i].final, a[i].score        );
0070        }
0071
0072        qsort((void *)a, N, sizeof(STUREC), &CompStuRec);//调用 qsort 函数进行记录的排序
0073        //打印并计算总评成绩排序后的记录
0074        printf("\n 排序之后:\n");
0075        printf(" ========================================================= \n");
0076        PSTUREC p = a, pend = a + N; //指针 p 指向记录数组首元素,pend 指向记录所占内存的右边界
0077        printf(" 学号    姓名   性别   课程名   班级   学期   平时分   期末分   总评\n");
0078        while(p<pend) //用指针循环地取得数组 a 的每个元素,并打印其成员变量的值
0079        {
0080            printf("% -8s% -8s%5s%20s%7s%7s%8.1f%8.1f%8.1f\n",p->number,
                   p->name,
0081                (p->gender == 'F')?"女":"男",p->course, p->classno, p->semester,
0082                p->pingshi, p->final, p->score        );//用指针来存取成员变量
0083            p++;                                        //p 指向数组 a 的下一个元素
0084        }
0085        return 0;
0086 }
```

例 6-1 是一个比较综合的例子。程序中首先定义了一个成绩记录(结构体)类型的别名 STUREC 和指针类型别名 PSTUREC(第 7~16 行)。然后在第 18~30 行定义了一个比较记录大小的函数 int CompStuRec(const void * s1, const void * s2),传给它的两个实参必须是两个结构体变量的指针,然后在函数体内强制类型转换恢复两个指针指向数据的真实类型(即 STUREC 结构类型,第 22、23 行)。最后在 24~29 行通过指针访问成员变量,并比较成员变量的大小,作为两个结构体变量的"大小"。注意这里是逆序(前一个记录的 score 成员变量小于后一个的 score 成员变量时返回正整数 1),因为要对记录按照总评成绩从高到低排序(逆序)。

在主函数中,首先定义了由 N(N=7)个记录的结构体数组 a。然后通过数组名和成员运算符"."对数据进行赋值(第 37~56 行)。利用下标运算符和成员运算符把数组 a 的每个元素取出来打印(第 67~69 行)。第 72 行调用了 stdlib.h 中声明的通用快速排序函数 qsort,对结构体数组排序。前面对成员变量赋初值比较繁琐,但是利用 qsort 函数记录排序简洁。qsort 的第一个实参是要排序数据的首地址,第二个实参是记录的个数 N,第三个实参是每个记录的大小,第四个是定义好的回调函数 CompStuRec,按要求它必须是 int (*)(const void * , const void *)型。所以函数 CompStuRec 的类型就是比照这个类型来定义的。qsort 在实现的时候,比较两个元素的大小就是用这个回调函数。它传给回调函数的两个参数是待比较的两个数据的首地址。

采用跟打印排序前记录不同的方法,利用指针存取成员变量。这不是必须的,是为

了使读者更加熟悉指针和用指针取成员变量的操作。第 76 行定义了两个指向结构体类型的指针变量 p 和 pend,分别指向结构体数组 a 的首元素和 a 末元素 a[N-1]的右边界(即 pend 刚刚越界)。pend 实际上是作为一个旗标,标志右边界。在第 78 行开始的循环中,用指针 p 访问记录时,p 绝对不能大于等于 pend 以免越界。

在第 80~82 行,取成员变量都是利用指针 p 和成员运算符"->"。第 83 行,在上一个 printf 打印出当前记录之后,指针 p 自增 1,表示指针 p 的指向将在原来内存地址的基础上向前(即向地址增加的方向)跨一步(步长为一个目标变量的大小个字节)。系统会自动根据指针 p 的目标变量的类型计算步长。对本例而言,从数值上来讲,p++ 实际增加的数值是 sizeof(struct studentrec)个字节。

p[i]的真实含义其实是:首先,编译器根据 p 的值算出一个首地址,然后根据 i 的值计算出从 p 出发第 i 个元素的地址,然后,从这个地址中取出一个目标类型的数据。如果 p 指向 struct studentrec,则 p[i]就是 *(p+i),首先通过地址总线定位到 p+i * sizeof(struct studentrec)这个内存地址,锁定该地址后,从中取出一个目标数据(一块 struct studentrec 类型的数据)。

因为在主程序中两次用到了全部记录的打印,可以把这个功能设计成函数:

```
0001 void PrtStuRec(STUREC list[], int cnt) //打印 list 结构体数组中所有 cnt 个记录的函数
0002 {
0003     printf(" 学号   姓名   性别   课程名   班级   学期   平时分   期末分   总评\n");
0004     for(int i = 0;i<cnt;i ++ )
0005         PrtRecord(&list[i]);
0006     return ;
0007 }
0008
0009 void PrtRecord(PSTUREC p) //打印结构体中所有成员变量的函数,采用传指针的方式
0010 { printf("%-8s%-8s%5s%20s%7s%7s%8.1f%8.1f%8.1f\n",p->number, p->name,
0011         (p->gender == 'F')?"女":"男",p->course, p->classno, p->semester,
0012         p->pingshi, p->final, p->score      );//用指针来存取成员变量
0013     return ;
0014 }
0015
0016 void PrtRecord2(STUREC a) //打印结构体中所有成员变量的函数,采用传值的方式
0017 {   printf("%-8s%-8s%5s%20s%7s%7s%8.1f%8.1f%8.1f\n",a[i].number, a[i].name,
0018         (a[i].gender == 'F')?"女":"男",a[i].course, a[i].classno, a[i].semester,
0019         a[i].pingshi, a[i].final, a[i].score      );
0020     return ;
0021 }
```

其中,PrtStuRec 函数接受待打印的记录数组名作为第一个形参,记录条数作为第二个形参。在函数体内循环打印每条记录(第 4、5 行)。打印单条记录时,调用了函数

PrtRecord,该函数接受指向 STUREC 记录类型的指针 p(称为传地址调用),通过指针访问成员变量,完成打印(第 10～12 行)。打印单条记录的函数也可以用 PrtRecord2,它接受的形参变量的类型是记录类型 STUREC 的变量 a(称为传值调用),然后在函数体内通过成员运算符". "去访问各个成员变量(第 17～19 行)。

采用传值方式的 PrtRecord2 比传地址方式的 PrtRecord 函数效率低,因为每次调用前者的时候,都要把对应的成员变量的值从实参拷贝到形参,时间消耗量大;而每次调用后者的时候,都只需要传一个 4 字节的指针而已。对于大量的数据,采用后者可以提高效率。而且对于传地址调用来说,如果在被调函数体内改变了该地址指向的内容,则主调函数中的内容也会同样改变。但是对于传值调用来讲,由于传给形参的是实参的一份拷贝,在被调函数体内对形参的改变不会改变实参的实际内存,所以实参的值不会随形参值的改变而改变。

本例程序运行结果如图 6-1 所示。

```
"E:\VCProj\CPPBook\Chap06\Debug\Chap06.exe"

排序之前:
=========================================================================
 学号     姓名    性别        课程名         班级   学期   平时分   期末分   总评
0053853  齐小琴   男    SystemView仿真    C01   072    20.0    95.0    96.0
0053861  曾俊杰   男    SystemView仿真    C01   072    20.0    90.0    92.0
0053855  孙斌    女    SystemView仿真    C01   072    20.0    92.0    93.6
0053850  刘秀芳   男    SystemView仿真    C01   072    20.0    91.0    92.8
0053857  王辉    女    SystemView仿真    C01   072    18.0    91.0    90.8
0053858  吴凡贤   女    SystemView仿真    C01   072    20.0    93.0    94.4
0053856  唐沙沙   男    SystemView仿真    C01   072    19.0    90.0    91.0

排序之后:
=========================================================================
 学号     姓名    性别        课程名         班级   学期   平时分   期末分   总评
0053853  齐小琴   男    SystemView仿真    C01   072    20.0    95.0    96.0
0053858  吴凡贤   女    SystemView仿真    C01   072    20.0    93.0    94.4
0053855  孙斌    女    SystemView仿真    C01   072    20.0    92.0    93.6
0053850  刘秀芳   男    SystemView仿真    C01   072    20.0    91.0    92.8
0053861  曾俊杰   男    SystemView仿真    C01   072    20.0    90.0    92.0
0053856  唐沙沙   男    SystemView仿真    C01   072    19.0    90.0    91.0
0053857  王辉    女    SystemView仿真    C01   072    18.0    91.0    90.8
Press any key to continue_
```

图 6-1 利用 qsort 和结构体的成绩记录排序

跟基本数据类型的变量一样,结构体变量也跟内存中的一块相关联。不同的是,在这块内存内部还分成更小的单元,各自与结构体的成员变量相关联。前一个学生记录结构比较复杂,不便用图来表示。重新定义一个结构体 struct node,然后用图表示的变量 root 在内存中的存储情况,如图 6-2 所示。

结构体(struct node)型变量 root 占用的内存大致可以用它的各个成员变量(data、ch、next)所占内存的和来构成。对于程序员来说,只要确定这块内存对应什么类型的结构体变量,利用成员运算符就可以访问其中的成员变量。所以,在结构体变量所占内存的内部成员变量到底怎么分布,不是程序员关注的重点。但是,在调试程序的时候,有时还是需要程序员知道结构体成员的内存占用情况的。另外,程序员可以通过sizeof(结构体变量/类型)获得结构体变量所占用的内存字节数,并且可以使用取地址运算符获得各成员变量在内存中的具体位置。在 VC 6 和 32 位机的环境下,图 6-2 中

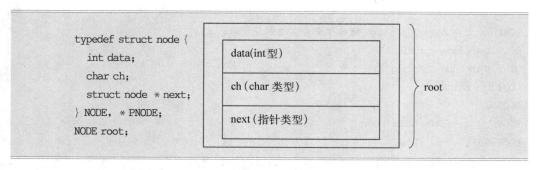

图 6-2　结构体 NODE 型变量占用内存示意图

定义的结构体类型占用 12 个字节,而不是想当然的 sizeof(int)＋sizeof(char)＋sizeof (struct node＊)＝4＋1＋4＝9 个字节。这是因为在 C/C++语言中,为结构类型变量关联内存时,会采用补齐策略,使得各个变量占用内存长度尽量跟相邻的变量占用内存长度对齐。所以图 6-2 中 root 变量内部成员变量 ch 的占用内存长度跟 data 一样宽。

　　如图 6-3 所示,结构体变量 root 的成员变量赋初值之后,进入调试模式,观察结构体变量 root 在内存中的实际分布情况。root 起始地址为 0x0012FF74(读者机器上可以不同),占用内存为 12 字节。其中前 4 个字节为成员变量 data 占用(赋值为－1,十六进制补码表示为 FF FF FF FF)。后一个字节为 char 型变量 ch 占用(赋值为'A', ASCⅡ码为十六进制的 41),剩下 3 个字节为补齐而添加。最后 4 个字节为指针成员变量 next 占用,赋值 0(4 个字节的 00)。

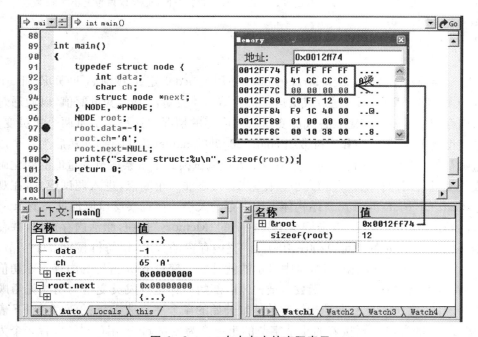

图 6-3　root 在内存中的实际表示

例 6-2　在图 6-2 中的结构体基础上添加一些成员变量,观察其内存占用情况。

```
0001 /* 文件名：exp6_02.cpp  结构体变量占用内存示例。*/
0002 # include <stdio.h>
0003 # include <string.h>
0004 int main()
0005 {
0006     typedef struct node {
0007         int data;
0008         char ch;
0009         struct node * next;
0010         double lf;              //增加了一个双精度浮点型成员变量
0011         char name[20];          //增加了一个字符数组成员
0012     } NODE, * PNODE;            //定义结构体类型
0013     NODE root;
0014     //为结构体的成员变量赋初值
0015     root.data = -1;
0016     root.ch = 'A';
0017     root.next = NULL;
0018     root.lf = 0;
0019     strcpy(root.name,"James Bond");
0020
0021     printf("sizeof struct: %u\n", sizeof(root));//计算结构体内存大小
0022     return 0;
0023 }
```

首先定义了结构体类型 struct node，并用 typedef 定义其别名 NODE 和 struct node * 的别名 PNODE。通过成员运算符为结构体变量的成员变量赋值，以便通过其所占内存中值的变化来观察各成员变量所占内存的情况。这里增加了两个成员变量：双精度型的 lf(第 10 行)和字符数组 char [20]型的 name(第 11 行)。然后为各个成员变量赋初值(第 15～19 行)，这样做是为了方便调试模式下观察成员变量值的变化确定各成员变量占用内存的位置和大小。在第 15 行添加一个断点，进入调试模式，在观察窗输入 sizeof(root)得到 root 结构体占用内存的大小。在观察窗口取地址 &root 得到 root 的地址 0x0012ff50。点击调试工具栏上的"Memory"按钮，激活内存窗口，并在地址编辑框输入 root 的地址 0x0012ff50。调整内存窗的大小，使每行显示 8 个字节，正好显示 6 行。这样，这个内存窗口中显示的就是整个变量 root 占用的内存。赋初值之后(字符数组赋初值用 strcpy 函数)，结构体内部的内存是按成员变量声明的先后顺序依次分配的，从 0x12ff50 即结构体起始地址开始的 4 个字节是 data 的值(4 个 FF 表示 int 型数-1 的补码)，紧接着的 4 个字节的第一个为变量 ch 占用(='A')，后 3 个为对齐而添加。再下面一行的前 4 个字节为指针 next 占用(为 NULL，即 0)，后 4 个为对齐而添加。第四行(0x0012ff60 开始)为 double 型占用的 8 个字节(值 0.0)。后 3 行的 24

个字节中的前 20 个为字符数组 name 所占用（赋初值"James Bond"），最后的 4 个字节是为了补齐而添加的，如图 6-4 所示。

如图 6-4 所示，对齐的基本原则是：相邻的数据要对齐，短的跟次短的对齐，次短的跟长的对齐，都和结构体中简单数据类型中最长的变量对齐。在本例中，简单数据类型最长的成员变量就是 double 型的 lf，占用 8 字节。char 型的 ch 跟相邻的 int 型的 data 对齐，填补了 3 个字节。data 和 ch 都和 lf 对齐，两者共同占用 8 个字节，满足这一点。指针变量 next 跟相邻的 double 型的 lf 对齐，所以要填充 4 个字节。最后的数组 name 占 20 个字节，也要跟 double 型的 lf 对齐，故在尾部填充了 4 个字节。

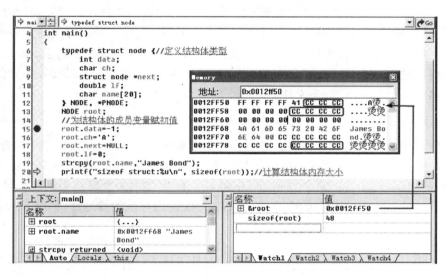

图 6-4 一个更复杂的成员变量对齐的例子

变量声明的位置也是很重要的。变量声明的位置变化了，可能整个结构体变量所占内存的大小都会变化。比如把 char ch; 语句换到 double lf 之后，根据对齐规则，int 型的 data 和指针 next 正好都是对齐的；二者合在一起又跟 double 型所占内存（8 字节）是对齐的。lf 后面 ch 变量和字符数组 name 要跟 double 型的 lf 对齐，需要填充 3 个字节（ch 占 1 个字符，相邻的 name 占 20 个字符，再加 3 个字符构成 24＝8×3 个字符跟 lf 的长度对齐）。这时用 sizeof(root) 求得的变量大小为 40 个字节（data 占 4 个，next 占 4 个，lf 占 8 个，ch 和 name 占 21 个，再补 3 个）。

现阶段所创建的应用还不涉及变量对齐。结构体类型的变量占用内存的大小，一定大于或等于该结构体类型各成员变量占用内存大小之和，因为需要进行变量对齐的原因。

练 — 练

把例 6-2 的结构体定义中 char ch 的位置改变，通过调试观察对齐的情况，以及对应结构体变量 root 占用的内存大小。

6.2 利用数组存储与处理数据

在处理多个记录的时候,可以使用结构体类型定义数组。数组是相同类型的数据的集合,相邻下标的数组元素在内存中相邻存储。所以,只要知道了数组的首元素地址,其中任意一个元素的地址就可以很快确定。这使得数组元素的随机访问具有很高的效率。但是数组在定义的时候必须确定其大小,即元素的个数,这又使得其在数据的个数不确定的应用中显得不灵活。可以使用动态内存分配的方式:首先确定一个记录数组的初始大小;然后如果在程序运行过程中发现需要更多的内存,则用 realloc 函数来分配更大的内存。realloc 函数定义在标准库中,使用时需包含 stdlib.h 头文件。有的编译器需要包含 alloc.h 头文件。realloc 的原型为

```
void * realloc(void * mem_address, unsigned int newsize);
```

其中 mem_address 是要扩容的内存的起始地址指针,newsize 为新的内存的大小,应该比原来的内存大,否则就会造成数据的丢失。它的操作是:首先分配一块大小为 newsize 的内存,成功后把原来 mem_address 指向的内存中的数据从头到尾拷贝过去,而后释放 mem_address 指向的内存,并返回新分配的内存块的首地址,如图 6-5 所示。

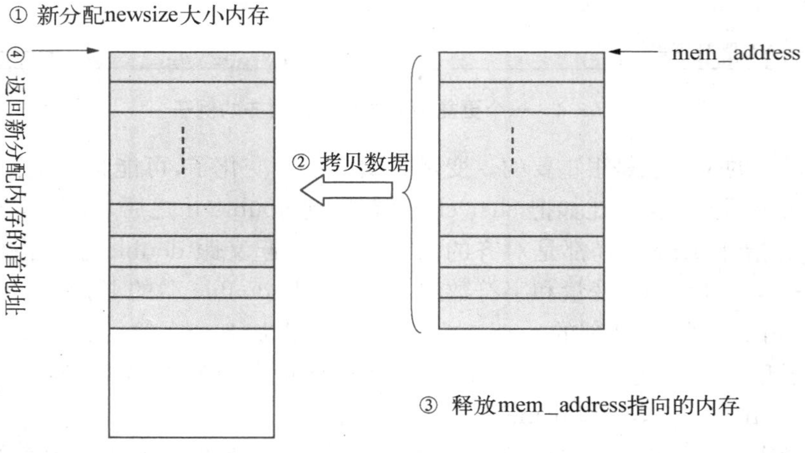

① 新分配newsize大小内存

④ 返回新分配内存的首地址

mem_address

② 拷贝数据

③ 释放mem_address指向的内存

图 6 - 5   realloc 函数执行的过程示意图

虽然用到了动态内存分配,但是还是在以数组的形式存储数据。使用数组对元素随机访问的时候,虽然有很高的效率,但是在需要频繁的插入和删除其中某个元素的场合,数组就显得笨拙了。比如,要在数组 A 的第 i 个下标处插入一个元素 x,则需要先把原来的第 i~n-1(n 为数组中有效数据个数)个元素整体后移一个元素的位置,即 A[n]=A[n-1],……,A[i-1]=A[i],再把 x 插入到 A[i] 的位置上:A[i]=x。要删除第 i 个位置上的元素,则需要把下标为 i+1 到 n-1 的元素整体前移一个位置:

A[i]＝A[i＋1]，…，A[n−2]＝A[n−1]，如图 6−6 所示。

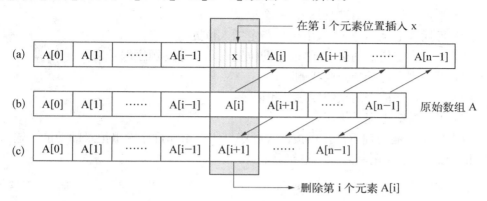

图 6−6　数组 A 的插入和删除操作示意

6.3　为提高数据插入和删除效率所作的改进

使用数组存储记录，由于每个数据元素都是一个结构体类型，导致插入和删除操作中的每次数组元素位置移动都会非常笨重，因为每次都要拷贝结构体变量内部的所有成员变量。在经常进行插入删除的应用中，为了提高操作的效率，可以使用链表（Linked List）这种数据结构。

链表实际上也是一系列记录（结构体变量）的集合。只是在内存中存放的时候，逻辑上相邻的记录（结构体变量）在内存中并不相邻存储。链表中的每个记录称为一个结点。比如，第 i 个结点在内存中的首地址如果是 AddrA，第 i＋1 个记录在内存中的首地址可能是跟 AddrA 完全没有关系的地址 AddrB。但是第 i 个链表结点中存储有它逻辑上的下一个（第 i＋1 个）结点的地址。所有的结点都通过地址两两相连，形成一条完整的链。也就是说，每个结点的内部由两个部分组成：一个是存储实际数据的数据部分，对应真正的数据信息；另一个是存储下一个结点位置的地址部分，对应结构信息。只有一个结点的链表，或者链表的最后一个结点，其地址部分的值设为 NULL，如图6−7所示。

其中，第 i 个结点的地址部分的值是第 i＋1 个结点的起始地址，第 i＋1 个结点的地址部分的值是第 i＋2 个结点的起始地址，……依次类推，最后一个结点的地址值为 NULL，表示链表到这里结束。链表中结点的个数可以随应用中记录的多少动态生成。

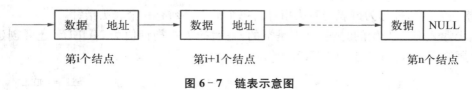

图 6−7　链表示意图

例 6-3　创建一个链表,用来存储第 4.1 节中的学生成绩记录表。功能要求:

(1) 学生成绩信息由键盘录入,一个记录一行;

(2) 可插入记录到链表中,由用户指定插入位置;

(3) 查找指定位置的记录(链表中的位置而非排序的顺序编号);

(4) 可以进行记录的修改或删除;

(5) 可以按照链表的组织顺序打印记录;

(6) 可以对链表记录排序。

以上每个功能处理后都提供按链表顺序打印记录和排序输出记录的功能。输入的一行记录如下,中间用制表或空格符分隔开:

```
0053864    智婷   女  SystemView 仿真    C01    072   20.0    89.0   91.2
```

分析与实现:

步骤 1.根据记录的各个数据项目,定义一个成绩记录结构体类型,用来保存数据:

```
/*文件名:mysubs.h*/
//定义学生记录结构类型及对应的指针类型
typedef struct studentrec{
    char number[8];            //保存学生7位学号字符串
    char name[21];             //保存学生姓名,最长10个中文字
    char gender;               //性别,取值为'M'或'F'
    char course[30];           //课程名
    char classno[5];           //课程编号
    char semester[4];          //开课学期
    float pingshi, final, score;//平时分,期末分,总评分
    struct studentrec * next;   //指针,指向下一个记录
} STUREC, * PSTUREC;
```

这里为了方便使用,在定义结构体类型 struct studentrec 的同时还用 typedef 关键字定义了该结构类型的别名 STUREC(= struct studentrec),以及指向该结构类型的指针类型 PSTUREC 类型(=struct studentrec *)。代码保存在 mysubs.h 中。该文件其他部分的代码省略(凡是声明性代码都保存在 mysubs.h 中,而函数实现的代码都保存在 mysubs.cpp 中,函数的声明都写在 mysubs.h 中)。为了突出,不显示同文件中其他部分的代码。

步骤 2.　创建一个具有 N 个结点的链表,同时输入数据记录。创建链表,首先应该创建一个个的结点,并把各结点用指针连接起来。第一个结点为首元素结点,又叫表头;指向它的指针称为链表的表头指针。每个链表必须有一个表头指针。

步骤 2.1.　开始的时候,链表是空的,空表的表头指针值为 NULL。还要创建一个表尾结点指针,开始也为 NULL:

```
(0)创建空表    表头指针  head = NULL    表尾指针  tail = NULL
```

步骤 2.2. 创建一个结点 p，作为首元素结点，同时也是尾结点：

（1）创建首元素结点

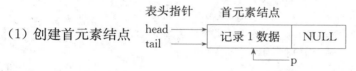

```
/*文件名:mysubs.cpp*/
#include"mysubs.h"
/*CreateRecNode:创建链表结点。成功则返回指向该结点的指针,否则返回 NULL*/
PSTUREC CreateRecNode()
{
    PSTUREC p=( PSTUREC)calloc(1, sizeof(STUREC));//用 calloc 创建结点,保证内存中都是 0
    return p;
}
```

即采用动态内存分配的方法，创建一个结点，返回其首地址指针给 p，并返回。

若新创建的结点是链表的首元素结点，则在主调函数中令 head＝p。因为现在链表只有一个结点，故首结点也是尾结点，又令 tail＝p。因为 p 指向的结点也是尾结点，故令 p 指向结点的 next 指针为 NULL（尾结点的 next 指针规定为 NULL）。

步骤 2.3. 再创建一个结点，并把该结点连接到链表上。有两种方法：一是把新建的结点连到链表的尾部作为新的尾结点（称为尾插法）；另一种方法是把新建的结点插入到表头位置，作为新的表头结点（称为头插法）。这里采用尾插法。两种方法插入后的链表结构如下，其中指针 p 都指向新创建的结点：

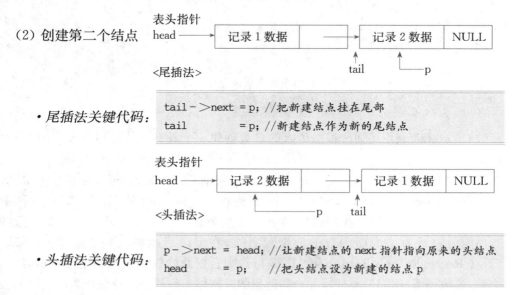

（2）创建第二个结点

〈尾插法〉

• **尾插法关键代码：**
```
tail->next = p; //把新建结点挂在尾部
tail      = p; //新建结点作为新的尾结点
```

〈头插法〉

• **头插法关键代码：**
```
p->next = head; //让新建结点的 next 指针指向原来的头结点
head    = p;    //把头结点设为新建的结点 p
```

再创建第三、第四、……个结点时，处理跟创建第二个结点的处理一样。实现创建链表的函数 CreateLst 的代码如下：

```
0001 ♯include"mysubs.h"
0002 PSTUREC CreateRecNode();//创建链表结点。成功则返回指向该结点的指针,否则返回 NULL
0003 PSTUREC InputRecord(PSTUREC p);//输入学生成绩记录数据,该记录由 p 指向
0004 /*创建有 n 个结点的链表,返回表头指针*/
0005 PSTUREC CreateLst(int n)
0006 {    PSTUREC head, tail, p = NULL;
0007      int i = 0;
0008      tail = head = NULL;    //(2.1)创建空链表
0009      while(i<n)              //循环创建 n 个结点的链表
0010      {
0011          p = CreateRecNode();//创建一个结点
0012          if(p == NULL)
0013          {
0014              printf("创建结点失败!退出程序……\n");
0015              exit(-1);
0016          }
0017          p->next = NULL;//把新建的、由 p 指向的结点作为尾结点
0018          if(head == NULL) //(2.2) 创建首元素结点后,把它链入链表
0019              tail = head = p;
0020          else            //(2.3) 把新建的非首元素结点连在链表最后作为新的尾结点
0021          {
0022              tail->next = p; //把新建结点挂在尾部
0023              tail        = p; //新建结点作为新的尾结点
0024          }
0025          InputRecord(p);    //输入数据
0026          i++;              //创建下一个结点
0027      }
0028      return head;          //返回链表表头指针
0029 }
```

函数 CreateLst 利用尾插法根据传入的参数创建一个具有 n 个 STUREC 结构类型结点的链表,并返回该链表的表头指针 head。其中,第 2、3 行是要调用的函数的声明语句。创建结点的 CreateRecNode 函数已经在前面实现,而输入记录信息的函数 InputRecord 还没有实现。InputRecord 将接收一行输入,并从中提取数据,为实参指针变量 p 指向的记录结构体中的各个成员变量赋值,然后返回指针 p。第 2、3 行的函数声明语句是为了说明函数的原型,编译器在编译后续的代码的时候,如果遇到 CreateRecNode、InputRecord(第 11、25 行),则会据此检查函数的调用是否正确(参数个数、参数类型、返回值类型),并会在适当的时候做类型转换。这些函数声明以后会放在 mysubs.h 头文件中。这样,如果要调用它们,就只需包含该头文件即可。

步骤 3. 函数 InputRecord 根据用户输入的一行信息,从中提取出用空白符(空

格、制表符等)分隔开的各项数据,分别为形参指针 p 指向的 struct studentrec 类型的结构体的各成员变量赋值。采用一行一行的输入(利用函数 fgets),是为了简化输入,还能保证输入的安全。这样,可以先把记录存放在一个文本文件中,在程序要求输入数据的时候,用拷贝-粘贴的方式快捷地把记录输入程序中。

```
0001 /＊InputRecord:输入学生成绩记录数据＊/
0002 PSTUREC InputRecord(PSTUREC p)
0003 {    if(p == NULL ) return;             //指针 p 不为 NULL 时才允许接受输入
0004
0005     char line[200] = {'\0'};
0006     char gender[3];//用来保存性别字串"男""女"
0007     fflush(stdin);//输入记录前先清空输入缓冲区
0008     fgets(line, sizeof(line), stdin);//用 fgets 从控制台输入一行数据
0009     sscanf(line,"%s%s%s%s%s%s%f%f%f\n", p->number,p->name, gender,
0010         p->course, p->classno, p->semester, &(p->pingshi),
0011         &(p->final),&(p->score)       );//读取数据,写到结构的成员变量中
0012     if(strcmp("男",gender) == 0) p->gender = 'M'; //把性别转换成字符值'F'/'M'
0013     else p->gender = 'F';
0014     return;
0015 }
```

记录输入函数 InputRecord 接受一个指向记录结构体的指针变量 p 作形参。在保证 p 不为 NULL 指针的条件下,才能进行记录的输入和各成员变量的赋值。用一个字符数组 line 保存用户输入的一行记录信息,用户输入的格式跟表中记录格式一样(每项用空格和/或制表符分开):

0053857	王辉	男	SystemView 仿真	C01	072	18.0	91.0	90.8

接受输入采用的是 fgets 函数。它定义在 stdio. h 中,原型为

```
char * fgets(char * line, int maxchars, FILE * fp);
```

该函数从第三个参数 fp 指向的来源中读取最多 maxchars－1 个字符或者遇到'\n'停止,并在字符串末尾加'\0',把该字符串保存在 line 指向的内存缓冲区中。其中 fp 是一个指向 FILE 类型的指针。在 VC 中查看 FILE 的定义,发现它实际上是一个结构体类型的别名:

```
typedef struct _iobuf FILE
```

通常把 FILE 类型称为文件结构类型,FILE ＊fp 定义的指针变量 fp 称为文件指针。结构 struct _iobuf 是跟磁盘文件关联的结构体,用来存取文件。第 8 行调用 fgets 函数时,第一个实参取 line,用来保存输入的字符数组(缓冲区)名。第二个实参取 sizeof (line),保证读取的字符个数不能超过数组 line 的大小减 1。第三个实参取值为 stdin,

表示输入的来源是键盘。stdin、stdout、stderr 是 C/C++语言定义的 3 个文件,表示标准输入(键盘)、标准输出(显示器)、标准错误,是每个程序都要打开的。计算机中,把输入输出设备也当作文件来处理,因为除了底层实现不同之外,输入输出设备也和文件一样,是读写数据的来源和归宿。

第 9 行用 sscanf 函数从先前保存记录的字符数组 line 中提取数据。函数 sscanf 也定义在 stdio.h 中,它的功能和 scanf 函数几乎完全一样,除了 scanf 读取的数据来自标准输入(键盘),而 sscanf 的输入来自保存在缓冲区中的字符。sscanf 的原型为

```
int sscanf(const char * buffer, const char * format, &var1, &var2,...);
```

第一个形参指向内存中的字符串作为 sscanf 输入的来源。后面的输入模式 format 及变量地址 &var1、&var2 等都和 scanf 一样。注意,sscanf 函数要求,输入字符串时,直接用字符数组名,而输入浮点型的成绩时,还要取成员变量的地址(第 9~11 行)。

步骤 4. 已经完成了存储学生记录的链表的创建工作。要检验链表创建的结果,需要设计打印链表数据的函数。

步骤 4.1. 设计打印单条记录的函数。该函数根据输入的指向记录的指针,分别打印各个字段:

```
0001 /* PrtStuRec:打印单个学生成绩记录,利用指向学生成绩结构体的指针 p */
0002 void PrtRecord(PSTUREC p) //打印结构体中所有成员变量的函数,采用传指针的方式
0003 { (p! = NULL)&& printf("% - 8s% - 8s%5s%20s%7s%7s%8.1f%8.1f%8.1f\n",p-> number, p->name,
0004         (p->gender == 'F')?"女":"男",p->course, p->classno, p->semester,
0005         p->pingshi, p->final, p->score     );//用指针来存取成员变量
0006     return ;
0007 }
```

函数 PrtRecord 的形参 p 为指向 struct studentrec 类型的指针变量。在函数体内,第 3 行用逻辑与运算符"&&"连接(p! =NULL)和 printf,是利用到逻辑与运算符的短路特性:当其左边的表达式的值为假时,才计算右边的表达式。这里,左边的表达式先判断 p 是否不等于 NULL,如果条件为真,则继续计算执行右边的 printf 函数调用语句。否则,右边的 printf 是不会调用的。这种写法可以简化对指针有效性的判断,而且代码比较简练。

在 printf 函数中,用指针 p 和指针的成员运算符"->"访问结构体中的成员变量。

步骤 4.2. 设计打印整个链表表示的所有记录的函数。其实只需要从链表的表头开始,逐条打印记录,直至表尾即可:

```
0001 /* PrtStuRecLst:打印学生成绩记录链表。从 head 开始打印,一直打印到链表末尾。*/
0002 void PrtStuRecLst(PSTUREC head)
0003 { if(head == NULL ) return; //空链表,什么都不打
0004
```

```
0005        PSTUREC p = head;        //p指向表头
0006        int i = 0;
0007  printf("\n ================================================== \n");
0008  printf("学号    姓名    性别    课程名    班级    学期    平时分    期末分    总评\n");
0009        do
0010        {
0011            PrtRecord(p);        //打印 p 指向的当前记录
0012        }while(p = p->next);     //p指向下一条记录,如它为 NULL,则结束循环,
0013        return ;
0014  }
```

函数 PrtStuRecLst 打印整个链表存储的所有记录。传给函数 PrtStuRecLst 的参数 head 是链表的表头指针。如果 head 为 NULL,表示该链表为空链表,不打印就返回。否则,说明链表至少有一个结点,函数至少要打印一条记录,采用 do...while 循环结构(第 9～12 行)。该循环体内只有一条打印当前的单条记录的语句(第 11 行)。循环条件 p = p->next 实际包含了两层含义。首先,这是一个赋值表达式,p->next 即下一个结点的地址赋给 p,也就是让 p 指向下一个结点。因为每个表达式都有值,赋值表达式的值为赋值完成后赋值运算符左边变量的值。所以 while 循环的条件其实就是赋值后 p 的值,也就是当前结点 p 的下一个结点的地址。如果该地址为 NULL(0),说明当前的 p 指向的结点为尾结点,条件为假,循环结束;否则,当前 p 指向的结点不是尾结点,继续循环,在下一次中打印下一条记录。

以上过程又称为链表的遍历,在遍历的过程中访问和打印了所有的结点信息。别的结点类型的链表的遍历原理是一样的。

步骤 5. 在创建链表的时候,使用了动态内存分配的函数 calloc。而动态分配的内存必须用 free 函数手动回收,就像打开门就一定要关上门一样。否则,在后面的程序中不小心改变了指向动态分配的内存的首地址的指针时,可能造成程序内存的泄露,构建长时间稳定执行的程序以及在内存受限设备(如个人数字助理 PDA)上的程序时,很可能造成内存耗尽而使程序异常终止。注意,手动释放的内存一定是用 malloc、calloc 或 realloc 动态分配的内存,否则会出错。这里,创建一个通过释放链表所有结点占用内存的函数,在不再需要链表的时候调用它。

```
0001 /* freeStuRecLst:释放学生成绩记录链表 */
0002 PSTUREC freeStuRecLst(PSTUREC head)
0003 {    PSTUREC p = head;         //p是指向要释放的结点的指针变量
0004      while(p! = NULL)
0005      {    head = head->next;//要释放头结点所占内存,故令头结点指向其下一个结点
0006          free(p);             //释放原来的头结点
0007          p = head;            //令 p 指向新的头结点
```

```
0008         }
0009     return NULL;
0010 }
```

　　函数通过循环调用 free 函数释放每个结点的内存,直至所有结点的内存都已经释放。最后返回空链表的头指针 NULL,表示现在链表已经是空表了。这个值在主调函数中要赋给被销毁的链表的头指针。

　　以上创建的函数的实现代码都放在 mysubs.cpp 中,而函数的原型声明均添加到 mysubs.h 中。

　　步骤 6.　　测试上述代码。至此,程序已经有了输入和输出,既有创建链表的代码,又有打印链表和销毁链表的代码,可以构成一个完整的程序了。下面用 main 函数检验之前的代码是否能够完成链表的创建和打印的工作:

```
0001 /*文件名:exp6_03_0.cpp  创建学生成绩记录链表并打印。*/
0002
0003 #include "mysubs.h"
0004 int main()
0005 {
0006     PSTUREC head = NULL;
0007     int  N = 1;
0008     //////////以上是变量定义部分//////////////
0009     printf("请输入学生记录条数:");
0010     scanf("%d", &N);              //学生成绩记录的条数是用户指定的
0011     //////////创建链表和输入数据//////////////
0012     printf("请输入学生记录(每行一条,共%d条):\n", N);
0013     head = CreateLst(N);         //创建具有 N 个结点链表来存放 N 条记录
0014     if (head == NULL)            //创建失败,则结束程序
0015     {
0016         printf("链表创建失败! 退出……\n");
0017         exit(-2);
0018     }
0019     PrtStuRecLst(head);  //打印链表中的所有记录
0020     head = freeStuRecLst(head);//销毁链表,回收所有结点内存
0021     return 0;
0022 }
```

　　程序文件 exp6_03_0.cpp 中的 main 函数很简单。首先由用户输入学生记录的条数 N(第 9、10 行),然后在第 13 行创建链表来保存这 N 条记录。如果创建成功的话,则打印整个链表中保存的所有学生成绩记录(第 19 行)。最后,链表不再使用,调用 freeStuRecLst 函数来销毁链表并回收所有结点内存。运行代码如图 6-8 所示。

```
"E:\VCProj\CPPBook\Chap06\Debug\Chap06.exe"
请输入学生记录条数：7
请输入学生记录<每行一条，共7条>：
0053853 齐小琴    女    SystemView仿真    C01    072    20.0    95.0    96.0
0053861 曾俊杰    女    SystemView仿真    C01    072    20.0    90.0    92.0
0053855 孙斌      男    SystemView仿真    C01    072    20.0    92.0    93.6
0053850 刘秀芳    女    SystemView仿真    C01    072    20.0    91.0    92.8
0053857 王辉      男    SystemView仿真    C01    072    18.0    91.0    90.8
0053858 吴凡贤    男    SystemView仿真    C01    072    20.0    93.0    94.4
0053856 唐沙沙    女    SystemView仿真    C01    072    19.0    90.0    91.0
================================================================================
学号      姓名    性别      课程名         班级   学期   平时分  期末分  总评
0053853 齐小琴    女    SystemView仿真    C01    072    20.0    95.0    96.0
0053861 曾俊杰    女    SystemView仿真    C01    072    20.0    90.0    92.0
0053855 孙斌      男    SystemView仿真    C01    072    20.0    92.0    93.6
0053850 刘秀芳    女    SystemView仿真    C01    072    20.0    91.0    92.8
0053857 王辉      男    SystemView仿真    C01    072    18.0    91.0    90.8
0053858 吴凡贤    男    SystemView仿真    C01    072    20.0    93.0    94.4
0053856 唐沙沙    女    SystemView仿真    C01    072    19.0    90.0    91.0
Press any key to continue
```

图 6-8　输入记录，创建链表，并打印链表中的数据

输入的时候是把 4.1 节中的学生成绩记录表保存在文本文件中，然后把需要的条数拷贝到控制台以完成输入。下面部分是调用函数 PrtStuRecLst 来打印的链表中的数据。可以看到，上下两部分的数据完全一样。所以，以上设计的函数都能正常工作。

步骤 7.　根据题目要求，逐步实现所有的程序功能。首先提供一个菜单，供用户选择；只有当用户输入'q'/'Q'的时候，菜单才不会再循环显示。也就是说，整个程序其实就是个大循环。当创建链表完成之后，程序就循环的提供菜单命令，供用户选择各项命令执行。菜单如下：

[p] 打印——提供直接顺次打印链表中各结点对应记录的功能，和根据排序后结果打印记录的功能；

[o] 排序——把成绩记录表进行降序排列；

[s] 查找——查找是否存在跟用户输入的关键字匹配的记录，有则全部打印出来；

[e] 修改——根据用户指定的链表中的位置，修改对应结点保存的记录信息；

[i] 插入——根据用户指定的链表位置，插入记录信息；不能跟已有记录重复；

[d] 删除——根据用户指定的链表位置，删除记录，需要用户确定；

[q] 退出——结束循环，退出程序。

根据题目要求，菜单提供了以下各项具体功能，前面方括号内的字母为命令选择按键。

所谓的链表位置，是指结点在链表中从头到末尾的编号；链表表头结点的链表位置为 1，其后相邻结点位置为 2，……，依次类推。

以上命令比较多，一步一步给予实现。首先要实现的是命令循环：

```
……
char response = 'q';
while(1)
{
```

```
response = getUserChoice(); //打印菜单并获取用户的选择
switch(response)
{
    case 'q': printf(" -退出程序……\n");        return 0;
    case 'i': printf(" -插入记录\n");           break;
    case 'o': printf(" -记录排序\n");           break;
    case 's': printf(" -记录查找");             break;
    case 'e': printf(" -编辑记录\n");           break;
    case 'd': printf(" -删除记录\n");           break;
    case 'p': printf(" -链表打印\n");           break;
    default:                                    break;
}
}
......
```

本段代码要放在步骤 5 的代码的第 19、20 行之间。其中以无穷循环 while(1) 的方式执行程序。在循环主体内,先调用函数 getUserChoice,它提供简单的菜单,让用户输入要执行命令的按键,并返回该按键的 ASCII 码值。然后,利用 switch...case 分支结构,判断用户输入的是哪个按键命令,根据该命令按键的值确定执行对应的程序。当然,这里还没有实现相关的代码,只有 printf 语句打印用户的选择。在后续的实现中,每个 case 语句的 printf 语句之后和 break 语句之前,便是要添加的具体功能的实现代码部分。getUserChoice 函数的原型为

```
char getUserChoice(void); //显示菜单,获取用户响应
```

其实现代码为

```
/ * getUserChoice:提供菜单,获取用户响应 * /
char getUserChoice ()
{   char response = '\0';
    printf("\n----------------------命令菜单-----------------------
------\n");
    printf("[h]帮助[p]打印[o]排序[s]查找[e]修改[i]插入[d]删除[q]退出\n");
    printf("您的选择是:");
    response = tolower(getche()); //获取用户选择
    if (response == 'h')          //如果选择的是 h,则打印命令的详细含义。不在上层处理。
    {
        printf("\n命令详情:\n");
        printf("[p]打印 -顺次打印链表中各结点记录;\n");
        printf("[o]排序 -把成绩记录表进行降序排列并打印;\n");
        printf("[s]查找 -查找是否存在跟用户输入的关键字匹配的记录,有则全部打印出来;\n");
        printf("[e]修改 -根据用户指定的链表中的位置,修改对应结点保存的记录信息;\n");
```

```
        printf("[i]插入－根据用户指定的链表位置,插入记录信息;不能跟已有记录重复;\n");
        printf("[d]删除－根据用户指定的链表位置,删除记录,需要用户确定;\n");
        printf("[q]退出－结束循环,退出程序。\n" );
    }
    return response;              //返回用户选择的命令字符
}
```

该函数打印命令菜单,然后调用 getche 函数获取用户按键输入,再用 tolower 函数把大写转成小写。如果输入的是'h',则显示菜单命令的详细说明。最后,返回用户按键值 response。

把函数的实现代码存入 mysubs. cpp 中,函数原型声明存入 mysubs. h 中。

练 一 练

把循环语句代码部分添加到步骤 5 代码的第 19、20 行之间,编译运行程序,输入菜单命令按键,观察输出。按 q 键退出程序。

步骤 7.1. 退出。循环退出的唯一条件是 switch … case 的第一种情况,即用户选择了命令'q'。因为 break 只能从 switch … case 中跳出,而不能退出循环,故在 case 'q'对应的情况中删除链表,然后直接退出程序就可以了。freeStuRecLst 函数已经在步骤 5 中给出:

```
case 'q': printf(" －退出程序……\n");       //显示用户选择
        head = freeStuRecLst(head);          //销毁链表
        return 0;                            //结束程序
```

步骤 7.2. 打印链表,即打印链表中的所有记录。从链表的表头开始,逐次打印所有结点中存储的链表记录的详情。令 PSTUREC p＝head,打印 p 指向结点中的数据;再令 p＝p－＞next,即让 p 指向下一个结点。如果此时 p 不为 NULL,则再次打印 p 指向的结点。循环直至 p 的值为 NULL,表示已经打印完所有的链表结点了,循环结束。这实际上就是步骤 4 所讲的内容。直接以链表表头指针作为参数调用函数 PrtStuRecLst 即可打印所有结点数据:

```
case 'p': printf(" －链表打印\n");
        PrtStuRecLst(head);
        break;
```

步骤 7.3. 链表记录排序。当用户输入菜单命令'o'时,根据总评成绩从高到低的顺序进行记录的排序,并打印排序结果。链表排序可以像数组排序一样通过交换元素来完成,但是由于每个链表结点都指向下一个结点,交换结点(结构体变量)之后,还要交换结点的 next 指针的指向。交换结点每个结点的所有的数据成员都要交换,效率比较低,可以利用库中的通用的 qsort 快速排序函数。

步骤 7.3.1. 先设计一个计算结点(记录)个数的函数 countNodes:

```
int countNodes(PSTUREC head);  //计算链表有多少结点并返回计数
```

它由传入的链表表头指针 head 开始遍历链表,同时计数,最后返回链表结点个数:

```
/ * countNodes:计算链表有多少结点并返回计数 * /
int countNodes(PSTUREC head)
{    int n = 0;
    while(head! = NULL) //遍历链表
    {
        head = head - >next;
        n ++ ;           //同时计数
    }
    return n;           //返回表中结点个数
}
```

步骤 7.3.2. 在获得链表结点个数 n 之后,生成有 n 个元素的数组 data,其元素是指向链表每个结点的指针变量。利用这个数组,调用 qsort 函数进行排序。打印排序后的记录。这里打印不能用步骤 4 的链表打印函数,要重新设计一个打印函数 PrtStrRec,把数组 data 中的指针元素指向的结点逐个打印出来:

```
/ * sortRecLst:学生成绩记录表排序并打印 * /
void sortRecLst(PSTUREC head)
{    int i = 0,n;
    n = countNodes(head);        //获取链表中保存的记录个数
    PSTUREC p = head;
    PSTUREC * data = (PSTUREC * )calloc(n, sizeof(PSTUREC));//动态创建存放链表结点指针的数组
    while(p! = NULL)           //遍历链表
    {
        data[i ++ ] = p;        //保存每个结点指针到数组 data 中
        p = p - >next;
    }
    qsort((void * )data, n, sizeof( PSTUREC ), CompStuRec2);//调用 qsort 函数来排序
    PrtStuRec(data, n);                 //利用指针数组 data 打印排序后记录
    free(data);                        //释放内存
    return;
}
```

调用 qsort 函数进行快速排序,交换的其实是 data 数组中的保存的结点指针,而不是实际的记录。这样可以提高程序执行的效率。

步骤 7.3.3. qsort 函数的第 4 个回调函数需要自己设计,它指定了排序所用的比较规则:

```
/ * CompStuRec2:比较两个记录的大小(根据总评成绩降序来比)
             参数 s1 和 s2 是指向 PSTUREC 型变量的指针,实际是一个二级指针
             供 qsort 函数使用的回调函数 * /
int CompStuRec2(const void * s1, const void * s2)
{//恢复 s1,s2 的真实意义,并取间接运算,保存在变量中
    PSTUREC rec1 = * (PSTUREC * )s1;      //s1 是指向一个个的记录元素的指针的二级指针
    PSTUREC rec2 = * (PSTUREC * )s2;      //s2 也是指向一个个的记录元素的指针的二级指针
    if(rec1 - >score < rec2 - >score) //按降序比较总评成绩。
        return 1;                        //rec1 指向的记录"小",则返回 1
    else if  (rec1 - >score > rec2 - >score)
        return  -1;                      //rec1 指向的记录"大",则返回 -1
    else
        return  0;                       //rec1 和 rec2"相等",返回 0
}
```

这个函数传入的参数 s1、s2 是 data 数组中的元素 data[i]、data[j](PSTUREC 型)的地址,其真实类型是 PSTUREC * 型。为了便于操作,使用强制类型转换(PSTUREC *)恢复 s1 和 s2 的实际类型,然后间接运算,并把结果保存在 PSTUREC 型变量 rec1 和 rec2 里。这样,rec1 和 rec2 就等同于 data[i] 和 data[j] 了。再根据要求,比较它们指向的结点的成员变量 score,前者大则返回 -1,后者大则返回 +1。相等返回 0。这就是进行的逆序比较。

下面的 if...else 语句中,修改其中的条件,便可以根据其他数据项比较和排序,比如根据学号、平时成绩、期末成绩等。

步骤 7.3.4. 新创建的打印 data 数组中各元素指向的结点数据的函数 PrtStuRec,原型为

> void PrtStuRec(PSTUREC list[], int cnt); //打印 list 结构体数组中所有 cnt 个记录的
> 函数

它打印 PSTUREC 数组 list 中的 cnt 个元素指向的结构体记录:

```
/ * PrtStuRec:打印学生成绩记录数组
             list 是指针数组,每个元素都是 PSTUREC 类型,共 cnt 个记录指针
             PSTUREC 是 struct studentrec * 的类型别名。
* /
void PrtStuRec(PSTUREC list[], int cnt) //打印 list 结构体数组中所有 cnt 个记录的函数
```

```
{
    printf("=================================================================\n");
    printf("学号  姓名   性别    课程名      班级  学期  平时分  期末分  总评\n");
    for(int i=0;i<cnt;i++)
        PrtRecord(list[i]); //打印 list[i]指向的单个记录
    return ;
}
```

步骤 7.3.5.　实现排序的所有函数都已经创建完成。现在，在主函数的 switch...case 相应分支中添加代码，以使主程序具有记录排序功能：

```
case 'o': printf(" -记录排序\n");
          sortRecLst(head);
          break;
```

输入 4.1 节的 7 条记录，选择“o”排序，得到程序的运行结果如图 6-9 所示。

```
"E:\VCSrc\exp4\Debug\exp4.exe"
[h]帮助[p]打印[o]排序[s]查找[e]修改[i]插入[d]删除[q]退出
您的选择是: o -记录排序
==========================================================================
学号      姓名     性别      课程名           班级   学期   平时分   期末分   总评
0053853 齐小琴     女    SystemView仿真       C01    072    20.0     95.0     96.0
0053858 吴凡贤     男    SystemView仿真       C01    072    20.0     93.0     94.4
0053855 孙斌       男    SystemView仿真       C01    072    20.0     92.0     93.6
0053850 刘秀芳     女    SystemView仿真       C01    072    20.0     91.0     92.8
0053861 曾俊杰     女    SystemView仿真       C01    072    20.0     90.0     92.0
0053856 唐沙沙     女    SystemView仿真       C01    072    19.0     90.0     91.0
0053857 王辉       男    SystemView仿真       C01    072    18.0     91.0     90.8

----------------------命令菜单--------------------------
[h]帮助[p]打印[o]排序[s]查找[e]修改[i]插入[d]删除[q]退出
您的选择是:
```

图 6-9　记录排序后的结果

步骤 7.4.　查找功能的实现。查找问题的设计可以分解：在指定的一条记录中去查找关键词，再通过循环在每条记录中查找关键词。

步骤 7.4.1.　在指定记录中查找关键词。因为每条记录中都分成若干数据项，指定具体查哪个数据项。不同的数据项有不同的数据类型，所以要针对不同的数据类型设计查找函数，工作量是比较大的。为了简化，统一把关键词都存在字符数组中，查找时如果需要，就调用前一章讲过的字符串转换成数字的函数，然后进行比较匹配。

(1) 首先要对关键词进行预处理。因为在用户输入关键词的时候，可能会在行首、行尾输入若干个空格、制表符等空白符，往往是没有意义的。所以，为避免这些空白符也参与比较，应该先把字符串首尾的空白符都删除掉。为此，设计了函数 rtrim 和 ltrim 删除串首和串尾的空白符：

```
0001 /* rtrim: 删除字符串尾部空格制表符等 */
0002 char * rtrim(char * str)
0003 {
0004     int i = strlen(str) - 1;  //字符串最后一个元素的下标
0005     while ( (i >= 0) && (isspace(str[i])))//把串尾所有的空白符都用'\0'改写了
0006         str[i--] = '\0';
0007     return str;  //返回删除了串尾空白符的字符串
0008 }
0009 /* ltrim:删除字符串首的空格制表符等 */
0010 char * ltrim(char * str)
0011 {
0012     strrev(str);  //字符串翻转
0013     rtrim(str);   //调用上面的 rtrim()函数
0014     strrev(str);  //再翻转过来
0015     return str;    //返回删除了串首空白符的字符串
0016 }
```

函数 rtrim 首先调用 strlen 获得字符串 str 的长度。该串最后一个元素的下标为 strlen(str)−1。while 循环中，当 i>＝0 而且对应字符 str[i]为空白符（调用 ctype. h 中声明的 isspace 函数来判断），则将该空白字符用字符串结束符'\0'替代。如果字符串 str 就是一个空白字串，则 while 循环后 str 就变成了空串；否则就是一个末尾没有空白符的字串。最后返回该字符串的首地址指针 str。

函数 ltrim 在上面的 rtrim 的基础上写成。首先调用 string. h 中声明的函数 strrev，作用是：把字符串左右翻转，使末一个字符变成首字符，以此类推。比如 strrev ("PLD")的结果是 DLP。这样就可以把字符串开始的空白符（如果有的话）换到字符串末尾去，然后调用 rtrim 函数去除末尾的空白（都用'\0'代替了），间接去除行首空白。最后再调用 strrev，把字符串再翻转过来。结果字符串的开始位置就没有空白符了。比如，调用 ltrim(" Systemview")，首先把该字串翻转得"weivmetsyS "，再去除末尾的空白符，得到" weivmetsyS"。再一次把这个字符串翻转得"Systemview"。

（2）现在设计给定记录中查找关键词的函数 findInRecord。显然，它需要一个指向记录的指针变量 p，一个关键词 key，一个数据项编号 nMember 作为自己的输入参数。函数的原型定义为

```
        int findInRecord(PSTUREC p, char key[], int nMember);
```

其实现代码为：

```
0001 /* findInRecord:在 p 指向的记录的第 nMember 项查找关键词 key
0002               找到返回 1;没找到,返回 0。
0003               nMember 是结构体 STUREC 类型成员变量的编号,从 1 到 9 依次对应成员变量
0004               number,name,gender,course,classno,semester,pingshi,final,score
```

```
0005  */
0006  int findInRecord(PSTUREC p, char key[], int nMember)
0007  {    int found      = 1;
0008       int position   = -1;                      //关键词不包含在记录中,赋值-1。
0009       if(p == NULL)  return ! found;            //记录为空,返回没找到
0010       if(key == NULL) return ! found;           //如果关键词为空,也找不到
0011       char src[150] = {'\0'};                   //用来保存字符串转换
0012
0013       //根据要比较的数据是结构体中的第几个成员变量来构建比较用的源串
0014       switch(nMember)
0015       {
0016           case 1:sprintf(src,"%s", p->number);      break;
0017           case 2:sprintf(src,"%s", p->name);        break;
0018           case 3:sprintf(src,"%s",(p->gender == 'F')?"女":"男");break;
0019           case 4:sprintf(src,"%s", p->course);      break;
0020           case 5:sprintf(src,"%s", p->classno);     break;
0021           case 6:sprintf(src,"%s", p->semester);    break;
0022           case 7:sprintf(src,"%.1f", p->pingshi);break;
0023           case 8:sprintf(src,"%.1f", p->final);     break;
0024           case 9:sprintf(src,"%.1f", p->score);     break;
0025           case 0:sprintf(src,"%-8s%-8s%5s%20s%7s%7s%8.1f%8.1f%8.1f\n",
                         p->number, p->name,
0026                        (p->gender == 'F')?"女":"男",p->course, p->classno, p-
                         >semester,
0027                        p->pingshi, p->final, p->score );//把所有成员变量值都写
                                                            进一个串里
0028           default:break;
0029       }
0030       if ((nMember >6) && (nMember <= 9))//当输入的值小数点后面都是0的时候,作为整
                                              数处理
0031       {    if (abs(atof(key)-atoi(key))<1e-6)    //输入的是整数值
0032       {
0033               sprintf(key,"%d",atoi(key));
0034           }
0035       }
0036       //下面进行匹配,调用第4章写的函数mysubstr。返回值为-1表示没有在源串中找到
           关键字串
0037       position = mysubstr(src, key, strlen(src), strlen(key));
0038       if(position == -1)return ! found; //没找到,则返回假
0039       else
0040           return found;                            //找到了,则返回真
0041  }
```

　　函数的主体就是一个 switch... case 分支结构（第 14～29 行）。分支条件为 nMember，表示用户要选哪个成员变量的值作为查找项（取 0～9，取 0 时表示不限，将在所有的成员变量中查找关键词）。在 switch 结构中，用户要查找那一项，就把该项对应的记录的成员变量的值利用 sprintf 函数写入到字符串 src 中。sprintf 函数的声明在 stdio. h 中，它的作用和形式跟 printf 都非常相似。只不过后者是把格式化后的字符串显示到屏幕上，而 sprintf 是把格式化后的字符串存入第一个参数指向的字符缓冲区。

　　变量 found 是找到匹配记录的标志，其值为 1。position 保存关键字串 key 在对应数据项字符串 src 中首次出现的位置，没有的话其值为 -1。这是通过第 37 行调用前面章节中创建的子串查找函数 mysubstr 来完成的（该函数的实现也存在 mysubs. cpp 中，声明存放在 mysubs. h 中）。第 37 行调用 mysubstr 函数来实现具体的查找和匹配功能。当在源串 src 中找到关键字串 key 时，返回 key 串第一次在 src 串中出现的位置；否则返回 -1。

　　考虑到在比较浮点数据的时候，用户可能输入如 92.0000000 这样的浮点形式的整数值，如果直接拿这个串跟源串"92.0"做比较，会认为它们不相等，产生漏判。所以这种情况必须特别处理（第 30～35 行）。第 30～35 行调用 atof(key) 函数得到字符串 key 表示的真正的浮点值，再减去 atoi(key) 取得的浮点数串 key 中的整数部分，看差是否为 0。因为浮点数表示有限精度，差不能直接跟 0 比较（==0），而要取绝对值（调用 math. h 中的取绝对值的函数 abs）后，跟一个非常小的正实数（1e-6，科学记数法，表示 1×10^{-6}）进行比较。如果差的绝对值小于非常小的正实数，则可近似认为相减的两个数是相等的（这是浮点数相等判断的方法，在其他地方如果需要进行浮点数的相等判断，也必须这样做）。如果第 31 行的条件为真，说明数字字串 key 中实际存放的是整数，执行第 33 行，调用 sprintf 函数，把数字字串 key 直接转成整数形式的字串，重新存放在 key 中。

　　如果在 p 指向的记录中找到匹配字串，函数返回 1，否则返回 0，供被调函数来判断和使用。

　　步骤 7.4.2.　在链表中查找跟关键词匹配的记录集合，并打印。

　　经过前一步，已经能够在一条记录中查找关键字串了。至于在整个链表中查找跟关键词匹配的记录，无非就是遍历一下整个链表，并在遍历的同时，查找每个结点对应的记录中是否有跟关键词匹配的数据项。如果是，则打印该记录；否则检查下一条记录，直至整个链表访问完毕。

```
0001 /*searchRecords：在链表中根据用户提供的关键字查找记录*/
0002 void searchRecords(PSTUREC head)
0003 {
0004 　　PSTUREC p = head;
0005 　　int choice = 0, i = 0;
0006 　　char keywords[80] = {'\0'};//保存用户输入的关键词的字符数组
0007 　　char *dataItem[11] = {"模糊","学号","姓名","性别","课程",
```

```
0008                     "班级","学期","平时","期末","总评","放弃"};//保存各数据项名称
0009    printf("\n请选择:");
0010    for(i = 0;i<11;i ++)         //打印各数据项名称
0011    {
0012        printf(" % x % s ",i,dataItem[i]);
0013    }
0014    //下面循环是用户输入选择的数据项编号用,保证为 0 - 9,a,否则重输
0015    do
0016    {
0017        printf("\n请输入要查找的数据项编号[0 - 9 a]:");
0018        choice = getche();                              //获取用户选择
0019        if((isalpha(choice)) && (choice == 'a')) return ;   //用户选择放弃
0020        else if(isdigit(choice)){                       //用户输入了编号
0021            choice - = '0';
0022            break;
0023        }
0024    }while(1);//确保输入正确选项,否则无限循环
0025    printf(" -- % s",dataItem[choice]);                 //打印用户选择的数据项名称
0026    printf("\n请输入要查找的关键词的值: ");
0027    fflush(stdin);                                      //先清空输入缓冲区,避免出错
0028    fgets(keywords,sizeof(keywords), stdin);            //输入关键词,可以带空格
0029    (keywords[0]! = '\0')&&(keywords[strlen(keywords) - 1] = '\0');//把末尾'\n'改写为'\0'
0030    rtrim(keywords);
0031    ltrim(keywords);//删除关键字串头、尾的空格
0032    //打印找到的记录
0033    printf(" ================================================================= \n");
0034    printf("学号  姓名      性别      课程名  班级  学期  平时分  期末分  总评\n");
0035    printf(" ================================================================= \n");
0036    i = 0;//表示当前访问的结点是第几个
0037    while(p! = NULL)
0038    {    ++ i;                        //当前结点编号
0039        if(findInRecord(p, keywords, choice) == 1)//如果有找到匹配
0040        {
0041            printf("[ % 3d ]",i);     //打印匹配记录的编号
0042            PrtRecord(p);             //打印匹配的记录
0043        }
0044        p = p - >next;                //检查下一条记录
0045    }
0046    return ;
0047 }
```

　　函数第 9～24 行用于打印各数据项的名称、编号，并获取用户选择。用户输入'a'时，表示要放弃查找，函数返回（第 19 行）；如果用户输入了 0～9 的数字，则表示作出了正确的选择，循环退出（第 19～23 行）。其中 isalpha 函数用来判断一个字符是否是字母；isdigit 函数判断字符是否为数字字符，是则返回真(1)，否则返回假(0)。如果是数字字符，则用该字符减去'0'，得到真正的值，比如'1'-'0'得到整数 1。

　　第 26～28 行获取用户输入的待查找的关键词，还是通过 fgets 函数从键盘输入一行字符作为关键词。因为 fgets 在输入字符长度小于第二个参数减 1 时，会把末尾的'\n'也存到字符串中，所以第 29 行把这个'\n'换成'\0'。第 30 和 31 行分别把关键字串 keywords 的末尾和开始的空白字符都去掉，以免影响匹配。

　　因为要输出结果，所以第 33～35 行打印了表头。在输出匹配记录的时候，需要表示这个记录在链表中的位置，所以在第 36 行令 i 作为当前链表编号的计数器。

　　第 37 行开始的循环是函数的主体部分，实现查找和打印。循环调用 findInRecord 查找 p 指向的当前记录中的第 choice 个数据项是否包含关键词 keywords。如果找到该关键词，则 findInRecord 返回 1，打印记录编号及记录（第 39～43 行）。不管当前记录 p 中是否有匹配的信息，都继续检查下一条记录（第 38 行），同时当前记录编号增加 1（第 38 行）。

　　至此，已经完成了查找功能需要的所有代码。在主函数的 switch...case 中，找到查找功能对应的 case 语句，完成查找语句块

```
case 's': printf(" -记录查找\n");
          searchRecords(head);
          break;
```

　　输入 4.1 节的 7 条记录后，程序运行，选择"s"查找功能，数据项编号选"0"模糊查找，输入关键词"93"，得到的运行结果如图 6-10 所示。

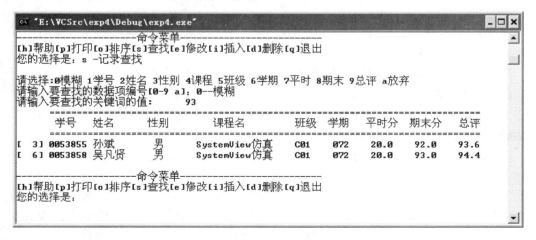

图 6-10　查找功能的实现和演示

跟图6-8打印的链表相比较,无论是记录的顺序编号,还是其他数据项,都是正确的。其他的记录中也不存在跟93匹配的记录。

用户可能需要调节第33~35行的空格及"="的个数,使得记录打印时能够更整齐、美观。而且,由于打印的记录比较长,可能程序运行时一行显示不完全,所以,在VC下按"!"执行程序时,在弹出的dosage窗口的标题栏点右键,在弹出菜单上点"属性",弹出DOS窗口的属性设置对话框。点击"布局"属性页,如图6-11所示。调整"屏幕缓冲区大小""窗口大小"下面的"宽度"和"高度",便可以调整控制台程序执行时显示窗口的大小。

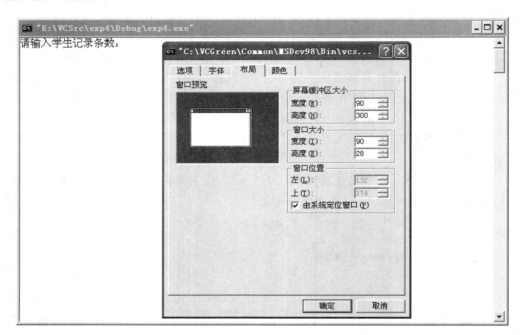

图6-11　DOS窗口大小调整属性页面

至此,程序就能够实现很广泛的查找功能了,已经是一个基本可以投入使用的程序了。

下面还将依次为程序增加修改记录、插入记录和删除记录的功能。这3个功能有相似的地方:首先都必须定位,就是确定要修改/插入/删除记录的位置(即记录在链表中的编号),然后再进行具体的操作。按道理讲,应该设计一个3个功能都通用的定位函数,能在给定编号时,返回该编号记录的指针。

但是,由于链表结构的特殊性,这个定位功能只能分别实现。

步骤7.5.　修改记录。这个功能能够修改链表中指定位置的记录。因为记录结构体涉及多个成员变量,而且成员变量的类型也大多不相同,所以修改也要针对每个数据项进行。这个功能分成两部分:一部分是给定指向记录的指针,具体修改记录数据的代码部分;另一部分是给定位置,确定该位置对应结点的链表指针的部分。

步骤7.5.1.　修改给定结点指针指向的记录部分。如果该指针指向的记录存在

（指针值不为 NULL），则依次打印各个数据项原来的值，要修改，则输入新的值；不修改，直接回车略过该数据项（即保存原来的值不变）。用户输入的字符串的首尾可能有不需要的空白符（包括回车符），要先进行处理再保存。因为用户可能在输入后反悔，所有的数据项都应该存入一个临时的记录变量。等用户确认后，再用这个临时变量的值来修改给定指针指向的记录。否则放弃修改。在用户确认后，由于临时记录变量的 next 指针的指向不定，所以，应该用 p 原来的 next 指针的值为其赋值，然后再把临时记录变量的所有成员变量的值赋给 p 指向的记录。

```
0001 / * editRecord:修改 p 指向的记录,成功返回 1,否则返回 0 * /
0002 int editRecord(PSTUREC p)
0003 {
0004     if(p == NULL) return 0;
0005     char input[50] = {'\0'};
0006     STUREC  t;              //保存用户输入的临时记录变量,若用户最后不确认,就不做修改
0007     char * dataItem[11] = {" ","学号","姓名","性别","课程",
0008                         "班级","学期","平时","期末","总评"};//各数据项名称
0009     PrtRecord(p);    fflush(stdin);//打印待修改的记录,然后清空输入缓冲区
0010     printf("请修改对应数据项,不修改的项直接回车略过\n");
0011 //学号
0012     printf(" - % s[ % s]:\t",dataItem[1],p->number);//打印数据项名称及原来的值
0013     fgets(input, sizeof(input),stdin);              //输入字串保存在 input 中
0014     rtrim(ltrim(input));                           //删除串前串后的空白符(包括'\n')
0015     if (strlen(input)< = 1)                        //只有'\n'被输入,那么原来的数据保留
0016         strcpy(t.number, p->number);
0017     else
0018         strcpy(t.number , input);          //把输入保存在临时记录 t 的对应成员中。后同
0019 //姓名
0020     printf(" - % s[ % s]:\t",dataItem[2],p->name);
0021     fgets(input, sizeof(input),stdin);              //输入字串保存在 input 中
0022     rtrim(ltrim(input));                           //删除串前串后的空白符
0023     if (strlen(input)< = 1)                        //只有'\n'被输入,那么原来的数据保留
0024         strcpy(t.name, p->name);
0025     else
0026         strcpy(t.name , input);            //把输入保存在临时记录 t 的对应成员中。后同
0027
0028 //性别
0029     printf(" - % s[ % c]:\t",dataItem[3],p->gender);
0030     fgets(input, sizeof(input),stdin);              //输入字串保存在 input 中
0031     rtrim(ltrim(input));                           //删除串前串后的空白符
0032     if (strlen(input)< = 1)                        //只有'\n'被输入,那么原来的数据保留
```

```
0033         t.gender = p->gender;
0034     else
0035         t.gender = toupper(input[0]);   //把输入保存在临时记录t的对应成员中。后同
0036 //课程
0037     printf("-%s[%s]:\t",dataItem[4],p->course);
0038     fgets(input, sizeof(input),stdin);          //输入字串保存在 input 中
0039     rtrim(ltrim(input));                         //删除串前串后的空白符
0040     if (strlen(input)<=1)                        //只有'\n'被输入,那么原来的数据保留
0041         strcpy(t.course, p->course);
0042     else
0043         strcpy(t.course , input);        //把输入保存在临时记录t的对应成员中。后同
0044 //班号
0045     printf("-%s[%s]:\t",dataItem[5],p->classno);     //班级
0046     fgets(input, sizeof(input),stdin);
0047     rtrim(ltrim(input));
0048     if (strlen(input)<=1)
0049         strcpy(t.classno, p->classno);
0050     else
0051         strcpy(t.classno , input);
0052 //开课学期
0053     printf("-%s[%s]:\t",dataItem[6],p->semester);        //开课学期
0054     fgets(input, sizeof(input),stdin);
0055     rtrim(ltrim(input));
0056     if (strlen(input)<=1)
0057         strcpy(t.semester, p->semester);
0058     else
0059         strcpy(t.semester , input);
0060 //平时成绩
0061     printf("-%s[%4.1f]:\t",dataItem[7],p->pingshi);      //平时成绩
0062     fgets(input, sizeof(input),stdin);
0063     rtrim(ltrim(input));
0064     if (strlen(input)<=1)
0065         t.pingshi = p->pingshi;
0066     else
0067         t.pingshi = (float)atof(input);          //利用atof把字符串转成数值
0068 //期末成绩
0069     printf("-%s[%4.1f]:\t",dataItem[8],p->final);   //期末成绩
0070     fgets(input, sizeof(input),stdin);
0071     rtrim(ltrim(input));
0072     if (strlen(input)<=1)
```

```
0073              t.final = (float)p->final;
0074      else
0075              t.final = (float)atof(input);
0076 //总评成绩。若不给定,则由公式来计算。
0077      printf("-%s[%4.1f]:\t",dataItem[9],p->score);    //总评成绩
0078      fgets(input,sizeof(input),stdin);
0079      rtrim(ltrim(input));
0080      if (strlen(input)<=1)
0081              t.score = (float)(t.pingshi + t.final*0.80);
0082      else
0083              t.score = (float)atof(input);
0084
0085      printf("修改后的记录为:\n");
0086      PrtRecord(&t); //打印修改后的记录的值
0087      printf("确认修改[y|n]");
0088      if(tolower(getche()) == 'y') //要用户确认才修改,否则放弃修改
0089      {
0090          t.next = p->next;        //链指针的指向要保存不变
0091          *p = t;
0092          return 1;
0093      }
0094      else
0095          return 0;
0096 }
```

函数针对各个数据项处理,把输入前后的空白符都删除(用 rtrim(ltrim(input))函数)后,把新输入的值存入临时记录变量的对应成员变量中。如用户无输入,则直接把原来记录的值拷贝到临时记录变量中。如遇到浮点数,则要把数字形式的字符串利用 atof 函数转换成真正的浮点数值,再进行赋值(第 67、75、83 行)。

步骤 7.5.2.　定位和执行修改。由用户指定的记录编号(可以由查找功能的结果给出,修改功能往往和查找功能一齐使用)确定指向该记录的指针。如果该记录编号对应记录不存在,则什么都不做;否则调用修改函数进行记录的修改。函数 SpecifyEditRecord 实现这个功能:

```
0001 /* SpecifyEditRecord:指定记录编号并进行修改
0002                      head 是存放记录的链表指针
0003                      成功修改返回该记录的编号,未能修改返回 0
0004 */
0005 int SpecifyEditRecord(PSTUREC head)
0006 {    if(head == NULL) return 0;
```

```
0007        unsigned int num = 0, i = 1;    //i是记录编号,从1开始
0008        PSTUREC p = head;
0009
0010        printf("请指定待修改记录的编号:");
0011        scanf("%d",&num);              //输入要修改记录的编号
0012        if (num<=0)
0013        {
0014            printf("没有这个记录!\n");
0015            return 0;         //没有记录,不能修改,则返回0
0016        }
0017        while((p!=NULL) && (i<num))//定位记录
0018        {
0019            p=p->next;
0020            i++;
0021        }
0022        if (p==NULL) //在 i<=num 这个条件下,说明没有编号为 num 的记录
0023        {
0024            printf("没有这个记录!\n");
0025            return 0;         //没有记录,不能修改,则返回0
0026        }
0027        else if (i==num)//找到了对应的记录
0028        {
0029            if(editRecord(p) == 1) //进行了记录的修改
0030            {
0031                return num;          //返回被修改记录的编号
0032            }
0033            else
0034                return 0;            //没有修改,则返回0
0035        }
0036        else
0037            return 0;
0038 }
```

该函数主要通过循环(第 17～21 行)定位用户指定编号的记录(第 11 行,第 num 个记录)。从链表的表头记录开始(编号为 1),依次往后查找(第 19 行)。每找一个,则编号增加 1(第 20 行)。由于循环是两个条件用逻辑与"&&"运算符连接,利用逻辑与运算符的短路特性,循环在这两个条件从左到右至少有一个不满足的时候结束。当第一个条件不满足,即 p 的值变为 NULL 时,i 可能小于等于 num。这说明 num 的值给得太大了(第 22～26 行)。如果给定的 num 值太小,也返回出错信息并结束函数(第 12～16 行)。

函数的第 27 行 else if 后面的语句块中,都有条件 p!＝NULL 而且 i＝＝num 成立。即第 num 个记录不是空记录。这时调用先前写的函数 editRecord,把对应记录的信息进行修改。如果修改,则返回被修改的记录的编号 num,否则返回 0(第 29～34 行)。if...else if 之外的其他所有情况,都返回 0。

步骤 7.5.3. 在主程序中添加处理分支。嵌套在 while 循环中的 switch...case 结构处理各个菜单命令,在对应 case 分支中添加修改记录的代码:

```
case 'e': printf(" -编辑记录\n");        //选择了编辑记录命令
        SpecifyEditRecord(head);        //调用函数,指定并修改记录
        break;
```

在分支中间添加 SpecifyEditRecord(head)这个函数调用语句即可。

步骤 7.6. 删除记录功能。删除记录,就是指定某记录在链表中的编号,然后删掉它对应的结构体数据。但是,操作不能破坏链表,即操作完成后,剩下的记录仍然构成链表,而且仍旧保持原来的先后顺序。链表结点的删除有 3 种情况:(1)删除头结点,(2)删除尾结点,(3)删除中间结点。

步骤 7.6.1. 删除表头结点。要删除的记录指针指向表头(p＝＝head),那么删除表头结点后,新的表头结点应该是原来的第二个结点(head＝head—＞next)。如图 6-12 所示,再把 p 指向的结点内存释放即可(free(p))。当然,p 指向的结点内存必须是动态分配的,否则不能调用 free 函数来释放。

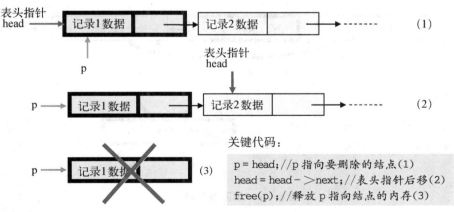

图 6-12 删除表头结点的过程

步骤 7.6.2. 删除表尾结点。首先判断待删除结点指针 p 是否是表尾结点(p＝＝tail?)。因为链表的表尾 next 指针为 NULL(if(p—＞next ＝＝ NULL))。原来表尾的前一个结点变成了表尾(其 next 指针必须被置为 NULL)。在查找待删除的结点的时候必须保存当前结点 p 的前一个结点的指针 pre,如图 6-13 所示。

步骤 7.6.3. 删除表中结点。表中结点,即链表里不为首尾结点的中间结点。其

删除链表尾结点

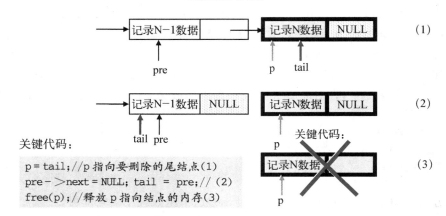

关键代码：

```
p = tail;//p 指向要删除的尾结点(1)
pre->next = NULL; tail = pre;// (2)
free(p);//释放 p 指向结点的内存(3)
```

图 6-13　删除表尾记录

删除的方法跟删除表尾结点类似，要时刻保存当前结点 p 之前的结点指针 pre。为了保证删除当前结点后链表不会断开，须使得 pre 的 next 指针指向待删除结点 p 的下一个结点，其原理如图 6-14 所示。

删除链表中结点

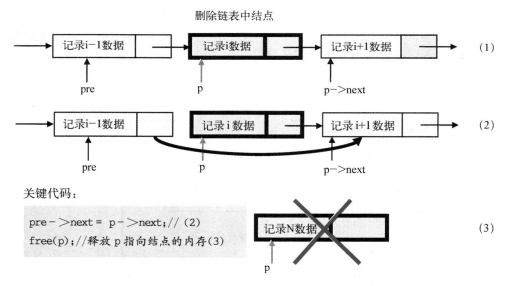

关键代码：

```
pre->next = p->next;// (2)
free(p);//释放 p 指向结点的内存(3)
```

图 6-14　删除表中结点

删除链表中的结点，就是一个定位结点，使该结点脱链并保持链表不断开的过程。

```
0001 /*SpecifyDelRecord:删除链表 head 指定位置的结点记录。
0002     返回表头指针(因为如果删除了表头结点，链表的表
0003     头指针会变化，此时须用返回值来修改链表表头指针)*/
0004 PSTUREC SpecifyDelRecord(PSTUREC head)
0005 {    if(head == NULL) return NULL;
```

```
0006
0007      PSTUREC p = head, pre = NULL;
0008      unsigned int num = 0, i = 1;      //i是记录编号,从1开始
0009      char errmsg[] = "不存在的结点编号,不能删除! \n";
0010      printf("请指定待删除记录的编号(0表示表尾结点):");
0011      fflush(stdin);
0012      scanf("%u",&num);                 //输入要删除记录的编号
0013      if (num < 0)
0014      {    puts(errmsg);
0015           return head;                 //没有记录,不能删除
0016      }
0017 ///////////在链表中定位待删除的结点//////////////////////////////////////
0018      while((p->next) ! = NULL)         //遍历链表查找记录,到尾指针为止
0019      {  if (i == num)                  //i为当前结点编号,为指定结点编号(正数)时退出
0020              break;
0021         pre = p;                       //pre是p前一个结点的指针
0022         p = p->next;                   //p向后移动一个结点
0023         i ++ ;                         //计数器增1
0024      }
0025      if ((num == 0)||(i == num))       //如果定位到指定记录(包括表尾)。
0026      {
0027          printf("待删除结点:\n[%3d]", i); //i是待删除结点的实际编号
0028          PrtRecord(p);                 //显示该记录
0029          //获取用户确定才能删除
0030          printf("删除后的记录不能恢复! 确定删除吗? [y-确定 任意键放弃]");
0031          char response = getche();
0032          if ( ! (response == 'Y' || response == 'Y' ))//用户没有输入y或Y
0033          {
0034              printf("放弃删除! \n");
0035              return head;
0036          }
0037
0038          //用户确定要删除,分三种情况进行具体的删除
0039          printf("\n开始删除链表");
0040          if (p == head)                //删除头结点
0041          {  printf("头结点! \n");
0042              head = head->next;
0043          }
0044          else if(p->next == NULL )     //删除尾结点
0045          {  printf("尾结点! \n");
0046              pre->next = NULL;
```

```
0047            }
0048            else                              //删除表中结点
0049            {   printf("中＃%d结点! \n", num);
0050                pre->next = p->next;
0051            }
0052            free(p);                          //删除结点,释放内存
0053            printf("删除完成! \n");
0054        }
0055        else{      //在链表中没有找到编号为 num 的结点
0056            puts(errmsg);
0057        }
0058    return head; //返回表头结点指针
0059 }
```

函数 SpecifyDelRecord 中,首先让用户指定待删除结点的编号(第 10～16 行)。如果记录比较多,需要去数尾结点记录的编号,比较麻烦,故用编号 0 来表示尾结点记录。把小于 0 的编号都视为非法。

在第 18 行开始的 while 循环遍历整个链表,当遇到指定编号的记录时,跳出循环(第 19、20 行)。否则,让 pre 指向当前结点,而让当前结点指针 p 指向下一个结点,并把编号 i 加 1。这样,循环结束的条件就是 i==num(找到指定编号的记录)或者 p->next == NULL(检查到尾结点)。如果 num=0,那么 i==num 是不可能满足的(因为 i 从 1 开始递增,除非记录条数超过 unsigned int 能表示的最大正整数 $2^{32}-1$),循环只有在 p 指向尾结点时才结束,这是 i 是尾结点的编号,而 p 指向待删除的结点。

第 25 行开始删除操作。首先打印该结点保存的记录信息,然后询问用户是否确定删除。因为删除记录是不可恢复的操作,所以必须小心,要用户再次确定(输入 y 或 Y)(第 30～36 行)。第 25 行 if 的条件是由两个条件通过逻辑或运算符"||"连接起来的。num==0 表示要删除的结点是尾结点,此时前面的 while 循环已经把待删除记录指针 p 定位到了尾结点。根据"||"的短路特性,num==0 满足时,后一个条件 i==num 就不再判断了。只有当 num==0 为假时,即 num>0,才判断第二个条件 i==num。当它满足时,才执行后面大括号中的语句。第 26～54 行用大括号括起来的语句(主要是删除记录的语句)只有在 p 定位到指定的结点时才执行。否则,就执行第 55～57 行的 else 块,调用 puts 函数打印查找失败信息 errmsg。puts 函数的声明在 stdio. h 中,用来打印形参指向的字符串。其原型为

```
int puts(const char *);
```

在第 39～53 行中,用户已经确定了要删除记录,于是分 3 种情况删除记录,如图 6-12～6-14 所示。

步骤 7.6.4. 在 main 函数中对应的分支处理语句中增加对 SpecifyDelRecord 的调用语句:

```
case 'd': printf(" - 删除记录\n");
         head = SpecifyDelRecord(head);
         break;
```

因为 SpecifyDelRecord 函数可能会修改链表表头,所以要用其返回值(指向新的链表表头的指针)更新原来的链表表头指针 head。

步骤 7.7.　插入记录。指定待插入记录的位置编号 pos,然后在链表中找到该位置对应的结点,找到之后就在该位置插入新记录。跟删除结点类似,也分 3 种情况:如果指定位置pos=0,即把新结点加到表尾的后面,使之成为新的表尾;如果指定位置pos=1,则把新结点添加到表头前面,使之成为新的表头;如果指定位置 pos 为链表中的其他结点对应的编号 i,则将该结点插入链表中,使之成为链表的新的第 i 个结点。

输入编号 1 时,表示用户插入的结点当为新的表头结点。这时,分配结点内存 p 并输入数据,然后,让 p 的 next 指针指向 head,并让 head=p,如图 6-15 所示。

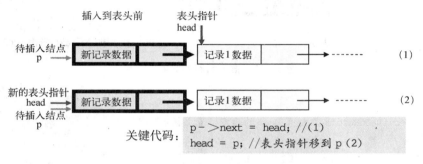

图 6-15　插入到表头之前

若链表中节点数为 N,而用户输入编号 N+1,则用户插入的结点将作为表尾结点。令新建结点指针 p 的 next 指针值为 NULL,令原来的表尾指针的 next 指针值为新建结点 p。这样,链表长度增加,新建结点挂在了表尾,如图 6-16 所示。

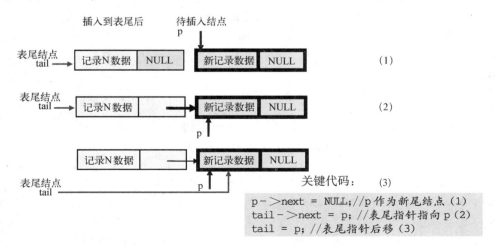

图 6-16　插入到表尾之后

若用户插入的位置 i 为链表中的位置(1<i≤N),则表示新建的结点 p 要成为链表中的新第 i 个结点,原来编号 i 的结点 p1 将挂在 p 的后面,成为第 i+1 个结点。让 p 的 next 指针指向第 i 个结点即 p1,而令原来的第 i-1 个结点 p0 的 next 指针指向 p 即可,如图 6-17 所示。

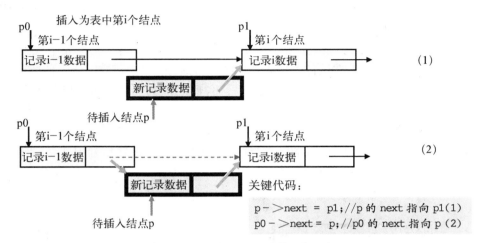

图 6-17　插入为新的第 i 个结点

```
0001 / * SpecifyAddRecord:在链表 head 的指定位置上插入记录
0002    * /
0003 PSTUREC SpecifyAddRecord(PSTUREC head)
0004 {
0005     unsigned pos = 0;
0006     char errmsg[] = "不存在的结点编号！\n";
0007     printf("请指定插入记录编号(0 表示表尾)：");
0008     fflush(stdin);
0009     scanf(" % u",&pos);          //输入要插入的位置
0010     if  (pos<0)
0011     {
0012         puts(errmsg);
0013         return head;             //非法的位置
0014     }
0015     head = insertNode (head, pos); //具体的插入函数
0016     PrtStuRecLst(head); return head ;//返回新的表头指针
0017 }
0018 / * insertNode:在链表 head 的指定位置 pos 上插入输入的记录 * /
0019 PSTUREC insertNode(PSTUREC head, int pos)
0020 {
```

```
0021    char errmsg[] = "不存在的结点位置编号！\n";
0022    int i = 1;
0023    PSTUREC p0 = NULL,p1 = head;//开始时 p1 指向链表表头,p0 为它之前的指针
0024    PSTUREC p = (PSTUREC)calloc(1, sizeof(STUREC));//创建结点
0025    if (p == NULL) return head;
0026    if (pos<0)
0027    {
0028        puts(errmsg);
0029        return head;
0030    }
0031    printf("请输入一条记录(一行完成,空格隔开各项):\n");
0032    InputRecord(p);                                    //输入记录
0033    if (head == NULL)                                  //空表时
0034    {
0035        head = p;
0036        return head;
0037    }
0038    //以下,链表 head 非空表
0039    while((p1 - >next)！ = NULL)//寻找第 pos 个结点的指针 p1 及其前一个指针 p0
0040    {
0041        if (i == pos)
0042        {
0043            break;
0044        }
0045        p0  =  p1;
0046        p1  =  p1 - >next;
0047        i ++ ;
0048    }
0049    if ((pos == 0) || (i == pos))//找到了第 pos 个结点
0050    {
0051        //获取用户确定才能插入
0052        printf("插入操作是永久有效的！确定吗？[y - 确定 任意键放弃]");
0053        char response = getche();
0054        if ( ! (response == 'Y' || response == 'Y'))//用户没有输入 y 或 Y
0055        {
0056            printf("放弃插入！\n");
0057            return head;
0058        }
0059
0060        //用户确定,执行插入。分三种情况
```

```
0061        if (pos == 1)          //①插入记录到表头
0062        {
0063            p->next = head;
0064            head = p;
0065        }
0066        else if ( pos == 0 )//②此时 p1 定位到表尾。在表尾添加记录
0067        {
0068            p0 = p1;
0069            p1 = p1->next;
0070            p->next   = p1;
0071            p0->next = p;
0072        }
0073        else{                    //③在表中插入记录
0074            p->next   = p1;
0075            p0->next = p;
0076        }
0077    }
0078    printf("\n插入完成! \n");
0079    return head;
0080 }
```

   函数 SpecifyAddRecord 指定要插入的位置(第9行),调用 insertNode 函数(第15行)执行具体的插入记录功能。在 insertNode 函数中,先完成创建结点,输入记录的任务(第24、32行)。如果原来是空链表,则将新建的结点作为链表的首元素结点(第33～37行)。否则,通过 while 循环(从第39行开始)确定第 pos 个记录的指针 p1,及其前一个记录的指针 p0。这个定位的原理跟前一个 SpecifyDelRecord 函数中的定位代码一样。第39行的 if 语句中,如果用户确定要插入记录,则按图6-15～图6-17所示的3种情况分别进行记录的插入。在第(2)种情况下,要插入的记录不是作为原来的最后一个记录,而是在原来的尾结点后面添加,所以要再往后移动一个结点(第68、69行)。第(2)(3)种情况的插入操作很相似(第70、71行和第74、75行)。

   插入记录的实现代码至此都完成了。在 main 函数的 switch...case 分支的相应分支加上调用 SpecifyAddRecord 函数的语句,如下:

```
case 'i': printf(" -插入记录\n");
          head = SpecifyAddRecord(head);
          break;
```

   程序的执行情况如图6-18所示。原来的链表中只有一条记录"齐小琴",在表尾又添加了一条记录"曾俊杰"。结果变成了两条记录。通过打印功能可以看到插入成功完成了。当然,插入记录到表头、表中是成功的,但是限于篇幅,只给出了在表尾插入结

点的程序运行结果图,如图6-18所示。

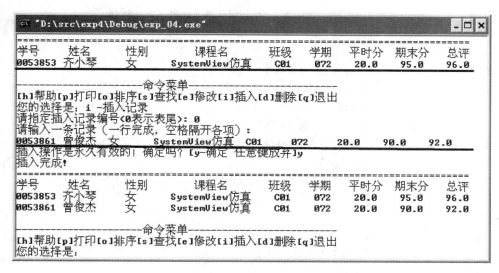

图6-18 插入记录到链表中

以下是完整的主程序:

```
0001  /*文件名:exp6_03_1.cpp  创建学生成绩记录链表,并进行相关处理。*/
0002
0003  #include "mysubs.h"
0004  int main()
0005  {
0006      PSTUREC head = NULL;
0007      int   N = 1;
0008      //////////////以上是变量定义部分//////////////
0009      printf("请输入学生记录条数:");
0010      scanf("%d", &N);                //学生成绩记录的条数是用户指定的
0011      //////////////创建链表和输入数据//////////////
0012      printf("请输入学生记录(每行一条,共%d条):\n", N);
0013      head = CreateLst(N);            //创建具有N个结点链表来存放N条记录
0014      if (head == NULL)               //创建失败,则结束程序
0015      {
0016          printf("链表创建失败!退出……\n");
0017          exit(-2);
0018      }
0019      PrtStuRecLst(head);  //打印链表中的所有记录
0020      /////////程序主循环,执行用户输入的命令///////
0021      char response = 'q';
0022      while(1)
```

```
0023        {
0024            response = getUserChoice(); //打印菜单并获取用户的选择
0025            switch(response)
0026            {
0027            case 'q': printf(" -退出程序……\n");
0028                      head = freeStuRecLst(head);//销毁链表,回收所有结点内存
0029                      return 0;
0030            case 'i': printf(" -插入记录\n");
0031                      head = SpecifyAddRecord(head);
0032                      break;
0033            case 'o': printf(" -记录排序\n");
0034                      sortRecLst(head);
0035                      break;
0036            case 's': printf(" -记录查找\n");
0037                      searchRecords(head);
0038                      break;
0039            case 'e': printf(" -编辑记录\n");
0040                      SpecifyEditRecord(head);
0041                      break;
0042            case 'd': printf(" -删除记录\n");
0043                      head = SpecifyDelRecord(head);
0044                      break;
0045            case 'p': printf(" -链表打印\n");
0046                      PrtStuRecLst(head);
0047                      break;
0048            default: break;
0049            }
0050        }
0051    return 0;
0052 }
```

6.4　多个数据共享一块内存 *

在进行网络通信软件的开发中,往往需要把本机和目标主机的 IP 地址打包到 IP 报文中。所谓 IP 报文,实际上就是一个结构体类型的变量,其中包含了发送主机和接收主机的 IP 地址,以及要发送/接收的具体数据(称为有效负载,payload)。一个 IPv4 的地址是 32 位,在 32 位系统里正好用一个整数就可以表示它。但是,这个数字往往太大,不便于记忆,往往采用 4 个 0~255 的整数来表示 IP 地址的 4 个部分,并用"."隔开。从节省存储空间和简化处理的角度出发,不希望另外设 4 个字节存储这 4 部分数

字,也不希望每次都从这 32 位整数当中 8 位 8 位地提取。C/C++语言提供了变量共用内存的机制,可以轻松提取这 4 部分数字,这就是共用体(也叫联合)。共用体用关键字 union 定义,类似于结构体,只不过其中的成员变量要占用共同的内存。比如,

```
union ipaddr
{
    unsigned int addr;
    unsigned char ip[4];
};
```

便定义了一个叫作 ipaddr 的共用体类型。随后便可以用这个类型 union ipaddr 来定义变量、指针、数组等。

```
union ipaddr sender, receiver;
union ipaddr * psender, * preceiver;
union ipaddr iplists[10];
```

取成员变量仍然是用成员运算符“.”,用指针取目标变量的成员变量用成员运算符“->”。这些都和结构体一样。

```
sender.ip[0] = 192;
sender.ip[1] = 168;
sender.ip[2] = 1;
sender.ip[3] = 101;
```

上面的代码即把这个 IP 地址变量设置成了 192.168.1.101。用 sender.addr 得到的值是 $192 \times 2^{24} + 168 \times 2^{16} + 1 \times 2^8 + 101$,是一个非常大的数字。但是分成 4 段来记忆,就好记多了。

在内存中,跟前面讲的字段对齐非常相似,共用体变量 sender 的成员变量也是对齐的。成员变量 addr 和 ip 甚至还是重叠的。取 addr 的最高 8 位的值,即得 ip[0]的值,以此类推。成员变量 addr 和 ip 数组同占一块内存。共用体中,各成员变量跟长度最大的一个共用一块内存。也就是说,共用体变量的大小不小于其中长度最大的成员变量的大小。因为其中可能会涉及变量对齐等因素,共用体变量的大小可能会大于其中最长的成员变量所占字节数。

当然,union ipaddr 是根据应用的需要有意设计的,刚好 ip 数组的 4 个成员变量就占了 addr 的 4 个字节,如图 6-19 所示。否则可能分析就比较复杂。

sender:　　addr 　| ip[0] | ip[1] | ip[2] | ip[3] |

图 6-19　ip 数组变量占 addr4 个字节

关于共用体,还应该要记住的特点有:

(1) 同一段内存可以存放几种不同类型的成员,但是每一时刻,只能存放一种,其他成员都不起作用。

（2）共用体变量中起作用的成员是最后一次存放的成员。

（3）共用体变量的地址和其成员地址都是同一地址，&a，&a.i 都一样。

（4）不能对共用体变量名赋值，不能引用共用体变量名来得到一个值，不能在定义共用体变量时对它进行初始化。

（5）不能将共用体变量作为函数参数，不能使函数返回共用体变量。但可以使用指向共用体变量的指针。

共用体跟数组、结构体一样，都属于构造数据类型。结构体是由不同类型的数据构成的集合，适用于逻辑上有联系的多个不同类型的数据项构成的记录类型的存储和处理。共用体的各成员变量占用相同的内存，适用于要节省内存或提取数据的各个部分的情况。

6.5 本章小结

一般处理的信息中既有文字信息，又有数值信息。结构体是相互关联的不同类型信息的组合，跟数组是相同类型数据的顺序集合不同。结构体中声明的变量称为成员变量，可以通过结构体变量利用成员运算符"."访问。用户自定义的结构体类型可以跟之前讲的基本数据类型一样来使用，比如定义变量，定义数组，作为函数参数，作为函数返回值等。不过由于结构体中通常拥有较多的数据，作为函数参数传递时会带来效率上的降低。

链表的基础是结构体。链表上的每个节点都是一个结构体变量，但是该结构体内定义了一个指向自身类型的指针变量，这个指针用来指向链表中的下一个节点。通过这个指针可以顺次访问整个链表中的各个节点。链表可以用来保存数目不定的记录，而且插入删除操作具有常数复杂度，跟记录数量的多少无关。而数组的插入和删除都会涉及后续元素的整体移位，具有线性复杂度。

复习思考题

● 什么是结构体？它和数组有何区别？

● 在程序中怎么确定结构体变量的大小（所占字节数）？可否用各成员所占字节求和的方法计算？

● 如何访问结构体成员？它和访问数组元素有何区别。

● 如何通过指针变量访问结构体成员？

● 结构体变量能否相互赋值？能否作为函数参数和/或返回值？

● 什么是链表？它有何特点？

● 链表的基本操作有哪些？试说明各种操作的具体步骤。

● 链表跟数组相比有何优缺点？何时使用链表？

● 什么是共用体？它的存储和使用有何特点？

练 习 题

1. 单链表的结点包含两个域：_____和_____。使用链表的最大的优点是_____，即使是动态数组也做不到这一点。

2. 进入单链表必须通过单链表的_____，如果它丢失则_____，内存也_____，在单链表中进行的查找只能是_____。

3. 定义一结构体数组，从终端输入 50 个学生的基本情况，包括学号（XH），姓名（XM），籍贯（JG）和成绩（CJ）。要求按每个学生的成绩由高到低排序输出。

4. 设有 3 个候选人，每次输入一个得票的候选人的名字，要求最后输出各人得票结果。

5. 分析下面程序的执行结果：

```
int main(){
    union{
        char word[8];
        shor int ksi[4];
        }x, * s;
    s = &x;
    s − >ksi[0] = 0x6f6d;
s − >ksi[1] = 0x6e72;
s − >ksi[2] = 0x6e69;
s − >ksi[3] = 0x0067;
cout<<s − >word<<endl;
return 0;
}
```

仿照上述程序，编写一个输出字符串为"computer!"的程序。

6. 已知考生的记录由学号和学习成绩构成，N 名考生的数据已存入 a 结构体数组中。请编写函数 fun，该函数的功能是：找出成绩最低的考生记录，通过形参返回主函数（规定只有一个最低分）。已给出函数的首部，请完成该函数。请勿改动主函数 main 和其他函数中的任何内容，仅在函数 fun 的花括号中填入所编写的若干语句。

部分源程序已给出：

```
# include <iostream. h>
# include <string. h>
# include <conio. h>
#define    N    10
typedef struct    ss
        {char    num[10];
```

```
         int  s;
    } STU;
void fun(STU a[],STU * s)
{

}
void main( )
{STU
a[N] = {{"A01",81},{"A02",89},{"A03",66},{"A04",87},
     {"A05",77},{"A06",90},{"A07",79},{"A08",61},
     {"A09",80},{"A10",71}},m;
fun(a,&m);
cout<<" ***** The original date ***** "<<endl;
   cout<<"The lowest :"<<m.num<<m.s<<endl;
}
```

7. 用结构类型描述一个学生的有关数据,其中含有姓名、学号、语文成绩、数学成绩、外语成绩、平均成绩、排名次序。输入全班学生(人数不超过 50 人)的数据(不包括平均成绩和排名次序),求出各人的平均成绩,并按平均成绩由高到低将学生排名次(要考虑并列名次),按名次顺序输出这些学生的所有数据。

8. 用库里的 qsort 函数实现的快速排序法将上述结构体定义的 10 个学生信息数组按照相同的要求排序。

第 7 章　数据的永久存储与加载

学习要点

- 文件的概念
- 文件的读写
- 命令行参数
- 其他文件操作

数据要永久性地保存，就必须存储到不易挥发的介质上，即外部存储器。外部存储器通常有软盘、硬盘、光盘、U 盘、磁带等。数据是以文件的形式存放的。文件是指一组相关数据的有序集合。这个数据集通过名称(叫做文件名)访问。实际上在前面的各章中我们已经多次使用了文件，例如源程序文件、目标文件、可执行文件、库文件（头文件）等。文件通常驻留在外部介质(如磁盘等)上，使用时才调入内存中。

从不同的角度可对文件作不同的分类。从用户的角度看，文件可分为普通文件和设备文件两种。普通文件是指驻留在磁盘或其他外部介质上的有序数据集，可以是源文件、目标文件、可执行程序，也可以是一组待输入处理的原始数据，或者是一组输出的结果。源文件、目标文件、可执行程序称作程序文件，输入输出数据可称作数据文件。设备文件是指与主机相连的各种外部设备，如显示器、打印机、键盘等。在操作系统中，把外部设备也看作是一个文件进行管理，把它们的输入、输出等同于对磁盘文件的读和写。通常把显示器定义为标准输出文件，一般情况下在屏幕上显示有关信息就是向标准输出文件输出，如 printf、putchar 函数。键盘通常被指定标准的输入文件，从键盘上输入就意味着从标准输入文件上输入数据。scanf,getchar 函数就属于这类输入。

从文件编码的方式来看，文件可分为 ASC Ⅱ 码文件和二进制码文件两种。ASC Ⅱ 文件也称为文本文件，在磁盘中存放时每个字符对应一个字节，用于存放对应的 ASC Ⅱ 码。例如，数 5678 的存储形式为

共占用 4 个字节。ASC Ⅱ 码文件可在屏幕上按字符显示，例如源程序文件就是 ASC Ⅱ 文件，用 DOS 命令 TYPE 可显示文件的内容，用文本编辑软件（如 notepad、Emeditor 等)可以直接打开看到里面的文字内容。由于是按字符显示，因此文件内容很容易看懂。

二进制文件是按二进制的编码方式存放文件。例如,整数 5678 的存储形式为 00010110 00101110,只占二个字节。二进制文件虽然也可在屏幕上显示,但其内容无法读懂。而 C/C++语言在处理这些文件时,并不区分类型,都看成是字符流,按字节进行处理。输入输出字符流的开始和结束只由程序控制而不受物理符号(如回车符)的控制。因此也把这种文件称作流式文件。

7.1 改变程序输入的来源

程序的作用是进行数据处理所完成的各项任务。数据通常都是由用户从标准输入设备(键盘)输入(用 scanf 函数等),程序运行的结果也是直接显示在屏幕上(用 printf 函数等)。处理大量的数据显现不便(比如在第 4 章排序时)。要简化程序调试,可以先把数据按行存储在文本文件中,程序执行的时候,把指定的记录从打开的文本文件中用拷贝-粘贴的方式输入控制台。但是这也只适于记录条数比较少的情况。必须提高打开文件—读取文件—拷贝到程序中操作的自动化程度,也就是说,不用人的手动操作来完成,而由 C/C++语言程序自动完成。

例 7-1 改写例 6-3,由原来的从控制台输入记录改为从文本文件 Students. txt 读取记录,并据此建立链表。

解:(1) 用 VC 6 创建一个控制台工程,把 mysubs. h、mysubs. cpp 都加入到工程中,新建一个 CPP 文件 exp7_01. cpp,作为主程序文件。把例 6-3 的主程序文件内容拷贝到本例的主程序文件中,以备修改。

(2) 在 mysubs. h 中增加函数的声明:

FILE * CreateLstFromFile(char * filename, int * pNumRecs, PSTUREC * pHead);

这个函数打开主调函数提供的 filename 文件,从中读取指定数目的记录,并创建一个链表。具体读取到的记录条数返回给主调函数(通过指针变量 pNumRecs),创建的链表表头指针也返回给主调函数(通过指针变量 pHead),最后还以函数返回值的形式返回打开的文件指针。函数代码如下:

```
0001 /* CreateLstFromFile:打开文本文件,读取记录,创建链表
0002     返回打开文件的指针。它要由主调函数来关闭。
0003     失败返回 NULL。
0004     */
0005 FILE * CreateLstFromFile(char * filename, int * pNumRecs, PSTUREC * pHead)
0006 {   if (pNumRecs == NULL || * pNumRecs <= 0)
0007        return NULL;              //不能为空指针,且目标变量值不能小于 1
0008     if (pHead == NULL )
0009        return NULL;              //不能为空指针
0010
```

```
0011    char line[200] = {'\0'};           //保存读取到的一行记录
0012    int i = 0, n;
0013    FILE  * fp;
0014    if((fp = fopen(filename,"rt + ")) == NULL)
0015    {    printf("文件打开出错! 请检查文件是否存在! \n\n");
0016        return NULL;
0017    }
0018
0019    //下面就是文件顺利打开之后,创建链表;读取记录,存入链表
0020    PSTUREC head = NULL, p, tail;      //创建空链表
0021    tail = head;
0022    n = * pNumRecs;                     //通过指针获取主调函数规定要读的记录条数
0023    do
0024    {
0025        p = (PSTUREC)calloc(1,sizeof(STUREC)); //创建一个结点
0026        if(p == NULL)
0027        {
0028            fclose(fp);
0029            return NULL;                //创建结点失败,返回 NULL
0030        }
0031        char gender[3];                 //用来保存性别字串"男""女"
0032        fgets(line, sizeof(line), fp);  //从打开的文本文件中读取一行(条)记录
0033        ltrim(rtrim(line));             //去除首尾的空白字符(含'\n')
0034        sscanf(line,"%s%s%s%s%s%s%f%f%f", p->number,p->name, gender,
0035            p->course, p->classno, p->semester, &(p->pingshi),
0036            &(p->final),&(p->score)    );//读取数据,写到结构的成员变量中
0037        if(strcmp("男",gender) == 0) p->gender = 'M';//把性别转换成 F/M 写到结
                                                         构中
0038        else p->gender = 'F';
0039
0040        p->next = NULL;     //新建结点作为尾结点(尾插法),故其 next 指针值为 NULL
0041        if(head == NULL)        //如果原来链表为空,则将新建结点作为链表首结点
0042        {
0043            head = tail = p;
0044        }else               //否则,让新建结点作为链表的新的尾结点
0045        {
0046            tail->next = p;
0047            tail      = p;
0048        }
0049        i ++ ;              //记录条数计数器增1
```

```
0050          if  (i> = n) break;    //读取的记录条数不能超过主调函数指定的条数 * pNumRecs
0051        }while(! feof(fp));       //没有到文件尾,就继续读下去
0052     * pNumRecs =  i;            //更新实际读取的记录条数。因文件中的记录数可能小于
                                                指定要读的条数
0053     * pHead =  head;           //更新主调函数的表头指针
0054
0055     return fp;                   //返回打开的文件指针
0056 }
```

作为函数返回类型的指针类型 FILE ＊,FILE 不是 C/C++语言的关键字,而是一个结构体的别名,在 stdio. h 中定义。C/C++语言的标准输入输出库实现了文件操作,但是规定,要进行文件操作,必须通过一个叫做 FILE 类型的文件指针进行。利用这个文件指针,实现打开、关闭、读取、写入等一系列的文件操作。函数返回的是指向打开的文件的指针,失败则返回 NULL。由主调函数确定是否继续使用已经打开的文件,如果以后还要用,就不用再次打开该文件了;如果不用了,主调函数关闭即可。

第 6～9 行的 if 判断,进行一些有效性的检验,比如输入的第二、三个指针参数不能为 NULL 等。第二、三个参数实际上既作为输入参数,又作为输出参数。因为函数只有一个返回值,在需要返回的数据比较多的情况下,就可以把输出数据放在参数里。也就是说,函数的形参不仅是输入参数,也可以作为输出参数。不过在作为输出参数时,由于在被调函数中需要对其修改,只能采取传递指针参数的形式,把输出参数的指针传给被调函数。

第二个参数用作主调函数指定读取记录的条数。而指定的文件 filename 中,实际保存的记录的条数可能比指定的条数少。函数应该返回实际读取到的记录的条数。实际读取的记录条数应该作为输出参数。但是函数的返回类型为 FILE ＊,又不能存放记录的条数(int 型),所以只好把用户指定的条数存放在一个变量(设为 N)中,把 N 的地址 &N 传给本函数,本函数对第二个参数取间接运算获得主调函数指定要读取的记录条数 * pNumRecs(第 6 行、第 22 行)。在后面读取记录完成后,把 * pNumRecs 的值设置为实际读取到的记录条数(第 52 行),即完成了从被调函数向主调函数输出的任务。主调函数随后就可以利用这个返回的记录数来显示、排序记录了。

同样的,第三个参数 pHead 是链表头结点指针的地址。主调函数把链表的表头节点(PSTUREC 指针类型的变量)的地址传给本函数,函数创建链表后,利用间接运算为 * pHead 赋值,让它等于在本函数中通过动态分配内存创建的链表的表头指针(第 53 行),即完成了向主调函数的输出。

程序第 13 行定义了文件指针 FILE * fp;,通过 fp 即可进行各种文件操作了。但是在文件操作之前,一定要打开文件(第 14 行)。打开文件需调用 fopen 函数来完成。这个函数按照指定的方式打开指定名字的文件。文件顺利打开后,指向该流的文件指针就会被返回。如果文件打开失败则返回 NULL,并把错误代码存在 errno 中。

文件成功打开后,我们并不关心这个文件指针的值如何,只要在执行跟它关联的文

件的读写操作时,提供这个指针给对应的文件处理函数就可以了。如果文件打开失败,随后的文件操作就不能执行。所以一定要提供文件不能打开时的处理(本函数的第14～17行,打印出错信息,返回 NULL 给主调函数)。fopen 函数的原型如下:

```
FILE * fopen(const char * filename, const char * mode);
```

其中两个参数都是指向字符串常量的指针。filename 指向待打开的文件的名字。文件名可以包含完整路径,如果不含路径名,则为当前路径下的文件。由于"\"在 C/C++语言中作为转义字符的起始字符,所以如果路径中有"\",则需用"\\"来转义。mode 指向打开文件的方式见表 7-1。

表 7-1　fopen 中的文件打开模式

mode	含　　　　义
r	只读打开文件,该文件必须存在
r+	打开文件供读写,该文件必须存在
w	只写打开文件,若文件存在则文件长度清为 0,文件内容会消失。若文件不存在则建立该文件
w+	打开文件供读写,若文件存在则文件长度清零,文件内容会消失。若文件不存在则建立该文件
a	以附加的方式打开只写文件。若文件不存在,则会建立该文件,如果文件存在,写入的数据会被加到文件尾,即文件原先的内容会被保留
a+	以附加方式打开文件供读写。若文件不存在,则会建立该文件,如果文件存在,写入的数据会被加到文件尾后,即文件原先的内容会被保留

其中默认操作的都是文本文件。要打开二进制文件,则在 r、w、a 后紧跟一个"b"即可。有时候为了强调,在打开文本文件的时候,也在 r、w、a 后加一个"t"表示文本文件。

在本函数中,由于读取的记录来自文本文件 Students.txt,而且可能还需要在以后往文件中写入记录,所以打开模式选择了"rt+"(第 14 行)。

在第 20 行创建了一个空链表(即表头和表尾指针均为 NULL 的链表)。

第 23～51 行的 do...while 循环用于从打开的文件中读取记录,并由此创建链表。

第 25 行为新结点分配内存。如果分配内存失败,则关闭文件并返回 NULL(第26～30 行)。

第 32 行读取一行记录,存入字符数组 line 中。这里跟例 6-3 不同的是,最后一个参数由例 6-3 的 stdin 改成了 fp,表示读取数据的来源不再是 stdin 表示的标准输入(键盘),而是 fp 指向的已经打开的文件 Students.txt。在例 6-3 中用 fgets 函数,而不用 scanf 直接从键盘输入,也是为了和这里一致。

第 33 行把输入字符串首尾的无用空白符删除之后,在第 34 行调用 sscanf 读取各项数据,一直到第 38 行,这都和例 6-3 一样。

这里要注意,第 32 行的 fgets 到第 36 行的 sscanf 其实可以合并。在读取文本形式

记录的时候,把第 32 行的 fgets 到第 36 行的 sscanf 注释掉,改为

```
fscanf(fp,"%s%s%s%s%s%s%s%f%f%f", p->number,p->name, gender,
              p->course, p->classno, p->semester, &(p->pingshi),
              &(p->final),&(p->score)    );//读取数据,写到结构的成员变量中
```

函数 fscanf 和 sscanf、scanf 都类似,是格式化的输入函数。只不过读取字符串的来源不再是字符数组或控制台,而是来自打开的文本文件。这个打开的文件指针作为函数的第一个参数。后面的格式字串、参数地址列表都和 scanf 等一样。

再下面就是根据读入的记录来创建链表(第 40～48 行)。这里采用的是尾插法创建链表。新建的结点作为尾结点(第 40 行)。如果新建的结点是链表的第一个结点,则让 head 和 tail 指针都指向它,因为这时,它既是链表头,又是链表尾(第 41～43 行)。否则,将新建的结点作为新的链表尾(第 46、47 行)。同时链表结点计数器加 1(第 49 行)。如果现有结点个数不小于指定的要读取的记录个数,则退出循环(第 50 行)。

第 51 行 while 后的括号里是循环结束的条件! feof(fp),即,如果读取文件的时候,没有读到文件尾,则继续循环。

函数 feof 用于判断文件指针是否指向了文件尾。其原型为

    int feof(FILE * fp);

feof(fp)有两个返回值:如果遇到文件结束,函数 feof(fp)的值为 1,否则为 0。

FILE 结构体中,有一个成员变量_ptr,称为文件位置指针。文件位置指针只是一个形象化的概念,在 C/C++语言中用文件位置指针表示文件当前读或写的数据在文件中的位置。当 fopen 函数打开文件时,可以认为文件位置指针总是指向文件的开头、第一个数据之前。在读取文件的时候,每读取 N 个字节,文件指针就从当前位置开始向后移动 N 个字节。当文件移动到文件尾(文件中所有记录都已读取完),文件位置指针指向文件末尾时,表示文件结束。当进行读操作时,总是从文件位置指针所指的位置开始读其后的数据,然后位置指针移到尚未读的数据之前,以备指示下一次的读(或写)操作。当进行写操作时,总是从文件位置指针所指位置去写,然后移到刚写入的数据之后,以备指示下一次输出的起始位置。

文件位置指针和文件指针是两个不同的概念,要注意区分。文件指针是指在程序中定义的 FILE 类型的变量,通过 fopen 函数调用给文件指针赋值,使文件指针和某个文件建立联系(这种联系实际上是通过 fopen 函数说明使用文件的方式),C/C++语言中通过文件指针实现对文件的各种操作。

当循环读取了指定个数的记录,或者在这之前遇到了文件结束(即文件中记录读取完),则结束循环。把实际读取到的记录个数、创建的链表的首结点指针通过间接运算传递给主调函数(第 52、53 行),返回已打开的文件指针(第 55 行)备主调函数使用。函数结束。

上例的程序运行时,除了不需要从控制台输入记录数据外,其他地方都跟例 6-3 一样。作为对比,这里给出读取二进制文件记录以创建链表的函数。除了打开和读取

文件中保存的记录的方式和函数 CreateLstFromFile 不同外，其他地方都一样，因此除了对关键的函数作出说明外，其他地方留作练习，供读者自行分析程序逻辑使用。

```
0001  /* CreateLstFromFileb：打开二进制文件，读取记录，创建链表
0002     返回打开文件的指针。它要由主调函数来关闭。
0003     失败返回 NULL。
0004     */
0005  FILE *  CreateLstFromFileb(char * filename, int * pNumRecs, PSTUREC * pHead)
0006  {
0007      if  (pNumRecs == NULL ||  * pNumRecs< = 0)
0008          return NULL;//不能为空指针，且目标变量值不能小于 1
0009      if  (pHead == NULL )
0010          return NULL;//不能为空指针
0011
0012      char line[200] = {'\0'};//保存读取到的一行记录
0013      int i = 0, n;
0014      FILE * fp;
0015      if((fp = fopen(filename,"rb + ")) == NULL) //从二进制文件中读取记录
0016      {
0017          printf("文件打开出错！请检查文件是否存在或打开模式是否正确！\n\n");
0018          return NULL;
0019      }
0020
0021      //下面就是文件顺利打开之后，创建链表；读取记录，存入链表
0022      PSTUREC head = NULL, p, tail;//创建空链表
0023      tail = head;
0024      n = * pNumRecs;               //通过指针获取主调函数规定要读的记录条数
0025      fseek(fp,0L, SEEK_SET);       //定位到文件开头
0026      do
0027      {
0028          p = (PSTUREC)calloc(1,sizeof(STUREC));  //创建一个结点
0029          if(p == NULL)
0030          {
0031              fclose(fp);
0032              return NULL;//创建结点失败
0033          }
0034          p - >next = NULL;       //新建结点作为尾结点(尾插法)，故其 next 指针值为 NULL
0035          fread(p, sizeof(STUREC), 1, fp);//从文件中读二进制数据记录，保存在 p 指向结点
0036
0037          if(head == NULL)        //如果原来链表为空，则将新建结点作为链表首结点
0038          {
```

```
0039            head = tail = p;
0040        }else                    //否则,让新建结点作为链表的新的尾结点
0041        {
0042            tail->next = p;
0043            tail        = p;
0044        }
0045        i++;                      //记录条数计数器增1
0046        if (i>=n) break;          //读取的记录条数不能超过主调函数指定的条数 * pNumRecs
0047    }while(! feof(fp));           //没有到文件尾,就继续读下去
0048    * pNumRecs = i;               //更新实际读取的记录条数。
0049    * pHead = head;               //更新主调函数的表头指针
0050
0051    return fp;                    //返回打开的文件指针
0052 }
```

打开文件之后,文件的位置指针指向的是文件开头第一个字节之前的位置。为了明确这一点,调用函数 fseek 进行文件位置指针的定位。fseek 函数用来设定文件的当前读写位置,原型如下:

    int **fseek**(FILE * fp, long offset, int origin);

其中 fp 是要定位的文件指针,offset 是要移动的相对位移(字节数,负数表示往回移动),origin 表示相对于哪里移动。函数成功返回 0,失败返回其他值。第三个参数 origin 的值取 #define 定义的 3 个符号常量之一:SEEK_SET(值为 0,相对于文件开头移动),SEEK_CUR(值为 1,相对于文件位置指针的当前位置移动),SEEK_END(值为 2,相对于文件的尾部移动,这时 offset 要取负数或 0)。本例中,offset 取 0,origin 取 SEEK_SET,则把文件位置指针定位到 fp 指向的文件的开头,表示要从头开始读取记录。这个功能可以用另一个 C/C++ 语言文件操作的库函数 rewind(fp)实现,原型为

    void **rewind**(FILE * fp);

其作用是将已打开文件 fp 的位置指针重新移动到文件的开始,跟 fseek(fp, 0L, SEEK_SET)作用一样。

另外,由于 fseek 可以把文件位置指针随机移动,为了获取文件位置指针的具体位置,需要用函数 ftell(fp)返回文件位置指针相对于文件开头的偏移。ftell 函数的原型为

    long **ftell**(FILE * fp);

它的返回值就是当前文件读写位置指针相对于文件开头的偏移。

在第 35 行调用函数 fread()读取数据。fread 及另一个对应的写文件的函数 fwrite 的原型为

```
    size_t fread( void * buffer, size_t size, size_t count, FILE * fp );
    size_t fwrite( void * buffer, size_t size, size_t count, FILE * fp );
```

fread 函数从已打开的文件指针 fp 中读取 count 个元素,每个元素大小为 size 字节的数据,把它写入 buffer 指向的内存中。成功返回读取到的元素个数,其中,size_t 是 unsigned int 类型的别名。buffer 指向用来保存读取到的数据的内存。fp 是已经打开的文件的指针。fwrite 中各参数含义类似,只不过把读换成了写,而且文件要为写打开。

fread()会返回实际读取到的 count 数目,如果此值比参数 count 小,则代表可能读到了文件尾或有错误发生,这时必须用 feof()或 ferror()确定到底发生了什么情况。函数 fwrite()会返回实际写入的数据元素个数。

本例中,第 35 行调用 fread 时,从文件指针 fp 指向的文件的当前位置读入 1 个大小为 sizeof(STUREC)个字节的记录数据,存入 p 指向的内存中。

在完成读取文件,并从中取记录来创建链表的函数 CreateLstFromFile 之后,主函数也要在例 6 - 3 的主程序的基础上进行修改:

```
0001 / * 文件名:exp7_01.cpp　由文件读入并创建学生成绩记录链表,并进行相关处理。* /
0002
0003 #include "mysubs.h"
0004 int main()
0005 {
0006     PSTUREC head = NULL;
0007     int  N = 1;
0008     FILE * fp;
0009     //////////以上是变量定义部分//////////////
0010     printf("请输入需要读入的学生记录条数:");
0011     scanf("% d", &N);              //学生成绩记录的条数是用户指定的
0012     //////////创建链表和输入数据//////////////
0013     fp = CreateLstFromFile("Students. txt", &N, &head);
0014
0015     if  (fp == NULL)             //创建失败,则结束程序
0016     {
0017         printf("链表创建失败! 退出……\n");
0018         exit( - 2);
0019     }
0020     printf("成功读入 % d 条记录\n",N);
0021     PrtStuRecLst(head);  //打印链表中的所有记录
0022
0023     ////////程序主循环,执行用户输入的命令////////
0024     char response = 'q';
```

```
0025      while(1)
0026      {
0027          response = getUserChoice();//打印菜单并获取用户的选择
0028          switch(response)
0029          {
0030          case 'q': printf(" -退出程序……\n");
0031                    head = freeStuRecLst(head);//销毁链表,回收所有结点内存
0032                    return 0;
0033          case 'i': printf(" -插入记录\n");
0034                    head = SpecifyAddRecord(head);
0035                    break;
0036          case 'o': printf(" -记录排序\n");
0037                    sortRecLst(head);
0038                    break;
0039          case 's': printf(" -记录查找\n");
0040                    searchRecords(head);
0041                    break;
0042          case 'e': printf(" -编辑记录\n");
0043                    SpecifyEditRecord(head);
0044                    break;
0045          case 'd': printf(" -删除记录\n");
0046                    head = SpecifyDelRecord(head);
0047                    break;
0048          case 'p': printf(" -链表打印\n");
0049                    PrtStuRecLst(head);
0050                    break;
0051          default: break;
0052          }
0053      }
0054      fclose(fp);
0055      return 0;
0056 }
```

主程序把输入记录的部分代码,由原来的从键盘输入,改成了从指定的文件(Students. txt)中读入(第13行)。因为要涉及文件操作,在第8行创建了一个FILE *型的文件指针fp。传递参数的时候,第二、三个参数既作为输入参数,又作为输出参数使用的。它们分别把要读取的记录条数N、要创建的链表的表头指针变量的地址传递给被调函数CreateLstFromFile,在被调函数内部获得实际读到的记录条数,用来更新主调函数中的N的值,并把实际创建的链表的首结点指针用来更新主调函数中的链表头指针head的值。

7.2　从命令行参数获取程序执行信息

在给定要打开的记录文件的时候,也是采用硬编码的方式,把作为数据来源的记录文件名固定在程序当中。这样做当然可以,但是不太灵活。如果用户的数据记录文件不是程序中规定的名字,将不能打开,除非用户更改自己的文件名。而有的时候,这个记录文件又是不方便改名的,因为在其他很多地方可能都要用到它。这时,可以把用户记录文件名作为参数传给应用程序,在程序里使用这个参数,从而达到控制程序的执行方式、指定输入输出数据的文件等目的。通过 C/C++ 语言中主函数 main 的下面这种形式来实现:

```
int main(int argc, char * argv[]);
```

也就是说,main 函数除了有以前使用的不带参数的形式之外,还有带两个参数的形式。其中,第一个参数 agrc 表示程序参数的个数,包括程序名在内。argc 的值最少都为 1。argv 的类型比较复杂,从形式上看它是一个字符指针数组,每个元素都是一个 char * 型的字符指针,指向一个字符串。这些字符串就是程序名和参数构成的字符串。argv[0]表示可执行程序的名字,argv[1]是第一个参数,argv[2]为第二个参数……以此类推。

在控制台,一个可执行程序(假设在 C 盘根目录下)的执行方式通常是

```
c:/commandname param1 param2 ...
```

其中 commandname 是应用程序(有时也称为命令)的名字,比如 DOS 命令 copy/dir/cd 等。param1,param2,……是参数列表。不同的命令有不同的参数名字和含义。命令往往要结合参数才有特定的作用,比如 copy 命令,必须指定源文件和目的文件。这些参数就是通过 main 函数的 argc 变量和 argv 字符串数组传给程序代码处理的。

例 7 - 2　修改例 7 - 1,要求从命令行输入存放数据记录的文件名。

```
0001 /* 文件名:exp7_01_1.cpp　由文件读入并创建学生成绩记录链表,并进行相关处理。*/
0002 /*　　　存放记录的文件名作为控制台参数输入进来 */
0003 #include "mysubs.h"
0004 int main(int  argc,  char * argv[])
0005 {
0006     PSTUREC head = NULL;
0007     int  N = 1;
0008     FILE * fp;
0009     //////////以上是变量定义部分//////////////
0010     printf("请输入需要读入的学生记录条数:");
0011     scanf("%d", &N);              //学生成绩记录的条数是用户指定的
```

```
0012
0013         ///////从参数来确定读取数据来源的文件名/////
0014         char datafile[80] = "Students.txt";//存放默认的记录文件名
0015         if(argc>1)
0016         {
0017             strcpy(datafile, argv[1]);      //函数参数指定了别的记录文件名
0018         }
0019         //////////创建链表和输入数据//////////////
0020         fp = CreateLstFromFile(datafile, &N, &head);
0021
0022         if (fp == NULL)                     //创建失败,则结束程序
0023         {
0024             printf("链表创建失败! 退出……\n");
0025             exit(-2);
0026         }
……以下和例 7-1 相同,省略……
```

第 4 行 main 函数的函数头采用带参数的 main 的形式;第 14 行定义了一个字符数组来保存默认的记录文件名。如果用户执行程序的时候指定了记录文件名作为命令参数,则 argc>1,那么把命令行得到的文件名保存在字符数组 datafile 中(第 17 行)。在第 20 行根据 datafile 中保存的记录文件名,调用函数 CrtateLstFromFile 创建链表 head,并记录从文件中读取到的记录条数 N。

要以带参数的形式执行程序,有两种方式。一是进入到 DOS 模式([WIN]键→"运行",输入"cmd"后回车,然后找到应用程序所在目录),输入可执行文件的名字,以及参数。如图 7-1 所示。其中 exp5.exe 是生成的可执行文件的名字,aaa.txt 是保存有记录数据的另一个不同于 Students.txt 的文件,和 exp5.exe 同在一个文件夹(目录)中。

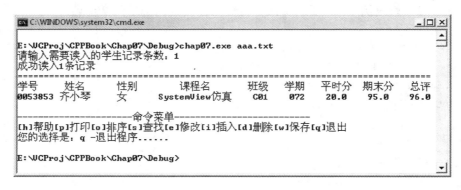

图 7-1　在命令行输入记录文件名作为参数

另一种带参执行程序的方式,是在 VC 的主菜单上,执行:"工程"→"设置"菜单命令,在右边的选项卡上单击"调试",如图 7-2 所示。然后在左边的列表框中,选中要设

置参数的工程,把程序参数输入到右边"程序变量"下的编辑框中,以空格隔开。这里输入的是 aaa. txt。点击[确定]之后,再来编译运行程序,便和图 7-1 的作用一样了。唯一的一点不同是,这里指定的文件 aaa. txt 所在的当前目录必须是源代码所在的目录,而不是其他。要是 aaa. txt 在其他文件夹中,则必须指定其相对或绝对路径(如在 Debug 路径下,则需在"程序变量"下输入 Debug\aaa. txt)。这和图 7-1 是不一样的,要注意。

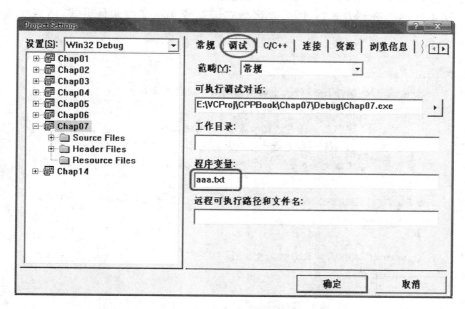

图 7-2 在工程—设置中设置命令行参数

7.3 把信息永久保存到文件中

程序对输入的数据进行处理,产生结果。这个结果之前是显示在屏幕上让用户获得,但这只适用于程序运行的时候。当程序运行结束,控制台关闭或计算机重启,屏幕上的结果就不复存在了。只有把信息永久保存在文件里,才能够方便地把结果提供给用户进行分析和进一步的处理(包括使用其他软件工具如 excel、matlab 等,以及在程序结果中查找特定的关键字等)。

要把信息写入文件中,就涉及文件操作的写操作。C/C++语言中,写文件操作也要分是对文本文件还是对二进制文件。

例 7-3 在例 7-2 的基础上,为学生成绩管理程序添加"保存"功能,以便经过处理的学生记录能够保存在指定的文件中。

解:为实现上述目的,首先创建一个函数 SaveRecs2File,其原型为

```
int SaveRecs2File(PSTUREC head, char * filename, char mode);
```

函数的功能是：保存 head 链表中的记录到文件 filename 中，这个文件名可由主调函数传给，也可在程序运行时由用户另行指定。参数 mode 指定文件打开方式，规定以文本文件保存时对应的 mode 为"t"，以二进制文件保存时对应的 mode 值为"b"，函数据此确定是以文本文件的形式保存记录，还是以二进制形式保存记录。函数返回已经保存的记录条数，失败则返回 0。这样，在主调函数中，需要保存数据时，调用这个函数，传给它链表的首结点指针 head，保存记录数据的文件名 filename，以及保存方式 mode(文本还是二进制方式)。因为要区分二进制或文本文件两种方式，所以实现起来稍有点复杂。

```
0001 #include"mysubs.h"
0002 /*SaveRecs2File:保存 head 链表中的记录到文本文件 filename 中
0003               也可由用户执行时指定
0004               返回已经保存的记录条数，失败返回 0
0005               filetype 指定文件打开方式，
0006               文本文件时为't'，二进制文件时为'b'
0007 */
0008 int SaveRecs2File(PSTUREC head, char* filename, char filetype)
0009 {   if  (head == NULL)
0010     {
0011         printf("要保存的记录集为空！\n");
0012         return  0;
0013     }
0014     if (filename == NULL || filetype == NULL)
0015     {
0016         printf("文件名指针或打开模式出错！\n");
0017         return  0;
0018     }
0019     //以上是指针有效性验证，必须都不为 NULL
0020     int     i, n, binary = 0; //binary = 0:存为文本，= 1:存为二进制文件
0021     char    response = '\0';
0022     char    savefile[60]  = {'\0'};
0023     char    mode[6] = "";//文件打开方式
0024     FILE*   fp = NULL;
0025     PSTUREC p = head;
0026     PSTUREC *data = NULL;
0027
0028     //接受用户输入的保存方式
0029     do
0030     {
0031         printf("\n1 保存链表记录 2 保存已排序记录 0 放弃：  ");
```

```
0032        response = getche();
0033    }while(response! ='1' && response! ='2' && response ! ='0');
0034    //用户输入文件名,或接受指定的文件名
0035    if (strlen(filename)>0)
0036    {
0037        printf("\n直接回车接受已有文件名[%s],或输入新文件名(不加扩展名):", filename);
0038    }else
0039    {
0040        printf("请输入保存文件名:");
0041    }
0042    //文件名的确定。一般为主调函数指定,否则自行输入。并根据filetype自动加扩展名
0043    scanf("%s", savefile);
0044    ltrim(rtrim(savefile));
0045    if (strlen(savefile) == 0)          //如果输入的文件名为空
0046    {
0047        if (strlen(filename)! =0)       //如果主调函数中指定了文件名
0048        {
0049            strcpy(savefile, filename);  //则文件名设为主调文件中的文件名
0050        }else                           //否则,使用默认的文件名
0051        {
0052            strcpy(savefile,"default"); //没有一处指定文件名,用默认文件名保存记录
0053        }
0054    }
0055    if(tolower(filetype) == 't')        //模式字符串filetype中有't',表示是文本文件
0056    {   strcat(savefile, ".txt");       //自动为文本文件添加扩展名txt
0057        strcpy(mode,"w");               //打开文件模式为文本的写操作
0058        binary = 0;
0059
0060    }
0061    else if (tolower(filetype) == 'b')  //模式字符串filetype中有'b',表示是二进制文件
0062    {
0063        strcat(savefile, ".dat");       //自动为二进制文件添加扩展名dat
0064        strcpy(mode,"wb");              //打开文件模式为二进制的写操作
0065        binary = 1;
0066    }
0067    ///////////打开文件用于保存记录///////////
0068    if((fp = fopen(savefile, mode)) == NULL)
0069    {
0070        printf("文件打开失败\n");
0071        return 0;
0072    }
```

```
0073        //现在 savefile 中的字符串为保存记录的目标文件名
0074        p = head;//p 指向当前要保存记录的结点
0075        switch (response)
0076        {
0077            case '0': return 0; break;
0078            case '1':                              //按照链表顺序保存记录
0079                    printf("\n 按照链表顺序保存记录到 % s:",savefile);
0080                    i = 0;
0081                    do
0082                    {
0083                        if(binary == 1)//binary = 1,保存为二进制文件,否则保存为文本文件
0084                        {
0085                            fwrite( p,sizeof(STUREC), 1, fp);//往文件中写入 p 指向的记录
0086                        }
0087                        else if(! binary)//binary = 0,存为文本文件
0088                        {
0089                            fprintf(fp,"% s % s % s % s % s % s %.1f %.1f %.1f\n",p->
                                 number, p->name,
0090                              (p->gender == 'F')?"女":"男",p->course, p->classno,
                                 p->semester,
0091                              p->pingshi, p->final, p->score        );//用指针来存取
                                                                           成员变量
0092                        }
0093                        i++ ;
0094                    } while (p = p->next);
0095                    printf("完成! \n");
0096                    break;
0097            case '2':                              //保存已经排好序的记录
0098                    n = countNodes(head);
0099                    data = (PSTUREC * ) calloc(n, sizeof(PSTUREC));
0100                    if(data == NULL)
0101                    {
0102                        fclose(fp);
0103                        return 0;
0104                    }
0105                    printf("\n 保存已排序记录到 % s:",savefile);
0106                    i = 0;
0107                    p = head;            //把各结点指针保存在指针数组 data 中,用于排序
0108                    while (i<n)
0109                    {
```

```
0110                    data[i++] = p;
0111                    p = p->next;
0112                }
0113                qsort((void *)data, n, sizeof( PSTUREC ), CompStuRec2);//排序
0114                i = 0;
0115                while  (i<n)
0116                {
0117                    p = data[i++];
0118                    if(binary == 1)//binary = 1,保存为二进制文件,否则保存为文本文件
0119                    {
0120                        fwrite ( p,sizeof(STUREC), 1, fp); //往文件中写入 p 指向的记录
0121                    }
0122                    else if(! binary)//binary = 0,存为文本文件
0123                    {
0124                        fprintf (fp,"%s %s %s %s %s %s %.1f %.1f %.1f\n",p->number, p->name,
                            (p->gender == 'F')?"女":"男",p->course, p->classno, p->semester,
0126                         p->pingshi, p->final, p->score    );//用指针来存
                                                                取成员变量
0127                    }
0128                }
0129            free(data);
0130            printf("完成! \n");
0131            break;
0132        }
0133    fclose(fp);//这个文件以后不用了,所以要关闭
0134    return n;
0135 }
```

函数 SaveRecs2File 中定义的 savefile 字符数组用来保存从主调函数中传来的或由用户在函数执行过程中指定的要存入数据的文件名(第 34～54 行)。当确定文件名的时候,如果用户直接输入了回车或全空白字符,保存用的文件名将采用主调函数传来的文件名(如果有的话,第 49 行)。如果主调函数传来的文件名为空,而且用户也没有输入合法的文件名,则采用默认的文件名来保存数据(第 52 行)。

字符数组 mode 用来确定打开文件的方式,它是由函数的形参 filetype 来定的(第57、64 行)。确定 mode 字符串的同时,还确定了 binary 这个文本/二进制文件标记的值(第58、65 行,文本文件时,其值为 0;二进制文件时,其值为 1),以及文件的扩展名(第 56、63 行,文本文件扩展名置为.txt,二进制文件扩展名置为.dat)。

程序根据运行时用户输入的'0'、'1'、'2'选项(第 29～33 行)来确定保存的方式:

'0'不保存；'1'按照链表顺序保存；'2'排序后保存。所以程序的主体结构是一个 switch...case 结构，类似于子菜单命令列表。当用户选择 1(以链表顺序保存记录)时，进入 case '1'分支执行(第 78～96 行)。这个分支下，其实就是进行了链表的遍历。类似于以链表顺序的打印记录，只不过对每个结点的访问操作改成了读取记录信息，然后存入文件当中而已。

　　在存记录到文件的时候，又根据 binary 标志的值不同，分成存二进制文件和文本文件两种方式(第 85、89 行)。当以二进制文件保存数据的时候，调用跟前面提到的 fread 对应的 fwrite 库函数，它把第一个参数 p 指向的内存中的大小为 sizeof(STUREC)个字节的数据顺序存入到最后一个参数 fp 对应的文件的当前位置。这都和 fread 函数是对应的。当以文本文件保存数据的时候，调用了一个格式化的文件输出函数 fprintf。从字面上看，这个函数就在 printf 函数名前加了个 f，fprintf 的原型为

```
int fprintf(FILE * fp, const char * format, var1,var2,...);
```

　　第二个及以后的参数都跟 printf 函数一样，只是第一个参数 fp 指定了应该把格式化后的字符串输出到文件指针 fp 指向的文件，而不是 printf 那样一定是显示在屏幕上。当 fprintf 的第一个参数指定为 stdin(标准输入)的时候，它的作用就和 printf 完全相同了。

　　在 case '2'分支下，因为是要保存已经排好序的记录，所以应该先对记录排序(第 98～113 行)。为此，先要创建一个辅助的 PSTUREC 型的指针数组 data，它的大小是动态内存分配的、由 CountNodes 函数获取的链表中结点的个数 n(第 98～99 行)，而它的元素指向链表的每一个结点。这些代码和第 4 章讲到的排序功能的实现代码是一样的。同样也是通过回调使用第 4 章中创建的比较函数 CompStuRec2 来使用 stdlib.h 中提供的通用的快速排序函数 qsort，来完成 data 指针数组中元素的排序，使得 data 指针数组中的元素(指针)顺次指向记录中总评成绩从高到低的结点。然后，通过 while 循环，遍历访问 data 数组中的每一个指针指向的记录结点，根据 binary 的值决定是保存为二进制文件，还是保存为文本文件(第 115～128 行)。这些和 case '1'中的处理几乎完全相同。完成之后，释放 data 指向的内存(第 129 行)。

　　switch...case 结构完成记录数据的保存功能之后，释放打开的文件(第 133 行)。打开的文件如果不再使用，一定要显式关闭，就像分配的内存不用时一定要显式释放一样。C/C++语言把这个任务交给了程序员，程序员要尽到这样的各种清理现场的职责。

　　要在主程序中调用 SaveRecs2File 来保存记录数据到文件中，还需要对前面的函数 getUserChoice 进行修改，添加保存文件的菜单：

```
0001 /* getUserChoice:提供菜单,获取用户响应 */
0002 char getUserChoice()
0003 {
0004     char response = '\0';
0005     printf("\n----------------------- 命令菜单-----------------------\n");
0006     printf("[h]帮助[p]打印[o]排序[s]查找[e]修改[i]插入[d]删除[w]保存[q]退出\n");
```

```
0007      printf("您的选择是:");
0008      response = tolower(getche());//获取用户选择
0009      if (response == 'h')           //如果选择的是h,则打印命令的详细含义。不在上层处理。
0010      {
0011          printf("\n命令详情:\n");
0012          printf("[p]打印 - 顺次打印链表中各结点记录;\n");
0013          printf("[o]排序 - 把成绩记录表进行降序排列;\n");
0014          printf("[s]查找 - 查找是否存在跟用户输入的关键字匹配的记录,有则全打印出
                 来;\n");
0015          printf("[e]修改 - 根据用户指定的链表中的位置,修改对应结点保存的记录信息;
                 \n");
0016          printf("[i]插入 - 根据用户指定的链表位置,插入记录信息;不能跟已有记录重
                 复;\n");
0017          printf("[d]删除 - 根据用户指定的链表位置,删除记录,需要用户确定;\n");
0018          printf("[w]保存 - 根据用户指定的文件名,把链表按原来的顺序或排序后保存;\n");
0019          printf("[q]退出 - 结束循环,退出程序。\n" );
0020      }
0021      return response;                 //返回用户选择的命令字符
0022 }
```

在第 6 行 printf 里添加了保存功能及其命令按键,在第 18 行添加了对保存功能的
详细描述。主程序文件其他地方跟例 7 - 2 几乎完全一样,只是添加了一个 case 分支以
处理保存文件的命令:

```
case 'w': printf(" - 保存记录\n");
         SaveRecs2File(head,"Students.txt",'b');
         break;
```

用户可以修改第三个参数为'b'或't'来决定是采用二进制还是文本形式保存文件。
程序的执行结果如图 7 - 3 所示。这里输入的文件名为 data,因为要以二进制保存,故
生成的文件名后自动加上扩展名. dat;又选择的是"保存已排序记录"的方式,故保存的
是已经排好序的记录。程序执行完后,在 VC 当前工程的目录下,可以找到 data. dat 文
件。用 UltraEdit 等工具打开该文件,可以看到其中的数据都是二进制的。字符串保
存的是每个字符(英文时)的 ASCⅡ码。

在调用 SaveRecs2File 函数,确定保存文件类型时,是把'b'或't'硬编码到程序代码
中的。这也是不灵活的方式。修改 SaveRecs2File 函数,来指定保存文件的类型(文本
还是二进制),也可以用带参数的 main 函数的方式,在命令行输入参数,规定是以二进
制还是以文本方式保存文件,甚至在命令行来规定保存文件的名字,打开文件的方
式等。

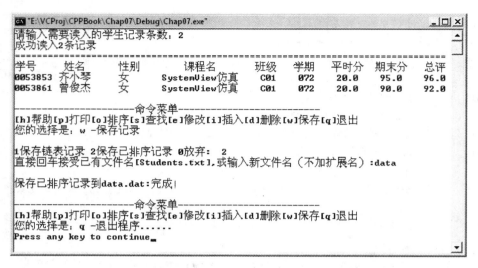

图 7-3　保存功能的程序运行情况

7.4　关于文件的其他操作

C 提供 fgetc 和 fputc 函数对文本文件进行字符的读写,其函数的原型存于 stdio.h 头文件中,格式为

```
int fgetc(FILE * fp);
```

fgetc( )函数从输入流的当前位置返回一个字符,并将文件指针指示器移到下一个字符处,如果已到文件尾,函数返回 EOF,表示本次操作结束,若读写文件完成,则应关闭文件。

```
int fputc(int ch,FILE * fp);
```

fputc( )函数完成将字符 ch 的值写入所指定的流文件的当前位置处,并将文件指针后移一位。fputc( )函数的返回值是所写入字符的值,出错时返回 EOF。

例 7-4　实现文件的拷贝功能,类似 DOS 命令 copy。

```
0001 /* 文件名:exp7_02.cpp  文件拷贝例程 */
0002 #include <stdio.h>
0003 #include <stdlib.h>
0004 int main( int argc, char * argv[] )
0005 {
0006     if(argc <3)//因为程序需要两个参数,含可执行文件名共 3 个
0007     {
```

```
0008          printf("命令形式:\n%s  源文件名 目的文件名",argv[0]);
0009          return  -1;
0010    }
0011    int i = 0;
0012    FILE * from, * to;
0013    from = fopen(argv[1],"rb");//打开第一个参数文件名供读
0014    to   = fopen(argv[2],"wb");//打开第二个参数文件名供写
0015    if(from == NULL || to == NULL)
0016    {
0017          printf("文件打开失败! 退出……\n");
0018          return  -2;
0019    } //程序主循环:每次读一个字符,然后写在目标文件中
0020    while(! feof(from)){
0021          fputc(fgetc(from),to);
0022          i ++;
0023    }
0024
0025    printf( "完成! 从文件%s中拷贝了%d字节到%s中\n",argv[1],i,argv[2]);
0026    fclose(from);
0027    fclose(to);
0028    return  0;
0029 }
```

首先打开两个文件,一个供读,一个供写,文件名以命令行参数的形式提供(第 13、14 行)。用一个 while 循环,每次从 from 指向的源文件中读取一个字符(fgetc(from)),并把这个读取到的字符写入到 to 指向的目标文件中(用 fputc),同时计数(第 22 行)。拷贝结束后,关闭两个文件,程序返回。程序的运行需要设置两个参数,比较适合在命令行运行。转到控制台,在命令行运行本程序的情况如图 7-4 所示。这里把保存着 8 个学生记录的文件 ddd. txt 成功拷贝到了另一个文件 dda. txt 中。

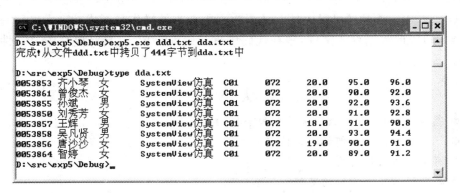

图 7-4　拷贝文件的命令行程序运行情况

319

函数 fputc 和 fgetc 比较适合于文件中保存数据的结构未知的情况。知道文件的结构,使用 fread、fwrite 或 fgets、fputs 可以成块的拷贝数据,可以减少函数调用的次数,提高程序运行的效率。另外,fputc 和 fgetc 写的程序对于文件中保存数据的方式(二进制还是文本)和结构没有任何要求,更加具有普适性。为方便比较,把这几个函数的原型列出来:

```
char *  fgets(char *  str, int n, FILE * fp);  //从文件中读一行到缓冲区 str 中
int  fputs(const char *  str, FILE * fp); //向文件中写一行缓冲区 str 中的数据
int  fgetc(FILE * fp); //从文件中读一个字符
int  fputc(int ch, FILE * fp); //向文件中写一个字符 ch
int  fscanf(FILE * fp, const char *  format, ...); //从文件中读取格式化数据
int  fprintf(FILE * fp, const char *  format, ...); //把数据格式化后写入文件
```

此外还有两个常用的文件处理函数,和 feof 函数一起,用在文件出错的处理当中。

(1) 读写文件出错检测函数 ferror

函数调用格式:ferror(文件指针);

功能:检查文件在用各种输入输出函数进行读写时是否出错。如 ferror 返回值为 0 表示未出错,否则表示有错。

(2) 文件出错标志和文件结束标志置 0 函数 clearerr

函数调用格式:clearerr(文件指针);

功能:本函数用于清除出错标志和文件结束标志,使它们为 0 值。

7.5 本章小结

文件管理是操作系统的重要功能之一。如果有大量的信息要处理,通常会把这些信息存入文件中。程序处理的结果也可以放在文件中永久保存。文件是信息在存储设备上的相关信息的集合。文件分为文本文件和二进制文件等。C/C++语言库 stdlib.h 中提供了文件处理的函数,可以通过文件结构体指针(FILE *)来方便地打开文件(fopen、fclose),读写文件(fread、fwrite、fprintf、fscanf、fgetc、fgets、fputs 等),定位文件指针(fseek)等。而且还可以通过 feof 函数来判断文件操作是否成功。在进行程序设计的学习时,把数据存入文件,跟在代码中进行硬编码相比,具有更强的灵活性和便利性。

复习思考题

● 怎么从 main 的参数中来获取命令行的其他参数?

● 什么是文件?如何读写文件?

● 有哪几种文件类型?

● 怎么进行文件指针的定位?

● 有哪些进行文本文件处理的函数?试举例说明其用处。

练 习 题

1. 编写一个产生文本文件的程序,要求从键盘上输入文字信息,以 EOF 结束。把输入的信息存入到指定的文本文件中。

2. 编写一个程序,要求输入三角形的 3 条边,然后判断是否合理,如果不合理,给出信息并要求重新输入;如果合理,计算其面积并将结果存入文件中。

3. 从文本文件 TEST. txt 中读出字符并写入 TEST1. txt 里。

4. 从键盘输入一个字符串,将其中的大写字母全部转换成小写字母,然后存入到文件名为"text"的磁盘文件中保存。输入的字符串以"$"结束。

5. 编写程序,要求:

(1) 从键盘上输入 6 个整数放入数组 a[6]中(用 while 循环实现);

(2) 并将各元素和平均值输出到一文本文件中保存;

(3) 然后打开该文件,读取其中内容并显示在屏幕上。

6. 编写一个程序实现把 file1. dat 的内容拷贝到文件 file2. dat。

7. 编写程序实现任意类型的文件拷贝。要求如下:

(1) 实现拷贝文件的函数,格式为

int CopyFile(char * SrcFile,char * DesFile)

其中,SrcFile 和 DesFile 分别表示源文件名和目标文件名。

(2) 编写主程序,从主程序中输入源文件名和目标文件名,并调用 CopyFile 实现文件拷贝。

8. 编写程序,统计一个英语文本文件中的英语单词个数。

9. 打开一个程序文件,求其中包含多少个字母 a。

10. 正弦函数在 $0°\sim90°$ 的范围中是单调递增的,建立两个文件:一个放 $\sin0°$,$\sin2°$,$\cdots$,$\sin80°$ 的值;另一个放 $\sin1°$,$\sin3°$,$\cdots$,$\sin79°$,$\sin81°$,$\sin82°$,$\cdots$,$\sin90°$ 的值。用归并法,把这两个数据文件合并为升序排序的文件,重组为一个完整的 $\sin()$ 函数表文件。

11. 编写一个函数 int charnum(char fn[10]),该函数以只读方式打开文件 fn,通过统计,返回文件中字符的个数,请使用 while 循环实现计数功能。

第二篇　深入篇
——面向对象编程

第 8 章　函数重载：一名多能

学习要点

- C++方式的输入输出
- 命名冲突与名字空间
- 函数及运算符的重载
- 函数的默认参数
- 函数的按引用传参
- 函数模板
- 模板特化
- 重载函数的具体化
- 内联函数

前面的章节已经讲解了 C 中的函数及使用,在 C++中,对于函数添加了更多的特性,相对于 C/C++语言追求的高效率的实现,其目标更多的是为了减少程序员编程时的代码输入量和简化记忆。

8.1　C++方式的输入输出

C 形式的输入输出,主要是利用 stdio.h 文件中声明的 printf 函数和 scanf 函数。C++通常采用所谓的输入输出流进行数据的输入输出(不是必须。C 是 C++的子集,用 printf 进行信息的输出依然是合法的 C++程序)。所谓流(stream),是把欲输出的内容当作字符序列,一个字符一个字符地向输出设备(这里指显示器,但是流其实可以包含更广泛的内容)输出或显示。这是由头文件 iostream 里定义的标准输入输出流对象 cin(读作 see-in,表示从键盘输入)和 cout(see-out,表示输出到显示器)等来完成的。

例 8-1　求输入整数的平方根,使用 C++的输入输出流对象进行数据的输入和显示。

```
0001 /*文件:exp8_01_1.cpp*/
0002 #include <iostream>        //①取代 stdio.h 的输入输出流头文件
0003 #include <cmath>           //②取代 C 中的 math.h
```

```
0004 using namespace std;          //③引入名字空间 std
0005
0006 int main()
0007 {
0008     int    x;
0009     cout<<"--- 求输入整数的平方根----\n"   //④使用 cout 输出流对象(相当于屏
                                                    幕)进行输出
0010         <<"请输入一个整数值:" //⑤<<叫插入运算符,表示向 cout 中写数据(显示)
0011         <<endl;                //⑥endl 表示流结束,输出换行并刷新缓冲区
0012     cin>>x;                    //⑦cin 为输入流对象(表示键盘),>>叫提取运算符
0013     cout<<"您输入的是:"<<x<<""<<endl;      //把输入的数据显示出来
0014     cout<<x<<"的平方根 = "<<sqrt(x)<<endl;
0015     cout<<"Bye!"<<endl;
0016     return  0;
0017 }
```

程序运行结果：

```
--- 求输入整数的平方根----
请输入一个整数值:
225
您输入的是:225
225 的平方根 = 15
Bye!
```

1. iostream 头文件

上述代码跟第一篇中 C 方式的输入输出不同之处已经在注释中用圆圈数字进行了标注。第①处不同是所需的头文件,用头文件 iostream(没有. h)取代了 stdio. h。这个文件是使用输入输出流所必需的头文件,其中 i 表示 input,o 表示 output,stream 意为流。C++标准库中的头文件几乎都用不带. h 扩展名的文件名,而且在使用 C 中的库时所需包含的头文件通常也是没有后面的扩展名 h,而是在原 C 头文件名前加一个 c,如第 3 行用 cmath 代替了 math. h(代码注释②)。

2. cin,cout 输入输出流对象

第 9、13～15 行中的 cout(代码注释④)是在 C++库的头文件 iostream 中定义的一个 ostream(输出流)对象,所以在程序中使用 cout 时必须要包含这个头文件。把上述代码输入到 VC 6 中后,双击鼠标左键选择 cout 后在该单词上点击鼠标右键,在弹出菜单中选择执行"转到 cout 的定义",即会打开 iostream 头文件(如果 VC 6 默认安装在 C:\Program Files 下,则 iostream 文件的位置在 C:\Program Files\Microsoft Visual Studio\VC98\Include 文件夹中):

```
// iostream standard header

......

extern _CRTIMP    istream cin;
extern _CRTIMP    ostream cout;
extern _CRTIMP    ostream cerr, clog;

......
```

其中，加粗的两行中即有 cin 和 cout(输入和输出流对象)的定义。cin 是输入流对象(代码注释⑦)，用来获取用户的键盘输入。istream 表示 input stream(输入流)类，而 ostream 表示 output stream(输出流)类。

C++是面向对象的程序设计语言，在 C 的基础上引入面向对象的特征，通过类和对象来实现面向对象编程。简单讲，类(class)是一种复合数据类型，就像结构体(struct)；而对象就是变量，如结构体变量。只不过，类是在结构体基础上进行的扩展，增加了很多新的特性；但读者在现阶段把类看作是功能增强的结构体就可以了。而对象则相当于结构体变量，只不过它的类型是增强的结构体类型"类"而已。上述的 cin 是类类型 istream 型的变量(对象)，而 cout 则是 ostream 型的变量(对象)。

练 — 练

把例 8-1 的第 4 行用//注释掉，重新编译程序，观察编译器的输出。

---

3. namespace 名字空间

但是 cin 和 cout 并不是全局对象(变量)。也就是说，仅仅包含了 iostream 头文件后还不能在代码中直接使用 cin 和 cout。在注释掉的第 4 行之后编译代码，会出现错误：'cout'：undeclared identifier(未声明的标识符)。这说明要使用 cin、cout、endl，第 4 行的 using namespace 是必需的。这是因为 C++使用了名字空间(namespace)机制，以避免名字的冲突。std(standard 的简写)是标准名字空间，cout 等都在其内部进行了声明。通过 using 指令，可以把名字空间内声明的名字暴露出来，给程序使用。后续代码可以直接使用该名字空间中的实体名。本例中，通过 using namespace std 把标准名字空间 std 中的所有名字都暴露出来，则在该指令之后的代码中可以直接使用名字空间 std 中声明的所有名字(标识符)[①]。

4. endl 操控器

第 11 行的 endl 是 C++标准库中的操控器(manipulator)，其所在的头文件为 iostream，所属名字空间为标准名字空间 std。它其实是 end of line 的简写，跟 cout 联合使用，在一行输出结束时，用于输出换行符，并强制刷新(flush)输出缓冲区。

---

① 早期的 C++标准没有使用名字空间，包含 iostream. h 即可使用 cin、cout、endl 等名字。很多早期的教材是这样用的，推荐使用名字空间的新标准的方式。

在程序执行输出操作之后,数据并非立刻传到输出设备,而是先进入内存缓冲区(输出缓冲区),当适宜的时机(如设备空闲)再由缓冲区传入输出设备(显示器),再将输出缓冲区清空(可选操作)。这一操作一般是自动进行的,但也可由程序员使用iostream中定义的flush操控器强制执行,如

> cout<<"Hello, world!"<<"强制刷新!"<<'\n'<<flush;

操控器endl相当于上述<<'\n'<<flush的组合。由于输出通常都是以换行符结束,而此时又是习惯进行刷新的时期,因此把二者结合起来成为endl以方便使用。

练 一 练

修改例8-1中的代码,把endl改成'\n'<<flush,编译运行,观察结果。

5. "<<"与">>"插入和提取运算符

在例8-1的第9行出现了一个新的运算符"<<"(两个连续的小于号,中间无空格),称为插入运算符,表示把其后的值插入到其左边的输出流对象cout中。而">>"称为提取运算符,表示从其左边的输入流对象cin里提取数据存入其右边的变量中。插入运算符右边可以是要输出的变量、常量或表达式,提取运算符的右边则必须是变量(左值),不能是常量或表达式。而且插入运算符和提取运算符可以级联,表示连续输出或输入多个值。输入输出的值的类型可以不同,比如,

```
int x; float f; char s[20];
cin>>x>>f>>s; //连续输入一个整型值,浮点型值,和一个字符串
cout<<"x = "<<x<<",y = "<<y<<'\n'<<"your name:"<<s;
```

当用cin进行变量值的连续输入时,中间需要用空白符(空格,回车或制表符)隔开。输入字符串时,中间不能有空格。这和用scanf进行输入类似,但是更加方便,而且可以避免使用scanf输入时忘记在变量名前加 & 的错误。

在C中,"<<"和">>"称为位运算符,左边和右边都必须为整型值(常量,变量或表达式),表示把左边的整型值的二进制表示向左移或右移多少位。比如,

```
int x = 5;
cout<<(x<<3); //把x的值向左移动3个二进制位(x本身不变),相当于5×2³,输出40
cout<<(x>>1); //把x的值向右移动1个二进制位(x本身不变),相当于5/2¹,输出2(末
              位1移出后丢弃)
```

6. 运算符的重载

而在例8-1中,">>"和"<<"被赋予了新的含义,使得其可以根据上下文进行不同的操作。这种相同形式的运算符执行不同功能的现象叫运算符重载。所谓重载,就是一词多义,在不同应用环境(上下文)中取不同含义。运算符重载是C++的新特

性,在 C 中也有类似现象。比如,对于"＊"号,当其出现在变量定义的前面时,表示后续变量为指针变量;当其出现在指针变量前时,称为间接运算符,表示要对指针变量所指向的变量进行存取操作;当其出现在两个数值之间时,表示要对这两个数进行乘法运算,比如,

```
int x = 5, * pi = &x, y = 2;       //用 * 定义指针变量 pi
cout<< * pi <<endl;                //用 * pi 表示对 pi 指向的变量 x 的访问
cout<<"x×y = "<<x * y<<endl; // * 表示对 x 和 y 进行乘法操作
```

C++允许对几乎所有的运算符进行重载,使得运算符可以具有不同的功能,比如用"＋"对两个字符串进行连接,用"＞"对字符串进行比较等。要为运算符添加新的含义,需要程序员在代码中为该运算符显式地指定新的含义。C++中运算符重载有如下要求:

(1) 参与的运算数至少有一个是类类型;

(2) 不能改变该运算符的优先级结合性;

(3) 不能改变该运算符参与运算的数个数。

因为运算符重载必须针对类类型,其作用是对该类定义的对象扩展相应运算符的功能,所以关于运算符的重载,将在讲类的时候进行详细的举例。

7. Name clashing 命名冲突及解决方法

所有的名字(标识符)在它的作用域(同级的大括号内,或所有的大括号外),都不能相同,否则便会发生命名冲突(name clash),或变量的重复定义。比如在例 8 - 1 的工程中,添加两个源文件 t1.cpp 和 t2.cpp,其内容都只有一行:

```
extern int something = 0;
```

在 main 函数上加一行 extern int something;然后组建工程。在链接时便会出现错误:

> error LNK2005:"int something "(? something@@3HA) already defined in t1.obj(**int something 已经在 t1.obj 中定义了**)
>
> ...fatal error LNK1169:one or more multiply defined symbols found(发现一个或多个重复定义的符号)

这就叫做命名冲突(**name clashing**)。

之前,解决命名冲突的办法是在全局变量或函数前面使用 static 关键字,限制在该变量/函数的使用范围仅为其所在的模块(文件)中。这样,不同的人在编写不同的函数时,不用担心自己定义的函数是否会与其他文件中的函数同名[①]。这样,static 的名字的作用域仅限于定义它的模块内部,而对于提供给其他人(小组)使用的不用 static 限

---

① 由于 C++使用函数重载的机制,同一个函数可以有不同的参数个数和类型以及不同的实现,可以部分避免名字冲突,但是,如果两个人采用相同的函数名及函数原型来实现不同的处理,则这样做就有必要了。

定的公共函数,则只要经过共同协商确定函数原型,则不会出现命名冲突的问题。但当软件规模庞大时,要协商确定的函数原型可能有上千个,这样做的效率也还是比较低的。用 static 限制名字使用范围的例子如下面的代码:

```
//file1.cpp
static int iA;          //仅在 file1.cpp 中使用的变量
int iB;                 //也可以在其他模块中使用的全局变量
extern void f1()        //也可以在其他模块中使用的全局函数
{ return; }
static void f2()        //仅在 file1.cpp 中使用的函数
{ return; }
//file2.cpp
extern int iB;          // √  可以使用 file1.cpp 中定义的全局变量
extern int iA;          // 错误! iA 是 static 类型,无法在其他文件中使用
extern void f1();       // √  可以使用 file1.cpp 中定义的全局函数
extern void f2();       // 错误! 无法使用 file1.cpp 文件中定义的 static 函数
```

C++使用名字空间的方式来解决命名冲突的问题。名字空间其实起到的是限定名字的作用域的作用。不同小组把自己的名字封装在自定义的名字空间(namespace)里,不同名字空间里的实体不会和其他名字空间里的同名实体冲突。只要各小组使用不同的名字空间名即可防止出现命名冲突。相对于协商大量的公共函数的名字,就个数少得多的名字空间的名字达成一致更加容易。要使名字空间内定义/声明的名字在代码中可用,可以使用 using 指令:

> *using 名字空间名::实体名;//使得"实体名"在本行之后可直接使用*
>
> *using namespace 名字空间名;//使得"名字空间名"内声明/定义的实体在本行之后都可*
> *用,如代码第 4 行*

例如,要使用小组 A 提供的名字空间 ns1 中的函数名 func,只需使用 using 指令 using ns1::func;,就可以在之后的代码中直接使用 func 这个名字(注意这时工程中不能有跟 func 原型完全相同的其他函数,否则会出现重复定义错误)。两个连续的冒号":"称为作用域限定符。如果要把名字空间 ns1 中所有的名字都引入进来,则使用 using namespace ns1;即可。

```
namespace nsA { int bi = 10,bj = 15, bk = 20; void func(){return;}} //定义名字空间 nsA
int bj = 0;             //全局的 bj
void func()
{
    using nsA::bi;      //函数 func 中此行之后的 bi 即 nsA::bi
    ++ bi;              //设置 nsA::bi 为 11
```

```
    using nsA::bj;           //函数 func 中此行之后的 bj 即 nsA::bj(全局 bj 被屏蔽)
    ++bj;                    //设置 nsA::bj 为 16
    int bk;                  //声明局部变量 bk
    using nsA::bk;           //错误:在 func()中重复定义了 bk
}
int wrong = bi;              //错误:bi 在这里不可见(undeclared identifier)
```

上述代码中,using 指令将名字空间 nsA 中的实体 bi、bj、bk 逐次引入到函数 func 的作用域中。这里的 using 的作用是扩展变量的作用域,可以跟 extern 声明类比。在 using 将变量引入到 func 中后,该变量即可直接使用。但是要注意,① 要保证在同一作用域里不能有两个以上的同名实体,否则会发生重复定义错误,如上述代码中的 func 中定义的 bk 和从 nsA 引入的 bk;② 上一级的作用域中的实体会被下一级作用域中的同名实体覆盖,如代码中 func 中用 using 引入的 bj 即覆盖了全局域的 bj。

如果不用 using 指令,则在代码中该函数名前使用作用域名和作用域限定符也可达到同样的效果,如 ns1::func(...)即是调用名字空间 ns1 中的 func 这个函数。

名字空间的定义方式为

```
namespace 名字空间名{
    变量定义/声明;
    函数定义/声明;
}
```

名字空间内可以定义或声明变量/函数/类等。

例 8-2　名字空间的定义和使用示例。

解:首先定义两个名字空间 ns1 和 ns2:

```
0001 /* ns1.h -- 名字空间 ns1 的定义 */        0001 /* ns1.h -- 名字空间 ns1 的定义 */
0002 #ifndef _NS1_H_                          0002 #ifndef _NS1_H_
0003 #define _NS1_H_                          0003 #define _NS1_H_
0004 namespace ns1     //定义名字空间 ns1    0004 namespace ns1          //定义名字空间 ns1
0005 {                                        0005 {
0006     extern int y;    //变量声明          0006     extern int y;      //变量声明
0007     extern void func();//函数原型声明    0007     extern void func();//函数原型声明
0008 }                                        0008 }
0009 #endif                                   0009 #endif
```

上述代码定义了两个名字空间 ns1 和 ns2。每个名字空间里都声明了相同的 int 型变量 y 和一个 void 型的函数 func。名字前的 extern 表示该实体(变量或函数)的定义在其他地方。如果不在 y 的定义前加 extern,则为在名字空间中定义变量 y。下面为这些实体添加具体的定义:

```
0001 /＊ns1.cpp－－名字空间内的函数及变量的定义＊/
0002 ＃include ＜iostream＞
0003 ＃include "ns1.h"
0004
0005 int ns1::y = 10;           //名字空间 ns1 中变量的定义
0006 void ns1::func()           //名字空间 ns1 中函数的定义
0007 {
0008     std::cout＜＜"1－－名字空间 ns1 中的 func"＜＜std::endl;
0009     return ;
0010 }
0001 /＊ns2.cpp－－名字空间内的函数及变量的定义＊/
0002 ＃include ＜iostream＞
0003 ＃include "ns2.h"
0004
0005 int ns2::y = 20;           //名字空间 ns2 中变量的定义
0006 void ns2::func()           //名字空间 ns2 中函数的定义
0007 {
0008     std::cout＜＜"2－－名字空间 ns1 中的 func"＜＜std::endl;
0009     return ;
0010 }
```

在 ns1.cpp 和 ns2.cpp 中,由于没有使用 using 指令,故 cout、endl 前必须加上其所在的名字空间名 std 和作用域限定符“::”。现在,为了对比的需要,在工程中添加一个全局变量的声明文件 ns0.h 和定义文件 ns0.cpp:

```
0001 /＊ns0.h    全局函数的声明头文件
0002 ＊/
0003 ＃ifndef _NS0_H_
0004 ＃define _NS0_H_
0005 extern int y;   //全局变量声明
0006 void func();   //全局函数声明
0007 ＃endif
0001 /＊ns0.cpp －  全局函数定义
0002 ＊/
0003 ＃include ＜iostream＞
0004 ＃include "ns0.h"
0005 int y = 0;
0006 void func()
0007 {
0008     std::cout＜＜"3－－全局的 func"＜＜std::endl;
```

```
0009     return;
0010 }
```

全局变量 y 和名字空间 ns1 中、ns2 中的 y 的初始化值都不同,以便进行区分。然后,添加主函数文件:

```
0001 /*文件:exp8_01_2.cpp*/
0002 #include <iostream>
0003 #include "ns0.h"
0004 #include "ns1.h"
0005 #include "ns2.h"
0006 using namespace std;      //使用名字空间 std
0007 using namespace ns1;      //使用名字空间 ns1
0008 using namespace ns2;      //使用名字空间 ns2
0009 int main()
0010 {
0011     int y = 30;                             //定义局部变量 y
0012     ns1::func();                            //调用名字空间 ns1 中的函数 func
0013     ns2::func();                            //调用名字空间 ns2 中的函数 func
0014     ::func();                               //调用全局函数 func
0015     cout<<"ns1::y    = "<<ns1::y<<endl;     //输出名字空间 ns1 中的变量 y 的值
0016     cout<<"ns2::y    = "<<ns2::y<<endl;     //输出名字空间 ns2 中的变量 y 的值
0017     cout<<"main 中的 y = "<<y<<endl;         //输出函数 main 中的变量 y 的值
0018     cout<<"全局变量 y = "<<::y<<endl;        //输出全局变量 y 的值
0019     return  0;
0020 }
0021
```

· 程序运行结果为

```
1--名字空间 ns1 中的 func
2--名字空间 ns2 中的 func
3--全局的 func
ns1::y    = 10
ns2::y    = 20
main 中的 y = 30
全局变量 y = 0
```

练 一 练

(1) 修改例 8-2 中的代码,将 main 函数中 func 前的 ns1::、ns2:: 都去掉,组建工程观察编译器输出。

(2) 同样的,将 y 前面 ns1::,ns2:: 都去掉,组建工程观察编译器输出。

由于 ns1 和 ns2 中声明了相同的实体名字,通过 using 指令会把它们都暴露出来,这样在后续的代码中就必须对 y 和 func 进行区分,否则编译器会因为不能区分到底是哪个名字空间中的 y 和 func 而提示发生 ambiguous(二义性)的错误。这种现象称为名字空间污染。必须明确指出使用的是哪个名字空间中的实体,方法是在该实体前用名字空间名和作用域限定符对其进行限定,如本例 main 函数中标注的第 12、13 和 15、16 行。如果全局范围的实体跟暴露出来的名字发生重名冲突,则必须在前面加上全局作用域限定符(::前不加任何词)以表示该实体为全局的(main 函数第 14、18 行)。然而,对 main 函数中定义的局部变量 y(第 11 行)是可以直接访问的(第 18 行)。要明确的是,ns1::y、ns2::y、::y、y 表示的是不同的实体。

8.2　函数的重载

运算符不过是对数据进行特定处理的特殊符号。而函数则是进行数据处理的更一般的方法,能对数据进行任意的处理。所以,运算符不过是一类特殊的以特定符号表示的函数而已。认识到这一点很重要。

C++中,不仅可以进行运算符的重载,而且可以进行函数的重载。也就是说,一个函数名,可以用来表示对不同类型/数目的数据的不同的处理。这是函数重载的基本含义。但是,程序员在命名函数时,通常会起一个有意义的名字(比如用一个动宾词组)使读者(可以是程序员自己)一目了然该函数的作用,比如用函数名 swap 命名一个进行数据交换的函数(这在数据排序时经常用到),用函数名 compare 命名执行数据比较操作的函数。

8.2.1　基本的重载方式

在进行两个整型变量值的交换的时候,定义了一个叫 swapi 的函数:

```cpp
void swapi(int * a, int * b)
{
    int temp = 0;
    temp = * a, * a = * b, * b = temp;
    return;
}
```

但是,如果需要进行两个浮点型变量值的交换,则需要定义另一个函数,如 swapf:

```cpp
void swapf(float * a, float * b)
{
    float temp = 0;
    temp = * a, * a = * b, * b = temp;
    return;
}
```

如果还需要进行两个字符串的交换，则需要定义函数，如 swaps：

```
void swaps(char ** a, char ** b)
{
    char * temp = NULL;
    temp = * a, * a = * b, * b = temp;
    return;
}
```

诸如此类。然后通过如下代码调用这些函数即可：

```
int x1 = 1, x2 = 2;
float f1 = 1.2f, f2 = 3.4f;
char *  s1 = "Thank ", * s2 = "You ";
cout<<"交换前:"<<endl;
cout<<"x1 = "<<x1<<",x2 = "<<x2<<endl;
cout<<"f1 = "<<f1<< ",f2 = "<<f2<<endl;
cout<<"s1 = "<<s1<<",s2 = "<<s2<<endl;
swapi(&x1, &x2);
swapf(&f1, &f2);
swaps(&s1, &s2);
cout<<"交换后:"<<endl;
cout<<"x1 = "<<x1<<",x2 = "<<x2<<endl;
cout<<"f1 = "<<f1<< ", f2 = "<<f2<<endl;
cout<<"s1 = "<<s1<<",s2 = "<<s2<<endl;
```

交换函数的代码执行的操作相同，只是操作的数据类型不一样。但是，为了执行交换操作，程序员不得不记忆更多的函数名字。由于命名习惯的不同，各种函数的命名方法也不一样（如驼峰命名法、PASCAL 命名法等）。

C++采用函数重载的方式来减少程序员的记忆量。进行相似操作的函数都以同一个名字来命名，其操作的数据类型却可以不同。在不同的应用上下文中，编译器根据一定的匹配规则确定调用重载函数的哪个版本。比如，上面的交换函数（在 C 和 C++中均可用的）在 C++可以重写为

```
void Swap (int * a, int * b)
{
    int temp = 0;
    temp = * a, * a = * b, * b = temp;
    return;
}
```

```
    void Swap (float * a, float * b)
    {
        float temp = 0;
        temp = * a, * a = * b, * b = temp;
        return;
    }
    void Swap (char ** a, char ** b)
    {
        char * temp = NULL;
        temp = * a, * a = * b, * b = temp;
        return;
    }
```

使用时将对 swapi、swapf、swaps 的调用都改成 Swap[①] 即可。

```
......
Swap (&x1, &x2);
Swap (&f1, &f2);
Swap (&s1, &s2);
......
```

这样,程序员需要记忆的用于交换的函数名就只有 Swap 一个了。编译器在进行编译时,会根据传入的参数自动调用相应的函数。如进行上面的 Swap(&x1,&x2)调用时,编译器发现传入的是 int * 型的指针变量,则会调用 Swap(int * a, int * b)函数。

可见,函数的重载可以把功能相似而只有操作的数据类型或数据个数不同的函数赋以相同的名字,编译器会根据传入该函数参数的类型和个数自动识别应该调用该重载函数的哪个实现。这样可以减少所使用和需要记忆的符号数,减轻程序员的记忆负担。另外,由于减少了名字的使用,也降低了出现命名冲突的几率。

C++编译器是通过函数名和其形参列表来共同确定函数原型的,而返回值类型不用区分函数。比如,对于函数 void Swap(int * a, int * b),在编译后会实际生成形如 Swap_intp_intp 的中间函数[②](程序员只有通过特定的编译指令才能看得到)。编译器检查到调用 Swap(&x1,&x2)时,发现实参类型为两个 int 型指针,则会去调用上述的 Swap_intp_intp 函数。

---

① 这里首字母大写是为了跟 C++标准库里的 swap 函数相区别。
② 编译器确定的中间函数名还需要其所在的名字空间、类名的信息,这称为 C++的名称修饰。这些信息和参数类型信息一般会共同进行编码,组成中间函数的全局唯一性的名字。不同编译器的实现不一样,这个例子也不是真实的编译器生成的结果函数名,但是基本原理是这样。

练 — 练

（1）修改上述例子，添加一个函数调用 Swap（&x1，&f2）；编译程序，观察编译器输出。

（2）把上述例子中 Swap(float ∗ a，float ∗ b) 中的数据类型都改为 double ∗，编译程序，观察编译器输出。

例 8 - 3　编写一个重载函数 Left，当其输入实参为字符串时，返回其左边的 n 个字符构成的子串；当其输入实参为整数时，返回其左边的 n 位构成的数字。

```
0001 / ∗ exp8_02_1.cpp - 利用重载函数实现提取数字或字符串的左边 n 个字符
0002 ∗ /
0003 #include <iostream>
0004 using namespace std;
0005 unsigned long Left(unsigned long num, int n);        //函数声明
0006 char ∗ Left(char ∗ str, int n);                      //函数声明
0007 int main()
0008 {
0009     char ∗ trip       = "abcdefg";                   //测试字符串
0010     unsigned long n = 12345678;                      //测试数字
0011     int i;
0012     char ∗ temp;
0013     for (i = 1; i < 10; i ++)
0014     {
0015         cout<<Left(n, i)<<endl;
0016         temp = Left(trip, i); //函数会分配内存,把子串放在该内存中,返回内存首地址。
0017         cout<<temp<<endl;
0018         delete []temp;        //★回收 temp 所指向的字符串占用的内存
0019     }
0020     return 0;
0021 }
0022 //返回数字 num 的前 n 位
0023 unsigned long Left(unsigned long num, int n)
0024 {
0025     int digits = 1;
0026     unsigned long x = num;
0027     if(n < 0) n = 0;               //如果参数 n 小于 0,则令其为 0
0028     if(n == 0 || num == 0) return 0;
0029     while(x / = 10) digits ++ ;    //获取 num 的位数
0030     if(digits > n)
```

```
0031     {
0032         n = digits - n;           //结果 n 为 num 右边的位数
0033         while(n--) num/=10;       //除以 10 的 n 次方,得最终结果
0034     }
0035     return num;                   //若 num 位数小于等于所要提取的位数 n,直接返回 num
0036 }
0037 //提取字符串 str 的左边 n 位子串,构成新字符串并返回其首地址
0038 char * Left(char * str, int n)
0039 {
0040     if(n<0) n = 0;
0041     char *p = new char[n+1];      //★C++方式的内存分配,分配 n+1 个 char 型空间,返回首地址
0042     int i;
0043     for(i = 0;i<n&&str[i];i++)
0044         p[i] = str[i];            //拷贝字符
0045     while(i<=n) p[i++] ='\0';     //其余都置零
0046     return p;
0047 }
```

程序运行结果如下:

```
1
a
12
ab
123
abc
1234
abcd
12345
abcde
123456
abcdef
1234567
abcdefg
12345678
abcdefg
12345678
abcdefg
```

在本例中,首先设计了 Left 函数的两个重载版本,其参数个数都为 2,第二个参数

都为整型,表示要提取的数字/子串的位数/个数。两个函数仅第一个参数类型不同,以便对不同类型的数据进行相应处理:

```
unsigned long Left(unsigned long num, int n);     //提取整数前 n 位的函数
char * Left(char * str, int n);                   //提取字符串前 n 个字符子串的函数
```

这两个函数实现的功能非常相似,所以用同一个名字重载是合理的。

那么,如何提取整数的前 n 位呢? 很自然的思路是:首先算出这个整数有多少位(第 29 行的 while 循环),记录下来(保存在 digits 变量中)。如果要提取的位数 n 小于整数实际的位数(第 30 行的 if 语句),则由于整数的实际位数 digits＝左边位数 n＋右边的位数,用这个十进制整数去除以 $10^{(digits-n)}$,得到所要提取的左边 n 位整数。程序中为减少变量的使用,直接用 n＝digits－n 得到右边的位数(第 32 行)。第 33 行则是通过 while 循环实现除以 10^n(把该整数向右移 n 位)的功能。注意这里的 n 已经变成指定整数提取左边指定位数后右边剩下的位数了,初学者可以另外定义一个变量保存这个值,以避免阅读上的困惑。另外,如果需要提取的位数大于等于实际的位数,则直接返回原来的整数即可,不用作任何处理。最后,返回结果(第 35 行)。

怎么提取字符串的左边 n 个字符构成的子串? 首先,这个子串应该有地方保存,而且不应该破坏原来的字符串,所以需要另外为子串分配内存。子串的长度应为 n。因为字符串以'\0'作为其默认的结束符,分配内存时需要为这个'\0'分配额外的一个内存单元(通常为 1 个字节),所以共需分配 n＋1 个内存单元,由字符指针 p 指向其首地址(第 41 行)。

把字符串 str 的前 n 个字符放在这个新分配的内存块中。这只需进行逐字符拷贝即可,由代码第 43、44 行的 for 循环语句来完成。这里要注意的是 for 循环的条件部分,除了要满足 i＜n 之外,还要满足 str[i]不为'\0'字符。其含义是,在拷贝的时候,如果字符串 str 的长度小于 n,则把 str 整个拷贝完后即结束循环。否则,就要拷贝 n 个字符串到 p 指向的内存中去。

如果字符串 str 的长度小于 n,则把 p 指向的内存中剩余的字节都用'\0'填充(第 45 行)。

练 — 练

修改例 8-3 的提取字符串的 Left 函数,首先调用函数 strlen(先包含 cstring 头文件)来求得字符串 str 的长度,然后用 n 跟字符串长度比较来确定应该拷贝的字节数,和是否要填及填多少个 0。

在例 8-3 中,进行动态内存分配时,用到了关键字 new(第 41 行);在回收内存时,用到了关键字 delete(第 18 行)。第一篇中,使用 malloc 函数进行动态内存分配,而用 free 回收分配的内存。但是,在 C++中,采用新的方式进行内存的动态分配,即使用 new 关键字。new 完成动态内存分配并返回一个指向新分配内存的指针,如果分配失

败则返回 NULL 指针。这里为了代码简洁省略了对 new 分配内存的结果的合法性检验(检验返回指针是否为 NULL),但是在实际工程中是不能省略的①。使用 new 来分配内存的格式如下

类型 T ＊ 指针变量 ＝ *new* 类型 T[初值]

```
//1.分配单变量地址空间
int * p1 = new int;          //分配一个存放数组的存储空间,返回一个指向该存储空间
int * p2 = new int(5);       //作用同上,但是同时将整数赋值为 5
//2.开辟数组空间
int * pa    = new int[100];  //一维:分配一个大小为 100 的一维整型数组空间
int (* a)[4] = new int[3][4];//分配指向二维整型数组的指针
delete []a;                  //释放该指针指向的内存
```

对应于用 new 分配的内存,必须使用 delete 来显式回收:

```
//1.单变量内存分配与回收
int * p = new int;
delete p;                    //释放单个 int 的空间
//2.数组内存分配与回收
int * pb = new int[5];       //分配有 5 个 int 元素的一维数组空间
delete [] pb;                //释放 pb 指向的 int 数组空间
```

new 和 delete 在面向对象编程时,常用来动态创建对象和回收对象所占内存空间,跟 malloc 和 free 一定要成对使用相同,new 和 delete 也必须成对使用。一个地方动态分配(new)的内存,必须在另一个地方回收(delete),且只能回收一次。回收后,原来的指针变量的指向即无效,不能再直接使用:

```
int * p = new int;
delete p;                    //释放单个 int 的空间
* p = 5;                     //危险! p 指向的内存已回收,p 的指向无效,会导致错误
```

如果 p 指向的内存不再使用,一定要记得回收。否则程序运行时,可能不再有指针指向该内存,而导致内存碎片(又叫垃圾)。这样的内存碎片越积越多,会占用过多的内存空间,影响系统的性能。尤其是在一个函数中分配内存,而在另外的函数中释放内存(如例 8-3)时,一定要非常小心。这是经常容易忘记使用 delete 的地方。

另一个容易出错的地方是,使用了多于 new 的个数的 delete 来释放动态分配的内

① 也常使用库中的 assert 函数(头文件为 assert.h)来检测。比如本例中第 41 行后可以加一行 assert(temp)对指针变量 temp 是否为 NULL 的判断。assert 函数的作用是计算其参数,如果其值为假(即为 0),那么它先向 stderr 打印一条出错信息,然后调用 abort 终止程序运行。这是常用的技巧,省略了自己写 if 语句的麻烦。

存。若指针 p 指向的内存在一处已经回收，但是在另一处却忘记了这一点，又回收一次，也会造成程序运行出错。而且编译的时候会顺利通过，难以查出出错的代码。比较保险的做法是，在回收指针 p 指向的内存前测试其是否为 NULL[①]，而在回收指针 p 指向的内存后将指针的值置为 NULL。

　　在类中，成员函数的重载，使得对数据的处理有很多种更加灵活的方式。

8.2.2　const 参数与函数重载

　　关键字 const 是单词 constant 的缩写，表示常量或常数，在语言中作为修饰符，用于定义其值不可更改的变量（常值变量）；或者用来修饰函数的形参（通常是指针或引用类型），表示函数体内不能对该变量的内容做改动。

　　当用 const 定义一个常值变量时，可以用来取代符号常量，编译器在编译时会检查该常值变量的类型，从而带来类型的安全性，比符号常量的文本替换方式更安全。如果限定变量的值不改变，则必须在定义时给定其初始值，因为其他时候不能再改变该常变量的值。在定义/声明变量时，关键字 const 可以放在变量类型前面或者后面；如果限制某指针变量为常量指针（指针变量的指向不可变），则要直接放在指针变量名前方。而其他时候则不必这样做。比如，

```
//(1) 修饰一般常量
int const x = 2;      // 等价于 const int x = 2; 必须同时进行初始化
int       y = 3;
//(2) 修饰常指针
const int * pa;       //const 修饰指向的对象, pa 可变, pa 指向的对象不可变
int const * pb;       //同上。const 可以 c 放在 int 的前面或后面
pa = &x;              //正确
pb = &y;              //! 错误! y 不是 const int 型!
int * const pc;       //const 修饰指针 pc, pc 不可变, pc 指向的对象可变
const int * const p;  //指针 p(常指针)和 p 指向的对象(常值整型变量)都不可变
//(3) 修饰常数组
int const a[5] = {1, 2, 3, 4, 5};    //常整型数组,元素值都不可改变。必须同时初始化
const int b[5] = {1, 2, 3, 4, 5};    //同上
a[4] ++ ;                             //错误! a 是常数组,元素的值都不可改变!
//(4) 修饰函数返回类型
const int * F1();                     //函数 F1 返回的指针指向的内容不可改变
```

　　当用 const 修饰函数的形参时，带 const 修饰词的函数和不带 const 修饰词的函数也构成了函数的重载。例如之前的 Left 函数，可以增加其带 const 函数版本的重载函数：

---

　　①　使用 assert 函数是一个不错的选择。assert 用于程序的 DEBUG 版本，有助于发现错误并及时修正。也可用 if 语句检查。

```
char * Left(char * str, int n);            //①不带 const 修饰词的版本
char * Left(const char * str, int n);      //②带 const 修饰词的重载版本
```

这两个函数的函数体可以相同也可以不同。带有 const 的版本明确指出指针 str 指向的内容在函数 Left 调用之后也不会发生变化;而不带 const 的函数则没有提供给程序员这方面的保证,程序员需要阅读函数说明才知道 str 指向的字符串在调用 Left 函数之后会不会发生改变,以及会发生什么样的变化。在程序中调用 Left 函数时:

```
char * s1 = "abcdefg";           //测试字符串
char * p1 = Left(s1,4);          //正确,会调用不带 const 的版本
const char * s2;
char * p2 = Left(s2,4);          //正确,会调用带 const 的版本
```

如果只定义了函数 Left 的带 const 参数的版本②,则实参 str 是 const char * 型或是 char * 型都可以正确调用 Left 函数:

```
char * Left(const char * str, int n);      //②带 const 修饰词的函数
char * s1 = "abcdefg";                      //测试字符串
char * p1 = Left(s1,4);                     //正确,会调用带 const 的版本
const char * s2;
char * p2 = Left(s2,4);                     //正确,会调用带 const 的版本
```

但是,如果只定义了不带 const 的 Left 函数①,则当实参为指向 const char 型的指针时会发生调用错误:

```
char * Left(char * str, int n);            //①不带 const 修饰词的函数
char * s1 = "abcdefg";                      //测试字符串
char * p1 = Left(s1,4);                     //正确,会调用带 const 的版本
const char * s2;                            //指向 const char 的指针变量
char * p2 = Left(s2,4); //×错误! 不能把 const char * 用作 char * 型,Left 可能会修
                        改数据
```

这是因为,C++把这两个版本看作函数 Left 的重载。第一种情况用非 const 的参数调用带 const 参数的 Left 函数时,会自动进行类型转换,因为 C++中由非 const 向 const 型转换是合法的,不会带来副作用;但是反之会出错(第二种情况),因为 C++不允许由 const 类型向非 const 类型参数作默认的类型转换,除非做显式的强制类型转换。C++这么规定是由于后一种做法中存在破坏 const 数据的隐患,而原本使用 const 是企图规定指针指向的内容不得变更。

当然,在实际设计函数 Left 时不希望破坏原来的字符串 str,应该采用带有 const

的版本的函数②,而不要版本①。即要修改函数原型及定义为:

```
char *Left(const char * str, int n);//修改后的函数声明
......
char *Left(const char * str, int n) //函数原型
{
    ......
}
```

如果要进行常量对象的动态创建和初始化,可以使用 new 关键字,但是 new 之后数据类型之间一定要加上 const 限定①,比如,

```
const int * pi = new const int(10);
```

对于常量数组则不能这样操作,因为 new 没有提供创建数组时的初始化功能。

8.2.3　默认参数与函数重载

例 8-3 中定义了 Left 函数的两个重载版本。在调用 Left 函数时,必须提供两个参数,第一个是操作的数据的类型,第二个是要提取的位数(字符个数)。对于经常要进行的提取操作,比如经常要提取整数的最左边 1 位数字,或提取字符串的最左边 1 个字符,调用函数的第二个实参总要写成 1。为使程序员的工作更为容易,C++ 允许在函数中默认参数,在函数调用时如果不提供该参数的值,则该参数使用声明时指定的默认值。这样在经常的操作中可以直接使用默认参数,减少代码输入量;而对于偶尔的操作,则为默认参数提供非默认值即可。比如在例 8-3 中,修改函数 Left 的定义性声明的函数头部分为

```
unsigned long Left(unsigned long num, int n = 1)    //提取整数前n位的函数,默认 n 为 1
char * Left(const char * str, int n = 1)            //提取字符串前n个字符子串的函数,
                                                        默认 n 为 1
```

函数体不做任何修改。但是在调用 Left 函数的时候,可以只提供第一个参数,则第二个参数默认值为 1,例如,

```
char * trip        = "abcdefg";      //测试字符串
unsigned long n    = 12345678;       //测试数字
cout<<Left(trip)<<endl;              //1.采用默认参数,输出左边第一个字符a
cout<<Left(trip,1)<<endl;            //跟上面相同,输出a
cout<<Left(n)<<endl;                 //2.采用默认参数,输出左边第一位数字1
cout<<Left(n,1)<<endl;               //跟上面相同,输出1
```

———————————

① 这是依赖于编译器的。VC++6 使用的编译器是较早的标准,这样做会报错,而去掉 new 后的 const 则能正确编译。而 g++ 或 VisualStudio 2010 版中 new 后有或者没有 const 都可以正确编译。

默认参数必须在函数的声明中给出。如果函数只有定义(称为定义性声明),也可以在函数的定义性声明的头部给出。另外,默认参数只能声明一次,否则会出现重复定义错误。而且,默认参数可以有多个,但是必须从右到左连续给出。比如下面是提取字符串 str 中从 offset 开始的长度为 length 的子串的函数 Substr 的声明及默认参数:

```
char * Strsub(char * str, int offset, int length);
```

以下是带默认参数的 Strsub 函数声明的 4 种形式:

```
char *  Strsub(char *  str, int offset, int length = 1);  //√ 只有一个默认参数
char *  Strsub(char *  str, int offset = 0, int length = 1);  //√ 最右边连续两个默认参数
char *  Strsub(char *  str = NULL, int offset = 0, int length = 1);//√ 三个参数都有默认值
char *  Strsub(char *  str, int offset = 0, int length);//× 默认参数的右边参数必须有
                                                            默认值
```

前面 3 种形式都是正确的,只有第四种形式由于默认参数 offset 右边的参数没有默认值,会报错:

… missing default parameter for parameter 3(第三个参数缺少默认值)

前面 3 种声明并不是函数的重载,请读者思考为什么。下面是对应的函数 Strsub 的完整定义,供读者参考,也可直接用在自己的程序中用于提取指定长度的子串。这个函数用到了之前的 Left 函数。充分利用已有的经过检验的代码,是提高效率的有效手段:

```
//Strsub:提取字符串 str 从 offset 开始(含),长度为 length 的子串
//偏移量:offset 从 0 开始. length 为负时,表示从 offset 向左提取
//这个问题可以调用 Left 函数来协助解决
char *  Strsub(const char *  str = NULL, int offset = 0, int length = 1);//√ 三个参数都有
                                                                            默认值

char *  Strsub(const char *  str, int offset, int length)
{
    if  (! str || length == 0 ||offset<0 ) return NULL;

    int slen = 0, i = 0;
    while(str[i ++ ]! = NULL) ;          // 计算字符串 str 的长度
    slen =  i - 1;
    if(slen == 0||offset> = slen)        //字符串长度为 0 或偏移量越界
        return NULL;

    if(length<0)                         //length 小于 0 时,表示从右向左提取至多|length|个
                                            字符
```

```
{                                  //下面需要重新计算偏移量offset和长度length
    length = - length;             //绝对长度
    offset = offset - length;      //偏移量左移
    if(offset<0) {                 //如果偏移量小于0
        length = length + offset;  //实际长度应该减少
        offset = 0;                //然后从0开始提取
    }
}
return Left(str + offset, length); //若length>0,则直接提取从offset开始的子串
}
```

采用默认参数的函数虽然可以使用不同个数的参数,但是并不是函数的重载。而且,采用默认参数,可能会跟重载函数发生冲突。比如,如下的 Right 有两个重载版本,其中一个带有默认参数 n=1:

```
char * Right(char * str, int n = 1); //①带默认参数的 Right 函数
char * Right(char * str);            //②只有一个参数的 Right 函数
```

当采用如下的调用:

```
char * str = "abcdefg";
Right(str);                          //×,有二义性的函数调用(ambiguous call)
```

时,会出现二义性错误。因为编译器由这种调用形式并不能确定要调用的是①的带默认参数 n=1 的形式的函数 Right,还是②这个重载函数。

8.2.4 按引用传参与函数重载

在函数传递参数时,如果要传递的参数是复合数据类型如结构体变量,则必须把结构体变量的所有成员数据都传递给被调函数,这样带来的开销是很大的。尤其是有大量这样的调用存在的时候,程序的效率会大受影响。本书第一篇中,为解决这个问题,采用的方法是使用指向结构体变量的指针来传递参数:

```
struct studentrec{
    char number[8];               //保存学生7位学号字符串
    char name[21];                //保存学生姓名,最长10个中文字
    char gender;                  //性别,取值为'M'或'F'
    char course[30];              //课程名
    char classno[5];              //课程编号
    char semester[4];             //开课学期
    float pingshi, final, score;  //平时分,期末分,总评分
```

```
      struct studentrec * next;        //指针,后续使用
}stu[7], * pstu = stu, stu_tmp;        //用这种结构类型来定义数组,变量,指针等。
typedef struct studentrec STUREC;      //自定义结构体记录类型名
typedef STUREC   * PSTUREC;            //自定义结构体记录指针类型名
void PrtRecord(PSTUREC p);             //打印结构体中所有成员变量
```

在打印函数 PrtRecord 中,通过传递指向记录的指针,减少了按值传递带来的开销。另外由于此函数不会影响记录中的数据,可以把它的原型修改为

```
void PrtRecord(const STUREC * p);        //函数声明
void PrtRecord(const STUREC * p)         //函数实现
{ (p! = NULL)&& printf("%-8s%-8s%5s%20s%7s%7s%8.1f%8.1f%8.1f\n",p->number,
        p->name,
        (p->gender =='F')?"女":"男",
        p->course, p->classno, p->semester,
        p->pingshi, p->final, p->score        );//用指针来存取成员变量
    return ;
}
```

然后在其函数体内通过（ ＊ p）. 成员变量或 p－＞成员变量的方式访问其成员变量。这种方式的语法看起来总有点奇怪,并不方便阅读。C＋＋中引入引用变量的方法,使用引用传递参数跟使用指针一样高效,而且语法上更加直观。比如可以为上面的PrtRecord 函数添加一个重载版本:

```
void PrtRecord(const STUREC& r); //打印结构体中所有成员变量,使用引用传递参数
```

在其函数体内,可以直接使用成员访问运算符". "对成员变量进行访问,跟结构体变量访问成员变量的语法完全相同。但是在传递参数时,并不会进行值的拷贝,而是使用跟指针一样快捷的机制:

```
/ * PrtStuRec:打印单个学生成绩记录,利用指向学生成绩结构体的引用变量 * /
void PrtRecord(const STUREC& r) //打印结构体中所有成员变量的函数,采用传指针的方式
{ printf("%-8s%-8s%5s%20s%7s%7s%8.1f%8.1f%8.1f\n",r.number, r.name,
        (r.gender =='F')?"女":"男",r.course, r.classno, r.semester,
        r.pingshi, r.final, r.score        );//用引用来存取成员变量
    return ;
}
```

由这个例子可以看到,使用引用可以增强程序的可读性,而且,同时带来高的传参效率。引用的使用方法为:

类型 &　引用变量名

上面函数 PrtRecord 的形参 const STUREC& r 就是声明了一个名为 r 的引用变量，它是 const STUREC 类型变量的引用。引用变量作为形参时，其具体引用的对象在函数调用时指定（初始化）：

```
STUREC stu;    //定义结构体变量
……           //给成员变量赋值的语句
PrtRecord(stu);//传参时,相当于 const STUREC& r = stu,定义引用变量 r 并设其初值为 stu
```

一般引用变量必须在定义时给定初值，而且它的类型必须跟它引用的变量的类型相同：

```
int    a;
int & ra = a;//定义引用变量 ra 为变量 a 的引用。a 必须在之前定义。
a = 10;
cout<<"a = "<<a<<",ra = "<<ra<<endl; //输出 a = 10,ra = 10。
ra ++ ;                              //ra 自增 1,变成 11。a 也变成 11。
cout<<"a = "<<a<<",ra = "<<ra<<endl; //输出 a = 11,ra = 11
```

引用变量 ra 其实就是它所引用的变量 a 的一个别名。同时，在作为函数形参时，它还有相当于指针的作用，可以直接通过引用变量修改主调函数中变量的值。

为 8.2.1 节的 Swap 函数增加按引用传参的重载版本：

```
void Swap (int &a, int &b) //传递引用参数,交换两个整型变量的值
{
    int temp = 0;
    temp = a, a = b, b = temp;
    return;
}
void Swap (float &a, float &b) //传递引用参数,交换两个 float 型变量的值
{
    float temp = 0;
    temp = a, a = b, b = temp;
    return;
}
void Swap (char *  &a, char *  &b) //传递引用参数,交换两个字符串指针变量的值
{
    char * temp = NULL;
    temp = a, a = b, b = temp;
    return;
}
```

上述使用引用传参的 Swap 函数的实现代码中,不再如使用指针传参那样用 *a、*b 了,而是直接使用 a 和 b 来进行交换。在主调函数中调用新的 Swap 函数的方法如下:

```
int    x1 = 10,   x2 = 20;
float y1 = 3.0f, y2 = 4.0f;
char * s = "Thank ", * s2 = "You ";
Swap(x1, x2); //x1 = 20,  x2 = 10
Swap(y1, y2); //y1 = 4.0, y2 = 3.0
Swap(s1, s2); //s1→"You ", s2→"Thank ",即指针的指向改变了
```

相比于传指针的方式,在调用传引用版本的 Swap 函数时,不需要使用取地址运算符 &,调用代码更加简练。缺点在于,对于习惯了 C 方式传指针的程序员来说,从函数的调用上看不出来该函数是否会改变实参的值。

如果程序员设计的一个函数 int f1(int & x)和另一个不用引用传值的函数 int f1(int x)构成重载函数的话,在调用时编译器将不能区分是调用哪个版本的 f1 函数,会报重载函数调用的二义性错误(ambiguous call to function f1)。解决的办法是二者中只保留一个。对于基本数据类型采用值传递的方式,而对于复合数据类型采用传引用的方式。如果只是为了避免函数 f1 误修改传入参数的值,则可以采用 const 限定引用参数,同时也可减少传参的开销,如,

```
int f1(const int & x);
```

这样,在 f1 的函数体内如果不小心修改了 x 的值,编译器会报错,程序员可以很容易的定位错误并修改代码。

8.3　函数模板——类型的参数化

第 8.2.1 节定义的 Swap 函数的重载版本:

```
void Swap (int * a, int * b);
void Swap (float * a, float * b);
void Swap (char ** a, char ** b);
```

在这 3 个函数的声明中,参数个数相同,只有参数的类型不一样。在这些函数的实现中,除了 temp 变量的类型外,其余代码都相同。如果还要交换另外的类型数据,如 double 型、short 型等,则还要把相应的代码复制一遍,再更改对应的参数的数据类型。这样做在语义上虽然是清晰的,但是,程序中所要出现的代码量也不少。当需要使用引用参数时,还要为每个引用类型的 Swap 函数版本编写代码。

8.3.1 函数模板的定义

函数模板（function template）又叫函数工厂，它把函数参数的类型抽象化（把类型用一般符号如 T 来表示），构成更一般意义上的一族函数（函数集合或通用函数）。一旦设计好函数模板，在使用时只需要给定具体的类型（如 int 型等），编译器就可以生成该具体类型的函数供程序调用。这些参数化的类型可以出现在函数的返回类型、函数的形参列表以及函数的实现代码中。在面向对象编程中，如果类中有参数化的类型表示的成员（成员函数或成员变量），则这个类称为模板类。

以求两个数据的最大值为例，既然区别仅仅是处理的数据类型不同，就把它们的操作抽象成如下形式：

```
Type Max(Type m1, Type m2)
{ return(m1>m2)? m1:m2;}
```

这里 Type 并不是一种实际的数据类型，在这个函数实例化时，希望编译器能用实际的类型来替代它。由于函数在设计时没有使用实际的类型，而是使用虚拟的类型参数，故其灵活性得到加强。当用实际的类型来实例化这种函数时，就好像照模板来制造新的函数一样，所以称这种函数为函数模板。将函数模板与某个具体数据类型连用，就产生了模板函数（template function），又称这个过程为函数模板实例化/具体化（instantiation），这种形式就是类型参数化。

函数模板使用关键字 template、typename 或 class[①] 来定义，作为带有抽象类型的函数的前缀，如，

    template<typename T> 或 template<class T>

要定义多个参数化的类型，则多个参数化的类型间用逗号隔开，构成模板参数（template parameter）列表，形如

    template<typename T1, typename T2,...> 或 template<class T1, class T2,...>

在使用函数模板的时候，编译器可以直接由传递给函数的参数来确定类型参数 T，T1，T2，... 所代表的具体类型，并用该类型生成对应的具体的函数代码，供代码调用。在使用函数模板生成模板函数调用时，可以显式地给出模板参数的比较准则。一般的格式为

  函数模板名<模板参数>(参数列表); //带具体模板参数的模板函数调用（显式调用）

每次调用都显式地给出比较准则，也会使人厌烦。一般喜欢使用如下默认方式：

  函数模板名(参数列表);   //模板参数由编译器自动判定（默认调用）

对于一个不带模板参数的模板函数调用，能从函数的参数推断出模板参数（某具体类型）的能力是其中最关键的一点。C++编译器能够从一个调用推断出类型参数和

---

① 这里 class 不是后面要讲的类。C++新标准使用 typename，保留 class 是为了跟旧标准的代码兼容。

非类型参数,从而省去显式调用的麻烦。条件是,由这个调用的函数参数表能够唯一地标识出模板参数的一个集合。

例8-4 编写交换两个数值、求两个数最大值和最小值,数的绝对值的函数模板并测试:

```
0001 /* exp8_03_1.cpp-创建求绝对值、两数最大值最小值、交换两数的函数模板
0002 */
0003 #include <iostream>
0004 using namespace std;
0005 //求两个数最大值的函数模板
0006 template<typename Type>
0007 Type Max(Type a,Type b)
0008 {
0009     return (a>b)? a:b;
0010 }
0011 //求两个数最小值的函数模板
0012 template<typename Type>
0013 Type Min(Type a,Type b)
0014 {
0015     return (a>b)? b:a;
0016 }
0017
0018 //求数的绝对值的函数模板
0019 template<typename Type>
0020 Type Abs(Type a)
0021 {
0022     return (a>=0)? a:-a;
0023 }
0024 //使用指针交换两个数的值的函数模板
0025 template<typename Type>
0026 void Swap(Type * a, Type * b)
0027 {
0028     int temp = 0;
0029     temp = * a, * a = * b, * b = temp;
0030     return;
0031 }
0032 //使用引用交换两个数的值的函数模板
0033 template<typename Type> void Swap(Type &a, Type &b)
0034
0035 {
0036     int temp = 0;
```

```
0037        temp = a, a = b, b = temp;
0038        return;
0039   }
0040
0041   int main()
0042   {
0043        int    x1 = -3,    x2 = -5;
0044        float y1 = -3.2f, y2 = -1.7f;
0045        //测试 Abs 求绝对值
0046        cout<<"|"<<x1<<"| = "<<Abs(x1)<<endl;//调用 Abs(int)
0047        cout<<"|"<<y1<<"| = "<<Abs(y1)<<endl;//调用 Abs(float)
0048
0049        cout<<"Max("<<x1<<","<<x2<<") = "<<Max(x1,x2)<<endl;//调用 Max
             (int,int)
0050        cout<<"Max("<<y1<<","<<y2<<") = "<<Max(y1,y2)<<endl;//调用 Max
             (float,float)
0051        cout<<"Min("<<x1<<","<<x2<<") = "<<Min(x1,x2)<<endl;//调用 Min
             (int,int)
0052        cout<<"Min("<<y1<<","<<y2<<") = "<<Min(y1,y2)<<endl;//调用 Min
             (float,float)
0053
0054        cout<<"交换前:x1 = "<<x1<<",x2 = "<<x2<<endl;
0055        Swap(x1,x2);      //调用 Swap(int & ,int &),传引用
0056        cout<<"交换后:x1 = "<<x1<<",x2 = "<<x2<<endl;
0057        cout<<"交换前:y1 = "<<y1<<",y2 = "<<y2<<endl;
0058        Swap(y1,y2);      //调用 Swap(float & ,float &),传引用
0059        cout<<"交换后:y1 = "<<y1<<",y2 = "<<y2<<endl;
0060
0061        cout<<"再次交换(使用指针)前:x1 = "<<x1<<",x2 = "<<x2<<endl;
0062        Swap(&x1,&x2);       //调用 Swap(int * ,int *),传指针
0063        cout<<"再次交换(使用指针)后:x1 = "<<x1<<",x2 = "<<x2<<endl;
0064
0065        cout<<"再次交换(使用指针)前:y1 = "<<y1<<",y2 = "<<y2<<endl;
0066        Swap(&y1,&y2);       //调用 Swap(float * ,float *),传指针
0067        cout<<"再次交换(使用指针)后:y1 = "<<y1<<",y2 = "<<y2<<endl;
0068        return  0;
0069   }
```

程序的输出如下：

```
|-3| = 3
|-3.2| = 3.2
```

```
Max( - 3, - 5) = - 3
Max( - 3. 2, - 1. 7) = - 1. 7
Min( - 3, - 5) = - 5
Min( - 3. 2, - 1. 7) = - 3. 2
交换前:x1 = - 3,x2 = - 5
交换后:x1 = - 5,x2 = - 3
交换前:y1 = - 3. 2,y2 = - 1. 7
交换后:y1 = - 1. 7,y2 = - 3
再次交换(使用指针)前:x1 = - 5,x2 = - 3
再次交换(使用指针)后:x1 = - 3,x2 = - 5
再次交换(使用指针)前:y1 = - 1. 7,y2 = - 3
再次交换(使用指针)后:y1 = - 3,y2 = - 1
```

例 8 - 4 首先创建了函数模板 Max、Min、Abs 和 Swap 的两个版本,并在 main 函数中使用默认调用的方式来调用各自的模板函数。编译器能够根据传入的实参类型确定模板参数的类型。比如在第 55 行,传入 Swap 的实参 x1、x2 的类型为 int 型,则编译器会生成对应的函数 void Swap(int&, int &)相应的代码,跟 8.2.4 节中定义的 Swap 的重载函数相同,并调用之。其他模板函数的情况与此类似。

采用函数模板可以使得代码简洁,提高效率。对于实现代码相同、只有某些参数类型不同的函数,采用函数模板只需要编写一次代码,而采用函数重载的方式需要为各重载函数分别编写代码。所以,在这里讲到的那些场合,使用函数模板可以大大减少程序员的工作量,较少程序中实际需要编写的代码量,大大提高工作生产的效率。

采用函数模板可以减少编译器生成的代码大小。只有在用到某特定类型的模板函数时,编译器才会根据函数模板生成对应的代码;不用则不生成。如注释掉例 8 - 4 代码的第 62、66 行,则对应的 void Swap(int ∗ , int ∗)和 void Swap(float ∗ , float ∗)函数的实现都不会创建;而在 8.2.1 节中,这两个重载函数不管调用与否,编译器都是要对其进行编译,生成目标二进制代码的。

8.3.2 模板参数的具体化

在上述代码对 Max 等模板函数的调用时,采用默认的参数具体化的方式,即由编译器根据传入函数调用的实际参数类型来决定参数的真实类型。这是因为编译器能够从调用的函数参数表中唯一地标识出模板参数的一个集合,而例 8 - 4 中所有的调用方式都在模板参数集合之中。这称为默认的模板参数具体化。而对于不标准的调用方式,编译器就不能从函数的参数推断出模板参数对应的具体类型,比如在 main 函数中增加调用 Max(y1, x2),这就需要 Max(float, int)形式的函数,跟例 8 - 4 中定义的函数模板的模板参数不符,无法通过编译,编译时会报错:

```
error C2782: 'Type __cdecl Max(Type,Type)': template parameter 'Type' is ambiguous
        could be 'int'
        or      'float'          错误 C2781:模板参数'Type'具有歧义:可能是 int 或 float 型
```

这个调用有两种解决方式。一是在调用时进行强制类型转换，如，

```
Max((int)y1, x2);
```

这是因为，函数模板不支持隐式的类型转换。模板函数调用时使用的实际类型必须跟模板参数类型 Type 保持完全一致的类型，否则编译时会发生错误。

第二种解决办法是采用显式的模板参数具体化方式，即在模板函数名后面加尖括号，内写明模板参数的具体类型，这样在编译时编译器就会根据这些具体类型生成对应的重载函数版本并进行调用，如，

```
Max<int>(y1, x2);
```

它跟第一种方式是等效的。这一种方式实际上是要求 Max(y1，x2)具体调用的函数为 Max(int，int)，并在传递参数时把 float 型的 y1 变量强制类型转换为 int 型。

显式的模板参数具体化方式可能在阅读上看起来有些特别，但它的好处就在于非常明确地指定了要生成的模板函数的重载版本。对于初学者而言，使用这种方式可能更有助于了解编译器具体会生成什么样的函数版本，以及准确定位可能会出现的错误的位置。当然，读者需要在采用默认的参数具体化方式的简洁性跟采用显式的参数具体化方式的明确性之间进行折衷。就像在进行变量赋值的时候，如果把握不准"＝"号右边表达式（rvalue）的类型，对其进行强制类型转换为左边变量的类型是一个好的习惯。

另外，当函数模板中使用的某些类型参数出现在函数实现代码中，或者在函数返回值类型处时，编译器并不能够根据函数调用出现的位置等来确定该参数的具体类型。这种情况下在调用模板函数时必须要使用显式的模板参数具体化方式。请看下面的例子：

例 8－5 模板函数调用给出的类型没有出现在模板参数列表中的例子——采用显式的参数类型具体化。

```
0001 / * exp8_03_2.cpp    - 模板函数调用给出的类型没有出现在模板参数列表中的例子
0002 * /
0003 # include <iostream>
0004 using namespace std;
0005
0006 template <typename T,typename T2, typename T3> //类型参数：T,T2 和 T3
0007 T2 Max_v2(T m1, T m2)              //T2 作为返回类型,参数列表中只使用 T
0008 {    T3 t;                         //T3 作为函数内部使用的变量的类型
0009      t = t + 1;
0010      return (m1>m2)? m1:m2;
0011 }
0012
0013 int main( )
0014 {
```

```
0015        cout<<Max_v2<double,int,char>(2.3,5.8)      //必须显式给出模板参数对应的具
                                                          体类型,注意顺序
0016             <<","
0017             <<hex<<"0X"                             //hex 表示之后输出的整数都用 16 进制表示
0018             <<Max_v2<char,int, int>('a','y')
0019             <<","<<dec                              //dec 表示之后输出的整数都用 10 进制表示
0020             <<Max_v2<int,int, float>(95,121)<<endl;
0021        return 0;
0022 }
```

程序输出:

    5,0X79,121

类型参数 T 作为模板函数的形参的类型,T2 作为返回值类型,T3 作为函数体内部变量 t 的类型。在第 15 行的调用中,模板函数 Max_v2<double, int, char>中实际的参数列表里 T 取 double 型,返回类型 T2 取 int 型,函数实现里的参数 T3 取 char 型。两个实参 2.3、5.8 都是 double 型,跟 T 的实际类型相同;返回值(2.3 和 5.8 中较大的一个)被转换为 int 型,结果输出(int)5.8 即 5。第 18、20 行的调用类似。如果在调用中(第 15、20 行)省略了模板参数列表中的任何一个,编译器都不能推导得到正确的模板函数。尤其是作为返回类型的 T2 和函数内部变量类型的 T3,如果不明确给定实际参数类型,编译器根本无法确定。

练 一 练

    删除例 8-5 中第 15、18、20 行中模板函数的参数列表中任意的参数,编译程序观察编译器输出。

形参类型的 T,看似可以由传给函数的实参类型来确定,从而可以在模板函数的类型具体化列表中将其省略。但是 C++中规定,在调用模板函数时可以由函数实参确定的类型参数必须连续出现在定义函数模板时的类型参数列表的最右边。在例 8-5 的代码中,将第 6 行修改为:

```
0006    template <typename T2,typename T3, typename T> //注意这里把 T 调到了最后
```

则在 main 函数中对模板函数的调用代码(第 15、18、20 行)可以改写成省略类型参数的形式:

```
0015   cout<<Max_v2<int,char>(2.3,5.8) //第三个参数类型为 double,编译器可自行判定
0018        <<Max_v2< int, int>('a','y') //第三个参数类型为 char,编译器可自行判定
0020        <<Max_v2< int, float>(95,121)<<endl; //第三个参数类型为 int,编译
                                                   器可自行判定
```

这里，类型参数 T 可以由传给模板函数的实参类型确定，而且 T 出现在函数模板声明的右边，因此可以省略。修改之后的程序输出跟例 8-5 的输出结果一样。

8.3.3 模板的特化

虽然函数模板可以生成一系列类似的函数，但这些函数内部对不同数据的处理基本都一样，缺乏一定的灵活性。因为对于特定类型的数据，尤其是用户自定义类型（如类）的数据，其处理可能会有自身的特殊性。解决这个问题的方法有两个，一个是用重载函数，另一个是利用模板的特化（template specialization，又叫模板的具体化或专门化）。

所谓函数模板的特化，就是为函数模板特定的类型实参编写一个特定的版本，以该特定类型调用模板函数时，编译器会采用这个特定的版本。这样在模板的一般性的前提下加入了对具体问题具体处理的特殊性。

函数模板的特化得到的是模板的一个具体类型版本的函数的实例。由此可见，一定要先定义模板，再对其进行特化。而且，特化版本的函数的形参个数、类型参数的个数都要跟模板定义一致。

函数模板的特化形式为：

> template<> 返回类型 函数名<类型实参列表>（函数形参列表）

比如，为之前定义的函数模板 Max 生成一个对字符串操作的特化版本的代码如下：

```
template <>char * Max<char * >(char * a, char * b)
    {    return (strcmp(a,b)> = 0? a:b);    }
```

例 8-6 编写比较两个类型变量的 Compare 函数模板，并为字符串型和整型指针编写模版特化的版本。

```
0001 /* exp8_03_3.cpp    --为 Compare 比较函数模板增加模板特化的版本*/
0002 #include <stdio.h>
0003 #include <string.h>
0004 #include <iostream>
0005 using namespace std;
0006 //函数模板 Compare 的一般版本
0007 template <typename T> int Compare(const T &v1, const T &v2)
0008 {
0009     std::cout << "template <typename T>" << std::endl;
0010     if(v1 < v2) return  -1;
0011     if(v2 < v1) return 1;
0012     return 0;
0013 }
0014 //函数模板 Compare 的特化版本（char *）
0015 template <> int Compare<const char * >(const char * const &v1, const char * const &v2)
```

```
0016 {
0017     std::cout << "template <> -- const char * 特化版本" << std::endl;
0018     return strcmp(v1, v2);
0019 }
0020 //函数模板 Compare 的特化版本（int *）
0021 template <> int Compare<const int *>(const int * const &v1, const int * const &v2)
                        //v1 和 v2 是指向 const 整型变量的 const 引用；
0022 {
0023     std::cout << "template <> -- const int * 特化版本" << std::endl;
0024     if( * v1 < * v2) return -1;//像指针一样操作,可以理解 v1,v2 就是指针,因为它是
                                    指针的引用；
0025     if( * v2 > * v1) return 1;
0026     return 0;
0027 }
0028 int main()
0029 {
0030     const char a[] = {"Hello World"};
0031     const char b[] = {"HeLlo"};
0032     int x = 10, y = 11;
0033
0034     cout << Compare(&x, &y) << endl;//根据实参类型进行实参推断,实例化 int
                                          compare(int *, int *)
0035     cout << Compare<const int *>(&x, &y) << endl;//强制采用特化版本
0036
0037     //cout << Compare("Hell0111", "HHH") << endl; //有歧义,数据类型不同
0038     cout << Compare<const char *>("Hell0111", a) << endl;//强制采用特化版本
0039
0040     //cout << Compare(a, b) << endl;//有歧义,数据类型不同
0041     cout << Compare<const char *>(a, b) << endl; //强制采用特化版本
0042     return 0;
0043 }
```

程序输出为

```
template <typename T>
1
template <> -- const int * 特化版本
-1
template <> -- const char * 特化版本
-1
template <> -- const char * 特化版本
1
```

第 7 行首先定义了 Compare 函数模板，它有一个类型参数 T，并对 const T 型的引用变量 v1 和 v2 的值进行比较，返回比较结果，v1＞v2，则返回 1，v1＜v2，返回－1，相等返回 0。

然后在第 15 行开始为该模板编写了一个特化版本：

```
template <>
    int Compare<const char *> (const char * const &v1, const char * const &v2)
```

类型参数个数跟之前的 Compare 模板中一样，都是一个。但是在 template 后的尖括号中没有给出模板参数，而是在函数名 Compare 后面用具体的 const char * 表示这个函数是当模板中类型参数 T 为 const char * 型时的特化版本。

去掉参数 v1 类型中的 const 限定，得到 char * &v1，可知 v1 实际上是一个指针变量的引用。加上 const 之后，v1 的含义是指向常量字符串指针的常引用。v2 的含义一样。回顾函数模板 Compare 的定义中，那里的 v1 是某个类型 T 的常引用。在这个特化版本中，T 的实际类型为 const char *，的确是原函数模板当类型为某个具体类型时的特例。

练 一 练

（1）修改例 8-6 中模板的第一个特化版本，将形式参数 v1、v2 的类型的第 2 个 const 去掉，编译并检查编译器输出，思考原因；

（2）将例 8-6 中第 15 行 Compare<const char *>改为 Compare<>，编译运行程序；

（3）将 8-6 中第 15 行 Compare<const char *>改为 Compare，编译并运行程序。

在定义模板的特化版本时，如果能够从函数的参数推导出实际的参数类型（模板实参），则可以省略函数名后面的尖括号内的类型，甚至可以去掉尖括号及其内部的类型声明。

在主函数中，定义了两个常量字符数组 a 和 b（第 30、31 行）。在第 38、41 行显式使用了模板的特化版本：

```
0038    cout << Compare<const char *>("Hell0111", a) << endl;
0041    cout << Compare<const char *>(a, b) << endl;
```

要调用函数模板的特化版本，只要在函数名后指定特化版本对应的类型实参即可。当然，默认调用特化版本也是可以的，只要函数形参列表的类型跟特化版本的类型完全相同即可。

代码第 40 行会带来二义性。这是因为，当函数形参为引用传递时，数组 a 会以

const char [12]为其类型,而数组 b 则以 const char[6]作为其类型,这两个类型不一致,编译器不能确定应为哪一个,所以带来二义性。但是,如果修改形参使其不为引用传递,则数组会以指针形式传递,则 a 和 b 的类型会被当作 const char ＊ 型,就不会有二义性问题了。第 37 行与此类似。

指向 const char ＊ 的指针和指向 char ＊ 的指针是不同的,而指针本身是不是 const 的并不要紧:

```
const char ＊ const p0 = "Helo";       //定义指向 const char ＊ 的常量指针 p0
char ＊ const p1          = "HeLo";     //定义指向 char ＊ 的常量指针 p1
const char ＊   p2        = "HeLo";     //定义指向 const char ＊ 的非常量指针 p2
cout ＜＜ Compare(p0, p1) ＜＜ endl;    //错误! p0 和 p1 类型不同,不能确定类型参数 T 的实
                                          际取值!
cout ＜＜ Compare(p0, p2) ＜＜ endl;    //正确,非 const 的 p2 会自动提升为 const,调用特
                                          化版本
```

另一个 int ＊ 型的特化版本的分析方法跟这里相同,请读者自行完成。

8.3.4　模板参数中的普通参数

函数模板中除了可以有模板参数之外,还可以有一般的类型名字声明的普通参数,比如有函数模板 MyFunc 的定义和使用:

```
//定义函数模板时,模板参数列表中带有具体类型的变量声明的实例
template＜int xt, float xf, typename T＞
void MyFunc(T x)
{
    cout＜＜"x = "＜＜x＜＜endl;      //x 的类型为 T,是类型参数
    cout＜＜"xt = "＜＜xt＜＜endl;    //xt 在模板参数列表中声明
    cout＜＜"xf = "＜＜xf＜＜endl;    //xf 在模板参数列表中声明
    return;
}
MyFunc＜2,3.1＞(4.5f);             //2→xt,3.1→xf,4.5f 的类型 float→T
MyFunc＜2,3.1,float＞(4.5f);      //同上,模板参数列表中第三个类型参数 T 采用显式说明
```

对模板函数的调用时,传递给模板参数列表中的普通参数 xt、xf 的是具体的数值,类似函数调用时的传值调用。这些普通参数起到的作用其实就是函数头的形参变量,只不过是给出的位置不同。另外,由于作为形参列表的类型参数 T 出现在模板参数列表的最右边,由 8.3.2 节的知识可知,编译器能够由模板函数调用时采用的实际参数类型来确定 T 具体的类型,所以在模板函数调用时可以省略第三个类型参数 float。

例 8-7　编写程序,使用函数模板,求一个二维矩阵的各行和构成的矢量。

```
0001 /＊exp8_03_4.cpp   二维矩阵求各行的和构成的矢量＊/
0002 # include ＜iostream＞
0003 using namespace std;
```

```
0004
0005 const int NCOL = 3;//定义列数
0006 //求任意二维矩阵 a 各行之和的函数模板,b 为输出
     //模板类型参数列表中采用了普通类型 int
0007 template <typename T,int Rows, int Cols>
0008 void SumCols( const T a[][NCOL] ,T b[])
0009 {
0010      for(int i = 0; i<Rows; i++){
0011          b[i] = 0;
0012          for(int j = 0; j<Cols&&j<NCOL; j++ )
0013              b[i] += a[i][j];
0014      }
0015 }
0016 //打印任意二维矩阵 a 的函数模板
     //模板类型参数列表中采用了普通类型 int
0017 template <typename T,int Rows, int Cols>
0018 void PrtMat(const T a[][NCOL])
0019 {
0020     int i = 0,j = 0;
0021     for  (i = 0;i<Rows;i++)
0022     {
0023          for  (j = 0;j<Cols&&j<NCOL;j++ )
0024          {
0025              cout<<a[i][j]<<'\t';
0026          }
0027          cout<<endl;
0028     }
0029 }
0030 int main()
0031 {
0032     int a[][NCOL] = {{1,3,5},{2,4,6},{7,9,11},{8,10,12}};//定义矩阵
0033     int b[NCOL];                          //保存和的数组
0034     const NROW    = sizeof(a)/NCOL/sizeof(int);//求行数
0035     cout<<"二维矩阵:"<<endl;     //打印矩阵
0036     PrtMat<int, NROW, NCOL>(a);      //显式地按模板定义的顺序给出参数
0037     SumCols<int,NROW, NCOL>(a,b);   //显式地按模板定义的顺序给出参数
0038     //打印各行和构成的矢量
0039     cout<<"各行求和得到的矢量:"<<endl;
0040     cout<<"[";
0041     for(int i = 0; i<NROW; i++)
```

```
0042          cout<<b[i]<<" ";
0043      cout<<"]\'";
0044      cout<<endl;
0045      return 0;
0046  }
```

在代码的第 7 行和第 17 行定义的函数模板类型参数列表中,采用了普通参数 int Rows 和 int Cols。在第 36 和 37 行调用中,使用显式的方式指定了 Rows 的值和 Cols 的值。Main 函数首先调用模板函数 PrtMat(第 36 行)打印这个矩阵,然后调用 SumCols 求各行和(第 37 行),并输出结果(第 40～44 行)。这里普通类型的值传递给函数模板的参数列表中的普通类型,就像函数传值调用时把实参的值传给函数的形参一样。

程序运行结果如下:

二维矩阵:

1	3	5
2	4	6
7	9	11
8	10	12

各行求和得到的矢量:

[9 12 27 30]'

练 一 练

(1)修改 8－7 的模板定义,使得在调用模板函数时可以省略其中的类型参数 int;

(2)删除第 36、37 行中的 NROW、NCOL,编译并查看输出情况。

函数模板也允许重载,而且也可以和普通函数重载。比如,

```
void g(int x);                           //普通函数
template<typename T1,typename T2> void g(T1 x, T2 y);//函数模板 1
template<typename T> void g(T x);//函数模板 1 的重载
template<>  g(int x);                     //模板特化,构成重载
```

上面的普通函数、函数模板和模板的特化版本构成重载。当在别的代码中发生调用 g(2)的时候,有 3 个函数可以备选。

8.4　编译器如何选择正确的函数版本

重载函数提供了不同形参个数/类型的同名函数的不同版本(处理可以很不一样),不管在程序中是否调用,所有的重载函数都将被编译成目标二进制代码。而函数模板则对参数类型不同而处理相同的一类函数提供了一种方便简洁的创建方式。在调用模板函数时,编译器只会根据具体使用的参数类型生成对应的函数版本的目标代码,所生成的代码大小是由调用的模板函数种数而定的。所以,在处理相同、形式参数个数相同只有形参类型不同时,应优先选择函数模板减少程序员的代码输入量。

如果在一个程序中,既有重载函数,又有函数模板,还有模板函数的特化版本,并且具有相同的函数名的时候,编译器会选择一个最佳的匹配函数调用,具体规则是:

(1) 如果函数调用只完全匹配这 3 类中的某一个函数,则这个函数是最佳的匹配函数。

(2) 如果这 3 类中都有一个函数跟函数调用的形式完全匹配(可以有类型转换),则按照普通(重载)函数→模板函数的特化版本→模板函数的顺序进行选择,前面的优先选择。

(3) 如果同一类中有多个跟调用完全匹配的函数,则非 const 数据的指针或引用形参优先于 const 的指针和引用的参数匹配,但是非指针或引用形参会出现二义性错误。

例 8-8　只有一个函数跟调用完全匹配的例子。

```
0001 / * exp8_04_1.cpp  函数调用只完全匹配某一个具体函数
0002 */
0003 #include <iostream>
0004 using namespace std;
0005 void g(int x){//普通函数
0006     cout<<"调用普通函数 void g(int x)"<<endl;
0007 }
0008 template<typename T1, typename T2>
0009 void g(T1 x, T2 y)//模板函数
0010 {
0011     cout<<"调用模板函数 void g(T1 x, T2 y)"<<endl;
0012 }
0013 template<> void g(int x,int y)//模板函数的特化,必须定义在模板之后
0014 {
0015     cout<<"调用特化函数 template<> void g(int x,int y)"<<endl;
0016 }
0017
0018 int main()
0019 {
```

```
0020      int x = 1, y = 2;
0021      float fx = 1.0f, fy = 2.0f;
0022      g(x);//调用普通函数(只有一个完全匹配版本)
0023      g(x, y);//调用模板特化函数(只有一个完全匹配版本)
0024      g(fx,y);//调用模板函数,参数 T1 为 float 型、T2 为 int 型(只有一个完全匹配版本)
0025      return 0;
0026 }
```

程序运行结果如下:

```
调用普通函数 void g(int x)
调用特化函数 template<> void g(int x,int y)
调用模板函数 void g(T1 x, T2 y)
```

例 8-8 中定义了普通函数、函数模板及其特化版本。在主函数中调用 g 时,都只有一个版本与函数调用完全匹配,所以,这个完全匹配的函数即为最佳匹配函数,是编译器实际使用的函数。

例 8-9 每类中都有一个完全匹配的情况。

```
0001 /* exp8_04_2.cpp  函数调用跟三类各有一个匹配
0002 */
0003 #include <iostream>
0004 using namespace std;
0005 //重载函数
0006 void g(int x){
0007      cout<<"调用普通函数:void g(int x)"<<endl;
0008 }
0009 void g(char x){
0010      cout<<"调用普通函数:void g(char x)"<<endl;
0011 }
0012 //函数模板
0013 template<typename T>
0014 void g(T x){
0015      cout<<"调用模板函数:void g(T x)"<<endl;
0016 }
0017 //模板特化
0018 template<>
0019 void g(char* x){
0020      cout<<"调用特化函数:void g<>(char* x)"<<endl;
0021 }
```

```
0022 template<>
0023 void g(int x){
0024     cout<<"调用特化函数:void g<>(int x)"<<endl;
0025 }
0026
0027 int main()
0028 {
0029     int a = 0; char c = '\n';
0030     char s[] = "hello";
0031     float fx = 1.0f;
0032     g(a); //三类中都有一个匹配的,按照顺序,调用普通函数
0033     g(s); //模板和模板特化中都有一个匹配的,调用特化版本
0034     g(fx);//只有模板中有一个匹配,T取float,调用模板函数
0035     return 0;
0036 }
```

程序运行结果为：

```
调用普通函数:void g(int x)
调用特化函数:void g<>(char * x)
调用模板函数:void g(T x)
```

第32行的函数调用 g(a)跟普通函数 g(int)、模板特化函数 g<>(int)和模板函数 g<int>都匹配,根据规则(2),应优先调用普通函数 g(int)。而第33行的 g(s)调用跟模板特化函数 g<>(char *)和模板函数 g<char *>(char *)都匹配,根据规则(2),优先调用了模板特化函数 g<>(char *)。第34行的调用则只有一个匹配 g<float>(float),故调用的是模板函数。

假设有变量 int a=2; const int b=3;函数 g 可能有 4 个重载版本：

```
void g(int x);          //(1)
void g(int &x);         //(2)
void g(const int x);    //(3)
void g(const int &x);   //(4)
```

如果只有(1)(2)两个版本,则调用 g(a)会发生二义性错误,因为由普通类型数据到引用形参的转换(第二个 g)是自动进行的,这样编译器将不能区分实际调用的应为(1)(2)中的哪个函数。但是调用 g(b)是可以的,这时将调用(1)。因为这时(2)可能会导致 const 数据被修改,而(1)是传值调用,所以编译器为了保证 const 数据的完整性调用(1)。

不能只有(1)和(3)两个版本。编译器认为(1)和(3)是相同的两个函数,出现函数

重复定义错误。

如果只有(2)和(3)两个版本,则调用 g(a)将会失败,编译器不知道是否将传入的参数 a 作为引用变量使用,还是作为不可修改来使用。但是调用 g(b)会成功,因为 b 本身是 const 数据,(2)可能会修改 b 的值,破坏 b 的 const 特征。

如果只有(3)和(4)两个版本,则调用 g(a)会成功,将会调用(3)。因为实参为普通类型时,const 的非引用形参会优先于 const 的引用实参。而调用 g(b)则会失败,因为实参为 const 类型,形参将不能区分应该使用 const 的引用还是非引用版本。

如果只有(1)和(4)两个版本,则调用 g(a)会成功,将会调用(1)。因为 a 是非 const 类型,const 数据的指针或引用形参优先于 const 的指针和引用的参数匹配,所以将调用(1)。而调用 g(b)会出现二义性错误。因为实参的 const 类型数据到形参的非 const 类型是自动转换的,数据到引用形参的转换也是自动进行的,此时编译器不能区分应调用这两个函数中的哪一个。

如果只有(2)和(4)两个版本,则调用 g(a)和 g(b)都会成功。g(a)将会调用(2),因为实参数据 a 为非 const 类型数据,它的非 const 的引用调用会优先于 const 的引用调用。g(b)将会调用(4),因为 b 是 const 数据,调用(4)保证了使用引用传递 const 数据时原来的数据不被修改。

对于其他组合的情况的分析与上类似。

练 一 练

分别写出上述重载函数 g 的函数体,验证以上分析。并对 3 个版本的情况也进行分析。

8.5 内 联 函 数

如果一个函数中的语句很少,而且此函数频繁被调用,则可以把它定义为内联函数。编译器在调用点把内联函数展开成为其函数体(程序员看不到)。这使得内联函数看起来既具有函数的语法,又具有宏替换的特征。如果频繁调用某个代码量少的函数,则函数调用和返回的时间开销(参数入栈出栈、指令跳转等)相对于函数内部的语句来说是不可忽略的,因而会影响程序运行的速度。定义其为内联函数,在调用点把它展开为其函数体的语句块,可以减少函数调用的开销,提高程序的效率[1]。内联函数的实质是牺牲空间换取执行时间的节省,它的使用不是必须的。内联函数的定义很简单,只要在定义函数时在函数头前加上 inline 关键字即可,

---

[1] 内联函数会不会在调用点展开,其实还依赖于编译器的实现,一般来讲,只有当编译器支持内联时才会展开。

```
inline int Add(int x, int y){ return x + y;}
```

调用时跟普通函数一样调用：使用函数名并传递实参。内联函数要在该函数被调用之前声明。关键字 inline 必须与函数定义体放在一起才能使函数成为内联，仅将 inline 放在函数声明前面不起任何作用。比如，

```
inline int Add(int x, int y);
int Add(int x, int y){ return x + y;}  //没有 inline，声明中的 inline 不起作用
```

如图 8-1 所示。

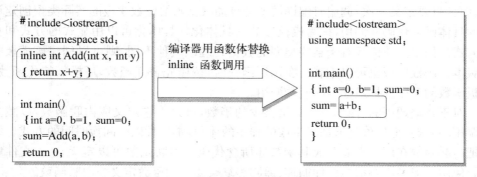

图 8-1　内联函数的展开和替换

使用内联函数时，应该注意以下事项：

（1）内联函数的代码应尽量简短，建议最好不超过 15 行，大于此则不适合内联；

（2）含递归调用的函数不能内联；

（3）使用复杂流程控制语句如循环和 switch 语句的函数无法内联；

（4）一个文件中定义的内联函数不能在另一个文件中使用（不能使用 extern）。内联函数通常定义在 .h 文件中（含函数体）共享。

内联函数看起来和普通函数一样，可以有参数和返回值，也可以有自己的作用域，方便编译器调用时的类型检查和自动类型转换。然而内联函数却没有一般函数调用所具有的负担，而且可以比宏更安全更容易调试。尽管如此，如果软件扩展，原先定义为内联函数的函数体可能需要增加额外的功能，这时再使用内联函数就变得不大可能。另外，如果内联函数发生改变，使用内联函数的代码都需要重新编译。总之，只有在当函数非常短小的时候，使用内联才能得到想要的效果。

8.6　本章小结

本章首先引入了使用 iostream 库中的 cout 和 cin 对象进行 C++的流方式的输入输出，以替换 C 中的 printf 和 scanf。这种方式可以级联输入输出，并且不用格式控制串来匹配类型，可以很灵活地输入输出各种类型的数据。类等自定义类型的输入输出，

也可以通过重载运算符"<<"和">>"实现程序员需要的输入输出。然后简单介绍了名字空间,引入名字空间是为了避免大型软件开发时产生的重复的名字带来的命名冲突。

由于运算符可以看作一类特殊的函数,由"<<"和">>"的新作用引入重载概念。const 形参限制在函数体内,其值不能修改。引用参数避免了传递大量数据给函数,减少函数调用时的开销。它在语义上是传指针方式的一种替代,但是在语法表示上更加明确直观。

函数模板把类型参数化,"定义"了一族通用的"函数",它们只有某些参数的类型(形参类型或返回类型或函数体内部类型)不同。使用函数模板可以减少代码的书写量,而且只要定义一次,调用时编译器就会自动根据传给函数模板的实际类型创建该版本的具体函数代码并调用,称为模板参数的具体化。具体化可以用显式的方式和自动的方式。如果函数模板对于某些类型的数据处理跟其他不同,则可以创建该模板的特化版本。函数模板也可以重载。在调用函数时,按照先普通函数,后模板特化函数,再模板函数的顺序选择最佳匹配函数调用。

对于频繁调用的、内部语句数量很少的函数,可以把它定义成内联函数,以减少函数调用的开销,但代价是增加了生成的程序的体积,是一种以空间换时间的方式。编译器把内联函数在调用点展开成其函数体所含代码。内联函数可以定义在.h 文件中供多处使用。但是不要把包含如循环、递归等复杂要素的函数定义为内联函数。

复习思考题

- cout、cin 是什么意思? iostream 有什么用?
- 什么是名字空间? 怎么定义名字空间? 为什么要定义名字空间?
- 什么是名字冲突?
- 什么是函数的重载?
- 什么是引用,它和指针有何区别? 引用的使用应注意什么?
- 什么是模板? 什么是函数模板? 什么是模板函数?
- 如何定义函数模板?
- 函数模板什么时候具体化?
- 函数模板为什么要特化? 如何进行模板特化?
- 编译器选择重载函数的版本所依照的顺序是什么? 如何决定最佳匹配函数?
- 函数模板会不会生成所有类型函数的重载版本?
- 什么是内联函数? 对内联函数的代码有何要求?

练 习 题

1. 引用通常用作函数的_____和_____。对数组只能引用_____不能引用_____。

2. 用函数模板实现 3 个数值中按最小值到最大值排序的程序。

3. 设计一个函数模板 max,求 3 个数中的最大数。

4. 利用函数模板设计一个求数组元素中和的函数，并检验之。

5. 设计一个函数模板，使它能够输出任意数组的所有元素。

6. 设计一个函数模板，使它能够对任意类型的数组元素排序，并能够在模板的非类型参数中指定升序或降序。

7. 设计一个函数模板，使它能够进行两个数组的求和。

8. 设计一个栈模板，使其能进行压栈、出栈等基本操作。

第 9 章　抽象：类和对象

学 习 要 点

● 抽象与类
● 类与结构体的区别
● 类成员的访问控制机制
● 构造函数与析构函数
● 对象的创建与删除
● 动态创建对象和销毁对象

我们认识事物的起点，都是单个的具体的物体，如一架钢琴、一只黑背犬、一幅蒙娜丽莎的肖像画等，这种能够被人感知或触摸的事物称为对象（Object）。对象可以是具体的，也可以是抽象的。抽象事物，例如，一首歌、一个圆、一个方程、一段历史、一条记录、万有引力等。

所谓的抽象，就是指人们对于现象世界中的一些对象、情形或过程的相似性认识，并集中于相似性，而忽略某些无关紧要的差异性。抽象代表着一个对象的本质的特征，这种特征把该对象跟其他对象区别开来。借助于抽象，可以把具有相同特征的对象归为一类，如河流就是所有经常或间歇地沿着狭长凹地流动的水流的一类对象的统称。也就是说，通过分类（class）的方法进行抽象，可以帮助我们认识复杂具体的现象世界，而不需要接触认识所有的具体事物本身。对象只不过是这个类下的某个具体的实例（instance），就像尼罗河是河这个类别的一个实例，蒙娜丽莎的肖像画是画这个类别的一个实例。

事物之间通过相互作用发生联系，作用的方式千差万别。比如人要过河，可以乘船；船要在河上航行，要靠舵、船帆、船桨、推进器等。我们把对象（事物）之间的相互作用称为对象间的通信。

对象间的通信通过所谓的接口来完成。其他对象只需要通过该对象提供的公开的接口使用它，而不用了解其内部是怎么回事。这称为信息的隐藏。比如一部手机，普通用户只要能使用各种按键（数字字母拨号），并通过显示屏阅读信息就可以了，并不用了解手机内部的芯片电路构成以及其工作原理等内容。

对象不仅存在于外部世界中，也存在于软件系统中。比如一个实数，在程序中体现为一个浮点型的变量，它具有名字（用标识符来标识）和类型（浮点型），而且能够参与加减乘除和比较运算。它的名字和类型是它的属性，参与的运算是它和其他数进行的相互作用（通信）。

但是浮点数只是一个简单的内建类型（built-in type）。程序是对外部对象（问题域对象）的建模，而 C++语言的内建类型对复杂的问题域对象的建模是无能为力的。程序员必须根据问题本身创建能反应外部对象的自定义类型，它是对问题域对象的抽象。为此，必须抛却这些对象中跟问题无关的特征和行为，而提取跟要解决的问题密切相关的特征和行为。比如在一个学分管理系统中，我们关心的是学生所修课程的名字、成绩、学分，而对于学生的诸如身高、体重、性别、性格、种族等这些跟当前问题无关的特征是直接忽略的。这个过程称为面向对象的分析和设计。C++的面向对象（object-oriented，或 OO）机制提供了类（class）供用户创建所需的自定义类型，以便把问题域的各类对象映射到软件层面，并通过各类对象的相互作用实现软件的功能。不仅如此，程序员不仅可以创建跟外部对象的相对应的程序对象，还可以根据需要发明新的对象，来模拟应用中的特殊操作，比如数据库、链表、队列等。

面向对象编程（object-oriented programming，或 OOP）就是根据问题域的描述，发现其中使用的各种对象，提取其跟问题相关的特征和行为来创建抽象数据类型——类，然后在程序代码中用各种类来创建相应的对象，并通过对象之间的通信来完成问题的求解。比如一个学校的教务管理系统，就是由学生、教师、教务管理人员、部门、班级、课程、教室等各种类构成，并通过系统中由各种类生成的对象之间的通信实现选课、排课、上课、考试、录入成绩等教务教学活动。

9.1　使用结构体操作记录

结构体是一种用户自定义类型，可以把彼此相关联的多个数据封装在一起，形成一个类似于记录的类型。比如某个软件需要对人的基本信息（姓名、年龄、性别）进行处理，就可以创建一个如下的结构体类型：

```
//people.h － 保存结构体类型声明的头文件
struct People{
    char    name[20];  //姓名
    int     age;       //年龄
    char    gender;    //性别,M表示男,F表示女
};
```

在需要对 People 结构体类型数据进行处理的代码中，可以定义 struct People 类型的变量（结构体变量）或指针（结构体指针），并使用成员运算符“.”或“->”即可读取/修改姓名、年龄和性别（读写 name、age、gender 成员变量），如，

```
//……
struct People zhangsan, * p;        //定义结构体变量、指针
```

```
strcpy(zhangsan. name,"张三");        //设置名字
zhangsan. gender ='M';                //设置性别
zhangsan. age = 20;                   //设置年龄
p = &zhangsan;                        //使用指针指向结构体变量
strcpy(p->name,"张三");               //与上面代码效果相同
p->age = 20;
p->gender ='M';
```

如果库代码设计者想把对结构体 People 的操作隐藏起来，并通过一系列的公共接口（函数）的方式把这些操作提供给库的使用者，而不想让库的使用者直接访问 People 结构体内部的成员变量，则可以在 people. h 头文件中声明如下的全局函数：

```
//people. h  -  保存结构体类型声明的头文件
//结构体声明部分
//以下为操作该结构体的函数声明
char * getPeopleName   (struct People a);            //获取姓名
char getPeopleGender (struct People a);              //获取性别
int  getPeopleAge     (struct People a);             //获取年龄
void setPeopleName    (struct People * p,  char * name); //设置姓名
void setPeopleAge     (struct People * p,  int age); //设置年龄
void setPeopleGender (struct People * p,   char gender); //设置性别
```

库的使用者就可以使用这里的 get-和 set-函数来对结构体内部的成员变量进行访问了。库的实现者在另一个实现文件（如 people. cpp）编写代码对数据访问的合法性（如年龄的合法性、性别是否是'M' 或'F' 之外的值等）进行检查和保护。以 setPeopleGender 函数为例：

```
//people. cpp  -操作结构体的函数的具体定义
void setPeopleGender(struct People * p,      char gender)
{
    if(p = = NULL)                    //指针是否为空
        return;
    if(gender! ='M' && gender! ='F')  //性别 gender 是否是合法字符
        return;
    else
        p->gender = gender;
}
//……其他部分省略
```

这样便可以通过在代码中检查要设置的性别的值是否是合法的字符值（'M' 或

'F')，来保护数据的正确性（其他函数的实现代码，请读者自行完成）。

库设计者希望提供给库使用者一些公共的接口函数，使得库的使用者能够直接调用这些函数对 People 结构体内部的成员变量进行访问，从而达到保护数据的完整性、正确性的目的。但是这种做法存在两个问题：

（1）People 结构体的使用者每次调用库函数时，都需要把操作目标结构体（变量或指针）作为实参传给被调函数，代码不够简洁；

（2）People 结构体的使用者可以获得结构体的定义（people.h 头文件是要提供给使用者的），于是使用者便拥有了对结构体内部成员直接访问的途径。有的使用者甚至会完全忽视库提供者提供的接口函数，而对 People 结构体的成员变量直接读写。这有可能破坏库提供者预设的数据存取的规范，造成数据完整性规则的破坏。而对此，库的提供者是无能为力的。比如，库的使用者可以写出这样的代码：

```
# include "people.h"
struct People p1;
int x = 1000;
//…… //一些处理
p1.gender + + ;        //非法设置性别字符
p1.age = x;            //为年龄赋非法值
```

要解决这两个问题，就必须使用 C++ 的类自定义类型。类从形式上看起来跟结构体相仿，它是结构体的扩展：类的内部除了可以有数据成员之外，还可以有函数作为其成员。类中的函数成员对类内部数据成员的访问可以直接进行，无需传入目标对象或其指针，解决了上述第一个问题。此外，类在结构体基础上增加了访问控制、继承、多态等特性，形成了 C++ 面向对象程序设计的坚实基础；类的访问控制（access control）机制会发现和限制库的使用者对类中成员的非法使用，解决了上述第二个问题。

9.2　使用类操作记录

9.2.1　类的声明方法

C++ 中的类是结构体的扩展，也是用户自定义的复合类型。类的定义方法跟结构体的定义方法相似：

```
class  类名
{
    [private：]
    //私有数据成员和成员函数
    [protected：]
```

```
        //保护数据成员和成员函数
        [public：]
        //公有数据成员和成员函数
    };
```

其中,class 为定义类的关键字,类似于定义结构体时使用的 struct 关键字。因为类是一种用户自定义类型,类名即为这种自定义类型的名字。跟 C++中其他用户自己命名的名字一样,类名也必须是一个合法的标识符。大括号"{"、"}"表示类的定义范围,其内部包含了变量和函数的声明。这些变量和函数作为类的成员,称为类的成员变量(member variable)和成员函数(member function)。大括号内的 public、protected、private 称为类的访问控制符,用来控制对类成员的访问权限,两边的方括号表示它们都是可选的。右边大括号后面的分号是不可缺少的,它是类定义结束的标识。若缺少这个分号,编译器会认为类定义没有结束,在编译时会报错。初学者很容易忽略这一点,从而造成编译错误。

例 9 - 1 定义一个 People 类。

```
//exp9_01_1.cpp
class People{
    //成员变量
    char    name[20];       //姓名
    int     age;            //年龄
    char    gender;         //性别,M表示男,F表示女
};//!! 注意这里的分号不可少
int main()
{ return 0;}
```

除了把之前 struct People 中的关键字 struct 换成 class 之外,没有其他更改。跟定义结构体类型相同,类的内部可以声明不同类型的变量作为类的成员(称为成员变量),这些类型可以是语言的内建类型(如 int、char、bool、float、double 等),也可以是复合类型(如指针、数组、结构体变量、类变量——对象)。但是要注意:*类的成员变量不能是类本身类型的变量*。不能在 People 类内部添加一个 People 类型的变量/数组。而添加一个指向 People 类型的指针变量是可以的,例如,

```
class People{
    //……其他成员变量
     People * next;              //√ 可以
    People one;                  //× 错误! 会导致嵌套
    //……其他声明
};
```

把下面的代码加入到 main 函数中,并在源代码文件之前加入适当的头文件引用编译预处理指令。这些代码试图仿照结构体成员的访问方法,对类 People 中的成员进行访问①:

```
//······
People one, * p;                  //用新类型 People 定义变量和指针
p = &one;
strcpy(one.name, "Zhangsan");     //× 试图通过类变量(对象)修改私有数据成员 name
p - >gender = 'M';                //× 试图通过指针修改类中的私有数据成员 gender
std::cout<<p - >name<<std::endl;//× 试图通过指针输出私有成员变量 name 的值
//······
```

用 VC6.0 编译上述代码,出现编译错误:

error C2248: 'name': cannot access private member declared in class 'People'(错误号 C2248: 'name': 不能访问类 People 中声明的私有成员)

这是因为,在类中声明的数据成员,默认具有私有的访问控制属性,不能在类的外部访问(通过对象加“.”运算符或指向对象的指针加“->”运算符访问)。这一点跟结构体类型不一样。结构体中的数据成员默认具有公有的访问控制属性,可以在外部直接访问。在 C++中,除此之外,struct 和 class 关键字具有相同的作用,大致可以互换。而且用 struct 定义的结构体类型在使用的时候,可以不用 struct 关键字,而直接用后面的标识符,比如,

```
struct People{...};  //定义结构体类型
//······
People one, two, * p; //省略 struct 定义的结构体变量/指针
//······
```

另外,在类声明中,一般的成员变量不能赋初值。比如:

```
class People{
    char name[20];
    int   age     =10;    //错误! 试图为类成员变量赋初值!
    char gender = 'M';    //错误! 试图为类成员变量赋初值!
};
```

只有被 static const 修饰的类成员可以赋初值。而且,类的数据成员的存储类型不能被 auto(自动型)、register(寄存器型)、extern(外部变量)所修饰。比如,

---

① 假设需要的头文件都已经在代码前面包含进来了。后同。

```
class ONE{...};
class TWO{
    int     ix;                  //正确。类中成员可以是任意类型
    float fy = 0.0;              //错误！不能对类成员进行初始化
    static const int _len = 1;   //正确。只有static const修饰的成员变量可以赋初值
    ONE     one;                 //正确。类中可以有其他类的对象作为数据成员
    ONE & ro;                    //正确。引用类型也可以作为类的数据成员
    const int lim;               //正确。const修饰的类型也可以作为类的数据成员
    ONE     * pOne;              //正确。类中可以有指向其他类的对象的指针作为数据成员
    TWO     * pTwo;              //正确。类中可以有指向本类对象的指针作为数据成员
    static int num;              //正确。类中也可以声明静态成员
    TWO     two;                 //错误！不能用本类的对象作为自身的类成员
    auto int z1;                 //错误！不能用auto修饰
    register int z2;             //错误！也不能用register修饰
    extern    int z3;            //错误！还不能用extern修饰
};
```

上述代码给出了什么样的数据成员可以作为类的合法数据成员的几乎所有情形。

9.2.2 类成员的访问控制

在C/C++语言里，结构体内部成员都是公有的，可以在外部直接访问。这就为数据成员的安全性和完整性带来了隐患。库的使用者可以跨过库的设计者设置的数据访问规范，直接修改结构体的内部成员，可能导致结构体数据成员的取值异常。

为保护数据成员，C++中引入了类类型，实现对数据成员的更好的封装。C++还在类类型中增加了成员的访问控制机制，使得对数据成员的访问（读写）更加安全可靠，从而保护了类内部数据成员的完整性。这样，类的使用者根本不知道也无需知道类的内部有哪些数据成员，从而实现信息隐藏。所谓信息隐藏，简言之，就是不让类外部的函数直接修改类内部的数据成员，而只能通过类提供的成员函数对数据成员进行间接修改。

C++是通过增设以下3个访问控制限定符来设置类内部的数据成员和成员函数的访问权限的：

（1）public　限定的类成员（成员函数和成员变量）具有公有访问控制权限。它们可以在类外部直接访问。

（2）private　限定的类成员（成员函数和成员变量）具有私有访问控制权限。它们不能在之外的任何地方直接访问，在派生类[①]中也不能被访问，只能在类内部访问。

（3）protected　限定的类成员（成员函数和成员变量）具有受保护的访问控制权限。它们不能被类外部定义的函数访问，但是可以在由本类派生出来的类中直接访问。

在前面的代码当中，由于类People中的成员的访问控制权限是私有的，所以当企图在类的外部函数main中对类的私有成员变量访问时，编译器会发现访问控制错误。

---

① 　关于派生和继承，将在下一章中介绍。

因为只有公有成员才能在外部访问,对私有成员进行外部访问违背了类中预设的成员的访问控制规则。把 People 类中的所有成员都设为具有公有访问控制权限(public),就可以在外部直接访问了:

```
0001 //exp9_01_1.cpp
0002 #include <iostream>
0003 #include <cstring>
0004 class People{
0005 public:
0006 //以下为公有成员
0007     char    name[20];
0008     int     age;
0009     char    gender;
0010 };
0011 int main()
0012 {
0013     People one, *p;
0014     p = &one;
0015     strcpy(one.name, "Zhangsan");     // √     可以在类外部访问类的公有成员
0016     p->gender = 'M';                  // √     可以在类外部访问类的公有成员
0017     std::cout<<p->name<<std::endl;    // √     可以在类外部访问类的公有成员
0018     return 0;
0019 }
```

代码第 5 行类定义中增加了访问控制限定符 public,这样类中的成员变量 name、age、gender 就都具有公有访问控制权限了。于是在 main 函数中就可以直接访问这些成员,如代码的第 15~17 行,分别对 name 和 gender 进行赋值和读取。因为 name 是一维字符数组名,所以对它的赋值要采用字符串拷贝的方式进行。而 gender 是内建类型 char 型变量,故直接赋值即可。

关于访问控制限定符,读者还需要知道:

(1) 类声明中的访问控制限定符的出现没有先后之分。类成员的访问控制权限由该成员之前最近的一个访问控制限定符决定。比如,

```
class People{
public:
    char    name[20];       //name 具有 public 访问权限
protected:
    int     age;            //age 具有 protected 访问权限
private:
    char    gender;         //gender 具有 private 访问权限
};
```

（2）类声明开始的左边大括号"{"之后如果没有指定访问控制限定符,则随之声明的成员都具有默认的私有访问控制权限。比如,

```
class People{
    char    name[20];        //name 具有默认 private 访问权限
    int     age;             //age 具有默认 private 访问权限
    char    gender;          //gender 也具有默认 private 访问权限
};
```

（3）一个类中,访问控制限定符 public、private、protected 的出现次数可以任意。比如,

```
class People{
private:
    char    name[20];        //name 具有 private 访问权限
private:
    int     age;             //age 具有 private 访问权限
private:
    char    gender;          //gender 具有 private 访问权限
public:
    People  * next;          //next 具有 public 访问权限
};
```

（4）为更好地实现信息隐藏,通常的做法是把类中的数据成员的访问控制权限设为私有,使得类外部不能直接访问类内部的数据。类外部代码若要对类内部的数据进行访问修改,必须通过类提供的公有的函数成员进行。这类函数成员通常称为类的接口。设计者的任务就是设计类并提供接口,使用者只需要知道某个类的接口的原型如何、完成什么功能就可以了。使用者通过该类生成的对象调用类的接口函数称为向该对象发送消息。

9.2.3　类中的静态成员

类中的静态成员是指被 static 存储属性限定的成员。它们属于类,为用该类生成的对象所共享。可以用"类名::静态成员名"的方式直接访问,也可以通过对象和成员"."访问(在访问控制允许的前提下)。

例 9-2　定义一个带静态成员的 TMath 类并测试

```
0001 #include<math.h>
0002 #include<iostream>
0003 using std::cout;
0004 using std::endl;
```

```
0005
0006 class TMath                                    //一个数学类
0007 {
0008 public:
0009     static const double PI;                     //静态成员变量
0010     static double sin(double x){return  ::sin(x);}   //静态成员函数,计算 sin
0011     static double circumCircle(double r){return 2*PI*r;}//静态成员函数,计算圆周长
0012 };
0013 const double TMath::PI = 3.1415926536;         //静态成员变量须在类外初始化
0014
0015 int main()
0016 {
0017     cout<<TMath::circumCircle(1.0)<<endl;       //直接调用类中静态成员函数
0018     TMath ma;
0019     cout<<ma.sin(TMath::PI/4)<<endl;            //通过对象调用类中成员函数
0020     return 0;
0021 }
 }
```

本例中首先声明了一个数学类 TMath(第 6 行),企图用 TMath 封装 C/C++语言的 math.h 中提供的数学函数。因为数学是一个抽象的概念,通常问题域中并不存在数学对象,所以将其成员函数设置成 static 的静态成员(第 10、11 行)。第 10 行的成员函数 sin 是对 math.h 中的全局函数 sin 的封装,所以在函数体内用到作用域运算符 "::",它前面没有任何限定的类名或名字空间名,表示这是一个全局的名字(函数名)。类 TMath 中还声明了一个静态的常量数据成员 PI,它必须在类外初始化(第 13 行),初始化时不能再使用 static 关键字。

在主函数中,代码第 17 行处,通过"类名::静态成员函数名"调用了静态函数。这个语法也表明了静态成员函数是属于类的。类似地,在第 19 行代码中,用 TMath::PI 访问了类中的公有静态成员变量 PI,这更明确地说明,静态数据成员是属于类的,为该类定义的对象所共享。第 18 行定义了一个 TMath 对象 ma,然后在第 19 行通过对象 ma 调用了成员函数 sin。这说明静态成员也是成员,如果定义了对象,可以通过对象访问(只要遵守访问控制规则)。

对于静态成员函数,还有一个特殊要求:它只能访问类中的静态成员(变量或函数),而不能访问任何非静态成员。因为非静态数据成员是对象独有的,必须通过对象直接或间接访问。但是静态成员函数可以在不创建对象的情况下直接调用,不跟对象关联。所以在静态成员函数中对非静态成员变量访问会出错,因为对象可能还没有创建。而非静态成员函数可能会访问非静态成员变量,所以也不能在静态成员函数中调用非静态成员函数。

练 — 练

把上述代码第 9 行的 static const 去掉,并删除第 13 行,编译程序观察编译器输出,分析原因。

9.2.4　为类添加函数成员

在 C++中,类里除了可以声明数据成员(成员变量)外,还可以声明函数成员(称为成员函数)。在面向对象程序设计中,类的成员函数也称为方法或服务,而类的成员变量则称为属性。类的成员变量描述的是一类对象的共同特征,而类的成员函数则表示的是一类对象的共同行为。类的成员函数在创建对象、访问对象的属性、销毁对象、对对象进行运算等方面起到非常重要的作用。

在类中增加成员函数的做法很简单,只需要把函数的声明语句放在类的声明里即可,比如,

```
class People{
//默认私有的成员变量
    char    name[20];
    int     age;
    char    gender;
public:
//以下为公有成员函数
    void    setName(char * s);      //设置名字
    void    setAge(int  x);         //设置年龄
    void    setGender(char c);      //设置性别
    char *  getName();              //读取姓名
    int     getAge();               //读取年龄
    char    getGender();            //读取性别
    void    display();              //显示全部信息
};
```

这里增加了对姓名、年龄、性别的设置(set-)和读取(get-)的公有成员函数。说明:

(1) 公有访问控制属性 public 之后声明的成员函数都具有公共访问控制属性。这些函数成员可以在类的外部访问。外部的程序代码可以通过它们对内部数据成员进行间接存取操作。比如,

```
# include <iostream>
using namespace std;
//……类 People 的定义放这里
int main()
```

```
{
    People one, * p;                          //用新类型 People 定义变量和指针
    p = &one;
    p->setGender('M');                        //通过指针设置类中的数据 gender
    cout << one.getGender() << endl;          //通过类变量(对象)访问类中的公有成员
函数
    cout << p->getGender() <<endl;            //通过指针访问类中的公有成员函数
    return 0;
}
```

当类的内部实现发生了改变时，只要提供给类使用者的接口不变，则类使用者编写的代码不需要做任何修改就可以继续使用（只要对程序重新编译即可）。

练 一 练

(1) 在 VC 6 中，按下[Ctrl]+[F7]编译代码，观察编译器输出；

(2) 将上述 class People 定义中的 public:行注释掉，重新编译程序，观察编译器输出；

(3) 将上述 class People 定义中的 class 换成 struct，重新编译运行程序，观察输出。

(2) 类中的成员变量是类的属性的抽象。类中的成员函数是同一类对象的行为的抽象。可以通过类的对象或指向对象的指针直接或间接访问（调用）类中具有 public 访问控制属性的成员函数，就像上面代码中的 p->getGender() 和 one. getGender() 一样。使用对象指针调用成员函数时，要用"->"运算符；而使用对象调用成员函数时，要使用"."成员运算符。

类的成员函数的函数体可以在声明类时在类中直接给出。这种方式所定义的成员函数是内联函数（inline function），即便没有显式地在函数头前面给出 inline 关键字。比如以上 People 类中的几个 get-函数可以定义为内联的成员函数：

```
class People{
    //……其他语句
    char *  getName(){ return name;}        //内联的成员函数
    int     getAge(){ return age; }         //内联的成员函数
    char    getGender(){ return gender;}    //内联的成员函数
    //……
};
```

这里，getName、getAge 和 getGender 都是内联函数。要注意，这 3 个成员函数都没有要操作的目标对象作为自己的参数，而且在函数体内都直接访问了类的其他成员

（变量）。

　　类的成员函数可以直接访问类内部的数据成员，不管该函数本身的访问控制属性或数据成员的访问控制属性是什么。而且，成员函数的形参列表中不需要给出要操作的类对象的实例、引用或指针。因为通过类对象或对象指针直接或间接调用成员函数时，该对象的地址会默认传递给成员函数。成员函数的函数体内对其他成员的访问都是通过这个地址（指针）进行，可以省略。这是类的成员函数区别于类外定义的全局函数的一个非常重要的特征。

　　此外，当成员函数的函数体比较复杂时，可以在类声明中只声明成员函数的原型，而把成员函数的实现代码放在类声明之外，其格式为

　　　　返回值类型　类名::函数名(［形参列表］){函数体}

　　比如，可以在类 People 的声明之外定义它的几个 set-函数及 display 函数：

```cpp
void People::setName( char* s )                  //设置名字
{
    if(s&&strlen(s)<20) strcpy(name,s);
}
void People::setAge( int x){ age = x;}           //设置年龄
void People::setGender(char c)                   //设置性别
{
    char g = c;
    if(isalpha(c))                               //如果是字母
    {
        g = toupper(c);                          //则转为大写字母
        if(g == 'M'||g == 'F')
            gender = g;                          //修改成员变量
    }
}
void People::display()                           //显示全部信息
{
    cout<<name<<" ";                             //姓名
    if(gender == 'M' )                           //性别
        cout<<"男 ";
    else if(gender == 'F' )
        cout<<"女";
    else
        cout<<"   ";
    cout<<age<<"岁"                              //年龄
        <<endl;
}
```

这里的 4 个函数不是内联函数。如果想要它们成为内联的,就需要在函数定义时在函数头之前加上 inline 关键字,如,

```
inline void People::setName( char* s )        {...}
inline void People::setAge( int x )           {...}
inline void People::setGender(char c)         {...}
inline void People::display()                 {...}
```

或者在类声明中,成员函数原型前加上 inline 关键字,但不用立即在类声明里给出函数的定义,而是在类声明外给出函数的定义。函数定义的时候不用加 inline,则该成员函数也是内联的。比如,

```
class People{
    //默认私有的成员变量
    char      name[20];
    int       age;
    char      gender;
public:
    //以下为公有成员函数
    inline void     setName(char* s);       //设置名字 - 内联函数
    inline void     setAge(int  x);         //设置年龄 - 内联函数
    inline void     setGender(char c);      //设置性别 - 内联函数
    char *  getName(){ return name;}
    int     getAge(){ return age; }
    char    getGender(){ return gender;}
    inline void     display();
};
void People::setName( char* s ){...}        //内联函数定义
void People::setAge( int x ){...}           //内联函数定义
void People::setGender(char c){...}         //内联函数定义
void People::display(){...}                 //内联函数定义
```

但是要注意,标记为 inline 的成员函数的实现代码必须出现在类声明文件中,否则代码不能正确编译。如果在类声明外部给出内联函数的定义,则内联声明 inline 至少出现该成员函数的类声明里,或者内联函数实现的函数签名前面。尤其当类的声明和类的实现文件分别存放在不同的文件中的时候,这一点尤为重要。

9.2.5　只读型成员函数

在上述 People 类的成员函数定义中,相对于 set-函数而言,3 个 get-函数和一个 display 函数都不会修改类中的数据成员。一般来讲,如果类中的某些成员函数不会或不该修改类中的数据成员,则应将其定义为常量成员函数,方法是在类声明中成员函数

的声明后面加上关键字 const：

```
class 类名{
    ......
    返回值类型  函数名(形参列表)const{函数体};
    返回值类型  函数名(形参列表)const;
    ......
};
```

如果要在类声明之外定义常量成员函数，也需在函数原型的后面加上关键字 const，如，

```
返回值类型  类名::函数名(形参列表)const  {
    ......
}
```

这样，可以把之前的 People 类中的对应函数修改成常量成员函数：

```
class People{
    ......
public：
    ......
    char *  getName()const { return (char *)name;}    //常量函数,不能修改数据成员
    int     getAge()    const{ return age; }           //常量函数,不能修改数据成员
    char   getGender()const{ return gender;}           //常量函数,不能修改数据成员
    inline void display()  const  ;                    //常量函数,不能修改数据成员
};
    void People::display() const
{
......
}
```

在成员函数原型后面加上 const 关键字是为了提醒程序员，这个函数不能也不应该修改类中的任何成员变量。假如程序员在常量成员函数中修改了数据成员的值，编译器就会给出错误提示。比如：

```
void People::display() const
{
    ......
    age + + ;                          //错误！常量函数不能修改数据成员
}
```

编译器在编译时会发现常量函数 display 的函数体中的代码企图修改成员变量的值，这违背了函数的 const 限定，从而报错：

error C2166：l-value specifies const object（错误号 C2166：左值指定为常量对象）

l-value 意为左值。所谓左值，就是可以放在赋值运算符"="左边的量，它的值可以修改。该错误提示表示：试图将一个常量对象作为左值。这是因为，由于 display 为常量成员函数，在其内部，将把类中所有的成员变量都视为被 const 修饰的常量对象。于是 age 也被 display 当作常量对象对待。因此试图通过自增运算符"＋＋"修改 age 的值是一种错误的做法。

常量函数跟参数为 const 类型变量的函数完全不是一回事，读者不要混淆。函数的 const 限制只能用于类的成员函数，类外定义的普通函数不能应用 const 限定。下面的函数定义是错误的：

```
void printArr(int a[], int n) const          //错误！普通函数不能用 const 限定
{
    if(! a || n<= 0)          return;
    for(int i = 0;i<n;i＋＋)
        cout<<a[i]<<" "<<endl ;
}
```

对于这种情况，编译器会报编译错误：

error C2270：'printArr': modifiers not allowed on nonmember functions（错误号 C2270：限定符不允许用于非成员函数）

把 const 放在 printArr 的后面的意图是：不允许函数内部的代码修改传来的数组内部的元素值。为达到这一目的，可以把形式参数用 const 来限定：

```
void printArr(const int a[], const int n)          //const 形参
{
    if(! a || n<= 0)          return;
    for(int i = 0;i<n;i＋＋)
        cout<<a[i]<<" "<<endl ;
    //a[0]＋＋;                                    //错误！试图修改常变量的值
}
```

9.2.6　成员函数重载

根据需要，成员函数也可以重载。而且，成员函数的形参列表里也可以有默认参数。比如，可以为上述 People 类增加设置函数 setData，一次性设置所有的属性。这可以有两种实现方式：一种是直接把各属性值按传值调用的方式传给各数据成员，另一种是用另一个 People 类型的变量（对象）的属性类设置对象的各项属性。

```
class People{
    ......
public:
    void setData(const char * s, int a = 10, char sex = 'M');  //一次性设置数据(带默认参数)
    void setData(const People& t);                    //一次性设置数据的重载函数
};
void People::setData(const char * s, int a, char sex)
{
    setName((char * )s); setAge(a); setGender(sex);
}
void People::setData(const People& t)
{
    setName((char * )t.name); setAge(t.age);setGender(t.gender);
}
```

在本小节的最后,给出已经比较完整的 People 类的定义,并编写一个 main 函数来对 People 类提供的接口进行相关测试:

```
0001 //exp9_01_1a.cpp
0002 #include <iostream>
0003 #include <cctype>
0004 #include <cstring>
0005 using namespace std;
0006
0007 class People{
0008     //默认私有的成员变量
0009     char    name[20];
0010     int     age;
0011     char    gender;
0012 public:
0013     //以下为公有成员函数
0014     inline void    setName(char * s);
0015     inline void    setAge(int  x);
0016     inline void    setGender(char c);
0017     char *  getName()        const    { return (char * )name;}
0018     int     getAge()         const    { return age;}
0019     char    getGender()      const    { return gender;}
0020     inline void display()        const;
0021     void setData(const char * s, int a, char sex);
0022     void setData(const People& t);
```

```
0023 };
0024 //成员函数的类外部定义
0025 void People::setName( char * s )
0026 {
0027     if(s&&strlen(s)<20) strcpy(name,s);
0028 }
0029
0030 void People::setAge( int x ){ age = x;}
0031
0032 void People::setGender(char c)
0033 {
0034     char g =c;
0035     if(isalpha(c))
0036     {
0037         g = toupper(c);
0038         if(g=='M'||g=='F')
0039             gender = g;
0040     }
0041 }
0042
0043 void People::display() const
0044 {
0045     cout<<name<<" ";
0046     if(gender=='M' )
0047         cout<<"男 ";
0048     else if(gender=='F' )
0049         cout<<"女 ";
0050     else
0051         cout<<"   ";
0052     cout<<age<<"岁"
0053         <<endl;
0054
0055 }
0056
0057 void People::setData(const char * s, int a, char sex)
0058 {
0059     setName((char * )s); setAge(a); setGender(sex);
0060 }
0061 void People::setData(const People& t)
0062 {
0063     setName((char * )t.getName()); setAge(t.getAge());setGender(t.getGender());
```

```
0064 }
0065
0066
0067 int main()
0068 {
0069     People one, * p;
0070     People & ro = one;                    //ro 是对象 one 的引用
0071     p = &one;                             //p 是指向 one 对象的指针变量
0072     one.setName("张三");                  //通过对象设置姓名
0073     ro.setAge(15);                        //通过引用设置年龄
0074     p->setGender('M');                    //通过指针设置性别
0075     cout<<"Name:"<<p->getName()           //通过成员函数间接获取并显示私有成员变量的值
0076         <<",Gender:"<<ro.getGender()
0077         <<" Age:"<<one.getAge()
0078         <<endl;
0079     cout<<"People 1#:"<<endl;
0080     one.display();                        //通过三种方式显示同一个对象的信息:对象
0081     ro.display();                         //引用
0082     p->display();                         //指针
0083     People other;
0084     other.setData(one);                   //用对象 one 的属性来设置 other 的各项属性
0085     cout<<"People 2#:"<<endl;
0086     other.display();
0087     cout<<"People 2#(Modified):"<<endl;
0088     other.setData("林黛玉",30,'F');        //直接设置对象 other 的各项属性
0089     other.display();
0090     return  0;
0091 }
```

程序的运行结果为:

```
Name:张三,Gender:M Age:15
People 1#:
张三  男 15 岁
张三  男 15 岁
张三  男 15 岁
People 2#:
张三  男 15 岁
People 2#(Modified):
林黛玉 女 30 岁
```

第 80～82 行代码的输出结果是一样的,因为 ro 是 one 对象的引用,而指针 p 指向的也是 one 对象。所以,3 种方法调用 display 函数显示的都是 one 对象的信息。第 84 行代码用对象 one 的信息设置新对象 other 的属性,因此 other 具有跟 one 相同的属性,因此调用 other. display()显示的信息跟 one 的信息一样。而第 88 行调用 setData 的重载版本,逐一设置对象 other 的各项属性,使得对象 other 的属性改变,display 显示的信息为新设置的各项属性。

9.3　对象的创建、初始化与销毁

类是具有共有的属性和行为的同一类事物的抽象,它把这些属性和行为封装在一个用户自定义的类型中,具有封装性。所谓封装性是指:一方面,类把数据和操作数据的方法(算法)组合在一起,使得数据及对数据的运算形成一个不可分割的整体;另一方面,类具有信息隐藏的能力,通过访问控制机制有效地把类的内部和外部分离开,形成一个有效的操作边界。类外部的代码只有通过类提供的接口才能间接地访问类的内部数据,从而实现信息的隐藏,保护了类内部数据的完整性,如图 9 - 1 所示。

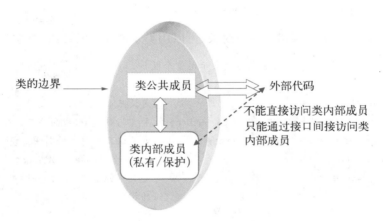

图 9 - 1　类的封装性示意图

在 C++中,数据的类型不但限定了数据取值的范围,而且限定了对数据允许的操作。比如整型数据可以进行取模运算%,浮点型的数据就不行。指针类型变量可以进行自增(++)、自减(－－)、去引用(＊),但是不能进行一般的加法运算(两个指针不能相加)。而 C++的类类型则在基本数据类型的基础上显式地把数据和数据上允许的运算封装在一起,使得类类型数据成为既具有隐藏的内部数据,又具有独立运算功能的模块。一旦声明了一个类之后,用户就可以像使用基本类型一样,用这个类来定义变量(类变量称为对象)、数组、指针,还可以对对象进行初始化以及赋值等基本操作,也可以调用类的公有成员函数来完成其他复杂的操作。更进一步讲,在面向对象程序设计中,用任何数据类型定义的变量都可以统称为对象。

类的对象是具有类所定义的属性和行为的实体。它跟类的关系是变量与数据类型的关系。类描述的是一个概念,而类的对象是该类事物中的一个实际的个体(称为实体/实例,instance)。比如桌子是所有具体桌子的统称,是一个概念,无论是圆桌方桌;而"你家饭厅的那张方形餐桌"则是桌子这个类的一个实例,是对象。

9.3.1 对象的定义和引用

C++中的对象的实质就是使用用户自定义的类类型来定义或声明的变量,简单说,就是类类型的变量。

1. 对象的定义

对象的定义方法如下:

> 类名   对象1,对象2,…;

比如之前用 People 类定义的变量 one 和 other 都是对象。

也可以定义指向对象的指针,方法如下:

> 类名 * 指针变量名[=已定义的对象的地址];

还可以用类来定义对象的引用,方法如下:

> 类名 & 引用变量名=之前定义的相同类型的对象;

另外,如果程序中需要用到一组对象,可以用类来创建对象数组,方法如下:

> 类名 对象数组名[整型常量表达式表示元素个数];

```
People one, two, three;                    //定义三个 People 对象
People  * p1 = &one,  * p2 = &two,  * p3 = &three;//定义指针变量,指向这三个对象
People &r1 = one, &r2 = two,&r3 = three;    //定义这三个对象的引用变量
People arr[10];                             //定义一个 People 类数组 arr,有 10 个元素
People  * p[3] = {p1, p2, p3};              //定义指针数组,元素为指向 People 对象
                                             的指针
```

可见,用类来定义变量跟用其他数据类型定义变量的形式是一样的。

在内存中,不同的对象有自己的数据成员,占据不同的内存区域;但是同一个类的所有对象都共享相同的成员函数,如图 9-2 所示。也就是说,当程序执行时,成员函数在程序的内存代码段只有一份,而不同的对象的数据成员却拥有自己独立的内存空间。

2. 对象的引用

当在类外部对对象的成员进行访问时,在访问控制允许的条件下,可以采用成员运算符"."或指针间接访问运算符"—>"。在类的成员函数内对其他成员的访问则可以直接进行。比如对 People 类对象中的成员进行访问的代码可以写成:

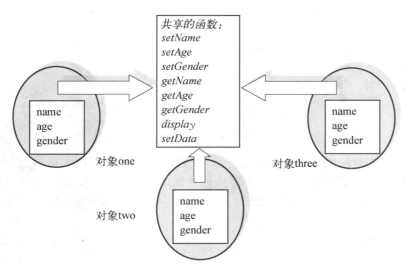

图 9 – 2 对象数据占据不同的内存,共享相同的函数

```
People one, * p  ,&th = one;
People & ro  = one;              //ro 是对象 one 的引用
p = &one;                        //p 是指向 one 对象的指针变量
one. setName("张三");           //通过对象设置姓名
ro. setAge(15);                  //通过引用设置年龄
p->setGender('M');               //通过指针设置性别
void People::setData(const People& t)
{
    age = t.getAge();            //类内部可直接访问类中任意数据成员
    setName((char *)t. getName()); //类内部可直接调用类中其他成员函数
    setGender(t.getGender());    //但是对对象中公有成员的访问要用成员运算符".."
}
```

3. 对象的作用域与生存期

在函数内部,对象从创建的时刻开始存在,直到函数结束后才从内存中删除。更进一步说,对象的删除是在定义类的同一级复合语句结束时。这样创建的对象是自动变量,存在于栈上,遵守先创建后删除的规则。而如果是在函数外部创建的对象,则该对象作为全局变量,会在程序开始执行时创建,而在程序结束时从内存中删除。

```
People g;                        //全局变量(对象)g,在程序开始时创建
int main()
{
 People one, two, three;         //依次创建对象 one,two,three
    {People temp;                //创建对象 temp;
```

```
        ......
      }                         //对象 temp 生存期结束,从内存中删除
    ......
    return 0;
  }                             //函数 main 结束,依次删除 three,two,one,
                                //g 的生存期结束,删除 g
```

对象的作用域从创建对象的位置开始,直到遇到同级的右边大括号"}"时结束(适用于在复合语句内创建的对象)。或者从创建对象的位置开始,直到遇到文件结束时(适用于全局对象)结束。而且同样可以通过 extern 关键字来扩展对象的作用域。

```
extern People g;
int main()
{
  People one, two, three;
    {Peole temp;              temp 的
    ......                     作用域          one,two,       extern 扩展对象 g 的作用域
    }                                        three 的
  ......                                     作用域
  return 0;
}
People g;          /全局变量(对象)g 在这里定义
```

此外,类中的成员拥有类作用域:拥有类作用域的名字只能在类内部直接使用。如果在类外定义了跟类内部成员同名的变量或函数,想在类成员函数的实现代码中要使用它,就必须在该变量或函数前加上作用域运算符"::",前面置空,表示这个符号是一个全局(global)符号。否则使用的就是类内部的同名符号。例如,

```
# include <iostream>
# include <cstdlib>
using std::cout;
using std::endl;

int set()                     //全局函数 set
{
    cout<<"Global set"
        <<endl;
    return rand();
};
```

```
int x = 0;                    //全局变量 x
class A{
    int x;
public:
    void set(){               //成员函数 set
        x = ::set();          //调用全局的 set 函数来设置成员变量 x 的值
        ::x += x;             //把全局变量 x 设置为跟成员变量 x 相同的值
    }
};
```

在上面的代码中,类内部定义的成员函数 set 和全局函数 set 的原型完全相同。但这不是函数的重载。因为只有同一范围内的同名而不同参的函数才构成重载。而这段代码中的头一个 set 函数是一个全局函数,而类 A 内部的成员函数 set 则是一个具有类作用域的函数。同理,class A 上方定义的整型变量 x 具有全局作用域,而 class A 内部的整型变量 x 却具有类作用域。在成员函数 set 中直接使用 x,表示的是对类成员变量 x 的访问,要访问外部变量 x 或调用外部函数 set,就要在它们前面加上作用域运算符"::"。当然,这只是一个示例,实际应用中一般并不会在类的实现中为一个外部的全局变量赋值。

4. 类中声明的嵌套类型

类的内部还可以使用 typedef 定义其他数据类型,或定义其他复合数据类型(结构、枚举、联合、类类型等)。这些类型也具有类作用域,不能单独使用,而必须在前面用类名加作用域运算符来限定后方能使用。比如,

```
class People{
    ......
    public:
        typedef struct {  //类内部嵌套定义结构体类型 Point
            int x;
            int y;
        }Point;
};
People::Point ps1;       //用 People 类内部声明的结构体类型 Point 来定义结构体变量
Point ps2;               //错误! Point 是类内部声明的类型,不能在类外部直接使用
```

上述代码在类中定义了结构体类型 Point,具有公有访问控制属性,可以在类外用来定义该类型的结构体变量,如变量 ps1。但是在类型 Point 前面要加上它所在的类名和作用域运算符"::"("People::")才是正确的,这表示该类型是在类内部定义的。直接用 Point 定义结构体变量 ps2 是错误的,因为不存在全局的类型名字 Point。

练　一　练

（1）把上述 Point 的定义加到 People 类声明中，并用 People：：Point 和 Point 来定义变量，编译；

（2）将上述 class People 定义中 Point 前的 public 改为 private，重新编译程序，观察编译器输出；

而且，类中嵌套定义的类型名也受访问控制的限制。只有公有的类内置类型才能用来在类外部定义变量。而在类内部则不受此限制。这样，可以根据需要，在类内部使用嵌套的类型来声明变量，这在有些情况下是非常有用的。

9.3.2　对象初始化：构造函数

对于基本数据类型，可以在定义的同时给它们赋初值，使得它们一开始就有一个由程序员指定的初始值，而不是一个随机数（基本类型的局部变量）或 0（基本类型的全局变量），这称为变量的初始化。例如，

```
bool    flag = false;
char    c    = 'a';
int     x    = 3;
float   f    = 1.0f;
double  pi   = 3.14;
```

C++引入另一种初始化基本数据类型变量的方式，即在定义变量时，在变量后用一对圆括号内的值来为变量设初值。例如，

```
bool    flag(false);
char    c('a');
int     x(3);
float   f(1.0f);
double  pi(3.14);
```

像基本数据类型一样，用类来定义的对象也应该能够在定义时初始化。因为每个对象都拥有独立的内存空间存放自己的成员变量，对象的初始化主要就是对各成员变量的初始化。若程序员创建了自己的类，并用它来定义对象，却没有进行显式初始化，对象内部的数据成员的初始值要么是随机的（对象定义在复合语句内），要么是全零（对象定义在任意函数外）。

C++提供所谓的构造函数来完成对象的初始化。构造函数是一种特殊的成员函数。程序员可以使用构造函数为对象设置合理的初始值。而且，即便程序员在声明类时没有提供任何形式的构造函数，构造函数也是存在的。因为编译器会自动为没有提供任何构造函数的类生成一个默认的构造函数，它什么都不做，对象的成员变量的初始

值是随机数或零。在 People 类中,并没有出现构造函数。但是当定义了 People 类的对象后,用 get-函数可以获得对象的初始值。

用 People 类定义一个对象 a,用公有成员函数 getXXX 获取成员变量的值并输出,观察结果。

构造函数(constructor)是跟类同名的特殊成员函数,主要用于初始化对象的数据成员。其在类中的定义形式如下:

```
class  A{
……
A(形参列表){函数体语句集}
……
}
```

其中,A 为类名,而 A()是构造函数,可以有或者没有形式参数。构造函数的函数体可以在类声明内部给出,此时的构造函数是内联函数;也可以在类声明之外给出,形式如下:

```
A::A(形参列表){
    函数体语句集
}
```

比如可以为之前的 People 类在类声明中添加构造函数的定义:

```
#include <iostream>
class People{
……
public:
        People(){std::cout<<"People()"<<endl; }//类 People 的构造函数
……
};
```

然后,在其他函数中创建 People 类的对象时,系统会自动调用构造函数,下面的语句:

```
People po1 ;
```

将会输出 *People()*,说明系统在创建对象时确实会调用构造函数。

上述类中,没有参数也没有返回值类型,且名字和类名相同的特殊成员函数称为默认构造函数。如果类的设计者没有提供任何形式的构造函数,则系统会生成默认构造函数,它的函数体为空。

如果需要像前面基本类型数据的第二种初始化方式那样对对象进行初始化(在对象名后面的一对圆括号内带上实际值的列表),就需要对构造函数进行重载。C++语言允许构造函数重载,以便提供灵活多样的对象初始化方式。比如,可以为 People 类提供以下重载形式的构造函数:

```cpp
#include <iostream>
class People{
……
public:
        People() {cout<<"People()"<<endl;}          //默认构造函数
        People(char * s){                            //重载的构造函数
            if(s && strlen(s)<20)
                strcpy(name, s);
            std::cout<< "People(char *)"
                    << endl; }
……
};
```

创建 People 类对象时,就可以带上一个字符串参数,比如:

```cpp
People z("ZhangSan");
```

此时,对象 z 的成员变量 name 数组中会填充字符串值"Zhangsan",其他的成员变量值采用系统默认的随机值。

构造函数具有如下特点:

(1) 构造函数名跟类的名字相同。比如 People 类的构造函数的名字也必须是 People。

(2) 构造函数没有返回类型,连 void 都不行。

(3) 构造函数可以内联。

(4) 构造函数可以重载,而且参数可以有默认值。

(5) 构造函数由系统自动调用,不能在程序中显式调用。

(6) 如果类声明中没有声明任何形式的构造函数,则系统会自动创建一个默认构造函数,它的参数列表为空,函数体也为空。但是要注意,默认构造函数是指参数为空的构造函数,并不要求函数体是否为空。

(7) 如果在类声明中声明了构造函数,则系统停止为类生成默认构造函数。如果程序中还需要参数为空的默认构造函数,则需要显式添加默认构造函数的声明和定义。

(8) 如果需要用类来定义对象数组,而又不为每个数组元素进行显式初始化,则类中必须声明默认构造函数。

例 9-3 定义一个日期类 Date 并测试。

```
//exp9_03_1.cpp
0001 #include<iostream>
0002 using namespace std;
0003
0004 class Date
0005 {
0006     int day, month,    year;
0007 public:
0008     Date(){                               //1.默认构造函数(内联函数)
0009         day = 1, month = 1, year = 2000;
0010         cout<<">>调用默认构造函数 Date::Date()"<<endl;
0011     }
0012     Date(int y, int m = 1, int d = 1);    //2.重载的构造函数的声明,带有默认参数
0013
0014     void display()
0015     {
0016         cout<<"日期：";
0017         cout<<year<<"年";
0018         cout<<month<<"月";
0019         cout<<day<<"日"<<endl;
0020     }
0021 };
0022
0023 Date::Date(int y, int m, int d){     //类外给出重载的构造函数的定义
0024     day   = d;
0025     month = m;
0026     year  = y;
0027     cout<<">>调用重载构造函数 Date::Date(int,int,int)"<<endl;
0028 }
0029 int main()
0030 {
0031     Date d1;                          //使用默认构造函数初始化对象
0032     d1.display();
0033     //Date d2();                      //×错误的对象初始化方式
0034     //d2.display();
0035     Date d3(2013,5,3);                //使用重载的构造函数初始化对象
0036     d3.display();
0037     Date d4(2013);                    //调用重载的构造函数,使用默认参数
0038     d4.display();
0039     Date da1[2];                      //对象数组。采用默认构造函数初始化
0040     da1[0].display();
```

```
0041      da1[1].display();
0042      Date da2[2] = {Date(2012,5,1)};//对象数组。不完全初始化。
0043      da2[0].display();
0044      da2[1].display();
0045      return 0;
0046 }
```

上述程序的输出结果为：

```
>>调用默认构造函数 Date::Date()
日期：2000 年 1 月 1 日
>>调用重载构造函数 Date::Date(int,int,int)
日期：2013 年 5 月 3 日
>>调用重载构造函数 Date::Date(int,int,int)
日期：2013 年 1 月 1 日
>>调用默认构造函数 Date::Date()
>>调用默认构造函数 Date::Date()
日期：2000 年 1 月 1 日
日期：2000 年 1 月 1 日
>>调用重载构造函数 Date::Date(int,int,int)
>>调用默认构造函数 Date::Date()
日期：2012 年 5 月 1 日
日期：2000 年 1 月 1 日
```

例 9-3 定义了一个日期类 Date,其中有 3 个私有成员变量 year、month 和 day,分别用来保存年份、月份和日(代码第 6 行)。在代码的第 8 行定义了一个内联的默认构造函数 Date::Date(),它为 3 个成员变量设置了固定的初值(2000,1,1)。在第 12 行给出了带有两个默认参数的构造函数的重载版本的声明 Date::Date(int y, int m, int d),把 3 个成员变量分别设置为形式参数 y、m 和 d 的值。在第 23～28 行给出了这个函数的实现,注意在类声明外部定义成员函数时,函数名前面的类名和作用域限定符不可少。

从第 14 行开始定义的 display 函数用来显示日期(年月日的具体取值)。类声明中的 3 个函数都具有公有访问控制属性,可以在类外部通过对象或指针来调用。

练 一 练

(1) 把 8～11 行的默认构造函数注释掉,编译代码观察结果。再取消注释。

(2) 把第 12 行的构造函数的第一个参数也设上默认值,编译代码观察编译器的输出,分析原因。

(3) 上一个操作完成后,把第 8～11 行的默认构造函数注释掉,编译代码并观察编译器的输出。

如果为重载的构造函数 2 的 3 个形式参数都设置了默认参数，在编译时就会出错。因为在 main 函数中第 31 行定义对象 d1 时，编译器不能决定是应该调用无参的构造函数（默认构造函数）还是使用 3 个参数都带有默认值的第二个构造函数，于是产生二义性错误：

error: class "Date" has more than one default constructor　（错误：Date 类具有多于一个默认构造函数）

如果重载的构造函数为所有的形式参数都提供了默认值，如

Date::Date(int y = 2000, int m = 1, int d = 1){......}

则它可以充当默认构造函数的角色。这时就不再需要定义默认构造函数了。这说明，带有默认值的构造函数在一定程度上本身就相当于函数的重载。下面 4 种形式都是正确的：

```
Date z0;                //全部用默认参数值来初始化成员变量 year,month,day
Date z1(2013,6,7);      //使用显式调用来为对象 z1 的所有成员变量赋初值
Date z2(2013,6);        //成员变量 day 采用默认参数的值
Date z3(2013);          //成员变量 month 和 day 都采用默认参数的值
```

在程序的第 31、35、37 行定义了 3 个 Date 类的对象 d1、d3、d4。在定义 d1 时，从形式上看跟定义基本类型的变量并没有区别。但是，创建对象系统会调用默认构造函数 Date::Date()，将 d1 的数据成员 year、month 和 day 分别初始化为 2000、1 和 1，实现类的设计者定制的对象的默认初始化。构造函数和 d1.display() 函数输出如下：

>>调用默认构造函数 Date::Date()
日期：2000 年 1 月 1 日

如果将默认构造函数注释掉，在创建 d1 对象时，编译器会发现没有默认构造函数：

error: no default constructor exists for class "Date"（错误：Date 类中不存在默认构造函数）

在定义对象 d3 时，系统在创建对象时会同时调用重载的构造函数 Date::Date(2013，5，3)，将 3 个数据成员分别初始化为 2013、5 和 3。于是 d3 的构造函数和 d3.display() 函数输出以下信息：

>>调用重载构造函数 Date::Date(int,int,int)
日期：2013 年 5 月 3 日

在定义对象 d4 时，月和日的值采用了默认参数，年份的值则是显式给出的，为 2013。于是 d4 的构造函数和 d4.display() 函数输出以下信息：

>>调用重载构造函数 Date::Date(int,int,int)
日期：2013 年 1 月 1 日

从上述对象的创建语句可以看出,C++中对象的初始化并不需要显式的调用构造函数,而必须采用以下两种方式:

```
类名   对象名;              //自动调用默认构造函数
类名   对象名(实参列表);      //自动调用非默认构造函数,实参作为构造函数的实参
```

当决定对创建的对象进行默认初始化(即调用默认构造函数来初始化)时,不能写成如下形式:

```
类名  标识符();              //错误!
```

编译器会把这条语句理解为函数的声明语句。被声明的函数返回一个类名所指定类型的临时对象,函数名为标识符指定的名字,而参数为空。当圆括号内部有实参时,编译器会知道这时应该调用带参的构造函数,而不会认为这是一条函数声明语句。因为函数声明语句的圆括号里必须是形参列表,而不是实际参数。

练 一 练

(1)把第33~34行的代码注释符号去掉,编译程序,观察编译器的输出结果。分析原因。再重新把这两行语句注释掉。

第39行和第42行分别定义了两个 Date 型的对象数组 da1 和 da2,它们都有两个元素。对象数组 da1 没有初始化,程序运行时系统会自动调用默认构造函数对作为数组元素的对象进行默认的初始化,输出结果:

```
>>调用默认构造函数 Date::Date()
>>调用默认构造函数 Date::Date()
```

在调用 da1[0]. display()和 da1[1]. display()之后,程序输出的信息验证了这一点:

```
日期:2000 年 1 月 1 日
日期:2000 年 1 月 1 日
```

对象数组 da2 进行了部分初始化。第一个元素用 Date(2012,5,1)创建的匿名对象初始化,而后一个元素则没有给出初始化值,此时会调用默认构造函数。通过两个构造函数的输出以及对这两个元素调用 display 函数的显式结果可以说明这一点:

```
>>调用重载构造函数 Date::Date(int,int,int)
>>调用默认构造函数 Date::Date()
日期:2012 年 5 月 1 日
日期:2000 年 1 月 1 日
```

9.3.3 类中特殊数据成员的初始化

数据成员还可以用 static,const 来进行限定。当数据成员用 static、const 来限定，为引用变量或者是用其他类定义的对象时，必须使用跟初始化内置数据类型不同的初始化方法。

1. 初始化静态数据成员

类中声明的成员变量之前若用 static 来限定，则称为静态数据成员（成员变量）。静态数据成员属于类而不属于对象。也就是说，在内存中静态数据成员只有一份，为所有的对象所共享，而不是像普通成员变量那样各自为不同的对象所独有。简言之，静态数据成员可以看作是声明它的类的"全局"变量。比如为类 People 添加静态成员变量 headcount，用来统计程序中用 People 类创建的对象的个数：

```
class People{
······
private:
    static int headcount ;
······
}
```

然后用 People 类定义对象：

```
People one, two, three ;
```

则对象 one、two、three 中的 headcount 都占有相同的内存。因为在 C++程序中，静态的数据存放在程序的静态存储区，类中的静态数据成员也要放在程序的静态存储区，为类所定义的对象所共享。所以必须在类声明之外对静态数据成员进行显式的初始化，这实际上是在静态存储区创建该成员变量。类外对静态数据成员初始化时不再使用 static 关键字。方法为

```
class 类名{
    ······
    static 数据类型  静态成员变量名;
    ······
    };
    ······
    数据类型 类名::静态成员变量名 = 初始值;
    //或者
    数据类型 类名::静态成员变量名(初始值);
```

如 People 类中的静态成员变量 headcount 的初始化语句为

```
class People{};
......
int People::headcount = 0;      //赋值型初始化
  //或
int People::headcount(0);       //对象型初始化
```

例 9 - 4　使用静态数据成员,统计用 People 类创建的对象个数。

```
//exp9_03_2.cpp
0001 #include <iostream>
0002 #include <cctype>
0003 #include <cstring>
0004 using namespace std;
0005
0006 class People{
0007    //成员变量                              
0008    char      name[20];
0009    int       age;
0010    char      gender;
0011    static int headcount;                    //静态成员变量
0012    int        no;                            //增加的对象编号
0013 public:
0014    People(){
0015        strcpy(name,"Noname");
0016        setGender('M');
0017        setAge(18);
0018        cout<< + + headcount                  //创建时对对象进行计数
0019            <<"#:"<<name
0020            <<"\tCreated!"
0021            <<endl;
0022        no = headcount;                       //保存创建的对象编号
0023    }
0024    People(char * s, char c = 'M', int x = 18);   //重载的构造函数
0025    inline void    setName(char * s);
0026    inline void    setAge(int  x);
0027    inline void    setGender(char c);
0028    char *  getName()    const    { return (char * )name;}
0029    int     getAge()        const    { return age; }
0030    char    getGender()  const    { return gender;}
0031    inline void display()const;
```

```
0032        void setData(const char * s, int a = 10, char sex = 'M');
0033        void setData( People& t);
0034 };
0035
0036 //成员函数的类外部定义
0037 //重载的构造函数
0038 People::People( char * s, char c, int x )
0039 {
0040        name[0] = '\0';
0041        if(s && strlen(s)<20)
0042            strcpy(name, s);
0043        setGender(c);
0044        setAge(x);
0045        cout<< + + headcount                          //创建时对对象进行计数
0046            <<"#:"<<name
0047            <<" \tCreated!"
0048            <<endl;
0049        no = headcount;                               //保存创建的对象编号
0050        }
0051
0052 void People::setName( char *  s )
0053 {
0054        if(s&&strlen(s)<20) strcpy(name,s);
0055 }
0056
0057 void People::setAge( int x ){ age =  x;}
0058
0059 void People::setGender(char c)
0060 {
0061        char g = c;
0062        if(isalpha(c))
0063        {
0064            g =  toupper(c);
0065            if(g = = 'M'||g = = 'F')
0066                gender = g;
0067        }
0068 }
0069
0070 void People::display() const
0071 {
```

```
0072     cout<<no<<"＃:";
0073     cout<<name<<" \t";
0074     if(gender = ='M' )
0075         cout<<"男 \t";
0076     else if(gender = ='F' )
0077         cout<<"女 \t";
0078     else
0079         cout<<"    \t";
0080     cout<<age<<"岁"
0081         <<endl;
0082 }
0083
0084 void People∷setData(const char * s, int a, char sex)
0085 {
0086     setName((char * )s); setAge(a); setGender(sex);
0087 }
0088 void People∷setData(People& t)
0089 {
0090     setName((char * )t.getName()); setAge(t.getAge());setGender(t.getGender());
0091     t.age+ +;
0092 }
0093
0094 int People∷headcount(0);                      //静态成员变量 headcount 的初始化
0095
0096 int main()
0097 {
0098     People one;                               //调用默认构造函数
0099     People two("张三");                        //调用重载构造函数
0100     one.display();
0101     two.display();
0102     return 0;
0103 }
```

在上例代码中,第 11 行为类 People 添加了一个静态成员变量 headcount。第 14 行和第 24 行是两个重载的构造函数的声明。第 22 行还增加了一个成员变量 no,对创建的对象进行编号。第 94 行把 headcount 显式初始化为 0,表示程序开始执行时尚未创建任何 People 对象。第 18 行和第 45 行的构造函数体内,对 headcount 进行自增运算。这样,当创建一个 People 对象,静态计数器 headcount 的值就会增加一。第 70 行的 display 函数实现中,把创建的对象的编号也进行了输出。程序的运行结果如下:

```
1#:Noname      Created!
2#:张三         Created!
1#:Noname      男        18 岁
2#:张三         男        18 岁
```

主函数 main 在第 98 行创建了对象 one 后,默认构造函数被调用,类的私有静态变量 headcount 自增,其值由 0 增加到 1。这个值被保存到 one 的成员变量 no 中。默认构造函数输出:

```
1#:Noname      Created!
```

然后在第 100 行调用 display 显示对象信息为:

```
1#:Noname      男        18 岁
```

因为其中的成员变量 name 数组的元素在默认构造函数中被 strcpy 赋值为 Noname,性别 gender 被默认设为'M',而年龄 age 的值被默认置为 18。

然后,在 main 函数中,第 99 行定义了对象 two,用实参字符串"张三"来初始化该对象。这时系统会采用带参数的构造函数(另外两个参数采用默认值'M'和 18)。在构造函数中将静态成员变量 headcount 的值自增,其值由创建 one 后的 1 增加到 2。这个值被保存到对象的成员变量 no 中。构造函数的调用同时产生输出:

```
2#:张三         Created!
```

表示这是程序中用 People 类创建的第 2 个对象。调用 display 成员函数显示对象信息为:

```
2#:张三         男        18 岁
```

从上例可以看到,静态成员变量在同一个类的不同对象间是共享的。除此之外,它跟普通成员变量并无不同。比如,都可以在成员函数中访问,也具有访问控制属性等。

如果某静态成员变量具有公有访问控制属性,则除了可以用"对象名.静态成员变量名"的方式来访问它之外,还可以用"类名::静态成员变量名"的方式来访问它。比如,若改上述代码中 People 类里的 headcount 为 public 访问控制属性,则在 main 函数中创建了 one 和 two 两个对象后,可以使用

```
cout<< one.headcount<<endl;
cout<<two.headcount<<endl;
cout<<People::headcount<<endl;
```

这 3 种方式来输出这个公有静态变量的值。

为了在例 9-4 中使用 People 类,把整个类的声明和所有成员函数的实现代码都

全部加入到程序中,代码既笨拙又冗长,可读性很差。C++引入类的目的之一是为了重用代码,在程序设计中尽量使用已经设计好的类,从而减少程序员的代码编写量。如果程序中需要的类很多,以这种方式来把类导入,费时费力,极其不便。通常的解决办法是,把类的声明放在头文件(.h文件)里,而将类的实现(主要指成员函数的定义)放在实现文件(.cpp文件)里。下面把People类按此说明进行重新组织:

```cpp
//People.h—类的声明文件
#ifndef _PEOPLE_H_
#define _PEOPLE_H_
class People{
    //成员变量
    char      name[20];
    int       age;
    char      gender;
    static int headcount;                   //静态成员变量
    int       no;                           //增加的对象编号
public:
    People(){
        strcpy(name,"Noname");
        setGender('M');
        setAge(18);
        cout<< ++headcount                  //创建时对对象进行计数
            <<"#:"<<name
            <<"\tCreated!"
            <<endl;
        no = headcount;                     //保存创建的对象编号
    }
    People(char * s, char c = 'M', int x = 18);   //重载的构造函数
    inline void     setName(char * s);
    inline void     setAge(int x);
    inline void     setGender(char c);
    char *  getName()    const    { return (char *)name;}
    int     getAge()     const    { return age; }
    char    getGender()  const    { return gender;}
    inline void display()const ;
    void setData(const char * s, int a = 10, char sex = 'M');
    void setData( People& t);
};
#endif
```

上面代码中的#ifndef、#define、#endif是编译预处理中的条件编译指令。其作

用是防止类声明文件被重复包含而带来类重复声明的问题。其具体含义为：如果宏名_PEOPLE_H_没有定义，则定义该宏名，然后声明类 People；否则什么都不做。这个用在头一次包含 people.h 文件时，会声明 People 类；如果是第二次、第三次包含这个头文件等，则什么作用都没有。

People 类的实现文件放在 People.cpp 中，注意要包含 People.h 头文件。而且，由于类中的静态成员只能初始化一次，需要把它放在.CPP 文件当中：

```cpp
//people.cpp－－－People 类的实现文件
# include "People.h"                //此文件中声明了 People 类
# include<cctype>
# include<cstring>
int People::headcount(0);           //静态成员变量 headcount 的初始化
People::People( char * s, char c, int x )
{
    name[0] = '\0';
    if(s && strlen(s)<20)
        strcpy(name, s);
    setGender(c);
    setAge(x);
    cout<< + + headcount           //创建时对对象进行计数
        <<"#:"<<name
        <<" \tCreated!"
        <<endl;
    no = headcount;                 //保存创建的对象编号
}
void People::setName( char * s )
{
    if(s&&strlen(s)<20) strcpy(name,s);
}
void People::setAge( int x ){ age = x;}
void People::setGender(char c)
{
    char g = c;
    if(isalpha(c))                  //isalpha 在 cctype 头文件中声明,判断是否字母
    {
        g = toupper(c);             //toupper 在 cctype 头文件中声明。小写字母转大写。
        if(g = ='M'||g = ='F')
            gender = g;
    }
}
```

```
void People::display() const
{
    cout<<no<<"#:";
    cout<<name<<" \t";
    if(gender = = 'M' )
        cout<<"男 \t";
    else if(gender = = 'F' )
        cout<<"女 \t";
    else
        cout<<"   \t";
    cout<<age<<"岁"
        <<endl;
}

void People::setData(const char * s, int a, char sex)
{
    setName((char * )s); setAge(a); setGender(sex);
}
void People::setData(People& t)
{
    setName((char * )t.getName()); setAge(t.getAge());setGender(t.getGender());
    t.age+ + ;
}
```

2. 初始化常量数据成员

常量数据成员,是指用 const 限定的类成员变量。这是类中不会变化的量,比如在 People 类中,可以添加常量成员变量 eyecount 来表示人眼睛的个数:

```
class People{
......
const int eyecount;
......
}
```

const 限定的非成员变量必须在定义的同时进行初始化,因为它的值在此之后就不能再变化,就只有创建它的时刻才可以对它赋初值。作为成员变量的常量也是常量,也必须满足这一条准则。类中的 const 成员变量只是一条声明,而不是定义,所以不能直接在类里对其初始化。如下的初始化代码是错误的:

```
class People{
```

```
......
const int eyecount = 2;              //错误！
......
}
```

　　用 const 限定的类的常量数据成员的初始化必须在构造函数的定义中，用成员初始化列表(**Member Initialization List**)的方式来初始化。成员初始化列表给出类的某些或全部成员的显式初始化方式，它位于构造函数声明的参数列表后，以"："作为开始，后跟一系列以逗号隔开的初始化字段(形如 9.3.2 节开始时第二种变量初始化方式)。如果类中存在常量成员，必须在重载的每个构造函数后提供初始化列表来对其进行显式初始化。成员初始化列表类似于下面的形式：

　　　　构造函数名(形参表) : 成员 1(初始值 1)，成员 2(初始值 2)，……
　　　　{……}

本例中，常量成员 eyecount 的初始化形式如下：

```
//People.h 中
class People{
......
People() : eyecount(2)              //通过初始化列表显式初始化常量成员
{......}
......
}
//People.cpp 中
People::People( char * s, char c, int x ) : eyecount(2) //初始化列表显式初始化
{......}
```

　　构造函数的头部(签名)用冒号隔开的后半部分就是初始化列表。这里的初始化提供给 const 变量的值必须是常量或常量表达式。
eyecount 常量成员的初始化只能在构造函数头部的初始化列表中进行，其他地方再也不能对它的值进行修改，即使是在构造函数的函数体内也不行。下面的代码是错误的：

```
People::People(){
......
eyecount = 1;                       //错误！应在初始化列表中进行初始化
eyecount + + ;                      //错误！试图修改只读的量
......}
```

　　而且，如果类中有 const 成员变量，就必须提供构造函数。每个构造函数都必须提供成员初始化列表来对 const 成员变量进行显式初始化。

3. 初始化引用成员

另一种必须通过成员初始化列表进行显式初始化的情形是：当类中声明了引用变量的时候，因为引用变量必须在定义时用它所要引用的变量名来初始化。假如在 People 类声明中增加一个引用变量 rage 作为成员变量 age 的引用：

```
class People{
……
int age;
int &rage;                          //引用型成员变量
const int eyecount;
……
}
```

则对 rage 的初始化必须用初始化列表显式进行，如：

```
class People{
……
People():eyecount(2), rage(age)          //通过初始化列表显式初始化常量成员
{……}
……
}
//People.cpp 中
People::People( char * s, char c, int x ): eyecount(2), rage(age)
{……}
```

引用型成员变量必须为类中成员变量的引用，所以在初始化列表中要注明 rage 所引用的变量名 age。同样地，引用成员变量的初始化必须在所有重载的构造函数的初始化列表中进行。此时，类声明中必须显式提供构造函数，不能使用系统提供的默认构造函数。

C++规定，成员初始化列表中成员变量的初始化顺序必须按照它们在类声明中出现的先后顺序进行。上面的代码中，虽然 eyecount 出现在初始化列表开始的位置，但是由于它在类声明里出现的位置迟于 age 和 rage，所以它的初始化时间要晚于 rage 的初始化。

```
class CMyClass
{
private:
    int m_x ;
    int m_y ;
public:
```

```
    CMyClass (int x, int y);
};
CMyClass::CMyClass (int i): m_y(i), m_x(m_y) { }
```

编译器会首先初始化 m_x，然后才会初始化 m_y,，因为 m_x 的在类中声明先于 m_y。结果是 m_x 将有一个不可猜测的随机的值。

4. 初始化对象数据成员

如果类中声明了其他类的对象作为数据成员，那么对这些对象的初始化应遵循以下规则：要么在成员初始化列表中对这些对象进行显式初始化，要么通过这些对象的默认构造函数对其进行默认初始化。不能在类声明中对这些对象直接进行初始化，因为类声明中的成员变量声明不是变量定义。下面的代码中前一个 birthday 的声明是错误的：

```
#include "Date.h"
class People{
……
//Date birthday(2009);          //错误！这只是声明,不能用创建对象的语法
Date birthday;                  //正确！其他类的对象作为成员变量。这只是声明
……
}
```

类 Date 来自例 9-1。把 Date 类的声明放在了 Date. h 文件中，而把成员函数的实现代码放在了 Date. cpp 文件中。

如果在 People 类的构造函数提供的成员初始化列表里没有对 birthday 进行显式初始化，则用类 People 创建对象时，其成员变量 birthday 对象将由 Date 类的默认构造函数进行默认初始化。否则，就必须在初始化列表里进行显式初始化。为此，首先在头文件里为 People 类重载一个共有的构造函数：

```
People(char * s, const Date& day);   //引用减少传值开销;const 保护原数据不被修改
```

然后在实现文件（people. cpp）中为之添加定义，并同时成员在初始化列表中对 birthday 对象进行初始化：

```
//People.cpp
#include "People.h"
……
People::People(char * s, const Date&day): birthday(day)    //初始化 birthday
{
 setName(s); setGender('M');
 ……
}
```

主函数 main 中在创建 People 对象的同时指定其生日,或使用默认的生日来初始化 birthday 成员变量:

```
# include "Date. h"
# include "People. h"
…… //其他预处理及外部变量定义/声明

int main(){
……
Date d1(2013,6,10)
People three("李四", d1);          //用 d1 初始化了 three 的 birthday 的值
People four;                       //four 中的 birthday 将由 Date 类默认构造函数决定
……
}
```

类中除了可以有单个的对象外,还可以有对象数组作为数据成员。如果是后一种情况,成员初始化列表中不能够对数组初始化,所以对象数组对应的类必须提供默认构造函数,才能对作为数组元素的一组对象同时进行初始化。

9.3.4 对象的销毁:析构函数

当对象超出它的生存期后就会被系统从内存中删除。对对象的删除指的是对对象所占内存的回收,主要是内部数据成员所占内存的回收。由于类是构造数据类型,是多种类型数据的集合,所以对它的删除具有特殊性。这些清理工作通过一个特殊的成员函数来完成,这就是析构函数(destructor)。

析构函数跟类同名,其名字由"~"跟"类名"组成,其作用跟构造函数相反,对象生存期结束时,完成对象的清理工作,比如用 delete 回收对象成员指向的动态内存等。对它的调用是自动进行的。而且,析构函数没有参数,不能重载,也没有返回类型。

析构函数的声明形式如下:

```
class 类名{
private:
   ……
public:
   ……
   ~类名();            //析构函数:只有一个
   类名();             //构造函数
   类名(……);          //重载的构造函数
   ……
};
```

可以在类声明里同时定义析构函数,这时该析构函数是内联函数。也可以类外定义析构函数的实现(一般放在.cpp 文件中):

```
类名::～类名(){              //析构函数的类外定义
    ……//函数体
}
```

例如可以为 People 类添加一个内联的析构函数：

```
//People.h
……
class People{
    ……
public：
    ～People(){cout<<"析构:"<<name<<endl;}              //内联析构函数
};
```

也可以只在 People.h 头文件中 People 类的声明里给出析构函数的声明,然后把析构函数的实现写到 People.cpp 实现文件中：

```
//People.h——类声明文件
……
class People{
    ……
public：
    ～People()                              //析构函数声明
};
//People.cpp——类实现文件
……
People::～People(){cout<<"析构:"<<name<<endl;}   //外部定义的析构函数
```

在主函数 main 中用以下的代码测试析构函数：

```
#include<iostream>
#include "people.h"
using namespace std;
int main()
{
    People one("张三");
    return 0;
}
```

运行程序将输出：

```
1#:张三          Created!
析构:张三
```

第一行输出为构造函数的输出,第二行的输出为析构函数的输出。代码中并没有显式调用析构函数。由于对象 one 在 main 函数中定义,是一个局部变量,它在 main 函数执行完之后自动销毁,此时系统会自动调用对象 one 的析构函数。

9.3.5 对象创建与销毁的次序

当创建一个对象时,系统首先为各数据成员分配内存空间,然后调用构造函数对成员变量进行初始化。当提供了成员初始化列表时,列表里的成员变量的初始值由列表指定,顺序由这些成员变量在类声明中出现的早晚而定。当对象的生存期结束时,系统将自动调用析构函数清理对象所占的内存空间,然后才销毁对象。

为说明这一点,创建一个小组类 Group,它由若干 People 类的对象构成。为更清楚地演示对象创建和销毁的顺序,先修改 People 类中的构造函数和析构函数为:

```cpp
//People.h
......
class People{
    ......
    People():eyecount(2), rage(age)          //类中默认构造函数
    {
        strcpy(name,"Noname");
        setGender('M');
        setAge(18);
        cout<<"创建 "
            << + + headcount
            <<"#: \t"<<name
            <<endl;
        no = headcount;                      //对象编号
    }
    ......
};
//People.cpp
......
People::People( char  * s, char c, int x ):eyecount(2), rage(age),age(x)//重载的构造函数
{
    name[0] = '\0';
    if(s && strlen(s)<20)  strcpy(name, s);
    setGender(c);
    setAge(x);
```

```
        cout<<"创建 "
            << + + headcount                          //创建时对象进行计数
            <<"#:\t"<<name
            <<endl;
        no = headcount;                               //保存创建的对象编号
    }
    People::~People()                                 //析构函数
    {
        cout<<"析构 "<<no<<"#:\t"<<name<<endl;
    }
    ......
```

例9-5 定义一个 Group 类,演示类内部成员的构造与析构顺序。

```
0001 //Group.h —— Group 类的声明文件
0002 #ifndef   _GROUP_H_
0003 #define   _GROUP_H_
0004
0005 #include "People.h"
0006 class Group    //新建的小组类:Group 的声明
0007 {
0008     People leader
0009     People deputy;
0010     People member;
0011 public:
0012     Group();
0013     Group( char * p1, char * p2,  char * p3);
0014     ~Group();
0015 };
0016 #endif
0017 //Group.cpp —— Group 类的实现文件
0018 #include "Group.h"
0019
0020 //默认构造函数
0021 Group::Group()
0022 {      cout<<"创建 Group"<<endl; }
0023 //重载构造函数
0024 Group::Group(  char * p1, char * p2,  char * p3 ):member(p3),deputy(p2),leader(p1)
0025 {      cout<<"创建 Group"<<endl; }
0026 //析构函数
```

```
0027 Group::~Group()
0028 {    cout<<"析构 Group"<<endl; }
0029 //主函数文件
0030 #include<iostream>
0031 #include "people.h"
0032 #include "Group.h"
0033 using namespace std;
0034 int main()
0035 {
0036     Group gp("刘备","孔明", "姜维");
0037     return 0;
0038 }
```

程序的运行结果为：

```
创建 1#：        刘备
创建 2#：        孔明
创建 3#：        姜维
创建 Group
析构 Group
析构 3#：        姜维
析构 2#：        孔明
析构 1#：        刘备
```

Group
- deputy : People
- leader : People
- member : People
+ Group()
+ Group(char*, char*, char*)
+ ~Group()

图 9 - 3　Group 类图

上述代码首先在 Group. h 头文件中声明了一个小组类 Group，该组内有 3 个 People 类对象作为私有的数据成员：leader、deputy、member，UML 类图如图 9 - 3 所示。该类还提供了一个默认构造函数 Group()和一个重载的构造函数 Group(char ＊，char ＊，char ＊)，以及一个析构函数～Group()。

UML(unified modeling language)是一种面向对象的建模语言，它是运用统一的、标准化的标记和定义实现对软件系统进行面向对象的描述和建模。类图是 UML 对类进行图形化建模的工具。UML 类图用 3 行的矩形框表示一个类，第一行是类名，第二行为类中的成员变量(也称为属性)，第三行为类中的成员函数(也称为行为或方法)。成员最左边用"＋"表示公有访问控制(public)，用"－"表示私有访问控制(private)，用"♯"表示受保护的访问控制(protected)。成员变量名后面跟着它的类型，用冒号跟变量名隔开。成员函数对应的冒号后为它的返回类型。没有的话表示不需要返回类型。例 9 - 5 中的 3 个函数都是没有返回类型的特殊函数,所以在图上没有标注类型。

　　UML 类图不仅可以表示单个的类的构成,还可以表示多个类之间的关系。在上例中,Group 中有 3 个 People 类的对象作为成员,可以通过这些对象调用 People 类中的成员函数(方法)。但是 People 类不知道 Group 类的存在,不能调用 Group 类,所以称 Group 类单向关联了 People 类,用单向箭头"→"表示。People 类的类图以及 Group 类与 People 类关系类图如 9 - 4 所示。

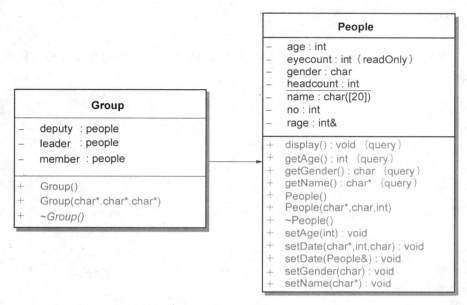

图 9 - 4　反映 Group 类和 People 类的单向关联关系的类图

People 类图上,eyecount 类型 int 后的{readOnly}表示这是一个 const 型的成员变量。成员变量 headcount 下有一条横线,表示这是一个静态成员变量。成员变量 rage 的类型为 int &,表示这是一个引用类型的成员变量。

　　在 Group 类的构造函数的定义

```
Group::Group( char * p1, char * p2,  char  * p3 ):member(p3),deputy(p2),leader
(p1){......}
```

里,成员初始化列表用字符串 p1 初始化对象 leader,p2 初始化对象 deputy,p3 初始化对象 member。初始化的顺序不是按照成员变量出现在初始化列表中的顺序,而是按照成员变量在类声明中出现的先后。在 main 函数中用 Group 类创建对象 gp 时,

```
Group gp("刘备","孔明", "姜维");
```

虽然 leader 成员排在初始化列表的最后,但是由于它在类 Group 类声明中最先出现,所以会最先调用 People 的构造函数来初始化:

```
People::People(char  * s, char c = 'M', int x = 18);
```

该构造函数的调用输出：

> 创建 1#：　　　刘备

然后是 deputy 和 memer 成员的初始化，输出：

> 创建 2#：　　　孔明
> 创建 3#：　　　姜维

成员对象都创建和初始化完成之后，最后再创建 Group 类对象 gp，调用其构造函数，输出：

> 创建 Group

然后主函数 main 返回，对象 gp 的析构函数被调用，输出：

> 析构 Group

然后再按照跟创建顺序相反的顺序析构类中的对象：member、deputy、leader，输出：

> 析构 3#：　　　姜维
> 析构 2#：　　　孔明
> 析构 1#：　　　刘备

练 一 练

修改 Group 构造函数中初始化列表中 3 个对象的顺序，编译运行程序并观察结果。

当程序中存在多个对象时，需要根据对象变量的存储属性确定各对象的创建和销毁的时间顺序。全局对象在程序一开始执行时就会被创建和存储在程序的静态存储内存区域，静态存储内存区域在程序结束后才会被系统收回。在大括号内部复合语句中定义的局部对象（具有块作用域）的创建先后由定义的先后决定。局部对象在遇到同一级的右边大括号"}"时被销毁，销毁顺序跟创建顺序相反（因为局部变量——局部对象也是局部变量，——是存放在所谓的"栈"内存空间上的，栈上的数据遵守"后入后出"的规则，所以先创建的内存对象会后删除）。具有块作用域的静态对象则会在代码第一次进入到该块作用域后、执行到该对象的定义时创建，而销毁则要在整个程序执行之前按照所有静态局部对象创建顺序相反的顺序进行。

例 9-6 程序中不同存储属性的对象的创建与销毁顺序。

```
0001 #include<iostream>
0002 using namespace std;
0003 #include "people.h"
0004 People sp("全局对象");              //全局对象
0005 void f()
0006 {
0007     People a("局部对象");            //函数中的局部对象
0008     static People b("李四 static");  //局部静态对象 1
0009 }
0010 void g()
0011 {
0012     static People c("王五 static");  //局部静态对象 2
0013 }
0014
0015 int main()
0016 {
0017     People one("赵大");              //函数中的局部对象
0018     People two("钱二");              //函数中的局部对象
0019     People thr("张三");              //函数中的局部对象
0020     f();
0021     g();
0022     g();
0023     return 0;
0024 }
```

程序的输出结果为：

```
    创建 1#:        全局对象
    创建 2#:        赵大
    创建 3#:        钱二
    创建 4#:        张三
    创建 5#:        局部对象
    创建 6#:        李四 static
    析构 5#:        局部对象
    创建 7#:        王五 static
    析构 4#:        张三
    析构 3#:        钱二
    析构 2#:        赵大
    析构 7#:        王五 static
    析构 6#:        李四 static
    析构 1#:        全局对象
```

程序中定义了一个全局对象 sp。不论它出现在代码中的位置如何，都会首先创建这个全局对象，结果输出：

创建 1#：	全局对象

然后进入到主函数 main 中开始执行，依次创建 one("赵大")、two("钱二")、three("张三")3 个对象，输出：

创建 2#：	赵大
创建 3#：	钱二
创建 4#：	张三

然后 main 中调用函数 f()，其中定义了局部对象 a 和静态局部对象 b。代码执行到对象定义语句时将会创建对象 a("局部对象")和 b("李四 static")，输出：

创建 5#：	局部对象
创建 6#：	李四 static

函数 f 返回，局部对象 a 超出其生存期被销毁，调用相应的析构函数，程序输出：

析构 5#：	局部对象

但是由于 b 是静态对象，它不会因为函数 f 的返回而销毁。然后主函数中调用函数 g，其中定义了另一个局部对象 c("王五 static")，于是创建对象 c，输出：

创建 7#：	王五 static

然后函数 g 返回到主函数中。跟 f 中的静态对象 b 同样的原因，此时对象 c 不会被销毁。主函数 main 再次调用函数 g，但是由于 g 中的对象 c 已经创建并存在于静态存储区了，函数 g 什么都不做直接返回。

当主函数返回时，首先按照创建顺序相反的顺序依次销毁 main 中的局部对象 three、two、one，导致输出：

析构 4#：	张三
析构 3#：	钱二
析构 2#：	赵大

最后系统按照先创建的后销毁的原则依次销毁静态局部对象 c 和 b，输出：

析构 7#：	王五 static
析构 6#：	李四 static

由对象的编号可以很容易看到相应的对象创建和销毁的先后顺序。

对于全局对象 sp(编号为 1♯)，程序结束时它的析构函数会被调用，输出①：

析构 1♯:   全局对象

9.4 对象的动态生成与动态销毁

在程序中定义的静态或全局对象，程序执行时，会在静态存储区上创建。其生存期在程序结束时终止。而在函数内部定义的局部对象，程序运行时，会在动态存储区（称为栈空间）上创建，在其超出作用域时会自动调用析构函数销毁。程序中还可以通过 new 关键字根据需要动态创建一个或一组对象，程序运行时，会在内存的堆空间上创建。这类对象的销毁需要使用 delete 关键字手动进行。程序运行时内存空间的分配，如图 9-5 所示。

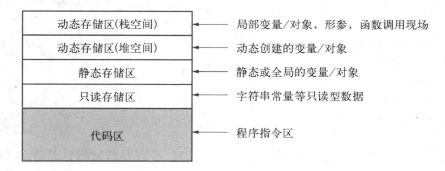

图 9-5 C++程序内存分配示意图

使用 new 动态创建对象，成功的话返回一个指向新创建的保存该对象数据的内存（堆空间上）的首地址（指针），失败返回 NULL。可以不指定要调用的构造函数。格式为

　　　类名＊ 对象指针 ＝ new 类名；

这时若内存成功分配，则调用类的默认构造函数对类成员初始化。还可以在动态创建对象时指定使用一个重载的构造函数来初始化对象：

　　　类名＊ 对象指针 ＝ new 类名(传给重载构造函数的实参列表)；

也可以用 new 创建一组动态对象，但是此时只能通过默认构造函数对每个对象进行初始化。就要求该类必须定义了默认构造函数，否则编译会出错：

　　　类名＊ 对象指针 ＝ new 类名[表示对象个数的整型常量表达式]；

当动态创建的对象不再被需要时，可以用 delete 加指针来销毁单个的动态对象：

---

① 在 VC++6.0 下没有全局对象的析构，在 VS. NET 下会有。这是因为前者开发于 C++标准化前，对标准支持不够好。

```
delete  对象指针;
```

若要销毁动态生成的对象数组,需用以下形式:

```
delete [] 对象指针;
```

对象指针前面的方括号表示要删除数组。这样的方式只能删除一维数组,如果要动态创建二维的对象数组,则必须以动态创建一维数组的方式来使用 new:

```
类名 *  对象指针  =  new  类名[行数 * 列数];
```

销毁该数组跟销毁一维的对象数组的方式一样。更多维的情况以此类推。

例如,还是使用之前的 People 类来动态创建和销毁对象、对象数组:

```
//动态创建对象和对象数组
People  * p1  = new People;              //调用默认构造函数动态创建对象
People  * p2  = new People("姜子牙",'M', 108);      //调用重载构造函数动态创建对象
People  * p3  = new People [10];    //动态创建一维对象数组
People  * p4  = new People [2][3];      //动态创建二维对象数组
//动态销毁对象和对象数组
delete p1;
delete p2;
delete []p3;
delete []p4;
```

使用 delete 加指针变量销毁对象回收内存时,不需要判断指针是否为 NULL, delete 自己会做判断。

在程序中使用 new 分配的内存必须使用 delete 显式回收。否则可能造成内存泄漏。关键词 new 和 delete 一定要成对使用,必须是一个 new 对应一个 delete,不能多也不能少。一种比较容易遗忘的情况是:在一个函数中使用了 new 来动态分配内存,而在另一个或多个函数中都要使用到这个内存中的数据。当最后不再需要这块内存中的数据时,一定要显式调用 delete 来销毁对象,回收内存。

9.5 本 章 小 结

抽象就是把问题域中事物跟待解决的问题相关的特征提取出来,而忽略跟问题无关的特征。C++语言使用类作为数据抽象的工具。类是把事物跟问题相关的属性和行为封装在一起而组合成的一个复合数据结构。其中的属性又称为成员变量,行为也称为成员函数。跟结构体和使用结构体的接口函数相比,类中的成员函数可以不必传入正在处理的对象数据,这一信息隐含在对成员函数的访问形式中。成员函数访问类内部的数据可以直接进行。而类外部通过类创建的对象调用类的成员函数称为跟对象

通信。对成员函数的调用可以通过"类对象.成员函数(实参列表)"的方式来完成,也可以通过指针间接调用成员函数,形如"对象指针－＞成员函数(实参列表)"。这样便可以避免结构体数据处理函数必须有一个结构体指针作为参数的繁琐。

　　类引入了访问控制机制。访问控制机制限制了外部程序对类内部数据的访问,外部代码通常只有通过类自身的成员函数才能间接地访问类内部数据。

　　类变量称为对象。程序中定义对象的同时,跟内建变量一样,也可以对对象进行初始化。对象的初始化通过所谓的构造函数和成员初始化列表来完成。构造函数是一种跟类名字同名的特殊函数,它没有返回类型,可以重载,在创建对象时会由系统自动调用,其主要作用是对类中成员进行初始化。成员初始化列表是构造函数定义时函数头后由":"开始的一个列表。类中基本类型的数据成员可以在构造函数体中通过赋值来设定初值,也可以在构造函数的成员初始化列表中初始化,形式为"成员变量名(初值)"。成员初始化列表中的多个数据之间用逗号隔开。常量数据成员、引用数据成员必须在每个重载的构造函数的成员初始化列表中初始化。如果类中有其他类的对象作为类成员,则一般需在成员初始化列表中显式初始化;否则这些对象将被默认初始化。这就要求其所在的类提供默认构造函数。成员初始化列表中出现的对象的构造顺序只由它们在类声明中的先后顺序决定,跟出现在列表中的顺序无关。

　　用类可以定义对象,对象数组,指向对象的指针变量等,分别对应内建类型的变量、数组和指针。当用类定义数组时,如果不同时提供所有元素的初始值,则要求该类必须提供默认构造函数来初始化数组的未显示初始化的成员。函数内的对象在超出其作用域后会被销毁,其所占用的内存被回收,该对象不再存在,也不再可用。对象销毁时的清理工作通过析构函数来完成。析构函数形为"～类名()",不能重载,没有返回类型。析构函数不能被显式调用,而是在对象销毁时由系统自动调用。函数中非静态对象销毁的顺序跟创建对象的先后顺序相反。全局对象在程序开始运行时创建,在程序结束时析构。静态局部对象在程序头一次执行到定义它的语句时创建,只创建一次便存在于静态存储区中;当程序结束时由系统自动销毁。

复习思考题

- 什么是抽象? 试举例说明。
- 什么是 C++中的类? 它和 C 中的结构体有何区别?
- 类中有哪几类成员? 分别代表什么?
- C++类中的成员的访问控制是什么意思? 分哪几种? 各有何特点?
- 如何创建对象? 对象和内建变量有何不同?
- 初始化列表什么时候必须用?
- 如何动态创建和销毁对象?
- 构造函数可不可以显式调用??

练 习 题

1. 引入类定义的关键字是_____。类的成员函数通常指定为_____,类的数据成员通常指定为_____。指定为_____的类成员可以在类对象所在域中的任何位置访问它们。通常用类的_____成员表示类的属性,用类的_____成员表示类的操作。

2. 类的访问限定符包括_____、_____和_____。私有数据通常由_____函数访问(读和写)。这些函数统称为_____。

3. 构造函数的任务是_____。构造函数无_____。类中可以有_____个构造函数,它们由_____区分。如果类说明中没有给出构造函数,则 C++编译器会_____。

4. 一个类有_____个析构函数。当_____时,系统会自动调用析构函数。

5. 固定指向一个对象的指针,称为_____,即_____,定义时 const 放在_____。而指向"常量"的指针称为_____,指针本身可以指向别的对象,但_____,定义时 const 放在_____。

6. 当动态分配失败,系统采用_____来表示发生了异常。如果 new 返回的指针丢失,则所分配的自由存储区空间无法收回,称为_____。这部分空间必须在_____才能找回,这是因为无名对象的生命期_____。

7. 下列有关类的说法不正确的是(   )。

A. 对象是类的一个实例

B. 任何一个对象只能属于一个类

C. 一个类只能有一个对象

D. 类与对象的关系和数据类型与变量的关系相似

8. 下面(   )项是对构造函数和析构函数的正确定义。

A. void X::X(), void X::~X()   B. X::X(参数), X::~X()

C. X::X(参数), X::~X(参数)   D. void X::X(参数), void X::~X(参数)

9. (   )的功能是对对象进行初始化。

A. 析构函数   B. 数据成员   C. 构造函数   D. 静态成员函数

10. 关于静态成员的描述中,(   )是错误的。

A. 静态成员可分为静态数据成员和静态成员函数

B. 静态数据成员定义后必须在类体内进行初始化

C. 静态数据成员初始化不使用其构造函数

D. 静态数据成员函数中不能直接引用非静态成员

11. 对类的构造函数和析构函数描述正确的是(   )。

A. 构造函数可以重载,析构函数不能重载

B. 构造函数不能重载,析构函数可以重载

C. 构造函数可以重载,析构函数也可以重载

D. 构造函数不能重载,析构函数也不能重载

12. 对于结构中定义的成员,其默认的访问权限为(   )。

A. public   B. protected   C. private   D. static

13. 为了使类中的某个成员不能被类的对象通过成员操作符访问,则不能把该成

员的访问权限定义为（　　　）。

A. public　　　　　B. protected　　　　C. private　　　　D. static

14. 下面对静态数据成员的描述中，正确的是（　　　）。

A. 静态数据成员是类的所有对象共享的数据

B. 类的每一个对象都有自己的静态数据成员

C. 类的不同对象有不同的静态数据成员值

D. 静态数据成员不能通过类的对象调用

15. 设计一个点类 Point，再设计一个矩形类，矩形类使用 Point 类的两个坐标点作为矩形的对角顶点。并可以输出 4 个坐标值和面积。使用测试程序验证程序。

16. 编写一个程序，该程序建立一个动态数组（使用 new），为动态数组的元素赋值，显示动态数组的值并删除动态数组（使用 delete）。

17. 定义一个 Dog 类，它用静态数据成员 Dogs 记录 Dog 的个体数目，静态成员函数 GetDogs 用来存取 Dogs。设计并测试这个类。

18. 定义一个处理日期的类 TDate，它有 3 个私有数据成员 Month、Day、Year 和若干个公有成员函数，并实现如下要求：

（1）成员函数设置缺省参数；

（2）定义一个友元函数来打印日期。

19. 使用内联函数设计一个类，用来表示直角坐标系中的任意一条直线并输出它的属性。

20. 下面是一个类的测试程序，设计能使用如下测试程序的类：

```
void main()
{
Test x;
x.initx(300,200);

x.printx();
}
```

输出结果：300－200＝100

21. 定义一个类，求 1～100 之间能被 7 或 9 整除，但不能同时被 7 和 9 整除的所有整数。要求如下：

（1）私有数据成员 int a[50] 存放满足上述条件的所有整数；int c 存放满足上述条件的所有整数的个数。

（2）公有成员函数：NUM()初始化 c 值 c＝0；void fun()将 1～100 之间能被 7 或 9 整除，但不能同时被 7 和 9 整除的所有整数放在数组 a 中；void disp()输出数组 a 的元素个数，要求每行输出 5 个元素。

（3）在主程序中对该类进行测试。定义一个 NUM 类的对象 test，通过它调用成员函数查找满足条件的所有整数并输出。

22. 建立一个类 WORD，统计一个英文字符串中单词的个数。字符串中单词以空格符分隔。如字符串"shut the door after you."中单词个数为 5。要求如下：

（1）私有数据成员

char s[80]：存放字符串。

int c：存放字符串中英文单词的个数。

（2）公有成员函数

构造函数：WORD(char * str)初始化字符数组成员 s

void fun()：统计字符串中英文单词的个数

void disp()：输出字符串及其英文的单词个数

（3）在主程序中对该类进行测试。使用字符串"shut the door after you."

23. 根据下面类中 Inverse 函数成员的原型和注释写出它的类外定义，并使用一个测试数据 123 验证该程序：

```
class AA{
    int x;
public:
    AA(int initx) {x = initx;}
    int Inverse() ////求私有数据成员的相反数。123 的相反数为 321。
    ~AA(){cout<<"Destructing .... ";
}
```

24. 编写程序，用关键字声明一个"学生"类类型，并声明 3 个私有数据成员：num（学号）、name（姓名）和 sex（性别）。建立一个成员函数输出学生信息。

25. 计一个类 CRectangle，其满足下述要求：

（1）定义一个带参数的构造函数，参数有四个：前两个参数和后两个参数分别代表矩形的左上角和右下角坐标，当给定的坐标不能构成矩形时则将矩形的左上角和右下角坐标初始化为(0,0)和(1,1)；

（2）定义并实现成员函数 IsSquare()，该函数用于判断该矩形是否是正方形，是正方形则返回 1，否则返回 0；

（3）定义并实现成员函数 PrintRectangle()，该函数打印矩形 4 个点的坐标值；

（4）定义并实现成员函数 Area()，该函数返回矩形的面积；

（5）定义并实现成员函数 Move()，该函数用于从一个位置移动到另一个位置。

26. 构造一个日期时间类（Timedate），数据成员包括年、月、日和时、分、秒，函数成员包括设置日期时间和输出时间，其中年、月请用枚举类型，并完成测试（包括用成员函数和用普通函数）。

27. 设计并测试一个矩形类（Rectangle），属性为矩形的左下与右上角的坐标，矩形水平放置。操作为计算矩形周长与面积。测试包括用成员函数和普通函数。

28. 定义一个圆类(Circle)，属性为半径(radius)、圆周长和面积，操作为输入半径并计算周长、面积，输出半径、周长和面积。要求定义构造函数(以半径为参数，缺省值为 0，周长和面积在构造函数中生成)和拷贝构造函数。

29. 设计一个学校在册人员类(Person)。数据成员包括身份证号(IdPerson)、姓名(Name)、性别(Sex)、生日(Birthday)和家庭住址(HomeAddress)。成员函数包括人员信息的录入和显示。还包括构造函数与拷贝构造函数。设计一个合适的初始值。

30. 编写一个程序，输入 N 个学生数据，包括学号、姓名、C++成绩，要求输出这些学生的数据、平均分与成绩等级。要求：设计一个学生信息类，求平均分及成绩等级的功能用其成员函数实现。

31. 类成员函数 copy 用于实现两个对象的相互拷贝，请完成该函数的实现。

```
# include <iostream. h>
class Myclass {
public: Myclass (int a, int b) { x = a; y = b;}
void copy(Myclass & my);
void print( ){ cout<<"x = "<<x<<endl; cout<<"y = "<<y<<endl;}
private: int x, y;
};
void main() {
Myclass my(10,20), t(30,40);
my. print( );
my. Copy(t);
my. print( );
}
```

32. 分析找出以下程序中的错误，说明错误原因，给出修改方案使之能正确运行：

```
# include<iostream. h>
class one {
int a1, a2;
public: one(int x1 = 0, x2 = 0);
};
void main() { one data(2,3);
cout<<data. a1<<endl;
cout<<data. a2<<endl; }
```

33. 分析以下程序的错误原因，给出修改方案使之能正确运行：

```
# include <iostream. h>
class Amplifier{
```

```
float invol,outvol;
public:
Amplifier(float vin,float vout) {invol = vin;outvol = vout;}
float gain();
};
Amplifier::float gain() { return outvol/invol; }
void main() { Amplifier amp(5.0,10.0);
cout<<"\n\nThe gain is =>"<<gain()<<endl;
}
```

34. 定义类 X、Y、Z,使之满足以下几个条件:

(1) 类 X 有一个私有成员 i,函数 h 是类 X 的友元函数,实现对 X 的 i 加 3 操作。

(2) 类 Y 的一个成员函数 f 是类 X 的友元函数,实现对 X 的 i 加 1 操作。

(3) 类 Z 是类 X 的友元类,Z 的一个成员函数 g 实现对 X 的 i 加 2 操作。

35. 头文件<ctime>中定义一个日期时间的结构:

```
struct tm{
    int tm_sec;     //秒
    int tm_min;     //分
    int tm_hour;    //时
    int tm_mday;    //日
    int tm_mon;     //月
    int tm_year;    //年,实际放的是与 1970 年的差,如 1990 年为 20
    int tm_wday;    //星期
    int tm_yday;    //一年中的第几天
    int tm_isdst;   //是否夏时制
};
```

函数 time_t time(time_t *tp)是提取当前时间,time_t 即长整型,代表从 1970 年 1 月 1 日 00:00:00 开始计算的秒数(格林尼治时间),放在首地址为 tp 的单元内。

函数 tm *localtime(const time_t *tp)将 tp 地址单元中的时间转换为日期时间结构的当地时间;(函数 tm *gmtime(const time_t *tp)转换为日期时间结构的格林尼治时间;)

函数 char *asctime(tm *tb)将 tb 地址单元中的 tm 结构的日期时间转换为字符串(供显示),它有固有格式,如,

        Sun   Sep   16   01:03:52   1973

利用以上资源,重新设计一个日期时间类(DataTime),要求定义对象时取当前时间进行初始化,显示时重取显示时刻的时间并显示出来。

第 10 章　运算：操作对象

学习要点

- 对象的拷贝与赋值
- 对象与函数调用
- 重载运算符
- 类型转换
- 友元函数
- 友元类
- 声明与实现的分离
- 浅拷贝与深拷贝

使用操作符对数据进行运算实际上也是对数据的处理，从广义上讲，它跟函数对数据的处理并无本质的区别，因为这些运算也可以用函数来实现。所以，可以把操作符看作是一类特殊的函数。而函数是可以重载的，所以通过操作符重载，可以在程序中使用重载的运算符对自定义类型的对象进行各种各样的运算。

运算符重载不是一个新的概念，只是在 C++中，对运算符重载进行了扩展，使得绝大多数运算符都可以用重载来执行类的操作。比如，运算符"&"，当作为一元运算符时表示取后面的操作数的地址；但是当用作二元运算符时，则表示对两个整型量进行按位与操作。类似地，还有可以作为一元和二元运算符的"＊"、"－"运算符等。

10.1　赋值与拷贝

在使用基本类型时，经常用一个变量的值为另一个变量赋值，如，

```
int x = 10;
int y = x;
```

赋值之后，两个变量具有了相同的值。此时，称 y 具有 x 的值的一个拷贝。

结构体变量是可以相互赋值的，就是把赋值运算符"＝"右边的结构体变量（）的各成员的值逐一赋给"＝"左边相同类型结构体变量的相应的成员（称为左值 lvalue），比如，

```
struct X{ int a; char b;} sx, sy;          //定义两个结构体变量 sx 和 sy
sx.a = 10;                                 //为 sx 的成员赋值
sx.b = 'M';
sy = sx;                                   //把结构体变量 sx 的值赋给 sy
```

sy 中的成员 a 的值也是 10，b 的值也是'M'。

在把结构体变量作为函数形参的场合，实参对形参进行赋值，也是逐元素拷贝成员变量的值到形参结构体变量中。当结构体内数据成员较多，而且这样的函数调用频繁时，这种做法的效率是很低的。

在使用对象时，也希望能够用赋值运算符"＝"把一个已知的对象的值赋给另一个对象。因为 C＋＋的类是结构体的扩展，所以也支持对 const 对象直接赋值。跟结构体变量赋值相同，对对象的赋值默认地也是对各成员变量对应赋值。

例 10－1　定义一个复数类，实现复数对象之间的赋值运算。

```
0001 // TComplex.h：复数类 TComplex 的声明文件
0002
0003 #ifndef _TCOMPLEX_H__                      //防止重复包含的条件编译指令
0004 #define _TCOMPLEX_H__
0005
0006 class TComplex
0007 {
0008 public：
0009      ～TComplex();
0010      TComplex(double x = 0.0, double y = 0.0); //带默认参数的构造函数
0011      double          real();            //获取实部
0012      void            real(double re);   //重载函数：设置实部
0013      double          imag();            //获取虚部
0014      void            imag(double im);   //重载函数：设置虚部
0015      void            display();         //显示复数
0016 private：
0017      double r, i;                       //私有数据成员：实部 r，虚部 i
0018 };
0019 #endif
0020 // TComplex.cpp：TComplex 类的实现文件
0021 #include "TComplex.h"
0022 #include <iostream>
0023 using std::cout;
0024 using std::endl;
0025 //构造函数
0026 TComplex::TComplex(double x,double y):r(x),i(y){}
```

```
0027 //析构函数
0028 TComplex::~TComplex(){ }
0029 //其他接口函数
0030 double TComplex::real()
0031 {     return r; }
0032
0033 void TComplex::real( double re )
0034 {     r = re; }
0035
0036 double TComplex::imag()
0037 {     return i; }
0038
0039 void TComplex::imag( double im )
0040 {     i = im; }
0041
0042 void TComplex::display()
0043 {
0044     if(r == 0.0 && i == 0.0)
0045         cout<<"0"<<endl;
0046     else if(r == 0.0)
0047         cout<<i<<"i"<<endl;
0048     else if(i == 0.0)
0049         cout<<r<<endl;
0050     else
0051         cout<<r<<" + "<<i<<"i"<<endl;
0052 }
0053 //ComplexMain.cpp  测试 TComplex 复数类对象的赋值
0054 #include<iostream>
0055 #include"TComplex.h"
0056 using namespace std;
0057 int main()
0058 {
0059     TComplex c1(1.0,4.0), c2;                        //创建两个复数对象
0060     cout<<"赋值前："<<endl;
0061     std::cout<<"c1 = ";    c1.display();
0062     std::cout<<"c2 = ";    c2.display();
0063     c2 = c1;                                         //对象赋值
0064     cout<<"赋值后："<<endl;
0065     std::cout<<"c1 = ";    c1.display();
0066     std::cout<<"c2 = ";    c2.display();
0067     return 0;
0068 }
```

程序运行结果为：

```
赋值前：
c1 = 1 + 4i
c2 = 0
赋值后：
c1 = 1 + 4i
c2 = 1 + 4i
```

首先在 TComplex.h 中声明了一个复数类 TComplex（代码第 6 行）。在 TComplex 类中声明了两个私有成员变量 r 和 i 分别表示复数的实部和虚部（第 17 行）。该类有一个带默认参数的公有构造函数 TComplex(double x＝0.0, double y＝0.0)（第 10 行），以及重载的接口函数 real 和 imag。这两个函数设计成为重载的函数，使得设置和获取实部/虚部都可以用同名的函数来完成，减少程序员的记忆量。公有成员函数 display 的作用是以"实部＋虚部 i"的形式显示这个复数对象（定义为第 42～52 行）。当只有实部时，后面的虚单位 i 不显示；只有虚部时，实部的 0 不显示。程序实现了类声明与类成员函数实现的分离，以 TComplex.h 保存类的声明，而以 TComplex.CPP 保存类成员函数的实现代码。

在主函数 main 中，首先定义了两个复数对象 c1 和 c2，其中 c1 初始化为 1.0 ＋ 4.0i，c2 采用默认初始值 0（第 59 行）。在代码的第 63 行用 c2 对象对 c1 进行赋值。通过打印赋值前后 c1 和 c2 的值，显示出 c2 的实部和虚部的值确实跟 c1 相等。赋值操作原理如图 10 - 1 所示。

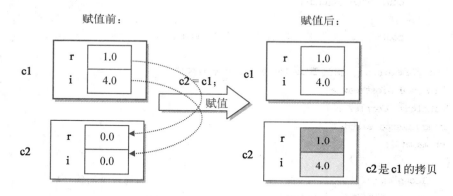

图 10 - 1　给对应成员变量赋值

在给对象赋值的时候，因为没有涉及对私有成员的显式存取，所以并未违背访问控制规则。经过赋值之后，目标对象（左值对象）是源对象（右值对象）的一个拷贝，其中所有成员变量的值都和源对象的对应成员变量的值相等。

给对象赋值时要注意，必须是同类型的对象才能够赋值①，否则必须进行强制类型转换。另外还要注意以下几种特殊情况：

————————

① 例外：等讲了继承之后可以看到，派生类对象可以赋值给基类对象，虽然此时两个对象的类型不同。

1. 静态成员变量

由于静态成员变量的值是为类的对象所共享的,所以在对象赋值时它不参加运算。

2. 数组成员

如果成员变量为指定大小的数组,在对象赋值时会把源对象中的数组逐元素拷贝到目标数组中。例如,

```cpp
#include<iostream>
#include<IOMANIP>
using namespace std;

class A{
public:
    int x[10];
};
int main()
{
    A a1,a2;
    for (int i = 0;i<10;i + +)
    {
        a1.x[i] = i + 1;
    }
    a2 = a1;               //对象赋值
    for (i = 0;i<10;i + +)     //输出目标对象 a2 中的元素值
    {
        cout<<setw(3)<<a2.x[i];
    }
    cout<<endl;
    return 0;
}
```

在类 A 中定义了由 10 个元素组成的整型数组成员 x,然后用 A 定义了两个对象 a1 和 a2。首先把 a1 中的数组元素初始化为 1～10 的整数,然后把对象 a1 赋值给对象 a2。通过输出 a2 对象中的数组元素的值可以看到,对象 a2 中数组元素的值跟对象 a1 中数组元素的值是完全相同的。

3. 引用成员变量/常量成员变量

如果在类中声明了引用成员变量或常量成员变量,则该类创建的对象之间不能直接赋值。

4. 对象成员变量

如果在类中声明了其他类的对象作为本类的数据成员,若作为数据成员的对象之间能相互赋值,并且其他数据成员也能相互赋值时,本类创建的对象之间才能相互赋

值。如，

```
class B{int bx;};
class A{
    B b;                        //对象作为数据成员
};
......
A a1, a2;
a2 = a1;                        //可以赋值
```

对象 a1、a2 均有类 A 的默认构造函数初始化。对象 b 作为 A 的成员，由类 B 的默认构造函数初始化。但是下面的类 X 生成的对象之间就不能直接赋值：

```
class Y{const char cc;          //类 Y 中声明了常量成员 cc
public:
    Y():cc(0){}                 //必须提供构造函数以初始化常量成员 cc
};
class X{Y y;};                  //Y 类对象 y 作为 X 的成员
......
X x1, x2;
x2 = x1;                        //用 X 的对象 x1 为 x2 赋值。会出错！
```

因为类 Y 中有常量数据成员，而常量数据成员必须在构造函数的初始化列表中初始化，所以必须提供显式构造函数 Y::Y()。当 Y 的对象 y 作为类 X 的数据成员时，将在创建 X 的对象时使用 Y 的显式构造函数初始化 X 的成员变量 y。当用 X 类生成的对象 x1 给同类对象 x2 赋值时，作为成员变量的对象 x1.y 和 x2.y 必须能够相互赋值。而具有常量成员的对象之间不能直接相互赋值，所以赋值语句 x2＝x1 会失败。在 VC 6中编译时，编译器提示：

...error C2582：'X'：'operator = ' function is unavailable（错误号 C2582：'X'的函数 *'operator = '*不可用）

因为变量之间的赋值是基本的操作，应用场合包括，用赋值运算符"＝"来显式赋值，以及把被调函数中返回的变量赋值给主调函数的临时变量等。类是用户创建的自定义类型，由类创建的变量（对象）也必须能够提供赋值操作，这些对象能像普通变量一样使用。对于以上几种特殊情况，必须为类显式地提供赋值运算符函数"operator ＝"。这称为赋值运算符的重载，是运算符重载中用得最普遍的一种。

10.1.1 赋值运算符重载

赋值运算具有右结合性，即需先求得"＝"右边的表达式的值，再把这个值赋给左边变量（左值）。如果两边变量（表达式）类型不一致，需要进行赋值时自动类型转换（基本类型）或强制类型转换，把转换后结果（是一个临时变量）赋给左边变量。例如，

```
int b0 = 10,b1 = 11,b2 = 12,b3 = 15;
b0 = b1;
cout<<b0;                //输出 11
cout<< + +(b0 = b2);     //输出 13
cout<<b0;                //输出 13
(b1 = b3) = b2;          //括号内的结果是 b1
cout<<b1;                //输出 12
```

其中,b0＝b1 把 b1 的值赋给了 b0,因而第一个 cout 输出 11。而第二个 cout 中, 把 b2 的值赋给 b0,并对结果进行＋＋,得到 13。cout 输出的是 b0 先经过赋值再自增 的结果。也就是说,赋值表达式的结果就是左边变量。于是,赋值表达式(b1＝b3)＝ b2 的执行顺序是:先把 b3 的值 15 赋给 b1,然后第一个括号内返回 b1。再把 b2 的值 12 赋给 b1。结果在下一行的 cout 中,输出 b1 的值为 12。

要让对象也如同基本变量一样的利用赋值运算符"＝"赋值,重载之后的"＝"运算 符也必须具有以上几点特征:要有两个运算对象,把右边对象的值赋给左边;表达式的 值为左边对象的值,类型为左边变量的类型。如果把运算符看作特殊的函数,那么这几 条就确定了这个函数的参数和返回值类型。重载的运算符的名字比较特别,要用到关 键字 operator:

```
class X{
    ……
public:
    X& operator  =(const X& x){……};    //赋值运算符重载函数
};
……
```

其中 X 代表任意类名。赋值运算符的重载函数必须使用 operator 关键字。而且 由于通常是在类外对对象赋值,所以这个特殊函数需要具有公有(public)访问控制属 性。当作为类的成员函数时,它的第一个运算数默认是调用这个函数的对象(出现在赋 值表达式的赋值号左边的对象),所以在声明函数时不需指明;第二个运算数是小括号 中定义的形式参数。因为赋值表达式要求右边对象跟左边对象的类型必须一致[①],所 以形参类型采用了 const X& 常引用类型。加修饰词 const,表示赋值运算本身不会修 改右边对象;加引用符号"＆"则表示调用函数时通过引用传参,以便减少传值带来的时 间开销,提高代码执行的效率。形参中采用 const 加引用的作用相当于传值,但却更 高效。

赋值运算符函数的返回类型为引用类型,为调用这个函数的对象(左值)的引用。

---

① 　这是最基本的要求。如果有多个赋值运算符的重载函数时,形式参数的类型也可以是别的有意义的其他 类型。

这跟内建类型变量的赋值操作完全一样①,表明,如果把赋值表达式作为一个整体(用小括号括起来),赋值完成后左边对象可以继续进行其他运算。

赋值运算符的重载函数可以在类声明中定义(此时为内联函数),也可以在类的实现文件中定义:

```
X X::operator = ( const X& x ){      ......     }
```

这里,把"operator ="作为一个函数名,前面用类名和作用域运算符":"来限定它为类 X 中的成员。然后,在代码中可以在用 X 定义的对象间赋值:

```
X x1, x2;
x2 = x1;      //对象间赋值
```

后者相当于以下函数调用:

```
x2.operator = (x1);//调用运算符重载函数
```

其中,"operator ="作为运算符的重载函数名,x2 是赋值运算的左值,x1 作为函数的实参。这两种形式在作用上完全相同。但是通常使用的是非函数版本的第一种形式,使得对象的赋值跟普通变量的赋值从形式上看没什么区别,而且更加直观。

例 10 - 2 在例 9 - 1 设计的复数类 TComplex 的基础上,增加赋值运算符的重载函数,使得可以用一个实数、一个复数向一个复数对象赋值。编写程序进行测试。

解:首先,在类声明头文件中增加赋值运算符重载函数:

```
class TComplex
{
public:
  ......
  TComplex& operator = (const TComplex &o2);        //复数间赋值
  TComplex& operator = (double x);                  //实数赋值给复数对象
  ......
};
```

然后,在类的实现文件 TComplex.CPP 中为这两个运算符函数编写实现代码。为方便观察,在代码中加入了 cout 进行被调用函数原型信息的输出,才知道在赋值时发生了哪个函数调用:

---

① 当然这个返回类型也可以不用引用,而由类设计者根据需要自定。一般做法都是用引用。

```
TComplex& TComplex::operator = (const TComplex &o2)        //复数间赋值
{
    r = o2.r;
    i = o2.i;
    cout<<"调用赋值运算符重载函数 operator = (const TComplex &)"<<endl;
    return * this;
}


TComplex& TComplex::operator = ( double x  )                //实数赋值给复数对象
{
    r  = x; i = 0;
    cout<<"调用赋值运算符重载函数 operator = (double)"<<endl;
    return * this;
}
```

因为赋值运算符重载函数需要返回左边对象的引用，而左边变量（的地址）是作为一个隐含的参数传递给赋值函数的。this 是一个指向 TComplex 对象的指针，* this 表示调用运算符函数的对象（赋值号的左边对象），所以函数最后返回 * this 就是返回的赋值号左边对象的引用。

在之前的 main 函数中增加一些代码来验证把实数赋值给复数对象的代码是否正确：

```
//ComplexMain.cpp  测试 TComplex 复数类的赋值
……
int main()
{
    TComplex c1(1.0,4.0), c2;
    cout<<"赋值前："<<endl;
    std::cout<<"c1 = ";    c1.display();
    std::cout<<"c2 = ";    c2.display();
    c2 = c1;                            //对象赋值
    cout<<"赋值后："<<endl;
    std::cout<<"c1 = ";    c1.display();
    std::cout<<"c2 = ";    c2.display();

    c2 = 3.14;                          //实数向复数对象赋值
    std::cout<<"c2 = ";    c2.display();
    return 0;
}
```

除了例 9-1 中原有的代码外,还增加了用 double 型实数 3.14 向对象 c2 赋值的语句,并把结果进行输出。整个程序的输出结果为:

```
赋值前:
c1 = 1 + 4i
c2 = 0
调用赋值运算符重载函数 operator = (const TComplex &)
赋值后:
c1 = 1 + 4i
c2 = 1 + 4i
调用赋值运算符重载函数 operator = (double)
c2 = 3.14
```

首先,在把复数 c1 复制给 c2 时,调用了运算符重载函数 operator =(const TComplex&),输出结果:

```
调用赋值运算符重载函数 operator = (const TComplex &)
```

说明此时调用的是用户自定义的赋值运算符的重载函数。因为,当为对象间的赋值运算提供了重载的运算符函数之后,系统会自动调用这个定制的运算符函数,而忽略默认的赋值操作。

当用其他类型的值为对象赋值时,创建一个含相应类型的形参的赋值运算符重载函数就有必要了。本例用 double 型实数为复数对象赋值,结果应该是一个实数,如图 10-2 所示。

```
调用赋值运算符重载函数 operator = (double)
c2 = 3.14
```

c2 = 3.14 解析: $\xrightarrow{TComplex::TComplex(3.14,0.0)}$ 匿名 TComplex 对象: $\{r = 3.14, i = 0.0\}$ $\xrightarrow{向 c2 赋值}$ 结果:c2: $\{r = 3.14, i = 0.0\}$

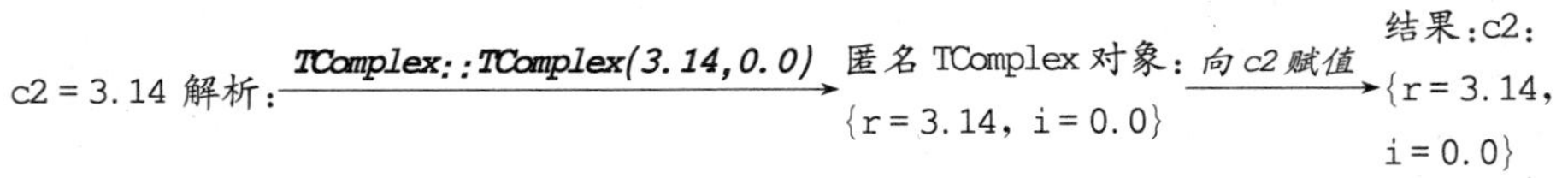

图 10-2　用实数向给 TComplex 对象赋值的过程

此时调用的运算符重载函数为 operator =(double)。该函数更新左边对象实部为右边变量的值,而设置左边对象虚部为 0。故显示出来就是一个浮点型的数值。

练 一 练

修改例 10-2 中的代码,把第二个运算符重载函数去掉。编译运行程序,观察结果。

C++的赋值运算在某些情况下的操作比较特殊。比如,在上例中,可以去掉第二个赋值运算符的重载函数,而 main 函数等都保持不变,结果代码仍然是可以编译和运行的。这是因为,当类重载的某个构造函数中,如果除第一个参数外还有其他参数,但是其他参数都有默认值的时候,可以用第一个参数类型的变量对该类的对象赋值:

类名::构造函数名(类型 1 变量1 [,类型 2　变量2 = 默认值2 ,…]){}

······

类名　　　　对象名;

类型 1　　　变量名;

对象名 =　　变量名;　　　　//等价于: 对象名 = 构造函数(变量名)

例如在下面的代码中,类 X 里定义了一个带默认参数的构造函数:

```
class X {
public:
    int x,y;
    X(int a,int b = 0){x = a,y = b;cout<<"X(int,int)"<<endl;}      //带默认参数的构
                                                                        造函数
    X(){x = 0,y = 0;}                                             //默认构造函数
    ~X(){cout<<"~X()"<<endl;}                                   //析构函数

};
······
X x1,x2;
x1  = 2;            //赋值
x2  = 3;            //赋值
```

上述代码可以编译运行。但是,从表面上看,类 X 中没有重载赋值运算符,所以这个操作不可能是通过调用赋值运算符函数实现的。程序执行后,上述两条赋值语句的输出为:

```
X(int,int)
~X()
X(int,int)
~X()
```

说明在赋值过程中调用了构造函数 X::X(int a, int b=0)。由于"="两边的类型不一致时不能直接赋值,而需要对右边数据进行类型转换方可。显然这里进行了赋值时类型转换,把右边类型自动转换成了 X 类类型。

整个赋值的过程是:首先用"="右边的整数数值作为参数,调用 X 类的带参构造函数来创建了 X 类的临时对象,然后把这个临时对象的值赋给了左边的对象。最后调用析构函数销毁临时对象。x1 = 2 相当于 x1 = X(2)。

需要创建临时对象时,可以按以下方式操作:

> 类名([实参列表])

这样创建的匿名的临时对象是创建在栈空间上的,在使用完后便会被销毁。如果需要在堆空间上创建对象,可以这样做:

> 类名 * 指针变量 = **new** 类名([实参列表])

这样,通过 new 创建的对象是存放在堆空间上的,再用指针保存该对象的地址,便可以间接访问该匿名对象的公有成员了。

以上的规则不仅适用于构造函数第一个参数为普通内建类型的情况,也适用于第一个参数为对象的情形。比如在上述类 X 的基础上创建一个类 Y,它含有 X 的对象作为自己的数据成员:

```
class Y
{
    X x;
public:
    Y(X a):x(a){}          //重载的构造函数
    Y(){};                 //默认构造函数
};
```

下面的代码可以正常编译:

```
Y y;
y = x1;
```

这首先会通过调用默认构造函数创建一个 Y 类对象 y,然后再执行赋值语句。执行赋值语句时,首先调用 Y 的带参构造函数 Y(x1)创建一个匿名的 Y 类对象,然后把该对象赋值给 y,然后销毁这个匿名的 Y 类对象。

例 10 - 3　对象的创建、销毁、赋值举例。

```
0001 # include<IOSTREAM>
0002 using namespace std;
0003 int linenum = 0;                      //用于输出时显示行号
0004 class X {
0005 public:
0006     int x,y;
0007     X(int a,int b = 0){               //带参构造函数
0008         x = a,y = b;
0009         cout<< + + linenum<<"# "
```

```
0010                 <<"X::X("
0011                 <<a<<","
0012                 <<b<<")"
0013                 <<endl;
0014          }
0015      X(const X& x2){              //用另一个本类对象来初始化对象
0016          x = x2.x;
0017          y = x2.y;
0018          cout<< ++linenum<<"# "
0019                 <<"X::X(const X& x2)"
0020                 <<endl;
0021      }
0022      X(){                        //默认构造函数
0023          x = 0,y = 0;
0024          cout<< ++linenum<<"# "
0025                 <<"X::X( );x = "<<x
0026                 <<",y = "<<y
0027                 <<endl;
0028      }
0029      ~X(){
0030          cout<< ++linenum<<"# "
0031                 <<"X::~X();x = "<<x
0032                 <<",y = "<<y
0033                 <<endl;
0034      }
0035      X& operator  =(const X& x2){     //赋值运算符重载
0036          x = x2.x,y = x2.y;
0037          cout<< ++linenum<<"# "
0038                 <<"X::operator =(const X& )"
0039                 <<endl;
0040          return *this;}
0041 };
0042 class Y
0043 {
0044     X x;                         //对象作为数据成员
0045 public:
0046                                  //构造函数
0047     Y(const X& a):x(a)           //带参构造函数
0048     {
0049          cout<< ++linenum<<"# "<<"Y::Y(const X& a)"</myfont><<endl;
```

```
0050      }
0051      Y()                                   //默认构造函数
0052      {
0053          cout<< + + linenum<<"# "<<"Y::Y( )"<<endl;
0054      }
0055      //析构函数
0056      ~Y()
0057      {
0058          cout<< + + linenum<<"# "<<"Y::~Y()"<<endl;
0059      }
0060      Y& operator  =(const Y& obj)      //赋值操作
0061      {
0062          x = obj.x;
0063          cout<< + + linenum<<"# "
0064              <<"Y::operator =(const Y& obj)"
0065              <<endl;
0066        return * this; }
0067 };
0068
0069 int main()
0070 {
0071      X x1;
0072      x1 = 2;
0073      Y y;
0074      y = x1;
0075      return  0;
0076 }
```

程序输出如下：

```
1# X::X( );x = 0,y = 0
2# X::X(2,0)
3# X::operator =(const X& )
4# X::~X();x = 2,y = 0
5# X::X( );x = 0,y = 0
6# Y::Y( )
7# X::X(const X& x2)
8# Y::Y(const X& a)
9# X::operator =(const X& )
10# Y::operator =(const Y& obj)
```

```
11# Y::~Y()
12# X::~X():x = 2,y = 0
13# Y::~Y()
14# X::~X():x = 2,y = 0
15# X::~X():x = 2,y = 0
```

在程序中定义了一个全局变量 linenum，输出时在每一行之前显示行号。主函数 main 首先创建了一个 X 类对象 x1，然后把 2 赋给 x1。然后创建了一个 Y 类对象 y，再把对象 x1 赋给 y。但是由输出来看，这个过程并不像想象中那么简单。

在代码第 71 行创建 X 类对象 x1。这里调用了 X 的默认（无参）构造函数 X::X()，设置两个私有成员 x1.x 和 x1.y 的默认值均为 0。对应第一行输出：

```
1# X::X( ):x = 0,y = 0
```

在代码第 72 行，把 2 赋给对象 x1。这里，由于 X 提供了带默认参数、而第一个参数为整型的构造函数 X:X(int a，int b＝0)（代码第 7 行），所以赋值号右边首先调用这个构造函数 X::X(2,0) 创建临时对象，输出为第二行：

```
2# X::X(2,0)
```

把这个临时对象赋值给 x1。赋值时调用 X 的赋值运算符重载函数，输出为第 3 行：

```
3# X::operator =(const X& )
```

临时对象被销毁，调用 X 的析构函数，输出为第 4 行：

```
4# X::~X():x = 2,y = 0
```

结果对象 x1 中的成员变量的值为 2，0。

然后，在代码第 73 行，通过构造函数创建 Y 类对象 y。由于 y 中的成员变量为 X 类的对象 x（第 44 行），所以，应该首先调用 X 的默认构造函数来创建这个对象，输出为第 5 行（可以看到对象 x 的成员均取默认值 0）：

```
5# X::X( ):x = 0,y = 0
```

再调用 Y 的默认构造函数，输出为第 6 行：

```
6# Y::Y( )
```

在 main 函数中，代码的第 74 行用 x1 对象向 y 对象赋值。因为 Y 类中提供了参

数为 const X& 常引用类型的构造函数(代码第 47 行),这种赋值是可行的。首先,在
"="右边,通过调用 Y 的构造函数 Y::Y(const X& a):x(a){...}创建一个匿名的 Y
类对象。在创建这个匿名 Y 类对象时分为两步:首先创建匿名 Y 类对象的成员 x,并
用传入的对象 x1 的引用来初始化它。这时将调用 X 类中的构造函数 X::X(const
X&)(代码第 15 行)。输出为第 7 行:

```
7# X::X(const X& x2)
```

然后再调用 Y 的带参构造函数(代码第 47 行),输出为第 8 行:

```
8# Y::Y(const X& a)
```

这个匿名的 Y 对象创建完毕,然后进行赋值运算。在函数 Y 的赋值运算符重载函
数中(代码第 60 行),首先对成员变量——对象 x 进行赋值(代码第 62 行)。这将调用
X 类的赋值运算符函数,结果输出第 9 行:

```
9# X::operator =(const X& )
```

然后 Y 的赋值运算符函数输出第 10 行:

```
10# Y::operator =(const Y& obj)
```

之后赋值运算完成。刚才创建的匿名的 Y 对象被销毁,调用其析构函数。在析构
匿名 Y 对象的时候,首先调用 Y 的析构函数析构 Y 对象本身,再析构其成员对象。于
是输出为第 11 和 12 行:

```
11# Y::~Y()
12# X::~X():x=2,y=0
```

通过之前的赋值,Y 类对象 y 中的成员变量 x 的两个成员变量的值(2,0)也跟
main 中 X 类对象 x1 的对应成员变量的值(2,0)完全相同。

赋值完成、匿名对象也销毁了,main 函数执行第 75 行,程序结束。这时,系统中还
存在的两个对象 x1 和 y 将被按照跟创建顺序相反的顺序被销毁,并分别调用各自的析
构函数。由于先创建 x1,后创建 y,所以应先销毁对象 y。

销毁对象 y 时,因为 y 中有一个 X 类的成员变量 x,所以应先调用 Y 的析构函数,
输出为第 13 行:

```
13# Y::~Y()
```

然后调用 X 的析构函数来销毁 y 内的成员变量(对象)x,输出为第 14 行:

```
14# X,:~X(),x=2,y=0
```

最后销毁 main 中的对象 x1,输出为第 15 行:

```
15# X,:~X(),x=2,y=0
```

本例对程序中各类对象的创建、析构和赋值的顺序进行了详细的分析,涉及函数内的局部对象、赋值时的匿名对象,以及类中的对象成员等。仔细阅读并深入体会这个过程将加深读者对 C++语言的类和对象的原理的理解。

练 — 练

修改例 10-3 中的代码第 15 行,去掉 const 和 &。编译程序,观察结果有何变化,并分析原因。

10.1.2　this 指针

回顾结构体操作函数里,几乎每个函数都有一个指向结构体类型的指针变量作为函数的第一个形参。而在类中,同样的接口函数却不再需要这个指针了。因为这个指针在通过对象调用成员函数时是隐含传递给后者的。

当一个成员函数(包括构造函数和析构函数)被调用时,自动向它传递一个隐含参数,该参数是一个指向正被该函数操作的对象的指针,在程序中可以使用关键字 this 来引用该指针,* this 表示正被函数操作的对象本身(即调用该函数的对象),因此称该指针为 this 指针。

在进行赋值运算符重载时,由于赋值的结果是"="左边对象(它还可以继续参与其他运算),所以赋值运算符重载函数最后必须返回对调用这个函数的对象(赋值号左边对象)的引用。在作为成员函数的运算符函数中,没有对这个对象的显式表示,只能在函数体里通过 this 指针访问该对象。这就是为什么赋值运算符函数的类型为引用类型,而且最后都返回一个 * this 对象的原因。这实际就是返回的是"="左边对象的引用。

this 指针是 C++实现封装的一种机制,它将成员和用于操作这些成员的成员函数连接在一起。this 指针只能用于成员函数内部。当一个成员函数直接访问类中其他成员时,都是通过 this 指针来访问的。一般情况下,this 指针在成员函数体内可以省略。

重新回顾下 TComplex 类的赋值运算符函数:

```
TComplex& TComplex::operator =(const TComplex &o2)      //复数间赋值
{
    r = o2.r;
```

```
    i = o2.i;
    cout<<"调用赋值运算符重载函数 operator =(const TComplex &)"<<endl;
    return * this;
}
```

除了最后必须通过对 this 指针去引用(* this)来取得调用函数的对象本身外,函数中赋值号左边的 r 和 i 其实是 this->r 和 this->i 的简写。完整的写法为

```
TComplex& TComplex::operator =(const TComplex &o2)        //复数间赋值
{
    this->r = o2.r;
    this->i = o2.i;
    cout<<"调用赋值运算符重载函数 operator =(const TComplex &)"<<endl;
    return * this;
}
```

还应该对赋值运算进行语义上的改进。在用一个对象对另一个同类的对象赋值时,如果这两个对象其实是一个对象,如,

```
TComplex c1, * p = &c1, &rc = c1;
……
c1 = * p;
c1 = rc;
```

赋值函数"operator ="代码中的赋值运算其实是不必要的。这在复数类中可能看不出来,但是当类中的数据成员很多而且很复杂时,这种效率的降级可能是不可忽略的。虽然直接用同一个对象向自身赋值的操作很容易检查到,但是如果使用指针或引用向对象自身赋值则具有很大的隐蔽性,不容易检查出来。因此,在进行对象赋值时,应该首先判断右边对象和左边对象是否同一个对象。比如在 TComplex 的赋值函数中,应做以下修改:

```
TComplex& TComplex::operator =(const TComplex &o2)        //复数间赋值
{
    if(this == &o2)                      //避免向自身赋值
        return * this;
    r = o2.r;
    i = o2.i;
    cout<<"调用赋值运算符重载函数 operator =(const TComplex &)"<<endl;
    return * this;
}
```

上述代码中,使用 if 表达式

```
if(this = = & o2)
```

中的对象地址是否相等来判断左右两个对象是否是同一个对象。如果相等,说明赋值号左右两边对象其实是同一个,于是直接返回左边对象,以避免执行 if 后面语句中的无意义的运算。

这种做法对于其他的类中的赋值运算符重载函数也是必要的。不仅如此,当需要一个成员函数内标识出被该成员函数操作的对象时,便需要用到 this 指针。考虑下面的 Location 类:

```
class Location{
public:
    Location(int xx = 0, int yy = 0):X(xx),Y(yy){}
    void Assign(Location&p);
    int GetX()const{return X;}
    int GetY()const{return Y;}
private:
    int X,Y;
};

void Location::Assign( Location&p )
{
    if(this ! = &p)
    {
        X  = p.X;
        Y  = p.Y;
    }
}
```

成员函数 Assign()用一个 Location 类对象(p 所引用的对象)的值更新 Assign 正在操作的对象。为避免下述无意义的更新:

```
Location A(1,2),  &rA = A;
A.Assign(rA);
```

该成员函数首先判断了两个对象是否相等。当用 A 执行 Assign 操作时,this 指针指向对象 A。而引用变量 rA 是 A 的引用,函数体内的 &p 指向的也是 A 对象。所以 if 里的条件为假,不再对 A 执行成员变量值更新的操作。

10.1.3　拷贝构造函数

在例 10 - 3 的类 X 中的代码第 15 行,定义了一个构造函数:

```
X(const X & x2){ ……/ *成员变量赋值 * /}        //用另一个本类对象来初始化对象
```

在这个函数中,用引用对象 x2 的成员变量为新建的对象的成员变量赋初值。该构造函数调用结束后,新创建的对象成为对象 x2 的一个副本。这样的函数称为拷贝构造函数(copy constructor)。它的作用是在创建对象的同时用另一个已经存在的对象为之初始化。

在使用内建简单类型的时候,定义变量的同时给变量赋初值称为初始化。初始化传统上是通过使用"＝"号来完成的,如,

```
int x        = 1;
double f     = 3.14;
char c       = 'M';
```

但是这里的"＝"和普通的赋值运算符不一样。程序执行时,系统会在创建变量的同时把初始值放入给变量关联的内存中。这个动作是一步完成的,而不是分成两步:先创建变量,再进行赋值①。

C++提供了另一种初始化方式,即在定义变量时,在变量名后用小括号括起来一个值作为该变量的初值。上述的各变量的初始化方式也可以写成

```
int      x(1);
double   f(3.14);
char     c('M');
```

这种形式看起来既像函数声明,又像是函数调用,但是跟这二者都不一样。函数声明的形参列表里不能有实际的值,而函数调用又没有前面的类型标识符。

在引入类之后,用类来定义的对象也可以用以上两种方法来初始化。如,

```
class A {......};
A a;
A b = a;            //第一种初始化方式
A c(b);             //第二种初始化方式
```

以上初始化代码都可以成功编译。这是因为,如果没有提供拷贝构造函数,则系统将为类 A 提供一个默认的拷贝构造函数,形为

```
A(const A& a2){……/ *成员变量逐一赋值 * /}
```

这两种初始化方式都将调用默认拷贝构造函数。如果类中显式声明了拷贝构造函

---

① 有的老的编译器会按照后者的顺序,先创建左边对象,再赋值。

数的话,则将调用用户自己定义的拷贝构造函数。如下面的类 A 中定义了拷贝构造函数：

```
class A {
    int m;
public:
    A(const A& a2){        //拷贝构造函数
        m = a2.m;
        cout<<"拷贝构造函数:m = "<<m<<endl;
    }
    A(int x = 0){m = x;}            //默认构造函数
};
```

则在下面的对象 b 和 c 的创建与初始化时将调用拷贝构造函数 A(const A& a2)：

```
A a(10);
A b = a;            //第一种初始化方式
A c(b);            //第二种初始化方式
```

结果输出：

```
拷贝构造函数:m = 10
拷贝构造函数:m = 10
```

这说明,在创建对象 b 和 c 时,分别调用了拷贝构造函数对 b 和 c 的成员初始化（赋值）。

拷贝构造函数也是构造函数,也可以有成员初始化列表。尤其当类中有常量、引用、对象成员时,成员初始化列表也是不可少的（当对象成员的类有默认构造函数时可以不在初始化列表中初始化它）。

10.1.4 对象与函数:传值还是传引用?

对象作为一种特殊的用户自定义数据类型的变量（也称为实例）,跟普通类型的变量一样,也可以作为函数的参数,或者作为函数的返回值。

1. 对象作为函数形参

如果函数的形参对象为类类型,那么在其他地方调用这个函数的时候,实际上是在用实参初始化函数中的形参变量。

例 10-4 对象作为函数形参的情形。

```
0001 #include<iostream>
0002 using std::cout;
0003 using std::endl;
```

```
0004 class X{
0005     int m;
0006 public:
0007     X(int a = 0)                                    //默认构造函数
0008     {
0009         m = a;
0010         cout<<"构造函数:m = "<<a
0011             <<endl;
0012     }
0013     X(const X&rx):m(rx.m){                          //拷贝构造函数
0014         cout<<"拷贝构造函数:m = "<<m
0015             <<endl;
0016     }
0017     void display(){cout<<"m = "<<m<<endl;}          //显示成员
0018     ~X(){                                           //析构函数
0019         cout<<"···析构函数:m = "<<m<<endl;
0020     }
0021 };
0022
0023 void f(X x)                                         //形参为对象的外部函数
0024 {
0025     cout<<"    调用 f()"<<endl;
0026     cout<<"    f() 返回"<<endl;
0027 };
0028 //主程序
0029 int  main()
0030 {
0031     X x1(3);                                        //创建对象 x1
0032     f(x1);                                          //以对象 x1 做实参调用函数 f()
0033     f(2);                                           //以 2 为实参调用函数 f()
0034     return 0;
0035 }
```

上述代码首先声明了一个类 X(第 4 行),类中定义了带默认参数的构造函数(第 7 行),拷贝构造函数(第 13 行)和析构函数(第 18 行)等。在构造函数和析构函数中都会输出自身调用的信息。

然后在代码的第 23～27 行,定义了一个全局函数 f,它以类 X 的对象 x 作为唯一的形参。在 main 函数中,首先创建了 X 类的对象 x1(第 31 行),然后分别以对象 x1 和常整数 2 作为实参来调用函数 f。

程序输出结果如下:

```
构造函数:m = 3
拷贝构造函数:m = 3
   调用 f()
   f() 返回
······析构函数:m = 3
构造函数:m = 2
   调用 f()
   f() 返回
······析构函数:m = 2
······析构函数:m = 3
```

在 main 函数中,创建对象 x1 时,调用了带默认参数的构造函数 X::X(int a＝0),该函数输出为

```
构造函数:m = 3
```

在第 32 行的函数调用语句 f(x1) 中,实际的机制是:在创建形参对象 x 的同时,以 x1 作为参数来初始化形参对象 x,即相当于

```
X    x(x1);   //创建对象的同时以另一个同类对象来初始化它
```

因为使用了同类的另一个对象来初始化对象 x,需要调用拷贝构造函数 X::X(const X&),后者的调用产生输出:

```
拷贝构造函数:m = 3
```

后面的 m＝3 是因为实参对象 x1 的数据成员 m 值为 3,通过拷贝构造函数传给了 f 中的对象 x,导致 x 中的数据成员 m 也有相同的值 3。

然后进入 f 的函数体内,执行函数体内语句,输出:

```
   调用 f()
   f() 返回
```

当函数 f 返回的时候,函数 f 内创建的局部对象都将被销毁。这里 f 中只有一个对象 x,所以 f 返回时,x 被销毁,调用析构函数,输出:

```
······析构函数:m = 3
```

代码的第 33 行,在主函数 main 中的函数调用语句 f(2),实际上相当于在 f 中以 2 为实参来初始化形参对象 x,即

```
X    x(2);   //创建对象的同时以 2 来初始化它
```

根据创建对象的语义,这里实际是创建对象 x 的同时调用了构造函数 X::X(int),该函数的调用产生输出:

> 构造函数:m = 2

输出后面的 m = 2 是因为在构造函数调用中把实参 2 赋值给了对象的数据成员 m。

形参对象 x 创建完成之后,即执行函数 f 中的其他代码,结果输出:

> 调用 f()
> f() 返回

函数返回时,对象 x 被销毁,调用析构函数,输出结果:

> ……析构函数:m = 2

至此,程序流程转到 main 函数中。继续执行下一条语句 return 0;。这将导致 main 函数返回,程序结束。在 main 函数中创建的唯一对象 x1 被销毁,析构函数被调用,产生输出:

> ……析构函数:m = 3

输出后面数值正是 main 开始时创建的对象 x1 的数据成员 m 的值。

2. 对象作为函数返回值

如果函数返回一个对象,系统会在该函数的返回点(主调函数中)调用对象所属类的拷贝构造函数,把返回的对象作为拷贝构造函数的实参,创建一个匿名的临时对象。该匿名对象在使用完之后即刻销毁。比如,在上例的类 X 基础上,定义一个函数 g 如下:

```cpp
X g(int n)
{
    X obj(n);
    return obj;
}
```

在 main 函数中添加如下语句:

```cpp
int   main()
{
    g(5);
    cout<<"main返回"<<endl;
    return 0;
}
```

则程序在调用函数 g 时,首先创建 X 类的对象 obj,然后把 obj 返回。在主函数中 g(5)的调用处会创建一个临时匿名对象,同时把返回的 obj 的值用来初始化它。即函数调用 g(5)相当于

X匿名对象(g(5))

实际上是调用了拷贝构造函数来初始化的匿名对象。然后该匿名对象使用结束,立刻销毁。上述代码的输出为

```
构造函数:m=5          ←调用函数 g,g 中创建对象 obj
拷贝构造函数:m=5       ←调用拷贝构造函数创建临时对象,用返回对象来初始化它
……析构函数:m=5        ←函数 g 返回,obj 被销毁
……析构函数:m=5        ←临时对象使用完后被销毁
main 返回              ←主函数返回。
```

比较特殊的情况是当返回对象的函数用在赋值运算符"="的右边时,这分为两种情况:

```
X   x0 = g(5);          //①
X   x1;
x1 = g(10);             //②
```

第一种情况:如果在定义一个对象的同时,把返回对象的函数调用用在变量(对象)名的右边,表示的是在新创建对象的同时使用该函数的返回对象对其初始化。这个操作是一步完成的。上述代码的第一行相当于

```
Xx0 (g(5));
```

这将调用类 X 的拷贝构造函数,用函数 g 的返回值来初始化 x0。此时不会创建匿名对象,而是利用 g(5)的返回值创建有名的对象 x0。

第二种情况:对象已经创建和初始化完成,然后利用返回对象的函数调用来给该对象赋值,这实际上是 3 步操作:

(1) 创建临时对象,同时用函数返回的对象来初始化它(调用拷贝构造函数);

(2) 把临时对象的值赋给左边变量。这导致赋值运算符函数被调用(默认的或重载的)。

(3) 完成赋值后,销毁临时对象。

这两种情况的区别就是初始化和赋值的区别。

为详细说明这一点,在类定义 X 跟之前相同的情况下,给出下面的例子。为方便说明,首先给类 X 增加赋值运算符重载函数:

```
class X{
......
public:
    X & operator = (const X& obj);
......
};
X & X::operator = ( const X& obj )
{
    if(this = = &obj) return * this;
    m = obj.m;
    cout<<"operator = ()"<<endl;
    return * this;
}
```

该函数在对象赋值时将输出自身的调用信息。

例 10 - 5　对象作为函数返回值的实例。

```
//类 X 的定义和实现代码(略)
//函数 g 的定义
0001 X g(int n)      //函数 g 返回一个对象
0002 {
0003     cout<<"进入函数 g("<<n<<")"<<endl;
0004     X obj(n);
0005     cout<<"函数 g()返回"<<endl;
0006     return obj;
0007 }
0008 int  main()
0009 {
0010     X  x0 = g(5);                //用返回对象初始化 x0
0011     cout<<"------x0 创建完成------"<<endl;
0012     X   x1;
0013     x1 = g(10);                 //g返回临时对象,把临时对象赋值给 x1 后,销毁
                                        临时对象
0014     cout<<"------x1 赋值完成------"<<endl;
0015     cout<<"main 返回"<<endl;
0016
0017     return 0;
0018 }
```

程序运行后的输出结果及过程解释如图 10 - 3 所示。

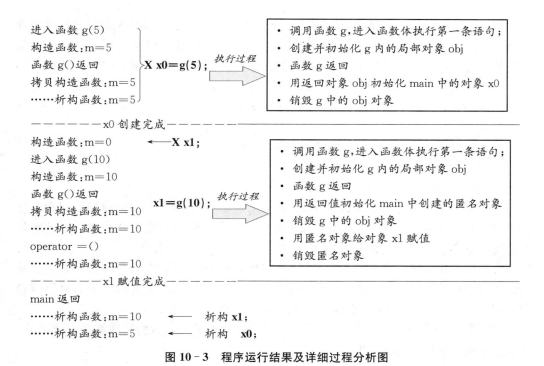

图 10 - 3　程序运行结果及详细过程分析图

比较上例中初始化和赋值操作的输出，可以验证之前所述：用函数返回的对象对同类的对象初始化，其实是以返回值作为实参调用类的拷贝构造函数对对象初始化。而对一个已经存在的对象用函数返回的对象赋值，首先会调用拷贝构造函数初始化一个临时对象，然后再把该临时对象赋值给"＝"左边对象。也就是说，赋值操作会导致临时对象的创建。临时对象的创建所使用的实参是函数的返回值。更进一步讲，这个返回值不一定跟"＝"左边对象具有相同的类类型，还可以是其他类型，只要类中提供了由该类型变量作第一个形式参数的构造函数（后面的形参如果存在的话，都必须有默认值）。结果就是，将由函数的返回值作为类的构造函数（此时可以不是拷贝构造函数）的参数创建匿名对象，然后再执行赋值运算。

比如有一个返回整型值的函数 func 定义如下：

```
int func(int n)
{
    return n + 1;
}
```

在 main 函数中有如下代码：

```
X x2;                    //创建对象 x2
x2  = func(33);          //赋值
```

实际上,上述赋值操作首先调用函数 func,返回整数 3;然后调用 X 的带参构造函数(非拷贝构造函数)X::X(int)来创建临时匿名对象;接着把匿名对象赋值给 x2。最后销毁匿名对象。所以,上述两行代码的输出应为(箭头右边的文字是对输出的分析和解释):

构造函数:m = 0　　←── 使用默认构造函数创建 x2 对象

构造函数:m = 34　←── 用 func(33)的返回值作实参,创建匿名对象,调用 X::X(34)进行初始化

operator = ()　　←── 用匿名对象对 x2 赋值

……析构函数:m = 34←── 销毁匿名对象

3. 对象指针或引用作为函数形参

从上面的例子和分析中可以看出,如果采用对象作为函数形参,则在函数调用时会创建对象并调用相应的构造函数对其初始化,函数返回时该对象会被销毁。创建对象和销毁对象都会带来不可避免的时间开销。尤其当这样的函数调用频繁发生的时候,以及类中的数据成员比较复杂的时候,这种做法会大大降低程序/算法执行的效率。使用指向对象的指针或对象的引用作为函数的形参,这样可以避免在函数调用时创建对象和调用构造函数,以及在函数返回时调用析构函数销毁对象。

采用指针或者引用其实质都是相同的,需要传递给被调函数的其实都是对象地址。比如上述的 f 函数可以改写为

```
void f(X* p)              //形参为对象的指针
{
    cout<<"    调用 f(X*)"<<endl;
};
void f(X& x)              //形参为对象的引用:f 函数重载
{
    cout<<"    调用 f(X &)"<<endl;
};
```

下面的代码将调用这两个重载版本的 f 函数:

```
X x0(2);
f(x0);                    //调用 f(X&)
f(&x0);                   //调用 f(X*)
```

对应的输出为:

```
构造函数:m = 2
    调用 f(X&)
    调用 f(X*)
```

可见,在调用函数时,由于传递的是对象的指针或引用参数,所以不会带来创建对

象和销毁对象的开销。而且，由于被调函数中获得的是主调函数中对象的地址（指针），所以，可以在被调函数中访问和修改主调函数中对象的数据。

那么，怎么样才能像传递简单类型的参数的值那样，既能在被调函数中获得主调函数中对象的值，又能禁止被调函数修改这个对象，还能避免传对象带来的开销呢？答案是：采用 const 对指针/引用进行限制。如果不允许被调函数修改主调函数中的对象，则上面的两个 f 函数可以改写为（先把 X 类中成员 m 改为具有 public 访问控制属性）：

```
void f(const X* p)     //形参为对象的常指针
{
    //p->m++;                //错误! 不能修改 const 对象
    cout<<"    调用 f(const X*)"<<endl;
};
void f(const X& x)     //形参为对象的常引用：重载函数
{
    //x.m++;                 //错误! 不能修改 const 对象
    cout<<"    调用 f(const X&)"<<endl;
};
```

如果只提供了这两个 f 的重载版本，则以下三行代码：

```
X x0(2);
f(&x0);                 //调用 f(const X*)
f(x0);                  //调用 f(const X&)
```

的执行结果将依次为：

```
构造函数:m = 2
    调用 f(const X*)
    调用 f(const X&)
```

这里，const X* p 表示 p 为指向 const X 型的指针，指向的对象是一个常量对象。而 const X& x 则表示 x 为一个 const X 型对象的引用。x0 本身并不是常量对象，但是在调用函数 f 时，被强制转为常量对象来使用。也就是说，由普通类型的变量向 const 类型的变量之间存在自动的类型转换。在函数 f 内部，无论是试图通过指针，还是试图通过引用来修改成员 m 的值，都将被编译器发现，并报错：

　　error C2166: l - value specifies const object（错误号 C2166：左值指定的是一个常量对象）

最后出现的 4 个函数 f 可以构成重载函数（不会发生二义性错误）。因为 C++编译器会把有 const 修饰的形参和没有 const 修饰的形参当作两个不同的类型来处理。

如果 4 个重载函数 f 的定义都出现代码中,那么下面的代码

```
X x0(2);
f(x0);                    //调用 f(X&)
f(&x0);                   //调用 f(X＊)
```

对应的输出将是

```
构造函数:m＝2
    调用 f(X&)
    调用 f(X＊)
```

因为此时不带 const 的重载函数跟实参类型形成最佳匹配。在需要调用 const 版本函数的时候,要么把 x0 定义前面用 const 来修饰,要么在调用函数 f 把实参类型进行强制类型转换,如,

f((const X＊)＆x0);//把 &x0 强制类型转换后,调用 f(const X＊)

输出将会是: 调用 f(const X＊)。

4. 对象指针或引用作为函数返回值

同样,函数也可以返回对象指针或对象的引用。函数不能返回局部非静态对象的指针或引用(简称局部对象)。因为局部对象是局部变量的一种,在函数调用期间存在于动态内存存储区(栈)上,函数返回后,该对象就被销毁了,对应的内存被系统释放并在后面需要时分配给其他数据对象。所以对应的指针也就无效了。

所以,函数能够返回的对象指针要么指向函数中动态创建的对象(存在于堆空间上),要么指向全局对象,要么指向函数的指针参数所指向的对象。比如,

```
//类 X 的定义
X＊ f2( const X＊ p)
{
    X x;
    /return &x;         //错误! 不能指向局部对象(栈上对象)
    return (X＊)p;       //返回传入函数的对象地址,类型转换后才匹配
}
int  main()
{
    X x0(34), ＊px;
    px = f2(&x0);        //返回的地址也是指向 x0 的
    cout<<px－>m＋＋;//输出 x0.m＋＋
    return 0;
}
```

其中，函数 f2 返回一个对象地址，这个地址是调用 f2 时主调函数 main 传递给它的主调函数中对象 x0 的地址。这样的操作是正确的。如果试图返回 f2 中对象 x 的地址，则由于 x 是局部变量，函数调用返回的时候，该局部对象被销毁，再试图通过指针访问它，得到的结果很可能就是错误的。

10.1.5　对象向简单变量赋值：类型转换

赋值运算符可以以成员函数的形式在类中声明。这样，在进行赋值运算（不是初始化）的时候，将会默认把"＝"左边的对象作为调用该运算符函数的对象。如，

```
TComplex z1, z2(3.0,4.0);
z1 = z2; //相当于 z1.operator = (z2)
```

这样便可以把右边的对象或值赋给左边的对象。

但是，如果定义了一个浮点型变量 f，现在要把复数对象 z1 直接赋给 f，如，

```
……
float f;
f = z1;
```

编译器便会因不知道该怎么办而报错。

如果规定：一个复数对象向实数对象赋值，将直接取复数对象的实部而抛弃其虚部，则目前能顺利完成此项任务的代码应该写成

```
f = z1.real();
```

要使用"＝"运算符重载，赋值号左边必须为本类对象。而浮点型变量很明显不是 TComplex 类的对象。

如果赋值运算符"＝"两边的类型不一致，如果存在可用的类型转换路径，编译器会自动把编译器右边的值进行类型转换（得到一个临时的跟左边类型相同的值），并把转换结果赋给左边变量。基本类型之间的自动转换路径如 10-4 所示。

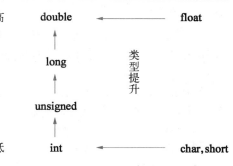

图 10-4　基本类型自动转换的路径图

右边到左边类型的转换是必然发生的。而如果表达式中出现左边类型中的多种类型的数据，则会自动转换成其中较高的类型进行计算，表达式结果的类型为其中最高的类型。赋值转换则是强行把右边类型转为左边类型，不管哪边的类型更高。

要把一个复数对象赋值给一个浮点型变量，先把这个复数对象进行类型转换，转换结果得到一个浮点数；然后再把这个浮点数赋给左边变量。C++提供了这样的途径，这就是类型转换运算符的重载。

类型转换运算符函数是一类特殊的运算符函数。它只能作为 C++类中的成员函数，没有返回类型，也没有参数，所以不能进行重载。它的定义方式为

```
类名::operator  类型名()
{
……
return 表达式;        //(类型为"类型名"或可以自动转换为"类型名")
}
```

　　由此，要把一个复数对象赋值给一个浮点型变量，可以先在类 TComplex 中声明一个类型转换运算符函数

```
class TComplex
{
public:
    ……
    operator double();        //公有的类型转换运算符函数声明
    ……
};
```

　　然后，在类外定义其函数体为

```
TComplex::operator double()
{
    return r;                //指定转换结果为对象的实部
}
```

这样，main 函数中添加的如下代码就可以把复数对象复制给一个浮点数了：

```
TComplex z(3.14, 2.99);
double d = 1.1;
d = z;                        //先进行类型转换(重载)，再赋值
```

　　结果 d 的值就是 z 的实部的值：3.14。
　　如果需要转换为其他的类型，无论是基本类型还是类类型，都可以采用重载类型转换运算符的方式来进行。
　　总之，如果要实现不同类型对象之间的赋值，则必须存在一条由右值对象的类型向左值对象的类型自动转换的路径。可以先把右值进行类型转换，再把转换结果赋值给左边对象(可能需要进行类型转换运算符的重载)。也可以用右值类型作为左值类型对象的构造函数的参数来创建一个匿名的左值类型对象，然后进行同类对象之间的赋值。

10.2　对象的输入输出

在进行输入输出的时候，C++的 iostream 库里提供了输出流对象 cout 和输入流对象 cin。在用户自定义的类中重载"<<"插入运算符和">>"提取运算符，可以输出和输入任意类类型的数据。

插入运算符<<是双目运算符，左操作数为输出流类 ostream 的对象，右操作数为系统预定义的基本类型数据。头文件 iostrem 对其重载的函数原型为

　　　　ostream& operator<<(ostream& ,类型名);

类型名之前就是指基本类型数据。但如果要输出用户自定义的类型数据，就需要重载操作符"<<"，因为该操作符的左操作数一定是一个 ostream 类的对象，而不是用户自定义类的对象，所以插入运算符"<<"不能作为成员函数，而只能作为类的友元函数或普通函数。类的友元函数的一般声明格式如下

　　　　friend　ostream& operator<<*(ostream& ,const　自定义类名 &);*

最前面的 friend(友元)表示这个运算符重载函数是本类的友元函数。友元的声明必须放在用户自定义类的声明中。

提取运算符">>"也是如此。其左操作数为 istream 类的对象，右操作数为基本类型数据或用户自定义类类型。头文件 iostrem 对其重载的函数原型为

　　　　istream& operator>>(istream& ,类型名);

提取运算符也不能作为其他类的成员函数，可以是友元函数或普通函数。它在用户自定义类中的声明格式为

　　　　friend istream& operator>>**(istream& ,**自定义类名 **&);**

10.2.1　友元函数

类的友元函数是在类中声明的、以 friend 修饰的全局函数，它的形式参数至少要有一个必须是本类的对象、对象的指针或引用。它的定义形式跟普通全局函数一样，但声明放在类中，而且必须在普通全局函数声明前面加上关键字 friend，格式如下

```
class 类名{
    ……
    friend　返回值类型　友元函数名(形参列表);//必须有所在类的对象/指针/引用形参
    ……

    };
```

友元函数不是类的成员函数,所以其声明放在类中哪里都是可以的。而且,更重要的是,在友元函数的函数体内,可以访问本类的私有成员而不受成员的访问控制的限制。比如可以为类 TComplex 添加一个友元函数 print 来显示指定的复数,这就首先要在类 TComplex 中添加友元函数的声明:

```
class TComplex
{
    ......
    friend void print(const TComplex& z);    //类 TComplex 的友元函数声明
    ......
};
```

除了在前面加了关键字 friend 以及必须放在把它当作朋友的类声明内部之外,友元函数的声明跟普通全局函数的声明并没有什么两样。在通常情况下,友元函数都是作为全局函数来定义的,print 的定义跟一般函数定义方法一样:

```
void print( const TComplex& z )
{
    if(z.r = = 0.0 && z.i = = 0.0)    //友元函数中,允许直接访问对象z的私有成员。下同
        cout<<"0"<<endl;
    else if(z.r = = 0.0)
        cout<<z.i<<"i"<<endl;
    else if(z.i = = 0.0)
        cout<<z.r<<endl;
    else
        cout<<z.r<<" + "<<z.i<<"i"<<endl;
}
```

在 VC 6 的工作区类视图上,可以看到 TComplex 类的两个数据成员: r 和 i。变量名前方的锁型标记表示这两个变量都是私有变量。而在 print 函数的实现中,直接对复数对象 z 的私有成员 r 和 i 进行了访问。

在代码中调用 print 函数

```
TComplex z2(3.0,4.0);
print(z2);
```

这个代码编译正常,运行时将会成功打印出"3 + 4i"。这跟调用 TComplex 的成员函数 display 的语句 z2. display()的效果一样,因为 print 函数体内的代码除了在成员变量之前加了引用对象 z 和成员运算符". "外,其他地方都跟 display 的代码是完全一样的。但是要注意,这里 print 是一个全局函数而不是成员函数。

10.2.2　插入和提取运算符的重载

通过在类中定义的成员函数 display 显示类中的数据信息，也可以定义一个类的友元函数 print 打印类中的私有数据成员的值。二者效果一样。但是，对于不同用户设计的类，采用这样的方式提供的显示信息的函数名可能差别很大，不利于记忆。程序员（类的使用者）希望采用统一的、符合之前习惯的方式输入输出（比如用 cout<< 来输出对象数据，用 cin>> 来为对象输入数据）。这就需要类的设计者在自定义类中声明插入运算符函数"operator <<"和提取运算符函数"operator >>"为类的友元函数。

同样以类 TComplex 为例。在该类中声明插入运算符函数和提取运算符函数作为类的友元，方法跟前一小节中声明 print 为其友元函数类似，只需要在 TComplex 类声明中添加友元函数声明语句

```
friend ostream& operator<<(ostream&os, const TComplex& z);    //友元函数声明
friend istream& operator>>(istream&is, TComplex& z);          //友元函数声明
```

这两个函数传入的第一个形参都不是 TComplex 对象，而分别是输出流对象的引用 os 和输入流对象的引用 is。函数的返回类型也是这两个对象的引用（最后分别返回 os 或 is）。此外，由于插入运算不修改待输出的对象，所以 operator<< 函数第二个参数为 const 对象类型。而提取运算会为对象的元素赋值，所以 operator>> 函数的第二个参数不加 const 限制。采用引用传参，可减少传值的开销，也为函数调用中修改传入的实参对象中的数据成员提供了可能。

这两个运算符函数的实现代码如下（放到 TComplex.cpp 实现文件中）：

```
//插入运算符友元函数
ostream&operator<<(ostream& os, const
TComplex& z)
{
    cout<<"(";
    if(z.r= = 0.0 && z.i= = 0.0)
        os<<"0";
    else if(z.r= = 0.0)
        os<<z.i<<"i";
    else if(z.i= = 0.0)
        os<<z.r;
    else
     os<<z.r<<" + "<<z.i<<"i";
    cout<<")";

    return os;
}
```

```
//提取运算符友元函数
istream&operator>>(istream& is,
TComplex& z)
{
    cout<<"输入复数:"<<endl;
    cout<<"real(实数):";
    is>>z.r;
    cout<<"imag(虚数):";
    is>>z.i;

    return os;
}
```

通过输入流对象 is 或输出流对象 os 对类的数据成员逐个输入输出。注意,最后一定要返回一个流对象的引用(分别为 is 或 os 所引用的对象)。因为两个运算符函数的返回又是一个流对象,所以又可以向这个流对象中输出数据或从流对象中提取数据。这样就可以进行级联式的输入和输出了,如

```
TComplex z1,z2,z3;
cin>>z1>>z2>>z3;
cout<<z1<<z2<<z3; 。
```

其中,(cin>>z1)实际上是函数调用 operator>>(cin, z1),返回 cin 本身。然后再执行后续的(cin>>z2)等输入操作,从而实现级联输入。这个语句在形式上,跟之前用 cin 输入简单类型的数据时的代码写法完全相同。

例 10-6　对复数类 TComplex 重载输入输出运算符,并进行测试。

运算符"<<""">>"的重载声明及实现如前所述。下面用 main 函数进行测试:

```
# include"TComplex.h"
# include<iostream>
using std::cout;
using std::cin;
using std::endl;

int  main()
{
    TComplex z1,z2,z3;
    cin>>z1>>z2>>z3;
    cout<<z1<<endl
        <<z2<<endl
        <<z3<<endl;

    return 0;
}
```

程序运行结果:
输入复数:
real(实数):1 ⎫ 输入 z1
imag(虚数):3 ⎭

输入复数:
real(实数):5 ⎫ 输入 z2
imag(虚数):2 ⎭

输入复数:
real(实数):9 ⎫ 输入 z3
imag(虚数):4 ⎭

(1 + 3i) ← z1 的输出
(5 + 2i) ← z2 的输出
(9 + 4i) ← z3 的输出

本例采用级联的方式进行复数对象 z1、z2、z3 的输入输出。开始利用 cin 对象和">>"运算符连续输入 3 个复数,然后利用 cout 对象和"<<"运算符连续输出这 3 个复数的值。

以上插入运算符和提取运算符的声明形式和实现方式具有通用性。用户自定义的其他类的输入输出,只要把形参中的类名换成自己指定的类名,并在函数体内定制输入输出语句,最后返回传入的 ostream 或 istream 对象即可。

10.3　对象的其他运算

数据的类型不仅表示该数据可以取值的范围，而且还限定了它所能够进行的操作的种类。比如指针类型的数据不能进行乘除，浮点型数据不能进行取余运算等。由于作为用户自定义类型的类是数据和在数据上的操作的封装，所以类类型天然就符合这一规则。而且，通过运算符重载，可以把通常意义下的运算符的作用在类中进行扩展，使得原来运算符的含义可以延伸到新的类型领域。

10.3.1　友元函数实现的复数四则运算

C++中只规定了实数的"＋"运算，通过在复数类中重载"＋"运算符，可以用两个实数相加的形式对两个复数对象相加。利用函数重载的方法，对"＋"运算符函数提供多个重载版本，可以方便实现：实数＋复数，复数＋复数，复数＋实数等各种情况下的复数加运算。这些运算符重载函数可以用成员函数或者友元函数的方式来实现。但是不应该同时提供同一种情况的成员函数和友元函数实现，以避免编译时出现二义性错误。

例 10-7　对复数类 TComplex 重载＋、一、＊、/运算符，使得复数之间、复数和实数之间都能进行加减乘除混合运算。

解：首先，为进行复数间的运算，可以把这 4 个二元运算符重载为成员函数。在类 TComplex 中添加如下运算符成员函数声明：

```
TComplex operator + (const TComplex& z2);
TComplex operator - (const TComplex& z2);
TComplex operator * (const TComplex& z2);
TComplex operator/(const TComplex& z2);
```

因为运算的结果也是一个不同于参加运算的两个复数对象的一个复数对象，所以返回值都是一个 TComplex 对象。

加、减、乘、除法的重载都很简单，可按照复数运算的法则直接进行。设复数 $z_1 = x_1 + iy_1$，$z_2 = x_2 + iy_2$，则有

$$z_1 + z_2 = (x_1 + x_2) + i(y_1 + y_2) \qquad \text{复数加法}$$
$$z_1 - z_2 = (x_1 - x_2) + i(y_1 - y_2) \qquad \text{复数减法}$$
$$z_1 * z_2 = (x_1 x_2 - y_1 y_2) + i(x_1 y_2 + x_2 y_1) \qquad \text{复数乘法}$$
$$z_1 / z_2 = ((x_1 x_2 + y_1 y_2) + i(x_2 y_1 - x_1 y_2))/|z_2| \qquad \text{复数除法}$$

为了计算除法（被除数不为 0 才能进行除法运算），需要先求出除数的模（如 $|z_2|$）。可在类声明中添加友元函数 abs 的声明用于计算复数的模：

```
friend double Abs(const TComplex& z);     //类 TComplex 的友元函数声明：求复数的模平方
```

其实现代码为：

```
//求复数模平方的友元函数
double Abs(const TComplex& z)
{    return z.r * z.r  + z.i * z.i;}
```

之后，即可在 TComplex 类的实现文件中添加运算符函数用于求两个复数的和差积商：

```
//重载 + - * / 运算符：作为成员函数
TComplex TComplex::operator + ( const TComplex& z2 )    //两复数的 + 运算
{    double a = r  + z2.r;
     double b = i  + z2.i;
     return TComplex(a,b);
}
TComplex TComplex::operator - ( const TComplex& z2 )    //两复数的 - 运算
{    double a = r  - z2.r;
     double b = i  - z2.i;
     return TComplex(a,b);
}

TComplex TComplex::operator * ( const TComplex& z2 )    //两复数的 * 运算
{    double a = r * z2.r  - i * z2.i;
     double b = r * z2.i  + i * z2.r;
     return TComplex(a, b);
}
//注意这里传来的除数不能为 0
TComplex TComplex::operator/( const TComplex& z2 )        //两复数的/运算
{
     double a = r * z2.r +    i * z2.i ;
     double b = i * z2.r -    r * z2.i;
     double c = Abs(z2);                //求分母复数的模平方
     return TComplex(a/c, b/c);
}
```

　　这 4 个函数体内都会创建一个 TComplex 对象，用于保存计算结果并用作返回值。当函数返回时，在函数的调用点会创建一个匿名的 TComplex 对象，这个对象以返回对象作为其初始值（调用了拷贝初始化构造函数）。return 后的对象随后销毁，调用点创建的对象在使用完之后也销毁。也就是说，一次复数参加的算术运算会涉及两个 TComplex 对象的创建和销毁。这相对于简单类型数据的运算要更耗时。

在 main 函数中创建两个复数对象 z1 和 z2 来测试这 4 个运算：

```
int main()
{    TComplex z1(1.0,3.0),z2(3.0,4.0);                              //z1 = 1 + 3i, z2 = 3 + 4i

     cout<<z1<<" + "<<z2<<" = "<<z1  + z2<<endl;
     cout<<z1<<" - "<<z2<<" = "<<z1  - z2<<endl;
     cout<<z1<<" * "<<z2<<" = "<<z1  * z2<<endl;
     cout<<z1<<"/"<<z2<<" = "<<z1  / z2<<endl;
     return 0;
}
```

程序运行后,输出：

```
z1 = (1 + 3i)
z2 = (3 + 4i)
(1 + 3i) + (3 + 4i) = (4 + 7i)
(1 + 3i) - (3 + 4i) = (-2 - 1i)
(1 + 3i) * (3 + 4i) = (-9 + 13i)
(1 + 3i)/(3 + 4i) = (0.6 + 0.2i)
```

如果一个复数要和另一个实数进行算术运算,比如 z1 + 3.0,这样的运算必须手动编写运算符函数来实现。类似的情况还有 3.0 + z1。这时第一个参数不是复数对象,对应的运算符函数不能作为成员函数,而必须作为类的友元函数。为此,在类声明中添加以下运算符重载函数声明：

```
//一个复数对象和一个实数的算术运算
TComplex operator + (const double x);                              //复数 + 实数
friend TComplex operator + (const double x, const TComplex& z);     //实数 + 复数
```

在.cpp 文件中添加这两个运算符函数的实现代码如下：

```
TComplex TComplex::operator + ( const double x )
{    return * this + TComplex(x); }
TComplex operator + ( const double x, const TComplex& z )
{    return TComplex(x) + z; }
```

这两个函数都在创建了一个匿名复数对象之后,调用了之前定义的两个复数对象相加的运算符重载函数,代码很简洁,但是都涉及重载的运算符的调用,从而导致多个复数对象的创建和销毁,所以执行效率会比较低。

修改类 TComplex 中的构造函数和析构函数,使得每次创建对象、销毁对象时都输出构造函数/析构函数的调用信息,测试使用上述代码完成的一个复数和实数的加法运算中有多少次对象的创建和销毁动作。

为提高执行效率,可将代码改为

```
TComplex TComplex::operator+( const double x )              //复数 + 实数
{    return  TComplex(x+r, i); }
TComplex operator+( const double x, const TComplex& z )    //实数 + 复数
{    return TComplex(x + z.r, z.i); }
```

进行相应加法运算时,就只需要创建和销毁两个复数对象,提高了程序的执行效率。

测试使用上述改进代码完成的一个复数和实数的加法运算中有多少次对象的创建和销毁动作。跟之前的结果进行比较。

到这里,关于有复数参加的加法运算就已经用运算符重载函数全部实现了。同理,对应于减、乘、除法运算符重载的代码,也应类似编写。首先在类声明中添加运算符函数的声明:

```
//一个复数对象和一个实数的算术运算
……
TComplex operator-(const double x);                         //复数 - 实数
friend TComplex operator-(const double x, const TComplex& z);  //实数 - 复数

TComplex operator*(const double x);                         //复数 * 实数
friend TComplex operator*(const double x, const TComplex& z);  //实数 * 复数

TComplex operator/(const double x);                         //复数 / 实数
friend TComplex operator/(const double x, const TComplex& z);  //实数 / 复数
```

对应运算符函数的实现代码如下:

```
TComplex TComplex::operator-( const double x )             //复数 - 实数
{    return TComplex(r-x, i);            }
```

```
TComplex operator - ( const double x, const TComplex& z )        //实数 - 复数
{    return TComplex(x - z.r, - z.i); }
TComplex TComplex::operator * ( const double x )                 //复数 * 实数
{    return TComplex(r * x, i * x);         }
TComplex operator * ( const double x, const TComplex& z )        //实数 * 复数
{    return TComplex(z.r * x, z.i * x);}
TComplex TComplex::operator/( const double x )                   //复数 / 实数
{    return TComplex(r/x, i/x);          }
TComplex operator/( const double x, const TComplex& z )          //实数 / 复数
{    double m = Abs(z);//模平方
     return TComplex(z.r * x/m, - z.i * x/m);}
```

10.3.2　自增和自减运算

程序中有时候希望能够对自定义的类的对象自增自减运算,这时就必须对单目"＋＋"、"－－"运算符进行重载。重载的运算符函数可以作为类的成员函数,也可以作为类友元函数。而且,作为前置的和后置的自增自减运算符最好也要符合普通变量的自增自减的运算规则:前置时,返回对象的值(不是对象本身),然后对象自身的值再增加一个单位;后置时,对象自身的值先增加一个单位,然后再返回对象的值。

采用成员函数型的自增运算符的重载形式为

```
类名   类名::operator + +()          { …… }        //前置 + +
类名   类名:: operator + +(int x)     { …… }        //后置 + +
类名   类名::operator - -()          { …… }        //前置 + +
类名   类名:: operator - -(int x)     { …… }        //后置 + +
```

注意,后置的自增自减运算符必须有一个 int 型参数,尽管这个参数有极大的可能并不会在函数体内使用。

采用友元函数型的自增运算符的声明形式为

```
类名   类名::operator + +(类名 & r)          { …… }        //前置 + +
类名   类名:: operator + +(类名 & r , int x)  { …… }        //后置 + +
类名   类名::operator - -(类名 & r)          { …… }        //前置 + +
类名   类名:: operator - -(类名 & r , int x)   { …… }        //后置 + +
```

在类的声明中要加上对应的 friend 友元函数声明。上述的运算符函数的第一个参数是进行自增自减的对象的引用。后置的自增自减运算符有第二个 int 型参数,以便编译器能够区别调用前置和后置的自增自减运算符函数。

例 10 - 8　对复数类 TComplex 增加自增自减运算符重载函数。

解:采用成员函数型的运算符重载,需先在类 TComplex 中增加声明:

```
//自增
TComplex operator + + ( );           //前置 + +
TComplex operator + + (int );        //后置 + +
//自减
TComplex operator - - ( );           //前置 - -
TComplex operator - - (int );        //后置 - -
```

运算符函数的实现代码可以写成：

```
//前置 + +
TComplex TComplex∷operator + + ( )
{
    this->r = this->r + 1.0;
    return * this;                   //返回自增之后的对象的值
}
//后置 + +
TComplex TComplex∷operator + + (int x)
{
    TComplex t( * this);
    this->r = this->r + 1.0;
    return t;                        //返回自增之前的对象的值
}

//前置 - -
TComplex TComplex∷operator - - ( )
{   this->r = this->r - 1.0;
    return * this;                   //返回自减之后的对象的值
}
//后置 - -
TComplex TComplex∷operator - - (int x)
{   TComplex t( * this);
    this->r = this->r - 1.0;
    return t;                        //返回自减之前的对象的值
}
```

在 main 函数中创建两个复数对象 z1 和 z2 来测试自增和自减运算：

```
int  main()
{   TComplex z1(1.0,3.0),z2(3.0,4.0);
    cout<<"z1 = "<<z1<<endl;
```

```
    cout<<"z2 = "<<z2<<endl;
    //自增
    cout<<"z1++ 的值 = "<<z1++<<"\t,z1 = "<<z1<<endl;
    cout<<"++z2 的值 = "<<++z2<<"\t,z2 = "<<z2<<endl;
    //自减
    cout<<"z1-- 的值 = "<<z1--<<"\t,z1 = "<<z1<<endl;
    cout<<"--z2 的值 = "<<--z2<<"\t,z2 = "<<z2<<endl;
    return 0;
}
```

程序运行后输出的结果为：

```
z1 = (1 + 3i)
z2 = (3 + 4i)
z1++ 的值 = (1 + 3i)    ,z1 = (2 + 3i)
++z2 的值 = (4 + 4i)    ,z2 = (4 + 4i)
z1-- 的值 = (2 + 3i)    ,z1 = (1 + 3i)
--z2 的值 = (3 + 4i)    ,z2 = (3 + 4i)
```

　　头两行是 $z1$ 和 $z2$ 的初始值。第三四行分别是后置＋＋和前置＋＋运算的结果，以及自增运算完成后对象 $z1$ 和 $z2$ 值。可以看到，后置＋＋的输出结果为对象自增之前的值，然后对象的值再增加 1。而前置＋＋的处理顺序为，对象先自增，然后输出自增后的值。自减运算的分析类似。

练 一 练

　　请读者自行完成友元函数方式的自增和自减运算符重载函数的代码，并进行测试。

　　至此便完成了一个完整的复数类类型，可以用它来定义复数对象，为其他复数对象赋值，输入输出，而且还可以和其他复数/实数进行加减乘除四则混合运算。这个类型的变量（对象）参与的运算在代码书写上就像之前的基本类型运算形式。利用 C＋＋提供的运算符重载和友元函数等功能，基本的算术运算很容易地从实数域扩展到了复数域。如果还需要其他特别的操作，类的设计者还可以继续对其他运算符进行有意义的重载，只要在 C＋＋中这个运算符可以被重载。

10.4　运算符重载的一般规则

　　通过运算符重载，用户自定义的类的对象可以像内建类型的数据一样，用各式各样的运算符计算。重载的运算符函数扩展了该运算符可以操作的数的类型,简化了程序员需要记忆的函数的个数,使得代码的可读性更强。绝大多数的运算符都可以被重载见表 10-1。

表 10-1　可重载的运算符列表

+	~	*	&&=	||	^
<<=	==	!=	<=	>=	+=
>>=	>>	<<	<	&=	^=
|=	/=	*=	-=	%=	>
<	--	++	->	->*	,
[]	()	new	delete	new []	delete []

不能被重载的运算符有:

（1）sizeof

（2）.　　成员访问运算符

（3）::　　作用域运算符

（4）?:　　条件运算符

（5）.*　　成员指针运算符

（6）typeid　　RTTI(运行时类型识别)运算符

（7）const_cast　　强制类型转换运算符

（8）dynamic_cast　　强制类型转换运算符

（9）reinterpret_cast　　强制类型转换运算符

（10）static_cast　　强制类型转换运算符

一般来讲,运算符可以重载为成员函数或类的友元函数。但是也有特例。以下的运算符只能作为成员函数来重载:

（1）=　　赋值运算符

（2）()　　函数调用运算符

（3）[]　　下标运算符

（4）->　　通过指针访问类成员的运算符

另外,运算符重载还必须遵守以下限制:

（1）重载后的运算符必须至少有一个运算数为用户自定义的类型。这将防止用户为基本类型重载运算符,从而改变基本数据类型的运算规则。

（2）使用运算符重载不能违反运算符原有的句法规则,包括:

① 不能修改运算数个数。比如不能把%运算符重载为使用一个运算数。

② 不能修改运算符的优先级和结合性。重载后的运算符的优先级和结合性跟 C++中规定的必须一样。

（3）不能定义新的运算符。比如，不能定义 operator ^^ 运算符求幂。

此外，重载后运算符的语义最好跟该运算符的原始语义相同或相仿，是原始语义的自然扩充。比如，不要为复数类重载一个"＋"运算符，而实际完成的却是求两个复数的乘积。

10.5　其他友元

为类增加友元函数，可以方便地访问类中的私有成员。友元函数的这一特性看似破坏了类的封装性和访问控制，增加了类与函数、类与类之间的耦合性，但是在一定情况下（比如在重载输入输出运算符），又为类的使用提供了方便。

10.5.1　友元成员函数

除了一般的函数（运算符）可以作为某各类的友元外，另一个类的成员函数也可以作为某个类的友元，称为友元成员函数。其声明方法跟一般的友元函数一样，也要放在类声明里；只是必须要在函数前面加上"类名::"作用域限定符，用来表示这个成员函数属于哪一个类。友元成员函数的声明格式如下：

friend 返回类型　类名::成员函数名([形参列表])

例 10-9　一般的网站通常需要用户输入账号密码进行登录。当用户密码丢失时，可以向网站的管理员提交修改密码申请。管理员验证该用户校验信息无误后，可以为用户修改密码。创建一个用户类 User 和一个管理员类 Admin，并提供友元成员函数，使得后者可以修改前者的密码。

解：根据题意，创建两个类 User 和 Admin，并进行测试。代码如下：

```
0001 //友元成员函数举例
0002 #include<iostream>
0003 #include<cstring>
0004 using std::cout;
0005 using std::endl;
0006 class User;                    //类 User 的提前引用声明
0007 class Admin {                  //类 Admin
0008 public:
0009     void changePass(User&, char * new_passwd);
0010 };
0011 class User {                   //类 User
0012     char id[20];               //用户 ID
0013     char passwd[32];           //用户密码
0014 public:
0015     User(char * sid, char * spass){
```

```
0016        strcpy(id,sid);
0017        strcpy(passwd,spass);
0018    }
0019    //友元函数声明
0020    friend void display(const User&);                //友元显示函数
0021    friend void Admin::changePass(User&, char * new_passwd);  //修改密码：类成员做
                                                         //友元
0022 };
0023 void display(const User&u)                          //显示函数
0024 {
0025    cout<<u.id<<":"<<u.passwd<<endl;
0026 }
0027 void Admin::changePass( User& u, char * new_passwd )  //修改密码
0028 {
0029    strcpy(u.passwd, new_passwd);
0030 }
0031 int main()
0032 {
0033    User one("李香兰","@#ASDF#");
0034    display(one);
0035    Admin adm;
0036    adm.changePass(one,"123456");
0037    cout<<"修改密码后的用户信息："<<endl;
0038    display(one);
0039    return 0;
0040 }
```

程序运行情况如下：

> 李香兰:@#ASDF#
> 修改密码后的用户信息:
> 李香兰:123456

在主程序 main 函数中，首先创建了一个用户类对象 one（名为"李香兰"），然后调用在代码第 21 行声明、第 23～26 行定义的类 User 的友元函数，显示该用户的 ID 和密码，中间用冒号隔开。然后创建了一个管理员对象 admin（第 35 行），在第 36 行调用其成员函数 ChangePass，重置了用户李香兰的密码为"123456"。最后调用 display 函数显示重置密码后的用户信息。从输出结果看，用户李香兰的密码被正确重置。

在声明类 Admin 之前，代码的第 6 行，有一个用户类 User 的前置声明。因为在 Admin 类中的成员函数 ChangePass 的形参列表里，第一个参数是 User 类对象的引用。在代码的第 11～18 行 User 类的声明中，有一个友元成员函数的声明：

```
friend void Admin::changePass(User&, char * new_passwd);          //修改密码
```

这个友元函数是 Admin 类的成员函数,需要在类 User 声明之前给出类 Admin 类的声明。这样,既要在 Admin 给出 User 的声明,又要在 User 类之前给出 Admin 类的声明,形成了嵌套的依赖关系。为解决这一问题,C++允许提供"类的提前引用声明",即在需要用到某个尚未给出完整声明的类名时,在前面给出该类的不完整的声明:*class 类名*;。这样,这个类名在后面的声明代码中就可以使用了。这个提前引用声明值包含类名,不包含类体。采用提前引用声明,告诉编译器,类 User 是一个类名,它的定义将在稍晚一些时候给出。

需要注意的是,一般情况下,在使用一个类之前必须先对其进行定义。但是,如果在定义类之前需要使用该类名,就要对其提前引用声明。类的提前引用声明的范围有限,只有在正式定义一个类之后才能用它去创建类对象,而不能在提前引用之后就去创建类对象。上面的例子中,如果在第 6 行后立即进行对象定义:

```
User someuser;
```

则编译器会报错:

error C2079: 'someuser' uses undefined class 'User'　（错误 C2079: someuser 使用了未定义的类 User）

因为,定义对象时要为该对象分配存储空间,可是在正式定义类之前,由于没有给出类体,编译器无法确定应为对象分配多大的空间,只有在见到类体之后,才能确定。在对一个类做了提前引用声明后,就可以用该类的名字去定义指向该类型对象的指针或对象的引用,这是因为指针变量或引用变量自身的大小是固定的,都只是一个地址,跟所指向的对象的大小无关。

同样,程序在定义 Admin::ChangePass 函数之前正式给出了类 User 的定义。如果将 ChangePass 函数的定义放在类 User 的定义之前,编译器也会报错。这是因为,ChangePass 函数体内要用到类 User 的成员变量 id 和 passwd,这在正式定义类 User 之前也是不可得的(在正式定义 User 类之前,这些成员变量并不可见,或者说,这些标识符都还没有定义)。

如果把类 User 的友元函数 display 的定义放在提前引用之后、类 User 的正式定义之前,也会产生类似错误,编译器报错:

error C2027: use of undefined type 'User'　（错误 C2077: 使用了未定义的类型 User）

原因跟 ChangePass 函数不能放 User 类正式定义之前是一样的,因为 display 中也访问了 User 类的私有成员。

练 一 练

　　把上例中的 User 类的完整声明放在 Admin 类完整声明之前,并在前面加上 Admin 类的提前引用声明。编译程序,观察结果并思考原因。

将另一个类 Admin 中的成员函数声明为类 User 的友元函数,使其获得了对 User 类中包括私有成员在内的所有成员的访问权限。如果不声明 ChangePass 为类 User 的友元函数,则该函数只能访问自己所在类 Admin 中的成员,而绝不可能访问类 User 中的私有成员。另外,这种访问也必须通过 User 类对象、对象的引用或指针来进行(代码第 29 行),跟在类外访问类成员的语法一样,只是这里访问的类成员可以是私有成员。

　　一个函数(普通函数或成员函数)还可以同时声明为两个或多个类的友元,这样便可以在该函数中访问多个类的私有成员。

　　例 10‑10　定义时间类 Time 和日期类 Date,通过友元函数同时显示日期和时间。

```
0001 //多个类的友元函数举例
0002 #include<iostream>
0003 #include<iomanip>
0004 #include<cstring>
0005 using namespace std;
0006 class Date;       //提前引用声明
0007 class Time        //时间类
0008 {
0009     int hour, minute, second;
0010 public:
0011     Time(int h = 0,int m = 0,int s = 0):hour(h),minute(m),second(s){}
0012     friend void display(const Date&d, const Time&t);//友元函数声明
0013 };
0014 class Date {      //日期类
0015     int year, month, day;
0016 public:
0017     Date(int y = 2000,int m = 1, int d = 1):year(y),month(m),day(d){}
0018     friend void display(const Date&d, const Time&t);//友元函数声明
0019 };
0020 //友元函数定义
0021 void display(const Date&d, const Time&t)              //显示函数
0022 {
0023     cout<<setfill('0');                               //设置填充用字符
0024     cout
0025     <<d. year<<"-"
0026     <<setw(2)<<d. month<<"-"                         //setw 设置显示域宽
0027     <<setw(2)<<d. day<<" ";
0028     cout<<setw(2)<<t. hour<<":"
0029         <<setw(2)<<t. minute<<":"
0030         <<setw(2)<<t. second
0031         <<endl;
```

```
0032 }
0033 int main()
0034 {
0035     Date d1(2013,5,31);
0036     Time t1(12,10,2);
0037     display(d1, t1);
0038     return 0;
0039 }
```

程序输出结果为：2013－05－31 12:10:02。

本例定义了两个类 Time 和 Date。在这两个类中都声明了一个 display 函数作为自己的友元。由于 display 函数(定义在第 21～32 行)中访问了 Time 类和 Date 类的私有成员，所以它必须声明了这两个类的友元函数。在 Time 类中声明 display 函数时，因为 display 的参数有一个的类型是 Date 的常引用(采用对象的常引用可以保护数据不被修改，而且提高传递参数的效率)类型，而此时 Date 类型还没有定义。所以必须在 Time 类前面加上 Date 类的提前声明语句。在 display 函数的内部，访问了时间和日期对象的私有成员并输出。使用 cout 进行输出时，采用了 *iomanip* 头文件中声明的 setw 函数用于设置域宽为 2，setfill 函数用于设置(当域宽比实际输出宽时的)填充字符为'0'。这样输出的日期(除年份)、时间都以两位数字来显示。

当函数需要对多个类对象的私有成员进行访问时，把它声明为各类的友元函数将非常方便。但是，友元函数使用过多会破坏类的封装性，加强代码间的耦合度。一个地方的修改可能会影响到许多地方，使得修改工作容易出错。

10.5.2 友元类

与函数一样，一个类也可以声明为另一个类的友元。一旦做出这样的声明之后，前一个类中的所有成员函数都将成为后一个类的友元函数，也就可以访问后一个类的所有成员了。把这样声明的前一个类称为后一个类的友元类。友元类的声明格式如下：

```
class 类名{
    ……
    friend class 友元类名;
    ……
};
```

例 10-11 实现对一组学生成绩求平均分、最高分、最低分。

```
0001 //友元类举例
0002 #include<iostream>
0003 #include<iomanip>
0004 #include<cstring>
```

```
0005 using namespace std;
0006 #define N 10
0007 //成绩类
0008 class Score{
0009     float x[N];
0010 public:
0011     void set();              //设置数据
0012     void print();           //打印成绩
0013     friend class Statistics;    //友元类声明
0014 };
0015
0016 void Score::set()//输入成绩
0017 {
0018     cout<<"请输入"<<N<<"个成绩，空格隔开："<<endl;
0019     for (int i=0;i<N;i++)
0020     {
0021         cin>>x[i];
0022     }
0023 }
0024 void Score::print()
0025 {
0026     cout<<"成绩列表："<<endl;
0027     for (int i=0;i<N;i++)
0028     {
0029         cout<<x[i]<<" ";
0030     }
0031     cout<<endl;
0032 }
0033
0034 //统计成绩的类
0035 class Statistics
0036 {
0037 public:
0038     void max(const Score&s);
0039     void min(const Score&s);
0040     void ave(const Score&s);
0041 };
0042
0043 void Statistics::max( const Score&s )
0044 {
0045     float y=s.x[0];
```

```
0046      for (int i=1;i<N;i++)
0047      {
0048          if(y<s.x[i])
0049              y=s.x[i];
0050      }
0051      cout<<"最高分："<<y<<endl;
0052
0053 }
0054
0055 void Statistics::min( const Score&s )
0056 {
0057      float y=s.x[0];
0058      for (int i=1;i<N;i++)
0059      {
0060          if(y>s.x[i])
0061              y=s.x[i];
0062      }
0063      cout<<"最低分："<<y<<endl;
0064 }
0065 void Statistics::ave( const Score&s )
0066 {
0067      float y=s.x[0];
0068      for (int i=1;i<N;i++)
0069      {
0070          y+=s.x[i];
0071      }
0072      cout<<"平均分："<<y/N<<endl;
0073 }
0074 int main()
0075 {
0076      Score s;
0077      Statistics z;
0078      //输入成绩
0079      s.set();
0080      s.print();
0081      //统计成绩
0082      z.max(s);
0083      z.min(s);
0084      z.ave(s);
0085      return 0;
0086 }
```

在类 Score 的声明中添加了类 Statistics 作为自己的友元类(代码第 13 行),这使得后者可以在自己的成员函数中访问 Score 类的私有成员(数组 x)。对 Score 类的访问是通过该类对象的引用来进行的,使用成员访问运算符". "访问 Score 类对象的私有成员。在主程序中,通过创建 Score 和 Statistics 类的对象 s 和 z,并把 s 作为参数传递给 Statistics 类的成员函数 max、min、ave(代码第 82~84 行)统计最高分、最低分和平均分。

程序运行后输出结果如下:

请输入 10 个成绩,空格隔开:
58 96 78 20 15 64 33 85 80 92
成绩列表:
58 96 78 20 15 64 33 85 80 92
最高分:96
最低分:15
平均分:62.1

关于友元的使用,还需要注意:

(1) 友元声明可以放在类的私有声明部分,也可以放在类的公有声明部分,不会有影响;

(2) 友元关系不具有传递性。如果 B 类是 A 类的友元类,C 类是 B 类的友元类,不等于 C 类就是 A 类的友元类。如果需要把 C 类设为 A 类的友元类,需在 A 类中另做友元声明;

(3) 友元关系不具有交换性,是单向的。如果 B 类是 A 类的友元类,那么 B 类的成员函数都可以访问 A 类中的所有成员。反之不行。如果还需要把 A 类设为 B 的友元类,需要在 B 类中另作友元声明;

(4) 应该慎用友元。因为友元会破坏了类的封装性和信息的隐藏。

10.6　声明与实现的分离

为了使得类的使用更方便,并达到隐藏实现细节的目的,通常把类的声明和实现代码分别存放在不同的文件中,分别称为接口和实现。类的接口是指类的声明,类的实现是指类的成员函数的定义。类的接口文件的名字通常为"类名. h"(头文件),而实现文件的名字则为"类名. cpp"(源文件)。

10.6.1　头文件

头文件是可以提供给用户的源码,用户通过 #include 编译预处理指令把头文件包含进自己的程序。头文件中经常包含以下内容:类型定义、常量定义、宏定义、函数声明、条件编译指令等。把类的声明放在头文件里,用户通过头文件就能够了解类的全部成员,最重要的是了解其中有哪些公有成员。把类声明头文件包含进应用程序中,用户可以用类来定义对象,通过对象使用类的公有成员函数(对象间的通信),从而使用类的功能。

例 10-12 创建一个顺序栈类，栈的元素为整型，默认有 10 个元素。能够完成入栈和出栈即可。

解：栈是一种限定性的数据结构，实际上是一个容器，用来存放多个元素。它的操作特点是先入后出。而顺序栈是用数组来保存元素的栈。

栈要支持基本的出栈(Pop)和入栈(Push)等操作，用来弹出元素或把元素压入栈中。对应条件为：栈为空的时候，不能进行出栈操作；栈为满的时候，不能再将元素入栈。也就是说，需要提供判断栈空(IsEmpty)和栈满(IsFull)两种情况的函数。据此我们可以写出栈的声明的头文件：

```
0001 // CSeqStack.h：interface for the CSeqStack class.
0002
0003 #ifndef _CSEQSTACK_H_
0004 #define _CSEQSTACK_H_
0005
0006 class CSeqStack
0007 {
0008 private：
0009     int      * elem;          //存放栈数据
0010     int        count;         //栈内元素个数
0011     int        size;          //栈的最大容量
0012     enum{DEFAULT_SIZE = 10}; //利用枚举定义常量
0013 public：
0014     bool IsFull();            //栈满判断
0015     bool IsEmpty();           //栈空判断
0016     int  Length();            //计算栈内元素个数
0017     bool Push(int x);         //入栈
0018     bool Pop(int&x);          //出栈，元素保存在 x 里
0019     //构造函数
0020     CSeqStack(int n = DEFAULT_SIZE);
0021     virtual  ~CSeqStack();    //析构函数
0022 };
0023
0024 #endif // _CSEQSTACK_H_
```

上述类声明头文件中，采用了条件编译指令：

```
#ifndef _CSEQSTACK_H_
#define _CSEQSTACK_H_
……
#endif // _CSEQSTACK_H_
```

479

它的意思是：当没有定义宏＿CSEQSTACK＿H＿的时候，才给出顺序栈类CSeqStack 的类型声明；否则什么也不做。因为头文件可能会在用户不小心的时候多次被包含。使用条件编译的方法，保证了只有第一次包含此头文件时才会给出类的声明，而不会出现类型重定义的错误。

在代码的第 12 行有一句

```
enum{DEFAULT_SIZE = 10};
```

这是又一种在类中声明常量的方式，称为枚举常量。这个方法类似于#define 语句定义的宏，但是具有类作用域和访问控制属性。如果具有公有访问控制，可以通过"对象.DEFAULT_SIZE"的方式来访问。此外，枚举常量没有类型属性，跟用 const 声明的常量相比使用更简单（在声明中直接给出常量的值，而后者必须在每个构造函数的初始化列表中显式初始化）。

10.6.2 源文件

函数或类的声明常放在头文件中，而它们的实现代码则放在源文件中，称为声明与实现的分离。这样就可以只把头文件以文本文件的形式提供给类的使用者，而把实现文件通过编译好的二进制代码的形式（比如库或 obj 文件）提供给使用者，从而达到隐藏实现细节的目的，也为多个软件工程师同时进行软件开发提供了技术支持。

下面是存放在 CSeqStack.cpp 文件中的 CSeqStack 类的成员函数的实现代码：

```
0001 // SeqStack.cpp：类 CSeqStack 的实现文件.
0002 #include "SeqStack.h"
0003 #include<iostream>
0004 using std::endl;
0005 using std::cout;
0006
0007 //构造函数
0008 CSeqStack::CSeqStack(int n)
0009 {
0010     size  = n>0? n:0;           //容积设为 n 或 0
0011     count = 0;                  //初始化：栈为空
0012     elem  = NULL;
0013
0014     if(n>0)
0015     {   elem = new int[n];      //分配内存
0016         for (int i = 0;i<n;i++)  //元素全部初始化为 0
0017         {
0018             elem[i] = 0;
0019         }
0020     }
```

```
0021
0022 }
0023 //析构函数
0024 CSeqStack::~CSeqStack()
0025 {    delete []elem;  }
0026 //入栈操作
0027 bool CSeqStack::Push(int x)
0028 {
0029     if(! IsFull())                   //栈不满才能压入数据
0030     {
0031         elem[count++] = x;
0032         return true;
0033     }else
0034     {
0035         cout<<"堆栈满了!"<<endl;
0036         return false;
0037     }
0038 }
0039 //出栈操作
0040 bool CSeqStack::Pop(int &x)
0041 {
0042     if(! IsEmpty())                  //不为空栈才能弹出元素
0043     {
0044         x = elem[--count];
0045         return true;                 //操作成功
0046     }else
0047     {
0048         cout<<"堆栈是空的!"<<endl;
0049         return false;
0050     }
0051 }
0052
0053 int CSeqStack::Length()
0054 {    return count; }
0055
0056 bool CSeqStack::IsEmpty()
0057 {    return count == 0; }
0058
0059 bool CSeqStack::IsFull()
0060 {    return count == size; }
```

代码的第 8 行首先提供了类的(带默认参数的)构造函数 CSeqStack::CSeqStack (int n),用以创建指定大小 n 的顺序栈。若 n 值大于 0,则栈的大小 size 设为 n,并分配 n 个 int 型空间用以存放元素。刚创建好的栈是空的,所以栈内元素个数为 0。若 n 值 小于等于 0,则栈为 size=0 的空栈。

第 24～25 行是析构函数的定义,函数体内直接回收构造函数中分配的内存即可。 这里并没有先判断 elem 指针是否为空,因为 delete 本身会判断,并根据判断结果决定 是否释放内存。

代码第 56～57 行提供 IsEmpty 成员函数对栈空的情形判断:只要元素个数为 0, 即表示栈空。同理,第 59、60 行提供了成员函数 IsFull 对栈满的情况判断:当栈内元 素个数等于栈的容量时,栈即为满。

代码第 27～38 行给出了入栈函数 Push,是把形参变量表示的元素放到栈顶,并返 回 true,表示操作成功。如果栈满,则输出提示信息,并返回 false,表示操作失败。

代码第 40～50 行给出了出栈函数 Pop,它把栈顶元素取出来,并将站内元素个数 减少 1,更新栈顶。成功的话,返回 true。如果栈为空,则操作失败,在给出提示信息后 返回 false。

10.6.3 如何使用类

在完成了类的声明和实现文件中代码的编写之后,就可以将对应的.h 文件和.cpp 文件提供给别的程序员使用。类的使用者可以通过♯include 指令把类的声明包含进 来,并在自己的代码中使用该类创建对象并进行对象间的运算。这样的代码可以顺利 编译,因为用到的每个标识符(类名、类成员函数名等)都已经得到了正确的说明。但是 在链接代码以生成可执行程序的时候,还必须要指定类的实现文件(.cpp 文件)的 位置。

在 VC 6 下建立一个控制台工程,添加主程序文件 mainstack.cpp,并在其中输入 下面的代码:

```
//文件名:mainstack.cpp, 测试顺序栈用
#include"SeqStack.h"
#include<iostream>
using std::cout;
using std::cin;
using std::endl;
#define N  5
int  main()
{
    CSeqStack stack;
    int a[N]={1,5,4,3,6};
int x;
//把数组 a 中的元素压栈
    cout<<"入栈顺序:"<<endl;
```

```
    for (int i=0;i<N;i++)
    {
        stack.Push(a[i]);
        cout<<"↓("<<a[i]<<")";
        cout<<" 栈中元素个数："<<stack.Length()<<endl;
    }
//把栈内元素全部出栈
    cout<<"出栈顺序："<<endl;
    while(! stack.IsEmpty())
    {
        stack.Pop(x);
        cout<<"↑("<<x<<")";
        cout<<" 栈中元素个数："<<stack.Length()<<endl;
    }
    return 0;
}
```

把 CSeqStack.h 和 CSeqStack.cpp 文件拷贝到跟 mainstack.cpp 文件同一个文件夹下，然后编译链接。可以看到，程序能够顺利编译，但是在链接的时候会出现多个类似于下面的错误：

mainstack.obj : error LNK2001: unresolved external symbol "public: __ thiscall CSeqStack::CSeqStack(int)"(?? 0CSeqStack@@QAE@H@Z) (无法解析的外部符号……)

该错误说明在程序中找不到构造函数 CSeqStack：CSeqStack(int)的实现代码。因为代码中只是 #include 的头文件，并没有指出类的实现文件在哪里。要解决此办法，可以有以下几种办法：

1. 单文件程序

把头文件、实现文件、main 函数依次放在同一个文件中。这样做代码组织混乱。不但把具体的实现细节暴露给了用户，而且在有多个类的时候，代码文件非常长，可读性极差。

2. 包含源文件

在把头文件 #include 包含进来之后，再把实现文件也包含进来，如，

```
#include"SeqStack.h"
#include"SeqStack.cpp"
```

这样减少了 main 函数所在文件的代码量，但也会把实现暴露给类的使用者。

3. 类文件全部加入工程

把类的声明文件和实现文件都加入工程中。在主程序文件中只需要包含类声明的头文件，便可使用该类。方法是：主菜单下选择"工程"→"增加到工程"→"文件"，然后

在弹出对话框里选择要加入到工程中的文件①。这是一般的做法。按照这种做法，上面的 mainstack. cpp 程序可以进行正常编译和链接，生成的 exe 文件运行后的结果为：

入栈顺序：

↓（1）栈中元素个数：1

↓（5）栈中元素个数：2

↓（4）栈中元素个数：3

↓（3）栈中元素个数：4

↓（6）栈中元素个数：5

出栈顺序：

↑（6）栈中元素个数：4

↑（3）栈中元素个数：3

↑（4）栈中元素个数：2

↑（5）栈中元素个数：1

↑（1）栈中元素个数：0

可见，在入栈的时候，将数组 a 中的元素按照下标从小到大的顺序压入栈 stack 中。出栈的时候顺序则正好相反。每弹出一个元素，则栈内元素个数减少一，直至栈空时停止。

4. 使用静态库

上面的方法都要提供类实现的源代码给用户，总是不可避免地会暴露实现的细节。为了隐藏实现代码，可以先把类的实现文件编译成为静态链接库（扩展名为 . lib 的二进制文件），静态链接库由实现代码编译后生成的目标代码组成。然后把类的头文件和库文件同时提供给用户。以上述顺序栈为例，要生成一个实现文件的静态库，须执行以下步骤：

（1）首先在 VC++6. 0 中新建一个 Win32 Static Library 类型的工程 SeqStack，保存在"E：\VC6\proj\SeqStack"文件夹下，如图 10-5 所示。

（2）把之前的两个文件 CSeqStack. h、CSeqStack. cpp 拷贝到新工程的文件夹下，并通过 VC 主菜单下选择执行菜单命令"工程"→"增加到工程"→"文件"，把 CSeqStack. CPP 文件添加到工程 SeqStack 中。但是 SeqStack. h 头文件可以不加进来。工程中也没有主函数。

（3）编译此工程。如果实现文件中没有错误，且 SeqStack. h 与它同在一个目录下，则编译成功后会在目录下生成静态库文件 SeqStack. lib。编译结果如图 10-6 所示。这里不再像生成可执行程序那样使用 VC 的 LINK 程序进行链接，而使用 LIB. exe 程序创建静态库文件。

（4）把生成的库文件 SeqStack. lib 和头文件 SeqStack. h 都拷贝到主程序所在的工程文件夹下，确保主程序中添加头文件的引用，然后在执行菜单命令"工程"→"设置"，

---

① 由于 VC6 跟 Office2007 及以上版本存在兼容问题，需要在微软网站下载 FileTool 工具。具体方法见网络。

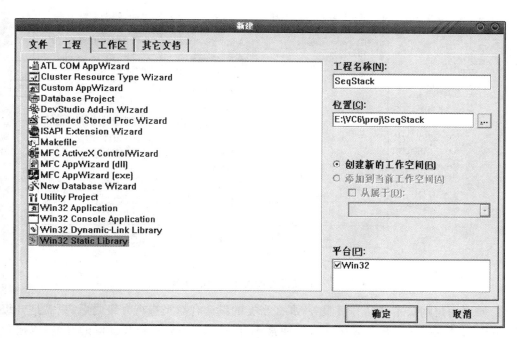

图 10-5　新建静态库工程 SeqStack

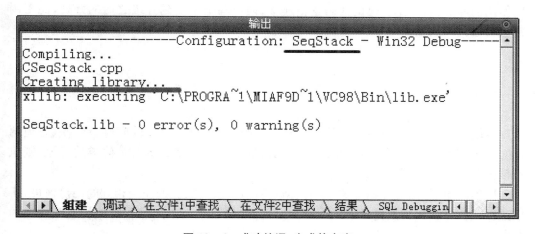

图 10-6　成功编译,生成静态库

在弹出对话框的右边上方选择"连接",在"对象/库模块:"编辑框后面添加 SeqStack.lib 库文件,如图 10-7 所示。

　　(5)编译并连接程序。程序能够正常连接,最后成功生成了可执行文件。然后执行程序,结果跟第三种方法的输出结果完全一样。

　　这种方法真正实现了类的声明和实现的分离。类的提供者将类的头文件和实现代码的静态库一起提供给类的使用者,类的使用者只能通过头文件和同时提供的文档了解类的公共接口的名字和使用方法。但是类的使用者没有办法知道成员函数的实现代码,也就无从修改这些代码,从而使得类的封装和信息隐藏更加彻底。

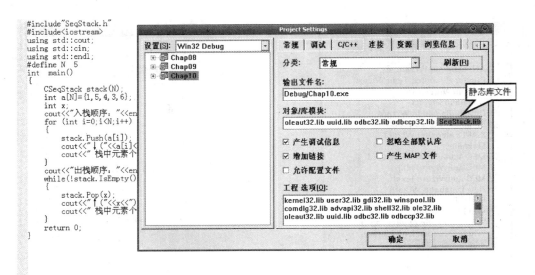

```
#include"SeqStack.h"
#include<iostream>
using std::cout;
using std::cin;
using std::endl;
#define N 5
int  main()
{
    CSeqStack stack(N);
    int a[N]={1,5,4,3,6};
    int x;
    cout<<"入栈顺序: "<<en
    for (int i=0;i<N;i++)
    {
        stack.Push(a[i]);
        cout<<" ↓ ("<<a[i]<
        cout<<" 栈中元素个
    }
    cout<<"出栈顺序: "<<en
    while(!stack.IsEmpty()
    {
        stack.Pop(x);
        cout<<" ↑ ("<<x<<")
        cout<<" 栈中元素个
    }
    return 0;
}
```

图 10-7　指定静态库用于代码的连接过程

　　如果用户购买了产品升级服务,那么当类的设计者对类进行升级之后,只需把升级后的库文件提供给用户。升级的时候通常不允许修改已有的公共接口的签名,以避免用户代码的修改。但是允许提供新的接口。用户拿到升级后的库文件后,把它替代之前使用的库文件,并把自己的代码重新连接,便可马上享受到升级之后的好处,而不用修改自己代码的任何地方。

10.7　再谈拷贝

　　数组作为类的数据成员,赋值时会默认进行数组成员的拷贝,使得“=”左、右边两个对象中的数组元素都相等。如果参加赋值的对象的数据成员有其他类的对象,则执行该类对象间的赋值。

　　赋值结束后,由于左值对象中的数据是右值对象的数据的完全相同的一份拷贝,所以这种赋值方法称为浅拷贝(shallow copy)。浅拷贝也可以用已有对象初始化新建的对象。

　　字符串类 MyString 类中包含一个字符串指针 s,还有一个表示字符串长度的变量 len。为了简化实现,突出问题,忽略一些如重载的＋、>>运算符等,而且还会在构造函数和析构函数中输出一些提示消息。另外,为了辅助说明,在类中增加了一个静态类成员 n_str,用来记录程序中存在多少个这样的类对象(作用同第 9 章中 People 类的静态成员 headcount)。

```
//MyString.h - - - 类 MyString 的声明文件
#include<iostream>
```

```
#ifndef _MYSTRING_H_
#define _MYSTRING_H_
class MyString
{
    char   * s;              //字符指针
    int len;                 //字符串长度
    static int n_str;        //对象个数的计数器
public:
    MyString();
    MyString(const char   * str);
    friend std::ostream& operator<<(std::ostream&os, const MyString& src);
    ~MyString();
};
#endif // _MYSTRING_H_
```

　　在这个类的设计中,使用了字符串指针 s 而不是数组来存储字符串。这意味着在类声明中没有为字符串分配内存空间。这就需要在类的实现文件(MyString.CPP)的构造函数里使用 new 动态地为字符串分配内存。在析构函数中应该使用配对的 delete 来回收之前分配的内存。

　　如前所述,静态类成员有一个特点：无论创建了多少对象,程序都只会在内存中创建一个静态类变量的副本。即类的所有对象共享一个静态成员。这样,把静态类成员 n_str 作为计数器,在创建对象时它的值增加 1,在销毁对象时它的值减少 1。在类中加入这个变量的目的是为了在显示的时候能够更清楚地看到对象创建和销毁的先后顺序。

　　下面的代码实现了 MyString 类的所有成员,请读者注意其中的指针和静态成员的使用：

```
// MyString.cpp: MyString 类的实现文件.
#include "MyString.h"
#include<iostream>
#include <cstring>
using std::endl;
using std::cout;

int MyString::n_str  = 0;            //初始化静态类成员变量
//默认构造函数①
MyString::MyString()
{
    len  = 4;
```

```cpp
    s  = new char[len];
    strcpy(s,"C++");              //默认字符串
    n_str ++;
    cout<<"创建字符串对象"          //提示信息
        <<n_str<<": \t(\""
        <<s<<"\")"<<endl;
}
//带参构造函数②
MyString::MyString( const char  * str )
{
    len = strlen(str);           //设置字符串长
    s  = new char[len+1];        //分配内存
    strcpy(s,str);               //拷贝到 s 指向的内存
    n_str ++;                    //对象计数加 1
    cout<<"创建字符串对象"          //提示信息
        <<n_str<<": \t(\""
        <<s<<"\")"<<endl;
}
//析构函数
MyString::~MyString()
{
    cout<<"销毁字符串对象"          //提示信息
        <<n_str<<": \t(\""
        <<s<<"\")"<<endl;
    n_str --;                    //对象计数减 1
    delete []s;                  //回收内存
}


//输出字符串
ostream& operator<<(ostream&os, const MyString& src)
{
    os<<"字符串指针地址: \t"<< static_cast<const void * >(src.s)<<": ";
    os<<src.s;
    return os;
}
```

　　除了相应的文件包含和 using 指令外,文件一开始便对静态数据成员 n_str 进行了初始化:

```cpp
    int MyString::n_str  = 0;        //初始化静态类成员变量
```

　　静态成员变量不能在类声明中进行初始化，而要把初始化代码放在类声明之外。这就有两个选择，一是放在声明文件(.h 文件)中类声明语句之外；二是放在类的实现文件(.cpp 文件)里。通常做法是将静态数据成员的初始化语句放在类的实现文件中。因为类声明文件可能被多次包含，可能出现多个初始化语句的副本，从而引发错误。而且，静态数据成员在初始化的时候不再需要用 static 关键字限定。

　　类 MyString 的默认构造函数 MyString::MyString()分配了 4 个字节的内存空间保存默认字符串"C++"，注意这种以'\0'结束的字符串占据的内存空间要比实际字符串的长度(这里是 3)多一个字节。另一个带 char * 型参数的构造函数 MyString::MyString(char *)分配传入的字符串的长度加 1 个字节的内存空间，并把参数字符串拷贝到新的内存空间中。这两个构造函数都会让静态计数器变量 n_str 加 1，并输出相应信息。

　　析构函数 MyString::~MyString()的任务是回收构造函数分配的内存，输出相应的信息，并使静态计数器变量 n_str 减 1。

　　为了说明在赋值过程中发生的问题，代码中用友元函数对插入运算符"<<"进行了重载，输出成员字符串的地址，以及字符串的内容。这里用了 C++型的强制类型转换 static_cast<cosnt void *>，它相当于传统 C 语言中强制类型转换的 C++替代，主要目的是输出字符串指针的地址值。否则，不用转换的话，输出的结果将是字符串的内容。

　　例 10 - 13　利用 MyString 类创建对象，并进行对象间的赋值，测试类设计中的问题。

```
#include"MyString.h"
#include<iostream>
using std::cout;
using std::cin;
using std::endl;
int  main()
{
    MyString s1;
    MyString s2("PASCAL");
    cout<<"s1:"<<s1<<endl;
    cout<<"s2:"<<s2<<endl;

    s2 = s1;
    cout<<"\n用 s1 给 s2 赋值后："<<endl;
    cout<<"s1:"<<s1<<endl;
    cout<<"s2:"<<s2<<endl;

    return  0;
}
```

上述代码首先创建了 MyString 对象 s1,采用默认构造函数。然后利用带参构造函数,创建了对象 s2。然后利用重载的"<<"运算符输出这两个字符串。

接着,把对象 s1 赋值给 s2。然后利用重载的"<<"运算符输出赋值后这两个字符串的值。因为在"<<"重载函数中同时还输出对象中字符串的地址,可以比较赋值后两个对象中的字符串的首地址。

编译以上程序并运行,结果弹出窗口,如图 10 - 8 所示。

图 10 - 8   程序运行后出现的堆内存错误警告

程序输出结果如下:

```
创建字符串对象 1:        ("C + +")
创建字符串对象 2:        ("PASCAL")
s1:字符串指针地址:        00381090:C + +
s2:字符串指针地址:        00381148:PASCAL
```

用 s1 给 s2 赋值后:

```
s1:字符串指针地址:        00381090:C + +
s2:字符串指针地址:        00381090:C + +
销毁字符串对象 2:        ("C + +")
销毁字符串对象 1:        ("茸茸茸茸茸茸茸茸")
```

从程序运行的结果,我们可以分析图 10 - 8 所示错误的原因。

首先,创建对象 s1 时,使用默认的构造函数,其中字符串地址为 0X00381090("C++");而用带参构造函数创建的对象 s2 中的字符串地址为 0X00381148("PASCAL")[①]。这两个对象的字符指针指向不同的内存空间,分别存放自己的字符串。代码输出:

———————————

①   读者电脑上的地址值可能会不同。

```
创建字符串对象 1：            （"C++"）
创建字符串对象 2：            （"PASCAL"）
s1:字符串指针地址：           00381090:C++
s2:字符串指针地址：           00381148:PASCAL
```

在经过赋值之后,可以看到,s2 的字符指针的值发生了改变,指向了跟 s1 中字符指针相同的位置。由于对象 s2 的字符指针的值发生了改变,原来对象 s2 的字符指针指向的内存不可再访问了。这就造成了内存的泄漏。代码输出：

用 s1 给 s2 赋值后：

```
s1:字符串指针地址：           00381090:C++
s2:字符串指针地址：           00381090:C++
```

在程序结束时,s2 和 s1 依次被析构。在 s2 的析构函数中使用 delete,实际上回收的是对象 s1 的字符指针指向的内存。这时 s1 中的字符串指针指向的内存是已经被释放的内存,所以这个指针被称为野指针(wild pointer)。当 s1 被析构时,由于 delete 后面的指针所指向的内存已经被释放了,所以造成了同一块内存的第二次释放的尝试,引起堆内存错误。

可以看到,赋值(拷贝)的时候,由于进行的是浅拷贝,右边对象的指针成员的值被赋给左边变量的指针成员,结果是二者指向同一块内存,导致内存泄漏。而且在析构时会多次析构同一块内存,导致程序出错。这个过程可以用图 10-9 进行说明。

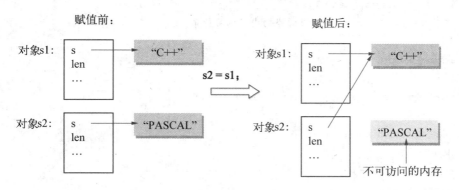

图 10-9 浅拷贝造成内存泄漏的原理

要解决这个问题,就不能用常规的浅拷贝,而必须对赋值运算符函数进行重载,使得在拷贝的时候,把源指针指向的内存中的内容拷贝到目标指针指向的内存中去,而不是仅仅进行指针变量的赋值。这就是所谓的深拷贝(deep copy)。深拷贝是对资源本身的拷贝,而非仅仅是对指针值的拷贝。

由于 C++默认的赋值/拷贝都是浅拷贝,对于需要进行动态内存分配的类,必须提供重载的赋值运算符函数"operator ="和拷贝初始化函数,在这两个函数的实现代码中进行资源的拷贝。为此，为上述 MyString 类提供这两个重载的函数，并提供由 char * 型字符串向 MyString 进行赋值的重载运算符函数。首先在 MyString. h 中添加 如下函数声明：

```cpp
//赋值和拷贝函数
MyString& operator = (const MyString& src);     //赋值运算重载：对象←对象
MyString& operator = (const char  *);           //赋值运算重载：对象←字符指针
MyString( const MyString& src);                 //拷贝构造函数：用已有对象来初始化新建对象
```

然后在实现文件 MyString. CPP 中添加以上成员函数的实现代码：

```cpp
//赋值运算重载：深拷贝
MyString& MyString::operator = ( const MyString& src  )
{
    delete s;
    if(! src.s) {          //源串为空
        s = NULL;
        len  = 0;
    }
    else                //目标串非空，先释放，再重新分配
    {
        len  = strlen(src.s);
        s  = new char[len + 1];
        strcpy(s, src.s);//拷贝源串的内容到目标串
    }
    return * this;
}
MyString& MyString::operator = ( const char * src  )
{
    len  = strlen(src);
    delete s;
    s = new char[len + 1];
    strcpy(s, src);

    return * this;
}
//拷贝构造函数：深拷贝
MyString::MyString( const MyString& src  )
{
    len  = strlen(src.s);
```

```
    if(! len)
    {
        s = NULL;
    }
    s  = new char[len + 1];
    strcpy(s, src. s);
    n_str  + +;                    //对象计数加 1
    cout<<"创建字符串对象"         //提示信息
        <<n_str<<": \t(\""
        <<s<<"\")"<<endl;
}
```

例 10 - 14   利用实现了深拷贝的 MyString 类进行对象间赋值和拷贝。

```
# include"MyString. h"
# include<iostream>
using std::cout;
using std::cin;
using std::endl;

int  main()
{
    MyString s1;
    MyString s2("PASCAL");
    MyString s3(s2);               //用已有对象给对象初始化,调用拷贝构造函数
    cout<<"s1:"<<s1<<endl;
    cout<<"s2:"<<s2<<endl;
    cout<<"s3:"<<s3<<endl;

    s2 = s1;                       //用其他对象给对象赋值
    cout<<"\n 用 s2 给 s1 赋值后: "<<endl;
    cout<<"s1:"<<s1<<endl;
    cout<<"s2:"<<s2<<endl;
    cout<<"s3:"<<s3<<endl;

    s2 = "JAVA";                   //用常量字符串给对象赋值
    cout<<"s2:"<<s2<<"\n"<<endl;
    return 0;
}
```

程序的输出为：

```
创建字符串对象1：        ("C++")
创建字符串对象2：        ("PASCAL")
创建字符串对象3：        ("PASCAL")
s1:字符串指针地址：      00381090:C++
s2:字符串指针地址：      00381148:PASCAL
s3:字符串指针地址：      00381180:PASCAL
```

用 s2 给 s1 赋值后：

```
s1:字符串指针地址：      00381090：C++
s2:字符串指针地址：      00381148：C++
s3:字符串指针地址：      00381180:PASCAL
s2:字符串指针地址：      00381148:JAVA

销毁字符串对象3：        ("PASCAL")
销毁字符串对象2：        ("JAVA")
销毁字符串对象1：        ("C++")
```

程序首先分别用默认构造函数、带 char * 参数的构造函数、拷贝构造函数来创建了 3 个 MyString 类的字符串对象 s1、s2 和 s3，其中 s3 是调用拷贝构造函数用 s2 来初始化的。在拷贝构造函数 MyString::MyString(const MyString& src)中，首先计算来源对象中的字符串长度，然后分配相应大小的内存，并把来源对象中的字符串通过 strcpy 函数拷贝到新建对象的新分配内存中。由于拷贝构造函数是资源的拷贝（深拷贝），所以在输出这 3 个对象时，虽然后两个字符串对象的内容一样，但是 3 个对象的字符指针成员 s 的值各不相同。这从输出的第一部分可以很清楚地看出来：

```
创建字符串对象2：        ("PASCAL")
创建字符串对象3：        ("PASCAL")
s1:字符串指针地址：      00381090:C++
s2:字符串指针地址：      00381148:PASCAL ⎫
s3:字符串指针地址：      00381180:PASCAL ⎭ 用 s2 创建 s3：指针指向不同，内容相同
```

接着用 s2 给 s1 赋值，调用实现了深拷贝的赋值运算符重载函数 MyString:: operator =(const MyString&)。该函数内首先回收左边对象的字符指针指向的内存，如果右值对象中字符串的长度不为零，则为左值对象的指针 s 分配相应大小的内存空间，并把源串的内容拷贝到该内存中。从赋值完成后 s1 和 s2 中指针成员的值可以看出来，二者指向的是不同的内存空间，虽然空间中存放的内容是相同的。这个过程如图 10-10 所示。

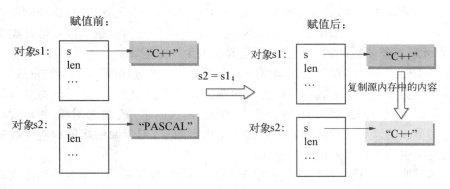

图 10-10　深拷贝完成的是资源本身的拷贝

输出为：

> 用 s2 给 s1 赋值后：

```
s1:字符串指针地址：      00381090：C＋＋
s2:字符串指针地址：      00381148：C＋＋  ⎫ 用 s1 赋值给 s2:指针指向不同,内容相同
s3:字符串指针地址：      00381180:PASCAL ⎭
```

最后调用重载的赋值运算符函数 MyString& MyString::operator=（const char *），用字符串"JAVA"为对象 s2 赋值。这个函数的实现跟对象赋值时的实现相仿,只不过直接拿实参字符串指针代替了对象赋值时的右边对象的指针成员。其效果也是完成了资源的拷贝（深拷贝）。代码输出：

```
s2:字符串指针地址：      00381148:JAVA
```

最后,main 函数返回,程序结束。按照对象创建的顺序相反的顺序分别析构对象 s3、s2 和 s1。析构函数的 3 次调用输出的信息依次为：

```
销毁字符串对象 3：      ("PASCAL")
销毁字符串对象 2：      ("JAVA")
销毁字符串对象 1：      ("C＋＋")
```

10.8　本章小结

通过为类增加重载的运算符函数,类变量可以构成各种运算式,各种运算具有指定的含义,是基本数据运算在类中的扩展。

运算符重载可以通过成员函数或友元函数来实现。但有些运算符只能通过成员函数来实现,运算符函数的第一个参数默认是调用这个运算符的对象。友元函数是另一种常用的实现运算符重载的途径。在类中对类外的普通函数进行友元声明,即函数声明前加上 friend 关键字,这个函数便成为声明所在的类的友元函数,可以访问该类的私有成员。C++要求友元函数的参数必须有一个是所在类的类型(引用、指针类型也可以)。友元运算符函数的第一个参数是运算符的第一个运算数。

如果需要用一个类型的数据向另一个类型的数据赋值,可以采用类型重载运算符。如果前一个类型是后一个数据所在类的构造函数的第一个参数,而且该构造函数的其他参数(如果存在)都有默认值,则会使用该构造函数创建一个匿名对象,用该匿名对象对左边对象赋值。后一种情况如果是在初始化语句里,则会调用拷贝构造函数来用匿名对象对左边的新建对象进行初始化。

函数返回对象,或者函数接收对象作参数,都会导致拷贝构造函数的调用和析构函数的调用,带来比较大的时间和空间开销。如非必要,可以用传递对象的 const 引用/指针的方式来达到传对象给函数的效果,但这不会导致对象的创建和销毁,从而提高了程序效率。函数返回对象时,会在主调函数中该函数的调用点创建匿名临时对象,该对象使用完之后就会销毁。如有必要可改为返回对象的引用或指针。但是要注意,不能返回临时、局部对象的指针或引用。因为它们在使用完之后就销毁了。再用指针/引用访问它们已无意义,会出错。

各个类的声明通常放在声明文件(.h 头文件)中,而类的成员函数的定义常常放在实现文件(.cpp 文件)中。需要的时候,把这些头文件和实现文件加入工程,便可在工程中使用这些类了。为了更进一步隐藏实现细节,可以把类的实现文件编译成静态库文件(.lib 文件),提供给用户类的声明文件和库文件。用户可以根据声明文件来确定类的接口,把头文件包含进自己的程序里,便可使用该类。程序连接时只要指定所需的所有库文件即可使用编译好的库中的函数。

进行对象之间的拷贝时,默认采用的是浅拷贝的方式,即把"="右边的对象的成员变量的值一一拷贝给左边对象的相应成员变量。当类中有指针成员并需要动态分配内存时,这种拷贝会带来内存泄漏等问题。解决的办法是采用深拷贝的方式,即在重载的赋值运算符函数/拷贝构造函数里进行资源本身的拷贝,而不是对指针进行简单赋值。这样,在拷贝完成后,左边对象的指针成员也指向自有的一块内存,里面的内容跟右边对象相应的指针成员指向的内存里的内容相同。

复习思考题

● 声明一个类时,如果不提供任何构造函数,编译器会提供哪些默认函数?分别用在什么场合?完成什么任务?

● 默认的赋值运算符有何操作特点?

● 非成员函数必须是友元才能访问类成员吗?

● 什么是友元函数?它和成员函数有什么区别?友元函数的定义跟普通函数是否相同?

● 重载的算符函数是否都可以是友元函数或成员函数?如果不是,试讨论不同的情况。

● 哪些运算符不能重载?

● 在重载=、()、[]、->时,有何限制?

- 前置的自增自减运算符和后置的自增自减运算符在声明时有何异同？
- 什么是浅拷贝？什么是深拷贝？有何异同？
- 什么时候可以把一个基本类型变量赋值给一个对象？
- 要怎么做才能把一个类的对象赋值给一个基本类型的变量？
- 声明类时的条件编译指令有何作用？可不可以不要？
- 如何创建静态库和使用静态库？

练 习 题

1. 设计一个类 Rational 表示有理分式（即分子分母均为不可约整数的）的运算。类的声明如下，请完成它的实现代码，并对每种运算均进行测试：

```
class Rational
{protected:
        int Numerator;        //分子
        int Denominator;      //分母
        int GCD;              //最大公约数
public:
    Rational(int numerator = 0, int denominator = 1)
    { Numerator = numerator;
      Denominator = denominator;
    }
    ~Rational();
    operator double();
    Rational operator - ();
    Rational operator + + (int);
    friend Rational operator + (Rational&, Rational&);
    friend Rational operator - (Rational&, Rational&);
    friend Rational operator * (Rational&, Rational&);
    friend Rational operator / (Rational&, Rational&);
    friend bool operator > (Rational&, Rational&);
    friend bool operator < (Rational&, Rational&);
    friend bool operator > = (Rational&, Rational&);
    friend bool operator < = (Rational&, Rational&);
    friend bool operator = = (Rational&, Rational&);
    friend bool operator ! = (Rational&, Rational&);
    friend istream& operator >> (istream&, Rational&);
    friend ostream& operator << (ostream&, Rational&);
    inline void setRational(int, int);//设置分子分母
    inline void reduce();//约分
};
```

2. 为 MyString 类增加"＋"运算符的重载函数,用于连接两个字符串并生成新字符串。

3. 为 MyString 类增加">>"运算符的重载函数,用于从控制台输入字符串。

4. 为 MyString 类增加">""<""==""！＝"运算符的重载函数,用于连个字符串的比较。

5. 为 MyString 类增加成员函数 Upper,返回字符串中英文字母大写后的新 MyString 对象。

6. 为 MyString 类增加成员函数 Lower,返回字符串中英文字母小写后的新 MyString 对象。

7. 为 MyString 类增加成员函数 FindFirst,返回指定的字符在字符串中首次出现的位置。

8. 为 MyString 类增加成员函数 FindLast,返回指定的字符在字符串中最后一次出现的位置。

9. 为 MyString 类增加成员函数 Reset,清空字符串并回收内存。

10. 把 MyString 类的实现文件编译成.lib 静态库。并新建工程,使用这个库,测试其中的运算。

11. 在之前设计的 People 类中,把成员变量 name 的类型改为 MyString 类型。并修改相应的构造函数。提示:可能需要在成员初始化列表中增加 name 的初始化表达式。

12. 定义一 boat 与 car 两个类,二者都有 weight 属性,定义二者的一个友元函数 totalweight(),计算二者的重量和。

13. 拷贝构造函数的参数是_____,当程序没有给出拷贝构造函数时,系统会自动提供_____支持,这样的复制构造函数中每个类成员的值_____,称为_____拷贝。

14. 运算符重载时,其函数名由_____构成。成员函数重载双目运算符时,左操作数是_____,右操作数是_____。

15. 按语义的默认拷贝构造函数和默认赋值操作符实现的复制称为_____,假设类对象 obj 中有一个数据成员为指针,并为这个指针动态分配一个堆对象,如用 obj1 按成员语义拷贝了一个对象 obj2,则 obj2 对应指针指向_____。

16. 声明复数的类,complex,使用友元函数 add 实现复数加法。

17. 为复数类(Complex)增加重载的运算符—、—＝、＊＝和/＝。设＋＋为实部和虚部各自增1,亦请重载前置与后置＋＋运算符。分别使用成员函数和友元函数各做一遍。并测试。

18. 内置数据类型可以进行类型强制转换,类也可以进行同样的转换,这是通过定义类型转换函数实现的。它只能是类的成员函数,不能是友元函数。格式为

类名::operator   转换后的数据类型( ) {…}

如,operator float()是转换为浮点数的成员函数。使用时的格式为:

float(对象名)；　或　(float) 对象名;

定义人民币类,数据成员包括元、角、分,均为整型。类型转换函数将人民币类强制转换为浮点数,以元为单位。并编程进行检验。

19. 设计一个类 CTimeInfo,要求:

(1) 有一个无参数的构造函数,其初始的小时和分钟分别为 0,0;

(2) 有一个带参数的构造函数,其参数分别对应小时和分钟;

(3) 用一个成员函数实现时间的设置;

(4) 用一个友元函数实现以 12 小时的方式输出时间;

(5) 用一个友元函数实现以 24 小时的方式输出时间;

20. 自定义字符串类 mystring,成员函数包括构造函数、拷贝构造函数、析构函数,并重载运算符[ ]、=(分别用 mystring 和 C 字符串拷贝)、+(strcat)、+=、<、==(strcmp)。

21. 设计一个学生类,并重载学生类的"<<"和">>"运算符进行相关信息的输入输出。

22. 编写类 AA 的成员函数 int Compare(AA b),该函数用于比较 *this 与 b 的大小,若两者含有元素的个数 n 相同,并且数组中前 n 个元素值对应相同,则认为两者相等返回 1,否则返回 0。注意:用数组方式及 for 循环来实现该函数。输出结果如下:

    a = b
    a<>c

请勿修改主函数 main 和其他函数中的任何内容,仅在函数 Compare 的花括号中填写若干语句。

注意: 部分源程序已给出如下:

```
#include<iostream.h>
#include<stdlib.h>
class AA {
    int *a;
    int n;
    int MS;
public:
void InitAA(int aa[], int nn, int ms)
{
if(nn>ms)
{
cout<<"Error!"<<endl;
exit(1);
}
```

```
MS = ms;
n = nn;
a = new int[MS];
for(int i = 0; i<n; i + +) a[i] = aa[i];
}
    int Compare(AA b);
};
int AA::Compare(AA b)
{
}
void main()
{
AA a,b,c;
int x[] = {1,2,3,4,5};
int y[] = {1,2,3,6,7};
int z[] = {1,2,5,7,9};
a. InitAA(x,3,5);
b. InitAA(y,3,5);
c. InitAA(z,3,5);
if (a.Compare(b))
cout<<"a = b"<<endl;
else
cout<<"a<>b"<<endl;
if (a.Compare(c))
cout<<"a = c"<<endl;
else
cout<<"a<>c"<<endl;
}
```

23. 请编写类的成员函数 char & CharArray::operator [](int i),将下标运算符[]重载,如果 i 没有为负数或超界则返回该字符,否则输出"Index out of range."并且返回 0。要求使用 if 判断实现算法。输出结果如下:

```
Index out of range.
Index out of range.
string
Index out of range.
Index out of range.
6
```

请勿修改主函数 main 和其他函数中的任何内容，仅在函数 CharArray∷operator [] 的花括号中填写若干语句。

注意：部分源程序如下：

```cpp
#include<iostream.h>
class CharArray
{
public:
    CharArray(int l)
    {
        Length = l;
        Buff = new char[Length];
    }
    ~CharArray()
    {
        delete Buff;
    }
    int GetLength()
    {
        return Length;
    }
    char & operator[] (int i);
private:
    int Length;
    char * Buff;
};
char & CharArray∷operator [](int i)
{
}
void main()
{
    int cnt;
    CharArray string1(6);
    char * string2 = "string";
    for(cnt = 0; cnt<8; cnt++)
        string1[cnt] = string2[cnt];
    cout<<"\n";
    for(cnt = 0; cnt<8; cnt++)
        cout<<string1[cnt];
    cout<<"\n";
    cout<<string1.GetLength()<<endl;
}
```

24. 下面对于友元函数描述正确的是(　　)。
A. 友元函数的实现必须在类的内部定义
B. 友元函数是类的成员
C. 友元函数破坏了类的封装性和隐藏性
D. 友元函数不能访问类的私有成员

第 11 章 继承：代码的重用

学习要点

● 继承和派生的概念
● 继承方式的含义
● 基类成员的可访问性
● 基类子对象的初始化
● 重名的处理
● 单继承和多继承
● 虚拟继承和虚基类
● 虚拟继承时对象的构造与析构

继承原本是生物学的概念，表示后代传承了前辈的特征和行为。继承是分层次的，从概念层面上讲，位于不同继承层次上的概念具有的抽象的级别不一样。简单说，继承层次上越高层面的概念的抽象级别越高，越低层面上的概念就越具体。下层的概念是上层概念的具体化，上层的概念是下层概念的更一般的抽象。例如，狭义上的交通工具是指一切人造的用于人类代步或运输的交通工具或装置，如车，船，飞行器等。车可以分为机动车和非机动车，飞行器又可以分为飞机、热气球、火箭等。非机动车还可以继续分为自行车、轮椅、马车等。这种层次关系可以用图 11-1 来说明。

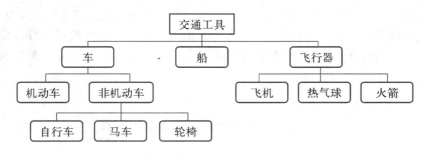

图 11-1　不同概念级别的继承层次

继承的层次划分取决于不同的分类标准，不同的分类标准体现了问题域所关注的对象的特征。比如，物质世界的事物可以分为生物和非生物。生物按照形态结构特征可以分为植物和动物，也可以根据构成的细胞数目来分为单细胞生物和多细胞生物。而动物根据水生还是陆生可以分为水生动物和陆生动物，也可以根据有没有脊椎分为脊椎动物和无脊椎动物,等等。

在继承的层次上,下一层的事物/概念是上一层的事物/概念的特殊化或更具体的情况;而上一层的事物/概念是下一层的共同特征的更高层次的抽象。由于飞机、火箭、热气球都可以在空中飞行,所以把它们这一特征提取出来形成"飞行器"的概念:即能在空中飞行的运载工具都被称为飞行器。所有的飞行器都应该满足这一特征。直升飞机也满足这一特征,所以直升飞机也是飞行器。另外,无论是自行车、马车还是轮椅,它们的共同特征是能够在陆地上跑、具有轮子,把这一点提取出来,把具有这一特征的运载工具都称为车,形成更高层次的抽象:"车"的概念。三轮车也具有这一特征,所以三轮车也是车。

另外,由于继承的下面层次是上面层次的特殊化,而上面层次是下面层次的抽象,所以,下面层次的事物从概念上讲也是一种上面层次的事物。比如把马这个概念按不同的颜色具体化为白马、黑马、棕色马、花马等,那么不管什么颜色的马,它都是马。如果马可以用来拉车,那么不管是什么颜色的马就都能担任拉车的任务。

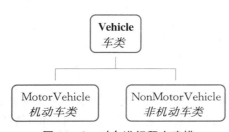

图 11-2 对车进行程序建模

在面向对象的程序语言中,使用继承/派生的机制来体现不同类别客观事物的这种层次上的关系。通过较一般的类可以派生出更为具体的类,后者继承了前者的属性特征和行为特征。比如,如果程序中需要对各种车进行建模,可以先设计一个 Vehicle 类来对所有的车进行程序语言抽象,再从 Vehicle 派生出 NonMotorVehicle 类来表示非机动车,而另外派生出一个 MotorVehicle 类表示机动车。

继承和派生是面向对象程序设计语言提供的非常重要的代码重用机制。从上层类的角度讲,从已有类生成新类的过程称为派生。已有的类称为基类或父类,而新类称为派生类或子类。派生类会自动地、隐含地拥有基类的数据成员和函数成员。可以在派生类中使用基类提供的方法,也可以在派生类中提供新的方法或对基类方法改写,从而使得派生类既能体现基类的共性,又能表现出派生类不同于基类的特殊性。由于派生类中具有基类的特征,所以称派生类继承了基类。派生类和基类的关系是特殊和一般的关系。

11.1 派生类的定义和使用

C++中,派生类的定义语法是:

```
class 派生类名:继承方式基类名1 [,继承方式2基类名2,......]
{
private:
    派生类的私有数据和函数
```

```
public:
        派生类的公有数据和函数
protected:
        派生类的保护数据和函数
};
```

其中，派生类名必须是一个合法的标识符，且不能跟已有的类重名。继承方式即为3种访问控制方式中的任一种：*public*（共有继承）、*protected*（保护继承）或 *private*（私有继承）。后面的基类名必须是之前已有定义的类名。此语法表示"派生类名"继承了/派生自"基类名 1"……。方括号括起来的部分可以没有，如果有，表示"派生类名"派生自多个基类，不同基类的继承方式可以不一样。一个类可以派生自一个基类，此时称为单一继承/单一派生；如果派生自多个基类，则称为多重继承/多重派生。由于派生和继承是一体两面，所以在后续的讲述中将不做区分地使用派生或继承。下面讲解的内容如非特别说明，都是基于单一继承的。

图 11-3 所示是对派生类与基类之间单一继承关系的 UML 类图描述。之后如果创建了派生类对象，则派生类对象中将包含一份基类对象的拷贝，称为派生类对象的基类子对象，如图 11-4 所示。

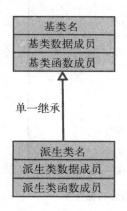

图 11-3　派生类对基类的单一继承　　**图 11-4　派生类对象中包含基类子对象**

例 11-1　使用第 9 章中提供的 People 类来派生一个学生类 Student。

解：创建一个工程，并把第 9 章中的 People 类声明文件 People.h 和类实现文件 People.cpp 拷贝到工程文件夹下，并通过 VC 6 菜单命令"工程"→"增加到工程"→"文件"把这两个类加入到工程中。为突出问题，把 People 类中无关数据成员 rage 和 eyecount 的声明删除，并删除二者在构造函数中的初始化部分。

通过 VC 6 菜单命令"插入"→"类"在工程中添加新的类。在弹出的窗口下填写新类的名字为 Student，并在"基类(B)："的"Derived From"下方的列表空白处双击，并填入基类名称 People。"As"下的空格保持"Public"不变，如图 11-5 所示。点击[确定]，即将 Student 类插入到了当前工程中。通过左侧工作区（WorkSpace）的类视图可以看到新加入的 Student 类。Student 类的声明如下：

```
#include "people.h"

class Student ： public People
{
public：
    Student();
    virtual ～Student(); //virtual 表示析构函数是虚函数,虚函数在下一章中讲解
};
```

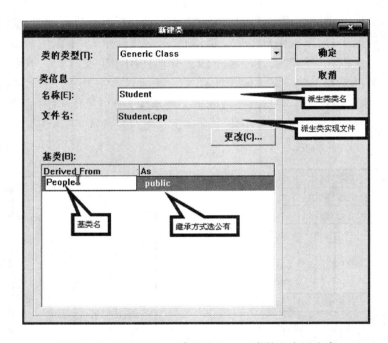

图 11‐5   新建 Student 类作为 People 类的公有派生类

  类 Student 中没有数据成员,只有两个公有的、函数体为空的默认构造函数 Student∷Student()和默认析构函数 Student∷～Student()。包含头文件 People.h 是因为在类 Student 的声明中指定的基类名为 People,这个名字是在 People.h 中声明的。再到 Student 类的声明文件中,为其增加一个私有数据成员 char school[100];表示学生所属的学校名。这样,便可画出类 People 和类 Student 的 UML 图,如图 11‐6 所示。

  图中的空心三角箭头指向 People 类,表示类 Student 是由 People 类派生出来的(空心三角箭头在 UML 中表示这两个类为泛化也就是继承的关系)。在运行程序前,为显示更加友好,先修改 People 类的构造函数和析构函数如下(把 People 类的默认构造函数的实现移到 People.cpp 文件中保存):

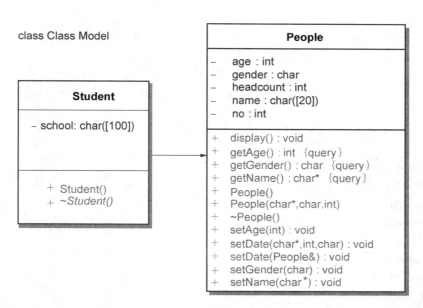

class Class Model

图 11-6　类 Student 和基类 People 的 UML 类图

```
//构造函数
People::People( char  * s, char c, int x ):age(x)
{
    name[0] = '\0';
    if(s && strlen(s)<20)
        strcpy(name, s);
    setGender(c);
    setAge(x);
    cout<<"创建"
            << + + headcount                    //创建时对象进行计数
            <<"#:"<<name
            <<endl;
    no  = headcount;                            //保存创建的对象编号
}
//默认构造函数
People::People()
{
    strcpy(name,"匿名");
    setGender('M');
    setAge(18);
    cout<<"创建"
            << + + headcount                    //创建时对象进行计数
            <<"#:"<<name
            <<endl;
```

```
    no  =  headcount;                          //保存创建的对象编号
}
//析构函数
People::~People()
{
    cout<<"析构"<<no<<"#:"<<name<<endl;
}
```

下面写代码来测试 Student 类：

```
#include<iostream>
#include "Student.h"
using namespace std;
int main()
{    Student stu1;
    stu1.setName("郭美丽人");
    stu1.setGender('F');
    stu1.display();
    return 0;
}
```

然后编译运行程序，得到以下输出：

```
创建1#:匿名
1#:郭美丽人          女        18 岁
析构1#:郭美丽人
```

在主程序 main 函数中，调用默认构造函数创建了 Student 类对象 stu1，然后调用了 setName 和 setGender 函数分别为学生对象 stu1 设置名字（"郭美丽人"）和性别（'F'）。最后调用 display 函数显示出学生的基本信息：

```
1#:郭美丽人          女        18 岁
```

Student 类没有显示声明的 setName、setGender 和 display 函数，几乎什么代码都没有。但是程序代码却能够正常编译和运行。这是因为 Student 类继承自 People 类，Student 类的对象中包含了基类 People 类的所有数据和函数成员的拷贝（基类子对象），这里通过派生类对象 stu1 调用的函数其实是来自基类子对象的函数。

在派生类可以直接调用基类的函数来实现基本的功能，而不用重新设计类 Student 的相应函数。通过继承实现了代码的重用，可以大大减少程序员开发软件的编程工作量。

派生类和基类是相对的概念。某个基类的派生类也可以作为基类来派生出其他的类。例如，上述 Student 类可以派生出 CollegeStudent（大学生）类，CollegeStudent 类可以继续派生出 Undergraduate（本科生类）和 GraduateStudent（研究生类）等。这种类之间的继承和派生的关系如图 11-7 所示。

　　这里,Student 类是 People 类的派生类。然后再由 Student 类派生出 CollegeStudent 类,所以它是 CollegeStudent 类的基类,CollegeStudent 是 Student 的派生类。因为 CollegeStudent 类直接继承自 Student 类,所以称 Student 类为 CollegeStudent 类的直接基类(immediate base class)。另外,因为 People 类是 Student 类的基类,所以 People 类也是 CollegeStudent 类的基类,只不过不是直接基类而已。

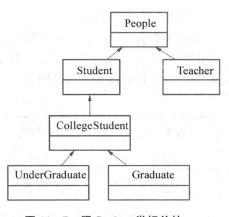

图 11-7　跟 Student 类相关的类层次图(UML 图)

　　概言之,派生类除了可以继承基类的数据成员和函数成员外,还可以:

(1) 增加新的数据成员和成员函数。

　　(2) 重载基类的成员函数。

　　(3) 重定义基类已有的成员函数。

　　(4) 改变基类成员在派生类中的访问属性(通过继承方式)。

　　但是,派生类不能继承基类的以下内容:

(1) 基类的构造函数和析构函数。因为各类必须自己负责本类成员的构造和析构。

(2) 基类的友元函数。父类的朋友不是子类的朋友。

(3) 静态数据成员和静态成员函数。

11.1.1　继承方式概述

　　在例 11-1 中,类 Student 对类 People 采用的是公有继承(public)的方式。方法是在类声明的派生类名后面加冒号,然后写继承方式(这里是 public),再写基类名字(这里是 People):

```
class Student : public People
```

其中多余的空格对编译没有影响。由于派生类对象中存在基类子对象,对基类子对象各成员的访问控制规则要受到继承方式的影响。因为在例 11-1 中使用的是公有继承,所以我们能够用派生类对象访问基类的公有成员函数 setName、setGender 和 Display,如图 11-8 所示。

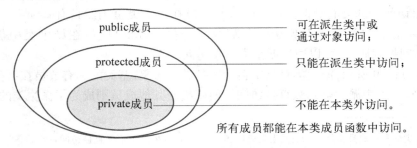

图 11-8　类成员的访问控制属性及含义

最外围的是类的 public(公有)成员,它可以由本类和派生类的成员函数访问,也可以通过本类的对象访问。中间的是 protected(受保护)成员,只能由本类及本类的派生类的成员函数访问。而最内层的是 private(私有)成员,只能由本类的成员函数访问。类的访问控制的含义也可以用表 11 - 1 来说明。

表 11 - 1　类中成员的访问控制表

继承方式	类自身访问许可	派生类可访问	通过类外对象访问
public	可以	可以	可以
protected	可以	可以	不可以
private	可以	不可以	不可以

派生类对基类进行继承,使得派生类对象中存在基类子对象的一个拷贝(如图 11 - 4 所示)。也就是说,基类子对象的成员(除私有成员)也是派生类对象的成员[①]。由于类可以对自己的成员任意访问,所以派生类中的成员函数对其直接基类的非私有成员可以自由访问,而不受继承方式的影响。但是,如果要在派生类之外对基类子对象访问,就要受继承方式以及基类成员的访问控制的共同限制。其基本原则是:

第一,类中的私有成员只能在本类里访问,其他任何地方均不能访问。这是私有的真实含义(私有财产神圣不可侵犯)。这里所提的私有成员,可以是类自身定义的,也可以是私有继承(private)基类的非私有成员。在派生类中,基类的私有对象被隐藏,只能通过基类的非私有成员间接访问。能够在派生类或派生类对象中访问的基类成员仅限于基类的受保护成员和/或公有成员两类。

第二,在派生类之外对派生类成员的访问要受继承方式的影响。这包括两个方面:一是通过派生类的派生类来访问基类成员,二是通过派生类的对象来访问基类成员。不同的继承方式使得在派生类中及使用派生类对象对基类成员的访问限制可以分为以下 3 种情况:

1. 派生类公有(public)继承基类

(1) 在派生类中访问基类成员　派生类中可以对基类的除 private 成员之外的任意成员进行访问。

(2) 用派生类对象访问基类成员　经过公有派生后,基类的私有成员不能用派生类的对象访问。基类的受保护(protected)成员在派生类里仍然具有 protected 访问控制属性,不能通过派生类对象访问。基类的公有(public)成员在派生类中仍然具有 public 访问控制属性,可以通过派生类对象访问。

如图 11 - 9 所示,派生类对象中包含了基类子对象,基类的私有成员在派生类中被隐藏起来,不可用派生类函数直接访问。而基类的其他成员则成为了派生类的成员,访

---

① 基类的私有成员实际上也是派生类成员,但是由于在派生类中不能直接访问,所以可以看作"不是"派生类成员。

问控制规则与基类中的一样。然后在派生类中,或者用派生类对象来访问这些成员时,只需要遵守访问控制规则即可。

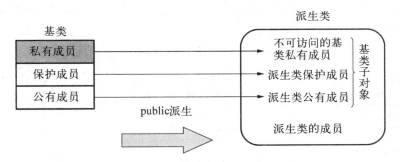

图 11 - 9　**public 派生导致基类子对象访问控制的变化示意图**

2. 派生类保护(protected)继承基类

(1) 在派生类中访问基类成员　派生类中可以对基类的除 private 成员之外的任意成员进行访问。

(2) 用派生类对象访问基类成员　经过保护派生后,基类的私有成员不能通过派生类的对象访问。基类的受保护(protected)成员在派生类里仍然具有 protected 访问控制属性。

基类的公有(public)成员在派生类中的访问控制属性变为了派生类的受保护(protected)成员,不能再通过派生类对象访问。

如图 11 - 10 所示,除了基类私有成员仍然是对派生类成员不可见之外,基类的保护成员和公有成员在派生类中的访问控制属性都变成了 protected(保护)成员。然后按照访问控制规则的要求对这些成员进行访问即可。

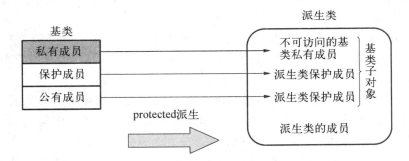

图 11 - 10　**protected 派生导致基类子对象访问控制的变化**

3. 派生类私有(private)继承基类

(1) 在派生类中访问基类成员　派生类中可以对基类的除 private 成员之外的任意成员进行访问。

(2) 用派生类对象访问基类成员　经过私有派生后,基类的私有成员不能用派生类的对象访问。

不仅如此,基类的受保护(protected)成员和公有(public)成员在派生类里都变成了派生类的私有(private)成员,不能在此派生类之外的任何地方访问。

如图 11-11 所示,基类的私有成员仍然是对派生类不可见的。而基类的其他成员都成为了派生类中的私有成员。这意味着,无论是通过派生类的对象,还是通过派生类的派生类来访问,这些成员都将是不可见的。

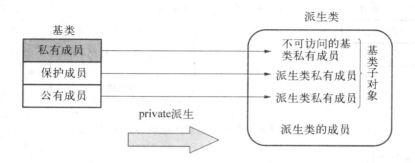

图 11-11　private 派生导致基类子对象访问控制的变化

简言之,public 继承方式不改变基类的受保护成员和公有成员在派生类中的访问控制方式。而 protected 继承方式会把基类的 public 成员降级为派生类的 protected 成员;基类的保护成员在派生类中仍然是受保护的成员。私有(private)继承方式则把基类的 public、protected 的成员都变为派生类的私有成员。

综上,通过继承基类,基类的成员成为了派生类的成员。再加上派生类自身的成员,可以把派生类中的成员分为以下 4 种:

(1) 不可访问的成员　这是从基类继承来的基类私有成员。无论是在派生类内部,还是通过派生类对象都无法访问它们。自然在派生类的派生类中也无法访问。但是,这些成员也是客观存在的,也要占用内存空间。

(2) 私有成员　包括派生类的私有成员,以及私有继承来的基类的公有和受保护的成员。这些成员作为派生类的私有成员,可以在派生类中访问,但是不能通过派生类对象访问,也无法在由该派生类派生出的其他类中访问。

(3) 保护成员　包括派生类自己的保护成员,以及公有继承来的基类的保护成员,或者保护继承来的基类的非私有成员。这些成员可以在派生类中访问,但是不能通过派生类对象访问。但是,可以在由该派生类派生出的其他类中访问。

(4) 公有成员　包括派生类自己的公有成员,以及公有继承来的基类的公有成员。这类成员可以在派生类中访问,也可以通过派生类对象在类的外部访问,还可以通过派生类对象来访问。而且,还可以在由该派生类派生出的其他类中访问。

11.1.2　继承方式详解

一、公有继承

为了详细说明以上 3 种继承方式,首先声明一个基类 A,A 类的公有派生类 B,以及 B 类的公有派生类 C。这是一个多级继承的实例,如图 11-12 所示。

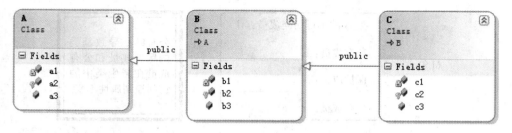

图 11-12　3 个类 A、B、C 构成的继承层次示意图

其中每个类都各有一个私有成员、一个受保护成员和一个公有成员。类的声明语句如下：

class A	class B：public A	class C：public B
{	{	{
int a1;	int b1;	int c1;
protected：	protected：	protected：
int a2;	int b2;	int c2;
public：	public：	public：
int a3;	int b3;	int c3;
};	};	};

在程序中用类 B 创建对象 ob，并编写如下的代码，试图通过对象 ob 访问基类 A 中的各成员和类 B 中的各成员：

```
B ob;
cout<<"ob. a1 = "<<ob. a1<<endl;      //错误! cannot access private   member
                                        declared in class 'A'
cout<<"ob. a2 = "<<ob. a2<<endl;      //错误! cannot access protected member
                                        declared in class 'A'
cout<<"ob. a3 = "<<ob. a3<<endl;
cout<<"ob. b1 = "<<ob. b1<<endl;      //错误! cannot access private   member
                                        declared in class 'B'
cout<<"ob. b2 = "<<ob. b2<<endl;      //错误! cannot access protected member
                                        declared in class 'B'
cout<<"ob. b3 = "<<ob. b3<<endl;
```

结果在代码编译时 C++编译器报错。这是因为类 B 公有继承自类 A，类 A 的私有成员 a1 对类 B 不可见，而保护成员 a2 成为类 B 的保护成员，公有成员 a3 成为类 B 的公有成员，如图 11-13 所示。因为通过对象 ob 能够访问的成员只能是 B 中具有的公有成员（含继承来的），所以对继承来的公有成员 a3 的访问和对派生类 B 自身的公有成员 b3 的访问是成功的，对其他非公有成员的访问就会出现错误。把错误行删除，程序便能正常编译。

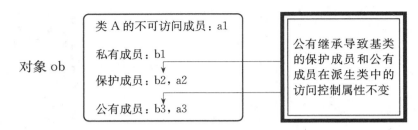

图 11-13　公有继承后,派生类对象 ob 中的成员

接着,为类 B 增加公有成员函数 fb:

```
void B::fb(){
cout<<"a1 = "<<a1<<endl;      //错误! cannot access private member declared in
                                    class 'A'
cout<<"a2 = "<<a2<<endl;
cout<<"a3 = "<<a3<<endl;
cout<<"b1 = "<<b1<<endl;
cout<<"b2 = "<<b2<<endl;
cout<<"b3 = "<<b3<<endl;
}
```

并把测试代码改成:

```
B ob;
ob.fb();
```

编译时出现对 A 中私有成员的访问错误,如上述 fb 函数体代码中的右边注释所示。而 B 的成员函数 fb 中对基类子对象中的非私有成员变量 a1、a2 的访问都是成功的。这说明,通过公有继承,在派生类中可以访问基类的公有和受保护成员。

总之,通过公有继承,基类子对象的成员可以在派生类中的访问情况见表 11-2。

表 11-2　公有继承后,基类子对象中成员的可访问性表

基　　类	派生类中可访问	派生类对象可访问
private 成员	×	×
protected 成员	√	×
public 成员	√	√

二、保护继承

在上面设计的各类的基础上,修改类 B 的声明为保护继承自 A:

```
class B: protected A{};
```

其他地方如成员函数 fb 的定义等都不做修改。编译程序,发现错误仍然出在对 a1

的访问上：

```
void B::fb(){
    cout<<"a1 = "<<a1<<endl;        //错误! cannot access private    member declared in
                                        class 'A'
    cout<<"a2 = "<<a2<<endl;
    cout<<"a3 = "<<a3<<endl;

    ......
}
```

错误原因也与之前相同。这是因为,派生类可以访问基类的保护成员和公有成员(基本的访问控制的要求),但是不能访问私有成员。任何类自己的私有成员都只能够被本类的成员访问。

把上述函数 fb 的第一行实现代码删除。在主程序中写入如下代码来试图访问基类子对象和类 b 自身的成员：

```
B ob;
cout<<"ob.a1 = "<<ob.a1<<endl;        //错误! cannot access private   member
                                            declared in class 'A'
cout<<"ob.a2 = "<<ob.a2<<endl;        //错误! cannot access protected member
                                            declared in class 'A'
cout<<"ob.a3 = "<<ob.a3<<endl;        //错误! cannot access public   member
                                            declared in class 'A'
cout<<"ob.b1 = "<<ob.b1<<endl;        //错误! cannot access private   member
                                            declared in class 'B'
cout<<"ob.b2 = "<<ob.b2<<endl;        //错误! cannot access protected member
                                            declared in class 'B'
cout<<"ob.b3 = "<<ob.b3<<endl;
```

结果,除了最后一行对 B 中的成员 b3 的访问正确外,其他的访问企图都出了错。这是因为,派生类是保护继承自基类,在派生类对象的基类子对象中的成员,除了私有成员必然不可用对象来访问外,其他的成员都成为了派生类的 protected(受保护)的成员,也不能用对象来访问。类 B 的对象 ob 中的成员的访问控制如图 11-14 所示。

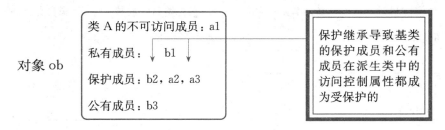

图 11-14　保护继承后,派生类对象 ob 中的成员

为了进一步说明保护派生来的派生类中,基类子对象的公有和保护成员都成为了派生类的保护成员,修改类 C,在其中增加公有成员函数 fc:

```
void C::fc()
{       cout<<"a2 = "<<a2<<endl;
        cout<<"a3 = "<<a3<<endl;
        cout<<"b2 = "<<b2<<endl;
        cout<<"b3 = "<<b3<<endl;
}
......
C oc;
oc.fc();
```

这段代码可以成功编译。类 C 公有继承自类 B,所以类 C 的对象 oc 中存在类 B 的子对象;但类 B 中并没有直接的 a2 和 a3 成员,而是通过保护继承于 A,使得类 B 的对象中包含了类 A 的子对象。由于类 B 是保护继承于类 A,所以 A 中的保护成员 a2 和公有成员 a3 在类 B 中都成为了保护成员。由基本的访问控制规则可知,保护成员可以在派生类中访问,类 C 是类 B 的派生类,所以类 C 中可以直接访问类 B 中的保护成员(a2,a3,b2)和公有成员(b3)。

通过保护继承,基类子对象的成员可以在派生类中的访问情况见表 11-3。因为类 C 公有派生自类 B,所以类 C 的对象 oc 中有一份类 B 的对象作为类 C 的基类子对象,而类 B 的元素构成及访问控制如图 11-14 所示,所以类 C 的对象 oc 中的成员构成可以用表 11-4 来表示。

表 11-3　保护继承后,基类子对象中成员的可访问性表

基　类	派生类中可访问	派生类对象可访问
private 成员	×	×
protected 成员	√	×
public 成员	√	×

表 11-4　类 C 的对象 oc 中的成员构成与访问控制

访问控制	来自本类的成员	来自类 B 的成员	来自类 A 的成员
不可直接访问的		b1	a1
private	c1		
protected	c2	b2	a2, a3
public	c3	b3	

其中的成员除了派生类 C 自身声明的成员外,还来自直接基类 B,以及间接基类

A。基类的私有成员（如 a1、b1 等）存在于派生类对象中，但是不能被派生类直接访问。b2、b3 公有继承自类 B，访问控制属性跟在 B 中的一样。a2 和 a3 是由于类 B 保护继承于类 A 而在 B 中以受保护的形式存在，当 C 继承 B 时，也间接继承了过来。

三、私有继承

在上面设计的各类的基础上，修改类 B 的声明为私有继承自 A：

```
class B: private A{};
```

重新测试上述函数 B::fb() 和 C::fc()。函数 fb 对 a2 和 a3 的访问仍然是成功的。这再次说明，不管采用哪种继承方式，在派生类中对基类的公有、保护成员都具有访问权限。3 种继承方式下，派生类对基类子对象中成员的可访问性都相同（表 11 - 2、表 11 - 3、表 11 - 5）。

表 11 - 5　私有继承后，基类子对象中成员的可访问性表

基　类	派生类中可访问	派生类对象可访问
private 成员	×	×
protected 成员	√	×
public 成员	√	×

但是在类 B 私有继承自类 A 后，类 A 中的公有和保护成员都成了类 B 的对象 ob 的私有成员，如图 11 - 15 所示。

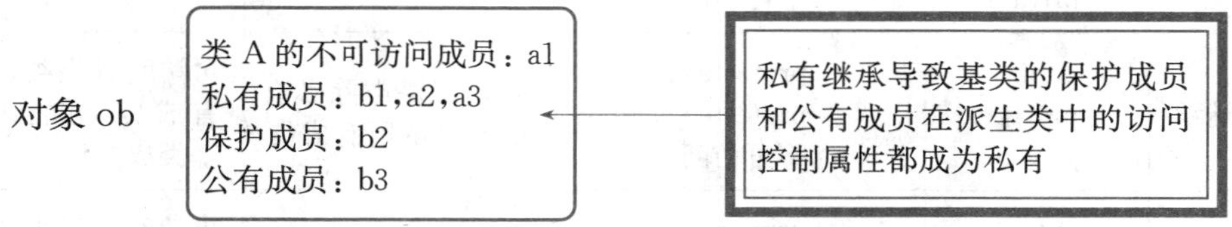

对象 ob　类 A 的不可访问成员：a1　私有成员：b1,a2,a3　保护成员：b2　公有成员：b3

私有继承导致基类的保护成员和公有成员在派生类中的访问控制属性都成为私有

图 11 - 15　私有继承后，派生类对象 ob 中的成员

类 C 公有继承自类 B，由于类中只有 b2 和 b3 是非私有成员，所以基类中能在 C 内访问的只有成员 b2 和 b3。用类 C 生成对象 oc 测试：

```
C oc;
oc.fc();
```

其中对象 oc 里的成员组成及各成员的访问控制见表 11 - 6。类 C 的成员函数 fc（代码如前）中对 a2、a3、b2、b3 进行了访问。因为 a2、a3 是类 C 的基类 B 中的私有成员，所以试图在类 C 中对它们访问就会发生访问控制的错误，编译时提示：

　　error C2247: 'a2' not accessible because 'B' uses 'private' to inherit from 'A'　（类 B 私有继承自类 A，所以类 A 中的成员 a2 不可访问）

表 11 - 6　类 C 的对象 oc 中的成员构成与访问控制

访问控制	来自本类的成员	来自类 B 的成员	来自类 A 的成员
不可直接访问的		b1	a1,a2,a3
private	c1		
protected	c2	b2	
public	c3	b3	

　　如果类的层次结构比较多,则在更低层次的派生类中对基类(直接基类和间接基类)的成员的访问控制分析也会比较复杂。采用上面的逐层分析的方法,从最顶层的基类(也称为最基类)开始分析,可以明确在派生类及派生类对象中基类成员的可访问性。

　　之所以要强调基类成员的可访问性,是因为要进行代码重用。如果一些基本的功能能够直接调用基类函数来完成,则派生类只需要编写少量的代码就能完成更为复杂的操作。这时候程序员就必须要搞清楚基类的哪些成员是可以在派生类中访问的,哪些是可以用派生类对象来访问的。表 11 - 7 说明了在各种继承方式下,派生类中新定义的成员函数和派生类对象对基类成员的访问控制权限。

表 11 - 7　基类成员在派生类中的访问控制情况表

继承方式	基类成员	在派生类中的访问属性	派生类成员函数	派生类对象
公有继承	public protected private	public protected 不可访问	可访问基类除私有成员外的所有成员	可访问基类和派生类的公有成员
保护继承	public protected private	protected protected 不可访问	可访问基类除私有成员外的所有成员	可访问派生类的公有成员,不能访问基类成员
私有继承	public protected private	private private 不可访问	可访问基类除私有成员外的所有成员	可访问派生类的公有成员,不能访问基类成员

　　一般地,在设计类的时候,如果需要把成员提供给类的使用者,就应设置该成员的访问控制属性为 public;如果成员只提供给派生类内部使用,则应设置其访问控制属性为 protected。如果只为了本类自己使用,则应设置相应成员的访问控制属性为 private。

　　对于派生类成员函数来说,继承方式并不会影响派生类对基类成员的访问。但是,继承方式会影响外部程序对派生类对象的使用方式,以及派生类本身的使用。比如一个派生类私有继承自某基类,然后这个派生类派生出其他类,则它派生出的类的成员函数无法访问它的基类的任何成员。具体的如采用继承方式的情形大致可以表述如下:

1. 公有继承

　　这是在程序设计中最常用的一种继承方式。在公有继承中,基类的特性能够很好地传递给派生类。基类的公有成员仍然是派生类的公有成员,可以通过派生类对象访问基类的公有成员。也就是说，在类的外部，可以像使用基类对象一样的使用派生类对象。

其实，继承表示一种一般和特殊的关系。基类具有一般的特性，而派生类除了具有基类的一般特性之外，还具有自身特有的属性和行为。这使得派生类不同于基类，也不同于其他的派生类，是基类的一个特例。派生类和基类之间是"is-a"的关系，表示派生类对象也是基类的对象，派生类对象对外部呈现出基类的特性。比如由"交通工具"类派生出来的"车"类和"船"类，都是特定的一类"交通工具"，但是又彼此不同。这就是公有继承所要表示的。

2. 保护继承

保护继承将基类的公有成员和保护成员都变成派生类的保护成员，使得不但在派生类中可以访问这些成员，而且在派生类的派生类中也可以访问这些成员。但是基类的成员不能通过派生类对象来访问。这种继承方式介于公有继承和私有继承之间。

3. 私有继承

当定义为私有继承后，派生类对象完全不能体现基类的特性。基类的成员也不能由派生类的派生类访问。这个基类好像是仅作为派生类的私有成员，为派生类发挥作用。

实际应用中，私有继承用得很少，因为这意味着继承的"终结"——下一级层次的派生类将不能访问其上上一级基类的任何成员。保护继承会对程序隐藏基类的代码，是为了扩展基类而采用的继承方法。公有继承使用最多，这样既可以在派生类对象中跟基类的公有成员通信，又可以在派生类实现中利用基类的保护成员和公有成员进行功能的扩展，很好地实现代码的重用。

为讲述方便，除非特别的情况，后面的讲解将默认采用公有继承的方式。

11.2　名字重复的处理

如果在派生类中添加了自己的成员，该成员的名字可能会跟基类中的成员重名。比如：

```cpp
class A{
public:
    char a;
    A(char c = 'A'):a(c){}
};
class B:public A{
public:
    char a;
    B(char c = 'B'):a(c){}
};
```

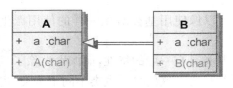

图 11 - 16　类 A、B 的关系图(B 继承自 A)

两个类中都有一个名为 a 的数据成员,对应的类图如图 11 - 16 所示。类 A 中的成员 a 默认初始化为字符'A',类 B 中的成员 a 默认初始化为'B'。那么,假设有以下程序:

```cpp
int main()
{
    A oa;
    B ob;
    cout<<oa.a<<endl;            //输出哪个 a 的值?
    cout<<ob.a<<endl;            //输出哪个 a 的值?
    return 0;
}
```

程序运行后,输出为:

```
A
B
```

公有继承类 A、B 的对象中存在 A 类对象的一份拷贝。A 的公有成员 a 在 B 中也是公有成员,而现在 B 中也存在一个叫 a 的成员,二者的名字相同。上面的程序中,通过 ob 对象只能够输出类 B 中的 a 值。

11.2.1　类作用域

类的作用域简称类域,它是指在类的声明中由一对大括号{}所括起来的部分。其中声明的函数、变量、类型等都具有该类的类域,该类的成员局限于该类所属的类域中。由类的定义可知,类域中可以定义变量,也可以定义函数,甚至可以声明嵌套的类型。从这一点上看类域与文件域很相似。但是,类域又不同于文件域,在类域中定义的变量不能使用 auto、register 和 extern 等修饰符,只能用 static 修饰符,而定义的函数也不能用 extern 修饰符。

上述类 A 和 B 中的成员 a 属于不同的类域。严格地讲,无论是在类的成员函数中对本类其他成员的访问,还是在派生类中对基类成员的访问,或是在类外通过对象对类公有成员的访问,默认都是通过类名加作用域运算符来访问类域中的成员,方法是

类名::类中成员名

所以,对类 A 中的成员 a 的访问的完整方式是 A::a,相应地,对类 B 中的 a 的访问的完整方式是 B::a。因此,上面的语句

```cpp
cout<<oa.a<<endl;            //输出'A'
```

实际上相当于

```
    cout<<oa.A::a<<endl;。              //输出'A'
```

在上面的程序中可以不写前面的"A::"，这是因为，通过类的对象或在本类的成员函数中访问类中的成员，C++编译器会默认首先在本类（对象所属类）的类域中去查找相应的标识符（成员名）。这时显式地使用类域来访问本类成员就显得累赘而且多余，所以可以忽略。

但是在一个范围中如果存在重名的实体，使用类域来表明实体的来源，就非常必要了。比如上面的程序中，如果想要输出对象 ob 中继承自类 A 的成员 a，就必须写成如下形式：

```
    cout<<ob.A::a<<endl;。          //输出基类子对象中的a值:'A'
```

明确表明要输出的是对象 ob 中的基类子对象中的成员 a 的值。为了使得编写的程序中的代码更易读，下面在类 A 和类 B 中各自增加一个显示函数 display 实现上面的输出数据的功能，如图 11-17 所示：

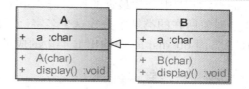

图 11-17 类 A、B 的关系图（添加了 display）

```
class A{
public:
    char a;
    void display()
    {cout<<"A::a = \'"<<a<<'\''<<endl;}
     A(char c = 'A'):a(c){}
    };
class B:public A{
public:
    char a;
    void display()
    {cout<<"B::a = \'"<<a<<'\''<<endl;} //输出的是 B::a 的值
    B(char c = 'B'):a(c){}
};
```

这样，在主程序中，通过创建两个类的对象，并调用 display 函数，即可输出各自的成员 a 的值：

```
int main()
{
    A oa;
    B ob;
```

```
    oa.display();
    ob.display();
    return 0;
}
```

程序输出：

```
    A::a = 'A'
    B::a = 'B'
```

由于类域的原因，通过类 B 的对象 ob 来调用成员函数 display 时，首先会在对象所在的类（类 B）中查找最近的标识符 display（就近原则），如果找不到，才会去继承来的基类子对象所在的类域中查找这个名字。所以 oa.display()输出 A 类中的成员变量 a 的值'A'，而 ob.display()输出 B 类中的成员变量 a 的值'B'。

练 一 练

把类 B 中的 display 函数定义部分删除，重新编译运行程序，查看结果并分析原因。

现在，通过类 B 的对象直接调用 display 函数，或者在类 B 的其他成员函数中直接调用 display 函数而不加类域限定，都将访问到类 B 的成员函数（B::display）。而基类 A 的成员函数 display 的名字在类 B 中被覆盖了，不可直接访问。要想在类 B 中访问类 A 的 display 函数，就必须在前面加上其所在的类域限定'A::'。现在为类 B 增加一个重载的 display 成员函数：

```
    void B::display( int x )
    {
        if(x == 0)              //如果传入参数的值为 0
        {A::display();          //则调用 A::display 函数（必须加上类域限定）
        }
        display();              //调用 B::display 函数（位于本类中，可省略类域限定）
    }
```

这个函数是类 B 的成员函数，位于类 B 的类作用域中。它是类 B 中另一个无参 display 函数的重载函数。前一个函数中，如果传入的参数 x 的值为 0，则先调用基类的无参 display 函数显示基类子对象中的 a 值；此时必须在基类成员函数 display 前加上类域限定 A::。在后面调用类 B 的无参 display 函数时，由于这两个函数都位于类 B 的作用域内，所以可以不加类作用域限定 B::。

在程序中添加如下代码来进行测试：

```
B ob;
ob.display(0);
```

输出结果：

```
A::a = 'A'
B::a = 'B'
```

这里通过 B 类对象 ob 调用了 B 类的成员函数 B::display(int)，在函数内部先通过类作用域限定符 A::调用了类 B 中的基类子对象的成员函数 A::display()；然后再调用 B 内的成员函数 display()（不需要使用类作用域限定符）。

总之，如果派生类 B 中存在跟基类 A 的成员函数存在相同的签名（函数形参列表）形式的成员函数，类 B 中的成员函数会"覆盖"类 A 中的相同声明的函数（必须函数原型完全相同）。这里实现的是对类 A 中同名方法的重写（override）。但是如果类 B 中的成员函数只是名字跟类 A 的成员函数相同，而参数列表不相同，则前者不会覆盖后者。二者是重载的关系，C++编译器可以通过参数的类型和个数来进行区分要调用的是哪一个函数。

如果派生类 B 的成员变量跟基类 A 的成员变量名字相同，那么在类 B 中默认访问的是派生类的成员变量。在访问控制允许的条件下，若要访问基类的同名成员变量，则必须在其名字前加上所属类的作用域限定。

在存在多个继承层次的情况下，如果访问控制允许，在派生类中访问间接基类的重名成员，需要加上该类的作用域限定。比如，在之前的类 B 的基础上公有派生出类 C，如图 11 - 18 所示：

```
class C:public B{
public:
    char a;
    void display();
    C(char c = 'C'):a(c){}
};



void C::display()
{
    cout<<"间接基类中的 a = \'"<<A::a<<'\''<<endl;      //访问 A 中的 a
    cout<<"直接基类中的 a = \'"<<B::a<<'\''<<endl;      //访问 B 中的 a
    cout<<"类自己声明的 a = \'"<<a<<'\''<<endl;         //访问 C 中的 a
}
```

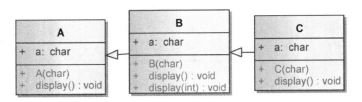

图 11-18　类 A、B、C 的继承关系图

在程序中添加如下代码,进行测试:

```
C oc;
oc.display();
```

输出结果:

```
间接基类中的 a = 'A'
直接基类中的 a = 'B'
类自己声明的 a = 'C'
```

这里类 C 的成员函数 display 通过类作用域限定符正确输出了类 A、B、C 中的同名成员 a 的值。因为类 C 的对象 oc 中既有来自类 A 的数据成员 a,又有来自类 B 的数据成员 a,还定义了自己的成员 a。类 C 中的成员 a 将覆盖来自基类的同名变量(类型可以相同或不同)。要访问基类中的重名成员,就必须使用类作用域限定符。

11.2.2　类中的嵌套类型

类中可以嵌套定义其他的类型。这时,要使用这个类型,也必须在该类型名前加上类的作用域限定"类名::"。比如在上一章中定义的类 MyString 中定义一个类型叫 iterator(迭代器),可以使用 typedef 在类 MyString 中这样声明:

```
class MyString
{
    ......
public:
    typedef char  * iterator;    //类中嵌套的 iterator 类型
    ......
};
```

它实际上是一个字符指针类型。以下代码使用这个嵌套类型来定义迭代器变量 iter:

```
MyString::iterator iter = NULL;
```

类中嵌套定义的类型的使用也要受访问控制的限制。具体规则跟访问控制对其他的类成员的限制一样。

在类中也可以声明其他的类，只要把后者的声明放到前者的声明中即可。例如，

```
class Base{
public:
    class InBase　//嵌套类声明
    {
        int mx;
    };
    InBase ib;　//使用嵌套类型来定义成员
};
```

这里，在类 Base 中声明了一个嵌套类 InBase，并用该类型在类 Base 中定义了成员变量 ib。因为 InBase 具有类 Base 的类域中，所以在类 Base 里可以直接使用它。另外，由于这个嵌套类 InBase 具有公有的访问控制属性，所以也可以在类 Base 之外使用它。但是在类外使用（包括派生类中使用）时一定加上声明它的类的作用域限定，如，

```
//在派生类中使用内置类型定义成员对象
class Deriv{
    Base::InBase der;
};
//在类外使用内置类型定义对象
Base::InBase inbase;
```

通过继承，派生类中可以使用基类的非私有成员。而且在访问控制允许的条件（用 public 派生）下，用派生类的对象可以调用基类的公有成员函数。这样，在派生类中只要加上跟派生类相关的属性或行为（成员变量和成员函数），再充分的利用基类提供的成员，或者改写（override）基类的成员函数，就可以在编写较少量代码的情况下实现更为丰富的特性。这就是代码重用的好处。通过代码重用，可以大大地提高开发的效率。

11.3　对象的创建、初始化与析构

在派生类内部可以访问基类成员，通过派生类对象也可以直接或间接访问基类成员[1]，这是因为派生类中存在基类子对象。

11.3.1　派生类对象的构造与析构举例
总的来说，派生类对象在创建时，首先创建和初始化其中的直接基类子对象，

---

[1]　假设访问控制允许，以后都假设满足这一点。

然后创建和初始化派生类中的成员变量和对象,再调用执行自身的构造函数。当一个派生类派生自多个基类时,则按照派生时基类的顺序创建基类子对象。而当一个派生类对象的生命期结束时,则按照跟上述顺序相反的顺序析构上述对象。

例11-2 定义一个昆虫类 Insect,一个蚂蚁类 Ant,Ant 公有继承自 Insect。演示对象创建析构顺序。

解:为突出问题,在基类 Insect 和派生类 Ant 中没有添加除构造函数和析构函数之外的其他成员,两个类的 UML 图如图 11-19 所示。

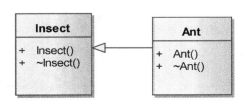

图 11-19 基类 Insect 和派生类 Ant 的关系图

为了显示对象创建和析构的过程,添加了一个全局变量 nCount 对对象的创建和析构进行计数。最终完成的类的声明代码如下:

```cpp
int nCount = 1;                                    //计数器
//基类 Insect
class Insect{
public:
    Insect()
    {
        cout<<"第"<<nCount++<<"步:";
        cout<<"Insect()"<<endl;}
    ~Insect()
    {
        cout<<"第"<<nCount++<<"步:";
        cout<<"~Insect()"<<endl;}
};
class Ant:public Insect{
public:
    Ant(){
        cout<<"第"<<nCount++<<"步:";
        cout<<"Ant()"<<endl;
    }
    ~Ant(){
        cout<<"第"<<nCount++<<"步:";
        cout<<"~Ant()"<<endl;
    }
};
```

在各类的构造函数、析构函数中除了输出当前是第几步外，还输出当前调用的是哪个构造函数、析构函数。测试用的主程序很简单，只是用派生类 Ant 来创建了一个对象 ant1：

```
int main()
{
    Ant ant1;              //创建派生类对象 ant1
    return 0;
}
```

程序编译执行后的输出为：

第 1 步：Insect()

第 2 步：Ant()

第 3 步：～Ant()

第 4 步：～Insect()

可以看到，在程序创建对象 ant1 的时候，首先创建并初始化基类 Insect 的子对象，导致基类构造函数 Insect∷Insect() 被调用，输出函数调用信息。这是第 1 步。基类子对象创建和初始化完成之后，再调用派生类的构造函数。这是第 2 步。第二步完成之后，派生类对象 ant1 创建完成。主程序返回。这时对象 ant1 被析构。析构时的顺序与创建的顺序相反，首先调用派生类的析构函数（第 3 步）析构派生类对象，然后再调用基类的析构函数来析构基类子对象（第 4 步）。

如果基类也是别的类的派生类，则基类子对象的创建和析构顺序跟上面讲的是一样的。

例 11 - 3　当派生类中有其他类的对象作为成员时，演示构造和析构的顺序。

解：在进行编程的时候，经常涉及二维空间的图形表示。为此，可以创建一个平面图形类 Shape，然后由它来派生出其他图形类比如直线（线段）类 Line。因为两点可以确定一条直线，所以直线类中应该有两个点对象。设计一个类 Point 来表示平面上的点，它具有两个坐标 x 和 y。由此相关的类的 UML 关系图如图 11 - 20 所示。据此可以写出各类的声明：

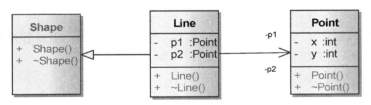

图 11 - 20　类 Shape 和派生类 Line 及类 Point 的关系图

```
class Shape
{
```

```cpp
public：
    Shape(){
        cout<<"Shape()"
            <<endl;
    }
    ~Shape(){
        cout<<"~Shape()"
            <<endl;
    }
};
```

```cpp
class Point                                class Line : public Shape
{                                          {
    int x, y;                                  Point pt1, pt2;
public：                                    public：
    Point(){                                   Line(){
        cout<<"Point()"<<endl;                     cout<<"Line()"<<endl;
    }                                          }
    ~Point(){                                  ~Line(){
        cout<<"~Point()"<<endl;                    cout<<"~Line()"<<endl;
    }                                          }
};                                         };
```

在各类中除非必要都只加了构造函数和析构函数,构造函数和析构函数的实现里也只输出函数的调用信息。测试用的主程序如下:

```cpp
int main()
{
    Line L;
    return 0;
}
```

主程序中只创建了一个 Line 类的对象 L。程序运行后的输出及解释如下:

(1) Shape()　构造基类子对象

(2) Point()　构造派生类成员对象 p1

(3) Point()　构造派生类成员对象 p2

(4) Line()　构造派生类子对象本身

(5) ~Line()　析构派生类子对象本身

(6) ~Point()　析构派生类成员对象 p2

(7) ~Point()　析构派生类成员对象 p1

（8）～Shape()　析构基类子对象

可以看到，程序中首先构造的是基类子对象，然后按照在派生类中声明的次序依次构造派生类中的对象成员 pt1 和 pt2，最后构造派生类对象。析构对象的顺序与构造对象的顺序正好相反。

另外，在本例中，由于直线类 Line 中封装了两个点 Point 对象，所以可以在直线类中调用 Point 类的公有方法。这种关系称为 has-a 关系，即类中拥有其他类的对象。在 UML 中称这种关系为关联关系，用有向箭头来表示。而 Line 类继承了 Shape 类，那么 Line 对象也是一个 Shape 对象，这种关系称为 is-a 关系，在 UML 中称为泛化关系，用空心有向箭头表示。这两种关系有一个相似的地方，就是都可以通过一个类来跟另一个类通信。

在以上类设计中，基类和派生类都提供了默认构造函数，使得构造对象或子对象时可以采用默认的方式。但是如果需要采用非默认的方式来构造派生类对象和基类子对象，就要求在派生类的构造函数中通过初始化列表来显式声明应该如何调用基类构造函数，格式如下：

派生类构造函数(形参表)：基类构造函数(形参表)，派生类成员变量初始化列表

在初始化列表中，如果要用指定的参数来调用基类的构造函数，从而完成基类子对象的初始化，可以把相应的参数放到派生类的形参列表里，通过派生类构造函数的初始化列表把参数传给基类的构造函数。派生类的成员变量（对象）的初始化也可以用其初始化列表来完成。对应的各种对象的构造顺序仍然是：构造基类子对象→构造派生类成员（按在类中的声明顺序）→派生类构造函数，而不是上面的构造函数"："号右边的从左到右顺序。

派生类构造函数提供了将参数传递给基类构造函数的途径，以保证在基类进行初始化时能够获得必要的数据。因此，如果基类的构造函数定义了一个或多个参数时，派生类必须定义构造函数。

例 11－4　在例 11－1 声明的子类 Student 和父类 People 的基础上，为 Student 类增加带参构造函数，并用这些参数来初始化基类子对象。

解：Student 类经常用在跟学生、学分、学籍管理相关的信息系统中。在有了人员类 People 的条件下，可以在 Student 类中复用类 People 的代码，而不用从头开始重新设计所有的代码。比如姓名、性别、年龄等公共信息的设置和显示等都已经在 People 类中实现了，Student 类中调用 People 类中的相关函数就可以了。

学生有自己特有的属性（学校、班级、学号、入学日期等），所以应该在学生类中添加跟人员类基本信息不同的这些信息。为此，首先为派生类 Student 增加两个 string[1] 类型的成员变量：bj 表示学生所在班级，xh 表示该学生编号；另外增加 1 个 Date 类（改写自第 9 章例题）对象 rxrq 表示入学日期。同时修改学校名 school 的类型为 string 型。这是学生所需要有的共同的信息。

---

[1]　string 类是 C＋＋库里定义的字符串类，要 ♯include＜string＞，并 using std∷string 才能使用。

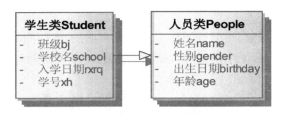

图 11-21　学生类和人员类的主要数据成员

但是在很多情况下都要求对学生的生日进行处理。所有的人员都有生日,生日不是学生特有的属性,而应该是人员所共有的属性。所以,应该在 People 类中而不是学生类中增加生日成员。将之前的 People 类进行改造,首先在其中加入私有 Date 类的成员 birthday 表示出生日期。这样,学生类和改造后的人员类的主要数据成员如图 11-21 所示。

现在 People 类中存在冗余的信息,一个是年龄 age,一个是生日 birthday。根据当前日期信息可以很容易计算出某人的年龄。这样 setAge 成员函数就不应该被外部对象调用,也不应该被派生类调用。所以,把这个函数的访问控制改为 private 类型。类中原有的 headcount 和 no 成员也不再需要了,从类 People 的声明中删除。

第一步:修改和实现日期类

把 Date 类做简单修改,增加输入输出运算符的重载及数据的设置、提取等成员函数,如图 11-22 所示。其声明文件的内容如下:

Date
- 　day :int
- 　month :int
- 　year :int
+ 　Date()
+ 　Date(int, int, int)
+ 　setDate(int, int, int) :void
+ 　setDate(Date&) :void
+ 　getDate() :Date {query}
+ 　display() :void {query}
+ 　~Date()
«friend»
+ 　operator <<(ostream&, Date&) :ostream&
+ 　operator >>(istream&, Date&) :istream&

图 11-22　类 Date 的 UML 图

```cpp
// Date.h: Date 类的声明文件.
#ifndef _DATE_H__                    //条件编译:防止重复包含
#define _DATE_H__
#include<iostream>
using std::ostream;
using std::istream;
class Date
{
    int day, month,    year;
public:
    Date();                          //1.默认构造函数
    Date(int y, int m = 1, int d = 1);   //2.重载的构造函数的声明,带有默认参数
    void setDate(const Date&date);   //设置日期
    void setDate(int y, int m = 1, int d = 1);
    Date getDate()    const;         //获取日期
    void display() const;            //显示日期
```

```
    friend ostream& operator <<(ostream&os, const Date&date);        //输出
    friend istream& operator >>(istream&is, Date& date);             //输入
    ~Date();
};
#endif _DATE_H__
```

日期类的实现文件内容如下：

```
// Date.cpp：Date 类的实现文件.
#include "Date.h"
#include<iostream>
using std::cout;
using std::endl;

Date::Date()//默认构造函数 1
{
    day = 1, month = 1, year = 2000;
    cout<<"Date::Date("
        <<year<<","<<month
        <<","<<day<<")"
        <<endl;
}
Date::Date(int y, int m, int d){        //重载的构造函数 2
    day     = d;
    month = m;
    year   = y;
    cout<<"Date::Date("
        <<y<<","<<m<<","<<d<<")"
        <<endl;
}
//显示日期
void Date::display() const
{
    cout<<"日期：";
    cout<<year<<"年";
    cout<<month<<"月";
    cout<<day<<"日"<<endl;
}
//输出日期
ostream& operator <<(ostream&os, const Date&date)                    //输出
{
    os<<date.year<<" - "<<date.month<<" - "<<date.day;
    return os;
```

```
}
//输入日期
istream& operator >>(istream&is, Date&date)                    //输入
{
    cout<<"请输入年月日,空格隔开:";
    is>>date.year>>date.month>>date.day;
    return is;
}
Date::~Date()                                                   //析构函数
{
    cout<<"~Date::Date("
        <<year<<","<<month<<","<<day<<")"
        <<endl;
}
//设置日期
void Date::setDate( int y, int m/ * = 1 * /, int d/ * = 1 * / )
{    year  = y; month  = m; day  = d;    }
void Date::setDate(const Date&date)
{    year   = date.year;
    month = date.month;
    day    = date.day;
}
//获取日期
Date Date::getDate() const
{     return Date(year, month,day);      }
```

经过改造后的人员类的声明文件如下,其中还去掉了函数的 inline 声明:

```
//People.h - People 类的声明文件
#ifndef _PEOPLE_H_
#define _PEOPLE_H_
#include<iostream>
#include "Date.h"
using std::cout;
using std::endl;
using std::string;

class People{
    //成员变量
    Date     birthday;        // 生日
    char     name[20];        // 姓名
    char     gender;          // 性别
    int      age;             // 年龄
```

```
    void    setAge(int  x);//改为了私有
public:
    People();                               //默认构造函数
    People(char  * s, char c = 'M', int x = 18);       //重载的构造函数
    void    setName(char * s);
    void    setAge(int  x);
    void    setGender(char c);
    char  *  getName()          const    { return (char  *)name;}
    int     getAge()          const    { return age; }
    char    getGender()       const    { return gender;}
    void    display() const;
    void    setData        (const char  * s, int a = 10, char sex = 'M' );
    void    setData        ( People& t);
    ~People();
};
#endif
```

第二步：修改和实现人员类

代码重用的目的是最大限度的利用已有的成熟代码，而几乎不要修改使用这些代码的已有程序。但是由于之前设计的 People 类并不完善，所以这里需要对类声明和类实现代码进行修改。但是仍然希望修改的地方足够的小。由于 People 类中新增了成员 birthday，还删除了一些成员，所以需要对新增成员初始化方式，提供设置函数（setBirth）和读取函数（getBirth）等：

```
class People{
    //成员变量
    ......
public:
    ......
    //新加的函数
    void setData(const char  * s, int a, char sex, const Date& d);
    void setData(const char  * s, int a, char sex, int y, int m, int d);
    void setBirth(int y, int m, int d);       //设置生日
    void setBirth(const Date&date);       //设置生日(重载)
};
```

以上增加的函数 setData 用了设置 People 对象中的所有数据，比重载函数多了（生日）日期参数。对 People 类原有的 display 函数的实现进行修改，使得能够同时输出生日信息：

```cpp
void People::display() const
{
    cout<<name<<" \t";
    if(gender = = 'M' )
        cout<<"男 \t";
    else if(gender = = 'F')
        cout<<"女 \t";
    else
        cout<<"   \t";
    cout<<age<<"岁"    ;
    cout<<"\t 生日: "
        <<birthday
        <<endl;
}
```

为设置生日的函数 setBirth 和获取生日的函数增加实现代码：

```cpp
//设置生日
void People::setBirth(int y, int m, int d)
{    birthday.setDate(y,m,d); }
void People::setBirth(const Date&date)
{    birthday.setDate(date); }
const Date& People::getBirth()
{    return birthday; }
```

为新添加的 setData 的重载函数增加/修改实现代码。在函数体内增加了对生日日期的设置。

```cpp
//设置所有数据
void People::setData(const char  * s, int a, char sex, const Date &d)
{
    setName((char  *)s); setAge(a); setGender(sex);
    setBirth(d);
}
void People::setData(const char  * s, int a, char sex, int y, int m, int d)
{
    setName((char  *)s); setAge(a); setGender(sex);
    setBirth(y,m,d);
}
void People::setData(People& t)
{
```

```
    setName((char   *)t.getName());
    setAge(t.getAge());
    setGender(t.getGender());
    setBirth(t.birthday);
}
```

修改 People 类的析构函数为：

```
//析构函数
People::~People()
{
    cout<<"~People():"
        <<name
        <<"(生日："<<birthday<<")"
        <<endl;
}
```

修改 People 类的默认构造函数的实现，在成员初始化列表中增加了对私有 Date 型对象 birthday 的显式初始化，以及生日信息的输出：

```
//默认构造函数
People::People(): birthday(2000,1,1)
{
    strcpy(name,"匿名");
    setGender('M');
    setAge(18);
    cout<<"People()"
        <<name
        <<"(生日："<<birthday<<")"
        <<endl;
}
```

修改另一个构造函数，在成员初始化列表中增加对私有 Date 型对象 birthday 的默认显式初始化，以及生日信息的输出：

```
//带参构造函数 1
People::People( char   *s, char c, int x ):age(x), birthday(2000,1,1)
{
    name[0] = '\0';
    if(s && strlen(s)<20)
        strcpy(name, s);
```

```
        setGender(c);
        setAge(x);
        cout<<"People(): "
            <<name
            <<"(生日: "<<birthday<<")"
            <<endl;
}
```

另外增加两个构造函数,其中额外提供了对生日的初始化信息:

```
//带参构造函数 2
People::People( char  * s, char c, int x,int y, int m, int d ):age(x),birthday(y,m,d)
{
    name[0] = '\0';
    if(s && strlen(s)<20)
        strcpy(name, s);
    setGender(c);
    setAge(x);
    cout<<"People(): "
        <<name
        <<"(生日: "<<birthday<<")"
        <<endl;;
}
//带参构造函数 3
People::People( char  * s, char c, int x,const Date&d):age(x),birthday(d)
{
    name[0] = '\0';
    if(s && strlen(s)<20)
        strcpy(name, s);
    setGender(c);
    setAge(x);
    cout<<"People(): "
        <<name
        <<"(生日: "<<birthday<<")"
        <<endl;;
}
```

至此完成了对 People 类的改造。派生类 Student 中还没有添加任何数据成员,只是在默认构造函数和析构函数中输出调用信息:

```
Student::Student()        //构造函数
{    cout<<"Student()"<<endl;    }

Student::~Student()      //析构函数
{    cout<<"~Student()"<<endl;      }
```

现在可以先测试一下程序的执行情况。

```
//例11_4主程序1
#include"Student.h"
int main()
{
    Student s1;                  //创建学生类对象 s1
    s1.setName("张三");          //调用基类的公有成员函数设置基本信息
    s1.setBirth(1998,3,7);
    s1.setGender('M');
    s1.display();                //调用基类的公有成员函数显示基本信息
    return 0;
}
```

此程序首先创建了一个派生类 Student 的对象 s1,调用的是默认构造函数。然后通过继承来的接口函数 setName、setBirth、setGender 设置基类子对象的基本信息,最后通过继承来的接口 display 显示基本信息。程序的输出如下:

```
Date::Date(2000,1,1)
People::匿名(生日:2000-1-1)
Student()
张三     男      18岁     生日:1998-3-7
~Student()
~People():张三(生日:1998-3-7)
~Date::Date(1998,3,7)
```

可以看到,虽然在主程序中只创建了一个派生类对象,而实际程序运行时却调用了多个类的构造函数。而且由于派生类采用的是默认构造方式,而在派生类 Student 的构造函数中没有提供初始化列表,所以对其基类子成员的构造函数调用也是调的 People 类的默认构造函数。另外,由于在 People 类的默认构造函数中提供了初始化列表对子对象 birthday 初始化为 2000 年 1 月 1 日。程序中构造函数调用的先后顺序依次是:① 调用 Date 类带参构造函数 Date::Date(int,intint);② 调用 People 类默认构造函数 People::People();③ 调用 Student 类构造函数 Student::Student()。对应的程序输出依次为:

```
Date::Date(2000,1,1)
People():匿名(生日:2000-1-1)
Student()
```

由于 Student 类公有继承自 People 类,基类的公有成员到了派生类中仍然是公有的,所以可由派生类对象 s1 直接调用。通过这些函数调用完成基本信息设置后,用 display 显示人员基本信息:

张三　　男　　　18 岁　　生日:1998-3-7

然后程序结束,析构派生类对象。Student 的析构函数被调用。调用完成后,继续调用基类析构函数。完成后再析构基类中的子对象。程序依次输出析构函数的调用信息:

```
~Student()
~People():张三(生日:1998-3-7)
~Date::Date(1998,3,7)
```

第三步:修改和实现 Student 类

以上已经完成了 People 类和 Date 类的实现。下面完善 Student 类。首先添加如前所述的数据成员

```
string school;          //学校
string bj;              //班级
string xh;              //学号
Date rxrq;              //入学日期
```

由于同时需要对基类子对象初始化,加上基类的数据成员和派生类的数据成员,Student 类需要初始化的数据很多。提供或是不提供某些成员都会构成 Student 类构造函数的重载。为篇幅所限,这里只创建一个带参的构造函数,对所有的信息一次性地全部初始化。其余的构造函数的重载版本请读者自行编写代码。

```
Student::Student(char *nam, int ag, char g, int y1, int m1, int d1,
        char *ban, char *hao,char *xiao,int y2,int m2, int d2):
        bj(ban), xh(hao), school(xiao),           //派生类成员初始化列表
        rxrq(y2,m2,d2),People(nam,g,ag,y1,m1,d1)   //基类子对象初始化
{    cout<<"Student(char *,...)"<<endl; }
```

以上构造函数中的参数分为两大部分,前一部分(第一行)是为了设置基类子对象中的成员的初始值,后一部分(第二行)是为了设置派生类中的成员的初始值。成员函数的初始化列表也分成了两部分,第一行初始化派生类中的对象成员,第二行初始化基类子对象及其中的成员对象。

在 Student 类中添加 display()函数显示学生的所有信息。这个函数跟基类的

display 函数具有相同的签名,构成对基类同名函数的覆盖。所以在派生类中直接调用 display 或者通过派生类对象调用 display,都将调用派生类的函数 Student∷display():

```
void Student∷display()
{
    char g = getGender();
    //输出人员基本信息
    cout<<"姓名:        "<<getName()<<endl;
    cout<<"性别:        ";
    if(g == 'M' )
        cout<<"男 \n";
    else if(g == 'F' )
        cout<<"女 \n";
    else
        cout<<"    \t";
    cout<<"年龄:        "<<getAge()<<"岁\n"        ;
    cout<<"生日:        "
        <<getBirth()
        <<endl;
        //开始输出学生特有信息
    cout<<"学号:        "<<xh<<endl;
    cout<<"学校:        "<<school<<endl;
    cout<<"班级:        "<<bj<<endl;
    cout<<"入学日期:"<<rxrq<<endl;
}
```

在这个函数体内,调用继承来的基类的成员函数(getDate,getName,等)间接访问基类的私有成员变量(birthday、name 等)。这是因为基类中的私有成员对派生类来说是不可访问的。函数首先输出学生的基本信息(来自 People 类的子对象),然后输出学生的特有信息(学校、班级等)。因为学生的特有信息是学生类的数据成员,所以对后面的信息的访问能够直接进行。

第四步:测试派生类

在主程序中编写如下代码测试这个构造函数:

```
//例 11_4 主程序 2
# include"Student.h"
# include<iostream>
using std∷cout;
using std∷endl;
int main()
```

```
{
    //创建学生类对象 s2
    Student s2("白富美", 19, 'F',1994,3,1,                //人员基本信息
        "软件工程 121 班","0120001","中华 XX 大学",2012,9,1);    //学生特有信息
    cout<<"- - - - - - - - - - - - - - - - - - - -"<<endl;
    s2.display();                          //显示学生信息
    cout<<"- - - - - - - - - - - - - - - - - - - -"<<endl;
    return 0;
}
```

程序运行后的输出结果：

```
Date::Date(1994,3,1)                    ──→ 构造基类中的 birthday 子对象
People():白富美(生日：1994-3-1)          ──→ 构造基类子对象
Date::Date(2012,9,1)                    ──→ 构造派生类中的入学日期子对象
Student(char *,...)                     ──→ 构造派生类对象
- - - - - - - - - - - - - - - - - - - -
    姓名：    白富美
    性别：    女
    年龄：    19 岁
    生日：    1994-3-1
    学号：    0120001                    ──→ 学生对象 s1 的信息显示
    学校：    中华 XX 大学
    班级：    软件工程 121 班
    入学日期：2012-9-1
- - - - - - - - - - - - - - - - - - - -
    ~Student()                          ──→ 析构派生类对象
    ~Date::Date(2012,9,1)               ──→ 析构派生类中的入学日期子对象
    ~People():白富美(生日：1994-3-1)      ──→ 析构基类子对象
    ~Date::Date(1994,3,1)               ──→ 析构基类中的 birthday 子对象
```

　　创建的派生类对象中由基类子对象、派生类中的对象成员、派生类的其他成员组成。而基类子对象又由对象成员和其他成员组成。各部分成员的组成情况以及构造顺序如图 11-23 所示。

　　通过上述的构造顺序，才能够完整地构造好派生类对象。而派生类及其中各种对象的析构顺序则与构造的顺序相反，因为这样才能正确地析构派生类中的各种对象。没有显式初始化的成员变量的值将由系统赋以默认的值。

　　派生类只负责对自己的直接基类初始化，基类再负责自己的基类的初始化。如果存在更深的类继承层次，通过这样的方式，所有的各级基类子对象、基类中的对象成员以及最终的派生类对象都能正确地初始化。

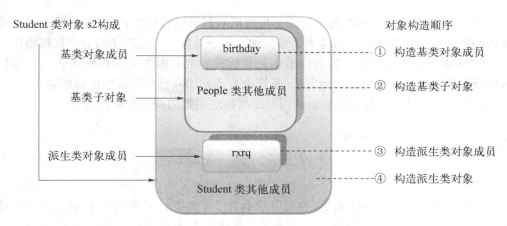

图 11‑23　学生类对象 s2 的内部构成及构造顺序

11.3.2　各类子对象的构造与析构规则

关于 C++ 中派生类、基类的各种对象的构造和初始化的机制，可以总结说明如下：

(1) 如果所有的基类和类中子对象的构造函数都不需要参数，派生类也不需要参数时，派生类构造函数可以不定义。这时所有对象都采用默认构造函数来初始化。

(2) 对基类成员和子对象成员的初始化必须在成员初始化列表中进行，新增成员的初始化既可以在成员初始化列表中进行，也可以在构造函数体中进行。

(3) 如果基类中定义了默认构造函数或根本没有定义任何一个构造函数（此时，由编译器自动生成默认构造函数）时，在派生类构造函数的定义中可以省略对基类构造函数的调用。

(4) 派生类构造函数必须对这 3 类成员初始化，其执行顺序如下：

① 调用基类构造函数；

② 调用子对象的构造函数；

③ 派生类的构造函数体。

(5) 当派生类有多个基类时，处于同一层次的各个基类的构造函数的调用顺序取决于定义派生类时声明的顺序（自左向右），而与在派生类构造函数的成员初始化列表中给出的顺序无关。

(6) 如果派生类的基类也是一个派生类，则每个派生类只需负责其直接基类的构造即可，依次上溯。

(7) 当派生类有多个子对象时，各个子对象的构造函数的调用顺序也取决于这些对象的声明在派生类中出现的顺序（自前至后），而与在派生类构造函数的成员初始化列表中给出的顺序无关。

(8) 派生类构造函数提供了将参数传递给基类构造函数的途径，以保证在基类进行初始化时能够获得必要的数据。因此，如果基类的构造函数定义了一个或多个参数时，派生类必须定义构造函数。

(9) 子对象的情况与基类相同。

（10）当所有的基类和类的子对象的构造函数都可以省略时,可以省略派生类构造函数的成员初始化列表。这时基类子对象和类的子对象都采用默认构造函数初始化。

（11）派生类不能继承基类的构造函数和析构函数。因为类的析构函数只负责析构自身。在派生类析构函数执行完后,系统会自动调用其直接基类的析构函数。

（12）对象析构时,析构函数的调用顺序与构造函数的调用顺序相反。

11.4 多重继承

派生类可以继承自单个基类,也可以继承自多个基类。前者叫单继承,后者叫多继承。这也是客观世界中实际情况的反应。比如,一个公司里的雇员可以分为技术人员、管理人员、销售人员等 3 类。而其中,销售经理既是管理人员,又是销售人员,同时具有这两种人员的特性,如图 11‑24 所示:

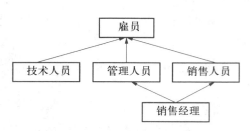

图 11‑24　多继承的实际例子

其中,雇员是最上层的抽象,而技术人员、管理人员、销售人员都是雇员的特殊情况,具有雇员的一般特性,如名字、薪水、入职时间、职级等;但是又有自己的独有特征。而销售经理则兼具管理人员和一般销售的特征,而且还具有自己独有的特征。根据图 11‑24 所示的继承层次和各类人员之间的关系,可以很容易的定义出相应的类继承层次。多继承的语法是:

```
class   派生类名 :继承方式 1   基类名 1 , … ,继承方式 n 基类名 n
{
        数据成员和成员函数声明
};
```

其中各个基类的继承方式可以不一样。派生类通过多继承的方式同时继承了所有基类的成员,还可以添加自己的成员。但是要注意,多个基类必须是不同的基类,否则会出错。

例 11‑5　多继承举例,如图 11‑25 所示。

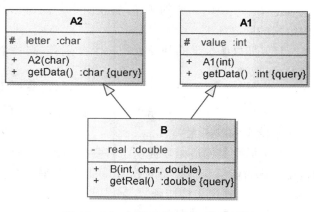

图 11‑25　多继承的 UML 类关系图

```
0001 //多继承举例
0002 #include<iostream>
0003 using std::cout;
0004 using std::endl;
0005 class A1{      //基类 1
0006 public:
0007       A1(int x) { value = x ; }
0008       int getData() const { return value ; }
0009    protected:
0010       int value;
0011 };
0012 class A2{      //基类 2
0013 public:
0014       A2(char c) { letter = c; }
0015       char getData() const { return letter;}
0016    protected:
0017       char letter;
0018 };
0019 //派生类,公有继承自 A1 和 A2
0020 class B : public A1, public A2
0021 {
0022 public:
0023     B ( int, char, double ) ;
0024     double getReal() const ;
0025 private :
0026     double real ;
0027 };
0028
0029 B::B( int x, char c, double f):A1(x), A2(c), real(f)
0030 {
0031 }
0032
0033 int main()
0034 {
0035     A1 b1 ( 10 ) ;
0036     A2 b2 ( 'k' ) ;
0037     B d ( 5, 'A', 2.5 ) ;
0038     return 0;
0039 }
```

其中,基类 A1 具有成员 getData 和 value,基类 A2 具有成员 getData 和 letter,派生类 B 公有继承自 A1 和 A2,且具有成员 getReal 和 real。通过多继承,派生类 B 的对象 d 中同时具有 A1 类子对象和 A2 类的子对象,因此具有几个类的复合功能,如图 11 - 26 所示。

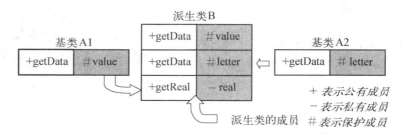

图 11 - 26   派生类 B 中的成员构成情况示意图

因为派生类需要负责自己直接基类 A1 和 A2 的初始化,所以在派生类中声明了构造函数

```
B ( int, char, double );
```

在初始化 B 中成员 real 的同时,也为基类 A1 和 A2 的构造函数提供参数。这种初始化是通过派生类 B 的构造函数初始化列表实现的:

```
B::B( int x, char c, double f):A1(x), A2(c), real(f){}
```

在多继承方式下,派生类会继承所有基类的成员。如果多个基类中存在相同的成员,则可能带来名字使用时的二义性问题。如本例的基类 A1 具有成员函数 getData,A2 也具有成员函数 getData,都具有公有访问控制属性。而派生类 B 是公有继承自 A1 和 A2,所以 B 中具有两个 getData 函数,分别属于 A1 和 A2,也是公有的。如果有以下代码:

```
B d ( 5, 'A', 2.5 );
d.getData();
```

编译器将不知道该调用 b 中基类 A1 中的 getData 函数,还是调用 A2 中的 getData 函数。这就是多继承带来的成员名的二义性问题。于是 VC 6 编译时会产生编译错误:

　　...error C2385: 'B::getData' is ambiguous(错误 C2385:'B::getData' 具有二义性)

　　...warning C4385: could be the 'getData' in base 'A1' of class 'B' (可以是 B 的基类 A1 中的 getData)

　　...warning C4385: or the 'getData' in base 'A2' of class 'B' (也可以是 B 的基类 A2 中的 getData)

在这种情况下,应当使用类作用域限定来明确指出所调用函数所属的基类。要调

用来自基类 A1 中的 getData，就应该写成 d. A1∷getData()；要调用的是来自基类 A2 的 getData 函数，则应该写成 d. A2∷getData()。

这种通过基类名明确控制成员访问的规则称为支配原则。

当一个类中具有多个基类时，派生类必须为每个基类的构造函数提供初始化参数，构造的方法和单继承的方法相同（在派生类构造函数的初始化列表中通过参数调用基类构造函数）。对象构造的顺序是先基类中的对象成员，再基类，再派生类的对象成员，最后调用派生类的构造函数。存在多个基类时，先构造基类 1 中的对象成员，再调用基类 1 的构造函数；然后对其他基类进行类似处理。再构造派生类对象，最后调用派生类构造函数。基类子对象的构造顺序（含其中的对象成员）是按照其在派生类声明时右边列表中出现的先后顺序进行的，而不是按照基类定义在程序中出现的先后顺序，或者在派生类构造函数初始化列表中的先后顺序来构造。

多重继承方式下，各种对象的析构顺序依然是按上述构造的顺序相反的顺序进行的。

例 11-6 验证多继承情况下的对象构造与析构。

```
0001 //多继承时对象的构造与析构举例
0002 #include<iostream>
0003 using std∷cout;
0004 using std∷endl;
0005 class A1{                    //基类 A1
0006 public:
0007    A1(int x = 1) {           //A1 构造函数
0008       value = x;
0009       cout<<"A1∷A1("<<x<<")"<<endl;
0010    }
0011    ~A1(){                    //A1 析构函数
0012       cout<<"A1∷~A1()"<<endl;
0013    }
0014 protected:
0015    int value;
0016 };
0017 class A2{    //基类 A2
0018 public:
0019    A2(char c = 'C') {        //A2 构造函数
0020       letter = c;
0021       cout<<"A2∷A2("<<c<<")"<<endl;  }
0022    ~A2(){                    //A2 析构函数
0023       cout<<"A2∷~A2()"<<endl;
0024    }
```

```
0025 protected:
0026     char letter;
0027 };
0028 //派生类,公有继承自 A1 和 A2
0029 class B : public A1, public A2
0030 {
0031 public :
0032     B( int , char, double );        //B构造函数
0033     ～B();                          //B析构函数
0034 private :
0035     double real ;
0036 };
0037
0038 B::B( int x = 1, char c = 'C', double f = 0.0):A2(x), A1(c), real(f)
0039 {
0040     cout<<" B::B("<<f<<")"<<endl;
0041 }
0042 B::～B(){
0043     cout<<" B::～B()"<<endl;
0044 }
0045 int main()
0046 {
0047     B d ( 5, 'A', 2.5 );
0048     return 0;
0049 }
```

程序的运行结果如下:

```
A1::A1(5)
A2::A2(A)
 B::B(2.5)
 B::～B()
A2::～A2()
A1::～A1()
```

如果在派生类的构造函数中没有对某个基类构造函数初始化,那么在该基类定义中必须提供默认构造函数,否则编译器会因为找不到默认构造函数来构造基类子对象而报错。对于类中的对象成员也是如此。如果在类的构造函数中没有提供对象成员的显式初始化,那么该对象所在的类必须提供默认构造函数来初始化该对象。如果类中的对象成员是一个数组,则它不能在构造函数的初始化中显式初始化,它所在类也必须提供默认构造函数。

派生类 B 的构造函数的初始化列表中是把 A2 排在前面而把 A1 排在后面的，但是在构造基类对象时还是按照继承的次序先构造 A1，而后才构造 A2。

11.5 虚 拟 继 承

11.5.1 虚拟继承的定义

虽然在多继承时派生类不能多次直接继承同一个基类，但是派生类的直接基类可能派生自同一个基类。比如根据图 11 - 24 所示的类继承层次结构，定义一个雇员类 Employee 作为顶层基类；另外定义一个管理人员类 Manager 和一个销售人员类 Salesman 作为 Employee 类的直接派生类。再用 Manger 类和 Salesman 类共同派生出销售经理类 SalesManager。

```cpp
class Employee{
    char name[32];
public:
    void setName (char * s){ strncpy(name,s, 32);}
    char * getName (char * s){ return name;}
};
class Manager:public Employee{······};
class Salesman:public Employee{······};
class SalesManager:public Manager, public Salesman{······};
```

其中各类之间的关系如所图 11 - 27 示。

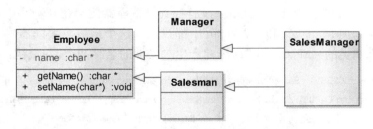

图 11 - 27　多级继承中有公共基类的情况

在由 Employee 派生出的 Manager 类的对象中，存在 Employee 类的子对象；由 Employee 类派生出的 Salesman 类的对象中，也存在 Employee 类的子对象。由于 SalesManager 类多继承自 Manager 类和 Salesman 类，所以 Salesman 类中同时具有 Manager 类和 Salesman 类的子对象。这样就导致在 SalesManager 类的对象中，存在两份 Employee 类的子对象。上述继承关系中各类的成员构成情况如图 11 - 28 所示。

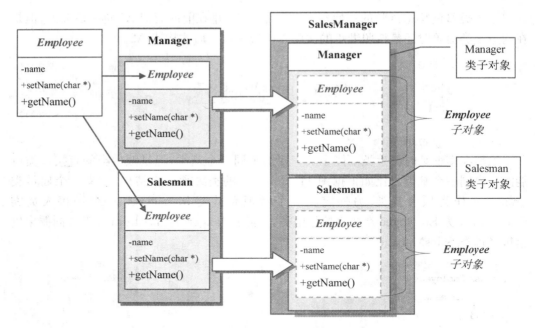

图 11-28 多级多重继承时类成员结构示意图

由于上述继承层次结构使得在 SalesManager 类中存在两份 Employee 类的拷贝，这样很容易产生访问二义性问题。设有如下代码：

```
SalesManager  wang;
wang.setName("王某");
```

编译器在编译上述代码时，需要查找函数名 setName。根据就近查找的规则，首先应在类 SalesManager 中查找这个函数，结果没有找到。编译器便会在其基类中去查找这个名字。结果在基类 Manager 和 Salesman 中都找到了这个函数。编译器将不能确定应该调用哪一个基类的 setName 函数，因此产生二义性的名字冲突，并报错：

...error C2385：'SalesManager∷setName' is ambiguous(名字'setName'具有二义性)

...warning C4385：could be the 'setName' in base 'Employee' of base 'Manager' of class 'SalesManager'(可能是基类'Manager'中的'Employee'中的函数'setName')

...warning C4385：or the 'setName' in base 'Employee' of base 'Salesman' of class 'SalesManager'(或者是基类'Salesman'中的'Employee'中的函数'setName')

既然这种情况相当于两个直接基类中有同名的函数，那么很自然的解决办法是在函数调用前加上直接基类的类作用域限定，比如，

wang.**Salesman∷**setName("王某");

或者

wang.**Manager∷**setName("王某");

　　这种方法在形式上解决了名字冲突的问题，程序也能够顺利编译了，但是从逻辑上并没有解决实质性的问题。这个销售经理王某并不是两个不同的雇员，而是一个。而在 wang 这个对象中却存在两份 Employee 类的子对象，两份子对象的数据可能完全不一样（一份里面的名字可能是"王某"，另一份里面的名字可能却是"李某"）。这就带来了数据的不一致。为了解决这个问题，保证多重、多层继承中如果有一个公共的基类而下层的继承路径上又有汇合点时，这个公共基类在汇合点派生类的对象中只存在一份公共基类数据的拷贝，C++引入了虚继承的概念。

　　C++中，在定义公共基类的派生类的时候，如果在继承方式前使用关键字 virtual 对继承方式限定，这样的继承方式称为虚拟继承，公共的基类称为虚基类。这样，在具有公共基类的、使用了虚拟继承方式的多个派生类的公共派生类中，该基类的成员就只有一份拷贝。虚拟继承/虚基类的定义形式如下：

　　　　class 派生类名：**virtual** 继承方式 1　派生类 1［［，**virtual**］继承方式 2　派生类 2，…］
　　　　〈派生类成员声明与定义　〉；

　　如对于上面的 SaleManager 类，采用下面的虚拟继承的方式，就将基类 Employee 声明成了虚基类：

```
class Salesman：          virtual   public Employee{…};
class Manager：           virtual   public Employee{…};
class SalesManager：public Salesman, public Manager{…};
```

　　使用虚拟继承，在派生类 SalesManager 的对象中，就只有虚基类 Employee 的一份拷贝了。使用虚拟继承之后，派生类对象中的子对象构成如图 11－29 所示。

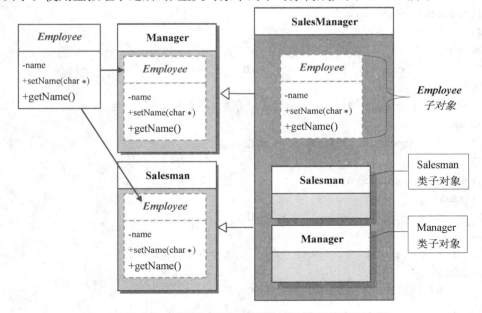

图 11－29　采用虚拟继承时派生类中成员构成示意图

由于采用了虚拟继承,所以在派生类中只保留了虚基类的一份拷贝,那么,使用派生类对象来引用虚基类中的成员就不会产生二义性的名字冲突了。例如,

```
SalesManager wang;
wang.setName("王某");        //不会有二义性错误
```

此时虚基类 Employee 在派生类 SalesManager 的对象 wang 中只有一份拷贝,因此虚基类的成员函数 setName 也只有一份存在于派生类中。通过派生类对象调用 setName 就不会产生名字冲突。

例 11 - 7　虚继承的测试。

设有类 B 公有继承自 A,类 C 公有继承自 A,派生类由类 B 和 C 公有派生而得。类继承关系如图 11 - 30 所示。

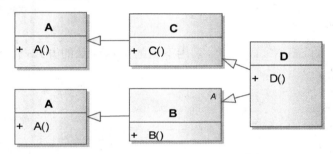

图 11 - 30　具有公共基类的多派生类关系图

```
0001 #include <iostream>
0002 using namespace std;
0003 class  A{ //顶层基类 A
0004 public :
0005      A ( ) { cout << "class A" << endl ; }
0006 };
0007 class  B :  public  A{              //类 B 公有继承 A
0008 public :
0009      B ( ) {cout << "class B" << endl ;  }
0010 };
0011 class  C :  public  A{              //类 C 公有继承 A
0012 public :
0013      C ( ) {cout << "class C" << endl ;  }
0014 };
0015 class  D :  public  B ,  public  C{    //类 D 公有继承 B 和 C
0016 public :
0017      D ( ) {cout << "class D" << endl ; }
0018 };
```

```
0019 int  main ( )
0020 {
0021    D  dd ;
0022    return 0;
0023 }
```

程序的输出为：

　　class A

　　class B

　　class A

　　class C

　　class D

　　在主程序中创建了最底层派生类 D 的实例——对象 dd。在创建 dd 时，首先构造其基类子对象 B。由于 A 是 B 的基类，于是首先调用了 A 的构造函数，然后再调用 B 的构造函数，完成子对象 B 的构造。对应程序输出为

　　class A

　　class B

　　按照派生类中继承的顺序，再构造基类 C 的子对象。由于 A 类是 C 类的基类，首先构造 A 类子对象，再调用 C 类构造函数。对应程序输出为

　　class A

　　class C

　　所有的基类子对象都构造完毕，最后再调用派生类 D 的构造函数，输出：

　　class D

　　从程序的输出可以看到，在派生类对象中，确实存在两份间接基类 A 的子对象。这很可能会带来数据的不一致。为使得在最终的派生类 D 中只有一份基类 A 的子对象，就需要使用虚继承的方式来由 A 类派生出 B 和 C。即在类 B 和 C 的定义处做如下修改：

```
class  C  : virtual public  A{...};      //类C公有继承A(虚继承)
class  D  : virtual public  A{...};      //类D公有继承A(虚继承)
```

其他地方不变，然后编译以上程序，得到程序的输出为

　　class A

　　class B

　　class C

　　class D

可以看到,B 和 C 共同的基类 A 的构造函数只被调用了一次,也就是说,在最终派生类 D 中,只有一份虚基类的子对象。

11.5.2 虚基类的初始化

由于多继承的派生类对象只有一份虚基类对象的拷贝,那么,这个虚基类对象就只能被初始化一次。但是,因为这个虚基类派生出了多个子类,这些子类中可能都提供了初始化虚基类对象的方法。如果在最终的派生类中像普通的派生类一样,只提供对多个直接基类提供不同初始化方法的话,不会造成对虚基类的多次不同的初始化。

在 C++中,只要在没有虚继承的情况下,每个派生类的构造函数才只负责其直接基类的初始化。但是,虚基类将由最终的派生类负责初始化。最终派生类是指在多层次的类继承层次中,在创建对象时所用到的类,比如例 11-7 中的类 D,11.5.1 小节中的 SalesManager 类等。初始化时,在最终派生类的构造函数列表中显式指定调用的虚基类的构造函数。如果同时在最终派生类中指定了其直接基类(虚基类的派生类)的初始化方式,而且这些初始化方式中包含了对它们的父类(虚基类)的初始化,则对虚基类的初始化语句将被忽略。

从虚基类直接或间接继承的派生类中的构造函数的成员初始化列表中,都要列出这个虚基类构造函数的调用。但是,只有用于建立对象的那个派生类的构造函数调用虚基类的构造函数,而该派生类的基类中所列出的对这个虚基类的构造函数调用在执行中被忽略。

在例 11-7 的类 D 的构造函数中,并没有为虚基类 A 提供显式的初始化方式说明(即没有在类 D 的构造函数初始化列表中调用类 A 的构造函数),程序也能够正常编译运行,这是因为类 A 中声明了默认构造函数。这种情况下,虚基类将调用默认构造函数来进行默认初始化。

例 11-8 虚继承的构造函数执行分析。

解:类 A 是类 B 和 C 的虚基类,类 D 由类 B 和 C 公有派生而来,是继承结构中的最终派生类,它负责虚基类 A 的初始化。其类关系图跟图 11-30 类似。

```
0001 //虚基类子对象的构造
0002 #include<iostream>
0003 using std::cout;
0004 using std::endl;
0005
0006 class A{char a; //虚基类
0007 public:
0008     A(char cc = 'A'):a(cc){
0009         cout<<"A::A(char) - virtual class: a = "<<a<<endl;
0010     }
0011     void f(){
0012         cout<<"调用 A::f()"<<endl;
```

```
0013        }
0014        ~A(){
0015            cout<<"~A::A()"<<endl;
0016        }
0017 };
0018 class B: virtual  public A{char b;
0019 public:
0020     B(char cc='B'):b(cc){
0021            cout<<"B::B(char) :b="<<b<<endl;
0022        }
0023     B(char cc,char aa):b(cc),A(aa)
0024     {
0025            cout<<"B::B(char,char):b="<<b<<endl;
0026        }
0027     ~B(){
0028            cout<<"~B::B()"<<endl;
0029        }
0030 };
0031 class C: virtual public A{char c;
0032 public:
0033     C(char cc='C'):c(cc){
0034            cout<<"C::C(char) :c="<<c<<endl;
0035        }
0036     C(char cc,char aa):c(cc),A(aa)
0037     {
0038            cout<<"C::C(char,char):c="<<c<<endl;
0039        }
0040     ~C(){
0041            cout<<"~C::C()"<<endl;
0042        }
0043 };
0044 class D: public B, public C{
0045     char d;
0046 public:
0047     D():B('b','X'),C('c','Y'), A('Q'), d('d')    //最终派生类 D 的构造函数：提供了虚基
                                                        类的初始化方法
0048     {
0049            cout<<"D::D(char,char,char):d="<<d<<endl;
0050        }
0051     ~D(){cout<<"D::~D()"<<endl;}
```

```
0052 };
0053
0054 int main()
0055 {
0056     D od;
0057     od.f();
0058     return 0;
0059 }
```

上述程序的输出结果为：

A::A(char) - *virtual* class: a = Q

B::B(char,char):b = b

C::C(char,char):c = c

D::D(char,char,char):d = d

调用 A::f()

~D::D()

~C::C()

~B::B()

~A::A()

第 47 行最终派生类的构造函数初始化列表中，显式声明了对虚基类 A 的初始化方式，同时还对直接基类 B 和 C 进行初始化：

D():B('b','X'),C('c','Y'), A('Q'), d('d')

调用了 B 和 C 的具有两个参数的构造函数。这些构造函数的原型定义在代码第 23 和 36 行。那里同时指定了对 B 和 C 的基类 A 的显式初始化列表。上面一行代码的初始化列表，企图通过直接基类 B 把虚基类 A 中成员 a 初始化为'X'，然后利用类 C 的构造函数把虚基类 A 中成员 a 初始化为'Y'。接着直接调用虚基类 A 的构造函数，显式把 D 中的虚基类子对象 A 的成员 a 初始化为'Q'。这 3 条都指定了虚基类成员的初始化值，最后一条才是有用的。由于虚基类子对象在最终派生类中只存在一份拷贝，所以它的直接派生类对它的初始化都将被忽略。只有显式声明在最终派生类里的虚基类的初始化语句才是实际会执行的。于是，上面的例子中，最终派生类 D 的对象 od 中的虚基类 A 的成员 a 的值被初始化为'Q'。

在虚基类子对象构造完成之后，才会按照继承列表中的顺序依次构造最终派生类的直接基类 B 和 C 的子对象。于是导致输出：

B::B(char,char):b = b

C::C(char,char):c = c

实际调用的仍然是带两个参数（一个参数初始化 B 或 C 的成员 b 或 c，另一个参数试图用来初始化虚基类成员 a），对 B 和 C 类中成员的初始化是成功的，但是对虚基类

554

的初始化尝试并没有起作用，被忽略了。

最后构造的是最终派生类 D，调用构造函数，输出：

```
D::D(char,char,char):d = d
```

由于虚基类 A 中声明了公有的成员函数 f，通过公有派生进入最终派生类里，没有改变自己的公有访问控制属性。通过最终派生类对象 od 来调用 f 函数，输出：

```
调用 A::f()
```

表示这个 f() 函数其实是来自虚基类 A 中的函数 f()。

程序返回，析构派生类对象 od。对象析构的顺序跟对象创建的顺序正好相反。于是输出：

```
~D::D()
~C::C()
~B::B()
~A::A()
```

在虚拟继承方式下，构造函数的调用次序跟非虚拟继承不同，其执行次序遵循下面几条规则：

（1）虚基类的构造函数最先调用，然后才是非虚基类的构造函数；

（2）如果类的同一继承层次上包含了多个虚基类，则它们的构造函数的调用顺序跟继承的先后次序一致。如果某个虚基类的构造函数在前面被调用了（直接或间接），则不会再次调用；

（3）如果虚基类继承自非虚的类，则先调用虚基类的基类构造函数，再调用虚基类的构造函数。

11.6　本章小结

派生类通过继承基类，使得基类成员也成了派生类的成员，能够在派生类中访问基类成员。基类代码得以重用。另外，派生类也可以定义自己的成员，表现出比基类更特别的特性。一个基类可以派生多个派生类，彼此都不相同；反之，一个派生类也可以继承自多个基类，从而拥有它们各自的特征。派生类继承自单个基类的情况称为称为单继承，继承自多个基类的情况称为多继承。

一个类中的成员的可访问性由其访问控制来决定，而派生类中基类成员的可访问性则还要由继承方式来决定。类中的私有成员是类要隐藏的部分，只能通过本类的成员函数访问，其他任何地方都不可直接访问。类中的保护成员可供类自身及派生类访问。类的公有成员可供类自身、派生类、类的对象直接访问。当一个类派生出其他类后，继承方式的不同会影响基类成员在派生类及派生类对象中访问的权限。继承方式有 public（公有继承）、protected（保护继承）、private（私有继承）3 种，跟访问控制属性所用的 3 个关键字相同。不管采用哪种继承方式,基类的私有成员在派生类中都是不可访问的。

公有继承使得基类的公有及保护成员也成为派生类的公有及保护成员。所以派生类对象可以像基类对象一样的使用,因为基类的公有成员也是派生类的公有成员。这种情况体现的是派生类跟基类之间的"is-a"关系。此时,一个派生类对象也是一个基类的对象。

保护继承使得基类的公有成员和保护成员到了派生类中之后成为派生类的保护成员,能够在派生类中访问,也能在由派生类派生出的其他类中访问,但是不能通过派生类对象访问。

私有继承使得基类的公有和保护成员成为派生类的私有成员,不能被由派生类再派生出的其他类访问,也不能通过派生类对象来访问。

由于派生类继承了基类的所有成员,基类的成员(除私有成员)也成为派生类的成员。当派生类自身的成员跟基类的成员重名时,默认直接访问的是派生类成员。若要明确指出要访问的是基类的重名成员,需要在该成员之前使用类作用域限定"基类名∷成员名"。这称为支配性原则。因为每个类中的成员都具有它所在类的作用域,所以在类的成员函数实现中不加说明地访问的首先就是该类中的名字。如果没有在本类中找到该名字,则编译器会去查找基类中的名字。如果该类由多个基类派生而来,则称这种情况为多派生(多继承)。此时,如果不同基类中有重名的成员,那么也必须使用类作用域限定来明确指出所要访问的是哪个基类的成员。

由于派生类继承了基类的所有成员,所以在派生类中存在基类子对象的一份拷贝。在构造派生类对象时,先构造基类子对象,再构造派生类对象本身。构造基类子对象时,如果其中有对象成员,则需先调用该对象的构造函数(基类构造函数初始化列表中进行),然后再调用基类的构造函数。如果有多个基类,则按照定义派生类时基类列表的顺序依次构造这些基类的子对象。派生类对象的构造跟单个基类子对象构造的顺序相同。在析构对象时,顺序与上述的构造顺序正好相反,首先调用派生类的析构函数,再调用派生类中对象成员的析构函数,然后才调用基类子对象的析构函数等。

如果在多继承的类层次中,继承层次中间的某几个类存在公共的基类;而继承层次下方,这些类又共同派生出某个最终派生类,则为了避免在该派生类中出现多个该公共基类的子对象,以及避免名字冲突等,继承层次中间的几个类应该采用虚拟继承的方式来继承公共基类。这时,该公共基类称为虚基类(该类本身不是"虚"的),它在最终派生类的对象中只会存在一份拷贝。此时,最终派生类负责对虚基类子对象的初始化,而该虚基类的直接派生类对它的初始化被忽略。

复习思考题

- 什么是继承?什么是基类和派生类?
- 基类和派生类是什么关系?
- 能否使用基类对象访问派生类成员?如果可以,请讨论具体情况。
- 能否使用派生类对象访问基类成员?如果可以,请讨论具体情况。

● 有哪几种继承方式?

● 基类的私有成员能否在派生类中直接访问? 能否通过派生类对象访问? 试讨论何时行,何时不行。

● 基类的保护成员能否在派生类中直接访问? 能否通过派生类对象访问? 试讨论何时行,何时不行。

● 基类的公有成员能否在派生类中直接访问? 能否通过派生类对象访问? 试讨论何时行,何时不行。

● 什么是类作用域?

● 派生类调用函数时,编译器会按什么顺序查找该函数名? 如果有重名怎么办?

● 什么是重写? 什么是重载?

● 什么是单继承,什么是多继承?

● 派生类能否直接重复继承同一个基类? 能否间接继承同一个基类?

● 什么是虚继承? 何时需要进行虚继承? 什么是虚基类?

● 派生类对象中有哪些类型的对象? 它们的构造顺序如何? 析构顺序如何?

● 如果有多个虚基类,它们的子对象在派生类对象中的构造顺序如何? 析构顺序如何?

● 需要在代码的什么地方对虚基类的子对象进行初始化?

● 什么叫最终派生类?

● 如果虚基类存在多个直接子类,如果在最终派生类中没有对虚基类的显式初始化语句,那么这些子类对虚基类的初始化会不会起作用? 会不会带来初始化的冲突?

● 哪些情况下必须在派生类的构造函数里提供对基类的初始化列表?

练 习 题

1. 如果类 α 继承了类 β,则类 α 称为_____类,而类 β 称为_____类。_____类的对象可作为_____类的对象处理,反过来不行,因为_____。如果强制转换则要注意_____。

2. 当用 public 继承从基类派生一个类时,基类的 public 成员成为派生类的_____成员,protected 成员成为派生类的_____成员,对 private 成员是_____。公有派生可以使其类的_____,所以公有派生方式在实际应用中用得最多。

3. 一个派生类只有一个直接基类的情况称为_____,而有多个直接基类的情况称为_____。继承体现了类的_____性。

4. 设计一个汽车类 vehicle,包含的数据成员有车轮个数 wheels 和车重 weight。小车类 car 是它的派生类,其中包含载人数 passenger_load。每个类都有相关数据的输出方法。在主程序中定义一个 car 类对象,对其车轮个数、车重、载人数进行设置并显示。

5. 设计一个基类 shape,从基类派生圆柱体类,设计成员函数输出后者的面积和体积。

6. 定义一个线段类作为矩形的基类,基类有起点和终点坐标,有输出左边和长度以及线段和 x 轴的夹角的成员函数。矩线段对象的两个坐标作为自己一条边的位置，它具有另外一条边，能输出矩形的 4 个顶点坐标。给出类的定义并用程序验证它们的功能。

7. 基类是使用极坐标的点类，从它派生一个圆类，圆类用点类的左边作圆心，圆周通过极坐标原点，圆类有输出圆心、圆半径和面积的成员函数。完成类的设计并验证之。

8. 设计一个线段基类，当创建无参数对象时，才要求用户输入长度。同样，其派生的直角三角形类也是在产生对象时要求输入两个直角边的长度。直角三角形在派生矩形类，矩形类的参数也由键盘输入。设计这些类并测试他们的功能。

9. 定义一个基类 Student(学生)，再定义 Student 类的公用派生类 Graduate(研究生)。要求：

(1) Student 类只设 num(学号)，name(姓名)和 score(成绩)3 个数据成员；

(2) Graduate 类只增加一个数据成员 pay(工资)；

(3) 声明构造函数和输出函数。

10. 请用类的派生方式组织下列动物实体与概念：动物、脊椎动物亚门、节肢动物门、鱼纲、鸟纲、爬行纲、哺乳纲、昆虫纲、鲨鱼、青鱼、海马、鹦鹉、海鸥、喜鹊、蝙蝠、翼龙、蜻蜓、金龟、扬子鳄、袋鼠、金丝猴、虎、蜈蚣、蜘蛛、蝗虫、知了、螃蟹、虾。

11. 定义商品类及其多层的派生类。以商品类为基类。第一层派生出服装类、家电类、车辆类。第二层派生出衬衣类、外衣类、帽子类、鞋子类；空调类、电视类、音响类；自行车类、轿车类、摩托车类。要求给出基本属性和派生过程中增加的属性。

12. 以点(point)类为基类，重新定义矩形类和圆类。点为直角坐标点，矩形水平放置，由左下方的顶点和长宽定义。圆由圆心和半径定义。派生类操作判断任一坐标点是在图形内，还是在图形的边缘上，还是在图形外。缺省初始化图形退化为点。要求包括拷贝构造函数。编程测试类设计是否正确。

第 12 章 多态：行为的差别

学 习 要 点

● 类之间的关系
● 编译时多态和运行时多态
● 虚函数及其实现原理
● 纯虚函数
● 抽象类
● 运行时类型识别 RTTI

　　多态性(PolyMorphism)是面向对象程序设计语言又一重要性质,它是指向不同对象发送同一个消息,不同对象对应同一消息产生不同行为。在程序中消息就是调用函数,不同的行为就是指不同的实现方法,即执行不同的函数体,实现了"一个接口,多种方法"。

　　继承处理的是不同类之间的一般性和特殊性的问题,而多态处理的则是类继承层次上,以及同一个类内部相同名字的函数的关系问题。简言之,就是用同名的函数可以实现不同的功能。这也是现实世界各类对象的形态多样性的反应。比如动物都有会自己运动的这一特点,但是具体到鸟类动物的运动主要就是飞行;而具体到鱼这种动物,它们的运动主要就是指游泳;具体到兽这类动物来讲,它们的运动主要就是指奔跑。同样是"运动"这种行为,在不同类型的动物身上就体现出不同的特点。这就是多态。

12.1 类之间的关系

　　通过公有继承,派生类对象中具有基类对象的一份拷贝,而且对外部程序来说,由于基类的公有成员仍然是派生类的公有成员,所以派生类对象可以像基类对象一样的使用。这包括:

　　(1) 可以通过派生类对象直接访问基类的公有成员;

　　(2) 可以用派生类对象向基类对象赋值;

　　(3) 可以把派生类对象初始化为基类对象的引用;

　　(4) 可以用指向基类对象的指针来指向派生类对象;

（5）可以用派生类对象来初始化基类对象。

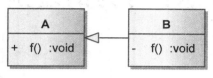

图 12 - 1　类关系图

这样做的依据是：派生类和基类是"is-a"的关系，表示一个派生类对象也是一个基类的对象。这就好像"鱼也是一种动物"一样自然而然。从继承的角度来说，是因为派生类对象中具有基类子对象的拷贝，以上操作实际上操作的是派生类对象中的基类子对象。比如如下代码中声明了类 B 是类 A 的公有派生类，如图 12 - 1 所示：

```cpp
class A{              //基类
public: void f(){cout<<"A::f()"<<endl;}
};
class B:public A{     //派生类
public: void f(){
    cout<<"B::f()"<<endl;};
int main(){
    A a;
    B b;
    a= b;             //用派生类对象向基类对象赋值
    a.f();
    b.f();
    A  * pa =&b;      //用基类指针来指向派生类对象
    pa->f();
    A &ra  = b;       //基类引用派生类的对象
    ra.f();
    return 0;
}
```

首先使用类 A 和 B 各定义了一个对象 a 和 b,然后把对象 b 赋值给对象 a。这实际上是把派生类对象中的基类子对象赋值给 a。然后通过对象 a 调用基类成员函数 f(),输出"A::f()"。再下一行通过对象 b 调用 B 类中的函数 f(),输出"B::f()"。可以看到,这二者是不同的。

然后用 B 类对象 b 的地址初始化指向 A 类对象的指针 pa,再通过 pa 调用函数 f()。同样,这里的 pa 指向的是类 B 中基类 A 子对象的引用,所以调用的其实是 A::f() 函数,而不是派生类的 f(),所以结果输出的还是"A::f()"。

用派生类对象初始化基类的引用变量 ra,并通过 ra 调用函数 f()。同样,这里的 ra 其实是派生类对象 b 中的基类子对象的引用,所以函数调用 ra.f() 调用的仍然是 A::f() 函数而不是 B::f() 函数,结果输出仍然是"A::f()"。

公有继承时,派生类对象也是一个基类的对象;但是反过来不成立,因为派生类中往往具有基类不具有的其他特征。所以上述的赋值不能直接反过来进行：

```
B     '= a;           //错误
B &rb  = a;           //错误
B * pb = & a;         //错误
```

除非在类 B 中重新定义了赋值运算符的重载函数，以及拷贝构造函数的重载，明确指定把基类对象赋给派生类对象时的含义（指针、引用类似），才能进行上述的赋值。另外，由于基类对象和派生类对象根本不是一个类型，试图使用强制类型转换也不合法：

```
b      = static_cast<B>(a);          //错误
B &rb  = static_cast<B>(a);          //错误
B * pb = static_cast<B*>(a);         //错误
```

编译器在编译上述代码时会报错：

error C2440：'static_cast'：cannot convert from 'class A' to 'class B'（错误 C2440：'static_cast'：不能把类 A 转换为类 B）

static_cast 是 C++中对 C 的强制类型转换的一个替代，简单理解为普通的 C 的强制类型转换即可。

上述代码中各个变量表示的对象之间的关系如图 12-2 所示。

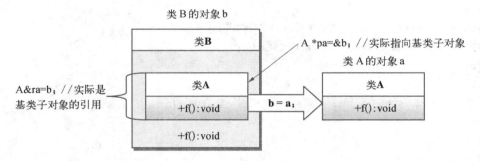

图 12-2 对象及赋值的操作效果图

在函数中，如果形参是基类对象，也可以使用派生类对象作为实参。跟上述情况相似，也分成 3 种具体情况：

（1）形式参数为基类的对象　如果形式参数是基类的对象，那么实参可以采用基类对象或者派生类的对象。当实参为派生类的对象时，实际上使用派生类的基类子对象的引用作为形参基类对象的拷贝构造函数的参数，在创建形参对象时用作为实参的派生类对象中的基类子对象为形参对象初始化。此时因为是传值而非传地址，所以在函数体内对形参基类对象的修改并不会影响到作为实参的派生类对象的内容。

（2）形式参数是指向基类对象的指针　如果形式参数是指向基类对象的指针，则实参可以用基类对象的指针，或者指向派生类对象的指针。此时传递给形参指针的实

561

际上是作为实参的派生类对象中的基类子对象的地址。此时，在函数体内通过指针可以修改作为实参的派生类对象中基类子对象的内容。

（3）形式参数是基类对象的引用　如果形式参数是基类对象的引用，则实参可以使用基类对象或者派生类对象。此时传递给形参的实际上是作为实参的派生类对象中基类子对象的引用。此时，在函数体内可以修改作为实参的派生类对象中基类子对象的内容。

例 12-1　在上面的基类 A 和派生类 B 中增加适当代码，验证函数参数中有基类对象时的 3 种情况。

```
0001 #include<iostream>
0002 using namespace std;
0003 //基类
0004 class A{
0005     int a;
0006 public:
0007     void print(){cout<<"A::a = "<<a<<endl;}
0008     void set(int x){a = x;
0009         cout<<"A::set("<<x<<")"<<endl;
0010     }
0011     A(int x = 0):a(x){              //默认构造函数
0012         cout<<"A::A("<<a<<")" <<endl;
0013     }
0014     A(const A& oa){              //拷贝构造函数
0015         cout<<"A(const A& )"<<endl;
0016         a = oa.a;
0017     }
0018     ~A(){cout<<"A::~A("<<a<<")"<<endl;}
0019 };
0020 //派生类
0021 class B:public A{
0022     int b;
0023 public:
0024     void print(){cout<<"B::b = "<<b<<endl;}
0025     void set(int y){b = y;
0026         cout<<"B::set("<<y<<")"<<endl;
0027     }
0028
0029     B(int y = 1,int x = 0):b(y),A(x){      //默认构造函数
0030         cout<<"B::B("<<b<<","<<x<<")"<<endl;
0031     }
```

```
0032        ~B(){cout<<"B::~B("<<b<<")"<<endl;}
0033 };
0034 //传基类对象
0035 void f1(A oa){
0036        cout<<"f1(A oa)"<<endl;
0037        oa.set(99);
0038        oa.print();                    //打印成员值
0039 }
0040 //传基类指针
0041 void f2(A* pa){
0042        cout<<"f2(A* oa)"<<endl;
0043        pa->set(32);
0044        pa->print();                   //打印成员值
0045
0046 }
0047 //传基类引用
0048 void f3(A& ra){
0049        cout<<"f3(A* oa)"<<endl;
0050        ra.set(64);
0051        ra.print();                    //打印成员值
0052 }
0053 int main(){
0054        B b(20,10);
0055        //传对象
0056        f1(b);
0057        b.print();
0058        //传地址
0059        f2(&b);
0060        b.print();
0061        //传引用
0062        f3(b);
0063        b.print();
0064
0065        return 0;
0066 }
```

程序运行结果如下：

```
A::A(10)  ⎱ B b(20,10);的输出：先调用基类构造函数,再调用派生类构造函数
B::B(20,10) ⎰
```

```
A(const A&)
f1(A oa)
A::set(99)          调用函数 f1。    先用 B 类对象中的基类子对象做参数调用 A 的拷贝初始化函数
A::a = 99                            set()函数的输出:实际调用的是 A::set 函数
A::~A(99)                           析构形参对象 oa
B::b = 20 ──→ b.print()的输出:f1 的调用没有修改派生类对象 b 的数据成员
──────────────────────────────────────────────────────────────────
f2(A* oa)
A::set(32)          调用函数 f2。函数体内调用的 set 函数是 A::set,修改了基类子对象的值
A::a = 32
B::b = 20 ──→ b.print()的输出:f2 的调用没有修改派生类对象 b 的数据成员
──────────────────────────────────────────────────────────────────
f3(A* oa)
A::set(64)          调用函数 f3。函数体内调用的 set 函数是 A::set,修改了基类子对象的值
A::a = 64
B::b = 20 ──→ b.print()的输出:f2 的调用没有修改派生类对象 b 的数据成员
──────────────────────────────────────────────────────────────────
B::~B(20)           析构对象 b:先调用派生类析构函数,再调用基类析构函数
A::~A(64)
```

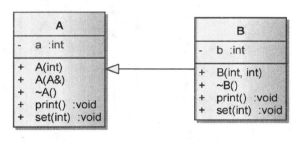

图 12 - 3　类关系图

在本例中,首先声明了基类 A 和其派生类 B,其关系如图 12 - 3 所示。其中基类和派生类中都定义了成员函数 print 和 set,用以打印本类数据成员和设置数据成员的值。A 和 B 的构造函数中各自输出自己的调用消息。

在主函数中,首先定义一个派生类 B 的对象 b,初始化基类子对象中成员 a 的值为 10,派生类中成员 b 的值为 20(代码第 54 行)。

然后把对象 b 作为实参调用函数 f1(第 55 行)。函数 f1 以 A 的对象为形参,输出自身的调用信息,调用 set 函数设置私有成员的值,并打印形参对象中的数据成员的值(第 35~39 行)。由程序输出信息以及 print 函数打印的结果可以看到,f1 中调用的是 A::set()。函数返回时析构了 f1 中的形参对象。再调用 b.print 函数打印信息时(代码第 57 行),对象 b 自己的数据成员并没有被修改。

代码的第 59 行调用函数 f2。实参采用的是对象 b 的地址,因为 f2 接受的是基类对象的指针。此时传递给 f2 的是派生类中的基类子对象的地址。在 f2 中调用 set 函数(代码第 43 行),由输出信息可见,实际还是调用的 A::set 函数。但是由于是传指针,所以实际修改了对象 b 中基类子对象中的数据 a 的值。函数返回

后，再调用 b. print 函数打印信息时（代码第 60 行），对象 b 自己的数据成员并没有被修改。

　　程序中第 62 行调用函数 f3，把对象 b 的引用作为实参。而且在函数 f3 中，调用函数 set 修改数据。由输出可见，实际调用的还是 A∷set 函数，修改了对象 b 的基类子对象的值。函数返回后，再调用 b. print 函数打印信息时（代码第 63 行），可以看到对象 b 自己的数据成员并没有被修改。

　　当 main 函数返回时，把派生类对象 b 析构。这导致先调用派生类的析构函数，b 中的数据成员的值始终是 20，没有变。再调用基类的析构函数。此时 b 中基类子对象的数据成员的值已经变成了函数 f3 调用中修改后的值 64 了。

练 一 练

把 B 对 A 的继承方式改为 protected 或 private，编译上述程序观察编译器输出。

　　若要成功把派生类对象赋值给基类对象（包括指针、引用，下同），采用的继承方式一定是 public 继承方式。在实际赋值时，编译器采用的是把派生类对象转换为基类对象的隐式转换方式（存在这样的自动转换路径）。这种不同类型数据之间的自动转换和赋值，称为赋值兼容。在基类和派生类之间存在着赋值兼容关系，它是指需要基类对象的任何地方都可以使用公有派生类对象代替。但是如果派生类不是公有继承自基类，则这个转换过程将会失败，编译器会报错：

　　　　error C2243：'type cast'：conversion from 'XXX' to 'YYY' exists, but is inaccessible（从 *XXX 到 YYY 的转换存在，但是不可访问*）

　　类之间除了这种继承上的泛化关系外，还具有关联、聚合等关系。关联体现的是两个类或者类与接口之间语义级别的一种强依赖关系，这种关系一般是长期性的，而且双方的关系一般是平等的。关联可以是单向，也可以是双向的；表现在代码层面，被关联类 B 以类属性的形式出现在关联类 A 中，也可能是关联类 A 引用了一个类型为被关联类 B 的全局变量，如图 12-4 所示。

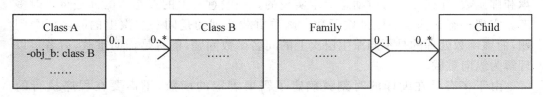

　　　　图 12-4　关联关系示意图　　　　　　**图 12-5　聚合关系示意图**

　　聚合是关联关系的一种特例，体现的是整体与部分、拥有的关系，即 has-a 的关系，此时整体与部分之间是可分离的，他们可以具有各自的生命周期，部分可以属于多个整体对象，也可以为多个整体对象共享。比如家庭与孩子、计算机与 CPU、公司与员工的关系等，表现在代码层面，和关联关系是一致的，只能从语义级别来区分，如图 12-5

所示。

通过泛化(继承)、关联、聚合等关系,C++可以顺利实现代码的重用。通过继承,派生类可以获得基类的代码,从而达到复用基类代码的目的。通过关联/聚合关系,类可以拥有其他类的对象作为自己的对象成员,并通过该对象成员访问其他类的公有成员,实现代码复用。

12.2 联编与多态

在函数调用时,系统必须知道该函数调用实际对应的函数实现(函数体)的地址,并把调用跟函数入口地址关联起来。这个过程称为联编,也叫绑定(binding)。

在编译的时候就能够确定函数的入口地址,这种联编方式叫做静态联编(static binding)。由于这个过程是在编译时完成的,早于程序的执行,所以又叫做早期绑定/早期联编(early binding)。之前遇到的函数,无论是普通的全局函数,还是作为类成员的成员函数,或是运算符重载函数或其他的重载函数等,都能够在编译时确定其入口地址,所以采用的是静态联编的方式。

联编对于实现多态至关重要。多态实际上就是一个函数调用对应不同的函数体实现。重载的多个函数具有相同的函数名,但是拥有不同的形参列表。这样在函数调用时,编译器便能根据传给函数的实际参数来跟重载函数进行匹配,根据一定的规则找到最佳的匹配函数版本后调用之。这样一个函数名实际对应的是多个不同的函数实现[①]。这就是一种多态的方式。由于这种多态在编译的时候就能确定所调用的函数并进行绑定,所以称为编译时多态。

编译器在编译程序时不能够确定所要调用的函数的入口地址,而只能在运行时确定所调用的函数的实际地址并加以绑定。由于这种绑定发生在程序运行的时候,而不是编译的时候,所以叫做动态绑定(dynamic binding),也称为延迟绑定(late binding)。程序运行时,同名的函数调用会绑定到不同的函数实现代码上,而且这种对应只能在运行时才能确定,这种多态方式叫做运行时多态。运行时多态是通过继承和虚函数,在程序执行时动态绑定实现的。一般意义上的多态指的都是运行时多态。实现多态的基本手段是虚函数。函数重载处理的是同一层次上的同名函数问题,而虚函数处理的是不同派生层次上的同名函数问题,前者是横向重载,后者可以理解为纵向重载。

由于多态是在编译的时刻就确定了需要绑定的函数,不需要在程序执行的时候调用函数的匹配,所以速度快、程序执行效率高。而运行时多态则需要在程序执行的时候才能从多个同名的函数中确定需要调用的具体函数,所以执行效率不高。但是运行时多态提供了程序设计的灵活的扩展性、问题的抽象性和代

[①] 编译器处理时实际上会根据重载函数的形参列表生成不同名字的函数,调用时调用的也是不同名字的函数。

码的可维护性等优点，实际使用也很多，而且也是 C++ 面向对象设计的非常重要的手段之一。

12.3　虚　函　数

在同一个类中不能定义两个名字相同，参数个数和类型都相同的函数，否则就是重复定义。但是在类的继承层次结构中，在不同的层次中可以出现名字相同，参数个数和类型都相同而功能不同的函数，编译系统按照同名覆盖(override)的原则以及支配性原则决定调用的对象。虚函数允许在派生类中重新定义与基类同名的函数，并且可以通过基类指针或引用访问基类和派生类中的同名函数。

12.3.1　虚函数的定义与使用

虚函数是实现运行时多态的基础，它通过动态联编实现，允许在程序运行时确定函数调用跟函数体之间的绑定，即在运行时确定实际应该调用的函数的入口地址。

虚函数必须是类的公有成员函数，不能是类外定义的普通函数。在类声明中只要在相应的公有成员函数前面加上 virtual 关键字即表示该函数是一个虚函数。在类外给出该虚函数的实现时，不用在前面加 virtual。必须通过对象的指针或引用来调用虚函数才能实现运行时多态。虚函数的声明方式为：

```
class  类名{……
   virtual  返回类型  虚函数名(形参列表);
   ……
};
```

如果需要在派生类中重新定义基类的虚函数，要求函数名、函数类型、函数参数个数和类型全部与基类的虚函数相同，并根据派生类的需要重新定义函数体。此时不必在派生类的该函数名前加 virtual 关键字，因为当基类的某成员函数被声明为虚函数后，其派生类中的同名函数都自动生成虚函数①。定义一个指向基类对象的指针变量，并使它指向同一类族中的某一对象；通过该指针变量调用此虚函数，此时调用的就是指针变量指向的对象的同名函数。

例 12 - 2　在计算机图形学里，常常处理各种平面图形。把所有的平面图形抽象为 Graph 类。在此基础上派生出矩形类 Rectangle、三角形类 Triangle 和圆形类 Circle。在 Graph 类中添加两个保护成员变量 x 和 y，作为计算面积公式所需的数据，并能在派生类中直接访问。然后上述类中添加成员函数 showArea，用来计算并显示相应图形的面积。

解：根据题目要求可以设计出对应的类之间的继承关系 UML 图例如图 12 - 6 所示。

---

①　当然加了也不会出错

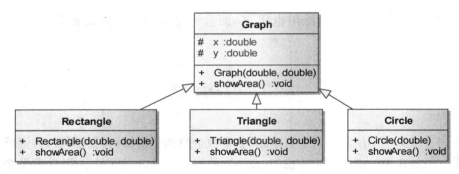

图 12‐6 例 12‐2 类关系图

```
0001 # include <iostream>
0002 # include <string>
0003 //图形类 Graph
0004 using namespace std;
0005 class Graph
0006 {
0007 protected:
0008     double x;
0009     double y;
0010 public:
0011     Graph(double x,double y);
0012     void  showArea();
0013 };
0014
0015 Graph::Graph(double x,double y)
0016 {
0017     this->x = x;
0018     this->y = y;
0019 }
0020
0021 void Graph::showArea()
0022 {
0023     std::cout<<"计算图形面积"<<std::endl;
0024 }
0025 //矩形类 Rectangle
0026 class Rectangle:public Graph
0027 {
0028 public:
0029     Rectangle(double x,double y):Graph(x,y){};
0030     void showArea();
```

```
0031 };
0032
0033 void Rectangle::showArea()
0034 {
0035     std::cout<<"矩形面积为："<<x*y<<std::endl;
0036 }
0037 //三角形类 Triangle
0038 class Triangle:public Graph
0039 {
0040 public:
0041     Triangle(double d,double h):Graph(d,h){};
0042     void showArea();
0043 };
0044
0045 void Triangle::showArea()
0046 {
0047     std::cout<<"三角形面积为："<<x*y*0.5<<std::endl;
0048 }
0049 //圆形类 Circle
0050 class Circle:public Graph
0051 {
0052 public:
0053     Circle(double r):Graph(r,r){};
0054     void showArea();
0055 };
0056
0057 void Circle::showArea()
0058 {
0059     std::cout<<"圆形面积为："<<3.14*x*y<<std::endl;
0060 }
0061
0062 int main()
0063 {
0064     Graph * graph;              //基类指针
0065
0066     Rectangle rectangle(10,5);
0067     Graph gg(rectangle);        //用派生类对象初始化基类对象
0068     graph = &rectangle;         //基类指针指向派生类对象
0069     graph->showArea();          //用基类指针调用公有函数(是基类的还是派生类的?)
0070
```

```
0071        Triangle triangle(5,2.4);
0072        graph = &triangle;              //基类指针指向派生类对象
0073        graph->showArea();              //用基类指针调用公有函数(是基类的还是派生类的?)
0074
0075        Circle circle(2);
0076        graph = &circle;                //基类指针指向派生类对象
0077        graph->showArea();              //用基类指针调用公有函数(是基类的还是派生类的?)
0078
0079        return 0;
0080 }
```

上面代码定义了 Graph 类及其公有派生类 Rectangle、Triangle 和 Circle 类,并在各类中增加了计算和显示面积的函数 showArea。这些函数具有相同的原型(返回类型、函数名、形参列表都相同)。在主程序中,首先定义了一个指向基类对象的指针 graph(第 64 行),然后分别定义了其他 3 个类的对象(第 66、71、75 行),并用这个指针指向它们(第 68、72、76 行)。然后通过基类指针调用了 showArea 函数来计算并显示图形的面积。程序的执行结果如下:

```
计算图形面积
计算图形面积
计算图形面积
```

结果似乎和我们预期的不一样。其实当基类对象指针指向公有派生类的对象时,由于采用的是静态联编,它只能访问从基类继承下来的成员,而不能访问派生类中定义的成员。通过基类指针调用 showArea 实际上调用的是包含在派生类对象中的基类子对象的公有成员函数 Graph::showArea()。指针 graph 实际的指向及调用的函数如图 12-7 所示,图下方的圆角矩形表示函数对应的代码。

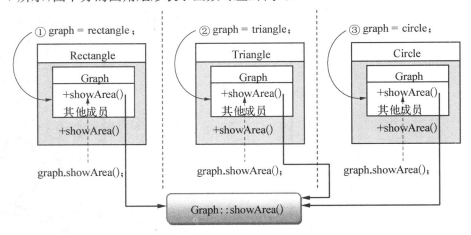

图 12-7 静态绑定时通过基类指针访问的 showArea 函数图示

但是使用动态指针就是为了表达一种动态调用的性质，即当前指针指向哪个对象，就调用那个对象对应类的成员函数。其实只需要对上一个示例代码中 Graph 类的 showArea 前加上 virtual 关键字：

```
class Graph
{
protected:
    double x;
    double y;
public:
    Graph(double x,double y);
    virtual void   showArea();
};
```

关键字 virtual 的意义在于通知编译器，对这类函数采用延迟绑定的方法，在程序运行的过程中才确定与函数调用相对应的函数实现。而没有采用 virtual 限定的函数则采用静态绑定的方式，在编译过程中就确定了函数调用所对应的函数实现。

然后再编译程序，程序的输出结果将变为：

矩形面积为：50

三角形面积为：6

圆形面积为：12.56

把基类的公有成员函数 showArea 定义成了虚函数，而 3 个公有派生类中的 showArea 函数有着跟基类相同的原型声明，所以虽然没有加 virtual 关键字，也会自然成为虚函数。因为 C++规定，在基类中的某成员函数被声明为虚函数后，在之后的派生类中重新定义它时，若其函数原型包括返回类型、函数名、参数个数、参数类型的顺序，都和基类中的原型完全相同，则派生类的该函数也是虚函数。因此，上述派生类中的虚函数如果不显式声明也还是虚函数。但是，如果派生类中的同名函数跟基类的虚函数的原型不一致，则该函数构成的是虚函数的重载函数。

由于 showArea 是虚函数，根据虚函数延迟绑定的特点，在通过指向基类对象的指针（或基类对象的引用）调用它时，应该由该指针实际指向的对象类型绑定实际的函数实现（动态绑定）。在本例中，虽然 graph 指针是基类指针，但是它实际指向的是派生类对象，所以在调用 showArea 函数时，实际调用的是派生类中的 showArea 虚函数。本类中的 showArea 函数的 3 次调用时，指针分别指向的是 3 个不同的派生类对象，所以实际调用的分别是 Rectangle、Triangle 和 Circle 类中的 showArea 函数，实现了运行时多态。通过动态绑定时基类指针 graph 的指向及调用函数的情况如图 12-8 所示。

另外，因为基类指针指向了派生类对象，所以通过该指针直接调用虚函数时将调用到派生类的虚函数。如果需要调用基类而不是派生类的虚函数，则需要在函数名前加

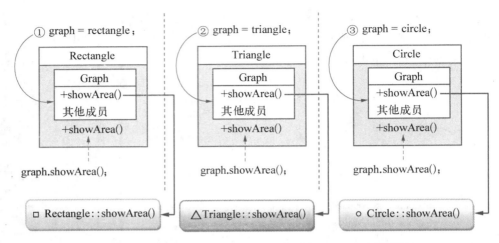

图 12 - 8　动态绑定时通过基类指针访问的 **showArea** 函数图示

上基类的作用域限定,如

```
graph->Graph::showArea();       //正确!
```

这个调用明确指定通过指针调用的是基类的 showArea 函数,输出为

计算图形面积

这也说明了,虽然通过指针或引用可以调用指针所指向的实际的对象所属类的虚函数,但是基类的虚函数仍然是存在的。不能用这种方式显式指定要调用的是某个派生类的虚成员函数:

```
graph->Triangle::showArea();       //错误!
```

因为此时进行的是静态绑定,根据支配性原则,不能用基类指针来显式访问派生类对象。

12.3.2　虚函数的性质

虚函数具有以下性质:

(1) 因为虚函数使用的基础是赋值兼容,而赋值兼容成立的条件是派生类是从基类公有派生而来。所以使用虚函数,派生类必须是基类公有派生的。

(2) 只有通过基类对象访问虚函数才能获得动态联编的特性。虽然在上述示例代码中 main()主函数实现部分,也可以使用相应图形对象和成员运算符"."的方式访问虚函数(因为虚函数也是类的公有成员函数,可以用类来访问),如 rectangcle.showArea(),但是这种调用在编译时进行静态联编,没有充分利用虚函数的特性。

(3) 定义虚函数,不一定要在最高层的类中,而是看在需要动态多态性的几个层次中的最高层类中声明虚函数。

(4) 一个虚函数无论被公有继承了多少次,仍然是虚函数。

(5) 虚函数必须是所在类的成员函数,而不能是友元函数,也不能是静态成员函数。因为虚函数调用要靠特定的对象类决定该激活哪一个函数。

（6）内联函数不能是虚函数，因为内联函数不能在运行中动态确定其位置，即使虚函数在类内部定义，编译时也会将其看作非内联函数。

（7）如果派生类继承的基类的成员函数中调用了虚函数，则通过实际指向派生类对象的基类指针调用该函数，实际上调用的是派生类的虚函数。

（8）如果派生类继承的基类的成员函数中调用了虚函数，则通过实际引用派生类对象的基类对象的引用变量调用该函数，实际上调用的是派生类的虚函数。

（9）构造函数不能是虚函数，但析构函数可以是虚函数。

（10）静态成员函数不能被定义为虚函数。

例 12－3　虚函数与派生类的关系。

```
0001 #include <iostream>
0002 #include <string>
0003
0004 using namespace std;
0005 //顶层基类
0006 class A{
0007 public:
0008     void g(){cout<<"A::g(),non-virtual"<<endl;}      //非虚成员函数
0009 };
0010 //B公有继承A(虚继承)
0011 class B: virtual public A{
0012 public:
0013     virtual void g(){                                //虚函数
0014         cout<<"B::g(),virtual"<<endl;
0015     }
0016 };
0017 //C公有继承B
0018 class C:public B{
0019 public:
0020     void g(){cout<<"C::g(),virtual"<<endl;}           //虚函数
0021 };
0022 //D公有继承自B和A(虚继承)
0023 class D:public B,virtual public A{
0024 public:
0025     void g(){cout<<"D::g(),virtual"<<endl;}           //虚函数
0026 };
0027 //E公有继承自D
0028 class E:public D{
0029 public:
0030     virtual void g(){cout<<"E::g(),virtual"<<endl;}  //虚函数
```

```
0031 };
0032
0033 int main()
0034 {
0035     A * pa = NULL, a;
0036     pa = &a;
0037     pa - >g();
0038
0039     B  b, * pb = NULL;
0040     pa = &b;
0041     pa - >g();
0042
0043     C c;
0044     pa = &c;
0045     pa - >g();
0046
0047     D d;
0048     pa = &d;
0049     pa - >g();
0050
0051     E e;
0052     pa = &e;
0053     e.g();
0054
0055     return 0;
0056 }
```

上述代码中,类 A 是顶层基类,其中定义的函数 g 不是虚函数。而类 B 公有继承自 A(虚继承),并定义了虚函数 g。类 C 公有继承自类 B,并重写了虚函数 g 的实现。类 D 公有继承自类 A(虚继承)和类 B(非虚继承),并实现了自己的虚函数 g。类 E 公有继承自类 D,重写了虚函数 g 的实现。这里的类继承层次关系如图 12 - 9 所示。在主程序中,分别用基类 A 的指针指向 B、C、D、E 类的对象,并通过指针来调用函数 g。程序运行后输出为:

```
A::g(),non - virtual
A::g(),non - virtual
A::g(),non - virtual
A::g(),non - virtual
E::g(),virtual
```

在输出的前 4 行,都是通过基类指针调用了函数 g,这个结果没有体现虚函数的特性,这是因为,类 A 中的函数 g 并不是虚函数。最上层的虚函数是在类 B 中定义的。B

的派生类 C、D、E 中的函数 g
都是虚函数。而虚函数特性只
对自定义它之后的派生类有
效,而对之前的基类则没有影
响。因此在 B 的基类子对象
中,函数 A::g 并不是虚函数。
在代码中通过基类指针指向的
派生类中的基类子对象来调用
函数 g,其实调用的是基类 A
中的非虚函数 g。所以前 4 行
输出"A::g(), non-virtual"。
但是这个性质对于直接派生类
之后的子类就不起作用了,此
时访问的还是该子类的虚函
数。所以,当用基类 A 的指针
pa 指向直接子类 D 的派生类

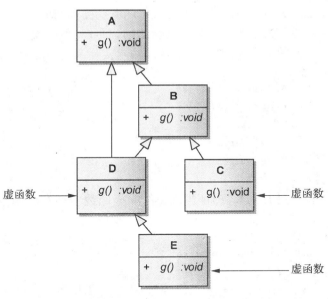

图 12-9　类 A、B、C、D、E 的继承层次图

E 后函数调用 pa—>g()还是调用的是 E::g()这个虚函数。

　　如果把 main 函数中 pa 的指针改为 pb,将会体现出虚函数的特征:

```
int main()                              int main()
{    A * pa = NULL, a;                  {    A * pa = NULL, a;
     pa = &a;                               pa = &a;
     pa->g();                               pa->g();
     B b, * pb = NULL;                      B b, * pb = NULL;
     pa = &b;                               pb = &b;
     pa->g();                               pb->g();
     C c;                                   C c;
     pa = &c;            pa 改为 pb         pb = &c;
     pa->g();                               pb->g();
     D d;                                   D d;
     pa = &d;                               pb = &d;
     pa->g();                               pb->g();
     E e;                                   E e;
     pa = &e;                               pb = &e;
     e.g();                                 e.g();
     return 0;                              return 0;
}                                       }
```

　　上述代码没有改变 pa 指向对象 a。因为如果把这个 pa 也改成 pb,则因为 pa 和 pb
指向的对象不兼容(pb 指向派生类对象,不能指向基类对象),编译时会出现错误。但是对于对象 b、c、d、e 来说，指针 pb 实际指向的是类 B 的对象或派生类对象，所以用 pb 来访问其中的虚函数 g 是合法的，而且对于后面 3 种情况，调用 pb—>g() 将体现出虚函数的动态绑定的特性，从而输出实际调用的函数的信息。程序运行后输出为

```
A::g(),non-virtual
B::g(),virtual
C::g(),virtual
D::g(),virtual
E::g(),virtual
```

例 12-4 验证当基类的非虚函数中存在虚函数调用时，实际调用的是最终派生类的虚函数。

```
0001 #include <iostream>
0002 #include <string>
0003 using namespace std;
0004 //宠物类
0005 class Pet{
0006 protected:
0007         string name;
0008 public:
0009     Pet(string s="宠物"):name(s){}
0010     virtual void talk(){cout<<name<<"会叫"<<endl;}      //基类虚函数
0011     virtual void move(){cout<<name<<"会走"<<endl;}      //基类虚函数
0012     void simulate();
0013 };
0014 //非虚公有成员函数实现
0015 void Pet::simulate()
0016 {
0017     talk();                                              //调用虚函数
0018     move();                                              //调用虚函数
0019 }
0020 //鸭子类,公有继承自 Pet 类
0021 class Duck:public Pet{
0022 public:
0023     Duck(string s="鸭鸭"):Pet(s){}
0024     virtual void talk();
0025     virtual void move();
0026 };
0027 //小狗类,公有继承自 Pet 类
0028 class Puppy:public Pet{
```

```
0029 public:
0030     Puppy(string s="狗狗"):Pet(s){}
0031     virtual void talk();
0032     virtual void move();
0033     void jump(){cout<<"小狗"<<"\""<<name<<"\""<<"蹦了几下"<<endl;}
0034 };
0035 //虚函数的派生类实现
0036 void Duck::talk()
0037 {
0038     cout<<"小鸭\""<<name<<"\"嘎嘎叫"<<endl;
0039 }
0040 void Duck::move()
0041 {
0042     cout<<"小鸭\""<<name<<"\"摇摇摆摆地走过来"<<endl;
0043 }
0044 void Puppy::talk()
0045 {
0046     cout<<"小狗\""<<name<<"\"汪汪吠"<<endl;
0047     jump();
0048 }
0049 void Puppy::move()
0050 {
0051     cout<<"小狗\""<<name<<"\"摇着尾巴跑过来"<<endl;
0052 }
0053
0054 int main()
0055 {
0056     Pet* p, pet;
0057     p=&pet;
0058     p->simulate();
0059
0060     Duck duck("丫丫");
0061     p=&duck;
0062     p->simulate();//duck.simulate()
0063
0064     Puppy dog("旺财");
0065     p=&dog;
0066     p->simulate();// dog.simulate();
0067     return 0;
0068 }
```

这里我们首先定义了一个宠物类 Pet,Pet 类中设计一个模拟函数 simulate 来模仿宠物的行为。在这个函数里,调用了 Pet 类的两个公有的虚成员函数 talk 和 move。Pet 类中还有一个保存宠物名字的字符串对象 name,并在带默认参数的构造函数中为name 初始化。为了能在派生类中访问它,这个对象被设为保护类型。然后在派生类Duck 和 Puppy 里分别重写了虚函数 talk 和 move 的实现。在派生类 Puppy 中,还定义了一个非虚的成员函数 jump,然后在虚函数 move 的实现中调用了该函数。类的继承层次如图 12-10 所示。

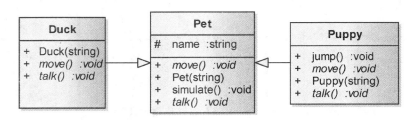

图 12-10　例 12-4 各类继承层次的 UML 图

在主程序 main 函数中,定义了一个指向基类对象的指针变量 p。然后把指针 p 分别指向 Pet 类对象 pet,Duck 类对象 duck,以及 Puppy 类对象 puppy。然后分别通过指针 p 来调用 simulate 函数模拟宠物的行为。程序的输出如下:

```
宠物会叫
宠物会走
小鸭"丫丫"嘎嘎叫
小鸭"丫丫"摇摇摆摆地走过来
小狗"旺财"汪汪吠
小狗"旺财"蹦了几下
小狗"旺财"摇着尾巴跑过来
```

在用基类指针 p 指向基类对象 pet 后,通过它调用了函数 simulate。因为这个函数是非虚函数,实际上调用的是基类的函数 Pet::simulate(),其中又调用了虚函数 talk 和 move,由基类虚函数的实现,simulate 函数调用后输出:

```
宠物会叫
宠物会走
```

当用基类指针 p 指向派生类对象 duck 后,通过它调用了函数 simulate。因为这个函数是非虚函数,所以实际调用的是派生类中的基类子对象中的 simulate 函数。但是由于 simulate 函数中调用了虚函数 talk 和 move,虚函数在运行时进行绑定,结果被绑定到派生类的虚函数实现上(代码第 36~43 行),结果 simulate 函数中调用的是派生类重写了的虚函数 talk 和 move。结果输出:

> 小鸭"丫丫"嘎嘎叫
> 小鸭"丫丫"摇摇摆摆地走过来

用指针 p 指向 dog 对象后再调用 simulate 函数的分析与此类似。只不过在 Puppy 中还定义了一个非虚函数 jump，并在派生类的虚函数 move 的实现中调用了函数 jump。所以通过基类指针 p 对派生类的虚函数 move 的间接调用也导致了派生类的成员函数 jump 的调用(因为重写后的虚函数也是派生类的成员函数)。对应代码执行后输出：

> 小狗"旺财"汪汪吠
> 小狗"旺财"蹦了几下
> 小狗"旺财"摇着尾巴跑过来

当用基类指针指向派生类对象时，可以通过这个指针调用派生类的虚函数。如果派生类的虚函数实现中调用了派生类自身的其他成员函数，可以通过多态性很容易地实现类功能的扩展。

12.3.3　虚析构函数

如果派生类对象是用关键字 new 动态创建的，根据赋值兼容性，new 所返回的指针可以直接赋值给基类指针变量。使用该指针变量完成对象的使用后，必须使用配对的 delete 释放相应的内存。但是，由于此时该指针变量实际指向的是派生类中的基类子对象，所以并不能够释放派生类所占的内存资源。

```cpp
class A{
public:
    A(){cout<<"A::A()"<<endl;}              //构造函数
    ~A(){cout<<"A::~A()"<<endl;}            //析构函数
};
class B:public A{
public:
    B(){cout<<"B::B()"<<endl;}              //构造函数
    ~B(){cout<<"B::~B()"<<endl;}            //析构函数
};
int main()
{
    A  * pa = new B();                      //动态创建B类对象,赋值给基类指针
    delete pa;                              //回收 pa 指向的内存
    return 0;
}
```

在主程序中动态创建了派生类 B 的对象,并把返回的指针用于初始化基类 A 的指针变量 pa。然后通过 delete 回收 pa 指向的内存。结果当程序执行后,输出为:

```
A::A()
B::B()
A::~A()
```

前两行是创建匿名派生类 B 对象时的输出:先调用基类的构造函数对基类子对象进行初始化,再调用派生类构造函数初始化派生类成员。而后在 delete pa 时只调用了基类的析构函数,而派生类的析构函数调用并没有执行。delete 执行之后,pa 指向的内存将不可用,而派生类对象的内存又没有被释放,但是又不可访问,于是将导致内存泄露的问题。反复进行这样的操作,将使程序中的内存资源被大量浪费。

解决上述内存泄露问题的方法是使用虚析构函数①。基类的构造函数和析构函数是不能被继承的。但是析构函数可以是虚函数(构造函数不能是虚函数)。把析构函数定义为虚函数,可以解决动态内存分配时的资源顺利回收的问题。delete 基类指针回收内存时,将根据基类指针实际指向的对象确定先调用的是哪个类的析构函数,然后依次再调用其直接基类的析构函数,顺利把对象所占用的内存资源完全释放。上例中,把类 A 的析构函数声明前面加上 virtual 关键字:

```
virtual ~A(){...}
```

那么派生类的析构函数 B::~B() 也将自动成为虚函数。这一点跟一般的虚函数不同,因为派生类的析构函数的原型和基类的不一样。程序输出如下:

```
A::A()
B::B()
B::~B()
A::~A()
```

在进行动态内存释放时,所有的资源都得到了释放。

12.4 虚函数表

虚函数是实现运行时多态的重要手段。把公有接口定义为虚函数,可以使用基类指针或引用变量调用派生类中的虚函数实现,实现运行时多态。这种技术可以让父类的指针呈现出多种形态,实际上是一种泛型编程(generic programming)技术。所谓泛

---

① VC++6.0 中,当使用菜单命令"插入—>类"时,将自动为类生成虚析构函数的代码。

型技术,就是试图使用不变的代码实现可变的算法,处理任意类型的数据。

　　C++语言为每个虚函数的类创建虚函数表(简称虚表,VC++6 下叫 vftable;没有虚函数的类是没有虚表的),然后把各个虚函数的入口地址[1]按照虚函数声明的先后顺序依次连续保存在这张表里[2],以 NULL 结束[3],如图 12－11 所示。这张表本身的地址保存在类对象的最开始的位置,在 32 位系统里,这个地址是一个 32 位的二进制数。在通过基类指针(引用)调用虚函数时,就从基类指针指向的派生类对象的起始地址找到虚函数表的入口地址,然后根据函数原型传递参数并转入到实际函数指令中执行。

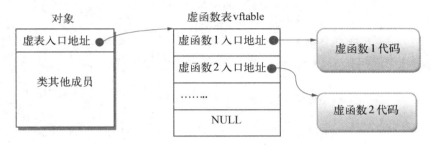

图 12－11　基类没有虚函数时的虚表

12.4.1　单个具有虚函数的类的虚函数表

例 12－5　基类没有虚函数时的虚函数表举例。

```
0001 #include <iostream>
0002 using namespace std;
0003 //定义了虚函数的基类
0004 class base
0005 {
0006     virtual void f(){cout<<"base::f"<<endl;};
0007     virtual void g(){cout<<"base::g"<<endl;};
0008     virtual void h(){cout<<"base::h"<<endl;};
0009 };
0010 //定义指向函数的指针类型
0011 typedef void (*pFun)();
0012
0013 int main()
0014 {
0015     base b;
0016     base *pbase = &b;
```

---

[1]　函数名实际会被编译成地址,程序调用函数时简单讲就是跳转到对应地址去执行里面的指令。

[2]　当当前类有虚函数而基类中没有虚函数时。

[3]　虚函数表的结束标志在不同的编译器下是不同的。在 VC++6.0 下,这个值是 NULL。

```
0017      pFun fun = NULL;
0018      int * ptab = (int *)(&b);          //保存对象的起始位置
0019      int * vtab = (int *)ptab[0];        //获得对象开始处的虚表指针
0020      cout<<"对象地址:"<<ptab<<endl;
0021      cout<<"虚表地址:"<<vtab<<endl;
0022      cout<<"通过虚表调用虚函数:"<<endl;
0023      for (int i=0;i<3;i++)
0024      {
0025          cout<<"第"<<i+1<<"个虚函数指针:";
0026          cout<<<(pFun)vtab[i]<<endl;
0027          fun = (pFun)vtab[i];           //虚表中的第i个虚函数地址
0028          fun();                         //调用第i个虚函数
0029      }
0030      cout<<<(pFun)vtab[i]<<endl;      //虚表结束标记
0031      return 0;}
```

上述代码输出结果为:

```
对象地址:0012FF7C
虚表地址:0046F070
通过虚表调用虚函数:
第1个虚函数指针:004011E5
base::f
第2个虚函数指针:004012BC
base::g
第3个虚函数指针:004010AF
base::h
00000000
```

代码中首先定义了一个具有3个虚函数f、g、h的类base。为方便演示,都定义成了返回void型、参数为空的函数。各个虚函数的实现代码里输出的都是自身的调用信息。随之定义了一个新的指向void()型的函数指针类型pFun(第11行)。

在主函数main中,定义了一个基类指针变量pbase指向基类对象b(第16行)。通过取地址运算符获得对象b的地址,并把这个地址强制转换成int *型保存在整形指针变量ptab中(代码第18行)。这是地址对象b的地址,该地址指向的内存的起始位置里存放着虚函数表的入口地址。把这个入口地址用一个int *型的指针变量vtab保存起来(代码第19行)。

在取得虚函数表的入口地址之后,可以访问到虚函数表中存放的内容。这个表实际上是一个数组,表中元素即类中的虚函数的地址,按照在类中声明的顺序先后摆放在内存中,如图12-12所示。代码的第23~29行利用循环依次取得表中的元素——虚

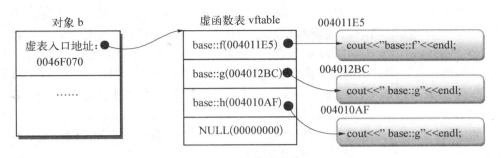

图 12-12　基类没有虚函数时的虚表(例 12-5)

函数的入口地址(第 27 行),保存在一个指向相同类型的函数指针变量 fun 中,并通过 fun 来调用对应的函数(第 28 行)。对应的函数的入口地址、函数调用的输出依次为:

第 1 个虚函数指针: 004011E5

base::f

第 2 个虚函数指针: 004012BC

base::g

第 3 个虚函数指针: 004010AF

base::h

可以看到,依次调用虚函数表中的三个函数,实际调用的依次是函数 base::f,函数 base::g,和函数 base::h。

循环结束后,输出虚表中对应元素的值,可以看到,结果是全 0。这是虚函数表的结束标记。

通过调试来执行程序,在获得虚表的入口地址(vtab)后,通过工具栏上查看内存的按钮来定位虚表,如图 12-13 所示。

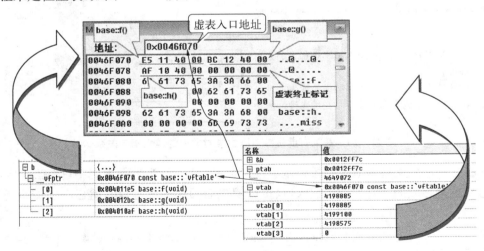

图 12-13　内存中虚表的内容

在调试器运行的时候,虚表在对象中存储的位置(ptab)就是对象 b 的起始地址(&b)0X0012FF7C。然后通过该起始地址中的值(32 位地址)找到虚表的入口地址(vtab)0X0046F070(十进制值为 4649072),虚表里的各元素(虚函数地址)和调试器中自动获取的虚表元素的值完全相同(第一个虚函数十进制地址 4198885 = 0X4011E5,第二个虚函数十进制 4199100 = 0X4012BC,第三个虚函数十进制地址 4198575 = 0X4010AF)。

如果使用 sizeof 运算符求对象 b 的大小,结果将是 4(字节),这就是保存虚表的入口地址所占的 32 个二进制位所占的内存空间。

12.4.2 只有一个基类的派生类的虚表

由一个有虚函数的基类派生出子类,并且在子类中也定义了不同于基类虚函数的虚函数的情况(没有覆盖的情况),在 C++中,如果该子类继承自几个含虚函数的基类,就有几个虚表。但是这些虚表的入口地址不是存在对象在内存中的开始位置。这些虚表的入口地址是存在另一个表(指针数组)里的,表中元素即为各虚表的入口地址,按照派生类声明中基类被继承的先后顺序存放。第一个基类的虚表①中,先存放该基类的虚函数入口地址,然后存放直接派生类的虚函数入口地址,都是按照在类声明中出现的先后顺序存放。这和没有派生类的情况不同,对象的起始地址对应内存中存放的是存放各虚表入口地址的表的地址。这些地址关系如图 12-14 所示②。

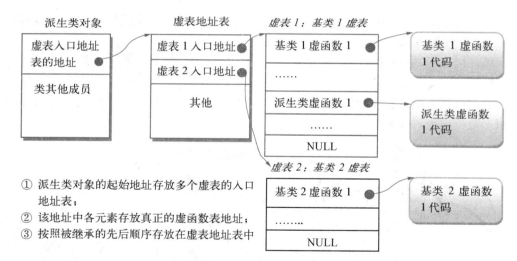

图 12-14 基类有虚函数时派生类对象中的虚表指向关系

在这种派生类虚函数没有覆盖基类虚函数的情况下,派生类虚表中(图 12-14 的右边),首先存放的是基类虚函数入口(按声明先后顺序连续存放),然后存放派生类虚

---

① 有的地方把这个表叫做派生类的虚表,其实派生类的虚表应该由其所有基类的虚表和含派生类虚函数的表构成。

② 具体实现随编译器而异,这里以 VC++6.0 编译器为例。

函数入口。

如果有多个基类,则其他基类虚表中的元素只是该基类中的虚函数的入口地址,跟图 12－15 类似,只是没有了派生类虚函数的部分,而且它的虚函数指向的地址也是跟图 12－15 中基类虚函数的入口地址相同的,因为它们都是相同的函数。

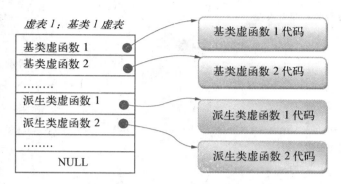

图 12－15   派生类的虚表构成

◀▶ 一、派生类中没有重写基类虚函数的情况

例 12－6   在单继承情况下,派生类虚函数没有覆盖基类虚函数时的虚函数,如图 12－16 所示。

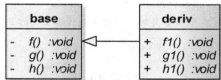

图 12－16   例 12－6 中类的继承关系图

```
0001 #include <iostream>
0002 using namespace std;
0003 //定义了虚函数的基类
0004 class base
0005 {
0006     virtual void f(){cout<<"base::f"<<endl;};
0007     virtual void g(){cout<<"base::g"<<endl;};
0008     virtual void h(){cout<<"base::h"<<endl;};
0009 };
0010 class deriv:public base {
0011 public:
0012     virtual void
f1(){cout<<"deriv::f1"<<endl;};
```

```
0013        virtual void g1(){cout<<"deriv::g1"<<endl;};
0014        virtual void h1(){cout<<"deriv::h1"<<endl;};
0015 };
0016
0017 //定义指向函数的指针类型
0018 typedef void ( * pFun)();
0019
0020 int main()
0021 {
0022        base b;
0023        deriv d;
0024        base * pbase = &d;
0025        pFun fun = NULL;
0026        int i = 0;
0027        cout<<"sizeof deriv class:"<<sizeof(d)<<endl;
0028        int ** ptab = (int **)(&d);                    //保存对象的起始位置
0029        int * vtab1 = (int *)ptab[0];                  //第1个虚表的入口地址
0030        cout<<"对象地址:"<<ptab<<endl;
0031        cout<<"- - - - - - - - - - - - - - - - - - - - - - - - - - - -"<<endl;
0032        cout<<"虚表1地址:"<<vtab1<<endl;
0033        cout<<"通过第一个虚表调用虚函数:"<<endl;
0034 //遍历派生类虚表:其中由基类的3个虚函数和派生类的3个虚函数组成
0035        for (i = 0;i<6;i+ +)
0036        {
0037            cout<<"第"<<i+1<<"个虚函数指针:";
0038            cout<<(pFun)vtab1[i]<<endl;
0039            fun = (pFun)vtab1[i];                      //虚表中的第i个虚函数地址
0040            fun();                                     //调用第i个虚函数
0041        }
0042        cout<<(pFun)vtab1[i]<<endl;                    //第一个虚表结束标记
0043
0044        return 0;
0045 }
```

　　基类 base 中声明了 3 个虚函数 f、g 和 h。派生类 deriv 公有继承 base,并定义了自己的 3 个虚函数 f1、g1 和 h1。在主函数定义的派生类对象 d(代码第 23 行)的起始内存中,存放的是存放虚函数表的入口地址。这由程序刚开始时用 sizeof 运算符计算 d 得到的字节数为 4 个字节可以看出。把这个地址强制类型转换为 int * 型后保存在指针变量 ptab 中(第 28 行)后,再取得它所指向内存中的第一个元素,即第一个基类的虚表的地址，并保存在指针变量 vtab1 中（第 29 行）。程序的主体部分采用一个 for 循环（第 35～41 行）依次输出 vtab1 指向的内存中的各个虚函数的入口地址（第 38 行），强制类型转换为函数指针类型后保存在函数指针变量 fun 中（第 39 行），然后通过 fun 来调用对应的虚函数。这种情况下一共有 6 个虚函数，所以 for 循环中的循环次数被设为了 6。

程序的运行结果如下：

```
sizeof deriv class:4
对象地址：0012FF78
-----------------------------------
虚表 1 地址：0046F0E0
通过第一个虚表调用虚函数：
第 1 个虚函数指针：004011F9
base::f
第 2 个虚函数指针：004012DA
base::g
第 3 个虚函数指针：004010B9
base::h
第 4 个虚函数指针：00401050
deriv::f1
第 5 个虚函数指针：004010AA
deriv::g1
第 6 个虚函数指针：0040126C
deriv::h1
00000000
```

对象 d 中起始位置的指针指向、存放虚表的表中第一个元素的指向、虚表中存放的函数的具体情况如图 12-17 所示。程序输出的虚函数指针是各个虚函数的入口地址，把该地址保存在函数指针变量 fun 中后，可以使用 fun() 来调用对应的函数。从输出可以看到，依次调用的是基类中的 f、g、h 和派生类中的 f1、g1、h1 函数，跟虚函数在类中的声明顺序一致。

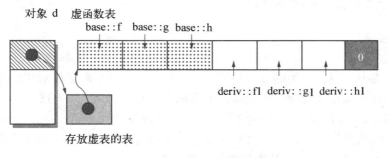

图 12-17 例 12-6 中的虚表指向图

例 12-6 中的派生类和基类中都定义了虚函数,但是派生类没有重写基类的虚函数,所以在虚函数表中派生类一共有 6 个虚函数。

▶▶ 二、派生类中重写了基类虚函数的情况

在上例中的派生类 deriv 中增加基类虚函数 f 的实现,而基类保持不变:

```
class deriv:public base  {
public:
    virtual void f1(){cout<<"deriv::f1"<<endl;};
    virtual void g1(){cout<<"deriv::g1"<<endl;};
    virtual void h1(){cout<<"deriv::h1"<<endl;};
        void g(){cout<<"deriv::g"<<endl;};            //覆盖了基类的虚函数 g
};
```

主程序代码保持不变。再次编译运行程序,得到的输出结果为:

```
sizeof deriv class:4
对象地址:0012FF78
——————————————————
虚表 1 地址:0046F0E0
通过第一个虚表调用虚函数:
第 1 个虚函数指针:004011F9
base::f
第 2 个虚函数指针:004012AD
deriv::g ——————————→原来的 base::g 换成了 deriv::g
第 3 个虚函数指针:004010B9
base::h
第 4 个虚函数指针:00401050
deriv::f1
第 5 个虚函数指针:004010AA  ——————→派生类其他 3 个虚函数不变
deriv::g1
第 6 个虚函数指针:0040126C
deriv::h1
00000000
```

当派生类中重写了基类的虚函数时,虚函数表开始处原来存放对应的基类的虚函数地址的地方现在存放的是派生类重写的虚函数的地址,如图 12-18 所示。在进行函数调用时,第二个虚函数由原来的调用 base::g 换成了调用 deriv::g。这样,在用指向派生类对象的基类指针 pbase 来调用虚函数 g 时,根据虚函数表,会调用到派生类中重写了的对应虚函数 deriv::g,从而实现了运行时的多态。

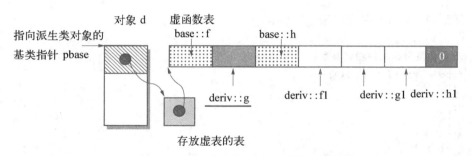

图 12‑18 子类覆盖了基类的虚函数时的虚表图

12.4.3 多继承时派生类的虚表

当派生类继承自多个有虚函数的基类时,有多少个这样的基类,就有多少个虚函数表,在存放虚表地址的表中就有多少个对应项,如图 12‑14 所示。这张表中按照基类被继承的先后顺序依次存放对应基类的虚函数表的入口地址。

▮▮▶ 一、派生类中没有重写基类虚函数的情况

当派生类中没有重写任何基类的虚函数时,虚表地址表中的第一项存放第一个被继承的基类的虚表的地址,该地址中指向的内存中按照先基类后派生类的顺序依次连续存放着虚函数的入口地址。虚表地址第二项及以后的项中存放的是第二个、第三个……基类的虚表地址,这些地址指向的内存中存放着各基类的虚函数入口地址。

例 12‑7 多继承情况下,派生类虚函数没有覆盖基类虚函数时的虚函数表示例。

解:在例 12‑6 第一种情况的基础上,添加基类 base2:

```
class base2          //新增基类
{
    virtual void f2(){cout<<"base2::f2"<<endl;};
    virtual void g2(){cout<<"base2::g2"<<endl;};
    virtual void h2(){cout<<"base2::h2"<<endl;};
};
```

其中定义了三个虚函数 f2,g2,h2。然后令类 deriv 继承自 base2 和 base,其他不变:

```
class deriv:public base2, public base{ //派生类公有继承 base2 和 base
public:
    virtual void f1(){cout<<"deriv::f1"<<endl;};
    virtual void g1(){cout<<"deriv::g1"<<endl;};
    virtual void h1(){cout<<"deriv::h1"<<endl;};
};
```

然后,添加如下主程序来进行测试:

```
//定义指向函数的指针类型
typedef void ( * pFun)();

int main()
{
    base b;
    deriv d;
    base   * pbase = &d;
    pFun fun = NULL;
    int i = 0;
    cout<<"sizeof deriv class:"<<sizeof(b)<<endl;
    int ** ptab  = (int ** )(&d);              //保存对象的起始位置
    int * vtab1  = (int * )ptab[0];            //第 1 个虚表的入口地址

    cout<<"对象地址:"<<ptab<<endl;

    cout<<" --------------------------"<<endl;
    cout<<"虚表 1 地址:"<<vtab1<<endl;
    cout<<"通过第一个虚表调用虚函数:"<<endl;
    //遍历派生类虚表:由基类的 3 个虚函数和派生类的 3 个虚函数组成
    for (i = 0;i<6;i + + )
    {
        cout<<"第"<<i + 1<<"个虚函数指针:";
        cout<<(pFun)vtab1[i]<<endl;
        fun = (pFun)vtab1[i];                  //虚表中的第 i 个虚函数地址
        fun();                                 //调用第 i 个虚函数
    }
    cout<<(pFun)vtab1[i]<<endl;                //第一个虚表结束标记

    cout<<" --------------------------"<<endl;
    int * vtab2  = (int * )ptab[1];            //第 2 个虚表的入口地址
    cout<<"虚表 2 地址:"<<vtab2<<endl;
    cout<<"通过第二个虚表调用虚函数:"<<endl;
    //遍历基类虚表:因为其中只有基类的 3 个虚函数
    for (i = 0;i<3;i + + )
    {
        cout<<"第"<<i + 1<<"个虚函数指针:";
        cout<<(pFun)vtab2[i]<<endl;
        fun = (pFun)vtab2[i];                  //虚表中的第 i 个虚函数地址
```

```
            fun();                              //调用第 i 个虚函数
    }
    cout<<(pFun)vtab2[i]<<endl;               //第二个虚表结束标记
    return 0;
}
```

程序执行后的输出为：

```
sizeof deriv class:4
对象地址：0012FF74
────────────────
虚表 1 地址：00470120
通过第一个虚表调用虚函数：
第 1 个虚函数指针：00401136
base2::f2
第 2 个虚函数指针：004012E4
base2::g2
第 3 个虚函数指针：0040125D
base2::h2                    第一个虚表及遍历其中的所有虚函数
第 4 个虚函数指针：00401050
deriv::f1
第 5 个虚函数指针：004010AA
deriv::g1
第 6 个虚函数指针：0040127B
deriv::h1
00000000

────────────────
虚表 2 地址：00470110
通过第二个虚表调用虚函数：
第 1 个虚函数指针：004011FE
base::f
第 2 个虚函数指针：004012EE   第二个虚表及遍历其中的所有虚函数
base::g
第 3 个虚函数指针：004010B9
base::h
00000000
```

在上述代码中，首先获得派生类对象 d 的地址，保存到指针变量 ptab 中。然后通过这个指针取得对应内存中的第一个元素(指针)的值：

```
int *vtab1 = (int *)ptab[0];
```

这个地址中存放的就是第一个基类的虚表的入口地址。然后用一个 for 循环来遍历虚函数表 vtab，取得其指向的内存中的元素（虚表中的虚函数入口地址）：

```
fun = (pFun)vtab1[i];
```

并通过函数指针 fun 来调用对应的函数。因为基类中有 3 个虚函数，派生类中也有 3 个虚函数，且没有基类虚函数进行覆盖，所以这个虚表中存放着 6 个虚函数入口地址。遍历和函数调用对应的程序输出为

```
通过第一个虚表调用虚函数：
第 1 个虚函数指针：00401136
base2::f2
第 2 个虚函数指针：004012E4
base2::g2
第 3 个虚函数指针：0040125D
base2::h2
第 4 个虚函数指针：00401050
deriv::f1
第 5 个虚函数指针：004010AA
deriv::g1
第 6 个虚函数指针：0040127B
deriv::h1
```

可见，该虚表中首先存放的是第一个基类 base2 中的虚函数 f2，g2，h2，然后才是派生类的虚函数 f1，g1 和 h1。最后输出这个虚表最后一项的值（虚表的结束标志）：

```
00000000
```

然后，通过指针 ptab 取得第二个虚表的入口地址，保存到指针变量 vtab2 中：

```
int * vtab2  = (int * )ptab[1];
```

然后通过指针 vtab2 来遍历第二个虚表中存放的虚函数，并进行函数调用。程序输出：

```
虚表 2 地址：00470110
通过第二个虚表调用虚函数：
第 1 个虚函数指针：004011FE
base::f
第 2 个虚函数指针：004012EE
base::g
第 3 个虚函数指针：004010B9
base::h
```

最后输出第二个虚表最后一项的值(虚表的结束标志)：

　　　00000000

可以看到,在第二个虚表中,存放的是继承时的第二个基类 base 中的虚函数 f、g 和 h。程序中各指针的指向、虚表地址表、两个虚函数表的组成情况如图 12-19 所示。

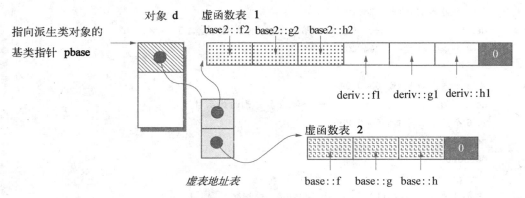

图 12-19　多继承下子类没有覆盖基类的虚函数时的虚表图

二、派生类中重写了基类虚函数的情况

前一种情况下,不能通过基类指针来访问派生类中的新虚函数,而通过该指针访问的基类的虚函数对应的函数调用仍然绑定到基类的虚函数实现上。这样并不能实现多态。要实现多态,必须在派生类中覆盖(重写,override)基类的虚函数。对于多继承的情况,稍显复杂。

例 12-8　在例 12-7 的基础上进行修改,在派生类 deriv 中覆盖基类的虚函数。

解：在派生类 deriv 中添加基类虚函数的实现：

```
class deriv:public base2,public base{
public:
    virtual void g()  {cout<<"deriv::g"<<endl;};        //覆盖基类 base::g
    virtual void h2() {cout<<"deriv::h2"<<endl;};       //覆盖基类 base2::h2
......
};
```

其他代码都不做任何改变。编译程序并运行,输出结果为

```
sizeof deriv class:4
对象地址：0012FF74
————————————————————
虚表 1 地址：00470120
```

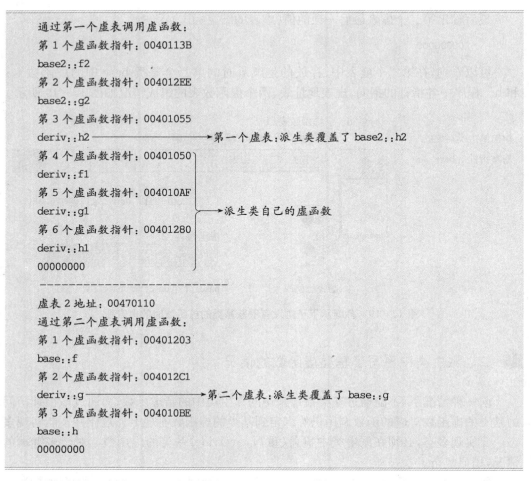

```
通过第一个虚表调用虚函数：
第 1 个虚函数指针：0040113B
base2::f2
第 2 个虚函数指针：004012EE
base2::g2
第 3 个虚函数指针：00401055
deriv::h2 ─────────────────→第一个虚表：派生类覆盖了base2::h2
第 4 个虚函数指针：00401050
deriv::f1
第 5 个虚函数指针：004010AF
deriv::g1 ────────────────→派生类自己的虚函数
第 6 个虚函数指针：00401280
deriv::h1
00000000
───────────────────────────────
虚表 2 地址：00470110
通过第二个虚表调用虚函数：
第 1 个虚函数指针：00401203
base::f
第 2 个虚函数指针：004012C1
deriv::g ─────────────────→第二个虚表：派生类覆盖了base::g
第 3 个虚函数指针：004010BE
base::h
00000000
```

由于在派生类中重写了虚函数 h2 和 g，所以在第一个虚函数表中，原来是 base2∷h2 的地方，用 deriv∷h2 代替了；而在第二个虚函数表中，原来是 base∷g 的地方，用虚函数 deriv∷g 代替了。这样，通过指向派生类对象的基类指针来调用对应的虚函数时，函数调用将被绑定到派生类的虚函数实现代码上，如图 12‐20 所示。

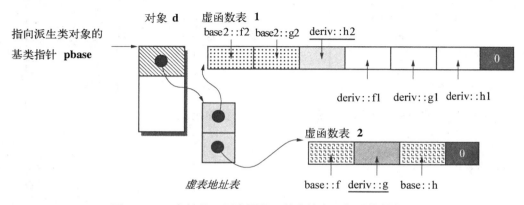

图 12‐20 多继承下子类覆盖了基类的虚函数时的虚表图

12.5　纯虚函数与抽象类

在早期的 C++语言中，设计类的目的就是为了建立对象，实现数据跟操作这些数据的运算的关联，从而解决实际问题。继承就是为了复用基类的代码。但随着 C++语言的使用，人们发现，在某些情况下，如果在定义类时不给出其中的虚函数的实现可能更有意义。比如在图 12 - 2 中，设计的平面图形基类 Graph 中的函数公有成员 showArea① 事实上并不应该具有实际的含义。因为"平面图形"是一个一般的概念，必须对于特定类型的几何图形（比如三角形、长方形等）才能根据公式计算面积。所以在这种情况下，要延迟到派生类中再给出虚函数 showArea 的定义，才符合实际的情况。这就要用到 C++中的所谓纯虚函数的概念。

12.5.1　纯虚函数

纯虚函数就是在类中声明但却不给出具体实现的虚成员函数。其声明方式如下：

```
class  类名{
    ……
    virtual  返回值类型  纯虚函数名(参数列表)  = 0;
    ……
};
```

关键就在于声明虚成员函数时，在声明的最后面加上"＝0"。这样就告诉了编译器，这个函数是一个纯虚函数，它的实现代码只能在本类的派生类中给出。纯虚函数的作用是在基类中为其派生类保留了一个函数的名字，以便派生类根据需要对它进行定义（给出函数的具体实现）。

在虚函数和纯虚函数的定义中不能有 static 标识符，因为被 static 修饰的函数要求在编译时候绑定（静态绑定），而虚函数却是动态绑定，而且被两者修饰的函数生命周期（life recycle）也不一样。

例 12 - 9　把例 12 - 2 中的基类 Graph 中的 getArea 函数改写为纯虚函数。

```
class Graph
{
protected:
    double x;
    double y;
public:
    virtual void  showArea() = 0;
};
```

---

①　由其实际含义，把这个函数定义为虚函数更恰当。以下分析都是在把 Graph：：showArea 为虚函数的条件下进行的。

成员函数 showArea 被声明为纯虚函数,所以不能在 Graph 类中给出它的实现代码。纯虚函数的函数体在派生类中给出。纯虚函数也是虚函数,其直接派生类中可以给出纯虚函数的实现,也可以不给;而由直接派生类的子类来定义该纯虚函数的实现。大多数情况下都把纯虚函数的访问控制属性设为公有的(public)。

12.5.2　抽象类

　　一旦在类中声明了纯虚函数,含有纯虚函数的类就称为抽象类(abstract class),也叫抽象基类(ABC,abstract base class)。抽象类的主要作用就是它为一个类族建立一个公共的接口,使它们能够更有效地发挥多态特性。称为抽象基类,是因为这个类的成员函数没有被全部实现,所以不能用来定义对象,只能作为基类来派生出其他的类,或者用来定义指针变量或引用变量。如果一个子类中给出了所有基类的全部纯虚函数的实现,那么这个子类就可以用来定义对象,它不是抽象类;否则这个子类还是抽象类。

　　比如定义了一个动物的类,属性是有嘴,方法是"吃东西"。我们没有定义"吃东西"的具体实现。在派生类"老虎"里定义了"吃东西"的具体实现为"吃肉",派生类"牛"里定义了"吃东西"的具体实现为"吃草"。这就说明动物这个类是抽象类,它决定不了吃东西的具体实现,必须实现了"吃东西"这个接口的类才不是抽象的类。如果实现了"吃东西"的方法,那动物这个类就不是抽象类。

　　抽象类的主要作用是为在一个继承层次结构中的组织,提供一个公共的根,相关的子类是从这个根派生出来的。抽象类刻画了一组子类的操作接口的通用语义,这些语义也传给子类。一般而言,抽象类只描述这组子类共同的操作接口,而完整的实现留给子类。

　　通过把抽象基类指针指向非抽象派生类对象,可以利用运行时绑定来实现多态。引用的情况也类似。比如下一个程序利用抽象类 Graph 来表示平面图形,在 Graph 的直接派生类中实现了求面积的方法。

　　例 12-10　设计一个抽象平面图形类 Graph,利用它的派生类来求三角形、矩形、圆形的面积。

```
0001 //利用纯虚函数求各种几何图形的面积
0002 ＃include <iostream>
0003 ＃include <string>
0004
0005 using namespace std;
0006 //图形类 Graph:抽象类
0007 class Graph
0008 {
0009 protected:
0010     double x;
0011     double y;
0012 public:
```

```
0013        Graph(double a,double b):x(a), y(b){};
0014        virtual void  showArea() = 0;                    //纯虚函数声明
0015   };
0016   //矩形类
0017   class Rectangle:public Graph
0018   {
0019   public:
0020        Rectangle(double a,double b):Graph(a,b){}
0021        void showArea(int );                             //这个函数有参数,不是虚函数
0022   };
0023   void Rectangle::showArea(int a)
0024   {
0025        std::cout<<"矩形面积为: "<<x * y<<std::endl;
0026   }
0027   //三角形类
0028   class Triangle:public Graph
0029   {
0030   public:
0031        Triangle(double a,double b):Graph(a,b){}
0032        void showArea();
0033   };
0034
0035   void Triangle::showArea()
0036   {
0037        std::cout<<"三角形面积: "<<x * y * 0.5<<std::endl;
0038   }
0039   //圆形类
0040   class Circle:public Graph
0041   {
0042   public:
0043        Circle(double a,double b):Graph(a,b){}
0044        void showArea();
0045   };
0046   void Circle::showArea()
0047   {
0048        std::cout<<"圆形面积为: "<<3.14 * x * y<<std::endl;
0049   }
0050
0051   int main()
0052   {
```

```
0053        Graph * graph;
0054 //        Graph gg;                          //错误！不能用抽象基类来创建对象
0055 //     Rectangle rectangle(10.0,5.0);        //错误！不能用抽象类来创建对象
0056
0057        Triangle triangle(10.0,3.2);
0058        graph = & triangle;
0059        graph->showArea();
0060
0061        Circle circle(3.0, 3.0);
0062        graph = &circle;
0063        graph->showArea();
0064
0065        return  0;
0066 }
```

这个程序的运行结果为：

```
三角形面积：16
圆形面积为：28.26
```

本程序首先定义了一个抽象基类 Graph，其中声明了一个纯虚函数 showArea，还定义了两个保护成员变量 x 和 y，以及一个构造函数，派生类初始化数据成员时调用。

然后，由抽象基类 Graph 派生出一个矩形类 Rectangle、一个三角形类 Triangle，和一个圆形类 Circle。在这些派生类中对纯虚函数 showArea 进行了实现。但是要注意，在类 Rectangle 中，虽然有一个 showArea 函数，但是它带有一个 int 型参数，这跟基类的虚函数原型不一致，所以不是基类的纯虚函数 showArea 的派生类重写版本，而是一个重载的 showArea 函数。此时，基类中的纯虚函数仍然没有实现，所以派生类 Rectangle 仍然是一个抽象类。因为抽象类不能用于创建对象，所以主程序中被注释掉的下列两行语句

```
//   Graph gg;
//   Rectangle rectangle(10.0,5.0);
```

是错误的语句。而在 Triangle 和 Circle 类中对纯虚函数的重写则是正确的。这里还需要注意的是，在派生类的构造函数中，仍然可以调用基类的构造函数来为抽象基类中的数据成员进行初始化，而抽象基类本身也可以有构造函数用于初始化各派生类公共的属性。

接着，在主程序中，先创建了抽象基类的指针 graph，然后通过该指针指向不同的派生类对象 triangle、circle，并用指针调用 showArea 函数。这样的函数调用绑定的是相应的派生类中的虚函数实现。所以当基类指针指向 triangle 对象时，调用 showArea

将会计算和显示三角形的面积；指向 circle 对象时，调用 showArea 则会计算和显示圆形的面积。此时虚函数跟 12.4 节所讲的一样，存放在虚函数表中，通过派生类对象的指针查表调用，就是一个普通的虚函数。

在基类的继承层次时，把各个派生类都需要的功能设计成抽象基类的虚函数，每个派生类则根据自己的情况重新定义虚函数的功能，描述每个类的特有行为。由于抽象基类具有各派生类函数的虚函数声明，可以把它作为访问整个继承层次的接口，通过抽象基类的指针或引用访问在各个派生类中实现的虚函数，这种方式也称为接口重用。即不同的派生类都可以把抽象基类作为接口，让其他程序通过此接口访问各派生类的功能。

通过接口重用能够设计出功能强大的类继承体系，在设计处理大量类型不同但是在高层又具有统一接口的类时，这种方式非常有效。类的设计人员可以继承抽象类的接口，为继承体系增加新类，也可以重新定义各个派生类中虚函数的实现代码，而这些改动不会影响到抽象类，抽象类的接口可以保持不变；也不会引起访问类的其他程序的变化。抽象类的这种能力为软件的升级和维护提供了极大的便利。如果要在软件中对现有功能进行升级，只需要在现有类继承体系中添加新的类，并在新类中重写虚函数接口，让抽象基类指针指向这个新类的对象，或通过基类的引用变量来引用该对象，其他地方都不用改变，就可以让原有的函数调用绑定到新定义的派生类中的虚函数。

12.6　运行时类型识别

当一个基类指针实际指向派生类对象[①]时，如果没有定义任何虚函数，则通过该指针访问的是派生类中的基类子对象。如果基类定义了虚函数，则由该指针调用虚函数时，会根据该指针实际指向的对象类型来调用相应的虚函数。由于该指针在程序中可能会不断改变自身的指向，所以在运行时如果能知道该指针在具体时刻所实际指向的对象类型，并根据这个知识来决定下一步进行什么处理，将会对程序的设计非常有帮助。由于多态的使用，这个知识不能够在静态联编时确定，而是必须在程序运行时确定。这就要用到运行时类型信息。

类型信息（RTTI，runTime type information）提供了在程序运行时确定对象类型的方法，是面向对象程序设计语言为解决多态问题而引入的语言特性。RTTI 主要包括两个方面的内容：一是指针类型转换的安全性，二是基类指针指向的实际对象的类型信息的获取。

在 VC++6.0 中，RTTI 特性默认是关闭的，打开方法是：在 VC 主菜单下，执行菜单命令"工程"→"设置"，在弹出的"Project Settings"对话框的左边选择需要使用RTTI 的工程名，然后点右边的"C/C++"标签。然后在该属性页对应的对话框中的"分类"后面的下拉列表中点右边向下的小三角，选择列表中的"C++语言"，然后在

---

① 基类引用变量引用派生类对象的情况也类似。为方便讲述，以下都以指针为例。

"允许允许时间类型信息(RTTI)"前的复选框内进行勾选,如图12－21所示。这将在下方的"工程选项"中增加一个"/GR"选项。

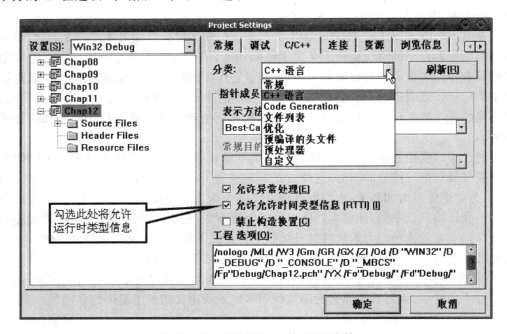

图12－21 设置 VC＋＋的 RTTI 支持

12.6.1 运行时类型转换

基类指针的类型是在编译时就确定了的。这就意味着用基类指针调用的成员函数必须是在基类中声明的公有成员函数(可以是虚函数)。在使用了多态的程序中,即使基类指针指向了派生类对象,也不能够通过该指针变量来调用派生类的非虚公有成员函数。这时如果非要访问派生类对象中的其他接口,就需要把这个实际指向派生类对象的基类指针进行运行时类型转换,把它的转换值赋给一个指向派生类对象的指针,再用后者来调用该函数。这种情况下,转换是能够顺利进行的。

实现运行时类型转换使用的是强制类型转换运算符 dynamic_cast,在多态基类指针或引用和派生类指针和引用之间进行转换。注意一定要用在使用了虚函数的多态类的指针或引用之间的强制类型转换中,不同于其他3个C＋＋类型转换运算符:static_cast、const_cast 和 reinterpret_cast。后者必须用在编译时的转换中。

dynamic_cast 的用法如下:

dynamic_cast<目标指针或引用类型>(能够求值为指针或引用的表达式)

这个用法强调,被 dynamic_cast 转换的源表达式的值的类型、转换后的目标类型都必须是指针或引用。这种转换通常是在多态的基类和派生类之间进行的。如果转换成功,则上述类型转换表达式的结果为目标类型的指针或引用;如果转换失败,则表达式结果为0。

在继承层次上,通常把基类放在上层,而把派生类放在下层。所以,从派生类指针向基类指针的转换称为向上转换（upcast）。使用 dynamic_cast 进行向上转换总是成功的，因为派生类指针只能指向派生类对象而不能指向基类对象。如果让一个派生类指针直接指向一个基类对象，就会发生赋值兼容错误，代码将不能成功编译。而将派生类对象的地址转换为基类指针，结果将为该派生类对象中的基类子对象的地址。

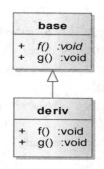

可以让基类指针直接指向派生类对象，但是不能够直接用派生类指针变量为基类指针变量赋值，除非进行强制类型转换。

例 12 - 11 使用 dynamic_cast 实现多态指针变量间的向上转换，如图 12 - 22 所示。

图 12 - 22 类继承关系图

```
0001 #include <iostream>
0002 #include<typeinfo>
0003 using namespace std;
0004 //定义了虚函数的基类
0005 class base
0006 {
0007 public:
0008     virtual void f(){cout<<"base::f - virtual"<<endl;};
0009     void  g(){cout<<"基类非虚函数 base::g"<<endl;}
0010 };
0011 class deriv:public base{
0012 public:
0013     void f(){cout<<"deriv::f- virtual"<<endl;};
0014     void g(){cout<<"派生类特有的非虚函数 deriv::g"<<endl;}
0015 };
0016 int main()
0017 {
0018     base b, * pb;
0019     deriv d, * pd = &d;
0020
0021
0022     pb = &d;                //编译时转换:基类指针 pb 指向派生类中的基类子对象
0023     pb->g();
0024
0025     //pd = &b;               //错误! 派生类指针不能指向基类对象
0026     pb = (deriv *)(pd);     //强制类型转换(编译时转换:静态转换)
0027     pb->g();
0028
0029                            //动态指针类型转换(向上转换):运行时转换
```

```
0030      pb = dynamic_cast<base * >(pd);
0031      if(pb)
0032          cout<<"pb 指向的是基类对象"<<endl;
0033
0034      pb->f();
0035      pb->g();
0036      return 0;
0037 }
```

程序运行结果为

```
基类非虚函数 base::g
基类非虚函数 base::g
pb 指向的是基类对象
deriv::f- virtual
基类非虚函数 base::g
```

类 deriv 派生自基类 base。基类 base 中定义了虚函数 f,非虚函数 g。派生类对虚函数 f 进行了重写,另外也定义了一个非虚函数 g。

在主函数中,第 22 行通过派生类对象的地址向基类指针 pb 赋值,然后通过该指针调用函数 g。结果为输出的第一行:

```
基类非虚函数 base::g
```

可见实际调用的是基类的非虚函数 g。因为从派生类到基类的赋值符合赋值兼容性规则,所以这些语句能够顺利执行。

代码第 26 行处把派生类指针进行强制类型转换。这个转换也是在编译时进行的静态转换,可以用下面的 C++静态转换代替:

```
pb = static_cast<deriv * >(pd);
```

二者是等价的。转换的结果是使得 pb 指向了派生类对象中的基类子对象的地址。然后通过 pb 调用函数 g,对应的输出仍然是:

```
基类非虚函数 base::g
```

代码第 25 行被注释掉了。如果不注释掉,编译时会出现错误。因为这里试图让一个派生类指针直接指向一个基类对象,是违背赋值兼容性规则的。编译器会发现这一问题并给出错误提示:

*error C2440: '=': cannot convert from 'class base * 'to 'class deriv * '(错误 C2440:'=':不能用基类指针 base * 赋值给派生类 deriv * 型指针变量)*

接下来在代码第 30 行使用了 dynamic_cast 运行时的动态强制类型转换，把派生类指针转为基类指针，并进行赋值。从后续的 if 语句的输出可以看到，这种赋值能够成功地把派生类指针转换为基类指针。对应代码输出：pb 指向的是基类对象。

最后，通过基类指针 pb 调用函数 f 和 g。因为 f 是虚函数，所以实际调用的是派生类的虚函数 deriv::f。而 g 是非虚函数，实际调用的就是基类的函数 base::g。对应代码输出：

```
deriv::f - virtual
基类非虚函数 base::g
```

要注意本例中，使用 dynamic_cast 进行的是运行时的转换，而前面代码中的强制类型转换或 static_cast 进行的转换则是在编译时进行的。这是二者的区别。

由于派生类在继承层次上位于基类的下层，所以从基类到派生类的转换称为向下转换（downcast）。使用 dynamic_cast 也可以进行基类的指针或引用向派生类的指针或引用的向下转换。

例 12-12 使用 dynamic_cast 实现多态指针变量间的向下转换。

```
0001 #include <iostream>
0002 #include<typeinfo>
0003 using namespace std;
0004 //定义了虚函数的基类
0005 class base
0006 {
0007 public:
0008     virtual void f(){cout<<"base::f - virtual"<<endl;};
0009     void  g(){cout<<"基类非虚函数 base::g"<<endl;}
0010 };
0011 class deriv:public base{
0012 public:
0013     void f(){cout<<"deriv::f - virtual"<<endl;};
0014     void g(){cout<<"派生类特有的非虚函数 deriv::g"<<endl;}
0015 };
0016 int main()
0017 {
0018     base b, * pb =  &b;
0019     deriv d, * pd = NULL;
0020
0021     pb = &d;                //基类指针指向派生类对象
0022     pb->g();                //调用的是其中的基类的非虚函数
0023
0024                             //试图强制令派生类指针指向基类对象
```

```
0025    pd = dynamic_cast<deriv *>(&b);   //这个转换不会成功
0026    if(! pd)
0027    {
0028        cout<<"&b--->pd：未能成功转换!"<<endl;
0029    }
0030
0031    //动态指针类型转换(向下转换)：运行时转换
0032    pd = dynamic_cast<deriv *>(pb);//pb实际指向的是派生类对象,所以会成功
0033    if(pb)
0034        cout<<"pd指向的是派生类对象"<<endl;
0035    else
0036        cout<<"pb-->pd：未能成功转换!"<<endl;
0037    cout<<"------------------------------------"<<endl;
0038    pd->f();
0039    pd->g();
0040    return 0;
0041 }
```

程序运行结果为：

```
基类非虚函数 base::g
&b-->pd：未能成功转换!
pd 指向的是派生类对象
------------------------------------
deriv::f- virtual
派生类特有的非虚函数 deriv::g
```

本例中使用到的类定义跟之前的例 12-11 一样。在代码的第 21 行,用基类指针 pb 指向了派生类对象 d。这是符合赋值兼容性规则的,此时 pb 指向的是 d 中的基类子对象。然后调用函数 g,实际调用的是 base::g,输出：基类非虚函数 base::g

接着,在代码第 25 行试图把基类对象 b 的指针强制转换为指向派生类对象的指针。因为 &b 对应的地址中存放的只有基类对象 b,没有一个派生类的实例,所以这种转换会失败。结果 if 中的条件为真,对应输出为：&b-->pd：未能成功转换!

在代码的第 32 行,试图把基类指针 pb 强制转换为派生类指针。因为之前已经令 pb 指向了派生类的实例,故这种转换是可行的。转换结果赋给 pd,pd 的值将不为 0。If 语句的条件为真,故 if 语句输出：pd 指向的是派生类对象

最后通过指针 pd 调用两个函数 f 和 g,执行的是派生类中的这两个成员函数,输出：deriv::f- virtual

派生类特有的非虚函数 deriv::g

12.6.2 类型信息

在多态的 C++程序中,基类指针(或引用)都可能指向继承层次中的任意的派生类对象。这将引发指针指向的不确定性。也就是说,虽然表面上某个指针是基类指针,但是在程序实际运行时,这个指针可能指向基类对象,也可能指向派生类对象。C++的运行时类型信息 RTTI 机制提供了 typeid 运算符,用于确定程序运行的任意时刻指针(引用)指向的对象的真实类型。其用法如下:

typeid(表达式)

这将返回表达式的值的类型。实际上,typeid 返回的是一个 type_info 类的对象的常引用。type_info 类中有几个重要的成员函数:

```
bool operator = = (const type_info& rhs) const;        //类型相等判断
bool operator! = (const type_info& rhs) const;         //类型不等判断
const char * name() const;                             //获得类型的名称
```

前两个用于判断运算符两边用 typeid 获得的类型是否相同/不同,最后一个 name 用于返回该类型的实际名字。

例 12-13 使用 typeid 来获得类型名。

```
0001 #include <iostream>
0002
0003 using namespace std;
0004 //类声明
0005 class base{};
0006 void f(){}
0007 int main()
0008 {
0009
0010     int x = 3, &rx = x, * px = &x;
0011     cout<<typeid(x).name()<<endl;
0012     cout<<typeid(rx).name()<<endl;
0013     cout<<typeid(px).name()<<endl;
0014     cout<<typeid(3.14).name()<<endl;
0015     cout<<typeid("string").name()<<endl;
0016     cout<<typeid(base).name()<<endl;
0017
0018     cout<<typeid(f).name()<<endl;
0019     base b,  &rb = b, * pb = &b;
0020     cout<<typeid(b).name()<<endl;
0021     cout<<typeid(rb).name()<<endl;
0022     cout<<typeid(pb).name()<<endl;
```

```
0023
0024     return 0;
0025 }
```

程序输出如下：

```
int
int
int *
double
char [7]
class base
void (__cdecl * )(void)
class base
class base
class base *
```

可见，通过 typeid 可以成功获得程序中各种命名实体的实际类型的信息。

当类中没有声明虚函数时，如果使用基类指针（引用）指向了派生类对象，那么使用 typeid 获得的将是基类的信息。但是如果在类中定义了虚函数，则 typeid 将获得基类指针指向的派生类对象的实际类型名。

例 12 - 14 类继承体系中使用 typeid 来获得实际类型名。

```
0001 #include <iostream>
0002
0003 using namespace std;
0004 //未定义虚函数的顶层基类
0005 class A{};
0006 //定义了虚函数的基类
0007 class B:public A{
0008 public:
0009     virtual void f(){cout<<"B::f"<<endl;}
0010 };
0011 class C:public B{
0012     virtual void f(){cout<<"B::f"<<endl;}
0013 };
0014
0015 int main()
0016 {
0017     A a, * pa;
```

```
0018    B b, * pb;
0019    C c;
0020    pa = &b;
0021    cout<<typeid( * pa).name()<<endl;
0022    pa = &c;
0023    cout<<typeid( * pa).name()<<endl;
0024    pb = &b;
0025    cout<<typeid( * pb).name()<<endl;
0026    pb = &c;
0027    cout<<typeid( * pb).name()<<endl;
0028    return  0;
0029 }
```

程序运行结果为：

```
class A
class A
class B
class C
```

继承层次为 A←B←C。顶层基类 A 中没有声明虚函数，而派生类 B 中定义了虚函数 f，B 又派生出子类 C。主函数中当用顶层基类 A 的指针 pa 指向两个派生类 B 和 C 的对象 b 和 c 时，用 typeid 获得的 * pa 的实际类型仍然是基类对象类型：

```
class A
class A
```

而用类 B 的指针 pb 指向子类 C 的对象 c 时，用 typeid(* pb)获得的是子类 C 的类型：

```
class C
```

利用 typeid 可以在程序运行时对变量或对象的实际类型进行识别，并针对识别出来的类型进行一些特殊处理。typeid 在多态中的一个重要用途就是识别多态运行过程中基类指针或引用指向的对象的实际类型，并针对识别出来的类型做出不同的处理。

例 12‐15 用 typeid 判断实际类型并执行相关操作。

```
0001 #include <iostream>
0002 #include <string>
0003 using namespace std;
0004 //定义了纯虚函数的抽象基类:生物类
0005 class Creature{
0006 public:
```

```
0007      virtual void die() = 0;
0008 };
0009 //鸟类
0010 class Bird:public Creature{
0011 public:
0012      virtual void die(){cout<<"小鸟死掉了。"<<endl;}
0013 };
0014 //凤凰类
0015 class Phoenix:public Bird{
0016 public:
0017      virtual void die(){cout<<"凤凰死掉了。"<<endl;}
0018      void reborn(){cout<<"凤凰又浴火重生了!"<<endl;}
0019 };
0020 //英雄类
0021 class Hero{
0022      string name;
0023 public:
0024      void kill(Creature&);                    //攻击方法
0025      Hero(string s = "无名英雄"):name(s){}
0026 };
0027 void Hero::kill(Creature &c)
0028 {
0029      if(typeid(c) == typeid(Bird))
0030      {
0031          cout<<name<<" 攻击了小鸟!"<<endl;
0032          c.die();
0033      }else if(typeid(c) == typeid(Phoenix))
0034      {
0035          cout<<name<<" 攻击了凤凰!"<<endl;
0036          c.die();
0037          Phoenix &cr = dynamic_cast<Phoenix &>(c);
0038          cr.reborn();
0039      }
0040 }
0041
0042
0043 int main()
0044 {
0045      Hero lixiaoyao("李逍遥");
0046      Phoenix pn;
0047      Bird      sparrow;
```

```
0048
0049        lixiaoyao.kill(sparrow);
0050        lixiaoyao.kill(pn);
0051
0052        return 0;
0053 }
```

程序的运行结果如下：

> 李逍遥 攻击了小鸟！
>
> 小鸟死掉了。
>
> 李逍遥 攻击了凤凰！
>
> 凤凰死掉了。
>
> 凤凰又浴火重生了！

本例的类图如图 12-23 所示。本例模仿游戏中玩家对具体生物的攻击行为。代码中首先声明了一个抽象基类 Creature 来表示一切生物，它有一个纯虚函数 die 方法。小鸟类 Bird 继承自 Creature 并实现了 die 方法。凤凰类 Phoenix 继承自小鸟类 Bird，重写了 die 方法，并添加了新的成员函数 reborn 来模拟凤凰的重生。

在玩家类 Hero 中定义了一个 kill 函数，它带有一个 Creature& 型的参数。虽然 Creature 是一个抽象类，不能用来创建对象，但是可以用来定义指针或引用变量。这个参数在这里表示 kill 函数可以使用任何继承自 Creature 类的非抽象派生物类的对象，为程序提供了很好的可扩展性。程序员可以任意添加 Creature 的派生类，并生成对象来供玩家 kill。

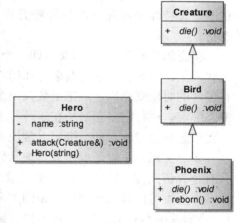

图 12-23　类继承关系图

程序第 27 行开始给出了 kill 函数的定义。这里使用 typeid 运算符判断传入参数的实际类型是否是某种类型，然后根据具体的类型来决定执行哪些代码。首先判断实参是否是 Bird 类型（第 29 行），利用了 type_info 类的重载的相等判断运算符"＝＝"。如果条件为真，则输出攻击信息及小鸟的死亡信息：

> 李逍遥 攻击了小鸟！
>
> 小鸟死掉了。

如果传入的参数是 Phoenix 类的对象的引用，则根据 typeid 的判断结果，输出对凤凰的攻击信息，并调用虚函数 die 输出凤凰的死亡信息。但是凤凰死了之后会重生，这时 Phoenix 不同于基类的特殊函数 reborn 应该被调用。但是在编译时刻，Creature&

类型的参数 c 是不能访问派生类 Phoenix 的成员函数 reborn 的。这就必须先使用 dynamic_cast 进行强制类型转换,将基类引用变量强制转换为它所实际引用的对象的类型(代码第 37 行)。这个转换是可以顺利进行的,因为之前在 if 的条件表达式中已经确定了 c 是一个 Phoenix 类对象的引用。然后把转换结果保存在 Phoenix 类型引用变量 cr 中,并通过 cr 调用派生类特有的函数 reborn。对应的输出为:

> 李逍遥 攻击了凤凰!
>
> 凤凰死掉了。
>
> 凤凰又浴火重生了!

12.7 本 章 小 结

采用多态性设计的软件具有良好的可扩展性和可维护性,所以面向对象程序语言中的多态特性是实现软件的轻松升级和维护的重要手段,也是实现设计模式的重要支持。

多态的含义是"一词多义",即一个函数调用根据程序上下文可以绑定到不同的实现代码上。多态分为编译时多态和运行时多态。编译时多态通过函数的重载来实现,在编译的时候就能确定地把函数调用跟函数的实现代码绑定在一起。这种绑定方式叫静态绑定。运行时多态必须在运行时才能确定函数调用所对应的实现代码,把二者绑定在一起的过程称为动态绑定。常说的多态是指运行时多态。

多态实现的手段是虚函数。虚函数是类中声明的被 virtual 修饰的成员函数,通常具有公有访问控制属性。带有虚函数的类派生出的类中的相同原型的函数也是虚函数。派生类可以对从基类继承来的虚函数进行重写,也可以不重写。在基类指针(或引用)指向派生类对象之后,通过该指针调用虚函数将调用到这个指针实际指向的派生类的虚函数。这个函数调用跟函数实现的绑定必须在程序运行时才能确定,所以是动态绑定。

在 C++中,虚函数的入口地址是存放在虚函数表(虚表)中的。系统为每个有虚函数的类创建一个虚表。单个有虚函数的类的对象在内存中的起始位置里存放着虚表的地址,这个地址指向的内存中按照虚函数声明的顺序依次连续存放着类中的所有虚函数的入口地址,以 NULL 结束。在该基类有派生类的情况下,派生类在内存中的起始位置存放的是虚表地址表的指针。这种情况下,有多少个基类,就有多少个虚表。第一个基类的虚表里存放的首先是基类虚函数列表,然后是派生类的虚函数列表,最后以 NULL 结束。后续的基类的虚表里只存放该基类的虚函数。如果派生类中对基类的虚函数进行了重写,则用重写后的虚函数的地址来覆盖虚表中基类的对应虚函数的入口地址。

有的情况下需要延迟实现类中的虚函数,这时就可以把对应的虚函数声明为纯虚函数。定义了纯虚函数的类成为抽象类。抽象类不能用来定义对象,通常作为基类来派生出其他的类,所以又叫做抽象基类。抽象基类的派生类中如果没有给出纯虚函数的实现,则该派生类仍然是抽象类。给出了所有抽象函数的实现的派生类才能用来定义对象。抽象类的主要作用是实现多个类的公共接口。在程序中可以通过抽象基类的引用或指针变量来调用纯虚函数,达到实际调用该引用或指针指向的派生类中的虚函数的目的。这样可以轻松实现软件的升级和类的扩展。

由于多态性的引入,在程序中某基类的指针(引用)在程序运行的不同时刻可能指向不(引用)同类型的派生类对象。运行时类型信息 RTTI 提供程序运行时的类型识别信息。实现 RTTI 主要通过两种途径:运行时类型转换 dynamic_cast 和类型信息 typeid。通过 dynamic_cast 可以把指向派生类对象的基类指针(引用)转换到实际指向的基类指针(引用)类型,而 typeid 则可以给出基类指针(引用)所对应的对象的实际类型。这在程序中需要这些信息的地方会很有用。

复习思考题

● 什么叫多态性? 在 C++ 中是如何实现多态的?

● 什么是静态绑定? 什么是动态绑定? 有何异同?

● 什么是类的赋值兼容性原则?

● 继承体系上不同类的对象(引用/指针)之间能否相互赋值? 哪些情况下可以? 哪些情况不行?

● 什么是虚函数?

● 虚函数的实现原理是怎样的?

● 什么是纯虚函数? 在声明纯虚函数的类中可否为纯虚函数定义实现代码?

● 什么是抽象类? 抽象类有什么用途? 抽象类的派生类是否一定要给出纯虚函数的实现?

● 抽象类可否用来定义对象? 对象的指针? 对象的引用?

● 在 C++ 中能否声明虚构造函数? 为什么? 能否声明虚析构函数? 有何用途?

● 什么是 RTTI? 主要包括哪两个方面?

● 使用 dynamic_cast 有什么限制? 什么时候转换会成功,什么情况下转换会失败?

● 使用 static_cast 进行的类型转换和使用 dynamic_cast 有何异同?

● 关键字 typeid 有什么作用? 它是不是函数?

练 习 题

1. C++ 中多态性包括两种多态性:_____和_____。前者是通过_____实现的,而后者是通过_____和_____来实现的。

2. 在基类中将一个成员函数说明成虚函数后,在其派生类中只要_____、_____和_____完全一样就认为是虚函数,而不必再加关键字_____。如有任何不同,则认为是_____而不是虚函数。除了非成员函数不能作为虚函数外,_____、_____和_____也不能作为虚函数。

3. 纯虚函数定义时在函数参数表后加_____，它表明程序员对函数_____，其本质是将指向函数体的指针定为_____。

4. 写一个程序，定义一个点类 Point，再定义一个抽象基类 Shape，由它派生出 3 个派生类：Circle（圆形）、Rectangle（矩形）、Triangle（三角形），3 个派生类都由点 Point 对象成员构成。用一个函数 printArea 分别输出以上三者的面积。3 个图形的数据在定义对象时给定。

5. 写一个程序，定义抽象基类 Shape，由它派生出 5 个派生类：Circle（圆形）、Rectangle（矩形）、Triangle（三角形）、Trapezoid（梯形）、Square（正方形）。用虚函数分别计算几种图形的面积，并求它们的和。要求用基类指针数组，使它的每一个元素指向一个不同类型的派生类对象。

6. 设计一个优秀教师和学生的程序，其类结构是：虚基类 base，内有纯虚函数 isgood() 用来判断是否优秀；派生类 student，其中实现了 isgood 函数：若考试成绩高于 90 分，则返回 true；派生类 teacher，其中实现了 isgood 函数：当每年发表论文超过 30 篇，则返回 true。程序先要输入一系列教师或学生的记录，然后将优秀教师和学生的姓名列出来，并采用相关数据进行测试。

7. 定义一个基类为显示器类，由其派生出不同类型的显示器（单显、彩显、VGA、SVGA、液晶等），编程分别使不同显示器表现出不同的操作。

8. 定义一个基类为哺乳动物类 Mammal，其中有数据成员年龄、重量、品种，有成员函数 move()、speak() 等，以表示动物的行为。由这个基类派生出猪、狗、猫、马等哺乳动物，它们有各自的行为。编程分别使各个动物表现出不同的行为。要求：

（1）从基类分别派生出各种动物类，通过虚函数实现不同动物表现出的不同行为。

（2）仅有狗 Kare：3 岁，3 kg；Dolly：4 岁，2 kg；猫 Garfield：2 岁，4 kg；马 Holly，5 岁，60 kg；猪 Piggy：2 岁，70 kg。

（3）设置一个 Mammal 类数组，设计一个屏幕菜单，选择不同的动物或不同的品种，则显示出动物相对应的操作，直到选择结束。

（4）对应的动作中要先提示动物的名称，然后显式年龄、重量、品种、叫声及其他特征。

9. 平面形有长和面积，立体有表面积和体积，几何图形基类，周长、面积和体积应怎样计算（用什么函数）？对平面图形体积怎样计算（用什么函数）？对立体图形周长怎么计算（用什么函数）？要求实现运行时的多态性。请编程并测试。

10. 某公司雇员（employee）包括经理（manager）、技术人员（technician）和销售员（salesman）。开发部经理（developermanger），既是经理也是技术人员。销售部经理（salesmanager），既是经理也是销售员。以 employ 类为虚基类派生出 manager、technician 和 salesman 类；再进一步派生出 developermanager 和 salesmanager 类。其中：

（1）employee 类的属性包括姓名、职工号、工资级别、月薪（实发基本工资加业绩工资）。操作包括月薪计算函数（pay()），该函数要求输入请假天数，扣去应扣工资后，得出实发基本工资。

（2）technician 类派生的属性有每小时附加酬金和当月工作时数，及研究完成进度系数。业绩工资为三者之积。也包括同名的 pay()函数，工资总额为基本工资加业绩工资。

（3）salesman 类派生的属性有当月销售额和酬金提取百分比，业绩工资为两者之积。也包括同名的 pay()函数，工资总额为基本工资加业绩工资。

（4）manager 类派生属性有固定奖金额和业绩系数，业绩工资为两者之积。工资总额也为基本工资加业绩工资。

（5）developermanager 类，pay()函数是将作为经理和作为技术人员业绩工资之和的一半作为业绩工资。

（6）salesamanager 类，pay()函数则是经理的固定奖金额的一半，加上部门总销售额与提成比例之积，这是业绩工资。

编程实现工资管理。特别注意 pay()的定义和调用方法：先用同名覆盖，再用运行时多态。

11. 矩形法（rectangle）积分近似计算公式为

$$s \approx \int_a^b f(x)\mathrm{d}x = \Delta x(y_0 + y_1 + \cdots + y_{n-1});$$

梯形法（ladder）积分近似计算公式为：

$$s \approx \int_a^b f(x)\mathrm{d}x = \frac{\Delta x}{2}[y_0 + (y_1 + \cdots + y_{n-1}) + y_n];$$

辛普生法（simpson）积分近似计算公式（n 为偶数）为

$$s \approx \int_a^b f(x)\mathrm{d}x = \frac{\Delta x}{3}[y_0 + y_n + 4(y_1 + y_3 \cdots + y_{n-1}) + 2(y_2 + y_4 \cdots + y_{n-2})]。$$

被积函数用派生类引入，被积函数定义为纯虚函数。基类（integer）成员数据包括积分上下限 b 和 a、分区数 n、步长 step＝(b−a)/n、积分值 result。定义积分函数 integrate() 为虚函数，它只显示提示信息。派生的矩形法类（rectangle）重定义 integrate()，采用矩形法作积分运算。派生的梯形法类（ladder）和辛普生法（simpson）类似。

请编程，用 3 种方法对下列被积函数：

（1）sin(x)，下限为 0.0 和上限为 π/2；

（2）exp(x)，下限为 0.0 和上限为 1.0；

（3）4.0/(1＋x＊x)，下限为 0.0 和上限为 1.0。

进行定积分计算，并比较积分精度。

附录 I C++和C的运算符

C语言的运算符列表

优先级	运算符	名称或含义	使用形式	结合方向	说　　明
1	[]	数组下标	数组名[常量表达式]	左到右	
	()	圆括号	(表达式)/函数名(形参表)		
	.	成员选择(对象)	对象.成员名		
	->	成员选择(指针)	对象指针->成员名		
2	-	负号运算符	-表达式	右到左	单目运算符
	(类型)	强制类型转换	(数据类型)表达式		
	++	自增运算符	++变量名/变量名++		单目运算符
	--	自减运算符	--变量名/变量名--		单目运算符
	*	间接访问运算符	*指针变量		单目运算符
	&	取地址运算符	&变量名		单目运算符
	!	逻辑非运算符	!表达式		单目运算符
	~	按位取反运算符	~表达式		单目运算符
	sizeof	长度运算符	sizeof(表达式)		
3	/	除	表达式/表达式	左到右	双目运算符
	*	乘	表达式*表达式		双目运算符
	%	余数(取模)	整型表达式/整型表达式		双目运算符
4	+	加	表达式+表达式	左到右	双目运算符
	-	减	表达式-表达式		双目运算符
5	<<	左移	变量<<表达式	左到右	双目运算符
	>>	右移	变量>>表达式		双目运算符
6	>	大于	表达式>表达式	左到右	双目运算符
	>=	大于等于	表达式>=表达式		双目运算符
	<	小于	表达式<表达式		双目运算符
	<=	小于等于	表达式<=表达式		双目运算符

续　表

优先级	运算符	名称或含义	使用形式	结合方向	说　　明
7	==	等于	表达式==表达式	左到右	双目运算符
	! =	不等于	表达式! = 表达式		双目运算符
8	&	按位与	表达式 & 表达式	左到右	双目运算符
9	ˆ	按位异或	表达式ˆ表达式	左到右	双目运算符
10	|	按位或	表达式|表达式	左到右	双目运算符
11	&&	逻辑与	表达式 && 表达式	左到右	双目运算符
12	||	逻辑或	表达式||表达式	左到右	双目运算符
13	?:	条件运算符	表达式1? 表达式2: 表达式3	右到左	三目运算符
14	=	赋值运算符	变量=表达式	右到左	
	/=	除后赋值	变量/=表达式		
	* =	乘后赋值	变量 * =表达式		
	%=	取模后赋值	变量%=表达式		
	+=	加后赋值	变量+=表达式		
	−=	减后赋值	变量−=表达式		
	<<=	左移后赋值	变量<<=表达式		
	>>=	右移后赋值	变量>>=表达式		
	&=	按位与后赋值	变量 &=表达式		
	ˆ=	按位异或后赋值	变量ˆ=表达式		
	|=	按位或后赋值	变量|=表达式		
15	,	逗号运算符	表达式,表达式,…	左到右	从左向右顺序运算

C++的运算符列表

优先级	运算符	名称或含义	使用举例	结合性

1	( )
	 [ ]
	 ->
	 .
	 ::
	 ++
	 --
		分组运算符
		 (数组)下标运算符
		 成员选择(指针)
		 成员选择(对象)
		 作用域运算符
		 后自增运算符
		 后自减运算符
			(a + b) / 4;
			 array[4] = 2;
			 ptr->age = 34;
			 obj.age = 34;
			 Class::age = 2;
			 for(i = 0; i < 10; i++)...
			 for(i = 10; i > 0; i--)...
				从左到右

续　表

优先级	运算符	名称或含义	使用举例	结合性

2	!
	～
	++
	－－
	－
	+
	*
	&
	(type)
	sizeof
		逻辑非运算符
		按位取反运算符
		前置自增运算符
		前置自减运算符
		负号运算符
		正号运算符
		间接访问运算符
		取地址运算符
		强制类型转换
		长度运算符
			if(! done)...
			flags = ～flags;
			for(i = 0; i < 10; ++i)...
			for(i = 10; i > 0; －－i)...
			int i = －1;
			int i = +1;
			data = * ptr;
			address = &obj;
			int i = (int) floatNum;
			int size = sizeof(floatNum);
				从右到左

3	－> * . *	成员指针选择(指针) 成员指针选择(对象)	ptr－> * var = 24; obj. * var = 24;	从左到右

4	*
	/
	%
		算术乘
		算术除
		整数取余
			int i = 2 * 4;
			float f = 10 / 3;
			int rem = 4 % 3;
				从左到右

5	+ －	算术加 算术减	int i = 2 + 3; int i = 5 － 1;	从左到右
6	<< >>	按位左移 按位右移	int flags = 33 << 1; int flags = 33 >> 1;	从左到右

7	<
	<=
	>
	>=
		小于
		小于等于
		大于
		大于或
			if(i < 42)...
			if(i <= 42)...
			if(i > 42)...
			if(i >= 42)...
				从左到右

8	== !=	等于 不等于	if(i == 42)... if(i != 42)...	从左到右
9	&	按位与	flags = flags & 42;	从左到右
10	^	按位异或	flags = flags ^ 42;	从左到右
11	|	按位或	flags = flags | 42;	从左到右
12	&&	逻辑与	if(conditionA && conditionB)...	从左到右
13	||	逻辑或	if(conditionA || conditionB)...	从左到右
14	? :	三元条件运算符	int i = (a > b) ? a : b;	从右到左

优先级	运算符	名称或含义	使用举例	结合性

15	=
	+ =
	− =
	* =
	/ =
	% =
	& =
	^ =
	| =
	<< =
	>> =
		赋值
		加后赋值
		减后赋值
		乘后赋值
		除后赋值
		取余后赋值
		按位与后赋值
		按位异或后赋值
		按位或后赋值
		按位左移后赋值
		按位右移后赋值
			int a = b;
			a += 3;
			b −= 4;
			a *= 5;
			a /= 2;
			a %= 3;
			flags &= new_flags;
			flags ^= new_flags;
			flags |= new_flags;
			flags <<= 2;
			flags >>= 2;
				从右到左

16	,	逗号运算符	for(i = 0, j = 0; i < 10; i++, j ++)...	从左到右

说明：

（1）同一优先级的运算符，运算次序由结合方向所决定。比如，! > 算术运算符 > 关系运算符 > && > || > 赋值运算符。

（2）C++除了新增的::等运算符外，其他运算符与 C 的运算符从定义、优先级、结合性、所需操作数个数上来讲几乎是完全相同的。

（3）运算符都是半角字符。C++重载运算符后不能改变其优先级、结合性和所需的运算数个数。

（4）初学时不清楚运算符的优先级顺序，建议采用加小括号（）的方式显示规定运算执行的顺序。因为（）有最高的优先级，所以小括号内的运算总是先执行，而且内层的小括号内的运算的执行总是先于外层括号中的运算。

附录 II C 和 C++ 的关键字

▶ 一、ANSI C 关键字

ANSI C 定义了以下 32 个关键字：

auto	声明自动变量
short	声明短整型变量或函数
int	声明整型变量或函数
long	声明长整型变量或函数
flcat	声明浮点型变量或函数
double	声明双精度变量或函数
char	声明字符型变量或函数
struct	声明结构体变量或函数
union	声明共用数据类型
enum	声明枚举类型
typedef	用以给数据类型取别名
const	声明只读变量
unsigned	声明无符号类型变量或函数
signed	声明有符号类型变量或函数
extern	声明变量是在其他文件中声明
register	声明寄存器变量
static	声明静态变量
volatile	说明变量在程序执行中可被隐含地改变
void	声明函数无返回值或无参数，声明无类型指针
if	条件语句
else	条件语句否定分支（与 if 连用）
switch	用于开关语句
case	开关语句分支
for	一种循环语句
do	循环语句的循环体
while	循环语句的循环条件
goto	无条件跳转语句

618

continue　　　　　结束当前循环,开始下一轮循环

break　　　　　　跳出当前循环

default　　　　　开关语句中的"其他"分支

sizeof　　　　　　计算数据类型长度

return　　　　　　子程序返回语句(可以带参数,也可不带参数)循环条件

二、C++关键字(63个)

ISO C++ 98/03 关键字共有 63 个:

asm　嵌入汇编语言代码到C++程序中

auto　声明自动变量

*_cast　即 **const_cast**、**dynamic_cast**、**reinterpret_cast**、**static_cast**。C++风格的类型数据转换。保证转换的安全。

bool、true、false　bool 即布尔类型,属于基本类型中的整数类型,取值为真和假。true 和 false 是具有 bool 类型的字面量,是右值,分别表示真和假。

break、continue、goto　break 用于跳出 for 或 while 循环或 switch。continue 用于跳转到循环起始。goto 用于无条件跳转到函数内的标号。都用于程序控制。

switch、case、default　switch 标志分支语句的起始,根据 switch 条件跳转到 case 标号或 defalut 标记的分支上。

try、catch、throw　用于异常处理。try 指定 try 块的起始,try 块后的 catch 可以捕获异常。异常由 throw 抛出。throw 在函数中还表示动态异常规范。

char,wchar_t　表示字符型和宽字符型(属于基本类型)。

const,volatile　const 和 volatile 是类型修饰符,语法类似,在 C++中合称为 cv-限定符(cv-qualifier)。可以共同使用。用于变量或函数参数声明,也可以限制非静态成员函数。const 表示只读类型(指定类型安全性,保护对象不被意外修改),volatie 指定被修饰的对象类型的读操作是副作用(因此读取不能被随便优化合并,适合映射 I/O 寄存器等)。

struct,class　用于复合类型声明。class 是一般的类类型。struct 原意是结构体类型,但在 C++中是特殊的类类型,声明中隐式成员的访问限定与 class 不同(struct 是 public,class 是 private)。class 还可以用在模版类型声明中,作为表示模版类型参数或模版模版参数的语法的必要组成部分。此时跟 typename 可互换使用。

union　union 是联合体类型,和 C 语言中的 union 对应兼容。

new,delete　new 用于动态内存分配或对象的动态创建,结果为指针;delete 用于回收 new 分配的内存或销毁 new 创建的动态对象。对于动态对象创建来说,new 意味着调用类的构造函数,而 delete 意味着调用对象的析构函数。

do,for,while　构成循环语句。C++支持 do-while 循环、for 循环和 while 循环。和 C 语言相同。

short,int,long　整数类型。大小:short≤int≤long。单独的 shor、long 其实是

short int、long int 的简写。

signed，unsigned　　signed 和 unsigned 作为前缀修饰整数类型，分别表示有符号和无符号。signed 和 unsigned 修饰 char 类型，构成 unsigned char 和 signed char；但不可修饰 wchar_t、char16_t 和 char32_t。

float，double　　double 和 float 专用于浮点数（实数），double 表示双精度，精度不小于 float 表示的浮点数。long double 则是 C++11 指定的精度不小于 double 的浮点数。

if，else　　条件分支语句的组成部分。if 表示条件，之后 else 表示否则分支。

enum　　构成枚举类型名的关键字。

explicit　　这个关键字修饰构造函数声明，表示显式构造函数（模版），显式构造函数不参与特定的重载。

export　　导出模版，用于分离编译。

extern　　extern 意为"外来的"，是存储类声明修饰符，表示外部链接。用于扩展变量/函数的作用域。

friend　　声明友元（函数或类），使其对本类成员的访问不受访问权限控制的限制。

inline　　声明定义内联函数（模版），提示编译时内联——将所调用的代码嵌入到主调函数中。

mutable　　用于类的非静态非 const 数据成员，表示不受到成员函数的 const 的限制，可以在 const 成员函数中使用。

namespace　　表示命名空间，其中可以声明若干标识符，组成的名称与其他命名空间不冲突。可以声明一个命名空间或命名空间别名。

operator　　和运算符连用，用于运算符重载函数，也包括 operator（）、operator new 和 operator delete 等的重载。

private，protected，public　　指定类成员或基类中的名称的访问权限控制，分别表示仅供本类使用（private）、供本类和派生类使用（protected）、不设限制（public）。

register　　提示声明的对象被放入寄存器中以便得到更好的性能。同 inline 类似，并非强制；不同的是这个提示经常被现代的编译器无视，因此 C++11 中被标记为过时的。

return　　函数返回语句，终止当前函数执行，使控制流返回到主调函数对 return 所在的函数的调用之后。若返回类型不是 void 可以同时带返回值。

static　　和 C 语言类似，声明静态存储期对象，或指定一个函数的名称具有内部链接。在 C++用于类作用域声明，表示声明的成员是类共有的，不需要通过类的对象访问。类的静态数据成员也具有静态存储期。

sizeof　　返回类型名、变量或表达式具有的类型对应的大小（字节数）。

template　　用于模板类、模板函数的声明、模板的特化或显式实例化。实现泛型和类型的参数化编程。

this　　特殊指针，仅在类的非静态成员函数中使用，是指向本类的对象的指针，作为该函数的默认参数。其指向不能被修改。

typedef　用以给数据类型取别名。字面看起来像是定义，实际只是声明。

typename　用 template 定义模板时，用作模板的类型形参的类别。此时可跟 class 互换。

virtual　声明虚基类或虚函数。具有虚基类或虚函数的类是多态类（polymorphic class），需要运行时类型识别（RTTI，即 Run-Time Type Identification）提供支持来判断成员函数调用分派到的具体类型。

typeid　获取表达式的类型，以 std∶∶type_info 表示结果，可能抛出 std∶∶bad_typeid。当操作数非多态类（引用）类型在编译时即可确定结果，否则需要在运行时取得结果，即 RTTI。

using　使用指令。用于引入名字空间所有名字或名字空间内的部分名字。有两种基本用法∶using 声明和 using 指示（using namespace ...）。前者是声明，引入命名空间或基类作用域内已经被声明的名称。后者引入命名空间内所有的名称。

void　特殊的"空"类型，指定函数无返回值或无参数（在参数列表中只能够唯一地使用），或用于 void∗ 指针类型（指向的内存中的数据类型未作任何假定）。

附录 III　DOS 命令参考

DOS，即 Disk Operation System，意为磁盘操作系统，是跟 Windows、Unix、Linux 齐名的一种操作系统。目前广为使用的 Windows 操作系统是基于视窗（窗口）的操作系统，提供了美观的用户界面和良好的用户使用方式，而在 Windows 出现之前，基于命令行的 DOS 操作系统是 PC 机上的主流操作系统。它同样提供了磁盘文件管理、设备管理、任务管理等功能。在 Windows 操作系统中，虽然所有的任务几乎都可以以视窗程序的形式执行，但是出于兼容性和照顾老用户的习惯等考虑，也保留了 DOS 的兼容方式。

▶ 一、自定义 DOS 界面

在 Windows XP 下，调用 DOS 窗口只需要执行开始菜单命令"开始"→"运行"（快捷键：[WIN]+[R]），然后在弹出的对话框中输入 cmd（不区分大小写），再按下键盘上的回车键，如图附 III-1 所示：

图附 III-1　执行"运行"命令，输入"cmd"后回车

按下回车键后，桌面上会弹出一个黑底白字的窗口，称为命令行窗口。如图附 III-2 所示：

命令行窗口具有一般窗口程序的基本要素：标题栏、滚动条、最大化最小化按钮、系统菜单、程序图标等。

命令行窗口的显示风格进行更改，以使其更像一个一般的 Windows 应用程序。方法是：在窗口最上面的蓝底白字的条（称为标题栏）上点击鼠标右键，在弹出的菜单命令上左键点击"属性"，如图附 III-3 所示。

图附 III‑2　命令行窗口

1. 设置显示颜色

在弹出的对话框中点击"颜色"选项卡,在这里设置窗口的背景色和文字的颜色,通常是把文字颜色设为黑色,而把背景色改为白色。点击"屏幕文字",然后在中间的颜色方块中选择要设置的文字的颜色(白色)。也可以在右侧的"选定的颜色值"的红、绿、蓝分量中设定 0～255 之间的整数值,以这 3 种分量构成的颜色来设置文字/背景色。下面两个窗口会出现选择的效果,方便即时预览。设置背景

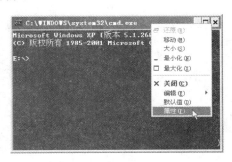

图附 III‑3　右键单击标题栏

色的方法类似,只不过是先点击"屏幕背景"然后再选颜色,如图附 III‑4 所示。

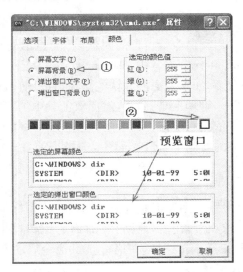

图附 III‑4　设置命令行窗口的文字颜色和背景颜色

点击下方的[确定]按钮,在弹出的窗口上再次点击[确定]按钮(图附 III-5),就完成了显示颜色的设置(图附 III-6)。可以看到,命令行窗口已经如期望的那样,变成了白底黑字的窗口了,跟一般的 Windows 窗口程序一样了。

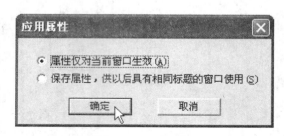

图附 III-5 应用属性

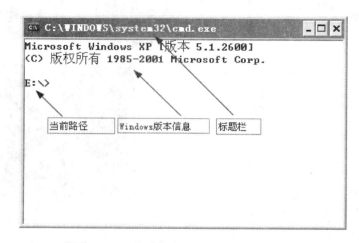

图附 III-6 完成颜色设置后的白底黑字窗口

2. 设置默认路径

启动命令行窗口的时候,一般显示的是默认路径是 C:\Documents and Settings\Administrator(其中 Administrator 是当前登录用户名,跟登录 Windows 系统的用户名一致)。如果要更换默认的路径换成用户自己常用的路径,可以执行"开始"→"控制面板"→"管理工具"命令,然后双击其中的"计算机管理"图标,如图附 III-7 所示。

依次双击该界面中的"系统工具"→"本地用户和组"→"用户"分支,在"用户"分支对应的右侧子窗口界面中,选择当前登录 Windows 系统的账号名称。然后,执行"查看"→"大图标"菜单命令,以便以大图标的形式显示系统中的所有用户,如图附 III-8 所示。

然后,用鼠标左键双击当前用户图标,在弹出的该用户的属性窗口上点击"配置文件"选项卡,在"本地路径"后面的编辑框中输入要设置的该用户的默认路径,如图附 III-9 所示。这样,在执行 cmd 命令启动命令行窗口的时候,初始的路径就是用户在这里设置的路径。

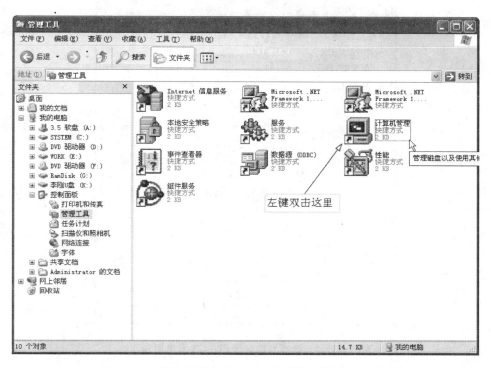

图附 III‑7　控制面板上双击"管理工具"下的"计算机管理"

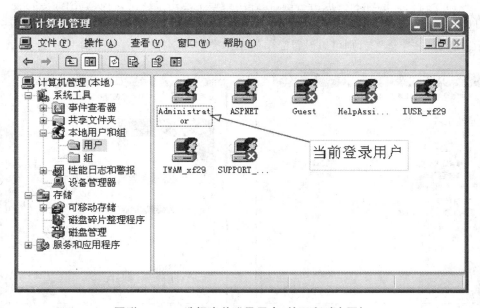

图附 III‑8　选择当前登录用户,并双击对应图标

图附 III‐9　选择当前登录用户,并双击对应图标

3. 设置其他属性

在命令行窗口的标题栏点击右键,在弹出菜单上点击"属性",再次调出命令行窗口的"属性"对话框。点击"选项"卡,可以设置光标的大小和是否全屏显示等,如图附 III‐10 所示。再点击"字体"卡,则可以设置简单的字体类型和字体大小,如图附 III‐11 所示。

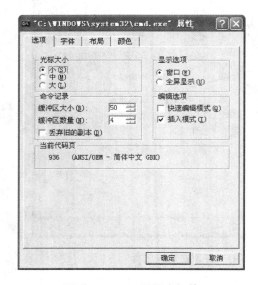

图附 III‐10　设置光标等

图附 III‐11　设置字体类型和大小

点击"布局"卡,则可以设置显示的行数,以及每行文字的宽度,如图附 III－12 所示。设置完成后,结果如图附 III－13 所示。

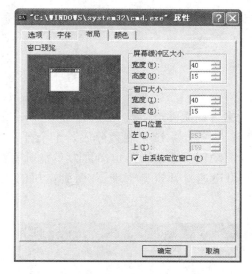

图附 III－12　设置窗口大小(行数和每行字数)

图附 III－13　设置了字体和窗口大小后

这些属性(包括默认路径)也可以通过修改快捷方式的属性设置。打开"开始"→"程序"→"附件"后,右键单击"命令提示符",选择"属性",弹出该快捷方式的属性窗口。在"快捷方式"选项卡中"起始位置"就是 DOS 窗口的默认路径,而"选项"、"字体"、"布局"、"颜色"等选项卡就是在命令窗口的标题栏调出来的"属性"对话框的 4 个选项卡。如图附 III－14所示。

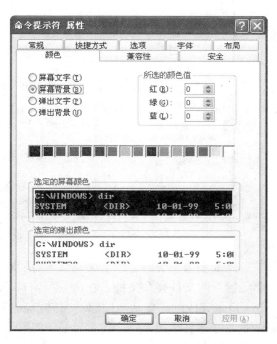

图附 III－14　设置"命令提示符"的属性

627

练 一 练

把命令行窗口样式设置为：黑底白字，小光标，显示 15 行，每行 25 个字；字体为：新宋体 14 号字。

▐▌▶ 二、显示、更改目录/文件的命令

DOS 跟 Windows 类似，都是以树状结构来管理文件/目录。目录即 Windows 下的文件夹。存储文件的物理介质是硬盘、光盘、U 盘等。系统把硬盘分成若干个分区，每个分区以大写英文字母 C、D、E 等标识，称为驱动器 C、D、E 等，也简称为 C 盘、D 盘、E 盘。在 Windows 下按组合键[WIN]+[E]，可迅速打开资源管理器，看到本机的驱动器列表，如图附 III - 15 所示。

图附 III - 15　资源管理器

点击左边"文件夹"栏上驱动器名，或双击右边驱动器图标，便可以在右侧显示选中驱动器下的文件夹和文件。在命令行窗口下，这是通过驱动器转换命令和更换目录命令 CD 来完成的。要从当前驱动器转换到另一个驱动器，只需要在命令行窗口输入目标驱动器的名字加上一个英文冒号，然后回车即可，如当前驱动器为 E 盘，输入 D:，回车，即转到 D 盘下：

E:\>D:
D:\>_

如果要进入 D 盘根目录下的 VC6 文件夹,则在上面的结果下输入 cd vc6:

    D:\>CD VC6 (回车)

    D:\VC6>_

则闪动的光标前面就是当前的路径(驱动器名＋目录层次)。这时,如果要查看该目录下的所有文件/目录,则在当前命令行输入 DIR,如图附 III‐16 所示。要注意,在命令行下是不区分大小写的。这里统一使用大写以使显示更醒目。

```
C:\WINDOWS\system32\cmd.exe                                    _ □ ×

D:\>cd vc6

D:\VC6>dir
 驱动器 D 中的卷是 MYDOC
 卷的序列号是 7FB9-8D24

 D:\VC6 的目录

2011-02-12  12:40    <DIR>          .
2011-02-12  12:40    <DIR>          ..
2008-06-27  14:55    <DIR>          Common
2011-02-12  12:40            45,056 FileTool.dll
2011-11-07  08:18    <DIR>          MyProjects
2008-12-01  15:50               148 read.txt
2011-01-29  06:01    <DIR>          Source Insight 3
2007-09-13  13:09         3,440,640 va_x.dll
2008-06-27  14:55    <DIR>          VC98
2010-04-04  18:09    <DIR>          Visual Assist X
2007-09-13  13:12         3,650,841 [VC助手.10.3.1559].VA_X_Setup1559.exe
2008-12-01  16:14               423 安装说明.txt
2007-01-12  15:03               309 绿盟－首页.url
               6 个文件      7,137,417 字节
               7 个目录  6,327,431,168 可用字节

D:\VC6>
```

图附 III‐16　用 DIR 命令显示 D 盘 VC6 目录下的所有文件和目录

不带参数的 DIR 命令显示当前目录下的所有文件和目录。最左边一栏是文件/目录的创建时间,右边是文件/目录的名字。中间带<DIR>标记的,标识该名字对应一个文件夹。文件名的前面则会显示该文件的大小(以字节为单位)。

每个目录下都有两个特殊的目录:“.”代表当前目录;“..”代表上一层目录。在当前目录下输入“CD.”,并不会改变当前目录。而在当前目录下输入不带参数的 CD 命令,则会显示当前的完整目录(闪烁光标的前面的文字)。

    D:\VC6>cd

    D:\VC6

    D:\VC6>cd.

    D:\VC6>_

在当前目录下,如果需要了解某个文件/目录的详细信息,可通过执行命令“DIR 文件(目录)名”来实现:

    D:\VC6>dir 安装说明.txt

    驱动器 D 中的卷是 MYDOC

```
         卷的序列号是 7FB9 - 8D24

      D:\VC6 的目录
   2008 - 12 - 01  16:14               423 安装说明.txt
                 1 个文件                423 字节
                 0 个目录          6,325,198,848 可用字节
      D:\VC6>_
```

这时除了现实的当前磁盘的信息外,还会给出指定文件的信息。细心的读者可以发现,其实这就是用 DIR 命令列出来的所有文件/目录信息中的指定的某一行。

如果"DIR 某文件名"中"某文件名"不存在,则会提示"找不到文件"。

要输入中文文件名,需要按下 Ctrl+Shift 键切换至中文输入法。

用 DIR 命令查看某文件名的具体信息的时候,可以不用输入完整的文件名,比如要查看"安装说明.txt"的详细信息,只需先输入"DIR 安装",然后按下[TAB]键。如果该文件存在于当前目录下,则命令行会自动补全该文件的名称。如果当前目录下有多个文件名都以"安装"开头,则按下 DIR 在这几个文件名之间切换。以上也适用于目录,只不过查看到的是该目录下的所有文件/子目录的信息。

在 DIR 命令中,可以使用通配符"＊"或"?"来显示某些特定文件的信息。"＊"可以匹配多个任意字符,而"?"则只匹配一个任意字符。比如要显示当前目录下以"安装"开头的所有文件名,则可以输入:"DIR 安装＊":

```
      D:\VC6>dir 安装＊
      驱动器 D 中的卷是 MYDOC
      卷的序列号是 7FB9 - 8D24

      D:\VC6 的目录
   2008 - 12 - 01  16:14               423 安装说明.txt
   2008 - 12 - 01  16:14               423 安装说明 2.txt
                 2 个文件                846 字节
                 0 个目录   6,325,194,752 可用字节


      D:\VC6>
```

这里,笔者为了显示命令的效果,在资源管理器中创建了一个"安装说明.txt"文件的副本,并将之重命名为"安装说明 2.txt"。

重新观察图附 III - 16,可以看到,在 D 盘 VC 6 目录下有个文件夹叫 MyProjects。这是专门保存 VC 6 的工程用的。在命令行输入 dir myprojects 可以检查其存在性。进入该目录,输入 DIR 以打印该目录下的文件和目录列表。由于该目录下的文件/子目录很多,所以可用 DIR /P 命令进行分页显示(类似在资源管理器中执行"查看"→"详细信息"菜单命令),如图附 III - 17 所示;也可用 DIR/W/P 按照宽度显示(类似于在资源管理器中执行"查看"→"列表"菜单命令),如图附 III - 18 所示。

图附 Ⅲ - 17　DIR/P 显示文件夹内容

要出现如图附 Ⅲ - 18 所示的每行显示多个文件/目录的效果,命令行窗口的宽度需要设置得比较大。

图附 Ⅲ - 18　DIR/W/P 显示文件夹内容

如果觉得当前命令行窗口现实的内容太多了影响阅读,可以执行清屏命令 CLS。它将清除整个命令窗口,并将显示停在窗口的第一行。

在 D:\VC6\MyProjects 目录下,有一个子目录叫 test。在当前目录为 D:\VC6\MyProjects 时,输入 cd test 命令,则会进入到该目录下。再执行 dir/w 命令,将以宽度形式显示该文件夹中的所有内容(文件和目录)。其中目录名用方括号括起来显示,如图附 Ⅲ - 19 所示:

这是 VC 6 的一个工程。其中扩展名为.c,.cpp 的是 C/C++程序的源文件,扩展名为.h 的文件是 C/C++程序的头文件。这两类文件是进行 C 语言/C++编程时最

图附 III‐19　test 文件夹下的内容

关心的文件。另外，扩展名为 .dsw 的文件是 VC 6 的工作区文件，.dsp 为 VC 6 的工程文件。在 test 目录下，输入"dir *.dsw *.dsp"，将显示后两类文件(显示 .C，.CPP 文件的方法类似。因为 C 程序文件比较多，不便展示，故选了工作区文件和工程文件来展示 dir 命令的用法)，结果如图附 III‐20。

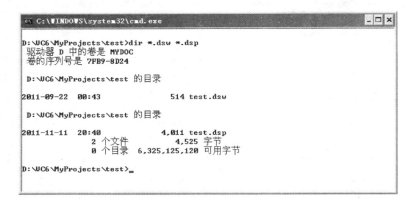

图附 III‐20　显示 test 文件夹下的 .dsw 和 .dsp 文件

在当前目录之下，转入到另一个磁盘，则当前驱动器上的路径会保留。

```
D:\VC6\MyProjects\test>C:
C:\>D:
D:\VC6\MyProjects\test>_
```

这一特性也造成了：可以在一个驱动器下改变另一个驱动器的当前目录。比如可以在 D:\VC6\MyProjects\test 下转到 C 盘，然后在 C 盘下改变 D 盘的当前目录(后面的方括号中是说明，不用输入到命令中去)：

```
D:\VC6\MyProjects\test>C:  [转到 C 盘]
```

C:\>cd d:\VC6\   ［在 C 盘下改变 D 盘的当前目录］
C:\>d: ［转到 D 盘］
D:\VC6>_   ［看到 D 盘的当前目录改变了］

还有一种简便的更改当前路径的方法。同样是要进入到刚才的路径：D:\VC6\MyProjects\test，首先在命令窗口先输入 cd 命令（不回车），其次到资源管理器中打开对应的文件夹 D:\VC6\MyProjects，找到其中的 test 文件夹，把它拖拽到命令窗口上。此时该文件夹的完整路径就出现在了 cd 命令之后。此时再回车，就转入到指定的目录了。另外，如果命令窗口当前驱动器号（比如为 C:）跟该目录的驱动器号（比如为 D:）不一样，还需要执行驱动器更换命令，转到目标驱动器上，才能看到的确是完成了目录的更换。

C:\>cd D:\VC6\MyProjects\test   ［更换 D 盘的当前路径］
C:\>d: ［转到 D 盘］
D:\VC6\MyProjects\test>_   ［D 盘当前路径更改成功］

如果当前要转入到驱动器的根目录，则执行命令 cd \ 即可。

如果需要了解某一命令的详情（作用和使用方法），只需在输入该命令之后再输入"/?"即可。如图附 III - 21 给出了 dir 命令的说明（帮助）信息。

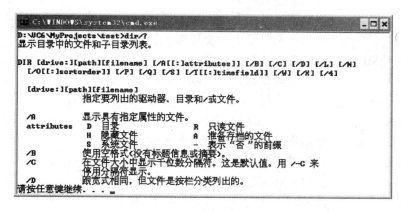

图附 III - 21   DIR 命令的说明

在命令行窗口中，如果要执行之前输入过的命令（尤其是该命令比较复杂的时候），只需要按下箭头↑↓键，即可选择之前输入过的命令执行。

之前的命令以笔者的计算机为例，读者的计算机上文件组织跟笔者的不一样，应在理解命令的作用的基础上灵活使用。

三、常用 DOS 命令使用说明

1. DOS 命令列表

ASSOC   显示或修改文件扩展名关联。
AT   计划在计算机上运行的命令和程序。

ATTRIB	显示或更改文件属性。
BREAK	设置或清除扩展式 CTRL+C 检查。
CACLS	显示或修改文件的访问控制列表(ACLs)。
CALL	从另一个批处理程序调用这一个。
CD	显示当前目录的名称或将其更改。
CHCP	显示或设置活动代码页数。
CHDIR	显示当前目录的名称或将其更改。
CHKDSK	检查磁盘并显示状态报告。
CHKNTFS	显示或修改启动时间磁盘检查。
CLS	清除屏幕。
CMD	打开另一个 Windows 命令解释程序窗口。
COLOR	设置默认控制台前景和背景颜色。
COMP	比较两个或两套文件的内容。
COMPACT	显示或更改 NTFS 分区上文件的压缩。
CONVERT	将 FAT 卷转换成 NTFS。您不能转换当前驱动器。
COPY	将至少一个文件复制到另一个位置。
DATE	显示或设置日期。
DEL	删除至少一个文件。
DIR	显示一个目录中的文件和子目录。
DISKCOMP	比较两个软盘的内容。
DISKCOPY	将一个软盘的内容复制到另一个软盘。
DOSKEY	编辑命令行、调用 Windows 命令并创建宏。
ECHO	显示消息,或将命令回显打开或关上。
ENDLOCAL	结束批文件中环境更改的本地化。
ERASE	删除至少一个文件。
EXIT	退出 CMD. EXE 程序(命令解释程序)。
FC	比较两个或两套文件,并显示不同处。
FIND	在文件中搜索文字字符串。
FINDSTR	在文件中搜索字符串。
FOR	为一套文件中的每个文件运行一个指定的命令。
FORMAT	格式化磁盘,以便跟 Windows 使用。
FTYPE	显示或修改用于文件扩展名关联的文件类型。
GOTO	将 Windows 命令解释程序指向批处理程序中某个标明的行。
GRAFTABL	启用 Windows 来以图像模式显示扩展字符集。
HELP	提供 Windows 命令的帮助信息。
IF	执行批处理程序中的条件性处理。
LABEL	创建、更改或删除磁盘的卷标。
MD	创建目录。

MKDIR	创建目录。
MODE	配置系统设备。
MORE	一次显示一个结果屏幕。
MOVE	将文件从一个目录移到另一个目录。
PATH	显示或设置可执行文件的搜索路径。
PAUSE	暂停批文件的处理并显示消息。
POPD	还原 PUSHD 保存的当前目录的上一个值。
PRINT	打印文本文件。
PROMPT	更改 Windows 命令提示符。
PUSHD	保存当前目录，然后对其进行更改。
RD	删除目录。
RECOVER	从有问题的磁盘恢复可读信息。
REM	记录批文件或 CONFIG. SYS 中的注释。
REN	重命名文件。
RENAME	重命名文件。
REPLACE	替换文件。
RMDIR	删除目录。
SET	显示、设置或删除 Windows 环境变量。
SETLOCAL	开始批文件中环境更改的本地化。
SHIFT	更换批文件中可替换参数的位置。
SORT	对输入进行分类。
START	启动另一个窗口来运行指定的程序或命令。
SUBST	将路径跟一个驱动器号关联。
TIME	显示或设置系统时间。
TITLE	设置 CMD. EXE 会话的窗口标题。
TREE	以图形模式显示驱动器或路径的目录结构。
TYPE	显示文本文件的内容。
VER	显示 Windows 版本。
VERIFY	告诉 Windows 是否验证文件是否已正确写入磁盘。
VOL	显示磁盘卷标和序列号。
XCOPY	复制文件和目录树。

2. 命令使用详解

ASSOC　显示或修改扩展名，一般用于修复扩展名关联，当然也可以破坏扩展名关联。

显示的时候最好加上"|more"，否则一闪而过。

at　at 命令须先启动"Task Scheduler"服务。at 命令格式：

删除命令：at [id] /delete 或者 at /delete (/yes)，前者删除一个，后者删除全局/yes 可加可不加，如在批处理中/yes 最好加上。

创建命令：at time（/INTERACTIVE）［/every：date 或/next：date］"commend"

其中"time"是 24 小时制，date 是日期或星期，如星期一执行，则 date 是"星期一"every 是每月（周）执行日期，next 是下月执行日期，/INTERACTIVE 是允许作业在运行时，与当时登录的用户桌面进行交互。

例如，想在每周一下午 6 点整最小化运行在 e 盘上的一个脚本（123. bat）则命令写作：

at 18：00 /every：星期一 "start /min e:\123. bat"

为了保证 at 命令能顺利执行可先使"Task Scheduler"服务开启脚本片段如下：

sc config Task Scheduler start= demand

net start Task Scheduler

ATTRIB 显示或更改文件属性，一般破坏系统文件时要用到，因为带特殊属性文件不能修改或是删除。

命令格式：

ATTRIB［+R｜-R］［+A｜-A］［+S｜-S］［+H｜-H］［［drive：］［path］filename］［/S［/D］］

+ 设置属性。

- 清除属性。

R 只读文件属性。

A 存档文件属性。

S 系统文件属性。

H 隐藏文件属性。

［drive：］［path］［filename］ 指定要处理的文件属性。

/S 处理当前文件夹及其子文件夹中的匹配文件。

/D 也处理文件夹。

命令示例：

Attrib /s /d . 显示当前文件夹下的所有文件和目录并显示其属性。一般 DOS 下用，不在批处理文件中出现，使用之前先要用 CD 命令转到目标目录，再用。

Attrib +x -y filename . 对 filename 添加 x 属性，去除 y 属性（x 和 y 只能是 r、a、s、h）。如在当前目录下，filename 可以直接写文件名，在不同分区下，加个盘符也可以正常用。

Attrib +h d:\a\ * /s /d . 对 D 盘 a 文件夹下的所有文件和目录设置隐藏（h）属性，要注意带空格的地址需要加引号。VBREAK 帮助信息：设置或清除 DOS 系统的扩展 CTRL+C 检测；

这个命令是为了与 DOS 系统的兼容而保留的，在 Windows XP 里不起作用。

如果命令扩展名被启用，并且操作平台是 Windows XP，BREAK 命令会在被调试程序调试时输入一个硬代码中断点。

CACLS 显示或者修改文件的访问控制表（ACL），当然是在 NTFS 文件系统的分区下而言的。

命令格式：

CACLS filename［/T］［/E］［/C］［/G user：perm］［/R user［...］］［/P user：perm［...］］［/D user［...］］

filename　　显示 ACL。

/T　更改当前目录及其所有子目录中。

指定文件的 ACL。

/E　编辑 ACL 而不替换。

/C　在出现拒绝访问错误时继续。

/G user：perm 赋予指定用户访问权限。

Perm 可以是：R 读取

W　写入

C　更改（写入）

F　完全控制

/R user　　撤销指定用户的访问权限（仅在与 /E 一起使用时合法）。

/P user：perm　　替换指定用户的访问权限。

Perm　　可以是：N 无

R　读取

W　写入

C　更改（写入）

F　完全控制

/D user　　拒绝指定用户的访问。

在命令中可以使用通配符指定多个文件。也可以在命令中指定多个用户。

缩写：

　CI — 容器继承。

　　　　ACE 会由目录继承。

　OI — 对象继承。

　　　　ACE 会由文件继承。

　IO — 只继承。

　　　　ACE 不适用于当前文件/目录。

CALL　命令格式：

CALL［drive：］［path］filename［batch-parameters］

从批处理程序调用另一个批处理程序，所以在批处理程序中出现。当一个批处理文件中有 call 命令，CMD 就会运行 call 命令后面的文件，有时运行脚本时可能会需要参数［batch-parameters］可以近似地看作是脚本的参数。当脚本运行完之后又会返回原来的脚本。

　CD　显示当前目录名或改变当前目录。/D 参数加上后可以改变分区。这个命令在批处理中不多见。

　CHCP　显示或设置活动代码页编号。命令格式：

CHCP［nnn］

nnn 指定代码页编号。

不加参数键入 CHCP 显示活动代码页编号。

CHDIR　同 CD 命令

CHKDSK　命令格式：

CHKDSK［volume［［path］filename］］］［/F］［/V］［/R］［/X］［/I］［/C］［/L
［：size］］

　　Filename　仅用于 FAT/FAT32：指定要检查是否有碎片的文件。

　　/F　修复磁盘上的错误。

　　/V　在 FAT/FAT32 上：显示磁盘上每个文件的完整路径和名称。

　　　　在 NTFS 上：如果有清除消息，将其显示。

　　/R　查找不正确的扇区并恢复可读信息（隐含 /F）。

　　/L：size　仅用于 NTFS：将日志文件大小改成指定的 KB 数。如果没有指定大
小，则显示当前的大小。

　　/X　如果必要，强制卷先卸下。卷的所有打开的句柄就会无效（隐含 /F）。

　　/I　仅用于 NTFS：对索引项进行强度较小的检查。

　　/C　仅用于 NTFS：跳过文件夹结构的循环检查。

　　需要注意的是系统盘不能在 Windows 下运行 chkdsk，如运行会在下次启动时
检查。

CHKNTFS　在启动时显示或修改磁盘检查。命令格式：

CHKNTFS volume［...］

CHKNTFS /D

CHKNTFS /T［：time］\r\nCHKNTFS /X volume［...］

CHKNTFS /C volume［...］

　　volume：指定驱动器（后面跟一个冒号）、装入点或卷名。

　　/D　将计算机恢复成默认状态，启动时检查所有驱动器，并对有问题的驱动器执
行 chkdsk 命令。

　　/T：time　将 AUTOCHK 初始递减计数时间改成指定的时间量，单位为秒数。
如果没有指定时间，则显示当前设置。

　　/X　排除启动时不作检查的驱动器。上次执行此命令排除的驱动器此时无效。

　　/C　安排启动时检查驱动器，如果驱动器有问题，运行 chkdsk。如果没有指定命
令行开关，CHKNTFS 会显示每一驱动器有问题的位的状态。

　　CLS　清屏命令，没有参数，极为简单，运行后窗口空空如也。

　　CMD　再打开一个命令提示符窗口。

　　COLOR　仅仅是美化窗口而已，而且美化得也不怎么样。就是修改字体颜色与背
景颜色。不过有些情况下可以烘托气氛……命令格式如下：

COLOR［attr］

　　attr　指定控制台输出的颜色属性。颜色属性由两个十六进制数字指定——第一

个为背景,第二个则为前景。每个数字可以为以下任何值之一:

0 ＝ 黑色　　8 ＝ 灰色

1 ＝ 蓝色　　9 ＝ 淡蓝色

2 ＝ 绿色　　A ＝ 淡绿色

3 ＝ 湖蓝色　　　B ＝ 淡浅绿色

4 ＝ 红色　　C ＝ 淡红色

5 ＝ 紫色　　D ＝ 淡紫色

6 ＝ 黄色　　E ＝ 淡黄色

7 ＝ 白色　　F ＝ 亮白色

COMP　比较两个文件或两个文件集的内容。命令格式如下:

COMP［data1］［data2］［/D］［/A］［/L］［/N＝number］［/C］［/OFF［LINE］］

data1　指定要比较的第一个文件的位置和名称。

data2　指定要比较的第二个文件的位置和名称。

/D　用十进制格式显示不同处。

/A　用 ASCⅡ 字符显示不同处。

/L　显示不同的行数。

/N＝number 只比较每个文件中第一个指定的行数。

/C　比较文件时不分 ASCⅡ 字母的大小写。

/OFF［LINE］　不要跳过带有脱机属性集的文件。要比较文件集,在 data1 和 data2 参数中使用通配符。

COMPACT　显示或改变 NTFS 分区上文件的压缩。命令格式:

COMPACT［/C ｜ /U］［/S［:dir］］［/A］［/I］［/F］［/Q］［filename［...］］

/C　压缩指定的文件。会给目录作标记,这样以后添加的文件会得到压缩。

/U　解压缩指定的文件。会给目录作标记,这样以后添加的文件不会得到压缩。

/S　在指定的目录和所有子目录中的文件上执行指定操作。默认'dir'是当前目录。

/A　显示具有隐藏或系统属性的文件。在默认情况下,这些文件都是被忽略的。

/I　即使在错误发生后,依然继续执行指定的操作。在默认情况下,COMPACT 在遇到错误时会停止。

/F　在所有指定文件上强制压缩操作,包括已被压缩的文件。在默认情况下,已经压缩的文件被忽略。

/Q　只报告最重要的信息。Filename 指定类型、文件和目录。不跟参数一起使用时,COMPACT 显示当前目录及其所含文件的压缩状态。您可以使用多个文件名和通配符。在多个参数之间必须加空格。

CONVERT　将 FAT 卷转换成 NTFS。命令格式:

CONVERT volume /FS:NTFS［/V］［/CvtArea:filename］［/NoSecurity］［/X］

Volume　指定驱动器号(后面跟一个冒号)、装载点或卷名。

/FS:NTFS　指定要被转换成 NTFS 的卷。

/V　指定 Convert 应该用详述模式运行。

/CvtArea:filename　　将根目录中的一个接续文件指定为 NTFS 系统文件的占位符。

/NoSecurity　　指定每个人都可以访问转换的文件和目录的安全设置。

/X　　如果必要,先强行卸载卷。该卷的所有打开的句柄则无效。

一个标准代码(将 C 盘转化为 NTFS 格式):

　　　　CONVERT C:/FS:NTFS /V /NoSecurity /X

COPY　　将一份或多份文件复制到另一个位置。命令格式:

COPY [/D] [/V] [/N] [/Y | /-Y] [/Z] [/A | /B] source [/A | /B]
[+ source [/A | /B] [+ ...]] [destination [/A | /B]]

source　　指定要复制的文件。

/A　　　　　　表示一个 ASCⅡ 文本文件。

/B　　　　　　表示一个二进位文件。

/D　　　　　　允许解密要创建的目标文件

destination　　为新文件指定目录和/或文件名。

/V　　　　　　验证新文件写入是否正确。

/N　　　　　　复制带有非 8dot3 名称的文件时,尽可能使用短文件名。

/Y　　　　　　不使用确认是否要改写现有目标文件的提示。

/-Y　　　　　使用确认是否要改写现有目标文件的提示。

/Z　　　　　　用可重新启动模式复制已联网的文件。

命令行开关 /Y 可以在 COPYCMD 环境变量中预先设定。这可能会被命令行上的 /-Y 替代。除非 COPY 命令是在一个批文件脚本中执行的,默认值应为在改写时进行提示。

要附加文件,请为目标指定一个文件,为源指定数个文件(用通配符或 file1＋file2＋file3 格式)。

DATE　　显示或设置日期。命令格式:

DATE [/T | date]

显示当前日期设置和输入新日期的提示,键入不带参数的 DATE。要保留现有日期,请按 ENTER。如果命令扩展名被启用,DATE 命令会支持 /T 开关;该开关指示命令只输出当前日期,但不提示输出新日期。

DEL　　删除一个或数个文件。命令格式:

DEL [/P] [/F] [/S] [/Q] [/A[[:]attributes]] names

ERASE [/P] [/F] [/S] [/Q] [/A[[:]attributes]] names

Names　　指定一个或数个文件或目录列表。通配符可被用来删除多个文件。如果指定了一个目录,目录中的所有文件都会被删除。

/P　　　　　　删除每一个文件之前提示确认。

/F　　　　　　强制删除只读文件。

/S　　　　　　从所有子目录删除指定文件。

/Q　　　　　　安静模式。删除全局通配符时,不要求确认。

/A　　　　　　根据属性选择要删除的文件。

Attributes　R 只读文件　S 系统文件　H 隐藏文件　A 存档文件　－表示"否"
　　　　　　的前缀

DIR　显示目录中的文件和子目录列表。命令格式：

DIR·［drive：］［path］［filename］［/A［［：］attributes］］［/B］［/C］［/D］［/L］［/N］
［/O［［：］sortorder］］［/P］［/Q］［/S］［/T［［：］timefield］］［/W］［/X］［/4］

［drive：］［path］［filename］指定要列出的驱动器、目录和/或文件。

/A　　　　　显示具有指定属性的文件。

Attributes　D 目录　R 只读文件　H 隐藏文件　A 准备存档的文件　S 系统文
件　－表示"否"的前缀。

/B　　　　　使用空格式（没有标题信息或摘要）。

/C　　　　　在文件大小中显示千位数分隔符。这是默认值。用 /－C 来停用分
　　　　　　隔符显示。

/D　　　　　跟宽式相同,但文件是按栏分类列出的。

/L　　　　　用小写。

/N　　　　　新的长列表格式,其中文件名在最右边。

/O　　　　　用分类顺序列出文件。

Sortorder　N 按名称（字母顺序）　S 按大小（从小到大）　E 按扩展名（字母顺
　　　　　　序）　D 按日期/时间（从先到后）　G 组目录优先　－颠倒顺序的
　　　　　　前缀。

/P　　　　　在每个信息屏幕后暂停。

/Q　　　　　显示文件所有者。

/S　　　　　显示指定目录和所有子目录中的文件。

/T　　　　　控制显示或用来分类的时间字符域。

Timefield　C 创建时间　A 上次访问时间　W 上次写入的时间

/W　　　　　用宽列表格式。

/X　　　　　显示为非 8dot3 文件名产生的短名称,格式是/N 的格式,短名称插在
　　　　　　长名称前面。如果没有短名称,在其位置则显示空白。

/4　　　　　用 4 位数字显示年。

SC

Start　运行某服务,格式同 NET START

Stop　停止某服务,格式同 NET STOP

Config　该命令是修改服务启动类型。修改服务启动类型的命令行格式为（特别
注意 start=后面有一个空格）：

sc config 服务名称 start= demand（设置服务为手动启动）

sc config 服务名称 start= disabled（设置服务为禁用）

停止/启动服务的命令行格式为

sc stop/start 服务名称

附录 Ⅳ　string 使用说明

在 C++ 中应抛弃 char * 的字符串而选用 C++ 标准程序库中的 string 类,是因为它和前者比较起来,不必担心内存是否足够、字符串长度等,而且作为一个类出现,它集成的操作函数足以完成我们大多数情况下(甚至是 100%)的需要。可以用 = 进行赋值操作,== 进行比较,+ 做串联。应该尽可能把它看成是 C++ 的基本数据类型。还可以把 string 当做元素为字符的容器来使用。

为了在程序中使用 string 类型,必须要包含头文件 string。如,

> #include<string>　　　　//注意这里不是 string.h,string.h 是 C 字符串头文件

并且使用名字空间 std(using namespace std 或 using std∷string)。

▌▶ 一、创建字符串对象

声明一个字符串变量很简单:

> string Str;

这样就声明了一个字符串变量,但既然是一个类,就有构造函数和析构函数。上面的声明没有传入参数,所以就直接使用了 string 的默认的构造函数,这个函数所做的就是把 Str 初始化为一个空字符串。

string 类的构造函数和析构函数如下:

- ● string s;　　　　　　　　//生成一个空字符串 s
- ● string s(str)　　　　　　//拷贝构造函数 生成 str 的复制品
- ● string s(str,stridx)　　　//将字符串 str 内"始于位置 stridx"的部分当作字符串的初值
- ● string s(str,stridx,strlen)　//将串 str 内"始于 stridx 且长度最多 strlen"的字串作为字符串的初值
- ● string s(cstr)　　　　　　//将 C 字符串作为 s 的初值
- ● string s(chars,chars_len)　//将 C 字符串前 chars_len 个字符作为字符串 s 的初值
- ● string s(num,c)　　　　　//生成一个字符串,包含 num 个 c 字符
- ● string s(beg,end)　　　　//以区间 beg;end(不包含 end)内的字符作为字符串 s 的初值
- ● s. ~string()　　　　　　　//销毁所有字符,释放内存

▶ 二、字符串操作函数

这是 C++字符串的重点,主要有以下这些:

- = ,assign()   //赋以新值
- swap()   //交换两个字符串的内容
- += ,append(),push_back()   //在尾部添加字符
- insert()   //插入字符
- erase()   //删除字符
- clear()   //删除全部字符
- replace()   //替换字符
- +   //串联字符串
- == ,! = ,<,<= ,>,>= ,compare()   //比较字符串
- size(),length()   //返回字符数量
- max_size()   //返回字符的可能最大个数
- empty()   //判断字符串是否为空
- capacity()   //返回重新分配之前的字符容量
- reserve()   //保留一定量内存以容纳一定数量
                                                   的字符
- [ ], at()   //存取单一字符
- >>,getline()   //从 stream 读取某值
- <<   //将谋值写入 stream
- copy()   //将某值赋值为一个 C_string
- c_str()   //将内容以 C_string 返回
- data()   //将内容以字符数组形式返回
- substr()   //返回某个子字符串

查找函数中,还可以使用迭代器:

- begin() end()   //提供类似 STL 的迭代器支持
- rbegin() rend()   //逆向迭代器
- get_allocator()   //返回配置器

▶ 三、详细操作

1. C++字符串和 C 字符串的转换

C++提供的由 C++字符串得到对应的 C_string 的方法是使用 data()、c_str()和 copy(),其中,data()以字符数组的形式返回字符串内容,但并不添加'\0'。c_str()返回一个以'\0'结尾的字符数组,而 copy()则把字符串的内容复制或写入既有的 c_string 或字符数组内。C++字符串并不以'\0'结尾。建议在程序中能使用 C++字符

串就使用,除非万不得已不选用 c_string。

2. 大小和容量函数

一个 C++字符串存在 3 种大小:

(1) 现有的字符数,函数是 size()和 length(),它们等效。用 empty()来检查字符串是否为空。

(2) max_size() 这个大小是指当前 C++字符串最多能包含的字符数,很可能和机器本身的限制或者字符串所在位置连续内存的大小有关系。一般情况下不用关心它,应该大小足够我们用的。但是不够用的话,会抛出 length_error 异常

(3) capacity() 获取重新分配内存之前 string 所能包含的最大字符数。这里另一个需要指出的是 reserve()函数,这个函数为 string 重新分配内存。重新分配的大小由其参数决定,默认参数为 0,这时候会对 string 进行非强制性缩减。

还需要重申一下 C++字符串和 C 字符串转换的问题,许多人会遇到这样的问题,自己编写的程序要调用别人的函数(比如数据库连接函数 Connect(char * ,char *)),但别人的函数参数用的是 char * 形式的,而大家知道,c_str()、data()返回的字符数组由该字符串拥有,所以是一种 const char * ,要想作为上面提及的函数的参数,还必须拷贝到一个 char * ,而原则是能不使用 C 字符串就不使用。那么,此时处理方式是:如果此函数对参数(也就是 char *)的内容不修改的话,我们可以这样 Connect((char *)UserID. c_str(), (char *)PassWD. c_str()),但是这时候是存在危险的,因为这样转换后的字符串其实是可以修改的,所以强调除非函数调用的时候不对参数进行修改,否则必须拷贝到一个 char * 上去。当然,更稳妥的办法是无论什么情况都拷贝到一个 char * 上去。

3. 元素存取

可以使用下标操作符[]和函数 at()对元素包含的字符进行访问。但是应该注意的是操作符[]并不检查索引是否有效(有效索引 0~str. length()),如果索引失效,会引起未定义的行为。而 at()会检查,如果使用 at()的时候索引无效,会抛出 out_of_range 异常。

此时有一个例外。const string a;的操作符[]对索引值是 a. length()仍然有效,其返回值是'\0'。其他的各种情况,a. length()索引都是无效的。举例如下:

```
const string Cstr("const string");
string Str("string" );

Str[3];                    //ok
Str.at(3);                 //ok


Str[100];                  //未定义的行为
Str.at(100);               //throw out_of_range
```

```
Str[Str.length()]              //未定义行为
Cstr[Cstr.length()]            //返回 '\0'
Str.at(Str.length());          //throw out_of_range
Cstr.at(Cstr.length())         //throw out_of_range
```

另外要避免下面的引用或指针赋值：

```
char& r = s[2];
char * p = &s[3];
```

因为一旦发生重新分配，r 和 p 就会失效。

4．比较函数

C++字符串支持常见的比较操作符（＞,＞＝,＜,＜＝,＝＝,！＝），甚至支持 string 与 C-string 的比较（如 str＜"hello"）。在使用＞,＞＝,＜,＜＝这些操作符的时候是根据"当前字符特性"将字符按字典顺序进行逐一地比较。字典排序靠前的字符小，比较的顺序是从前向后比较，遇到不相等的字符就按这个位置上的两个字符的比较结果确定两个字符串的大小。另一个功能强大的比较函数是成员函数 compare()。它支持多参数处理，支持用索引值和长度定位子串来进行比较。它返回一个整数来表示比较结果，返回值意义如下：0－相等，＞0－大于，＜0－小于。举例如下：

```
string s("abcd");

s.compare("abcd");             //返回 0
s.compare("dcba");             //返回一个小于 0 的值
s.compare("ab");               //返回大于 0 的值

s.compare(s);                  //相等
s.compare(0,2,s,2,2);          //用"ab"和"cd"进行比较 小于零
s.compare(1,2,"bcx",2);        //用"bc"和"bc"比较。
```

5．更改内容

更改字符串中的内容在字符串操作中占了很大一部分。

（1）赋值　第一个赋值方法当然是使用操作符＝，新值可以是 string（如：s＝ns）、c_string（如：s＝"gaint"）甚至单一字符（如：s＝'j'）。还可以使用成员函数 assign()，这个成员函数可以使你更灵活的对字符串赋值。举例如下：

```
s.assign(str);                 //把 str 赋给 s
s.assign(str,1,3);             //如果 str 是"John" 就是把"ohn"赋给字符串
s.assign(str,2,string::npos);  //把字符串 str 从索引值 2 开始到结尾赋给 s
```

```
s.assign("John");                //把"John"赋给 s
s.assign("nico",5);              //把'n''i''c''o''\0'共五个字符赋给字符串
s.assign(5,'x');                 //把五个'x'赋给字符串
```

（2）清空　把字符串清空的方法有 3 个，如：

```
s = "";
s.clear();
s.erase();
```

（3）增加　　string 提供了很多函数用于插入（insert）、删除（erase）、替换（replace）、增加字符。而在字符串尾部附加新串的函数有＋＝、append()、push_back()等。举例如下：

```
s + = str;    //加个字符串
s + = "my name is John";    //加个 C 字符串
s + = 'a';    //加个字符

s.append(str);
s.append(str,1,3);//不解释了 同前面的函数参数 assign 的解释
s.append(str,2,string::npos)//不解释了

s.append("my name is jiayp");
s.append("nico",5);
s.append(5,'x');
```

在标准 C＋＋中，string 字符串类成为一个标准，之所以抛弃 char＊ 的字符串而选用 C＋＋标准程序库中的 string 类，是因为它和前者比较起来，不必担心内存是否足够、字符串长度等，而且作为一个类出现，它集成的操作函数足以完成我们大多数情况下的需要。

▶▶ 四、使用实例

下面通过一些例程来学习下 string 类的使用。
（1）构造

```
# include <string>
# include <iostream>
using namespace std;
```

```
void main()
{
    string s("hello ");
    cout<<s<<endl;
    cin.get();
}
```

（2）构造

```
#include <string>
#include <iostream>
using namespace std;
void main()
{
    char chs[] = " hello ";
    string s(chs);
    cout<<s<<endl;
    cin.get();
}
```

（3）构造

```
#include <string>
#include <iostream>
using namespace std;
void main()
{
    char chs[] = " hello ";
    string s(chs,1,3);      //指定从 chs 的索引 1 开始,最后复制 3 个字节
    cout<<s<<endl;
    cin.get();
}
```

（4）构造

```
#include <string>
#include <iostream>
using namespace std;
void main()
{
```

```
    string s1("hello ");
    string s2(s1);
    cout<<s2<<endl;
    cin.get();
}
```

（5）构造

```
#include <string>
#include <iostream>
using namespace std;
void main()
{
    string s1("hello ",2,3);
    string s2(s1);
    cout<<s2<<endl;
    cin.get();
}
```

（6）构造

```
#include <string>
#include <iostream>
using namespace std;
void main()
{
    char chs[] = "hello world";
    string s(chs,3);        //将 chs 前 3 个字符作为初值构造
    cout<<s<<endl;
    cin.get();
}
```

（7）构造

```
#include <string>
#include <iostream>
using namespace std;
void main()
{
    string s(10,'k');        //分配 10 个字符,初值都是'k'
```

```
    cout<<s<<endl;
    cin.get();
}
//以上是 string 类实例的构造手段,都很简单.
```

(8) 赋值

```
#include <string>
#include <iostream>
using namespace std;
void main()
{
    string s(10,'k');              //分配 10 个字符,初值都是'k'
    cout<<s<<endl;
    s  = "hehehehe";
    cout<<s<<endl;
    s.assign("kdje");
    cout<<s<<endl;
    s.assign("fkdhfkdfd",5);       //重新分配指定字符串的前 5 的元素内容
    cout<<s<<endl;
    cin.get();
}
```

(9) 交换

```
#include <string>
#include <iostream>
using namespace std;
void main()
{
    string s1 = "hello";
    string s2 = "world";
    cout<<"s1 : "<<s1<<endl;
    cout<<"s2 : "<<s2<<endl;
    s1.swap(s2);
    cout<<"s1 : "<<s1<<endl;
    cout<<"s2 : "<<s2<<endl;
    cin.get();
}
```

（10）添加

```cpp
// + = ,append(),push_back()在尾部添加字符
# include <string>
# include <iostream>
using namespace std;
void main()
{
    string s  = "hello";
    s  + = "world";
    cout<<s<<endl;
    s.append("你好");     //append()方法可以添加字符串
    cout<<s<<endl;
    s.push_back('k');     //push_back()方法只能添加一个字符……
    cout<<s<<endl;
    cin.get();
}
```

（11）插入

```cpp
//insert() 插入字符.
# include <string>
# include <iostream>
using namespace std;
void main()
{
    string s   = "this is a string";
    s.insert(0,"头部");              //在头部插入
    s.insert(s.size(),"尾部");       //在尾部插入
    s.insert(s.size()/2,"中间");        //在中间插入
    cout<<s<<endl;
    cin.get();
}
```

（12）替换

```cpp
# include <string>
# include <iostream>
using namespace std;
void main()
{
```

```
    string s  = "abcdefg";
    s.erase(0,1);        //从索引 0 到索引 1,即删除掉了'a'
    cout<<s<<endl;
    //其实,还可以使用 replace 方法来执行删除操作
    s.replace(2,3,"");//即将指定范围内的字符替换成"",即变相删除了
    cout<<s<<endl;
    cin.get();
}
```

（13）删除

```
//clear() 删除全部字符
# include <string>
# include <iostream>
using namespace std;
void main()
{
    string s  = "abcdefg";
    cout<<s.length()<<endl;
    s.clear();
    cout<<s.length()<<endl;
    //使用 earse 方法变相全删除
    s  = "dkjfd";
    cout<<s.length()<<endl;
    s.erase(0,s.length());
    cout<<s.length()<<endl;
    cin.get();
}
```

（14）替换

```
//replace() 替换字符
# include <string>
# include <iostream>
using namespace std;
void main()
{
    string s  = "abcdefg";
    s.replace(2,3,"!!!!!");//从索引 2 开始 3 个字节的字符全替换成"!!!!!"
    cout<<s<<endl;
    cin.get();
}
```

651

（15）比较

```cpp
//= =,! = ,<,< = ,>,> = ,compare()   比较字符串
#include <string>
#include <iostream>
using namespace std;
void main()
{
    string s1 = "abcdefg";
    string s2 = "abcdefg";
    if (s1 = = s2)cout<<"s1 = = s2"<<endl;
    else cout<<"s1 ! = s2"<<endl;

    if (s1! = s2)cout<<"s1 ! = s2"<<endl;
    else cout<<"s1 = = s2"<<endl;

    if (s1>s2)cout<<"s1 > s2"<<endl;
    else cout<<"s1 < = s2"<<endl;

    if (s1< = s2)cout<<"s1 < = s2"<<endl;
    else cout<<"s1 > s2"<<endl;
    cin.get();
}
```

（16）大小

```cpp
//size(),length()   返回字符数量
#include <string>
#include <iostream>
using namespace std;
void main()
{
    string s  = "abcdefg";
    cout<<s.size()<<endl;
    cout<<s.length()<<endl;
    cin.get();
}
```

（17）最大可能字符数

```cpp
//max_size() 返回字符的可能最大个数
```

```
# include <string>
# include <iostream>
using namespace std;
void main()
{
    string s  = "abcdefg";
    cout<<s.max_size()<<endl;
    cin.get();
}
```

（18）判空

```
//empty()   判断字符串是否为空
# include <string>
# include <iostream>
using namespace std;
void main()
{
    string s  ;
    if (s.empty())
        cout<<"s 为空."<<endl;
    else
        cout<<"s 不为空."<<endl;
    s = s  + "abcdefg";
    if (s.empty())
        cout<<"s 为空."<<endl;
    else
        cout<<"s 不为空."<<endl;
    cin.get();
}
```

（19）at 随机访问

```
// [ ], at() 存取单一字符
# include <string>
# include <iostream>
using namespace std;
void main()
{
    string s  = "abcdefg1111";
```

```cpp
        cout<<"use []:"<<endl;
        for(int i = 0; i<s.length(); i++)
        {
            cout<<s[i]<<endl;
        }
        cout<<endl;
        cout<<"use at():"<<endl;
        for(int i = 0; i<s.length(); i++)
        {
            cout<<s.at(i)<<endl;
        }
        cout<<endl;

        cin.get();
    }
```

（20）随机访问

```cpp
# include <string>
# include <iostream>
using namespace std;
void main()
{
    string s  = "abcdefg1111";

    const char * chs1 = s.c_str();
    const char * chs2 = s.data();
    cout<<"use at():"<<endl;
    int i;
    for(i = 0; i<s.length(); i++)
    {
        cout<<"c_str() : "<<chs1[i]<<endl;
        cout<<"data() : "<<chs2[i]<<endl;
    }
    cout<<"c_str() : "<<chs1<<endl;
    cout<<"data() : "<<chs2<<endl;
    cout<<endl;

    cin.get();
}
```

（21）子串

```cpp
// substr() 返回某个子字符串
#include <string>
#include <iostream>
using namespace std;
void main()
{
    string s  = "abcdefg1111";

    string str  = s.substr(5,3);//从索引5开始3个字节
    cout<<str<<endl;

    cin.get();
}
```

（22）查询

```cpp
// find  查找函数
#include <string>
#include <iostream>
using namespace std;
void main()
{
    string s  = "abcdefg1111";
    string pattern  = "fg";
    string::size_type pos;
    pos  = s.find(pattern,0);              //从索引0开始,查找符合字符串"f"的头索引
    cout<<pos<<endl;
    string str  = s.substr(pos,pattern.size());
    cout<<str<<endl;
    cin.get();
}
```

（23）迭代和遍历

```cpp
// begin() end() 提供类似STL的迭代器支持
#include <string>
#include <iostream>
using namespace std;
void main()
```

```
{
    string s  = "thank you very much";
    for(string::iterator iter  = s.begin(); iter! = s.end(); iter++)
    {
        cout<< * iter<<endl;
    }
    cout<<endl;
    cin.get();
}
```

参考文献

〔1〕 裘宗燕译:《C++程序设计语言(第四版)》[M],北京:机械工业出版社 2002 年版

〔2〕 徐宝文,李志译:《C程序设计语言(第2版·新版)》[M],北京:机械工业出版社 2004 年版

〔3〕 孙建春,韦强译:《C++ Primer Plus(第五版)中文版》[M],北京:人民邮电出版社 2005 年版

〔4〕 冼镜光著:《C语言名题精选百则 技巧篇》[M],北京:机械工业出版社 2005 年版

〔5〕 〔美〕Mark Allen Weiss 著:《数据结构与问题求解(第2版)》[M],北京:清华大学出版社 2005 年版

〔6〕 刘宗田,袁兆山,潘秋菱等译:《C++编程思想 第Ⅰ卷:标准C++导引》[M],北京:机械工业出版社 2006 年版。

〔7〕 杜茂康,吴建,王永编著:《C++面向对象程序设计》[M],北京:电子工业出版社 2007 年版

〔8〕 王昆仑等编著:《数据结构与算法》,中国铁道出版社 2007 年版

〔9〕 万常选等编著:《C语言与程序设计方法(第2版)》[M],北京:科学出版社 2009 年版

〔10〕 徐子珊编著:《算法设计、分析与实践从入门到精通 C、C++和 Java》[M],北京:人民邮电出版社 2010 年版

〔11〕 高飞,薛艳明,聂青,李慧芳编著:《C++与数据结构》[M],北京:电子工业出版社 2011 年版

〔12〕 谭浩强编著:《C++程序设计(第2版)》[M],北京:清华大学出版社 2011 年版

〔13〕 严蔚敏等编著:《数据结构(C语言版)》[M],北京:人民邮电出版社 2011 年版

〔14〕 〔美〕H. M. Deitel 著《C++大学基础教程(第5版)》[M],北京:电子工业出版社 2011 年版

〔15〕 〔美〕Michael Main,Walter Savitch 著:《数据结构——C++版(第四版)(英文影印版)》[M],北京:科学出版社 2012 年版

图书在版编目(CIP)数据

C++编程——面向问题的设计方法/李刚主编. —上海:复旦大学出版社,2013.11
信毅教材大系
ISBN 978-7-309-10100-3

Ⅰ.C… Ⅱ.李… Ⅲ.C语言-程序设计-高等学校-教材 Ⅳ.TP312

中国版本图书馆 CIP 数据核字(2013)第 230387 号

C++编程——面向问题的设计方法
李 刚 主编
责任编辑/张志军

复旦大学出版社有限公司出版发行
上海市国权路 579 号 邮编:200433
网址:fupnet@ fudanpress.com http://www.fudanpress.com
门市零售:86-21-65642857 团体订购:86-21-65118853
外埠邮购:86-21-65109143
常熟市华顺印刷有限公司

开本 787×1092 1/16 印张 41.75 字数 892 千
2013 年 11 月第 1 版第 1 次印刷

ISBN 978-7-309-10100-3/T·493
定价:76.00 元